Eugen A. Meier

*Kuriose und seriöse, erheiternde
und erschütternde Geschichten
aus dem Alten Basel und seiner Umgebung
von den Anfängen der Stadt bis zum Untergang
des Ancien Régime (1798)*

FREUD UND LEID
Band 2

Birkhäuser Verlag Basel

CIP-Kurztitelaufnahme der Deutschen Bibliothek

Freud und Leid : kuriose u. seriöse, erheiternde
u. erschütternde Geschichten aus d. alten Basel
u. seiner Umgebung von d. Anfängen d. Stadt bis
zum Untergang d. Ancien Régime (1798) / Eugen A.
Meier. – Basel : Birkhäuser
NE: Meier, Eugen A. [Mitarb.]
Bd. 2 (1983).
ISBN 3-7643-1303-X
[Erscheint: 15. Oktober 1983].

Reproduktionen: Marcel Jenni, Rudolf Friedmann, Rico Polentarutti
Gestaltung: Albert Gomm
© 1983 Birkhäuser Verlag Basel
Herstellung: Birkhäuser AG, Graphisches Unternehmen, Basel
Printed in Switzerland
ISBN 3-7643-1303-X

Im vorletzten Jahr hat uns Eugen A. Meier den ersten Teil seiner Sammlung kulturhistorischer Nachrichten aus dem Alten Basel vorgelegt, über den Hanns U. Christen im Nebelspalter feststellte, «Freud und Leid» sei keine Bettlektüre, denn man vergesse vor Spannung das Einschlafen. Auch ich habe fasziniert «die Begebenheiten zwischen Seiltänzern und gesottenen Totenköpfen, Schatzgräbern und Hexen, verprügelten Frauen und Poltergeistern und andern Kuriositäten und Schrecklichkeiten» auf mich einwirken lassen. Dabei ist mir bewusst geworden, in welchem Ausmass engherzige Menschlichkeit, Pedanterie und Prüderie das tägliche Leben einer Gemeinschaft beeinflussen und oft zur unerträglichen Belastung für den einzelnen werden können. Wenn wir heute so gerne «die gute alte Zeit» anrufen und die Gegenwart vermiesen, kann dies nur geschehen, weil die Interpretation der Vergangenheit eine oberflächliche und zudem eine willkürliche ist. Denn wer in die Tiefe der Archivgewölbe hinabsteigt und verblichenen Schriftstücken den Staub von der Schauseite wischt, erfährt, welchen Geistes die Kinder unserer Altvordern mitunter gewesen sein mögen. Dass das «finstere Mittelalter» aber auch an Unkompliziertheit und Originalität, an Ernsthaftigkeit und Festfreudigkeit und letzten Endes an Vertrauen und Hoffnung an die Umgebung, an die Stadt und deren Autoritäten einiges aufzuweisen hat, stimmt versöhnlich und stärkt die Gewissheit, dass die Zukunft in der Bewältigung der Vergangenheit liegt.

Nun ist also auch der zweite Teil von Eugen A. Meiers aussergewöhnlicher Blütenlese gedruckt und zu einem meisterhaften Bildband gebunden. Und wiederum werden Vorgänge und Ereignisse aus der Geschichte unseres traditionsreichen Stadtstaates gegenwärtig, die durch ihre Unmittelbarkeit und ihre Authentizität eine Sprache sprechen, die uns oft fremd erscheinen muss. Es ist kein Gemälde aus einem Guss, das uns da entrollt wird. Vielmehr sind es Historien und Histörchen, Fakten und «Tagesjournalismus», die meist ohne hohe Ansprüche nur für den Hausgebrauch aufgezeichnet worden sind. Dennoch aber erhalten die Gassen und Häuser, die Menschen und das Leben, die eine wirklichkeitsnahe Schilderung erfahren, Form und Farbe: Wer in die redigierten Excerpte obrigkeitlicher Protokolle und Akten oder privater Chroniken und Tagebücher Einblick nimmt, wird teilhaftig an vielem, was sich an «Freud und Leid» im Laufe der Jahrhunderte in Basel zugetragen hat. Ich freue mich an dem nunmehr zweibändigen Werk unseres produktiven Stadthistorikers, dem bedeutsamen Ergebnis langjähriger beharrlicher Forschertätigkeit, und wünsche ihm eine zahlreiche und aufmerksame Leserschaft.

Dr. Edmund Wyss, Regierungsrat

Zum Geleit

XII
Himmelserscheinungen und Naturkatastrophen 7

XIII
Geld und Geist 41

XIV
Chronique scandaleuse 77

XV
Krankheiten, Seuchen und Missbildungen 111

XVI
Glaubensfragen und (anti)religiöse Handlungen 133

XVII
Überfälle, Kriege und politische Unruhen 179

XVIII
Volk und Obrigkeit 197

XIX
Sprache und geflügelte Worte, Sinnsprüche und Bauernregeln 233

Anhang 247

Register
Quellen und Literaturauswahl 301
Münzen und Masse 303
Verzeichnis der Bildtafeln 304

Inhaltsverzeichnis

XII HIMMELSERSCHEINUNGEN UND NATURKATASTROPHEN

Nahender Weltuntergang
«480 stund die gantze Welt in Gfahr, weilen sie von Erdbidem erschüttret, mit Blut begossen und viel feurige Facklen am Himmel gesehen worden sind.»
Diarium Basiliense, p. 39

Aschenregen
«661 fiel anstatt Regen Asche vom Himmel.»
Diarium Basiliense, p. 39

Grosser Schnee
«824 fiel ein grosser Schnee, welcher 29 Wochen gelegen hat.»
Diarium Basiliense, p. 39v

Himmelsfeuer
«Der Mond und das Trinkwasser wurden im Jahre 1020 in Blutfarb veränderet. Es fiel Feuer vom Himmel. Das ungestüme Meer und die Ergiessung der Wasser thaten grossen Schaden. So plaget über dies die Theurung alle Land.»
Diarium Basiliense, p. 41

Erdbeben zerstört die Stadt
«Als man zalt 1021. den 12. tag Meyens, hat ein Erdbidem die Alte Statt Basel dermassen entschüttet, dass sie vast ganz zerstöret unnd verfallen war. Insonderheit fiel das Münster in den Rhein, nicht ohne mercklichen schaden, welches Keyser Heinrich der Ander hernach widerumb auffgericht vnnd erbawet hat.»
Johann Georg Gross, p. 3 / Gross, p. 11

Blitz schlägt ins Münster
«1094 zerschlug der Strahl den Balken, darauf das grosse Crucifix im Münster stuhndt. Darauf erfolgte ein grosser Sterbent in ganz Teutschland. Alhier sturben eine solche Menge, dass man sehr viel Menschen in Gruben werfen musste.»
Linder, II 1, p. 7

Hochwasser verschlingt 100 Menschenleben
«Anno 1275, an Sant Peters und Pauli Tag, wurden der Rhein und der Birsig gar gross, schwemmten 2 Joche von der Rheinbruck hinweg und verdarben viel Leüt, gegen 100 Personen.»
Ochs, Excerpte, p. 44 / Grössere Basler Annalen, p. 16 / Gross, p. 27 / Bieler, p. 254 / Wurstisen, Bd. I, p. 138 / Linder, II 1, p. 9

Warme Weihnachten
«1289 war ein so warmer Wind, dass umb Weynachten die Schulerknaben im Rhein gebadet haben.»
Diarium Basiliense, p. 43

Kleinbasel wird zum Schutt- und Aschenhaufen
«Es hatte die mindere Stadt am 3 Heumonds 1327 das erschreckliche Unglück gröstentheils zu verbrennen. Dieses traurige Schicksal drückte die guten Einwohner hart. Jedoch fieng man bald an die Häuser wieder neu zu erbauen, und jedermann bestrebte sich den unglücklichen Bürgern durch milde Beyträge die unverschuldete und unverdiente Noth zu erleichtern.»
Lutz, p. 82 / Wurstisen, Bd. I, p. 169 / Gross, p. 38 / Grössere Basler Annalen, p. 19 / Kleinere Basler Annalen, p. 55

Erdbeben löst Landsterben aus
«Johannes Aventinus meldet in der Beyerischen Chronick, es sey im Jenner des 1348. Jahrs, ein so schrecklicher Erdbidem in Ungaren, Steirmarck, Kerndten vnd dem Windischen Lande gewesen, dass hiedurch 26 Stette vnd Schlösser verfallen. Es hab sich auch das Erdtrich an etlichen enden auffgethan, vil Leuth, Felder vnd Dörffer verschlungen. So seyen auch auss denselbigen Klüfften schädlich und tödtliche Dünst auffgangen, daher sich die

Was die Erdbidem bedeuten.
Kurtz/ und nur Entwerffungs weise hiervon zu reden/ so bedeuten die Erdbidem;

1. Daß Gott zornig seye/ und die Menschen in gemein erschrecken wölle. Matth. 27. v. 54. Insonderheit die gottlosen. Psal. 18. v. 8. Numer. 16. Amos 1. v. 1. Zach. 14. v. 5.
2. Daß er Allmächtig seye.
3. Daß er gütig seye/ in dem er den Erdboden uns Menschen zu einer wohnung bevestiget. Welches aber schlechtlich von uns erkant wirdt.
4. Daß nichts nothwendigers seye/ dan sich ohne verzug zu Gott bekehren: sittemal die Erden uns nicht mehr/ unserer sünden halb/ tragen will. Apoc. 6. v. 12.
5. Daß offtermahlen erschrockeliche sachen/ als Krieg/ Theurung/ Pestilentz und anders uber uns verhengt seyen. Jes. 13. v. 13. &c.
6. Daß der Jüngste tag sich mehr und mehr herzu nahe. Matth. 24. v. 7.
7. Daß Gott starck gnug seye/ sein Kirchen/ und hiemit auch derselbigen Haupt/ wider allen feindlichen gwalt zu schützen un zu schirmen. Act. 4. v. 31. Actor. 16. v. 25, 26. Matth. 27. v. 52. Matth. 28. v. 2.

Deß sey Gott Lob/ auch Danck und Ehr/
Für solche gut und tröstlich Lehr.

Amen.

> *«Die beiden Astronomen» von Hans Holbein d. J. Holzschnittillustration aus Sebastian Münsters «Canones super novum instrumentum luminarium». 1534.*

«Johann Georg Gross, der Heyligen Schrifft Doctor und Pfarrherr bey St. Peter in Basel» erläutert in einem «schrifftmessigen Bericht» die Ursache der Erdbeben. 1614.

allerschrecklichste Pestilenz erhebt habe. Ob aber dises die Ursach des allgemeinen Landsterbens, oder andere, gewesen, will ich nicht disputieren. Allein ist bekant, dass dise Sucht schon im jahr darvor eyngerissen, demnach also sehr zugenommen, dass man geachtet, seit dem Sündfluss were über menschlichs Geschlecht kein grösserer noch langwiriger Sterbend ergangen.»

Johann Georg Gross, p. 3

Das Grosse Erdbeben

«Im 1356. Jahr erreget sich umb Herbst ein schrecklicher Erdbidem, welcher in Bassler Rivier mit unsäglichem schaden verwütet. Bevorab erhub sich an S. Lux tag, den 18. Weinmonats, abends umb zehen uhr zu Basel, ein solche ungeheure Erdschüttung, und in derselbigen Nacht noch zehen andere, dass hiedurch sonderbare und gemeine Gebew nicht nur ergellet, sondern auch zu grösserem Theil in ein hauffen gefellet wurden, und ein erschrockenlich prasslen und weheklagen allenthalben angienge. Der eynbeschlossen gewalt warffe nicht nur schlechte Heuser, sondern auch Vestungen, Thürn und Kirchen darnider. Was nicht eynsincketc, zerspielte und ward presthafft. Ein theil des Chors am Münster, sampt dem Fronaltar, fiel bey Nacht eyn: so schreibt Aeneas Sylvius, es seyen in der Statt nicht uber hundert Heuser ganz und auffrecht blieben.

Darstellung und Beschreibung des Grossen Erdbebens von 1356 durch Sebastian Münster im Jahre 1550.

In disem eynfall verdurben, wie etlich setzen, bey dreyhundert Personen. Meniglich verliesse Hauss und Gut, und flohe, das Leben zu fristen, auff die weite. Daher achtet man, dass das Todtengässlein seinen namen bekommen habe, weil vil Volcks daselbst in der flucht nach S. Peters Platz, durch die nidersinckenden Gebew umbkommen und todt blieben seye. Dass es aber wol hundert jahr darvor disen namen gehabt, geben die eltisten Jahrzeitbücher bey S. Peter anzeigung: Desshalb zu vermuten, es hab von den Todten, so man daselbst hinauff zur Begrebnuss zu tragen gepfleget, den namen bekommen. Dass aber sonst viel Leuth gemeltem Platz zugeloffen, erweiset eines von Berenfels unfahl, welchen in solcher flucht ein herabfallende Zinne von der alten Stattmaur, auff S. Peters Brücklein zu todt geschlagen. Derselbig lieff ab dem Fischmarckt S. Peters Platz zu.

In disem Jamer gienge hin und her in der Statt Fewr auff, dass sie etliche tag brann, und niemand auss forcht und tieffer erhaschung löschen dorffte, das selbige verschlukket, was eynfahls halb noch zu nutz kommen mögen. Hiemit vergienge den aussgewichenen ihr Speiss und Tranck, dass ihnen die Umbsässen handtreichung thun mussten.

Es erzeigten zwar die vernachbarten Stette guten willen, in dem sie Leuth mit Karren, Rossen und allerhand notturfft gen Basel schickten, ihnen trostlich zusprachen, mit raumen und bawen hülff theten. Welche etwas ferrner gelegen, sendeten ihre Bottschafften dahin, die Statt zu klagen, und sie mit ehrlichen Stewren zu begaben.

Es vergiengen durch dises Erbeben auff vier meil wegs umb die Statt Basel, sonderlich am Blawen unnd umb das Gebirg Juram, 34 namhaffter Burgen und Schlössern, als ein Mönch des Closters S. Martin auff dem Zürichberg (so damals in Leben gewesen) verzeichnet. Andere sprechen 60, welche namlich die mindern Wasserheuser darzu gezehlet: als da gewesen sind Telschberg, Vorburg, Löwenberg, Mersperg, Blochmunt, Thierstein, Newenstein, Pfeffingen, Berenfelss, Scholberg, Mönchsberg, Hangenstein, LandtsCron, Reichenstein, Birseck, Mönchenstein, Beuren, Ramstein, Gilgenberg, Schauwenburg, Wartenberg, Landesehr, Hasenburg, Steinbrunn, Biederthal, Heitweiler, Wildenstein, Eptingen, Honberg, Liechtstal, etc. Und jenseit Rheins, Hertenberg, Ottlicken, Brombach, mit vil andern. Von disen sind etliche nachmalen widerumb gebawen worden, etliche aber öd und unbewohnet blieben, also dass noch die Burgstal und Maurstöcke hin und her zu sehen.

Dergstalt hat Gott die Leuthe von sorglosem wesen auffgemustert, und jhnen die Buss geprediget. Derhalb es so vil dannoch vermochte, dass man alle öffentliche Unzuchten, den pracht in Kleidungen und Gezierden, die Tänze, das Spielen (dann Zusauffen damalen nirgend also gemein war, als leider diser zeit) und dergleichen

Sachen abstellet: dargegen zu stillung Gottes zorns (je nach gelegenheit und gewonheit derselbigen zeiten) Creutzgäng ansahe, und umb widergedächtnuss dises Traurseligen tags, erkennet, jährlich auff S. Lux tag ein grosse Process mit der Letaney und dem Fronleichnam umb das Münster zu halten, ein genannte summa Brots den dürfftigen aussautheilen, darzu Haussarme Leuth mit Röcken und nohtwendiger Kleidung zu begaben, welche lobliche Stifftung der grawen Luxröcken noch diser zeit gehalten wirdt (Lukasstiftung für Schülertuch).

Gemeldter Erdbidem wäret nicht nur ein Tag, oder ein Monat, sondern man ward sein (ob wol bescheidenlicher) ein gantz jahr durchauss, beynahe alle tag gewahr.

Den 15. Meyens, im 1357. Jahr, erzeigt er sich zu Strassburg von newem also gewaltiglich, dass er etliche Camin herab warffe, und alle Gebew hefftig ergellet. Darab das Volck also sehr erschrack, dass sie auffs Feld under die Hütten trachteten, förchtende, sie möchten wie die Bassler in der Statt verfallen. Dess hielten die Burger in des Bischoffs garten Raht, gedörfften sich nicht auff die Pfaltz wagen: statuierten allda, dass niemandt, aussgenommen schwangere Weibspersonen, auss der Statt weichen solte: Desshalb welche innerhalb den Rinckmauren gärten hatten, sich in dieselbigen under die Gezälten lägerten, biss diser angriff hinüber gangen.

Zu Basel, da man sich mit bawen widerumb eynrichten musste, wurden alle Zinse, so mit Heusern verunderpfändet gewesen, zum halben teil abgesetzt, und Zinspfenning genant, also dass man ein pfund derselbigen, mit zehen Pfunden newer Pfenningen ablösen möchte, dardurch der erarmet gemeine Mann vil Heuser widerumb in Ehr leget, welche sonst, der Zinsen beschwerung halb, in der Eschen blieben weren. Doch gab es vil lediger Hofftetten durch die Statt: in ubrigen Gebewen niderträchtige, schlechte und höltzine Wohnungen, mit Hürden Mittelwänden, und dergleichen, auff die eyl zugerichtet. Es ist je bey den Alten in Heusern kein solche Köstligkeit gewesen, wie aber heutigs tags, da der Pracht auffs höchste gestiegen: da alle Gemach zum zierlichsten vertäfelt, vergipset, gemahlet unnd gefirnisset seyn müssen, wirdt bald darzu kommen, dass man sie versilbert und vergüldet, thund eben als ob wir uns ewige wohnungen hie bereiten wölten: gedörfften fürwar, dass wir den Propheten Amos ein mal recht studierten.

Bischoff Johannes liesse das Münster und des Stiffts Schlösser mit trefflichem Kosten instauriren und erbawen, daher er von der Clerisey totius Episcopatus fortalitiorumq; reformator Augustus, das ist, ein herrlicher Widerbringer des gantzen Bistumbs und der Vestungen, genennet ward. Gleicher gestalt liessen die ubrigen Stifftherren und Convent ihre Kirchen wider auffrichten und erbessern, mit hülff und stewr vermöglicher Leuthen, deren Wapen noch hin und her an den Seulen, Pfeilern, und etlichen Fenstern zu sehen.

Von erstgedachtem erschrocklichen Erdbidem wirdt in einer alten Handgeschribnen Chronick etwas ausführlicher also von wort zu wort gemeldet:

Wie Basel in einem Erdbidem verfiel, und vil Vestinen, in dem Jahr 1356. erhub sich ein Erdbidem in Teutschen Landen, unnd sonderlich zu Basel, dass die Statt verfiel, und das Münster, und alle Kirchen, und vil Heuser, und bey dreyhundert Menschen. Da thet der Erdbidem kaum so vil grossen schaden als das Fewr, das verbrant die Heuser so do verfallen waren. In disem Erdbidem und brand kam ein Statt Basel umb jhre Brieff und Bücher, die der Statt alt harkommen wysent. Dazumal verfielen auch vil Vestinen an dem Blawen gelegen. Dess ersten zwey Schwartzenburg, und drey Wartenburg, Münchenstein, Reichenstein, Dornach, Angenstein, Bärenfels, Obern Esch. Da lag eine von Frick in Kindtbette, und als das Hauss fiel, da fiel die Kindtbettern mit dem Hauss herab an die Halden auff einen Baum, und jhr Magd, und das Kind in der Wagen, und beschach jhnen allen dreyen nit das zu klagen were. Da verfiel auch Pfeffingen, unnd die Gräffin von Thierstein fiel abher mit einem Kind in einer Wagen, des Götti was der Bischoff von Basel, der kam morndrigs reyten, und wolt gehn Basel, da fragt er ob sein Gotten wer ausskommen, da sprachend sie, Nein. Da hiess er das Kind suchen in der Halden, da ward es funden zwischen zweyen grossen Steinen, und weinet in der Wagen, da ward ein Weib, und gewan vil Kinder. Auch verfiel Scholberg, Froburg, Cluss, Fürstenstein, zwey LandsCron, Waldeck, Biedertal, Landenberg, Blochmundt. Auch beschach vil Wunders zu Basel. Es ward ein spruch gemacht, der alten gschrifft nach:

Ein Rinck mit seinem Dorn,
Drey Rossysen ausserkorn,

Den andern Tag Jenners, im folgenden Jahr, erschien im sechsten Grad der Wag gegen Mitternacht, nahe bey dem hellen Stern Arcturo, ein bleichfarber Comet, von der Natur Saturni, welcher sich also schnell gegen dem Polo und Weltwürbel bewegt, dass er den 22. Tag gemeldtes Monats denselbigen schon überstiegen, und in einem kleinen Circkel herum fuhre, deßhalben sich die gantze Nacht über sehen liesse. Anfangs der Nacht wendete er die Ruthe gegen Auffgang, Morgens gegen Niedergang ꝛc. Dieser Comet soll 80. Tag lang gesehen worden seyn.

«Geschwäntzter Stern am Himmel. Anno 1472.»

Ein Zimmerax, der Krügen zall,
Da verfiel Basel uberall.

Johann Georg Gross, p. 3ff. / Anno Dazumal, p. 20ff. / Wurstisen, Bd. I, p. 191 / Gross, p. 43 / Ochs, Bd. II, p. 97 / Wackernagel, Bd. I, p. 270 / Kleinere Basler Annalen, p. 57

Schrecklicher Stern
«1376 erschien am Himmel ein ungewöhnlicher Stern, schröcklich anzusehen. Darauff folgte ein Winter mit einer so grossen unleidenlichen Kälte und vielem Schnee, dass man lange Zeit die Strassen nicht brauchen konnte.»
Diarium Basiliense, p. 44v

Ungeheures Gewässer
«Um Magdalenä 1424 fiel Regenwetter ein, drey Tag an einander, dadurch alle Wasser, und der Rhein, mit solchem Brausen anlieffen, dass er am 15 Tag Heumonats über der mindern Stadt Basel Zwingelmauer einlieffe, und zwey gewaltige Joch von der Bruck hinführte. Nach Ablauffung des ungestümen Wassers, band man drey Schiff in die Lucke, überschoss die zur Noht mit Dielen, stellte zu jeder Seiten fünf Leitern an, damit die Leut auf und absteigend hinüber kommen möchten, das bliebe vierzehen Tag also. Nachmalen ward besserer Kommlichkeit halben, auf ein jedes Schiff ein Joch, den übrigen gleich hoch, gesetzt, und gleicherweis bedecket, dass auch die Müller mit den Eseln hinüber fahren mochten: mit Karren und Wägen war es unmöglich. Über einen Monat ohngefehr, bauete man eine andere Rüstung, welche auch Wägen trug. Dieselbige brach hernach ein, so dass fünfzehen Personen in das Wasser fielen. Wurden wieder ausgebracht, item ein Wagen mit fünf Pferden, welche ohne das Stellross alle ertruncken. Solches gab Ursach neuer Rüstung, dass man andere Schiff und Joch darauf also zurichtete, dass die Bruck an grossen Trottspinnlen, dem Wasser nach, hoch und nieder konnte geschraubet werden, bis auf bequeme Zeit neue Joch geschlagen wurden.»
Wurstisen, Bd. I, p. 263 / Gross, p. 71 / Ochs, Bd. III, p. 232 / Appenwiler, p. 435 / Offenburg, p. 319 / Klauber, p. 73f.

Schweres Erdbeben
«Auff Sontag vor Lucie, 13. Decembers, im 1428. jahr, umb das Nachtmal, erhube sich ein Erdbidem, welcher

«Den grossen Schaden, welche die Stadt Basel durch ein Erbeben in dem Jahre 1356 betroffen, findet man hin und wieder aufgezeichnet. Ein Gemälde aber, welches dieses Zufalls Meldung tut, befindet sich in dem Kaufhause ob der Schreibstube: Es stellt die Mutter Gottes und den Kaiser Heinrich vor, in Mitte derselben der Stadt-Wappen mit der Überschrift: Ein Rink in seinem Dorn. Drey Huffeisen auserkorn. Ein Beiel und sechs Krügen Zahl. Da verfiel Basel überall.»

etliche Ziegel und Camin von Heusern warffe, desshalb alle fewer zu löschen, bey Leib und Gut aussgerüfft und gebotten worden. Das Creutz ob S. Gallen Porten im Münster fiel dissmals herab, und beschahe zun Barfussern mercklicher schade.

Diser Erdbidem ist erfolget auff ein unnothwendigen Kampff, welcher zu Basel eben desselbigen tags ist gehalten worden, zwischen Johann von Merlo, einem frembden prächtigen Spanier, unnd Heinrich von Ramstein Edelknechte.»

Johann Georg Gross, p. 8/Ochs, Bd. III, p. 232

Seltsamer Regen

«1439 ist eine ehrsame Frau, mit Namen die Beringerin, die um Mitternacht von Sinnen kam, vom Bette aufgestanden, hat sich auf das Dach begeben, und ist von dort hinunter auf die Gasse gesprungen, wo sie zu Tode fiel. Obwohl sie eine Selbstmörderin war, wurde sie dennoch zu St. Leonhard begraben. Allein es regnete sehr um diese Zeit, nämlich im Brachmonat. Nun meinte man, dass es so regnete, weil gedachte Frau in geweyheter Erde lag, und der Rath liess sie am 5ten Tage nach der Beerdigung ausgraben, und in den Rhein werfen, worauf es ein wenig aufhörte zu regnen.»

Ochs, Bd. III, p. 555/Beinheim, p. 429f.

Ein Elend kommt selten allein

«Im Jahr Christi 1444. den 30. Novembr. am morgen früe vor der Sonnenauffgang, hat Basel widerumb einen grossen Erdbidem erlitten, nicht ohne grossen schräcken des Volcks. Selbigen Jahrs, wie denn kein Ellend allein kompt, ist auch die grosse Schlacht bey S. Jacob beschehen: Da Basel in grossen sorgen und gefahren gestanden.»

Johann Georg Gross, p. 9

Noch nie gehörter Donnerschlag

«Anno 1460 erschreckte ein noch nie gehörter Donnerschlag unsere Stadt. Der Blitz schlug in das Eselstürlein, in welchem ein Mörder lag, in das Erdreich. Sodann entzündete ein Feuerstrahl das Glockenhaus der Augustiner, wobei das mit Blei eingedeckte Dach geschmolzen ist. Wäre nicht grosse Hilfe gekommen, das ganze Kloster wäre verbrannt.»

Ochs, Excerpte, p. 416f./Appenwiler, p. 334

Eiswinter

«Anno domini 1462 war es so kalt wie es in dreissig Jahren nie so kalt ward, fing an auf Thomastag (21. Dezember) mit gutem Schnee und auf Timotheustag (24. Januar) war der Rhein gar noch überfroren. Auf die Nacht mussten alle Zimmerleute und Knechte der Brücke zu Basel hüten und werken, damit das Eis die Brücke nicht wegstiess. Die Joche krachten, dass man es zu den Karthäusern hörte. Zwei Flösse, die da waren, um ein neues Joch zu machen, stiess das Eis hinweg. Folgenden Tages waren nicht mehr denn zwei Joche beim Rheintor ledig, zwischen denen das Wasser seinen Stromweg nehmen konnte. Zu Augst und Rheinfelden war der Rhein so überfroren, dass man mit Karren darüber fuhr. Auf 3. Februar vorgenannten Jahres dingten die von Basel 30 Knechte, die das Eis aufhackten und gab man einem 2 Schilling zu Lohn. Das Eis war von der Dicke eines halben Mannes. Die Knechte mochten es in 2 Tagen nicht verrichten und gross war die Arbeit und Sorge.»

Anno Dazumal, p. 297f./Wackernagel, Bd. II 1, p. 268/Ochs, Excerpte, p. 316

Ein Wetter von Donner und Blitzen

«Auf den St. Annatag 1468 ist zu Basel ein gross Wetter von Donner und Blitzen kommen, dergleichen noch nie gehört ward. Man hatte geglaubt unterzugehen, weshalb das Volk in grossen Schrecken kam. Das Wetter schlug in Oswald Strölins Schüren ennet Rhins, in den Rhein, in das Steinen Closter, in die Barfüsser Kirche und in das Spalen Tor. Es war in der Stadt grosses Leid und Kummer.»

Ochs, Excerpte, p. 422f./Appenwiler, p. 352/Ochs, Bd. V, p. 210

14 Wochen ohne Regen

«Im Jahr 1479 war ein warmer Sommer, und regnete es in 14 Wuchen nit. Es versiegten die Brunnen, dass grosser Mangel an Wasser war. Und war das Fleisch so rar, dass die Metzger von Basel hundert ungarische Ochsen nach Basel brachten.»

Ochs, Excerpte, p. 473/Bieler, p. 36/Gross, p. 125

Stehen drei Sonnen am Himmel, kommt Unglück ins Land, wird 1618 aus Anlass des Erscheinens eines «erschrockenlichen Cometen» in Basel warnend ausgerufen.

Von einem grossen Rhein

«Als man zählte 1480, um Magdalenatag, regnete es drey Tag und drey Nächt aneinander. Der Rhein ist so gross geworden, dass er die Ziegel uf der niederen Mure am Rhein in der Kleinen Stadt hinwegführte. Er war so hoch, dass ein Jeglicher die Händ möchte wäschen uf der Rhynbruck, und in der Schiffleuten Stuben ging man aus den Fenstern zu den Schiffen. In der Grossen Stadt fuhr man mit Schiffen und Weydlingen, und erging das Wasser am Fischmarckt über den Brunnentrog. Der Birsig war auch so gross. Am Kornmarkt und an der Gerbergasse waren alle Häuser voll Wasser. Auch fuhr man in der Kleinen Stadt mit dem Weydling bis gegen das Klingenthal, und hinauf bis zum obern Ziegelhof an der Rheingasse. Bis zu St. Clara waren die Keller voll Wasser. Der Rhein war übergebruckt mit zwey Schiffen, auf denen man darüber ging und mit Karren darüber fuhr. Der vorgenannt gross Rhein that auch grossen Schaden im Salzhaus. Das Wasser lief durch die Fenster hinein in die Salzkästen, so dass man bis zu den Waden im Salzwasser stand.» Wegen der nassen Witterung wurde der Wein sauer, und die Weinlese trat so späth ein, dass die Rebleute noch anfangs Novembris zu wimmen hatten. Es entstand eine zweyjährige Fruchttheuer. Die Strassburger holten Getreide in unsern Gegenden. Die armen Leute liessen das Kley wieder mahlen, mischten es mit Haber oder mit Bohnenmehl, und machten daraus Brod. Nicht nur das Regenwetter, sondern auch die Überschwemmungen, welche viele niedrige Gegenden verheerten, waren die Ursachen des Fruchtmangels.»

Ochs, Excerpte, p. 474ff./Bieler, p. 256/Wurstisen, Bd. II, p. 494/Gross, p. 126/Ochs, Bd. V, p. 214/Burgunder, p. 531/Wackernagel, Bd. II 1, p. 268/ Linder, II 1, p. 16/Klauber, p. 74

Hagelkörner wie Gänseeier

«1484 ist zu Basel ein solch grosses Wetter von Hagel entstanden, dass Steine wie Gänseeier oder Kieselsteine gefallen. Dadurch sind die Dächer sehr beschädigt worden, und ist der Schaden auf 6000 Gulden geschätzt.»

Scherer, p. 5

60 000 Gulden Schaden

«Anno 1487, auf St. Johannis und St. Paulis Tag, um die vierte Stund nachmittags, war ein gross ungestüm Wetter. Es fielen Steine vom Himmel so gross wie Hühner und Gäns Eyer. Es geschah grosser Schaden in der Stadt an Ziegeln und Fenstern von über 60 000 Gulden. Es blieb der zehnte Ziegel nit ganz uf den Dächern. Die Noth war so gross, dass man Schindeln us dem ganzen Land nach Basel brachte, bis man wieder zu Ziegeln kam: ‹Grösseren Hagel man in keiner Wyle nie gesach. Dann den, so zu Basel so vast Fenster und Täcker brach.›»

Ochs, Excerpte, p. 478f./Bieler, p. 36/Wurstisen, Bd. II, p. 506/Gross, p. 129/Wackernagel, Bd. II 2, p. 945/Offenburg, p. 318/Burgunderkriege, p. 535 und 539

Der Stein von Ensisheim

«Im Jahr 1492, den 7. Nov., um die elfte Stunde fielen bey Ensisheim, zwischen Colmar und Basel, zwey Meteorolithen oder Luftsteine (von Meteôros, hoch in der Luft, und lithos Stein.) Der grössere war bey drey Zentner schwer; der kleinere sah einer Salzscheibe, anfangs aber einem griechischen Delta ähnlich. Inwendig sah er wie Erz oder wie Schlacken von Eisen aus. Einer dieser Steine wurde in der Kirche aufgehangen, und wurde in der Folge fast rund, weil stets viele zum Wunder davon abschlugen und wegnahmen. Als diese Steine bey Ensisheim aus der Luft herab fielen, erschütterten zu Basel alle Glasfenster. Andere schrieben diese Erschütterung einem Erdbeben zu. Auf der öffentlichen Bibliothek soll ein altes Mönchenbuch darüber Bericht enthalten.»

Ochs, Bd. V, p. 210ff./Gross, p. 131/Bieler, p. 36/Wurstisen, Bd. II, p. 508

Warnung Gottes

«Anno 1501 kam zu Basel eine Warnung zu Gott. Es fielen nämlich allenthalben Kreuzlein und sonstige Zeichen von mancherlei Farben den jungen und alten Leuten auf die blosse Haut, auf Tücher und Hemder, dass es jedermann sehen konnte. Es war sehr erschrecklich.»

Ochs, Excerpte, p. 608/Gross, p. 135f./Lycosthenes, p. CCCCLXV

Kälte und Hagel

«Fiel umb Pfingsten 1502 eine grausame Kälte ein, dass die Vögel auss der Lufft herunder fielen. Es verschlug der Hagel alles, denn den 22. Juny fielen etliche Stein so gross als Hühnereyer.»

Diarium Basiliense, p. 46

Ich kan hie nicht fürgehen den grossen wunderlichen Stein, welcher im tausend vierhundert zwey und neunzigsten Jahr, Mittwochens den 7. Novembr. um Mittentag, mit einem ungeheuren Donnerklapf aus den Wolcken in das Feld vor Ensisheim im Obern Elsaß, gegen der Hart, mit solchem Getös herab gefallen ist, daß, wie Sebastian Brand damals geschrieben,

«*Ein unnatürlicher Kloss fället vor Ensisheim Anno 1492 vom Himmel.*» 1765.

Extreme Winterkälte

«1514 erhob sich eine scharfe und langwierige Winterkälte von St. Martinstag (11. November) bis auf Bekehrung (25. Januar). Dieselbige war um den 10. Tag Jänners also streng, dass die stehenden und fliessenden Wasser, welche zuvor lange Zeit keine Kälte überwältigt hatte, tief überfroren, weshalb die Mühlen stillstanden und man Ziehmühlen anstellen musste. Auf gemeldeten Tag gefroren die Eisschollen im Rhein so gewaltig zusammen, dass die Burger zu Basel am vierten Tag mit Pfeifen und Trommeln auf den zugefrorenen Rhein zogen und zum Gedächtnis darauf tischten (schmausten und tranken). Es ging auch alle Tage eine grosse Welt von jungen und alten Menschen über das Eis und rings um die Kapelle, so auf der Bruck steht. Es gingen gemeinlich nicht nur Mann und Weib ohne Sorg darüber, sondern man fing auch an, es mit Pferden zu wagen. Als eines Tages ein Müller aus der kleinen Stadt mit seinem Hengst darüber reiten wollte, sank er mitten auf dem Eis in die Tiefe; er hätte allda verderben müssen, wenn man ihm nicht bald zu Hilfe gekommen wäre. Am 24. Tag gemeldeten Monats fiel mildes Wetter ein, das aber den Rhein nicht zu öffnen vermochte, deshalben man sorgte, das gewaltige Wasser unter dem Eis verschlossen, möchte die Pfeiler erschüttern und der Brücke merklichen Schaden zufügen. Dem zuvorzukommen ward allen Fischern und Schiffleuten, dazu von jeder Zunft drei Mannen, geboten das Eis aufzuhauen. Mit grossen Sparren und langen Seilen machten sie mächtige Eisschollen ledig, von einer Stuben Breite, dass manchmal einer darauf blieb und ihn die Fischer mit dem Weidling holen mussten. Als sie in zweien Tagen unten herauf durch die Brücke zwei Joch geledigt (befreit) hatten, dass sich das Wasser ausgiessen konnte, ward das übrige Eis durch die einfallende Wärme von Tag zu Tag hingefressen. Eine Inschrift am Rebleutenzunfthaus in der Freienstrasse hielt das denkwürdige Geschehnis mit folgenden Worten fest:

Von der Pfalz bis zu Klingental
Bestund von der Kälte überall
Der Rhein, darauf man tanzen pflag,
Dasselbig währet auf acht Tag,
Da zählt man fünfzehnhundert Jahr
Vierzehen darzu, das ist wahr.»

Anno Dazumal, p. 298f./Wurstisen, Bd. II, p. 550f./Ochs, Excerpte, p. 310/ Ochs, Bd. V, p. 421/Gross, p. 143/Buxtorf-Falkeisen, 1, p. 30/Ryff, p. 20/ Röteler Chronik, p. 199/Wackernagel, Bd. II 1, p. 268/Linder, p. 2v

Platschregen

«Den 29. Junii 1520, auf Petri und Pauli, erhub sich um Mitnacht mit Wolckenbrüchen und Platschregen ein schröcklich und gar nahe unerhörtes Wetter. Der Birsick ward in einer Stund also gross, dass er den Schwiebogen seines Eynflusses samt der Stadtmauer durch die herzugetriebenen Höltzer darnider stiess. Desshalb alle Häuser in Steinen Vorstadt im Wasser stünden, und ein Wassersturm angieng. Am Fischmarkt fiel ein Haus ein.»

Gross, p. 148f./Bieler, p. 256

Seltsames Feuergesicht

«Zinstags den 23. November 1520 erschien Abends nach acht Uhr ein seltsam Meteorum oder Feuergesicht in der Luft, war ein langer schiessender Strom, gleich einer fliegenden Flammen, der ein Glanz gab, als wann der Mond leuchtete. Die Naturkündiger nennen solche Entzündungen ‹Lanceas ardentes›. Plinius ‹Bolides›, das ist, brennende Speer und Wurfspiess. Oder, wann die Materie etwas grösser ist, Feuerbalcken.»

Wurstisen, Bd. II, p. 566/Gross, p. 149/Linder, p. 7/Ryff, p. 25

Ein gesegnetes Jahr bei sonst böser Zeit

«Bei Alle Dem soll man wissen, dass dieses Jahr 1525 trotz so vieler Unglücksfälle und so vielem Jammer, der auf Allen insgesammt drückend lastete, doch an reicher Fülle des Weins, Getreides, der Baum- und Feldfrüchte überfloss. Die Luft blieb hell und milde; wenig Blitz und Donner geschahen. Ein Mal nur am Pantaleonstag ist starker Hagel um Basel plötzlich gefallen. Sonst war keine Klage über Unfruchtbarkeit. Siehe, wie wundersam gütig Gott ist, der diesen so blutarmen Bauern seine Barmherzigkeit nicht vollends entzogen, sondern sie mit diesem Troste etwas aufzurichten gewürdigt hat. Gleichwohl geschah bei solch wilder Verwüstung viel Schaden für Vieh und Früchte, und viel Wein ging zu Grunde durch

Zu Beginn des 16. Jahrhunderts kam es in Basel «zu einer Warnung Gottes, indem allenthalben Kreuzlein und sonstige Zeichen vom Himmel den Leuten auf das Haupt fielen».

«Oberhalb dem Dorf Tachsfelden entspringt die Birs, fleusst durch das Münsterthal herab, bey Rennendorf ins Telschberger-Thal, von dannen durch das Lauffenthal und läret sich nicht weiter oberhalb Basel in den Rhein.»
1765.

die tobenden berauschten Aufrührer, was aber nach der Hand auf ihr Haupt zurückfiel.»
Literarische Beilage zum Intelligenz-Blatt der Stadt Basel, 20. August 1853/ Buxtorf-Falkeisen, 1, p. 53f.

Drei Sonnen
«Im Jahr 1528 sind drey Sonnen in zwey Regenbogen gesehen worden. Damals ist der Schmalkaldische Bund angegangen, sagt der Pfarrer Gross. Dieser erklärt aber nicht deutlicher, was er darunter versteht: ob die drey Sonnen, die drey Confessionen, und die zwey Regenbogen, die zwey Parteyen, die Katholiken und die Evangelischen, bedeutet haben sollen.»
Ochs, Bd. V, p. 754

Von einem grossen Birsig
«Anno 1529, Montags, den 14. Tag Brachmonats uf die neunte Stund vormittags, ward der Birsig an den Steinen unversehnlicher Wassergüsse halber so gross, dass alle Häuser und das Closter an den Steinen im Wasser standen. Das Wasser lief zum Eselstürmlein hinein, durch das Barfüssercloster und die Gerbergasse gegen den Kornmarktbrunnen. Dann hinter der School durch die Häuser, beim Imbergässlein durch die Gasse gegen den Fischmarkt und von dort in den Rhein. Vom Eselstürmlein bis zum Rhein waren alle Gemach mannshoch voll Wasser. Es war so gross und stark, dass es ein geladen Schiff hat tragen können. Auch die School war voll Wasser, so dass die Fleischbänk und die Trög empor schwummen. Uf dem Fischmarkt hat es das Besetz ufgeflözt und hinweggefressen. Als Etliche beim Steinen Thor den Rechen wollten aufziehen, brach das Gewölb, so dass sie in das Wasser fielen, wobei etliche ertranken. Es ertranken auch in etlichen Häusern Ross, Schwein und Hühner. Das Wasser that der Stadt an Mauern, Gewölben und Brukken grossen Schaden, auch den Bürgern an ihren Häusern und Kellern. Es regnete ein Tag und eine Nacht ohne Unterlass.»
Ochs, Excerpte, p. 261 ff./Bieler, p. 257/Wurstisen, Bd. II, p. 623/Ryff, p. 102 ff./Gross, p. 161/Ochs, Bd. VI, p. 15/Linder, s. p./Buxtorf-Falkeisen, 1, p. 77/Klauber, p. 75f.

Von einem andern grossen Birsig
«Anno 1530, auf den vierten Tag Heumonats, am St. Ulrichstag um die vierte Stunde nachmittags, ward der Birsig abermals so gross, wie vorstehend. Er war so hoch, dass er beim Steinen Thor von einem Berg zum andern ging. Er that der Stadt und den Bürgern abermals trefflichen, grossen Schaden. Auf dem Kornmarkt-Brunnstock hat man kürzlich einen köstlichen, gewappneten Harnischmann von Stein gesetzt, mit einem Banner in den Händen. Dieser ist ins Wasser gefallen und in Stücke

zerbrochen. Auch hat der Birsig viel Grien in die Stadt geführt, dass es mannshoch dalag, so dass man 2000 Tragbärren voll in den Rhein schütten musste. Darnach hat der Rath erkannt, dass man vom Steinen Thor bis gegen Binningen auf beyden Seiten Kripfen anschlage und dass man hinter diese Kripfen Grien schütte, damit das Wasser kein Grien mehr in die Stadt führe. Auch wurden beyde Seiten mit jungen Weidstöcken besetzt, damit die Staden mochten erhalten werden. Alle Zünfte und Gesellschaften mussten wie der Stadt Landschaften mit Trogkärren fronen. Es gingen grosse Kosten von 8000 Gulden darauf. Es wurde deshalb eine Wasserordnung erlassen mit Sturmglocken, damit das Volk bei der Sturmglocke mit Haken, Äxten und Seylen herbeilaufe, wie bei Feuersnoth.»

Ochs, Excerpte, p. 265ff. / Linder, s. p. / Gross, p. 162 / Bieler, p. 257 / Wurstisen, Bd. II, p. 625 / Buxtorf-Falkeisen, 1, p. 80f. / Ryff, p. 112 / Klauber, p. 76f.

Grosse Kälte und viel Schnee
«Anno 1531 fiel vor Weihnachten ein grosser Schnee. Nach Valentinstag fing es wieder so zu schneyen an, dass der Schnee über ein Knie hoch lag. Im Hornung fiel dann während 14 Tagen ein grosser Schnee und lag einen halben Mann hoch. Viele Dächer und Häuser wurden eingedrückt, und viel Wild und Vögel gingen ein. Der Schnee lag bis im März.»

Ochs, Excerpte, p. 257ff. / Ryff, p. 139

Von einem grausamen Hagel
«Anno 1531 kam ein grausamer grosser Hagel, so dass Steine fielen, so gross wie kleine Hüner Eyer und grösser. Es stunden die Reben trefflich hübsch, und that der Hagel grossen Schaden an Trüblen und an Holz. Und wer ein Juchart Reben hatte, las unter den Stöcken auf bis er ungefähr ein halb Fuder Wein machen konnte. Der Wein an den Stöcken wurde fast nicht genommen.»

Ochs, Excerpte, p. 256f. / Ryff, p. 130 / Gross, p. 170 / Linder, s. p. / Gast, p. 187, 193

Von einem heissen Sommer
«Das Jahr 1540 nennt man den heissen Sommer, weil es von Hornung bis auf Andrea (30. November) alle Monat trocken und heiss gewesen ist. Es war ein so heisser Sommer, dass niemand gedenken mochte, dass es in dieser Zeit nit über 10 Tage geregnet hat. Es war grosser Mangel an Wasser: Die Wiese lag trocken und der Birsig war klein. Der Rhein war so klein, dass es von der Kleinen Stadt bis zum Käppelijoch ganz trocken war. Ebenso hinauf bis zur Cartaus und bis hinunter bis gegen Klybeck. Auf der andern Seite vom Birsig bis zur Pfalz. Die Büchsenschützen hatten ihre Schiessen auf der Griene (Insel) bei der Pfalz, vor dem St. Johanntor und beim Käppelijoch im Kleinbasel. Weil nur noch wenige Mühlen mahlen konnten, war grosser Mangel an Mehl. Dafür gab es trefflich vielen Wein, wie zuvor noch nie geschehen.»

Ochs, Excerpte, p. 294ff. / Scherer, p. 13 / Buxtorf-Falkeisen, 2, p. 61

Ohne Tageslicht
Am 24. Januar 1544, «zwischen 9 und 10 Uhr vormittags, verlosch der Sonnenschein. Und wurde es so finster, dass die Schreiber im Rat nicht lesen konnten, so dass sie ein Licht in der Ratsstube haben mussten.»

Scherer, p. 13 / Ochs, Bd. VI, p. 502f. / Scherer, II, s. p. / Linder, II 1, p. 548f.

Vom Blitz getötet
«Ein vornehmer Herr aus Savoyen, wie es heisst, ein Gesandter an Kaiser Karl V., verliess 1545 die Stadt durch das St. Johannstor samt einem Diener, der sein Maultier führte, und geriet in ein furchtbares Gewitter, in dem Herr und Diener von einem Blitzstrahl getötet wurden. Man fand später beide tot auf dem Feld: ein wirklich tragischer Fall.»

Gast, p. 223 / Scherer, II, s. p.

Furchtbare Kälte
«Eine furchtbare Kälte brachte im Mai 1546 Schwalben, Mauersegler und Störche um, so dass sie überall tot zur Erde fielen und dass aus den Nestern die toten, noch nicht lang ausgebrüteten Störche herausgeworfen wurden.»

Gast, p. 267

Hagel in der St.-Johanns-Vorstadt
«Als 1550 Valentinus Boltz, Pfarrer im Spital, das Spiel ‹der Weltenlauf› zu Predigern probte, schlug der Hagel

Der chronikalische Eintrag von 1557 über die verheerenden Überschwemmungen im Jahre 1530 weist bereits auf die am Rathaus angebrachte Gedenktafel hin.

fast alle Fenster in der St. Johann Vorstadt auf der rechten Seite ein.»
Linder, II 1, p. 18

Regenbogen und Sonnen
1554 sind am selben Tag «drei schöne Regenbogen gestanden und an etlichen Orten auch drei Sonnen gesehen worden».
Brombach, p. 36

Weihnächtliches Donnerwetter
«Den 24. Xbris 1565 an der heiligen Weyhnacht hat man zu Basel umb 9 Uhr ein erschröcklich Donnerwetter mit Hagel und Blitzen gehabt, das eine Stundt lang gewähret.»
Linder, II 1, p. 522

Schreckliche Erschütterung
«Im 1572. jahr, erzeiget sich den ersten tag Brachmonats ein Erdbidem zu Basel, welcher nicht ohne sondern schräcken etliche Camin, unnd vom Münster Sanct Georgen mit andern grossen Steinen herab warffe. Bald darnach umb Marie geburt erzeiget sich der Erdbidem zu Strassburg unnd anderswo wider, jedoch gnediger. Eben in disem jahr auff Bartholomei ist das grewliche Blutbad, welches jederman bekant ist, zu Pariss beschehen.»
Johann Georg Gross, p. 9 / Wieland, s.p.

Trübseliges Jahr
«Diss ablauffende trübselige 1614. jahr, hat uns Gott der Herr schon zum zweyten mal durch Erdbidem angeklopft unnd auffgemuntert.

Sonsten hat Gott d HErr sein Gericht vnd heimsuchungen / auch durch andere Zeichen mehr ankünden vnnd dräwe lassen; dan weil allerhand sünden manigfalt im schwäg gehen / als will vns der barmherzige GOTT manigfaltiger weiß zu der Buß vnd besserung rüffen: Wie dann der kläglich vndergang

«Weil uns der traurig Cometstern Krieg, Theuerung und Pest droht gern, so bet' man, dass der liebe Gott um Christi Will' uns helff aus der Noht.» 1619.

Erstlich in der Nacht des 17. tags Februarii, da sich ein Pulsus erzeigte, das ist, ein solchs Erdbeben, dass sich die Erden obsich und nidtsich liess.
Darauff sind erfolget in Teutschen und Welschen, Obern unnd Nidern Landen vil trawrige Sachen, insonderheit grosse Unruhen, und Auffruhren: welche, weil sie noch jedermann in guter frischer gedächtnus sind, allhie wol mögen underlassen werden. Dessgleichen ist auch mitgefolgt grosse und schwere Thewrung hin und wider, welche leider noch zur zeit auch bey uns wäret. Gott wöll dieselbige, wie auch anders erschröckelich Ungewitter, so sich hin und her, Kriegs Leuffen halben, erzeigt, gnediglich miltern, stillen, und umb der ehren seines H. Namens willen abschaffen: oder zu dem, das er uber uns verhängt hat, uns unuberwindtliche gedult verleihen.
Demnach, und zum andern mal, hat sich ein vil erschröcklicher Erdbidem, Tremor genant, den 24. Septembr. nach Mitternacht erzeigt, da mit grossem brasslen die Erd, und hiemit alle Gebew, von einer seiten zur andern erschüttet worden. Ohne zweiffel hat Gott hiemit anzeigen wöllen, dass jhm rechter ernst seye, unsere Hertzen zu erschütten, und auffzumuntern vom Schlaff unserer Sünden, damit wir nicht in demselbigen, durch ein unversehen erschröckelich gericht und straff des Herren, sterben und verderben.»
Johann Georg Gross, p.10 / Falkner, p.44 / Gross, p.240

Wunderzeichen
1629 ist die Sonne um die Mittagszeit von einem grossen gelben Kreis, vergleichbar dem Gelb an einem Regenbogen, umfangen worden. Sodann ward auch ein weisser Kreis gesehen, der den gelben Kreis durchschnitt und die Sonne berührte. Des Abends sind noch unterschiedliche Feuer wie feurige Kugeln vom Himmel gefallen. Alles ist von vielen Leuten beobachtet worden. Nach dem Sonnenkreis hat sich ein starker Regen eingestellt, der überaus grossen Schaden anrichtete, wobei Stege weggeschwemmt wurden und zahlreiches Vieh ertrank. Auch trat der Rhein über die Ufer, so dass man bei der Schiffsländ mit einem geladenen Schiff ins Wirtshaus ‹Zur Krone› fahren konnte.
Richard, p. 157

Von einem grausamen Wasserguss
«Als man zelt sechzehenhundert, auch neun und zwentzig Jahr, hört zu mit grossem wunder, was ich anzeig ist wahr, am heiligen Pfingstabend, ist geschehen als ich sag, bey Wallenburg merck eben, hat sich die gschicht begeben, o weh der grossen klag.
Die allda ist geschehe, wol in der Bassler land, darauff so mercket ebe, ein Dorff Hölstein genannt, daselbst da thet es geben, ein Wätter gar schröcklich, ja jederman in

summen, meine der Jüngsttag werd kommen, es weinet Arm und Reich.
Es thet gar grausam Regnen, ein Wulckenbruch auch war, das wasser in den Bergen, thet sich versamblen gar, thet d Häwheusslein zerreissen, Saghölzer trug es fort, ein Weyer es durchfressen, ein theil wolten z Nacht essen, schreyten Mord über Mord.
Das Wasser thet sich samblen, und namb auch seinen lauff, viel Holz trug es zusammen, gar ein schröcklichen hauff, in vorgemeltes Dorffe, viel Häuser es nider stiess, ettlich Menschen ertruncke, wol zu der selben stund, in disem Wasser tieff.
Dann es that schröcklich wallen, käm grausam daher, die Menschen flohen balde, der Todt war jhn nit fehr, viel mochten nit entrünnen, das wasser sie hin nam, sie mussten schröcklich baden, Gott wöll sie dört begnaden, es sey Weib oder Mann.
Acht Häuser hats genommen, und weg geführet gar, zehen Menschen sind umbkommen, in diser grossen gfahr, hand jhr leben auffgeben, in diser Wassers noht, dann es gar schröcklich ghauset, dass manchem darab grauset, der es gesehen hat.
Viel Vych ist auch ertruncken, sag ich bey meiner trew, so gar ein grosse summen, von Rind, Schaffen und Schwein, und hat gar viel geschendet, von Gütern in dem Thal, mit stein und holtz dermassen, verführt all weg und strassen, allenthalb überall.
Ein Berg nit weit darvone, die Wasserfall genandt, man thut auch drüber gahne, ist jederman ist jederman bekant, an einem ort besonder, wol gegen disem Thal, ein gross stuck that einreissen, sich von dem Berg schleissen, gschach auff die stund da zmahl.
Der ober Schmid fürwahre, der hat drey kleine Kind, das wasser kam dahere, riss ein die Schmitten gschwind, der Schmid kont kaum entrünnen, und lieff hinauff ins Hauss, schreyt meine liebe Kinder, wir müssen all ertrinkken, unser leben ist auss.
Sie schreyen uber dmassen, und klagten jhre sünd, o Gott uns nit verlasse, wir sind ja deine Kind, wir thund dich trewlich bitten, dein gnad nit von uns wend, erbarm dich über uns alle, führ uns ins Himmels Sahle, an userm lersten end.
Sie thaten als verscherzen, Leib, Leben, Haab und Gut, haben Gott fleissig betten, als einer billich thut, drumb hat er sie erhalten, errettet auss der noht, o Gott thu uns behüten, vors Teuffels list und wüten, vor dem ewigen todt.
Man kont jhn nit zhilff kommen, in diser grossen gfahr, o meine Christen fromme, was ich euch sag ist wahr, man kont kein Vych ausslassen, was in den Stälen war, musst als in häusern bleiben, mit sampt Kinden und Weiben, biss es fürüber war.
Der schaden so geschehen, wenn man jhn zahlen solt, es wer darfür zu geben, mehr dann zwo Thonnen Gold, aber das ist geschehen, Gott hats so wöllen han, andern zum augenscheine, dem grossen wie dem kleinen, ja beyden Arm und Reich.
O Gott thu uns nit straffen, nach unsern Sünden gross, ob wir schon hand verschlaffen, dein Gebott ohn underloss, hand alle zeit gelebet, in aller üppigkeit, hand Gottes wort verachtet, auch nit darnach getrachtet, wird uns noch werden leid.»

Zwo warhafftige Zeitungen, 1629 / Richard, p. 166 / Chronica, p. 137 / Buxtorf-Falkeisen, I, p. 74 / Linder, II 1, p. 544

In der Wohnstube vom Blitz getötet
1641 «schlug das Wetter in ein Haus an der Spiegelgasse und tötete eine junge Frau, Rudolf Enderlins hinterlassene Tochter. Diese hatte erst 4 Wochen zuvor mit einem Küeffer Hochzeit gehalten.»

Battier, p. 471 / Linder, II 1, p. 50

Feurige Drachen
«1644 sah man abends nach 9 Uhr einen feurigen Drachen über die Stadt fliegen, der einen geschwinden hällen Glanz abgab. Auch sah man andere Meteora mehr in der Luft. 1646 sah man wiederum feurige Drachen über die Stadt fliegen.»

Baselische Geschichten, p. 45 / Scherer, p. 30

Entsetzlicher Sturmwind
«1645 wütete ein entsetzlicher Sturmwind über die Stadt, so dass Tausende von Bäumen gebrochen oder entwur-

Anno Christi 192. sind beyde am Himmel vnd auff Erden beygesetzte Wunder/võ zwo Sonnen/zwen Mond/brennenden Sternen / vnd võ Mißgeburtē/Menschen mit zwen Köpffen/Item Leiber vnder einem Kopff/seltzame Thier/vnd dergleichen gesehen worden. Darauff die arme Christenheit/vnder dem abtrünnigen Keyser Iuliano gar jämerlich geplagt vnd verfolgt worden / vnd sich ansehen ließ/ als wurde die Kirchen gantz außgedilget werden.

«Über andere Wunderzeichen, damit Gott, der Allmächtige, der unbussfertigen, bösen Welt sein gerechtes Gericht drohet.» 1619.

zelt, Dächer abgehoben, Schornsteine niedergeworfen, Ziegel ‹gleich Schaaren von Krähen und Flügen von Tauben› durch die tosenden Lüfte flogen und die Flecklinge der Rheinbrücke aufhoben und wie Strohhalme zerstoben. Auf dem Petersplatz stürzte das Ballenhaus über den Haufen und in der neuen Vorstadt die Mauer des Platter'schen Lustgartens. Der in der Stadt allein verursachte Schaden wurde auf mehr als hunderttausend Gulden geschätzt, zu Stadt und Land zusammen über eine Million.»

Historischer Basler Kalender, 1888/Hotz, p. 357/Scherer, II, s. p./Hui, p. 45/ Basler Chronik, II, p. 105/Ochs, Bd. VI, p. 677/Buxtorf-Falkeisen, 5, p. 34/ Linder, II 1, p. 511

Acht Erdstösse

«1650 verspührte man 8 Erdstösse: den 15. März des Nachts zwischen 11 und 12; den 2. May um die Mittagszeit, wo die Dachziegel hin und wieder herunter fielen; den 26. Heumonats Nachmittag um 2 Uhr, mit starken Erschütterungen, und dumpfem Getöse; den 11. September, eine starke Minute lang, also, dass viele Kamine einfielen und die Glocken in den Kirchthürmen anschlugen; den 16ten des gleichen Monats, um 6 Uhr Abends, zwey Stösse auf einander; den 18. und 20. Weinmonats, und den 9. Wintermonats, mit starkem Gemurmel und Geheul auf dem Felde. Den 8ten und 15. Jenner, wie auch den 12. Hornung des folgenden Jahres verspürte man noch Erdstösse. Da nun der Mensch sich so leicht vor dem Tode fürchtet, als wenn er sich bisweilen unsterblich glaubte, so war der Schrecken unbeschreiblich. Ein ausserordentlicher Buss- und Fasttag wurde den 17. November gefeyert.»

Ochs, Bd. VII, p. 11/Scherer, p. 48f./Rippel, 1650/Beck, p. 81/Battier, p. 479/Scherer, II, s. p.

Der Rhein bedroht den Barfüsserplatz

Im November 1651 «fing der Rhein dergestalten zu wachsen an, dass er in die Kleine Statt hinein luff. Bey dem Gasthaus zur Crone (an der Schifflände) stund das Wasser ein manns hoch. Ging bis an die Schiffleutenzunft. Stunden die Häuser so weit im Wasser, dass man zu den Einwohnern mit Weidlig fahren und zu den Stubenfenstern eyn und aussteigen konnte. Ein Bauernhaus samt einer Salmenwaag (Fischergalgen) fuhr den Rhein hinab. Die hölzernen Joch der Rheinbruck stunden in höchster Gefahr, wurden aber vermittelst grosser Quadersteine beschwert. Der Rhein schwellte sich bis zum Barfüsserplatz hinauf, allwo er 2½ Schuh hoch war.»

Scherer, p. 51/Hotz, p. 374/Beck, p. 82/Battier, p. 479/Scherer, II, s. p.

Unleidliche Hitze und Wassergrössen

«Im Julj 1652 war eine unleidliche Hitz, deswegen viel Menschen verschmachtet, darauf fast täglich schwere Hagelwetter erfolgt, davon den 18. Sonntag Morgens umb 6 Uhr der Birsig wegen grossen Wassergüssen, so sich dermalen in dem Leimenthal erhebt, dergestalten zu wachsen angefangen, dass er in einer halben Stund die steinernen Gewölber beinahe ausfüllete und bis an den neunten Tritt gemeiner steiner Stegen an der weissen Gassen hinaufstiege; bei der innern Steinenbruck riss er von Herrn Johann Wenzen Haus, zur Kronen genannt, den besten Theil seiner Gartenmauern darnieder, übergoss beide Mäuerlein der Drehrahmen und führte aus dem einsten Graben mehr als zwölf Klofter Holz hinweg, that an underschiedlichen Fundamenten und Landvesten innert der Stadt grossen Schaden, und obgleich auf dem vorher erwachsenen grossen Rhein die lothringische Völker in das Sontgau genistet, so hat doch der liebe Gott diese ungewöhnliche Wassergrössenen, dergleichen bei 120 Jahren nicht gesehen worden, neben dem nächst vorhergegangenen Zornzeichen des grausamen Ungewitters und Strahls, so ein lobliche Stadt Zürich erlitten, ingleichen die bei einem Monat zuvor gedachte fast täglich zugesandte Hagelwetter bei uns zu keinem grossen Unheil erschiessen lassen, sondern es war im September ein überaus grosser Herbst, denen auch ein sehr reiche Ernd vorhergegangen.»

Riggenbach, p. 18f.

Johann Stumpf berichtet 1548 in seiner «kurtz vergriffne Chronica Germanie» über die katastrophalen Hochwasser und den schrecklichen Hagelschlag, die Basel in der ersten Hälfte des 16. Jahrhunderts heimsuchten

Hagelsteine über Liestal

1653 «ist ein solch schwer Hagelwetter entstanden, dass – obwohl es die Statt Basel nicht berührt hat – die benachbarten Dörfer Blotzheim, Hofstetten, Gempen, Muttenz, Aesch und Eptingen zimlichen Schaden in Feld und Reben davon erlitten. Fürnemlich aber hat Gott die Statt Liestal dieses Hagelwetter allermeist fühlen lassen. Daselbst sind Hagelsteine, gemeinlich 2 und 3 Pfund schwer, niedergefallen. Den Gütern hat es gar wenig, aber der Statt an Dächern und Fenstern mehr als über 14 000 Gulden wert Schaden getan. Es war ein solch Getöss und Prasseln, dass die ergelsterte und erschrockene Bürgerschaft sich nichts anderes als den Jüngsten Tag eingebildet hat. Und weil kein Doppelgemach sie sichern konnte, haben sich die Leute samt den Soldaten von der Garnison meist in die Keller salviert. Dabei haben sie theils erkannt, dass Gott ein strenger Rächer ihres an der von Gott geordneten hohen Obrigkeit begangenen Meyneids sey (Bauernkrieg).»

Scherer, p. 54f./Rippel, 1653/Beck, p. 84/Baselische Geschichten, p. 72/ Battier, p. 480/Scherer, II, s. p.

Grausamer Klapf

1661 «erhob sich ein schweres Ungewitter mit Donner, Blitz und Hagel. Tat einen grausamen Klapf und schlug den obersten Kopf an dem hohen Turm des Münsters, so bey 80 oder mehr Pfunden schwär, mehrenteils hinweg. Durch dessen Einfall sind einige Sprossen an dem Turm sehr beschädigt worden. Auch hat es ein grosses Loch neben der kleinen Porte gegeben. Auf dem von Bachsteinen erbauten Gewölb ist gedachter Stein liegengeblieben. Ist noch dieses Jahr ein anderer gesetzt, auch alles übrige repariert worden.»

Scherer, p. 88f./Scherer, II, s. p.

Monatelanges Regenwetter

Der Rhein wuchs 1663 «vom beständigen Regenwetter, so vom 26. Mai bis zum 30. August fast Tag und Nacht währte, so stark, dass er bis an die vordere Türe des Gasthauses zur Krone sich ergoss und die neue erbaute Schifflände und die Salmenwaage überlief.»

Scherer, p. 111/Scherer, II, s. p.

Erschrecklicher Komet

«1664 ist ein erschrecklicher Comet mit einem lang ausbreitenden Schweif, der gegen Mittag zog, gesehen worden. Zwölf Tage hernach wendete er sich mit dem Schweif gegen der Sonne Aufgang. Er wurde am Himmel unseres Horizonts während 30 Nächten gesehen. Deshalb ist auf den 5. Januar 1665 zu Stadt und Land wie auch in den übrigen evangelischen Orthen der Eidgenossenschaft wiederum ein Fast-, Bet- und Busstag gehalten worden.»

Scherer, II, s. p./Lindersches Tagebuch, p. 115/Wieland, p. 293/Hotz, p. 398/ Scherer, p. 117f./Beck, p. 93f.

Trockener Sommer

«1669 war ein so trockener Sommer, dass viele Brünnen versiegten und im Kleinbasel von allen Mühlen sich nur noch drei Räder drehten. Auf dem Land war grosser Mangel an Wasser. Daher mussten die Leute 10 Stunden weit in die Stadt kommen, um ihr Korn zu mahlen. So von Bennfeld, Schlettstadt und Colmar. Der Rhein war so klein, dass gegen das Gesellschaftshaus zum Hohen Dolder über der St. Albanvorstadt ein Werklin entstanden ist, auf welchem die Vorsteher 2 Lauber Hütten aufrichteten und ein Schiessen mit Feuerrohr anstellten.»

Battier, p. 488/Hotz, p. 485/Baselische Geschichten, p. 109/Bieler, p. 75/ Wieland, p. 336/Stuckert, s. p./Baselische Geschichten, II, p. 79/Basler Chronik, II, p. 151/Linder, II 1, p. 205

Schwerer Eisgang

In den ersten Januartagen 1670 trieb «das gelöste Eis grosse Stücke und Schämel wider die Joch der Rheinbruck. Gegen Tag führte es die Henki (an welcher die Holzflosse am Ufer festgebunden wurden) hinweg, und fuhren gegen 200 Klafter Buchenholz, denen von Breitenbach gehörig, den Rhein ab. Die Not war mächtig.»

Basler Jahrbuch 1917, p. 216/Wieland, p. 338/Baselische Geschichten, p. 109/Baur, p. 2/Chronica, p. 219f./Basler Chronik, II, p. 152

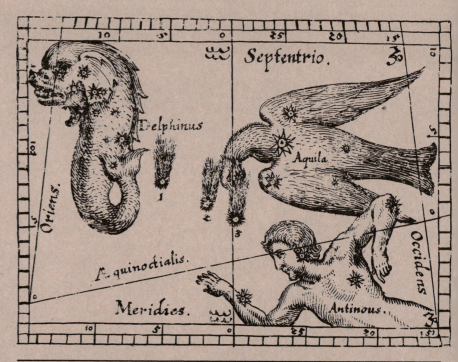

Illustration des 1661 von Dr. Megerlin vor den Mitgliedern der Universität gehaltenen «Matematischen Discurs von dem jüngst erschienen Cometen».

Kleiner Rhein

«1672 war der Rhein so klein, dass die Küfer am Äschenmittwoch nach alter Gewohnheit mit ihren Fässern bei der Roßschwemme im Kleinbasel schnurstracks gegen das Käppelijoch gehen und den dort aufgesteckten Mayen zweimal umkreisen konnten.»

Battier, p. 488 / Wieland, p. 351 / Baselische Geschichten, p. 112f. / Stuckert, s. p. / Basler Chronik, II, p. 155 / Linder, II 1, p. 208

Hochwasser

«1673 war der Rhein so gross geworden, dass er in der Kleinen Stadt über die Zinnen geloffen ist. Auf der Rheinbruck musste man mit einem Gätzi (Schöpflöffel) Wasser schöpfen. Auf dem Fischmarkt stunden beyde Brunnstöck wie auch die Schelmen Bank völlig unter Wasser, so dass man mit Waidling herumfahren konnte.»

Battier, p. 489 / Wieland, p. 360 / Hotz, p. 525 / PA 564 E 1, I / Basler Chronik, II, p. 157f. / Linder, II 1, p. 209

Rutsch am Weiler Berg

«Wegen beständigen Regenwetters sank 1673 der Weiler Berg gegen 300 Schritt lang, so dass viel Jucharten der

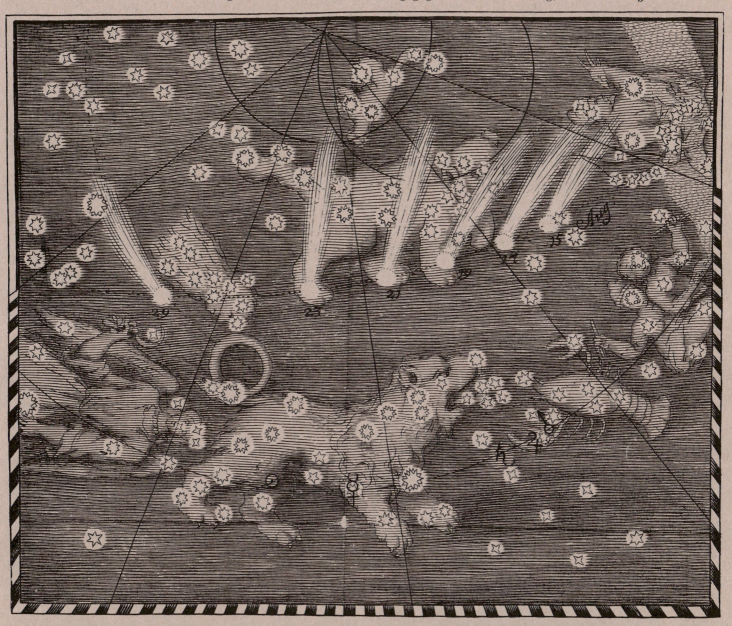

«*Eygendtliche Abbildung des in dem Augst- und Herbstmonat dieses 1682. Jahrs durch gantz Europam gesehenen Cometen, von Theodor Zwinger, der Artzney Doctor, und Johann Jacob Thurneysen, Kupffer-Stecher.*»

besten Reben zu Grund gingen. Dazu haben auch die verborgenen Brunnquellen beigetragen.»
Basler Chronik, II, p. 157/Baselische Geschichten, p. 116

Starkes Erdbeben
«Gott erbarme sich unser. Sonntag, den 6. Dezember 1674, ein Viertel vor 9 Uhr, als die Leute in der Morgenpredigt waren, geschah urplötzlich ein sehr starker Erdbidem, dergleichen bei Mannsgedenken nicht erhört und weit und breit im Land verspüret worden. Die Leut zu St. Leonhard und im Münster sind haufenweis davon geloffen. Die Kirchen und Gebäu haben gezittert, gewanket, und der Erdboden hat sich beweget, die Glocken zu St. Martin und im Münster haben angeschlagen. In summa, es war ein sehr grosser Schrecken und Jammer unter uns. Seine Bedeutung ist Gott bekannt. Der gebe, was zu seiner Ehr und seiner bedrängten Kirchen Heil dienen wird.»
Basler Jahrbuch 1917, p. 242/Beck, p. 97/Baselische Geschichten, p. 120/ Scherer, p. 133f./Buxtorf-Falkeisen, 3, p. 28/Baur, p. 21/Stuckert, s. p./ Battier, p. 489/Scherer, III, p. 128f.

Schreckliches Unwetter im Baselbiet
1680 ging im Baselbiet ein «unerhörter Wolkenbruch nieder, wodurch die Wasser in allen Tälern also angeloffen, dass sie an Feldern und Gebäuden merklichen Schaden anrichteten. Zu Diegten lag ein Mann, der ein Bein gebrochen hatte, im Bett. Als das Wasser kam, legte sich der Barbierer, der ihn verbunden hatte, zu ihm ins Bett. Beide wurden samt dem Bett bis an die Bühne empor gehoben. In einem andern Haus musste eine Frau ihr Kind in der Wiege auf ihren Kopf nehmen, weil das Wasser ihr bis an den Hals reichte. Sie musste so stehen bleiben, bis das Wasser wieder verloffen war. Zu Sissach erlitt die Zollbrücke grossen Schaden. In der Nacht fiel noch ein grosser Hagel. Es gab Steine wie Hühner- und Gänseeier, die alle Feldfrüchte in den Boden verschlugen. Der Jammer und das Elend waren über alle Massen gross.» Trotz den grossen Verlusten der Landleute war der Rat nur zu einer bescheidenen Reduktion der Zehnten bereit, entsandte aber immerhin noch den städtischen Steinmetzmeister zur Reparatur der Brücke nach Sissach.
Wieland, p. 382f./Ratsprotokolle 54, p. 345v

Wunderzeichen am Himmel
«1687 war ein Wunderzeichen am Himmel zu sehen: Es erschien eine hell glänzende Wolke in Form eines Tannenbaums, der aber erschrecklich anzusehen war. Nach und nach zog sich der Baum zusammen und barst dann mit einem grossen Knall. Alles verging augenblicklich.»
Baselische Geschichten, p. 142

Unwetter erschlägt gegen 20 Menschen
1690 hat «ein grosses Ungewitter gegen 20 Personen bei Reigoldswil samt vielen fruchtbaren Bäumen umgebracht. An den Jochen der Rheinbrücke entstand so grosse Not, wie man sich seit Menschengedenken nicht erinnern konnte.»
von Brunn, Bd. II, p. 362/Scherer, p. 162/Beck, p. 103/Linder, II 1, p. 239

Finsternisse bringen Schnee
«Vom 23. Januar bis auf den 7. Februar 1692, da sich zwo Finsternussen, eine an dem Mond und die andere auf bedeutete Zeit an der Sonne begeben, ist ein solcher tiefer Schnee ohne sonderliche Kälte gefallen, den kein Mann so tief erdenken mag. In der Stadt lag er an vielen Orten eines Kneus tief und konnten die Fuhrwägen der Tiefe des Schnees nicht fortkommen; ist zwar nach der letzten Finsternus umb etwas geschmolzen, aber bald darauf ein anderer erfolgt, jedoch ohne gross Gewässer nach und nach wieder abgegangen, der Samen im Feld aber davon grossen Schaden erlitten und weit hinaus Reifen verspürt worden, daher die Reben einen späten und nassen Blühet bekommen, mit kühlem Regen. Die Frucht und das Obs geriethen dennoch wohl.»
Riggenbach, p. 6f.

Grimmige Kälte
«Während des ganzen Jänners 1695 herrschte eine grimmige Kälte, dergleichen man sich seit Menschengedenken nicht zu erinnern vermochte. Der Rhein war so klein, dass er zu Augst ganz überfroren war. Von Strassburg kamen fremde Vögel, Trapphühner von ungemeiner Grösse, schwerer und höher als Welschhahne, zierlich von Farbe. Man gab ihnen Schnee und Kohl zu fressen.»
Scherer, p. 199f./Linder, II 1, p. 407

Den sechsten Augusti entbrann ein rohtfarber Comet, von der Natur Martis und Mercurii, währete bis in September. Er erschiene erstlich beym grossen Heerwagen, im himmlischen Zwölftheil des Löwens, stieg Anfangs ungefehr drey Stunden nach Mitternacht über den Gesichtkreis auf, und dieweil er sich immer gegen die Sonnenstraß, durch die Jungfrau bewegte, änderte er seinen Aufgang, bis er letztlich unter die Sonnen geschlichen, und sich verloren.

«Anno 1531 erscheint ein Schwantzstern oder Feuerbrand am Himmel.» 1765.

Mannstiefer Schnee

«Mitte Dezember 1696 ist ein solcher grosser, dicker Schnee gefallen, wie man es seit 30 Jahren nicht mehr erlebt hat. Man konnte in der Stadt nicht mehr gehen, und als man vor den Häusern gebahnt hatte, lag der Schnee so hoch wie kleine Berge. Während der Schnee in der Stadt knietief lag, war er in den Tälern der Umgebung mannstief. Auch war es sehr kalt, und der Rhein trieb mächtig Grundeis.»

Scherer, p. 218 / Riggenbach, p. 7

Grosse Wassernot

«Als 1701 auf anhaltendes Regenwetter die Wasser so zugenommen hatten, war am 6. Juli eine grosse Wassernot entstanden. Der Birsig ist so angeschwollen, dass er von Binningen bis zum Steinentor vier Stege wegschwemmte. Beim Steinentor rissen die Fluten einen Soldaten, der auf einer Leiter Wache hielt, ins Wasser, so dass dieser ertrank. In der Stadt nahm das Hochwasser zwei Brücken über den Birsig mit und beschädigte zahllose Häuser. Zu Safran ist das Wasser zur Haustüre hinausgeflossen, auf dem Barfüsserplatz, Kornmarkt und Fischmarkt hat man mit Weidlingen fahren können. Im Haus zur Laute ist eine Ente zur Vordertüre hinein und zur Hintertüre hinaus geschwommen. Vom Gasthof zum Kopf an der Schifflände ist man mit Weidlingen zum Gasthof Drei Könige am Blumenplatz gefahren: ‹Oh Gott, Du wollest uns schonen und nicht nach Sünden belohnen. Sonst müssten wir vergehen, so Du uns nicht thätest beystehen.› Wie bräuchlich, so ist den ganzen Morgen die Papstglokke geläutet worden.»

Bachofen, p. 11f. / Scherer, II, s. p. / Schorndorf, Bd. I, p. 179 / Baselische Geschichten II, p. 186ff. / von Brunn, Bd. II, p. 367 / Diarium Basiliense, p. 3 / Beck, p. 118f. / Ochs, Bd. VII, p. 400 / Basler Jahrbuch 1892, p. 195f. / Stuckert, s. p. / Lindersches Tagebuch, p. 134 / Scherer, p. 288f. / Battier, p. 491 / Linder, II 1, p. 452 und 634

Gewaltiger Hagel

«1703 kam ein grausam und ungestümes Wetter daher mit Sturmwind und Hagel. Die Hagelkörner schlugen im Kleinbasler Richthaus durch den sogenannten St. Clausthurm bis in die Stube, wo eine Magd hinter dem Tische sass. Diese ist zwar vom Hagel berührt worden, doch blieb sie ohne Schaden.»

Scherer, III, p. 291f.

Sonnenfinsternis

Am 12. Mai 1706 «sah man alhier eine solche grosse Sonnenfinsternus von morgens 8 Uhr 54 Minuten, das Mittel um 9 Uhr und das End um 10 Uhr. Die völlige Bedeckung währte 4 Minuten. Es ist so finstere Nacht gewesen, dass man die Fixsterne am Himmel gesehen hat und die Leute die Läden verschliessen wollten. Hernach ist eine Kälte gekommen und ist ein Tau gefallen, dadurch dem Gartengewächs grosser Schaden getan wurde.

Merkwürdige Himmelserscheinung über Basel im Sommer 1566. Holzschnitt nach Hans Hug Kluber auf einem Flugblatt von Samuel Koch, gedruckt von Samuel Apiarius in Basel 1566. Unikum in der Graphischen Sammlung der Zentralbibliothek Zürich.

Die Nachtvögel haben sich herfür gelassen. Es soll die 13te Finsternus nach Christi Geburt gewesen sein.»
Bachofen, p. 24/Kern History, p. 74/Schorndorf, Bd. I, p. 240

Grimmige Kälte
«Im Januar 1709 war eine grimmige Kälte. Sonderlich ist der Rhein bis über das Cäppelin Joch zugefroren. In der Stadt konnte man nicht mehr mahlen, also dass kein Mähl mehr zu bekommen war. Viele Leute verfroren auf den Strassen. Es war so kalt, dass man auch nicht in einer warmen Stube schlafen konnte. Die Bäume, sonderlich die Nussbäume, knallten voneinander. Die Reben im Elsass und im Markgräfischen verfroren, dass man sie musste vom Boden weghauen. Um Basel, weilen sie gedeckt waren, blieben sie am schönsten. Die Kälte hat über neun Wochen, bis nach Ostern, gewährt. Man hat derowegen, wie auch der Wölfe halber, nirgends hinreisen können.»
Beck, p. 129/Scherer, p. 405/Bachofen, p. 27/Schorndorf, Bd. I, p. 276ff./Linder, II 1, p. 662

Die Erde bebte
Zur fünften Morgenstunde des 9. Februar 1711 «ist ein erschröckliches Erdbeben mit grosser Erschütterung der Erde gespürt worden. Darauf ist ein warmer Wind gekommen und hat am selbigen Tag den Schnee zu Stadt und Land weggenommen. Am 13. hat es wieder die ganze Nacht durch geschneit, so dass der Schnee eines halben Manns hoch in den Strassen lag. Verwunderlich ist es gewesen, dass in einer Nacht ein so hoher Schnee hat fallen können. ‹Wann Du, o Gott, thust auf den Mund, so muss die Erde beben. Wann uns nicht Gnade zu der Stund, dann könnten wir nicht leben.›»
Bachofen, p. 31/Diarium Basiliense, p. 8/Baselische Geschichten, II, p. 211

Vom Unwetter erschlagen
«Den 3. September 1714, auff den Abend, sind nicht weit von dem Holee Jacob Werdenberg, der sogenannte Trottenjoggi, und ein Bauernmeitlin, des Heinrich Löwen Tochter, welche beyde wegen des grossen Rägens under einen Weidenbaum geflohen waren, vom Donner erschlagen worden.»
Diarium Basiliense, p. 11v/Scherer, p. 563/Beck, p. 145/Scherer, III, p. 399/Bieler, p. 41

Wunderzeichen am Himmel
«Den 4. Oktober 1714 soll man laut der Wächter und Turmbläser Aussage zu Nacht um 12 Uhr eine feurige Kugel mit einem Schweif daran gesehen haben. So weit das Auge reichte, war es heiter wie am Tage, obwohl der Mond nicht am Himmel stand: Gott lass viel Wunderzeichen sehen, doch besseret sich der Mensch ja nicht. Dass er doch möcht von Sünd abstehen, entgegen Gottes strengem Gericht.»
Bachofen, p. 97

Entsetzlicher Schlagregen
«1715 ist von einem entsetzlichen Schlagregen bei Bartenheim auf dem Feld ein reisender Barbiergesell unter einem Baum erschlagen worden. Es gab allda herum grosse Hagelstein.»
Schorndorf, Bd. II, p. 54

Schnee und Kälte
«Im Monat Januar 1716 waren so viel und tiefe Schnee aufeinander neben einer grossen Kälte dergleichen bei Mannsdenken nicht gewesen, wie denn aus Engelland, Holland und Italien die Zeitung kamen, so dass das Gewild, Bären, Luchsen, Hirtzen und sonderlich die Wölf grossen Schaden thaten und sich fangen liessen, auch viel tod gefunden wurden. Im Mai, den 8., war noch frisch Wetter, dass man an etlichen Orten die Stuben heizen musste und war man in grossen Sorgen wegen den Reifen weilen an noch sehr viel Schnee auf den Bergen lage.

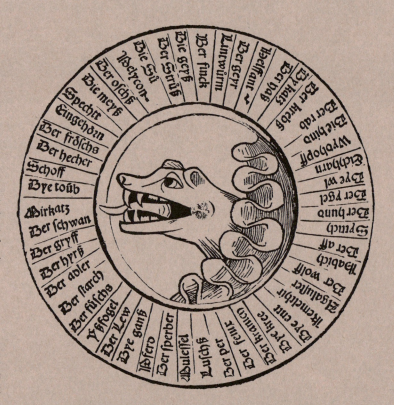

Wer um das Jahr 1485 Hinweise über sein persönliches Schicksal in Erfahrung bringen wollte, bediente sich der mit 51 Tiernamen bedruckten Drehscheibe zum sogenannten Losbuch des Baslers Martin Flach.

Bald darauf kam sehr gut warm Wetter und truckte alles herfür so dass die Mitte und End dieses Monats nicht besser zu wünschen.»
Riggenbach, p. 8

Aussergewöhnliche Trockenheit
Im Sommer 1716 hat es während vier Wochen um die Stadt herum nie geregnet. Dabei hat die Trockenheit dermassen über Hand genommen, dass kein Rübsamen hat aufgehen können, das Emd verdorrte auf den Matten, das Obst fiel von den Bäumen und das Laub wurde dürr und gelb. Dann aber kam der gewünschte Regen und erquickte wiederum alles.
Scherer, p. 595

Grosser Rhein
Mitte Juli 1716 «hat es in den Bergen so geschneit, dass die Wasser darob gross geworden sind. Insonderheit der Rhein, der durch das Kronengässlein bis zum Gasthof zu den Drei Königen geflossen ist, so dass man mit den Kindern allda mit Weidlingen gefahren ist. Dieser Rhein hat so abscheulich gewütet, dass er auch viele Bäume samt den Wurzeln mitführte. Es ist daher nicht ohne grossen Schaden abgegangen. Auch der Birsig hat sich derart geschwellt, dass sich vom Fischmarkt bis zum Barfüsserplatz ein See gebildet hat.»
Bachofen, p. 119 / Bieler, p. 273 / Scherer, p. 593 / von Brunn, Bd. II, p. 393 / Schorndorf, Bd. II, p. 66 / Beck, p. 148

Schreckliches Hagelwetter
Am 21. Juli 1718 ging in Grosshüningen ein schreckliches Hagelwetter nieder. Steine, so gross wie Hühnereier, sind vom Himmel gefallen und haben an Früchten und gutem Gewächs grossen Schaden angerichtet. Auch wurden auf den Feldern Schafe erschlagen, und viele Menschen erlitten Verletzungen.
Scherer, p. 667 / Baselische Geschichten, II, p. 257

Feurige Kugeln
Anno 1720 ist vor dem Bläsitor eine feurige Kugel vom Himmel gefallen.
Nöthiger, p. 34

Starker Reif
«Am Urbanustag, den 25. Mai 1723, kam ein Reifen daher und tat zu Stadt und Land grossen Schaden, namlich an etlichen Orten in den Reben, nahme fast alles hinweg bei etlichen 100 Jucharten fast einandernach, dass kein Mann erdenken mag. Item so kalte Wind erst nach Pfingsten und fernere Reifen, deren etliche einandernach gefallen, der sogenannte Kilchgrund bei Riehen und auch anderer Orten, so dass man fast gar kein grünes Blatt mehr sehen konnte an den Reben, so recht erbärmlich zu sehen, sonderlich da fast überall aldorten und sonsten sehr viel Samen an den Reben sich zeigten.»
Riggenbach, p. 12

Kalte Ostern
Der Ostertag 1725 war so kalt, dass man die Ostereier hinter dem Ofen essen musste.
Scherer, p. 856

Oltingen verhagelt
«1725 gab es ein entsetzliches Hagelwetter zu Oltigen und da herum mit grossen Steinen, welche die Ziegel auf den Dächern zerschlugen und so gross wie Hühnereyer

Die Aussage der einzelnen Orakelsprüche war allerdings nicht ganz ernst zu nehmen, bekannte der anonyme Verfasser doch: «Dyss losspuch von voglen ist gemacht / Allein umb kürczwyl ist erdacht / Du wirst geefft und auch betrogen / Es ist nur fabel und ist erlogen»!

waren. Dem Vieh auf der Weid machten sie so grosse Beulen und Wunden, dass ihm das Bluth herablieff. Auch wurden die Früchte und das Obst kläglich zerschlagen und die Äcker mit Wasser überschwemmt.»
Schorndorf, Bd. II, p. 285

200 Bäume entwurzelt
«Am 18. December 1725 kam Abends zwischen 4 und 5 Uhr, nachdem es schon bei etlich Stunden geregnet, ein schrecklich Gewitter mit starkem Donnern, Wetterleichen und grausamen Wind, einen Hagel, als mitten im Sommer oft geschieht, es währete fast bei einer Stund, der Wind ward warm, da es bisher seit 14 Tagen ziemlich kalt gewesen, er that grossen Schaden an Bäumen und Dächern. Auf St. Petersplatz wurden sechs grosse Lindenbäume aus der Wurzel gerissen und gefällt und in der Hard bei 200 grossen Eichbäumen. Underschiedliche Kamin waren eingestürzt, viel Ziegel ab denen Dächern. Bei keines Manns Denken ist dergleichen Gewitter um diese Zeit des Tages beschehen und höchst verwunderungswürdig, dass dato die Bäume ohne Laub dennoch sollen aus der Wurzel gezogen sein worden.»
Einem fremden ansehnlichen Menschen wurde sein Hut samt seine Perruque und sameten Seckel auf der Rheinbruck von dem Wind in einem Huy ab dem Kopf genommen und in den Rhein geweht, so dass er sich auf den Boden legte, aus Besorgnis, er müsse nachfolgen. Ihrer 3 oder 4 über die Rheinbruck gehende Weibspersohnen legten sich so plötzlich, als fielen sie gleichsam zu Boden, und schryen so laut um Hülf, dass man es in den Häusern an der Augustinergass hörte.»
Riggenbach, p. 23f. / Geschichte der Stadt Basel, p. 247

Nordlicht
«Man sahe am 19. October 1726 umb Mitternacht ein häler Glast (leuchtender Lichtschein) am Himmel bei 1½ Stunden lang, wardt feyerroth und so häl, dass man aller Orten vermeinte Brunst zu haben und die Leut auf dem Land von einem Dorf zum andern zusammenlieffen.»
Riggenbach, p. 28

Kälte und Trockenheit
«Zu Ausgang Mai 1727 war es so ungemein kalt, dass auch vor Kälte es nicht schneien konnte, der Sommer war von ungemeiner Hitz, dass man in der Kirchen den lieben Gott öfters umb ein gut Regen gebetten, welchen er auch zur Zeit der Noth gesendet und darauf den 12. September der Baselherbst angefangen und reichlich in demselben eingesamlet worden.»
Riggenbach, p. 15

Sonnenring
«Den 22. Juni 1727, gleich nach 12 Uhr mittags, sah man allhier bei hällem Himmel ein ungewöhnlich grosser Ring um die Sonne herum, der häll ward innwendig. Aber gegen die Sonne ward der Himmel gantz dunkel. Der Ring ward Circel rund und breit. Er schien so gross ausgebreitet wie unser Barfüsserplatz breit ist. Er schien eine Stunde lang und wurde endlich mit anderem Gewölck überzogen.»
Schorndorf, Bd. II, p. 326

Starkes Erdbeben
«Im J. 1728, den 3. August, zwischen 5 und 6 des Abends, verspürte man ein starkes Erdbeben. Die Glocken fingen an zu schlagen, und eine grosse Kugel fiel vom Dach der Zunft zu Schmieden herunter.»
Ochs, Bd. VIII, p. 75 / Bieler, p. 274 / Bachofen, p. 405f. / Beck, p. 166 / Scherer, III, p. 512

Grosser Schnee
Am 8. Februar 1731 schneite es ganzen Tag hindurch. Trotzdem begab sich die Bürgerschaft des abends zu festlichen Bällen in die Zunfthäuser zum Bären, zum Schlüssel und zu Schmieden. Mittlerweile wuchsen die Schneemassen derart an, dass es den Leuten nicht mehr möglich war, die Gasthäuser zu verlassen. «Die Dächer waren in einer halben Manns Höhe mit Schnee bedeckt, in den Gassen lag er noch höher. Darauf ist jedermann genötiget worden, zu räumen, weil kein Mensch von einem Haus zum andern gehen konnte. Auch wurde von der Obrigkeit befohlen, dass wer Pferde habe, den Schnee in den Rhein führen solle. Und die Bauern wurden mit Holzschaufeln auf die Rheinbrücke befohlen. Der grosse Schnee blieb bei 10 Tagen liegen.»
Bachofen, Bd. II, p. 340 / Beck, p. 168 / Scherer, III, p. 526

Wassermangel
«Im April 1733 war der Rhein so klein, dass man trockenen Fusses von der Schifflände bis zum St. Albanthor gehen konnte. Auch hat man in der Länge über 600 Schritt und in der Breite 126 Schritt in den Rhein hinaus gehen können. Es sind ebenso fast alle Sodbrünnen vertrocknet, und hatte man in der Stadt sehr wenig Wasser.»
Beck, p. 168 / Riggenbach, p. 15 / Scherer, III, p. 528

Hagel in Riehen
«1733 hat der zum Theil in Grösse eines Hühner Eis gefallene Hagel einen Strich Land mit Reben in dem sogenannten Kilchengrund in Riehen verwüstet und im Dorf die Fenster, sonderlich in der Kirche, verwüstet.»
Basler Chronik, II, p. 349

Gewaltiger Sturmwind
«1739 hat es einen solchen starken Sturmwind abgegeben, dass viel 1000 Bäum von gewaltiger Grösse aus den

Wurzeln gerissen wurden und umgestürzt sind. Auf dem St. Petersplatz hat es allein neun grosse Lindenbäum umgeweht, in der Hard viel schwere Eichenbäum und auf der Landschaft viel hundert Obstbäum. In der Stadt hat es auch viel Ziegel ab den Häusern und Kirchen geschlagen und gar grossen Schaden angerichtet.»

Scherer, III, p. 534 / Bieler, p. 275 / Bachofen, Bd. II, p. 474ff. / Beck, p. 173 / Basler Chronik, II, p. 320ff.

Launischer Wetterfrosch

«War bei Menschen Gedänken ein bedenkliches Jahr jehmalen gewesen, so ist es dieses 1740ger Jahr. Der Winter hat angefangen schon in dem Weinmonat 1739, von dannen das Erdriich gefroren bliebe bis im May 1740. Die Kälte war in dem Jenner, Hornung und Merzen so excessiv, dass alles heitzen nichts nützete und alles hart gefroren in Gemachen (Zimmern), da man täglich heitzte. In vielen sonst guten Kellern ist der Wein in den Fässern gefroren. Der Rhein und der Mainstrom waren so gefroren, dass Küefer und andere Handwerksleuthe inmitten desselben auf dem Eiss gearbeitet und Fässer gemacht. Auch in dem sonst heissen Hispanien hat man über grosse Kälte und vielen Schnee geklagt. Gegen Ende Aprilis 1740 hat man in hier angefangen den Haber zu säen, darauf wieder grosser Schnee und Kälte im Mayen gefolget. Die h. Auffahrt war den 24. May. Die Küher im Emmenthal sind Tags hernach, viele erst den 30. May, aufgefahren, etliche haben geklagt, dass ihre Kühe in den 2 ersten Wochen nie genug Gras zum Fressen gefunden haben. Von dem 2. bis zum 10. May hat es alle Tage stark geschneit, item von dem 18. bis den 24. hat es noch immer geschneiet. Diesen besagten epidemischen Affect hat man in Teutschland und in der ganzen Schwiiz gespürt, also dass man an einigen Orten Teutschlands kaum die Wachten hat ablösen können, darüber eine poetische Feder folgendes geschrieben:

Es ist ganz Teutschland fast ein rechtes Lazareth,
Worin man überall so manches Kranken Beth
Als Husten, Schnuppen, Fluss und Brustbeschwerde zehlet,
Und werden Tausende darüber ganz entseelet.
Man schaudert immerhin und ist doch voller Gluth,
Verliehrt den Appetit, ja selbst den Muth und Blut.
Und ob man Regung zwar zum Reden pflegt zu fühlen,
Hat man bym Husten doch nur lauter Klapper-Mühlen,
Nun wünschet man wohl Rath für Gelt und grossen Dank,
Doch ist der Beutel jetzt und selbst der Doctor krank.
Drumb lass', o Mensch, allein den Arzt im Himmel rathen.
Sey fromb und guten Muth's und schick den Leich-Dukaten.
Dem Doctor, Prediger und Apotheker zu,
So lässet dir der Tod noch wohl ein Stünd'chen Ruh!

Hierauf folgete gute Witterung, dass das Korn wohl gewachsen, die Erndt' war durchgehends einen ganzen Monet später; allhier hat man ausgehends Augstmonets geerntet und geemdet; an Schattseiten hat man das Korn im Herbst einnehmen können, bei lieblicher Witterung und gutem Sonnenschein von Mitte August bis den 5. October. Den 9. October folgte ein starker Reif und Gefrören, den 10. regnete es und am 11. folgte ein grosser Schnee, Kälte und Gfröre, also dass die Küher Einsmal müssen abfahren. Sy sind im Schnee uf, und im Schnee abgefahren. Was in diesem Jahr für ohnbeschreiblichen Schaden nun dieser 11. October mit hernach gefallenem Schnee und darauferfolgte harte Gfröre gemacht, ist nicht zu beschreiben. Hier in unserm Thal lag aller Haber noch unter dem Schnee, an vielen Orten war er noch grasgrün; die Herbstsaat konnte nicht errinnen (aufspriessen) noch wachsen; die Bäume waren an den meisten Orten voll Obst gefrohren, dass man die Früchte im Schnee auflesen musste. Viele grosse Bäume sind zerrissen, ja von der Wurzel ausgefallen; die Zwetschgen blieben an den Bäumen gefrohren, an vielen Orten hatte man noch nicht geheut. Die Herdspeisen (Gemüse) als: Kraut, Kabis, Rüeben und die Herdäpfel wurden verderbt. Den mei-

---

Vierter Artikul.
Von den Feuer-Eymern, und deren Besorgung.

Unterhaltung der Feuer-Eymern. I. Eine jede E. Zunft und E. Gesellschaft soll eine hinlängliche Anzahl Feuer-Eymer haben, und wann deren einige bey einem Brand oder sonsten verlohren oder presthaft würden, selbige alsobald ausbessern und ergänzen lassen. Auf dem Rathhauß aber sollen zu allen Zeiten wenigstens hundert Feuer-Eymer gehalten, und der abgehenden Zahl durch Veranstaltung Lobl. Dreyer-Amts ohne Anstand ergänzet werden.

Dero Form. II. Die Feuer-Eymer selbsten sollen künftig nicht mehr unden so gar zugespizt, sondern oben und unden fast in gleicher Weite verfertiget werden, jedoch also daß sie nicht zu schwär und unbequem ausfallen.

Auslegung zu den Feuer-Eymern. III. Von den E. Quartieren soll für jede darinn gelegene E. Zunft oder Gesellschaft, wo Feuer-Eymer sich befinden, ein Mann darzu ausgeleget, und solcher der E. Zunft oder Gesellschaft angezeiget werden. Diejenigen, so zu der E. Zunften und Gesellschaften Feuer-Eymern ausgeleget sind, sollen **Der Ausgelegten Pflicht.** bey entstehendem Feuer-Lärmen alsobald die Eymer abholen, zu denselben, sie mögen von ihnen selbst oder von andern abgeholt werden, gute Sorg tragen, und wann das Feuer gedämpft seyn wird, sämtliche Eymer nicht weit von der Brandstädte unter Bewachung einiger Stadt-Soldaten zusammen tragen, sodann selbige erlesen, und jede wieder an behörigen Ort bringen. Und hierum sollen die Stuben- und Gesellschaft-Knechte, deren Pflicht es biß dahin gewesen und bleibet, insonderheit besorget seyn.

Ausschnitt aus der Feuer-Ordnung der Stadt Basel von 1777.

sten Schaden erlitten die Reben, dass man an vielen Orten nichts konnte wegnemmen noch brauchen und anstatt 100 Säume man nicht 26 Maass gemacht. Aus dem Elsass kahm der Bericht, dass man an Orten, wo man 300 Eimer zu machen erhoffet, man nicht 30 Eimer gemacht, daher der Wein im Preiss aufgeschlagen, dass man den Wein in der Statt Bern statt für sechs Kreutzer nun für drei Batzen verkaufte. 10 kleine Rüebli gelten auf dem Märit am 8. November ein Kreutzer, ebenso acht Rüeben, klein geblieben und man derhalben nicht genug zu kauffen gefunden!

Diese herbe Kälte währet durch den October bis in den Christmonat, da es lindes Wetter wahr, also dass aller Schnee auf den Bergen und in den Winterlöchern ist vergangen, sonderlich kahmen starke Sturmwinde vom Süden den 16. und den 24. December, welcher die Emme antrieb, dass sie am 20. aller Orten über die Schwellen gegangen, was an vielen Orten seher schadete.

Am 18. und 21. December hat es stark gedonnert und wetterleuchtet; von dieser warmen und zugleich nassen Zeit sind die Söemen (Samen), so sonst klein und an vielen Orten noch nicht eronnen wahren, grünend und mehr gewachsen als den ganzen October.

Sonderlich aber machte dieses Jahr merkwürdig die vielen Todesfähl gekrönter Häupter: da der Pabst Clemens der XII. am 6. Febr.; Friedrich Wilhelm, König von Preussen, den 31. Mai; Carolus VI., römischer Kaiser, den 20. October in der Nacht; und Anna Iwanowna, eine berühmte russische Kaiserin, den 28. Oktobris gestorben sint.

Im Jahr 1741 hat im Jenner die Kälte und Tröckene wieder angefangen und gewährt bis Mitte Mayens: darauf eine fröhliche gesegnete Witterung kommen, das Korngewächs und alle Herdspeisen wohl und überflüssig gerathen, wohl gezeitiget durch den so warmen, lieblichen Herbst, da man keinen Reiff verspüret bis den 10. November.»

Des Volksboten Schweizer Kalender, 1896, p. 53ff.

Reissende Flüsse

«An diesem Tag fiengen die durch den gewaltigen Regen sehr hoch angelauffene Bäche und Flüsse an, ihre traurige Würckungen zu thun. Der Rheinstrohm wuchse so hoch, dass er sich um ein mercklichen über die Schifflände ergosse, brachte nicht nur grosse Bäume, theils samt den Wurtzeln, sondern auch anderes vieles Holtz, gantze Häusslein und Ställe, einige Stuck Viehe etc. Warffe ein zimliches Stück Mauer an der Rheinhalden unterhalb der Augustiner-Gass übern Hauffen, und wo nicht durch gute Anstalten und Vorsorg unsere Rheinbrücke beschweret und die daher geschwommene Bäume sorgfältig in dem Lauff fortgewiesen worden wären, so hätte Ihro wohl ein gleiches Schicksal begegnen können, wie deren zu Hüningen, welche biss an 5 Joche hinweg geführet worden, dero Verlust aber gleich mit einer neu-errichteten Schiff-Brücke ersetzt worden ist. Die Birs war so erstaunlich wild und wütend und wuchse so hoch, dergleichen noch nie erhöret worden, also dass die vor etlichen Jahren auss dem Grund neuerbaute schön und kostbare steinerne Bruck einstürzte; ein gleiches beschahe auch an anderen Brücken, welche theils beschädiget, theils gantz ruiniret worden. Wegen dem durch die Stadt fliessenden Birseck war man nicht weniger in grossen Sorgen, als welcher erstaunlich gewütet und einige Gebäude einzustürzen bedrohete, wodurch die gantze Untere Stadt überschwemmet und in unsäglichen Schaden gesetzt werden können. Es wurde dahero alle Mannschafft, so in solchen Fällen aussgeleget, aufgebotten, und erwartete man auch die Sturm-Glocke läuten zu hören. Der liebe Gott aber hat es in Gnaden abgewendet und dem Regen und Gewässer gebotten, sich wiederum zu legen und stille zu seyn.»

Hoch-Obrigkeitlich privilegirtes Donnstags-Blätlein in Basel, 23. Heumonat 1744

Donnerschlagdampf

«1745 ist bei Frenkendorf ein Hirtenbub von einem Donnerschlagdampf auf dem Feld erstickt und tot gefunden worden.»

Basler Chronik, II, p. 189

40tägiger Regen

«Den 8. Juni bis den 19. Juli 1747 hat es zu Basel alle Tag geregnet, welches 40 Tag lang gewesen ist. Hat auch ein gross Gewässer verursacht.»

Bieler, p. 277

Grauenhafter Wolkenbruch über Magden

«Den 6. August 1748 entstund zu Rheinfelden ein entsetzliches Hagelwetter. Zugleich äusserte sich ein Wolkenbruch, welcher einen solch gewaltigen Wasserguss den Berg hinab verursachte, dass das Dorf Magden fünf Minuten im Wasser stund. Das Gewässer ist 12 Schuh hoch bis zum zweiten Stockwerk der Häuser hinaufgedrungen und hat sogleich 15 Häuser mit Menschen und Vieh weggeschwemmt. Auch hat das Wasser 24 andere Häuser dergestalten unterfressen, dass sie sämtliche einstürzten. Die 15 weggeschwemmten Häuser stiessen an die bei Rheinfelden gestandenen Mühlen und an eine Capelle, welche auch einstürzten, und zwar so plötzlich, dass die Müller samt Weib, Kind, Knecht und Mägd elendiglich umgekommen sind. Es kamen in selbiger Nacht auf dem Rhein ganze Dachstühle, Wiegen mit Kindern und allerhand Mobilien an die Rheinbruck zu

Basel, dass man genug zu thun hatte, diese Bruck zu erhalten. Merkwürdig ist, dass eine 100jährige Frau von Magden, welche sich beständig im Bett aufhalten musste, von diesem Gewässer samt dem Bett in die Höhe gelüpfet worden war und gleich einem Nachen (Schiff) schwamm; die Frau aber wurde am Leben erhalten. Es erstreckt sich die Anzahl der Ertrunkenen, so viel man weiss, auf 150 Seelen. Hierauf ist der Hohe Magistrat von Basel den beschädigten Einwohnern des Dorfes Magden mit einer reichen Steuer beigesprungen.»

Beck, p. 189f. / Bieler, p. 277 / Basler Chronik, II, p. 328

Grosse Wassernot in Wintersingen

«Allhier zu Wintersingen sind 1748 drey Häuser, sammt einer Scheüer und Stallung, und noch zwey geringere Gebäue, mit allem dem, so darinn gewesen, zu Grund gegangen. Den hiesigen Bahnwart hat das Unglück am meisten betroffen, dann derselbe hat neben seiner Behausung, Scheüer und Stallung, und was darinnen sich befunden, sein Eheweib und seine zwo Töchtern, mithin aussert den liegenden Gütern, all das Seinige verlohren. Seine Nachbarin, eine arme und presthaffte Schneiders-Wittwe, ist mit ihrem Häusslein und ihren zwo jüngsten Töchtern von dem Gewässer auch hingerissen worden: Des Bahnwarts Frau, da sie die anlaufende Fluth wahrgenommen, ist mit ihrer jüngern Tochter zu dieser Wittwe geflohen, allwo aber der Tod sie nicht minder ertappet, als wann sie zu ihrer älteren Tochter, welche wahnsinnig gewesen, in ihre eigene Behausung geflohen wäre. Sind hiemit allhier zu Wintersingen 6 Personen, nemlich 2 Müttern, eine jegliche mit 2 Töchtern ertrunket: Diese allesamt hat man gleich des folgenden Tags, und zwar des Schneiders 2 Töchtern in der Österreichischen Nachbarschaft, wieder gefunden, und sie den folgenden Donnerstag 8. Augstm. mit einandern zur Erden bestattet; da dann Herr Cand. J. J. Wagner ihnen eine erbauliche Leichen-Rede gehalten, über 2. Sam. XXIV. 17: Siehe, ich habe gesündiget. Ich habe die Missethat gethan, was haben diese Schafe gethan?»

Grynäus, p. 26 / Basler Chronik, II, p. 327 / Linder, II 1, p. 1176f.

Geisshirt vom Blitz erschlagen

«Den 31. Juli 1750 war zu Wintersingen wiederum ein schwäres Ungewitter mit Donner, Hagel, Blitz und Platz Regen vermischt. Heiny Imhooff, der dasige Geiss Hirth, floh bey diesem Ungewitter unter einen Baum, der ungefähr einen Büchsen Schuss von einer grossen Eiche stand, unter welchem der Stieren Hirth samt Sohn und Tochter und des Siegristen Frau Schutz gesucht hatten. Aus Furcht salvierte sich der gemelte Geiss Hirth zu diesen 4 Personen. Kaum war er bey ihnen, so wurde er samt einem bey ihm gehabten Hündlein von einem Donnerschlag plötzlich darnieder geschlagen und getödet. Die übrigen fielen darüber in eine Ohnmacht, erholten sich aber bald wieder und sind Gott sei Dank am Leben geblieben. Dem erschlagenen Geiss Hirthen ist der Strahl durch den Stroh Huth gefahren und hat ihn von dem Genick den Rucken hinunter und vornen auf die Brust und an dem einten Bein gebrandmarckt. Auch hat es ihm die Sohlen am einten Schueh aufgerissen, als wären diese mit Fleiss aufgetrennt worden. Er ist noch nicht 24 Jahr alt gewesen und hinterlässt eine arme schwangere Wittib samt einem Waislein, an dem ein Werck der Barmhertzigkeit wohl angelegt wäre.»

Linder, I 1, p. 45f.

Monatelanges Regenwetter

«Es kann sich kein Mentsch erinnern, so lang anhaltendes Regenwetter erlebt zu haben. Denn den gantzen April und May 1751 ging kein Tag ohne Regen, Riesel oder Schnee vorbey, deshalb man beständig die Stuben wärmen musste.»

Linder, I 1, p. 119

Beschreibung Des erbärmlichen Zustands,
Welchen
Das über 4. Wochen anhaltende Regenwetter,
da der Rhein, die Wiese und andere Flüsse aus ihrem Ufer getretten,
in der
Margraffschafft und Baselgebiet
wie auch anderstwo verursacht hatte,
kürzlich zusammen gefaßt.
1758.

1.
Ihr Menschen! nehmt die letzten Zeiten
Jetzund in acht, thut wahre Buß,
Man hört ja nur von grossen Streiten,
Da mancher Werther sterben muß.

2.
Die Wasser thaten grossen Schaden,
Sie überschwemmten manches Land,
So schien mit reicher Frucht beladen,
Und diese kam doch nicht zum Stand.

3.
GOtt zeigt hierin sein Allmachtswesen,
Der geben und auch nehmen kan,
Hier kan der Mensch zur Nachricht lesen,
Was GOtt durch die Natur gethan.

4.
Die Himmels-Fenster waren offen,
Die Flüsse giengen auf das Land
Daß man von deme so zu hoffen,
Kaum die geringsten Spuren fand.

5.
Der Rhein hat seinen Lauf genommen
Bis zu dem Schwanenwirtshauß hin,
Man konnt nicht zu dem Saltzhauß kommen,
Ohn über eine Bruck zu ziehn.

6.
Die Rheinbruck stuhnde in Gefahren,
Das Wasser schmisse Hölzer an
Doch wollt der Bruckknecht nicht ts erspahren
Und hat sein Amt getreu gethan.

Die grossen Überschwemmungen von 1758 geben Anlass zur Rückschau und Besinnung.

Sehr kalter Winter
«1755 ist ein sehr kalter Winter gewesen. Der Rhein hat vier Wochen Grundeis getrieben. Auch ist der Rhein oberhalb der Rheinbruck ganz überfroren, so dass etliche Knaben wie Simon Pfannenschmid und Franz Grillo zwischen der Pfalz und dem kleinen Rheinthörlin über den Rhein geloffen sind und bei der Schifflände wiederum ausgestiegen sind, welches beinahe 200 Jahren niemalen geschehen ist war.»
StA. PA 513 II C 20, 2, p. 71ff.

Ausserordentlicher Bettag
1756 wurde «zu Basel, wie auch in allen evangelischen Ordten in der Eydtgenoßschaft, wegen diesmaligen betrübten Zeiten – es ereigneten sich viel und schädliche Erdbeben, starcke Wassergüsse, grosse schädliche Sturmwinde und ausserordentliche nasse und ungesunde Wütterung – ein expresse angestelter ausserordentlicher Bätt-Tag gehalten. Gott segne diese und alle andern Predigten und Gebätter; auch wolle er uns künftighin mit seinen göttlichen Strafgerichten verschonen und solche in Gnaden von uns abwenden.»
Im Schatten Unserer Gnädigen Herren, p. 42/ Bieler, p. 282

Verheerende Wasserflut
«Obgleich der durch die hohe Wasserflut verursachte Schaden zum Teil genugsam bekant, so hat mans doch denen wöchentlichen Nachrichten, gleichsam zu einem Denkmal für die Nachwelt, in deren Hände sie von denen, die selbige aufbehalten, kommen können, einverleiben wollen. Auf Jacobi-Tag und 6. à 8. Tag hernach ist der Rhein und Birseck durch das bey 4 Wochen lang anhaltende Regenwetter dergestalten angewachsen, dass das Wasser mit dem Brunnkasten bey der Schiflände gleich hoch gestanden, so dass man mit Känen bis zur Stegen der Schifleuten Zunft fahren können, und die Häuser bis auf den Fischmarkt alle unter Wasser gesetzt waren. Bey Gelegenheit eines Flosses, der an der Rheinbruck hangen geblieben, und an dessen Losmachung man arbeitete, fiel der fleissige und in der Schif- und Bruckbaukunst erfahrene Bruckknecht Kochland in den Rhein, und konte, ohngeacht er selber bis zum Klingenthal schwamm, und man ihme mit Nachen (Waidlingen) zu Hilf eilete, doch nicht von der reissenden Gewalt der Wellen gerettet werden, sondern musste endlich elendiglich ertrinken. In Riechen trug sichs zu, dass der wegen dem guten Weinwachs so berühmte Schlipf anfieng zu rutschen, und hier und dar so grosse Spälte zu bekommen, dass der gröste Teil der dortigen Reben völlig verderbt und das Land unbrauchbar gemacht worden. Von dem Schäden, den die Wiesen und andere Bäche hin und wieder an Brucken, Wuhren und Britschen verursacht, nicht zu gedenken.»
Wöchentliche Nachrichten, 10. Augstmonat 1758

Müller in der Bütte
1758 waren «beim grossen Rhein 5 Müllenen, nämlich die Ziegel-, Säge-, Orth-, Drachen- und die Clingenthal Mülle ebenes Fuss 8 Tag lang vollen Wasser gestanden. In der letzten wollten etliche Müllerknechte für ein Curiositaet in der Mülle herum in einer Büttene fahren, hätten aber bald das Unglück, dass aus einer Comoedie ein Tragödie worden, weil die Büttene sich umgewälzt und einer davon, Georg Heimlicher, wan nicht gleich Hülf dagewesen, er beim halbmannstiefen Wasser bald ertruncken wäre.»
Im Schatten Unserer Gnädigen Herren, p. 74f. / Bieler, p. 290

Ungewöhnliche Gant
«1758 wollte der Ganth-Rüfer Meister Friedrich Hey, der Schneider, an seinem gewohnlichen Posten am Chronen Gässli eine Ganth ausrufen. Weilen er aber in seinem Ambt exact und zu bestimmter Zeit zwischen 9 und 10 Uhr wegen dem grossen Rhein (Überschwemmung) diesen Posten nicht quittirn wollte, war er gezwungen, nolens volens sich vom Kopf-Wirtshaus in einem Weidling hin und wieder führen zu lassen, und in allem Führen rufte er die Galli'sche Ganth aus. Weilen solches zu Basel vielleicht noch nie geschechen, hab ich's für eine Curiositaet aufgeschrieben.»
Im Schatten Unserer Gnädigen Herren, p. 74 / Bieler, p. 290

Erschreckliches Phänomen
«Im August 1758 sah man über Neumarck ein erschröckliches Phänomenon oder Luftzeichen in Gestalt einer feurigen Kugel. Sie blieb über 10 Minuten stecken und erhällte die Statt dermassen, dass es schien, als ob sie illuminirt sey. Sie erschien von Westen und zertheilte sich nach Süden in einen feurigen Schweiff.»
Bieler, p. 47 und 794

Feurige Kugel durchbohrt den Vollmond
«Am 12. November 1761, morgens gegen 5 Uhr, sahen viele reyssende Leüt und 4 hiesige Fischer, dass um den Vollmond herum ein feuriger Schein war. Etliche Minuten darauf fahrte durch den Vollmond eine feurige Kugel, und hat es einen Knall gegeben, dass die Fenster gezittert, als wenn ein Erdbeben gewesen wäre.»
Bieler, p. 299

Heisser Donnerschlag
«1763 hat bey einem starcken Platschregen zuerst ein kalter Donnerstrahl ins Herrn Sarasin Holtzmagasin in

der Maltzgass zwar ohne Schaden eingeschlagen. Aber gleich darauf kombt ein heisser Donnerstrahl, schlagt wunderbarlich in J.J. Merian sein Haus, welches zwar nebst der grossen Hülf von den Küferen und Zimmerleuthen dennoch in 2 Stunden sambt einer Scheuren worinnen vieles Heu, Stroh und gegen 8000 Fruchtgarben gewesen, vom Boden hinweg verbrand. Obiger ersterer kalte Donnerstrahl hat auch wunderbarlich neben dem Haus Frau Stecheli, des Holtzbammerts Frau, als sie in ihrem Höfli bey einem Wasserfass gestanden, auf eine merckwürdige Art dugirt (getroffen). Er hat ihr bey nachem alle Haar auffem Kopf verbrand, von da fahrt er oben aben zwischen den Brüsten über den Bauch hinunter und verbrand ihren um die Scham alle Haar, alwo sie in eine Ohnmacht zu Boden gesuncken. Wann man ihren nicht zu Hülfe gekommen, würde sie vom Schwefeldunst erstickt sein. Doctor und Barbierer wandten alle Mittel an sie zu erretten; sie wurde 14 Tag lang alle Tag zweimal mit Pflastern verbunden und in 4 Wochen ist sie wieder curirt worden.»
Im Schatten Unserer Gnädigen Herren, p. 139f. / Bieler, p. 305f.

Wertvolles Schwemmholz ohne Nutzen
«1764 ist der Rhein von einem vier Tag und Nacht anhaltenden Regen- und Schneewetter so gross angewachsen, dass er bis nahe an das Kroneneck und an die neue Strass geloffen. Während der Nacht und am Morgen sind dann Rechenrat Samuel Burccard bey seiner Eisenschmöltze zu Albbruck und bey Wehr gegen 8000 Klafter Holz losgerissen und den Rhein hintuntergefahren, und das so dicht aneinander, dass man geglaubt, man könnte darüber gehen. Das Bedauerlichste war, dass unsere Basler Fischer und Schiffsleuthe wegen dem erstaunlichen grossen und wütteten Wasser keines haben können auffangen.»
Im Schatten Unserer Gnädigen Herren, p. 148 / Bieler, p. 309

Fürchterliches Hagelwetter
«Am Sibilla Tag (9. April) 1774, abends von 7 bis gegen 8 Uhr, ist ein erschröckliches, förchterliches Unwetter mit Blitzen, starkem Wetterleuchten, Donner, Hagel und stürmischem Regenwetter, dergleichen bey vielen 100 Jahren keines mehr gewesen, niedergegangen. Es hat 10 Minuten lang gehagelt, alwo Steine wie kleine Nuss gefallen sind, welche an frühem Blust und anderem Gewächs und Früchten grossen Schaden gethan. In Summa hat dieses erschröckliche Wetter von allen 4 Hauptwinden so förchterlich gewütet, dass man geglaubt hat, es wolle in und um Basel alles zu Grunde gehen. Die Strassen waren über und über ein Zoll hoch mit Hagelsteinen bedeckt, und sind den andern Tag noch an vielen Orten eine Menge davon gefunden worden.»
Bieler, p. 334

Dunkle, stickige Luft
«Anno 1783 und 1784 beherrschte ein trockener Dunst oder Nebel mehr als 7 Monate lang den Dunstkreis und erstreckte sich von einem Pol zum andern durch unsere ganze Erdhälfte. Die Luft war so verdickt, dass es den Augen wie dicker Rauch vorkam. Die Sonne war immer trübe und blutroth. Es waren trockene Dünste, welche sie umhüllten, und weder Regen noch Nordwinde konnten sie vertreiben. Der Geruch war öfters wie von Steinkohlen. Diese Erscheinung liess sich gleich nach einiger Zeit bemerken, als Messina durch Erdbeben und vulkanische Ausbrüche fast untergegangen war und Calabrien und Sizilien verwüstet worden sind. Was man da nicht alles prophezeite und die Leute in Furcht und Schrecken setzte, wie Türkenkrieg und Ende der Welt.»
Munzinger, Bd. I, s.p.

Basel am Rande einer Katastrophe
«Am Jeremiastag 1784 ergab sich um die ersten Nachtstunden ein grässliches Gepolter, dass alles schotterte und zitterte. Doch niemand dachte, dass dies ein Erdbeben sein könnte. Kurz darauf kam der zweite Stoss. Die Thüren sprangen aus den Kolben, das Geschirr in den Kästen rasselte zusammen und die Wände knackten, dass einem Angst und Bange wurde. Dann wankte, rasselte und knatterte es noch weit grässlicher als vorher. Im Münster, bei den Barfüssern und zu St. Leonhard hörte man die Thurmglocken anschlagen. Es entstund eine fast stickende Luft, und ein Wind sauste ganz lauwarm. Das war der dritte Stoss gewesen. Auf den Gassen war alles lebendig, alles wimmelte und alles lief voller Schrecken durcheinander. Der berühmte Mathematicus Prof. Johann Bernoulli sagte: Es hätte nur noch eines einzigen solchen Stosses bedurft, und unser Basel würde in Schutt und Graus zerfallen seyn.»
Munziger, Bd. I, s.p.

Schneereicher Winter
«Dem Erdbeben von 1784 folgte ein sehr langer Winter mit ausserordentlich viel, grossem und tiefem Schnee. Man hatte von der Mess an nichts als Schnee. Einer ging kaum halb hinweg, so legte es wieder einen frischen obendrauf. Im März 1785 fiel eine solche herbe Kälte ein, dass der Rhein etliche Tage hintereinander Grundeis trieb. Und gleich fiel wieder ein etlicher Fuss hoher Schnee, dergleichen man noch nie gesehen hat. Man konnte fast nicht zu den Häusern hinaus. Es schneite

etliche Tage hintereinander in einem fort. Man ging des Sonntags zwischen den gebahnten Wegen wie zwischen zwei hohen Mauern zur Münsterkirche, so dass man über den Schnee hinweg den Leuten kaum ihre Köpfe sah. Überall fand man tote Vögel. Es war gut, dass der Schnee nur nach und nach abging, sonst hätte es ein fürchterliches Gewässer gegeben. Bis in den Sommer hinein sah man aufgethürmte Schneehäufen liegen.»

Munzinger, Bd. I, s. p.

Vom Blitz getroffen

«Den 1. July 1786 befanden sich Strub, des Müllers von Eptingen, zwey Söhn am Wolten-Rein und suchten bey einem herannahenden Ungewitter unter den Bäumen Schirm. Der jüngere stuhnd unter einer Roth-Thanne, wo er von einem Strahl mit ganz unerwartetem Erfolg getroffen wurde. Das Strahl-Feuer verbrannte die linke Seite seines Körpers vom Scheitel über die linke Schläfe gegen den Augdeckel, die Wangen herunter, um den Hals bis vornen zur Brust an eine silberne Hemdt-Schnalle, welche sich durchs feürig werden auf der Haut gänzlich abbildete. Von da nahm der Strahl seine Richtung links über die Achsel, Rippen, Lenden, Huft, Schenkel und Fuess hinunter beym äussern Knöchel, und durch den Schue in die Erde. Wobey ganz ausserordentlich merckwürdig war, dass dieser Knabe weder durch die Menge schweflichter Dünste, die ihm nicht nur das Athemholen verhinderten, sondern auch das Blut gewaltig ausdehnten, vom blossen Schräcken nicht eines augenblicklichen Todes gestorben ist. Er ist vermittelst chirurgischer Hilf und dem göttlichen Beystand wieder gänzlich hergestellt worden. Dem Herrn Pfarrer Spörlin in Diegten, der solches gründlich berichtet hatte, ist eine schöne, goldene Medaille verehrt worden.»

Linder, II 2, p. 668

Gefährlicher Blitz auf Homburg

«Furchtbar erschreckte den 30. May 1788 Abends um 6 Uhr eine die Gegend von Homburg, Läufelfingen und Buckten in schwarze Finsterniss einhüllende Gewitterwolke, die sich bald in Blitz und Donner auflöste, die Bewohner des Schlosses Homburg, als ein Strahl in dasselbe schlug und der bey einem Tischchen sitzenden Frau Obervögtin das Futteral ihrer goldnen Taschen Uhr an einigen Orten schmelzte, ohne sie übrigens im mindesten zu beschädigen. Sonst nahm dieser Blitzstrahl einen solchen gefährlichen Gang allernächst bey der Pulver Vorraths-Kammer vorbey, dass, wenn letztere von ihm berührt worden wäre, das Schloss und seine Bewohner ohne weiters in seinen Trümmern würde begraben haben.»

Lutz, Neue Merkwürdigkeiten, Abt. II, p. 81

Eisdecke über dem Rhein

«1789 stand das Thermometer während einiger Tage bis zu 38° nach Ducret. Der Rhein war etliche Stunden ganz zu. Ein Druckerjunge aus der kleinen Stadt wagte sich zuerst hinüber. Bald darauf fand sich ein anderer Wagehals, ein Seidenfärber vom St. Johann, der von der Schiffländle aus in die kleine Stadt hinüberging. Dann wurde es verboten, weil man ein Unglück befürchtete. In diesem herben und kalten Winter erfroren viele Menschen und Thiere.»

Munzinger, Bd. I, s. p.

Eissprengungen mit Granaten

«Da den 12. Jänner 1789 bey gelinder Witterung zu besorgen ist, dass die grosse Menge des den Rhein herabkommenden Eises den Rhein Bruck Jochen einigen Schaden bringen könnte, wurde veranstaltet, dass die Fischer und Schiffleüth die grosse Decke Eis von den 4 hölzernen Jochen loosmachen sollten, welches theils durch Sprengung mit Granaten, theils durch Einhauung glücklich bewerckstelliget worden ist. Es geschah trotzdem, dass plötzlich der überschwenglich grosse Eisgang 2 neu geschlagene Pfeiler entzwey stiess, wuchs doch der Rhein durch das Tauwetter in einem Tag über 10 Schuh hoch an. Dies erschütterte die Bruck durch das beständige Anprellen der Eisplatten dergestalt, dass die auf der Bruck (in kleinen Buden) wohnenden Handwerker ausziehen mussten.

Aus Anlass der Eissprengungen auf dem Rhein wettete Franz Linder ein Louisdor, dass, wenn eine angezündete Granate mit der Brandröhre unter das Wasser komme, diese nicht mehr springe. Gerichtsherr Burckhardt behauptete das Gegentheil und setzte nur einen kleinen Thaler. Auf dem Richthaus wurde sogleich die Prob in einem kupfernen Züber voll Wasser gemacht. Die Granate wurde angezündet und untergetaucht und zersprengte den Züber in viel Stück. Der Amtmann Munzinger bekam einen neuen Züber, und die 15 Pfund, welche zu einem Abendtrunk bestimmt waren, wurden der Krankken Commission zugestellt.»

Linder, II 2, p. 819 und 822

Gewaltige Hagelsteine

»1796 war ein starckes Hagel Wetter. Die Steine waren wie eine Haselnuss gross. 4 Tage später war wieder ein starckes Hagel Wetter. Die meisten Steine waren 1½ französische Zoll hoch und 1½ Zoll breit. Es waren viele darunter, die 1½ Pfund schwer waren. Es sind eine ausserordentliche Zahl von Ziegeln in der Spalen und der St. Johann verschlagen worden.»

Daniel Burckhardt, p. 34

Szene aus dem Grossen Erdbeben von Basel. 1356. Lavierte Bleistiftzeichnung von Hieronymus Hess. 1840.

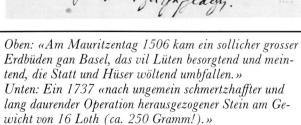

Oben: «Am Mauritzentag 1506 kam ein sollicher grosser Erdbüden gan Basel, das vil Lüten besorgtend und meintend, die Statt und Hüser wöltend umbfallen.»
Unten: Ein 1737 «nach ungemein schmertzhaffter und lang daurender Operation herausgezogener Stein am Gewicht von 16 Loth (ca. 250 Gramm!).»

Oben: David Joris, nach seinem 1556 erfolgten Tode als «Erzketzer» entlarvter Sektenführer, dessen Leichnam samt seinen Schriften verbrannt wurde.
Unten: «Das in Basel von einem Messfahrer gezeigte, einem Dorfhund ähnliche Pantherthier, wie solches 1560 von Conrad Gessner beschrieben worden ist.»

Geistliche Betrachtung hierüber.

Ann vorzeiten/bey den Römern/ eine Rebellion an irgend einem Ort entstehen wollen/ hat der Römische Dictator die Fasces virgarum, das ist/ **ein Büschelein Ruthen**/ mit einem in mitten steckenden Hawbeyhel/sich vortragen lassen/und mit seinen Lictoribus oder Stattknechten in grosser Anzahl sich dahin begeben; hiemit zu bedeuten / daß er bereit seye / die Auffruhr ernstlich zu straffen: Hierüber seynd **die Rebellen sehr erschrokken/die Gehorsamen aber haben sich erfrewet.** **Solche gebüschelte Ruthen und flammendes Raachschwert** hat der himlische Dictator und HERR aller Herzen seinem widerspänstigen Volkh/vom Himmel/dem Thron seiner Göttlichen Majestät / an einem ernstlichen hell-leuchtenden Cometen/den 7. Decemb. dises 1664. Jahrs/Morgens früh/bey uns/ anfänglich erscheinen lassen : Gewißlich unvergebens! sondern **als ein ernstliches Zorn-zeichen und gewissen Vorbott der Gerichten Gottes. Die Gestalt und der Stand desselbigen** wird hiemit vorgewiesen. Lasset uns dises Zeichen deß Himmels also urtheilen/ daß wir dabey bedenken; Was beides GOtt zu Ehren und unserem Friden und Trost dienen mag. Es scheinet diser Comet am Himmel/ als ein **Macht-zeichen Gottes**/ der nicht nur in der Kirchen durch sein Wort/sondern auch vom Himmel realiter predigen lasset/ **und die Sternen in jhren Läuffen wider die Gottlosen streiten heisset**/ damit alle Creaturen in der Höhe und Tieffe deß HERREN Wort außrichten. Er stehet an den Fenstern deß Himmels/ als eine **Ruthen**/ und leuchtet als **ein Zorn-liecht Gottes**/ dadurch er den Grewel unserer Sünden/ gleich als mit einer Laternen durchsuchen und uns under Augen stellen will: Scheinet er habe den Streich schon gefasset/und werde ohne verzug drein schlagen/ wo man die Ruthen nicht underlauffet. **Wohl denen die jhre Ampelen mit Buß und Glauben bereiten und jhre Liechter brennen lassen!** Dann obwohl Gott die Sünder ernstlich suchet/ schikhet er jhnen doch den Warnungs-botten entgegen: Zündet auch jezt einen Cometen an/ehe sein Zorn wie ein Fewer umb sich fresse. **Ist daher auch ein Zeichen seiner noch-leuchtenden Gnade**/ damit er uns nachmalen warnet. Derowegen wer nicht umbkommen will/ der falle GOtt in seine Ruthen/und lösche mit Gebett und Buß-thränen dises **Zorn-fewr**/ so wird er sich davor nicht zu befürchten haben/ sondern vielmehr sein Haupt empor heben mögen/und bey disem Zeichen sich trösten/ **daß der Tag seiner Erlösung sich nahe.** Gebe GOtt den Unbußfertigen viel Forcht! Daß sie doch noch von disem Cometen lehrnen GOtt ehren und sich bekehren: **Den Gottseligen aber/ die dem Liecht der Welt/ Christo JEsu/im Glauben und Leben nachfolgen/ gebe Er viel Frewd!** daß dises Traur-liecht sie nicht erschrekhe/sondern vielmehr zu sehnlichem Verlangen/ nach der Zukunfft jhres Heilands/erwekhe/damit sie desto sehnlicher seufftzen: **HERR JEsu komme bald! Amen!**

«Eigentlicher Abriss dess new-scheinenden Cometen, wie solcher nach seiner Gestalt und Stand zu Basel Anno 1664, den 7. December erstmahls gesehen worden».

Johannes Froben begrüsst Erasmus von Rotterdam in seiner Offizin. Um 1520. Lavierte Bleistiftzeichnung von Hieronymus Hess. 1839.

Sebastian Brandt in der Offizin des Buchdruckers Johann Bergmann von Olpe; möglicherweise während der Edition des ‹Narrenschiffes› im Jahre 1494. Getuschte Federzeichnung von Ludwig Adam Kelterborn. 1862.

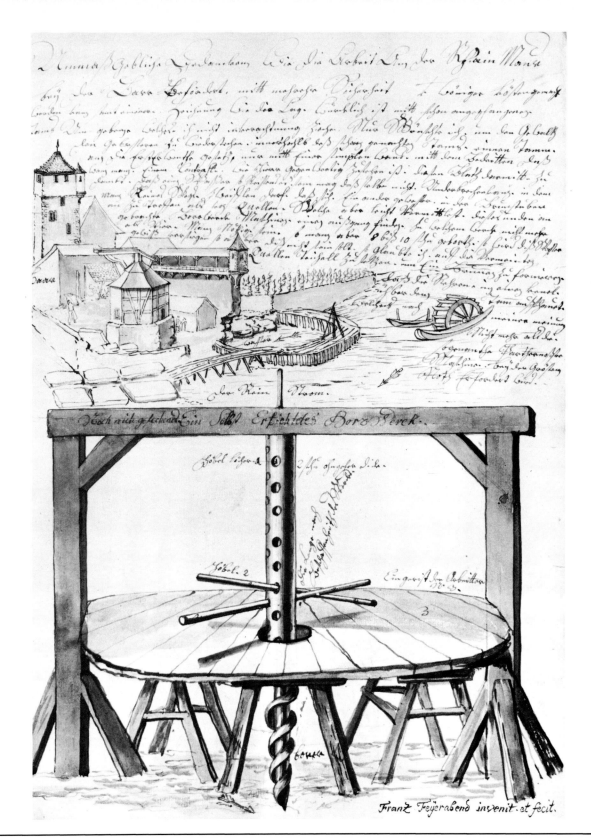

Projekt für eine Maschine für Bauarbeiten an der Rheinmauer bei der Baar am Kleinbasler Rheinufer. Darüber die Stadtbefestigung und das Rebgelände beim Waisenhaus. Um 1780. Tuschzeichnung von Franz Feyerabend.

Der Lebensweg des Thomas Platter (1499 bis 1582): Geisshirt, fahrender Schüler, bücherlesender Seiler, Rektor der Lateinschule auf Burg. Lavierte Federzeichnung von Hieronymus Hess. 1836.

Oben: Beim Eislaufen auf dem zugefrorenen Rhein im Winter 1572 in Basel. Im Vordergrund eine alte Frau, die sich an einem Kohlenbecken die Hände wärmt. Getönte Federzeichnung von Hans Bock d. Ae.

Unten: Inneres einer Schmiede: Ein Geselle schmiedet unter den Augen des Auftraggebers an einem mit Wasserkraft angetriebenen Hammer ein Stück Eisen. Um 1810. Aquarell von Peter Vischer d.J.

XIII GELD UND GEIST

Die Eröffnung der Universität

«Am 4. April 1460, dem Tage des heiligen Lehrers und Bischofs Ambrosius, früh am Vormittage, fanden sich im Chore des Münsters der Bischof und der städtische Rat zur Errichtung der Universität zusammen; rings um sie die amtierenden Domgeistlichen und hinter diesen Klerus und Klosterleute und zahlreiches Volk aus der ganzen Stadt den morgenhellen Raum füllend. Dabei auch die zur förmlichen Beurkundung des Vorganges aufgebotenen Notare. Wir beachten, wie dieser Vorgang vorwiegend kirchliche Art trug; von Hochamt und Gesängen begleitet geschah er unmittelbar vor dem Hochaltar, in den ernstesten wohlabgemessenen Formen. Der den Zuhörern kein Wort schenkenden Verlesung des päpstlichen Stiftungsbriefes und der zugehörigen drei ausführlichen Bullen folgte, nachdem der Chor in festlichem Gesange die Anwesenheit des heiligen Geistes erfleht, die gemeinsame feierliche Proklamation und Einsetzung der Basler Universität durch den Bischof als Kanzler und den städtischen Rat, folgten weiterhin die zeremoniöse Ernennung des Dompropsts Georg von Andlau zum Rektor. Der Ambrosianische Lobgesang ertönte, und die Feier schloss mit der offiziellen Zusage der Deputierten, dass der Rat den Angehörigen der Universität sicheres Geleite gewähre und Alles, was in seinen Kräften stehe, für die Ehre und das Wohlergehen der Schule tun werde.»

Wackernagel, II 2, p. 558 / Ochs, Bd. IV, p. 31 / Historischer Basler Kalender, 1886

Kaufmännisches Lehrbuch

«Es existirt ein Werk aus dem Jahre 1469, welches damals als Leitfaden für die Heranbildung junger Kaufleute benutzt wurde. Wir lassen das kaufmännische Lehrbuch hier in seinem Urtexte selbst reden:

So der Junge in die Lehr kummt bey die Krämerei, fire in von einer Schachtel zu Andern, aldiweil aber der Junge nicht lesen kann, binde Zibeben (Weinbeeren) auf die Zibebenschachtel, Sissholz auf die Sissholzschachtel, auf die andere juniprix (Wacholder), bis der Bengel lesen kann und herangewakssen ist. Findet er alles von Selbstem alleiniglich, so ist er fürwarr als fertiger Helfer oder Junker nit mer mit Maultaschen (Ohrfeigen) zu behandeln, auch das schneuzen törf im nicht vor die Kunden befollen werden, wail er sonst rott wird.

Frumbheit (Frömmigkeit) ist die erste tugentliche Aigenschaft eines Krämers, doch hast du auf dein Nutztheil zu hantiren. Bei Mass und Gewicht sain allerhand Kunst zu machen, wan du fir 2 Pfennige Kimmel messen tust, halte das Mässlein fein krumb, als hettest du das Raissen in deiner Hand, mit der andern Hand fille ain, und ehe es foll ist, stirze es der Kunde in Topf. Anderer Handgriff. So du Honig auf die Wag gibst, gebe Staine als Gewicht, so dass dein Töpflein tiffer stehet, sonst hast du kein Gewinn.

Anderer Handgriff. Wiegest du mit der Handwage Pfeffer iber 3 Pfennige, so schnelle mit dem langen Finger der linken Hand das Zingelein so, dass man glauben thut, es ist mer, als man verlangt.

Anderer Handgriff. So du eine Ele Hanfbendelein oder Waiszeug messen thust, so halte den Daum der rechten Hant mit der Flaischseite auf das Bändelein, beim Abschneiten aber, überbiege dein Daumlein bis zur Nagelwurzel, so gewinnest du bei jeder Elle eine Nagellenge, bei Einkaufe tuhe das verkehrte dieser Reguln.

Anderes. So du Baumehl messest, tuhe das Ziment lange ablaufen lassen, geusse aber schnell das Ehl in deiner Kunde Töpflein, und hänge das Zimetlein im Stander, so wirst du zu was kommen.

Anderes. Ist dir an einer Kundin was gelegen, so mache dich gefelig, sage, dass sie schönleibig seye, und du wollgefallen an Ir findest, sie wird geblendet sein und du kannst auf vortheilhaften Verkauf rechnen, auch wenn die Weiber hässlich und narbig sind, thue ihnen schön, es pringt Nutz.

Anderes. Ist dir an eine hibsche Kundin gelegen, so mache dich geselich, mache den Zeigefinger an die Zunge nass, greife ihr damit auf die Backe oder Halskraus, thue als hettest du ein Ungeziefer gefangen, werfe es auf die Erd und trette darauf, sie wird dir danken für den freindschaftlichen Dienst, den du ihr getan, pringt dir Nutz.

Anderes. Wenn dir ein Ratsherr, oder ainer von der Geistlichkeit, etwas nach Ele oder Gewicht abkaufen tut, oder gar nach Mässlein, so lass alle Vortheilhaftigkeiten weg, diese gelarte Herren tun alles nachwiegen und messen, und werden Dich darob loben und sonderlich eren.

Regul I. Farst du auf Jahrmark, nimm kleine Rad an deinen Wagen und hüte dich, dass du keine Grundruhr (das Recht der Grundherren, die auf ihrem Grund zusammengebrochenen Wagen samt der Ladung in Besitz zu nehmen) zahlen musst, sonst ist dein Gewinn verloren. (Die Kaufleute mussten ihren mit Waaren bepackten Wagen nur kleine Räder geben, damit die Wagen auf den schlecht erhaltenen Strassen nicht leicht umwarfen. Kaufmannsgüter, welche den Boden des Fahrwegs berührt hatten, gingen nämlich schon durch das Berühren des Bodens allein in das Eigenthum des Grundbesitzers über.)

Regul II. Hast du deine Warr gut auf den Mark gebracht, hüte dich vor 2 Ibeln, fir Marktdiebe, und bei Nacht fir Megdelein, die dir so vill pöses antun, dass du dein leblang ain Kribbl pleibst.

Regul III. Deine Pfennige trage fleissig in dein Leibgurt und lass ja Niemanden nicht merken, dass du ainen solchen hast, so du eine Brennsuppe kaufest, gebe nur ain 2 Pfennigstück zum Auswechseln, dass man kain Geld bei

---

< «Zu Anhebung dieses löblichen Wercks der Hohen Schule ward auf Ambrosii 1460 im Chor des Thums (Doms), nach vollendeter Mess, in Versammlung der gantzen Clerisey, die Päbstliche Stiftungs-Bull durch den Burgermeister und etliche Verordnete von Rähten überreicht.» 1765.

dir glaubet. Diebe sind überall. Wirst du selbststendiger Krämer, so gehe alle Woche 2 Mal zur Messe und alle 14 Tage zur Peichte, aber nur in dein Sprengel, wo du als ansentlicher Kaufherr wirst geert werden, und kain böser Leumund prink dir Schaden.»

Mittheilungen zum Schweiz. Volksfreund und Tagblatt der Stadt Basel, 1870

Basel wird Messestadt

«Eben zu der Zeit, im Jahr 1459, wo die Errichtung der Universität betrieben wurde, kam auch der Vorschlag in Berathung, wie man sich um das Recht, eine Messe zu Basel zu haben, beym Kaiser bewerben würde. Die eingefallenen Irrungen mögen das Geschäft verzogen haben. Im Jahr 1471, Dienstag vor Margaretentag, auf dem Regensburger Reichstage, erhielt unser Gesandter, Hans von Bärenfels, Ritter und Bürgermeister, einen Freyheitsbrief von Kaiser Friedrich dem III, jährlich zwey Jahrmärkte die man nennt Messen, jede von 14 Tagen zu halten, und zwar die eine 14 Tage vor Pfingsten, und die andere 14 Tage vor Martinstag. Als Beweggründe zu dieser Begünstigung wird das lange ehrbare Wesen und Herkommen der Stadt Basel angeführt, wie auch die getreuen, annehmlichen und nützlichen Dienste, die sie dem Kaiser und dem Reich oft, williglich und unverdrossentlich gethan habe, und ihnen künftig wohlthun möge und solle. Die Verletzer der ertheilten Freyheit sollen in eine Strafe von 60 Mark lötiges Gold, halb für die Reichskammer und halb für Basel verfällt werden. Die Basler sollen aber auch allen, die solche Messen mit ihrer Kaufmannschaft, Handthierung und Gewerb suchen, und dahin oder davon ziehen, wie auch den Ächtern, Aberächtern und andern Personen, alle und jede Gnade, Freyheit, Geleit, Schirm, Recht, Gerechtigkeit, Ordnung und Herkommen, mit Mauten, Zöllen, Geleiten und andern angedeyen lassen. Im gleichen Freyheitsbriefe wird die Erlaubniss ertheilt allen Ächtern, Aberächtern, und denjenigen, welchen unsere oder andere Städte zur Strafe untersagt wären, die Zeit der Messen über, Geleit zu geben, sie zu hausen und zu hofen und Gemeinschaft mit ihnen zu haben.»

Ochs, Bd. IV, p. 205f. / Anno Dazumal, p. 125ff.

Unvergänglicher Ruhm

«Zwei Dinge hoben den Ruhm der Stadt Basel: sie war eine sichere Freistätte gelehrter Männer, die das öffentliche Unglück oder sophistische Unverträglichkeit anderwärts vertrieb; und mit besonderm Eifer wurde die Buchdruckerei daselbst vervollkommnet, jene Kunst, welche die öffentliche Meinung auf ihrem Thron als Königin der Welt so befestigte, dass Freiheit und Wissenschaft von dem an von Tyrannei und Verfinsterungssucht bedrohet, nie aber allgemein oder in die Dauer unterdrückt werden können. Hanns Amerbach, Hanns Froben und ihre Geschlechter, welche mit redlichem Eifer und grossen Aufopferungen die Kunst ausgebildet, haben einen schönern Ruhm als viele grosse Staatsmänner und Eroberer, deren List und Glück die Welt in Verwirrung und einen Theil des menschlichen Geschlechts in unnennbaren Jammer gebracht haben.» 1480.

Johannes von Müller, 16. Theil, p. 268

Die Pfingstmesse wird abgeschafft

«Anno 1494 ward die Pfingst-Kaufleuten-Mess, die man hielt wie an St. Martins Mess, abgethan.»

Ochs, Excerpte, p. 546

Studentenstreich

«Zu Basel was 1520 ein Goldschmidt ein freyer Künstler d'hiess Urs Graffe (Urs Graf), was ein guter Studentenfreund. Der richt einmal zween Studenten an, daz sie nächtlicher weil am kornmarkt (muss wohl heissen Fisch-

Illustration aus dem zündholzschachtelgrossen Gebetbüchlein «Der Kinder Gottes tägliches Lob-Opffer. Basel, bey J. Conrad von Mechels sel. Wittib, 1738».

markt) von seym hauss uber die gassen ein seyl heymlich spannen solten, demnach Lerman (Lärm) anfachen, so würden die Scharwächter darzu lauffen, da würde einer ein hübsches Fallens sehen. Die Studenten volgten, es was ihnen wol darmit, kamen auff ein nacht, richteten mit hilff ihres Bubenvatters die seyl zu, nach aller Handlung auffrichtung, und irer wachtbestellung, gehen sie an einem hauss heymlich her, so finden sie ein Scharwächter an der wand sitzen, der schlieff hart und hat sein backanetlin (Mütze) und hendschuh von ihm gelegt. Die zween nemet das Heublin bald, machen etwas Unfläthiges (Urin?) hinein, legends ihm still und heymlich wider dar, gehen demnach gegen der Eyssengassen zu, zucken von leder, hand ein gross gebrecht, schlagen zusammen. Die Scharwächter stuben von allen orten herzu, dem Lerman (Lärm) nach. Und als sie an den kornmarkt kamen, fielen sie uber die gespannten seyl.

Da lag ein Hellenbart, da der mann, da das backenetlin, da zween oder drey auff einem hauffen. Und der Scharwächter, so geschlaaffen, wüschet auch aus dem schlaaff, will sein backanetlin flucks auffsetzen, und zu dem Lerman lauffen, so ist's voll geschwitzt und stürtzet alles uber den kopf ab (das was zu erbarmen). Der Goldschmidt sass inn seim kellerhalss und hett die gespannten seyl bei ihm an besonderen riemen inn der hand. Die weil sie sich wieder zusammen lassen, die hellenbarten und anders in der finstere suchten, zoge er die seyl zu ihm, und durch den keller ins hauss auffhin, nam ein liecht, laufft hinaus und zündt den Scharwächtern, dass sie ihr ding wider funden, damit kundt, er auch sehen, wer sie waren. Er stellt sich hesslich, sprach: Er were erst vom beth auffgestanden, und führt sie also auff dem ganzen kornmarkt umb und suchten die seyl, auch die, so es gethan hetten. In derselbigen weylen waren die Studenten in des Goldschmieds hauss wieder heym kommen. Da er das vermercket, name er Urlaub von den Scharwächtern, ginge heym, sie dankten ihm vleissig, das er so guten ernst mit inen gebraucht hette. Hetten sie die rechte wahrheit gewusst, würden sie sich ohne zweyvel anders gegen ihme gehalten, und den armen Judas auff der borkirchen (Empore) ihm gesungen haben.»
Stocker, p. 151 f.

Erste öffentliche Anatomie
«Ein aus Frankreich stammender Dieb wurde 1531 gehängt, nach 3 Stunden losgebunden, ins Kollegium gebracht und durch Dr. Oswald Bär seziert, in Gegenwart der Ärzte und Scherer, d.h. der Wundärzte. Es war dies die erste Anatomie, die öffentlich in Basel stattfand.»
Gast, p. 113

Von einem liederlichen Studenten
«Ein ganz mittelmässig geschulter junger Student schlenderte bei einem halben Jahre durch alle Strassen unserer Stadt, ohne die Lehrsäle zu besuchen und zu Hause zu studieren. Wenn ihn, was öfter geschah, gute Männer über sein Tagdiebleben zur Rede stellten und zum Fleisse ermahnten, so pflegte er zu antworten, er stehe im Begriffe abzureisen in seine Heimath, er habe schon in Freiburg im Breisgau seine Studien gemacht; jetzt trachte er nur noch, sich bei guten Leuten ein kleines Reisegeld zu verschaffen und werde dann abreisen. In der That lief er bei den Männern vom Gelehrtenstande von Haus zu Haus. Endlich ergriffen, bekennt er, er habe die Baarschaft, die er auf sich habe, von einem Franzosen bekommen, der den Opferstock im Münster erbrochen habe. Zuerst hatte er 2 Pfund, d.i. einen Kronenthaler Basler Münze, erhalten, darauf wieder so viel. Wo der Dieb steckte, wusste er nicht. Er betheuerte aber seine Unschuld am Kirchenraube. ‹Ich habe, gestand er weiter, bei meiner Armuth oft in der Kirche meine Schlafstätte gesucht, ohne etwas Anderes dabei beabsichtigt zu haben. Der Franzose hatte mittelst eines Bohrers und einer feinen Säge das Holz des Opferstockes durchbrochen und mit der grössten Schlauheit den Raub verübt. Er steckte einen mit einem Leim beschmierten Lappen durch die Öffnung und fischte so das Geld heraus. So trieb er es etliche Tage, indem er ein schwarzes Papier über die Öffnung kleibte. Der Dieb hatte auch gewöhnlich in einem Verstecke der Kirche die Nacht erwartet, d.h. hinter einigen Brettern die er gegen einen Winkel gelehnt hatte, dass er von keinem Vorübergehenden entdeckt werden konnte.› Der

Der 70 jährige Erasmus von Rotterdamm mit dem 26 jährigen Gilbertus Cognatus, dem Sekretär und «Studiengenossen des Meisters», im Jahre 1530.

Studentenjunge war hingegen zu mehreren Malen in der Kirche von der Wache aufgegriffen worden und hatte sich mit gar sanftem Ausdrucke damit entschuldigt, dass er ein armer Schüler sei, zu hülflos, um in einer Herberge zu übernachten. Die Wächter hielten auch den Jungen in ganz keinem Verdacht. Er wurde vom Rathe in Gnaden der Haft entlassen und mit der Mahnung verwiesen, er möge hinfürder emsiger der Wissenschaft obliegen und Müssiggang über Alles meiden, damit er nicht dem Galgenstrick, diesem Lohne vieler Müssiggänger, zur Last werde. Er solle sich vor Allem an Arbeit gewöhnen, sei es an geistige oder leibliche. Diese Geschichte lehrt, wie nothwendig die Durchsuchung der Kirche, und wie Müssiggang alles Bösen Anfang ist.» 1537.

Buxtorf-Falkenstein, 2, p. 44f.

Präparierter Totenkörper

«Andreas Vesalius, der weitberühmte Artzet, hat 1546 einen Todten-cörper sehr artlich aufgerichtet, und ist im Brabeuterio (Doctorsaal genandt) zu sehen. Derselbige Cörper ist gewesen eines Einwohners zu Basel, welchen die Oberkeit mancherley Bübenwercks halben des Lands verwiesen. Als ihme aber seine Frau bey Alschweiler, da sie Fleisch holte, begegnet, hat er ihro schier den Arm abgehauen, und viel Wunden gegeben. Darüber er von den Basslleren, die ein Christliche Oberkeit ausgeschickt, zu Alschweiler ergriffen, und den 12. May enthauptet worden.»

Gross, p. 185 / Bieler, p. 731 / Wurstisen, Bd. II, p. 658f. / Linder, II 1, p. 32

Aufstand gegen die Metzger

«Anno 1551 erhob sich wegen des Fleischmangels, der von den Fleischern verschuldet worden, ein förmlicher Aufstand, so dass die Burger denselben drohten, sie in den Rhein zu werfen, und der Grosse Rath zusammengerufen werden musste. Darauf fand sich des Fleisches genug. Die Angesehensten im Rathe fielen in Verdacht, auf Seite der Metzger zu stehen, um oligarchischen Einfluss durch diesen Anhang zu vermehren. Die Räthe mussten Rath bei den Vorgesetzten der Kl. Stadt holen. ‹So schämen sich die Unsrigen nicht, sagt Gast, sie, die sonst in Angelegenheiten viel wichtigerer Natur den Andern mit Rath an die Hand gehen, von Diesen sich belehren und weisen zu lassen. Weder Ochsen- noch Kuhfleisch wird in der School verkauft, nur Ziegen- und Schaffleisch. Also bringen diese Menschen, die nicht schlachten wollen, durch ihre Frechheit die Bürgerschaft in Fleischnoth.› Sie hingegen klagten, nur zu ihrem grössten Schaden müssten sie sich dem Spruche des Gr. Raths unterwerfen. Während der über diese Bürgerverlegenheit gepflogenen Unterhandlungen geschah – bedeutsamer Weise! – dass auf den Klein Basler Weiden die von der Zunft vernachlässigten Kühe unerhörter Art wider einander streitig und stössig wurden. Es ist eine Dummwuth über sie gekommen, dass sie mit Hornstössen einander hässig angefallen, und etliche Besiegte bis gen Brombach hinaus getrieben worden sind. In Lateinisch fügt der gelehrte Pfr. Gast bei: Ein merkwürdiger Vorfall, der auf ein besonderes Gottesurtheil hinweist!»

Buxtorf-Falkeisen, 3, p. 98f. / Ochs, Bd. VI, p. 59

Doktorpromotion

«Am mentag den 20 septembris 1557 fürt man mich in des decani Beri haus. Do drancken sy malvasier (Süsswein) und gleiteten mich in einem schwartzen schamelot (aus Kamelhaaren gewobener Stoff), rings umher und wo die nät, mit sammat einer handtbreit allenthalben ussen verbremdt (mit handbreitem Samt verbrämt), in roten hosen und rotem sidenem attlassen wammist, nach dem collegio. Alss wir fir D. Hubers haus kamen, fiel D. Oswalden in, dass ich auch etwas profitieren ex tempore sol (unvorbereitet eine Vorlesung halten), und wil er kein buch bestelt, namen sy eins uss D. Hubers stüblin und

«Der newe Doctor kompt mit dem Rector aus der Promotion». Radierung von Hans Heinrich Glaser aus «Basler Kleidung aller hoh und nidriger Standts Personen nach deren grad auff ietzige art fleissig corrigiert und auf begeren zum anderen mahl gemacht und verlegt in Basell im Iulio anno 1634».

giengen also in aulam medicorum. Die war statlich tapessiert allenthalben, und vol volcks, dan lang zevor kein doctor promoviert hatt. Ich stalt mich in die undere cathedram, D. Isaac in die obere und nach dem bleser, so do waren, ufgeblasen, hult D. Isaac die oration und proponiert mir die themata, daruf ich mein oration, so lang war, usswendig pronuntiert, uf welche mich D. Isaac zum decano oblegiert (zu gehen auffordert), D. Oswaldo, und gieng ab der cathedra, darauf D. Oswaldt mich entpfieng und nach gethonder kurtzen oration, fürt er mich mit vorgendem pedellen mit dem sceptro uf die hohe cathedram und mit gewonlicher solennitet satzt er mir mein sammat parret auf, doruf ein schoener krantz und brucht die übrige ceremonias, darunder auch er mir ein ring ansteckt, ab welchem ich mich, wil sy mir von natur zewider, wie anfangs gesagt, ein wenig entstutzt, iedoch blyben lies. Alss er mich nun fir ein doctor ussgerieft, sprach er mich an, ich solte ein prob thun, unversechens über etwas offentlich uszelegen. Schlug er ein blat ettlich im buch herumb, zeigt mir ein ort, do las ich den text, als stiende er dorin, fieng denselben an aus zulegen, so schlacht er dass buch zu mit vermelden, ess were gnug, bschliesst also sein det (Tun) und befilcht mir, die dancksagung ze thun, dass ich mit einer langen oration usswendig uss sprach und hiemit den actum also beschloss, der über die vier stundt gewert hatt, doruf die vier bleser anfiengen blosen und zogen in der procession also uss dem sal zu der Cronen, do dass pancquet angestelt war, und gieng mit mir der rector D. Wolfgangus Wissenburger, hernoch der alt herr doctor Amerbach und andre academici in zimlicher zal, der pedel vor mir und die bleser, so durch die gassen biss zur herberg bliesin. Es waren by 7 tisch by der moltzyt, waren gar wol tractiert und zalt doch nur 4 batzen fir ein person, wert (währte) bis drien, dan domolen man nit also lang sas, wie zu ietziger zeit. Man danckt ab, wie gewonlich, mit forgendem (vorausgehendem) scepter; das verrichtet D. Isaac. Der fürt mich nach dem essen mit D. Michel Rappenberger in sein haus in s. Johans vorstatt zu s. Antonii, do thaten wir ein obendrunck und zog darnach heim, dohin sy mich geleitteten.» Felix Platter.

Lötscher, p. 309ff.

Druckerherren in Gefahr
«An der Frankfurter Herbstmesse 1557 kamen zwei Basler Druckerherren, Johannes Oporinus und Niclaus Brillinger, wegen etlichen Büchern, die sie gedruckt hatten, in grosse Gefahr, wurde in diesen doch Hertzog Augustus, Churfürst von Sachsen, Schmache angetan. Während Oporinus entweichen konnte, musste Brillinger mit Geld befreit werden.»

Wieland, s.p. / Baselische Geschichten, II, p. 11

Unverträglichkeit der Bürger und Studenten
«An einem schönen Sonntagabend im Juli spazierten nach Gewohnheit Bürger und Studenten die Brücke auf und nieder. Von den letzten werden genannt: Zimmermann, Gazod, Geuschell, Röbeli von Rotweil, Fäsi, Kärpfli, Josua v. Salis, Statius aus Flandern. Unter dem Rheintor begegnet der 17jährige Salis aus Bergell dem Geuschell und fordert ihn zu einem Gang über die Brücke auf. Dieser hat keine Lust, denn die Leute sind trunken, es ist Sonntag, und man ist sonst den Studenten aufsätzig. Da kommt zu den Beiden der Fischer Löchlin aus Kleinbasel, mit einem ordentlichen Trunk beladen. Die Hand bietend fragt er den v. Salis: ‹wann wollen wir einmal miteinander zu Abend zehren?› ‹Wann's Euch beliebt und gelegen ist.› ‹Nun›, spricht Löchlin, ‹ich will uns ein gut Essen Fisch fangen. Wir wollen ein gut Muthli bei einander haben.› Von seinen Gesellen abberufen, ergeht sich der Fischer mit ihnen. Geuschell erblickt indessen die mit Silber beschlagene Seitenwehr Zimmermanns, der zu den Beiden getreten war und sagt spasshaft: ‹Du und eine Wehr mit Silber! Lass sehen!› Damit behändigt er die Waffe und prüft sie näher im Weitergehen. Nachdem die Studenten schon mehrmals die Brücke auf und ab gemessen, ziehen sie beim Käpeli-Joch an einem Trupp vorüber. Sie hören, dass über sie ‹geschnarchlet› wird: ‹Pfaffen! Gerstenfresser! Saupfaffen!› tönt ihnen nach. Doch kaltblütig wandeln sie ruhig fürder in ihrem Lustgang. Wiederum bei den Bürgern vorbeischlendernd, vernehmen sie nochmals den beleidigenden Nachruf. Da ruft Gazod, der auch einen Trunk zu sich genommen: ‹Das mag ich nicht leiden. Ich bin so fromm als die sind›, schreitet auf den Haufen zu, reisst Einen neben sich und schlägt ihm die Faust in's Gesicht. Geuschell eilt ihn zu halten, aber Löchlin, der Fischer, schreit, den Mantel abwerfend: ‹Crysam, was schlägt Ihr uns?› und zieht auf Gazod eindringend von Leder, so dass dieser einen Dolch zuckt. Rubellus hält den Löchlin und bittet ihn mit Andern Nichts anzufangen. Während dem halten Bürger Gazod fest. Auch sie wollten Frieden machen und scheiden. Doch Löchlin schwört: ‹Sakerment! Lass mich machen oder ich gebe dir Eins auf's Maul. Ich will schon mit den Pfaffen umgehen.› Er reisst mit blanker Wehr los. Jetzt lassen die Bürger auch Gazod frei, und laufen dem tobenden Haufen zu. Der Lärm steigt. Gazod haut um sich, indem er und Geuschell von den Gegern angegriffen werden. Es kommt zum Handgemenge. Klingen blinken zum zusammenschlagen. Da, vom Getümmel, in einer Schranke ruhend, aufgeschreckt, springt plötzlich ein neuer Hülfsgenoss herbei, der Niederländer Statius, und handelt mannlich behend mit Schlag und Stoss unter den Bürgern. Jetzt schreit auch erst zugetreten ein kurzer, dicker schwarzer Gesell mit schwarzem Bart: ‹Botz Crysam! Ihr heillosen Pfaffen!

Was macht Ihr.› Geuschell: ‹Nit also wild Du! Wir sind als gut als Du.› Der schwarze Geselle abermals schreit: ‹Wie Du's han willst!› zuckt auch gegen Geuschell, der dasselbe thut. In diesem wirren Toben weiss keiner von wem er geschädigt oder wund geschlagen wird. Indem wird dem Gazod in diesem Wirwarr am Schlimmsten mitgespielt. Zu Boden geschlagen, wird er mit Faustschlägen überschüttet. Nach ihm blutet Löchlin stark. Beide werden von ihren Befreundeten in Schergaden in Kleinbasel gebracht, wo sie verbunden werden. Löchlin, vom Meister Scherer gefragt, wer so mit ihm gehandelt habe, antwortet: ‹ich habe Frieden machen wollen, so ist mir das geschehen, und das hat der Student zum Hauen gethan, der Tischgänger bei Friedli Gengenbach.› Damit war Gazod bezeichnet.»

Buxtorf-Falkeisen, 3, p. 60 f.

Basler Geldanlagen im Auslande

«Vor Zeiten gab es verschiedene Schweizerkantone, die eine gefüllte Schatzkammer besassen. Die gute Zeit ist verschwunden! Inzwischen scheint es noch sehr zweifelhaft, ob ein voller Schatz immer wirkliche Wohlthat für ein Land sey, weil er entweder zu unnöthigen Staats-Creationen leichtern Muth macht oder übermächtige Nachbarn reizt. Wie wenig half dem Bernerischen Staate das vor der Umwälzung dort bestandene grosse Ersparniss? Und wer kennt nicht das Schicksal anderer in Kriegen und sonst verschwundener Staatsschätze? Basel, das sich von jeher, wie noch, durch eine weise Staatsökonomie auszeichnete, hatte in frühern Zeiten die erübrigten Summen im Auslande angelegt, damit wenigstens die Zinse davon in die Heimat zurück flössen. Aber dieses Hinleihen der Kapitalien an auswärtige Herren hatte den Nachtheil, dass Fälle eintraten, wo die Zinse mit den Kapitalien verloren giengen oder doch in Gefahr des Verlustes kamen, wenn ein Fürst mit seinem Vermögen oder mit seiner Herrschaft Bankerot spielte. So entlehnte Karl IX, König von Frankreich, im Herbstmonat 1571 von den Baslern 53 000 Sonnenkronen in Gold und 7000 Kronen in Silber, die Krone zu 24 Batzen Reichswährung gerechnet. (Im 17ten Jahrhundert gab man in Gold zwei Sonnenkronen für eine Louisd'or, und in Silber eine Sonnenkrone für 5 franz. Franken und 2 bis 10 Sols.) Die Zinse sollten zu 5 Prozent jährlich in Basel bezahlt werden. Zum Rückbürgen gab er seine Mutter, Katharina von Medicis, die auch das hypothezirte Schuldinstrument eigenhändig unterzeichnete. Die Wiederbezahlung sollte nach drei Jahren geschehen, die er auch bei seiner königlichen Treue auf diese Zeit verhiess. Man trug um so weniger Bedenken, dieses Darleihen zu machen, da man sich zu bereden schien, dass solches einen günstigen Einfluss auf seine Gesinnungen gegen seine zahlreichen protestantischen Unterthanen zur Folge haben könnte, und jene Bartholomäusnacht nicht ahnen mochte, welche unmittelbar darauf (1572) eintrat. An diese Schuld bezahlte König Heinrich IV. glorreichen Andenkens, im Jahr 1608, 7000 Kronen ab, so dass 53 000 noch ausstehen, die bis zur französischen Revolution, nebst 162 Zinsen, zu einer Schuldsumme von 5 015 820 franz. Livres sich vergrössert haben. Hierzu kam noch ein anderes früheres von Basel bei dem römischen König Maximilian angelegtes Kapital von 20 000 Gulden, von welchem bis in die neuern Zeiten die Interessen noch unbezahlt sind.»

Rauracis, 1828, p. 96 ff.

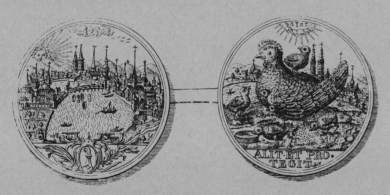

Darstellung des in der ersten Hälfte des 17. Jahrhunderts geprägten Gluckhennentalers, eines «anmutigen» Schautalers in Silber, von Johann David Köhler. 1747.

Waffenordnung für die Studenten

«Im Jahr 1579 fanden wiederum mehrere blutige Raufereien statt. Auf dem Kirchhof zu St. Peter stiessen drei Schmiedgesellen mit vier Studenten zusammen, von welchen letztern, der Hesse Laurent Hoel, einen Gegner schwer in Arm verwundete; den andern Tag aber aus der Stadt floh. Tags darauf brachte Gyot einem Glaser auf der Brücke eine eben so bedeutende Stosswunde bei. Jetzt sah sich der academische Senat bewogen, gegen diese muthwilligen Ausschreitungen einzuschreiten. Er verbot den Studenten das ungebührliche neumodische Tragen ihrer Schwerter, nämlich unter den Achseln und über den Armen, und gebot: Die Studenten sollen ihre Waffen entweder zu Hause lassen oder, wenn nicht, dieselben an der Seite hangend tragen, nach Art der übrigen Bürger.»
Buxtorf-Falkeisen, 3, p. 62

Gleiche Rechte für Studenten

«Dem adeligen Brandenburger B. v. Schulenburg, der mit etlichen Dienern und drei Pferden die Universität bezog, wollten die Wirthe 1584 für seine Pferde kein anderes Quartier einräumen, als einen Gasthofstall. Rektor Wurstisen vertrat den hohen Studenten vor Rath, indem er darthat, dass die hier weilenden Studierenden gleiches Recht mit den Bürgern hätten und könnten darum ihre Pferde füttern lassen, wo sie wollten. Solches sei vor dem schon in Gebrauch auf unserer Universität, nämlich, dass oft Studenten also Knechte und Pferde für ihren Gebrauch gehabt hätten. Was wäre aber, wenn solche vornehme Studierende hieher reisten und dann lieber die Stadt als ihre Thiere missen wollten? Denn das sei solchen Herren hart und misslich, ihre Pferde edler Art allda verkaufen und bald darauf wieder schlechte um hohen Preis kaufen zu müssen. Der Rath erkannte: v. Schulenburg und andere Studenten könnten ihre Pferde füttern, wo sie wollten.»
Buxtorf-Falkeisen, 3, p. 64

Schulfreie Tage

«Zu den gesetzlichen Frei- und Ferientagen gehörten: die Nachmittage des Donnerstags und Samstags, des ersten Montags nach Fronfasten, des Tags nach Neujahr und des Namenstages des Ludimoderators (Rektors), die Nachmittage während der Fastnacht, die Tage nach den kirchlichen Hauptfesttagen und der halbe Montag der jährlichen Einweihung des neuen Raths; sechs Montage Nachmittags in den Hundstagen; während der 14tägigen Messe, sowie 14 Tage während der Weinlese wurde nur eine Morgenstunde täglich gehalten. Endlich gewährte das Schulfest des sogenannten Ruthenzugs einen sömmerlichen Ferientag, an dem die Schüler in den grünen Wald hinausgeführt wurden, sich unter Lust und Scherz die Plagemittel zu holen, die sie so oft das Jahr hindurch verwünschten.» 1588.
Buxtorf-Falkeisen, 3, p. 69f.

Legat für dürftige Studenten

Der 1588 in der Birs ertrunkene Edle Eugenius von Köln, der in Basel den Wissenschaften oblag, hat «während seinem hiesigen Aufenthalt ein Legat für dürftige Studiosi gestiftet, welches bey löblicher Universitaet noch vorhanden ist».
Linder, II 1, p. 51 / Freud und Leid, Bd. 1, p. 66

Das Deponieren

«Zu dieser Zeit herrschte noch bei dem Übertritt der jungen Studierenden aus den untern Schulen in die öffentlichen Hörsäle die auffallend sonderbare Ceremonie des Deponirens (des Ablegens jugendlicher Flatterhaftigkeit und Unwissenheit). Die Lehrlinge wurden vor den Augen der Studenten, nach abgelegtem Examen, durch dieses symbolische Verfahren zur Hochschule gleichsam eingeweiht. Mit hölzernen Beilen, Höbeln, Bohrern, Scheeren und andern dergleichen Instrumenten wurden sie (gleichsam) behauen, behobelt, geprüft, geschoren, wie

«*Die Candidaten und Pedell laden zum Doctorat.*» Radierung von Hans Heinrich Glaser. 1634.

auch die an das Haupt gesetzten Hörner abgeschnitten. Durch diese von den Vorfahren hinterlassenen Gebräuche wird den Jünglingen zu Gemüthe geführt, dass sie nach Ablegung der groben Sitten, einer feinen, wohlziemenden Lebensweise nachstreben, den Lehrern keine verschlossenen, sondern offene lernbegierige Ohren darreichen, dass sie vor dem Barte Gelehrsamkeit erlangen und die Hörner des Hochmuths, welche halbwissende Klüglinge aufrichten, von sich thun sollen. In diesem Stück des Deponirens kommen wir Deutsche den übrigen Völkern höchst lächerlich vor.» 1588.

Buxtorf-Falkeisen, 3, p. 64f.

Heimliche Überwachung der Schüler

«Die Schulordnung des Gymnasiums, der gemäss der Unterricht sich auf vier Stunden täglich vertheilte (8–10, 1–2, 3–4), verpflichtete die Lehrer, einen jeglichen für seine Klasse heimlichen Aufseher (Specher), so den Knaben unbekannt, anzustellen, welche die, so auf den Gassen säumen oder Unzucht beweisen, heimlich dem Lehrer zur Strafe vermelden sollen. Beim Heimgang soll die Jugend in vier geordneten Abtheilungen (Process) unter Führung eines Präceptors nach ihren Quartieren abziehen (wie noch 1828 geschehen). Die nach Alban und den Sprung hinab bis an eine Kreuzgasse, den Schlüsselberg hinab bis zum Schlüssel, durch die Augustinergasse bis zur Brücke. Da sollten die Lehrer sehen, dass ein Jeder sich ruhig weiter verfüge. Zwei Schulvisitatoren sollten abwechselnd täglich die Klassen durchschreiten, den Unterricht und die Zucht zu überwachen. Am Sonntag aber wurden die Schüler von ihren Lehrern in drei Predigten geführt und in die vierte am Dienstag. Von den Aufsehern sollten wiederum die, so sich aus der Kirche ‹verschlüchen, auf der Pfalz under der Linde und im Kreuzgang vagieren ohn Betrug angegeben werden›. Die drei obersten Klassen hatten dann noch Rechenschaft zu geben über Inhalt und Plan der Predigt, und das in lateinischer Sprache, die dritte Klasse in deutscher; indessen die zwei untersten Psalmen und den Katechismus recitirten. Die Unterrichtszeit wurde mit dem gemeinschaftlichen Gesang eines Hymnus und dem Lesen eines Psalms begonnen und geschlossen. Selbst die Jugendspiele im Freien regelte die strenge Schulordnung. Verboten waren neben sonstigen possirlichen, unehrbaren Spielen die mit Würfeln, Charten, Gluckern (globuli); eben so, zur Winterszeit Andere mit Schneeballen zu werfen, das Schlittenfahren an abschüssigen Bergen. Ballspiel, Wettlauf und andere ehrbare Spiele waren gestattet.» 1588.

Buxtorf-Falkeisen, 3, p. 70f.

Karzerhaft

«Strenge wurden Vergehen gegen die Sittlichkeit bestraft. Obwohl es Sonntag war (25. Horn. 1592), kamen die Herren Dekane dennoch in Sachen eines Alumnen von Zürich zusammen. Dieser war beschuldigt, in der verflossenen Nacht eine weibliche Person in seiner Schlafzelle beherbergt zu haben. Er bekannte und versprach zugleich, die Tochter bald möglichst zu heirathen. Er büsste mit dem Verlust des Stipendiums und dreitägiger Karcerhaft.»

Buxtorf-Falkeisen, 3, p. 64

Eine Doktorpromotion im 16. Jahrhundert

«Als am 12. November 1459 Papst Pius II. die Stiftungsbulle der Universität Basel ausfertigte, wurde darin auch festgesetzt, dass sie zu ewigen Zeiten alle die Privilegien,

Holzschnitt aus dem berühmten «Basler Columbusbrief», einem in der Universitätsbibliothek verwahrten einzigartigen Zeitdokument: Im April 1493 ist in Rom der erste Brief Columbus' über die Entdeckung Amerikas erschienen, und schon wenige Monate später wurde dieser in Basel nachgedruckt und mit Illustrationen versehen! Die Darstellung der Insel Hyspana zeigt das heutige Haiti.

Freiheiten, Ehren und Exemtionen geniessen und gebrauchen solle, in deren Besitz sich die Musteruniversität Bologna befand. Unter diesen Privilegien war eines der vorzüglichsten das Recht, alle akademischen Grade zu ertheilen, oder baccalaurii magistri und Doktoren zu ernennen. Man übte dieses Recht strenge aus. Verschenken oder gar Verkaufen des Grades (welcher Missbrauch noch heute auf einigen der niedern Hochschulen Deutschlands bestehen soll) war damals unbekannt; denn der akademische Grad war eine wirkliche Würde und mit wirklichen bedeutenden Freiheiten beschenkt. Auch heut zu Tage reden zwar unsere Doktordiplome noch von Privilegien und Freiheiten, allein diese reduziren sich auf sehr Weniges und vollends weiss man nicht, welche Würde sich ein Magister der freien Künste beimessen soll, wenn sich die Haarkräusler als seine Collegen betrachten, und die Behörden diess, wie es unlängst in Zürich der Fall war, sanktioniren. Im 16ten Jahrhundert war die Ertheilung dieser Würde eine grosse Feierlichkeit, und es ist um so interessanter, uns dieselbe in unserer Zeit zu vergegenwärtigen, da noch manche jener Formen heut zu Tage üblich sind.

Der Doktorgrad war der höchste aller akademischen Grade. Ihm gingen voran das Baccalaureat und das Magisterium. Wer jene erlangen wollte, musste bereits im Besitze dieser sein. Im Vergleich mit unserer Zeit wurde man sehr früh, im 14ten, 15ten, 16ten Jahre, zu den Universitätsstudien zugelassen, und selten widmete man sich diesen länger als 3 Jahre. Daher wir auch finden, dass viele Männer des 16ten Jahrhunderts noch erstaunlich jung sich schon die Magisterwürde erwarben. Schärfer schien man es jedoch zu nehmen, wenn einer sich zum Doktorat meldete. War der Petent noch unter 24 Jahren, so mochte mancher bedächtige Dekanus den Kopf schütteln, besonders, wenn er selbst erst spät zu dieser Würde gelangt war. Dass Jalousie und Missgunst nicht hie und da auch ihr Spiel trieben, wem mag es unglaublich scheinen; besonders in Zeiten grossen geistigen Umschwungs und fortgehender Regsamkeit, wenn da ein älterer Mann befürchtete, etwa zurückzustehen hinter dem jungen, mit neuen Kenntnissen ausgerüsteten, von ihm verdunkelt und überflügelt zu werden, da zeigte sich auch damals, wie zu allen Zeiten, die menschliche Leidenschaft durch Intrigue und Chikane. Zeugniss hievon giebt die am 26. Juni 1539 erlassene neue Verordnung über die Universität. ‹Die Gradus belangende›, heisst es da, ‹haben wir geordnet und wöllen, dass dieselbigen in allen Fakultäten denen, so dazu geschickt seind, die begehren oder die anzunehmen aus billigen Christlicher Ursachen erfordert, gegeben werden sollen: Damit unter den Trägen und Fleissigen ein Unterschied seye.›

Hatte sich nun einer so weit vorbereitet, dass er glaubte, das Examen bestehen zu können, so meldete er sich beim Dekan der Fakultät und ‹petierte, durch ein Orationem den Gradum›. Oftmals geschah es, dass der Petent vorher noch das Ansuchen stellte, ein Kollegium lesen zu dürfen oder zu ‹profitieren›, um eine Probe seiner Geschicklichkeit abzulegen. Wurde es gestattet, so verkündete ein Anschlag an den Kirchthüren das Ereigniss, und der Professor datirte ein solches Programm: ex Museo nostro, kein Bedenken tragend, eine oft ärmliche Wohnung mit den prachtvollen Prunkgemächern römischer Grossen zu vergleichen.

Auf die erste Meldung beim Dekan folgte nun eine Vorladung vor das gesammte Kollegium der Fakultät, wo die Petition des Gradus in einer Oration wiederholt wurde. Nach dieser schritt man zur Censur, d. h. der Doktorand musste anzeigen, wie lange er Jurisprudenz, Medizin etc. studirt, wie alt er sei, und seine Diplome des Baccalaureats und Magisterium vorweisen. Fanden sich die Herren befriedigt, so wurde er mit günstiger Antwort entlassen, und hiemit war die erste Sitzung zu Ende.

Den folgenden Tag berief der Pedell den jungen Gelehrten zum Tentamen (Vorprüfung), welches gewöhnlich in Anwesenheit der Fakultätsprofessoren in dem Haus des Dekans abgehalten wurde. Dieses Tentamen bestand in einer mündlichen Prüfung, in welcher dem Petenten viele und schwierige Fragen zur Beantwortung vorgelegt wurden. Sie dauerte wohl mehrere Stunden und endete damit, dass auf den morgenden Tag zwei puncta oder themata aufgegeben wurden, über welche disputirt werden sollte. War dann dieses Tentamen glücklich überstanden, und hatte der Dekanus etwa eine schöne Tochter, die mit Bangigkeit dem Ausgang der Promotion entgegensah, oder war diese mit der Familie des Petenten oder seiner auserwählten Zukünftigen befreundet, dann fehlte nicht, um die überstandenen Mühen vergessen zu machen, ein von ihrer schönen Hand zurecht gemachter Abendtrunk, wobei Kuchen und Konfekt nicht mangeln durften.

Allein mit dem Tentamen war die Sache noch nicht abgethan; es folgte, gewöhnlich am Tage darauf, das eigentlich sogenannte und strenge Examen. Der Petent musste die gegebenen Themata expliciren, die anwesenden Doktoren und Professoren opponirten; kamen sie in Eifer, so dauerte die Disputation über 3 bis 4 Stunden. Ein Abendtrunk, auf Kosten des Doktoranden, beschloss wiederum diesen Tag.

Dennoch genügte diese examinatorische Disputation noch nicht, es musste noch eine öffentliche nachfolgen, zu welcher anfänglich die Themata vom Dekan gegeben wurden, später vom Petenten frei gewählt werden konnten. Auf den Tag der öffentlichen Disputation wurden diese Themata, interpretirt und erläutert, gedruckt an die vier Pfarrkirchen angeschlagen und allen Doktoren und Professoren durch den Pedell ins Haus geschickt. Dieser musste überdiess noch eigens zu der Disputation einladen. Die Disputation begann Morgens früh 7 oder 8 Uhr in der Aula im untern Kollegium, und die Akademiker pflegten sich in grosser Zahl dabei einzufinden. Die Folge war, dass dem Petenten eröffnet wurde, er sei zum Doktor zugelassen, dass ihm ferner zwei Promotoren geordnet wurden, der eine, um ihm die Themata, der andere, um ihm die Insignien zu übergeben. Es wurde nun eine Ankündigung gedruckt, und der Doktorand zog mit seinem Promotor und dem Pedell in den Strassen der Stadt herum, um die Herren Häupter, Deputaten, Akademiker und seine guten Freunde ad actum einzuladen.

Auf Tentamen, Examen, Disputation folgte zum Beschluss endlich die Promotion, die Hauptfeierlichkeit bei der ganzen Erwerbung. Man versammelte sich im Hause des Dekans und stärkte sich auf den bevorstehenden Aktus durch Malvasier oder andern süssen Wein. Der neue Doktor zog das Festgewand an, das je nach der Fakultät, dem er angehörte, verschieden war. Für die Mediziner z. B. bestand es aus einem schwarzen Schamelot mit Sammt verbrämt, rothen Hosen und rothem seidenem atlassenem Wamms. Auf einigen Universitäten haben die Professoren jetzt noch solche Fakultätskleider, und der König von Preussen ertheilte noch unlängst den gelehrten Männern seiner Universität Berlin die hohe Gunstbezeugung, bei akademischen Akten in dergleichen bunten Talaren paradiren zu dürfen. Man zog im Zug nach der ‹stattlich tapessirten› Aula. Vier Bläser eröffneten den Akt mit Musik. Hierauf hielt der eine Promotor eine Rede und proponirte die Themata, worauf der Doktorand das Wort nahm. Der Promotor führte nach diesem den Petenten zum Dekan; beide bestiegen das hohe Katheder, voran der Pedell mit dem Scepter. Da wurde er denn feierlich zum Doktor erklärt, ihm das sammtene Barett aufgesetzt, das wohl auch mit einem Kranz geschmückt war, und ihm ein Ring an den Finger gesteckt. Schliesslich musste der neue Doktor eine danksagende Rede halten und so den Akt beendigen, der gewöhnlich vier Stunden gewährt hatte. Nun ging's zur Mahlzeit in eine bekannte Herberge, zur Krone, zum Engel, zum Wildenmann, zum Storchen, denn alle diese Gasthöfe, oder, wie man damals bescheidener sagte, ‹Herbergen›, finden sich im 16ten Jahrhundert schon öfters erwähnt. Voran wieder die vier musicirenden Bläser und der Pedell, dann der neue Doktor mit dem Rektor der Universität, die übrigen Akademiker, so viel geladen waren, hernach.

Dass diese Mahlzeiten nicht schlecht waren und dass man auch damals auf einen guten Tisch etwas hielt, ist schon an sich einleuchtend und geht auch aus verschiedenen Aktenstücken hervor. Es scheinen auch hie und da Unordnungen vorgefallen zu sein, so dass die Herren Deputaten eine eigene Verordnung darüber festzusetzen sich veranlasst fanden, welche uns über die Traktamente damaliger Zeit interessanten Aufschluss giebt. ‹Die tractatio conviviorum›, heisst es da, ‹soll von dem Ökonomo recht, sauber und wie sich gebürt, angestellt werden, als: für das erste Gericht soll in die Hauptblatten aufgestellt werden gut Fleisch und neben der Suppe gute Feisste, und nicht alte magere Hiener, wie dann auch ein Gerichte Zungen, Würst, Kräglin-Mäglin (Gekröse), Köhl, Kägten (Rüben), Kraut, Senf u.s.w. nach Gelegenheit der Zeit. Das andere Gericht soll sein von dreyer Gattung guter Fischen in die Hauptblatten und zweier Nebenblättlin, als Barbelen, Fören, Eschen, Hecht, Salmen, Grundelen, Karpfen, nach der Zeit. Das dritte Gericht in die Hauptblatten gut frisch gebraten Kalbs-, Lambs- oder Hammelsfleisch, und nicht Geissbraten, in den Nebenblättli Hahnen, Tauben und junge Hiener, und auf des Herrn Rectoris Tisch, wie es die Zeit giebt, ein Hasen oder Capaunen, oder Gans oder Vögel, neben dem Braten Quetsquen (Zwetschgen, Pflaumen), Reiss. Für das letzte Gericht sollen die Hauptblatten gewalte Kiechlein, daneben ein guter Käs, Anken, Obs und dergleichen nach

«Ein Doctor und Professor.» Radierung von Hans Heinrich Glaser. 1634.

Gelegenheit der Zeit aufgetragen und dargestellt werden. Solche Traktation soll auf allen Tischen durchaus gleich sein, ausgenommen, dass auf des Herrn Rectoris runder Tafel, neben etlichen Speisen der Nebenblättlein, als Suppe, Köhl, Kräglin-Mäglin, Geflügels, Quetsquen, Reiss u.s.w. drey sein sollen.

Ein guter Tischwein soll der Oeconomus aufstellen; im Fall es aber nicht geschehe, soll der Prytanis (Behördemitglied) oder sein Statthalter Gewalt haben, in einem offentlichen Weinhauss, wo es ihnen gefallen wird, Wein holen zu lassen, welcher dann bei der Rechnung dem Ökonomo soll abgezogen werden. Er soll auch neugebachen Brot ab der Lauben oder Wecklein auf die Tisch geben.›

So lauteten die Verordnungen über die akademischen Festessen im 16ten Jahrhundert. Die Kosten für eine solche Mahlzeit mochten je nach der Zeit und dem Preise der Lebensmittel verschieden sein. Felix Platter zahlte 1557 für seine Doktormahlzeit nicht mehr als 4 Batzen für die Person und gesteht dennoch, dass sie an den sieben Tischen sämmtlich ‹gar wol tractiert› waren. Sie dauerte auch nicht länger als bis 3 Uhr, ‹dan domolen man nit also lang sass, wie zu jetziger Zeit›. In der That in späterer Zeit wurde um jene Stunde erst mit dem ‹Extra› angefangen. In andern Universitätsstädten ging es auf ähnliche Weise her wie in Basel. Auch nahmen manchmal Frauen und Kinder an den Mahlzeiten Theil.

Wenn nun aber auf diese Weise Doktoren und Professoren sich vergnügten, so wollten die Studenten ihrerseits auch etwas haben. Wie die Aufführung lateinischer Komödien von Plautus und Terenz als ein vorzügliches Mittel zur Bildung des Styls und zur Erwerbung von Gewandtheit im lateinischen Ausdruck damals allgemein anerkannt und selbst in den Schulen eingeführt war, so war es auch eine gewöhnliche Belustigung der Studenten, bei Einführung des neuen Rectors, bei Anwesenheit hoher Standespersonen und bei Doktorpromotionen Komödien aufzuführen. Der Schauplatz war gewöhnlich bei den Augustinern oder auch auf der Pfalz, hinter dem Münster. Der neue Rector und die Regenz, oder der promovirte Doktor wurde mit Pfeifen und Trommeln in die Herberge geladen, von wo man in Prozession in die Komödie zog. Als Titel solcher Komödien werden genannt: Die Auferständniss Christi, Zacheus, Hamannus, vom verlornen Sohn, von der keuschen Susanna, die Aulularia des Plautus u.a. Was damals für ehrenvoll und zur Bildung beitragend galt, ist heut zu Tage verpönt; denn noch jetzt ist auf den Universitäten Marburg, Würzburg, Heidelberg, Freiburg, bei Strafe von Verweisen, Carcer und Relegation, den Studirenden das Komödienspielen verboten und ist wohl kaum mehr anderswo zu finden als in den Schulen der Jesuiten. Denn wenn unlängst in Berlin einige Plautinische Stücke von Studenten zur Aufführung gekommen sind, so geschah diess nicht sowohl, um den guten Geschmack oder die Fertigkeit in der lateinischen Sprache weiter auszubilden, als vielmehr, um einem ausgewählten Zuschauerkreis ein annäherndes Bild einer antiken Komödie vorzuführen.»

Literarische Beilage zum Intelligenz-Blatt der Stadt Basel, 10. März 1849/ Anno Dazumal, p. 59f.

Zahlungsunfähige Genfer

«In den Jahren 1570, 83 und 89 hatte Basel der Stadt Genf 19 000 Sonnenkronen in Gold geliehen. Alle Mahnungen zur Rückzahlung blieben fruchtlos: 1606 waren 25 Jahreszinse aufgelaufen. Am 27. Dezember übermachte man der Stadt Genf durch einen Boten eine Leistmahnung in Form einer Urkund ‹dass sie in den nächsten acht Tagen nach Übergabe dieses Briefes mit vier reisigen Pferden anhero in unsere Stadt in eine öffentliche Gastherberge zum Wildenmann in Leistung einziehe, um daselbst eine rechte Geiselschaft nach Leistens Gewohnheit, täglich müssig und unverdingt zu halten, auch davon nicht zu kommen, bis wir um ermeldte Zinse und ergangene Kosten befriediget und unklagbar gemacht werden›. In Anbetracht der misslichen Lage der Stadt Genf wurde sodann auf Ansuchen hin ein weiterer Aufschub bewilligt.»

Historischer Basler Kalender, 1891/ Buxtorf-Falkeisen, 1, p. 16

Metzgerstreik

«1610 haben die Metzger rebelliert. Von 75 Bänken in der School wurden von den Metzgern alle bis auf einen weggeführt. Dieser gehörte dem Wirt zu Augst.»

Basler Jahrbuch 1893, p. 140/ Wurstisen, Bd. III, p. 156

Studentenstreit um Teppiche

«Bald auf die Ankunft der beiden Söhne des Landgrafen Mauritz von Hessen, Wilhelm und Philipp, zur Universität, waren Teppiche der Herren v. Prunksi und v. Kunowitz im Münster von ihren Plätzen etwas entfernt worden, und zwar durch den jungen Knaben des Franziskus Castillioneus (dessen Vater wegen des Glaubens aus der Lombardei in Basel eingewandert), auf Geheiss seines Vaters. Darob erzürnt, nicht dass er seinen Platz den erlauchten Fürstensöhnen nicht ganz willig cediert hätte, sondern weil er vermuthete, der Kleine habe es aus eigenem Antrieb gethan (es waltete nämlich eine feindselige Stimmung zwischen seinem Vater und den genannten Herren Studierenden), stellte v. Prunski den jungen Thäter vor seines Vaters Hause zur Rede und gab ihm, da er frech, unverschämt das Maul brauchte, etliche Ohrfeigen, schlug ihn zu Boden und brachte ihm noch einen Fusstritt bei. Doch der Knabe schimpfte nur um so lauter, drohte und rief, davoneilend, dem v. Prunski zu:

‹ich bin so gut als Du bisch.› Worauf dieser noch mehr in Zorn gebracht, dem Fliehenden nachsetzte und einen Stein nachwarf, ohne ihn zu treffen. Da entwischte der Knabe in die gerade offen stehende Wohnung des Dr. Gross. Die Sache kam vor Regenz, denn die Dekane wollten darüber, als eine Streitsache von Wichtigkeit, nicht selbst entscheiden, und der Hofmeister der Prinzen wollte in der Misshandlung des jungen Castillioneus eine seinen Herren angethane Beschimpfung erkennen. Das Ende war, dass v. Prunski für 20 Gulden gestraft ward.» 1614.

Buxtorf-Falkeisen, 1, p. 118

Halsstarrige Metzger
«Weil die Metzger der Burgerschaft das Fleisch nicht um einen rechten Preis geben wollten, wurde 1616 eine neue School (Metzgerei) am Rüdengässlein eingerichtet, und sind fremde Metzger darin genommen worden. Diese blieben bis Anno 1653 hier.»

Baselische Geschichten, p. 25 / Buxtorf-Falkeisen, 1, p. 34

Frondienste für alle
«Bei der Verpflichtung aller Bürger und Einwohner zur (handlichen) Theilnahme an den Stadtbefestigungsarbeiten handelte es sich zu wissen, ob auch die Academiker zur Mitwirkung verpflichtet sein sollten. Auf die von Seite der Universität gestellte Anfrage ertheilte 1622 das Bürgermeisteramt den Bescheid: es sei des Rathes einstimmige Meinung, dass Niemand, sei er geistlichen oder weltlichen Standes, dieser Arbeiten enthoben sein sollte, also auch keineswegs die Universitätsangehörigen. Demnach erging der Beschluss: Da dieses Geschäft aller Bürger und Einwohner, also auch der Academiker, höchste Wohlfahrt und Wahrung anbetreffe, so sollen demselben mit dem willigsten Gemüthe und allem Wohlwollen auch die Angehörigen der Universität sich unterziehen. In diesem Sinne unterzog man sich auch der Leistung für die auferlegten Geldsteuern.»

Buxtorf-Falkeisen, 1, p. 119

Basels Jugend lernt Latein
«1625 meldete Herr Antistes Wolleb ab der Kantzel, dass in der Lateinischen Schul über 550 Knaben seyen.»

Linder, II 1, p. 531

Zu jugendlich zum Studium
«Als notabel wird 1642 überliefert, dass Niklaus Hoffer, Predigersknabe von Mülhausen, in seinem zwölften Altersjahre das Magisterium begehrt, auch privatim zugelassen, geprüft und würdig befunden, aber wegen seiner kindischen Sitten nicht angenommen wurde. Er hatte sogar auch die französische Sprache erlernt.»

Buxtorf-Falkeisen, 2, p. 103 / Baselische Geschichten, p. 44 / Basler Chronik, II, p. 101

Straffreiheit für lärmende Studenten
«Zwei Studenten mit Famulus und Licht heimziehend, erhoben, vom Abendtrunk etwas zu laut belebt, bei der Wohnung des Obersten der Stadtwache Geschrei. Er, gerade vor dem Hause stehend, ermahnt sie in Güte, sich friedfertig heim zu begeben, ohne Lärm; doch mit gezogenen Klingen treten sie an ihn heran und schelten ihn unter Schimpfreden einen Bärenhäuter. Sich zusammennehmend und der Beleidigungen nicht achtend, lässt der Präfect heimlich durch den Knecht von seinen Leuten rufen, welche die Unbändigen auf die Wache bringen, wo man von ihnen Geld zu erpressen versucht. Da lassen die Studenten durch ihren Diener den Pedell holen und klagen ihm, wie schmählich sie von den Stadtwächtern behandelt werden. Da der Pedell vergeblich ihre Freilassung fordert, kommt die Klage vor den Bürgermeister Wettstein: es seien ehrbare junge Männer aus den angesehensten Familien Lübecks und Hamburgs. Darauf wurden die Studenten freigegeben, und dankte am folgenden Tage der Rector dem Herrn Bürgermeister für die erwiesene besondere Gunst und Zuneigung; der Präfect aber forderte vergeblich eine Bestrafung der Schuldigen.» Um 1645.

Buxtorf-Falkeisen, 2, p. 107

Für einen Pfarer, Schulmeister, oder Haus-Vater

1.
Mein Fürst! Ich armer Hirte
Welze meine schwere Bürde
(Anders kan ichs nicht) auf Dich.
Siehe, Meister! sieh auf mich.
Mache Du, was krum ist, grade,
Gib mir Licht und Salz und Gnade.
Denn geh ich in Deinem Haus,
Als gesegnet eyn und aus.

2.
Hilf, daß ich und meine Herde,
Dir durchaus gefällig werde.
Waide mich, so geht es an,
Daß ich sie auch waiden kan.
Gib mir immer auszutheilen,
Eile, mich und sie zu heilen,
Und bereit, in dieser Stund,
Dir ein Lob aus unserm Mund.

3.
HErr, Du hast noch nie gebrochen,
Was Du uns im Wort versprochen.
Auch mir hast Du zugesagt
(Und daraufhin seys gewagt)
Raht und Hülfe, Heil und Gaben.
O wie brauch ichs! laß michs haben,
Und besel'ge mich zuletzt,
Denn Du hast mich hergesetzt.

4.
HErr! Ich muß noch eines sagen,
Und auch über Feinde klagen.
Denn ein mancher Wider-Christ
Regt sich mit Gewalt und List.
Satan zeigt oft Zähn und Klauen.
Es ist Zeit, HErr! drein zu schauen.
Und wo hier dein Schutz gebricht,
So besteh und sieg ich nicht.
Ach, so sorg und schütze Du,
Und bring uns zu Deiner Ruh.

Eines Erziehers Gebet aus «Geistliche Lieder-Buschel für gutwillige Himmels Pilger». 1752.

Ordnung,
Der Mägdlin-Schül zu Barfussern in Basel:
Welche auß Befehl der Herren Deputaten der Kirchen vnd Schülen/ zu Statt vnd Land/ durch den Pfarrer im Münster/ vnd den Prediger bey St. Martin/ als verordnete VISITATORES, derselben Schül Vorstehendern/ mit allem fleiß vnd ernst/ darob zu halten/ übergeben worden.

I. Von dem Schülmeister vnd Provisorn ins gemein.

Jeselben sollen in dieser Schül keine Knaben/ wer sie auch wären/ sondern allein Mägdlin zu vnderrichten annemmen/ vnd denselben nicht allein mit einem loblichen Exempel vorleuchten: sondern auch fleissig die zwo gesetzte Stunden vor Mittag von 8. biß 10. vhren: vnd nach Mittag/von 1. biß 2. vnd von 3. biß 4. Am Freytag aber von 1. biß 3. vhren/ mit Verhörung vnd Vnderweisung der Kinderen zubringen.

2. Sollen auch zuvorderst im Puncten der Stund in der Schül seyn/ vnd den Anfang machen/ damit die Kinder nach Nothdurfft mögen behört werden.

3. Sie sollen auch/ wo einem oder dem anderen die zeit zu kurtz wurde/ mit Verhörung: wie auch mit der Zucht/ einanderen trewlich die Hand bieten: vnd keiner dem anderen/ weder vor der Jugend/ noch sonsten/ eynreden/ oder in die Rüten fallen. Es wäre dañ sach/ daß die Bescheidenheit gar überschritten wurde/ so solle alsdann solches den Visitatoren angezeigt/ vnd von jhnen darüber die Gebühr verschaffet werden.

4. Sie sollen auch zu beyden theilen/ so es die anzahl der Kinderen erforderet/ die Lectionen also anstellen/ daß sie alle Kinder in vorgesetzten Stunden verhören mögen: vnd deßwegen vnder den Kinderen ein vnderscheid machen/ vnd den schwachen vnd langsamen/ nicht so viel/ als den stärckeren vnd fertigeren/ zu lehrnen befehlen/ damit sie auch fortkommen/ vnd nicht dahinden bleiben: Auch mit den Tischen vnd Bäncken eine Ordnung halten/ daß alle zeit die gelehrteren den anderen/ ohn ansehen der Person/ vorgesetzt/ vnd hiemit bey jhnen ein eyfer/ jenen nachzufolgen/ erwecket werde.

5. Sie sollen auch/ ausser den gewohnlichen Vrlauben/ ohne vorwissen vnd bewilligung der Visitatoren/ den Kinderen kein Vrlaub geben.

6. Weilen die Jugend dieser Zeit sehr vngezogen/ soll dieselbe nicht nur im schreiben/ lesen/ bätten/ rechnen/ etc. sondern auch in guten Sitten vñ Gebärden/ fleissig vnderrichtet werden/ damit man sehen möge/ daß die Schül ein rechtes Zuchthauß seye.

II. Vom Schülmeister insonderheit.

1. Der Schülmeister/ als das Haupt/ soll auff seinen Provisorem ein auffsehen haben/ vnd denselben/ wo er nicht zu rechter Zeit in die Schül käme/ oder sonsten saumselig wäre gegen der Jugend/ seines Ampts/ zwar nicht vor der Jugend/ damit sein ansehen bey derselben nicht verfalle/ sondern nach der Lection/ trewlich zu erinneren schuldig seyn.

2. Demnach soll der Schulmeister seine besonderen Lehrtöchteren haben/ als namblich die schon im lesen vnd schreiben einen feinen anfang haben/ die schwächern aber/ ohn ansehen der Person/ dem Provisor überlassen/ auch vor der Zeit/ vnd ohne vorwissen der Visitatoren von jhme nicht wegnemmen.

3. Er soll auch/ wo er kranck wäre/ oder sonsten noth halben/ nicht zugegen seyn könte/ es alsobald den Visitatoren zu wissen thun/ damit desto bessere achtung auff die Schül gegeben werde.

4. Die Schülstuben soll in allweg sauber gehalten werden.

5. Er soll auch den gewohnlichen Rütenzug/ ohne der Visitatoren vorwissen vnd bewilligung nicht halten.

III. Vom Provisor insonderheit.

1. Der Provisor soll seinen Schülmeister/ als das Haupt der Schül/ gebührlich ehren/ damit sein Ansehen bey der Jugend erhalten werde.

2. Er soll auch/ wo er Leibs: oder anderer nothwendiger Geschäfften halben/ nicht zugegen seyn könte/ solches dem Schulmeister zu wissen thun/ vnd ohne dessen Erlaubnuß/ nicht außbleiben/ oder ein anderen ohn sein vorwissen an statt setzen.

3. Es wäre dann/ daß er der Kirchen zu St. Martin/ bey fürfallenden Leich-predigten abzuwarten hätte/ welches fahls/ er einen andern an sein statt zu stellen/ nit verbunden/ sondern der Schülmeister inzwischen die auffsicht auff die Kinder zu haben schuldig seyn solle: Doch daß er der Provisor erst ein Viertel vor der Stund der Leich-predigt auß der Schül weggehe/ vnd sich/ so bald sie geendet/ wider dahin verfüge.

4. Er soll die Kinder so wol im Schreiben als Lesen fein anführen; damit sie folgends auch vom Schulmeister weiters vnderrichtet werden können.

IV. Von den Schül-Töchteren.

1. Sie sollen sämptlich im puncten der Stund vorhanden seyn/ damit das Gebätt/ so vor einer jeden Lection geschehen soll/ sämptlich von klein vnd groß verrichtet werde: wa ferr aber eines oder das andere zu spath käme/ vnd dessen kein rechtmässige Entschuldigung hätte/ das soll da es sich auff freundlich zusprechen nicht verbesserte/ andern zu einem Exempel gezüchtiget werden.

2. Vnd so die Schül geendet/ sollen die Kinder in aller stille/ vnd ehrerbietung auff der Gassen gegen die Alten/ vnd sonst Ehren-leuthen heimziehen.

3. Wie sie dann auch fein par vnd par zu gewonlicher Zeit/ vnd insonderheit je ein Sontag mit den anderen Sommers vnd Winters/ zu Mittag von der Schül zur Kirchen deß Münsters in die Kinderlehr/ vnd von dannen widerumb dahin ziehen/ vnd in der Kirchen still vnd andächtig seyn sollen/ dem Gesang beystimen/ auff das Wort Gottes fleissig achtung geben/ andächtig bätten/ etc.

4. Wo aber eines oder das andere/ ohne wichtige vrsachen nicht zugegen wäre/ oder wo es vorhanden/ auff den heiligen Vnderricht nicht achtung gebe/ sondern sich muthwillig vnd ärgerlich verhielte; alsdann soll es nach gebühr gezüchtiget werden.

Von den Lehr-Töchtern deß Schülmeisters/ was sie durch die Wochen thun sollen.

Montag/ von 8. biß 9. Vhren ein Lection auffsagen/ auß dem Catechismo/ Psalmenbuch/ Testament/ etc. von 9. biß 10. Schrifft zeigen/ von 1. biß 2. Lection/ von 3. biß 4. Schrifft vnd Rechnen.

Dienstag/ von 9. biß 10. vhren/ den Catechismum üben/ von 1. biß 2. Lection/ von 3. biß 4. Schrifft.

Mittwochen/ wie am Montag.

Donstag/ von 8. biß 9. Gebätt. von 9. biß 10. Lection.

Freytag/ Morgens/ wie am Montag/ vnd zu end der Schül absingen die I. Tafel der H. Zehen Gebotten. von 1. biß 2. Lection. von 2. biß 3. Gesang.

Sambstag/ von 8. biß 9. Lection/ von 9. biß 10. Catechismus/ vnd zuvorderst die Hauptstuck Christlicher Religion/ zu end der Schül/ die II. Tafel der H. zehen Gebotten absingen.

Lehr-Kinder deß Provisors.

Montag/ vnd Mittwochen den gantzen Tag Lection.

Dienstag/ vor Mittag/ auffmercken/ wie der Catechismus geübt wird/ oder bätten/ nach Mittag Lection.

Donstag/ von 8. biß 9. bätten/ von 9. biß 10. Lection.

Freytags/ Morgens/ wie auch nach Mittag von 1. biß 2. vhren Lection/ von 2. biß 3. auff das Gesang mercken.

Sambstag/ von 8. biß 9. Lection/ von 9. biß 10. auffmercken/ wie der Catechismus mit andern verübt werde.

Gedruckt zu Basel/ bey Georg Decker/ An. 1659.

Luftgewehr erfunden

«Anno 1650 hat Leonhard Günter, ein kunstreicher Uhrenmacher und Bürger zu Basel, ein neu Lufft Rohr, einem Stab gleich, mit Läder überzogen, erfunden, in welchem der Wind gefangen und mit Auftruckung der Lufft-Löchlin eine bleyerne Kugel auf 30 Schritt weit kann geschossen und einer ums Leben kann gebracht werden. Davon eines Burgermeister Wettstein Ihro kayserlichen Mayestät in Wien verehrt hat.»

Linder, II 1, p. 488

Ungehorsame Metzgerweiber

1654 wurden Ratsherr und Meister E. E. Zunft zu Metzgern beim Rat vorstellig, weil «ungehorsame Wittwyber» alle Kälber aufkauften, diese in ihren Häusern schlachteten und das Fleisch im Hausierhandel zu Tiefstpreisen an die Frau brachten. Auf die Klage verfügte die Obrigkeit, die verwitweten Metzgerweiber hätten inskünftig ihre Kälber in der Metzgerei der städtischen School (Schlachthaus) zu metzgen und das Fleisch auch dort feilzuhalten.

Ratsprotokolle 40, p. 128

Basel erhält das erste Kunstmuseum der Welt

«Den 11. September 1661 beschlossen Bürgermeister und Rath den Ankauf der Amerbach'schen Sammlung, der Bibliothek, Raritäten und Gemälde mit 15 Holbein-Bildern, 6 Gemälden von Niklaus Manuel Deutsch, 5500 Zeichnungen und Drucken. Dieses Amerbach'sche Kabinet ist für die heutigen öffentlichen Sammlungen Basels von grosser Bedeutung geworden.»

Historischer Basler Kalender, 1888/ Werthmüller, p. 201f.

Auf dem Totenbett promoviert

«Matthäus Meyer, ein 26jähriger Doktorand aus Bremen, wurde 1667 auf dem Totenbett zu einem Doktor beider Rechte creirt. Er starb zwei Tage nach der Promotion. Ungeachtet seiner Krankheit wurde das Doktormahl doch abgehalten.»

Wieland, p. 321

Tüchtiger Auslandbasler

«Jacob Schwartz, ein hiesiger Bürger, ging 1668 in Handlungs Geschäften nacher Lisabon in Portugal und 1680 nach Brasilien, da er eine Zucker Handlung getrieben und gross Guth erworben. Auch wegen Erfindung einer neuen Gattung Öfen, den Zucker darin mit weit geringen Kösten als bisher zu kochen. Er hat vom König von Portugal ein Begnadigungs Patent erhalten, dass ihm von jeder Zucker Mühle in Brasilien etwas müsse bezahlt werden. Er ward auch 1689 von dem königlich portugisischen Gubernator von Bahia mit einer Fregatte von 25 Canonen zu Hilf geschickt und 1697 zum Seckelmeister (Finanzverwalter) und Commissario der Magazine der königlichen Handels Compagnie verordnet worden. Zwey von seinen Söhnen waren Schiffs-Hauptleüth. Der ältere hat sich auf einem Schiff von 40 Stucken (Kanonen) einmahl mit 3 türckischen Schiffen so tapfer geschlagen, bis das Schiff mit allem darauf befindlichen versunken ist.»

Linder, II 1, p. 204

Angehörige der Universität müssen Bürger sein

1671 ist eine Ratserkanntnis erlassen worden, die bestimmte, dass alle, die der Universität zugetan seien, das Bürgerrecht der Stadt zu erbeten oder zu erkaufen hätten. Dieser Verpflichtung sind alsbald nachgekommen: Herr Kisselbach, Johann Jakob Grien, Gymnasiarcha Seiler und Pedell Schrotberger.

Hotz, p. 498

Grosszügige Schiffsleute

«Die Ehrenzunft zu Schiffleuten offerierte sich 1672, die Knaben aus dem Waisenhaus, welche auf die Wanderschaft ziehen, umsonst bis nach Strassburg führen zu wollen.»

Baselische Geschichten, p. 113

Luxusschiff

«1685 stirbt Rathsherr Georg Schatzmann, der Schiffmann. Im Dezember des Jahres 1584 führte er sammt seinem Sohn und Hans G. Gygi, dem Härenwirth, die Gemahlin des französischen Gesandten de Gravel und Gefolge in seinem grossen Schiffe nach Köln. Für diese Fahrt, die 5 Wochen dauerte, waren im Schiffe Stuben, Öfen und Kammern zurecht gemacht worden. Rathsherr Schatzmann war der Erste seiner Zunft, der so oft und weit fürnehmlich ohne Gefährde den Rhein hinunter selbst bis Amsterdam gefahren war. Die letzte Reise dagegen war nicht ohne Gefahr und grosse Beschwerden.»

Historischer Basler Kalender, 1888/ Buxtorf-Falkeisen, 3, p. 38f.

Von berühmten Kunsthandwerkern

«Um das Jahr 1695 hatten wir in unserer Stadt sehr berühmte und kunstreiche Männer in allerhand Arbeit. Unter diesen war ein sonderbarer Künstler mit Namen N. Günter, der allerhand schöne Uhren erfunden hat. Dann ein gewisser Schlosser Siegfried, der allerhand Gattung Waagen machte, darunter sonderlich die Schnellwaage. Eine solche schöne, grosse und kunstreiche Waage erstanden Unsere Gnädigen Herren als Sehenswürdigkeit in unser Zeughaus; man konnte mit dieser viele Zentner auf einmal wägen. Auch mit Glockengiessern waren wir

< *Ordnung der Mädchenschule am Barfüsserplatz von 1659.*

trefflich versehen. Ebenso mit Bildschnitzern. Von diesen ist Meister Keller zu nennen, der die Orgeln von St. Peter und St. Leonhard mit Holzwerk prachtvoll zierte.»
Scherer, p. 202ff.

Von der Erde
«Bey Mönchenstein wird eine rothe bolarische (kalkhaltige) Erde, welche anstatt der gesigleten (tonreichen) gebraucht wird, gefunden. Diese dienet zur Versüessung der Geblüths und anderen scharfen Feuchtigkeiten im Bluth sowie anderen Durchflüssen, hitzigen Fiebern, sonderlich bey kleinen Kindern. Bey Binningen graben die Hafner eine gelbe und blaue Erde, welche sie mischen mit rother und zu allerhand Geschirren verarbeithen, welche sie mit gelber und grüener Klest (Glasur) überziehen. Bey Liechstahl ist eine rothe und weisse Erde, welche untereinander gemengt wird zur Ausarbeithung allerhand Kochgeschirren, welche, weil sie das Feuer wohl aushalten, weit und breit verführet werden.»
Linder, II 1, p. 628

Derbe Schifferleute
«1706 starb Rudolf Göbelin, der Schiffer über dem Rhein (Kleinbasel), ein feiner, frommer ehrlicher Mann: Ein Schiffmann ward er zuvor, deren die Meisten sind ein los, liederlich Volck und selten Gottes Freund. Allein, dieser ward gewiss ein frommer, ehrlicher Mann, von dem kein Mensch nicht was anders reden kann.»
Schorndorf, Bd. I, p. 247

Salz für ein Holbein-Gemälde
«Im Rahthaus ist ein Gemähld von Holbein, das in acht Feldungen auf einer Tafel das Leiden Christi fürbildet. Dafür hat 1712 der Chürfürst Maximilian von Bayern für 30 000 Gulden Saltz angeboten.»
Kern, History, p. 78

100 000-Gulden-Konkurs
«Im Oktober 1713 fallierte Ratsherr Staehelin mit einer Schuld von 100 000 Gulden. Er ist in Eil entwichen und hat, da er zu St. Leonhard über eine Mauer sprang, den Knoden auseinander gebrochen. Hernach gelangte er in einer Kutsche auf Allschweil, worauf er ins Dornacher Kapuziner Kloster gerettet worden ist. Es ist ein grosses Falliment, wie wir wenig Beispiel haben. So dass er selber bekennen musste, er sei ein grosser, ja einer der grössten Diebe. Es geschah nicht durch Unglück, sondern durch Spendieren, Pracht und Üppigkeit, auch durch köstliches Panquettieren und Verschwenden. Er ist sogleich seines Ratsherrenamtes entsetzt worden, das er sich vor etlichen Jahren leichtfertiger Weise mit 6000 Thaler von Hans Jacob Burckhardt erkauft hatte.»
von Brunn, Bd. III, p. 531/ Beck, p. 143/ Scherer, p. 538f./ Bachofen, p. 84ff./ Scherer, III, p. 391

Die Ursache des Fallierens
1717 ist wieder ein Kaufmann allhier zahlungsunfähig geworden. «Die meisten Ursachen, deren, so fallieren, sind die Köstlichkeit und die übermächtige Pracht in den Kleidern, in den Mahlzeiten und im Wohlleben. Man begnügt sich nicht mit seidenen Kleidern, sondern die meisten Weibsbilder tragen lauter Stück aus Damast, Samet und Gold. Auch die Ketten und Ringe sind so köstlich, dass unsere Weibspersonen mehr den Edelleuten als gemeinen Bürgern gleich sehen.»
Scherer, p. 633

Berühmter Basler
«1718 ist Herr Schaub, der sich auf seinen Reisen in Engelland sehr wohl gehalten hatte, wieder in Basel angekommen. Er war mit grossem Ruhm bedacht und führte einen Characterem eines königlich englischen Secretärs. Er hatte zwey grosse kostbare Ring an seinen beyden Händen. Einen von dem Kayser selbst, den anderen vom Regenten in Frankreich.»
Scherer, III, p. 433

Mississippiaktien
«Während der ersten Jahrzehnte des 18. Jahrhunderts wurde auch in Basel in sogenannten Mississippiaktien spekuliert, den in Europa berühmtesten und berüchtigsten Wertpapieren. Es war dies eine von der französischen Regierung protegierte und von ihr ausgebeutete Finanzoperation des Schotten Law, wodurch die ganze französische Finanzwelt und weite Teile des Auslandes mit einer Menge von Noten und Aktien überschwemmt wurden, deren Rendite durch eine grossartige kolonisatorische Tätigkeit in Louisiana gesichert sein sollte. Verkauften in unserer Stadt beispielsweise die Gebrüder Deucher ihre Titel rechtzeitig mit grossen Gewinnen (und legten diese u.a. durch den Kauf des Schlossgutes Bottmingen und des Hofgutes Klein-Rheinfelden im heutigen Birsfelden an), so gerieten 1720 andere Handelsleute und Familien durch das konkursite Unternehmen in Bankrott und an den Bettelstab.»
Basler Jahrbuch 1892, p. 192f./ Scherer, p. 715f./ Bachofen, p. 258/ Schorndorf, Bd. II, p. 142/ Linder, II 1, p. 763

Wiedergefundenes Konziliumsbuch
«Nachdem das Conciliums-Buch aus der Kanzlei hin und wieder von den vornehmsten Leuten entlehnt worden war, wollte niemand mehr davon wissen, weil es nicht

eingeschrieben worden war. Nachdem es während 20 Jahren verschwunden war, ist es 1720 auf folgende Weise wieder zum Vorschein gekommen: Auf den 26. Januar sollten auf Anordnung des Rats sämtliche Mitglieder des Lehrkörpers der Universität in dieser Sache vereidigt werden. In der Nacht zuvor ist aber durch ein Mannsbild in einem langen schwarzen Mantel, das unerkannt blieb, das wertvolle Buch im Haus des Ratsschreibers Gernler, der am Münsterplatz hinter dem Münster wohnte, eingelegt worden. Trotzdem wurde nun die ganze Universität einvernommen und vereidigt. Man schöpfte Verdacht auf hohe Personen, auf HH. Bürgermeister und seinen Sohn, den Antistes, daher im Publikum folgendes erschien: ‹Ob Vater oder Sohn der rechte Dieb zu nennen? Schau sie von hinten an, so wirst du es erkennen!› (Der Witz beruht darin, dass das Wort ‹Dieb› rückwärts gelesen werden muss). Weil alle Herren bis auf Oberstpfarrer Burckhardt den Eid ablegten, ist es endlich auf diesen heraus gekommen. Dieser Hass ist am 28. Februar wieder beigelegt worden.»

Bachofen, p. 246 / Basler Jahrbuch 1894, p. 29f., 1896, p. 288 / Baselische Geschichten, II, p. 264 / Schorndorf, Bd. II, p. 139f. / Linder, II 1, p. 764

Schlecht besuchte Universität

«Im Jahre 1720 war die Frequenz an der Universität so miserabel, wie dies seit der Stiftung der Hochschule noch nie verzeichnet worden war. Kein einziger fremder Medizinstudent hatte sich einschreiben lassen. Auch gingen nur einige wenige stud. juris ihren Studien nach, so dass weder Examina noch Promotionen gehalten werden

GUNDELDINGEN, Schloss im Canton Basel. GUNDELDINGUE, Château dans le Canton de Bâle.
Büchel del.

«Wygerhuse, Gesess, Schüren und Hoffstatt, Gärten, Reben, Ackern, Matten, Rüttinen, Holz und Velde, Weg und Stege mit allem Byfang begriffen, genant Grossen Gundeldingen, so gelegen ist in dem Bann Basel underhalb sant Margretenberg (seit 1953 Gundeldingerstrasse 446).» Kupferstich nach Emanuel Büchel. 1765.

konnten. Und dies ist sehr betrüblich für eine so berühmte Universität.»
Scherer, p. 722f.

Zuwendungen an die Anatomie
«1725 erhält das Collegium medicum zu Zwecken der Anatomie die Körper Derjenigen so etwa in der Ellenden Herberg oder im Spital sterben und unbekannt sind. Nach der Zergliederung der Leichen liess das Kollegium sie jeweilen ehrlich begraben.»
Historischer Basler Kalender, 1886

Basler nach Russland berufen
«Nachdem 1733 der allhiesige Isaac Bruckner, königlicher französischer Geographus, zu einem Oberaufseher über die Verfertigung der mathematischen und physischen Instrumente an der kayserlichen Universität in Petersburg ernannt worden war, ist er auf dem Wasser abgereist, um von diesem wichtigen Posten Possession zu nehmen.»
Basler Chronik, II, p. 339f.

Akademiepreis
«1734 ist Bericht eingelangt, dass die Accademie der Wissenschaften zu Paris unseren zwey gelehrten Professoren Johann und Daniel Bernoulli, Vater und Sohn, in Beantwortung einer gewissen astronomischen Frag, sich distinguiert hat, ihnen, vor allen andern Gelehrten, einen Preis von 5000 Franken zuzutheilen.»
Basler Chronik, II, p. 408

Der sogenannte Lachsfangstreit
«Zu Ende des Jahres 1736 entstuhnd zwischen den Fischern im Neudorfe und denen zu Klein Hüningen wegen dem Rechte, Lachse in dem Rhein zu fangen, ein Streit, der, so unbedeutend er an sich selbst war, dem französischen Hofe in dem nachtheiligsten Lichte vorgestellt wurde, so gleich die gänzliche Sperrung von Handel und Wandel nach sich zog und weit aufsehende fatale Folgen für Basel zu haben schien. Hier die Geschichte selbst: Beyde Orte zankten sich schon lange um das Lachsfang Recht bey dem Einflusse der Wiese in den Rhein. Die Klein Hüninger Fischer glaubten, in dem ausschliesslichen Besitze desselben zu seyn. Die Fischer aus dem französischen Neudorf machten es ihnen aber das erstemal im Jahr 1682 streitig, jedoch wurde die Sache bald wieder beygelegt. Nachgehends ward sie wieder rege; allein die wohl hergebrachten Rechte der Fischer von Klein Hüningen bewiesen, dass dieses Fischfang Recht auf dem Rhein keine den Neudörfer- und den Klein Hüninger Fischern gemeinschaftliche zukommende Nutzung, sondern nur ein den letztern allein zustehendes Befugniss seye. Den 12. Wintermonat 1736 befahlen sowohl der baselsche Obervogt Herr J.C. Frey, als der französische Kommissarius Herr von Payen, jeder seinen Leuten, das Netz zuerst auszuwerfen. Darüber kam es zu Balgereyen unter den beydseitigen Fischern, und die ihrer Ehemänner wegen besorgten Fischers Weiber von Klein Hüningen liessen die Trommel rühren. Nun nahm diese Sache die ernsthafteste Wendung. Die herbeyeilenden Einwohner von Klein Hüningen fiengen an, ihre Rechte mit Stangen, Rudern und Fischer Haken gegen die Neudörfer zu behaupten, so dass letztere mit genauer Noth und übel verletzt kaum noch entfliehen konnten.

Diese Scene war dem französischen Mareschal du Bourg zu Strassburg nicht gleichgültig geblieben, denn sogleich gab er Befehle, den Baslern weder Früchte noch Waaren zuzuführen. In Frankreich selbst belegte man mehrere Basler mit gefänglicher Haft, und drang französischer Seits auf eine hinreichende Genugthuung; hauptsächlich drang man auf die Bestrafung des Obervogts Frey. Der Ritter Lukas Schaub von Basel, damals englischer und braunschweig-hannoverscher Geschäftsträger am französischen Hofe, unterrichtet von der eigentlichen Beschaffenheit dieses Handels, verwandte sich deswegen mit Wärme und Eifer bey dem königlich-französischen Ministerio zum Besten seines Vaterlandes und wusste die baslersche Gerechtsame so ins Licht zu setzen, dass sich das den baslerschen Horizont überzogene, düstere Gewölke gar bald wieder vertheilte. Obervogt Frey, der sich seiner Unschuld vollkommen bewusst war, erbot, sich selbst vor dem Kardinal Fleury, damaligem französischen Staats-Minister, zu rechtfertigen. Im Hornung 1737 langte er deshalben zu Paris an. Der Kardinal empfing ihn gnädig, erklärte ihn unschuldig und liess ihn nach ehrenvoller Behandlung wieder nach Hause reisen. Der Marschall du Bourg nahm den 14. Hornungs seine Verbote wieder zurück. Die Gefangenen Basler wurden wieder auf freyen Fuss gesetzt, Getreide und Waaren wieder der freye Pass geöffnet, und somit das ehevorige beydseitige gute Benehmen wieder hergestellt. Sowohl Ritter Schaub, als Landvogt Frey, wurden nachher von der baslerschen Regierung für ihre patriotischen Verdienste durch besondere politische Auszeichnungen geehrt. Möge unsere Vaterstadt noch viele solche Männer aufzuweisen haben!»
Lutz, Neue Merkwürdigkeiten, Abt. I, p. 302ff. / Basler Chronik, II, p. 176ff. / Bachofen, Bd. II, p. 408ff. / Müller, p. 11 / Scherer, III, p. 533 / Linder, II 1, p. 909ff., 936

Königlicher Preis für Basler
«1747 hat die Königliche Accademie der Wissenschaften zu Paris den für dieses 1747. Jahr ausgesetzten gedoppelten Preis von 4000 Pfund dergestalt vertheilt, dass der berühmte Professor alhier, Daniel Bernoulli, die eine Helfte davon und der grosse Mathematicus zu Berlin, Dr.

Leonhard Euler, auch ein Basler, die andere Helfte erhalten hat. Die aufgegebene Frag betraf die beste Arth, auf dem Meer die wahre Zeit des Tages vermittelst himmlischer Berechnung auf das genaueste zu bestimmen, und zwar sowohl bei Tag als bey Nacht wie auch während der Dämmerung.»

Linder, II 1, p. 1168

Barbarischer Lehrer

«1747 ward vom Rath erkannt, Gengenbach, Praezeptor der Mägdlin Schul auf dem Parfüsser Platz, in die Gefangenschaft zu setzen, weil er ein Jacob Michum von Zürich seyendes Kind also geschlagen hat, dass es nach etlichen Tagen den Geist aufgegeben hat. Es hat sich auch bey Examinierung seiner Schul-Kinder befunden, dass er ihnen gantz ärgerlich Sachen dictiert hat und durch den Pietismum im Kopf fast verruckt hat seyn müssen, wie er dann seine Kinder das Vater Unser nicht mehr hat bätten lassen. Nichts desto weniger dieser groben Verbrechen brachten es seine Freunde dahin, dass er nur für kurze Zeit ins Zuchthaus erkannt worden ist.»

Linder, II 1, p. 1169

Stagnierende Singkunst

«Da die Singkunst je länger je mehr in unserer Statt abzunehmen sich anliess, so haben Unsere Gnädigen Herren 1750 einen frömden Singmeister von Freiburg, namens Torsch, angenommen, welcher die besten Stimm habenden Söhn und Töchter gratis unterweysen musste. Zu diesem End wurden in den Schulen die besten Subjecta auserlesen, und versprach ihm die Obrigkeit jährlich 300 Pfund und das Collegium Musicum 100 Pfund.»

Linder, I 1, p. 34

Des reichen Zäslin Testament

«Als 1752 Johann Heinrich de Jacob Zäslin, der berühmte Handelsmann, in seinem 54. Jahr starb, hatte er sein grosses Gut folgenden vermacht: den 4 Haupt Kirchen 1000 Pfund, der französischen Kirche 500 Pfund, seiner Gotte 2000 Pfund, Peter Werenfelsens Ehefrau 2000 Pfund, Frau Rathsherr Fäschin 2000 Pfund, Lucas Zäslin 10000 Pfund, Heinrich Zäslin 10000 Pfund, Sebastian Ritter 3000 Pfund, Peter Meyer, seinem Bedienten, 5000 Pfund, Friedrich Meyer, seinem andern Bedienten, 4000 Pfund, allen Gotten und Göttis, so es bedürfen, 100 Pfund, seinem Koch 300 Pfund, jedem Knechte 100 Pfund, dem Räbmann auf dem Wencken 100 Pfund, der Magd 100 Pfund. Allen andern Knechten und Mägden auf seinen Gütern 50 Pfund samt Layd Kleydern, Jungfer Mechel, seiner Haushälterin, 10000 Pfund. Haubt Erben alles übrigen sind Samuel Merians beyde junge Söhn. Was aber seinen Alphof Mapprach anbelangt, soll dieser beständig von dem ältesten Zäslin verwaltet und genutzt werden. Im übrigen wird von dem verstorbenen Herrn Zäslin ingeheim dafür gehalten, dass er mit Jungfer Mechel einige Kinder erzeugt und anderer Orten verstellt hat und diese vor seinem Tod ziemlich bedacht habe. Was das Betrübteste aber ist, dass sich diese seines Namens nicht bedienen dürfen. Im übrigen war er freundlich und gegen die Armen guthtätig. Er nahm sich auch allen Bürgern, die mit den Franzosen Kontakte pflegten, getreulich an und hatte ordinari die Ehre, dass die in und aus der Schweitz gehenden französischen Ambassadoren bey ihm beherberget wurden, wie denn nicht nur sein Haus zu St. Johann, sondern auch der Drahtzug zu Liestal auf das prächtigste ausgerüstet waren, und auch der Wencken bey Riechen von ihm gantz neu erbaut worden ist.»

Linder, I 1, p. 196f.

Seltener Globus

«1752 hat Isaac Bruckner, der schönen Wissenschaften zu Paris und Petersburg Mitglied, Einem Ehrsamen Rath einen schön kupfer vergulden Globum verehrt, der von Handtmann gestochen und 655 Pfund Arbeits Lohn kostete laut Conto. Dafür gaben ihm Unsere Gnädigen Herren 1000 Pfund und verehrten diesen auf die Mucke (in das Museum). Es sollen nur 4 deren gleichen in Europa seyn als zu Paris, Coppenhagen, Petersburg und nun hier.»

Linder, I 1, p. 174

Wahl eines neuen Briefträgers

«1753 haben die Directores Löblicher Kaufmannschaft für Werenfels, der abgebätten hat, zu einem neuen Brief Träger erwählt Johannes Würtz, der jährlich fix 100 Pfund, für eine Gratification 50 Pfund und über das noch ansehnliche Trinck Gelter bekommt.»

Linder, I 1, p. 247

Baselbieter Posamenter

«Im Herbstmonath 1754 ward auf Anhalten der Bandfabricanten von der Obrigkeit Herr J.J. Eglinger, Obristmeister zum Räbhaus, auf unserer Landschaft von Dorf zu Dorf gesandt, wobey ihm alle Possamenter in Gegenwart ihrer Vorgesetzten angeben mussten, wie viel Stühl sie haben, für wen sie arbeiten und wem sie zuständig seyen. Aus diesem Inventario ist zu ersehen, dass 1182 grosse Stühl und 12 kleine zusammen 1194 Stühl ausmachen. Davon gehören 202 den Bauern, den frömden Fabricanten 61. Für Hauptmann Rothpletz in Aarau arbeiten 28, für Senn in Zofingen 62, für Peter Jenny in Trub 2 und für Sachser et Sulzer in Aarau 18. Die übrigen arbeiten auf Basel.»

Linder, I 1, p. 337

Arbeitslosigkeit

Dass Anno 1756 in Basel schlechte Zeiten mit kleinem Verdienst herrschten, zeigte der Ansturm auf niedere Beamtungen. Zählte man bisher für eine freie Stadtboten-, Stadtknecht-, Zöllner- oder Torwartstelle 30 bis 40 Bewerbungen, so meldeten sich nun für einen solchen Posten 100 bis 150 der «reputierlichsten Bürger»!

Im Schatten Unserer Gnädigen Herren, p. 51f.

Der reichste Basler

«Den 17. January 1758 starb Peter Werthemann, Rechenrath, Obristmeister und Sechser zu Safran, im 86. Jahr. Er gab einige Zeit vor seinem Tod alle Ämter auf, wohnte in Kleinbasel im Silberberg am Schaafgässlein, war Besitzer des Schlosses und der Herrschaft Wildenstein und unstreitig der reichste Basler seiner Zeit. Er hinterliess zwey Söhn, Peter und Johann, und von seiner Tochter, Frau Burckhardtin, 3 Kinder.»

Linder, I 1, p. 479

Arbeitsbeschaffung

«Nachdem seit geraumer Zeit die Anzahl der armen Leüthe in der Statt sich merklich vermehrt hat, ist 1759 von einer desswegen geordneten Commission ein Vorschlag gemacht worden, wie dergleichen Leüth mit Arbeit können versehen werden. Es haben sich deshalb Unsere Gnädigen Herren gefallen lassen, eine ansehnliche Summa darauf zu verwenden, um die armen Leüth die Wollen Spinnerey lehrnen zu lassen, und wird dieses heylsame Werck auf ein Jahr lang zur Prob eingerichtet.»

Linder, I 2, p. 18

Kunstausstellung

«1759 sind bey Herrn Samson, Buchbinder am Spittelsprung, von einem frantzösischen Kunstmahler viele sehenswürdige Mahlerei-Kunststuck um 4 Batzen zu sehen gewesen, dergleichen noch niemals gesehen wurden, und haben solche die Holbeinischen Gemählte in der Kunst übertroffen. In Summa alles, insonderheit die Obstfrüchte und essenden Speisen, sind nach der Natur gemahlt, so dass nur der Geruch gefehlt und man geglaubt, sie seyen nicht mit Menschen Händen gemacht.»

Im Schatten Unserer Gnädigen Herren, p. 84 / Bieler, p. 800

Professorenwahl

«Als 1760 der letzte Bewerber für die hebräische Professur disputiert hatte, wählten die versammelten Professoren aus den 6 Kandidaten drei aus, und zwar nach folgendem Modus: die Anwesenden teilten sich in drei Gruppen und jede Gruppe wählte durch Stimmenmehr einen Kandidaten. Diese drei auserwählten Kompetenten waren die Herren Basler, Herzog und Ketterlin. Diese zogen untereinander das Los, wobei die Professur dem Herrn Basler zufiel. So ist in der Regel die Art der Professorenwahl, und sie wird ohne Zweifel mit der Zeit der Basler Akademie zu grossem Schaden gereichen; denn hiedurch wird die Lehrstelle in jeder Wissenschaft nicht dem geeigneteren, sondern dem glücklicheren zuteil, wie es auch bis jetzt geschehen. Dazu trägt noch bei, dass ein Fremder keine Professur erhalten kann.»

Teleki, p. 50

1.

Hier steh ich bey dem Webe-Stuhl.
HErr, mach ihn mir zur guten Schul,
Daß bey der äussern Handelschaft
Dein Wort in meinem Herzen haft.

2.

Die Seide kommt von Würmern her.
HErr, hilf daß ich zu deiner Ehr,
Vom gift'gen Sünden-Samen frey,
Ein frommes Erden-Würmlein sey.

3.

Man sammelt, färbt und haspelt sie
Mit allem Fleiß und vieler Müh;
Man theilet sie auf Spulen aus,
Und machet einen Zettel draus.

4.

{O guter Meister!
O Himmels-Weber!} (*) rüste mich
Zum heiligen Gebrauch für Dich,
Und schaffe, daß ich immerhin
Ein reiner Seiden-Faden bin.

(*) Apost. Gesch. Cap. 17. V. 28.

«Geistliches Passamenter-Lied, zu singen nach der Melodey des 100. Psalms.» 1786.

Fahrplan des ordentlichen Postverkehrs im Jahre 1779. «Zur Bequemlichkeit der Reisenden» können zu bestimmten Zeiten «auch zwey Passagiers in einer dazu eingerichteten Chaise mit fortkommen.»

Neue Verzeichnis
wie und wann die Posten und Botten zu Basel ankommen und abgehen.
d. 1.mo Januarii 1779.

Ankunft.	Abgang.

Sonntag:

Die Mayländer-Briefe gehen allda ab, Dienstag Abends, und kommen in Lugano an Mittwoch Morgens früh. Die Straßburger-Briefe gehen von da ab, Samstag Abends um 4. Uhr. Die Messagerie gehet ab von Bern Freytag Mittags.	**Morgens um 8. Uhr** die Briefe aus der ganzen Schweitz, denen Ehnetbürgischen Vogteyen und ganz Italien, wie auch von Schafhausen und aus dem Reich. Item von Straßburg, aus Nieder-Elsaß und Lothringen. Den gleichen Morgen die Messagerie mit Gütern und schwereren Sachen von Sollothurn, Bern, Neufchatel, aus dem Pays de Vaud, von Genf und Lyon.

Sonntag:

Morgens früh der Lucerner-Bott. **Nachmittag um halb 1. Uhr** die Post nach Straßburg, Nieder-Elsaß und Lothringen, auch nach Mühlhausen und Colmar. Zu gleicher Zeit die Briefe nach den Waldstätten und in das Frickthal.	Die Lucerner-Briefe kommen allda an Montag Abends. Die Straßburger-Briefe kommen daselbst an Montag Morgens.

Montag:

	Morgens die Briefe aus der Grafschaft Tyrol, aus Oesterreich, Böhmen und Ungarn. Item die Briefe von Schafhausen und aus dem Reich. Item von Bern, Neufchatel, Genf, Savoyen und Piemont. Sodenn die Briefe von Frankfurt und dem ganzen Rhein-Mayn-und Moselstrom, aus Norden, Ober-und Nieder-Sachsen, Braband, Flandern, Holl-und Engelland, aus der Pfalz, den Baaden-Durlachischen-Württembergischen-und angrenzenden Landen, und dem Breißgau. Item aus Frankreich, Engelland, Spannien und Portugall.

Montag:

Vormittag um halb 10. Uhr die Briefe nach ganz Frankreich, Engelland, Spannien und Portugall. **Um halb 11. Uhr** die Briefe naher Bern, Neufchatel, Genf, Savoyen und Piemont. **Nachmittag um 3. Uhr** im Winter und um halb 5. Uhr im Sommer die Briefe naher Frankfurt, dem ganzen Rhein-Mayn-und Moselstrom, nach Holl-und Engelland, nach Ober-und Nieder-Sachsen und ganz Norden. Auch nach den Churpfälzischen-Baadischen-Württembergischen und angrenzenden Landen, und in das Breißgau.	Die Pariser-Briefe kommen allda an Donnerstag Morgens. Diese Briefe kommen in Bern an Dienstag Morgens, und in Genf Mittwoch Morgens. Die Frankfurter-Briefe kommen daselbst an Donnerstag Morgens.

Dienstag:

Die Briefe gehen von Frankfurt ab, Samstag Abends um 6 Uhr. Die Straßburger-Briefe gehen daselbst ab, Montag Abends um 4. Uhr. Dieser Bott gehet von Pruntrut ab, Morgens früh um 4. Uhr.	**Morgens** die Briefe von Frankfurt, wie Montag Morgens. Item die Briefe von Straßburg, aus Elsaß und Lothringen, auch von Mühlhausen und Colmar. Abends der Bott von Pruntrut und Delsperg.

Dienstag:

Morgens um 6. Uhr die Züricher-Messagerie, so eine Chaise für Passagiers führet, mit Paqueten, Contanti und beschwerten Briefen, nach Arau, Lenzburg, Zürich und weiter entlegenen Orten, und auch nach Italien. **Nachmittag um halb 1. Uhr** die Post nach Straßburg, Nieder-Elsaß und Lothringen, auch nach Mühlhausen und Colmar. **Um halb 2. Uhr** die Post nach Schafhausen, mit Briefen in das ganze Reich, Schwaben, Franken, Bayern, Oesterreich, Böhmen, Ungarn, Sachsen, Schlesien, Brandenburg, &c. Zugleich auch die Briefe nach Zürich, denen Ehnetbürgischen Vogteyen und ganz Italien. Auch die Briefe nach Brugg und daherum liegenden Orten.	Dieser Bott kommt in Zürich an Mittwoch Abends um 5. Uhr. Die Straßburger-Briefe kommen allda an Mittwoch Morgens. Diese Briefe kommen in Schafhausen an Mittwoch Mittags. Diese Briefe kommen in Schafhausen an Mittwoch Abends, in Lugano Samstag Vormittags, und in Mayland Sonntag Morgens früh.

Mittwoch:

	Morgens die Briefe von Augspurg, Nürnberg, aus Schwaben, Franken und Bayern.

Mittwoch:

Morgens um 4. Uhr die Messagerie mit Gütern und schweren Sachen nach Sollothurn, Bern, Neufchatel, Lausanne, Genf, Lyon, &c. Morgens frühe der Pruntruter-und Delsperger-Bott. **Um halb 10. Uhr** die Briefe nach ganz Frankreich, Engelland, Spannien und Portugall. **Um halb 12. Uhr** die Briefe in die Schweitz, naher Zürich, St. Gallen, Sollothurn, Bern, Freyburg, Neufchatel, Genf, &c. auch nach Savoyen und Piemont. Zugleich auch die Briefe nach Schafhausen und in das Reich, wie am Dienstag; Auch nach Inspruck und der Grafschaft Tyrol. **Nachmittag um halb 3. Uhr** im Winter, und um halb 5. Uhr im Sommer die Briefe nach Frankfurt, &c. wie am Montag.	Diese Messagerie kommt in Bern an Donnerstag Abends, und in Genf Dienstag Morgens. Dieser Bott kommt in Pruntrut an Mittwoch um 9. Uhr. Die Pariser-Briefe kommen allda an Samstag Morgens. Diese Briefe kommen in Zürich und Bern an Donnerstag Morgens und in Genf Freytag Morgens. Diese Briefe kommen in Schafhausen an Donnerstag Mittags. Die Frankfurter-Briefe kommen allda an Samstag Morgens.

Donnerstag:

Die Mayländer-Briefe gehen allda ab, Samstag Abends. Die Frankfurter-Briefe gehen daselbst ab, Montag Abends um 6. Uhr. Die Pariser-Briefe gehen von da ab, Montag Mittags; und die von Straßburg, Mittwoch Abends um 4. Uhr.	**Morgens** die Briefe aus der Schweitz, den Ehnetbürgischen Vogteyen, Savoyen und Piemont, und ganz Italien, wie auch von Schafhausen und aus dem Reich. Aus der Grafschaft Tyrol, aus Oesterreich, Böhmen und Ungarn. Von Frankfurt, dem Rhein-Mayn-und Moselstrom, aus den Niederlanden, Ober-und Nieder-Sachsen und aus Norden. Aus Frankreich, Engelland, Spannien und Portugall. Auch aus ganz Elsaß und Lothringen.

Donnerstag:

Vormittag um halb 11. Uhr die Briefe nach Mühlhausen und Colmar. **Nachmittag um halb 2. Uhr** die Briefe nach den Waldstätten, und in das Frickthal. Abends die Briefe nach Frankfurt, &c. auf gleiche Weise wie am Montag und Mittwochen.	Diese Briefe kommen in Frankfurt an Sonntag Morgens.

Freytag:

Die Briefe gehen von Frankfurt ab, Dienstag Abends um 6. Uhr. Dieser Bott geht von Pruntrut ab, Morgens früh um 4. Uhr. Diese Messagerie gehet von Zürich ab, Donnerstag Morgens um 9. Uhr.	**Morgens** die Briefe von Schafhausen und aus dem Reich. Auch von Frankfurt und dem ganzen Rheinstrom, wie am Montag, Dienstag und Donnerstag. Vormittag um 10 Uhr der Bott von Lucern. Gegen Abend der Bott von Pruntrut und Delsperg. Abends um 6. Uhr die Züricher-Messagerie, mit Passagiers, Paqueten, Contanti und beschwerten Briefen, so wohl von Zürich, als weiter entlegenen und diesseitigen Orten.

Freytag:

Vormittag um halb 10. Uhr die Briefe nach Frankreich, Engelland, Spannien und Portugall, wie am Montag und Mittwochen. **Nachmittag um halb 1. Uhr** die Briefe nach Straßburg, Nieder-Elsaß und Lothringen, auch nach Mühlhausen. **Um halb 2. Uhr** die Post nach Schafhausen, mit Briefen in das Reich, wie am Dienstag. Zu gleicher Zeit die Briefe nach Zürich, Bündten, den Ehnetbürgischen Vogteyen und ganz Italien, wie auch nach Brugg und daherum liegenden Orten.	Die Pariser-Briefe kommen daselbst an Montag Morgens. Die Straßburger-Briefe kommen allda an Samstag Morgens. Diese Briefe kommen in Schafhausen an Samstag Mittags. Diese Briefe kommen in Zürich an Samstag Morgens; in Lugano Dienstag Vormittags, und in Mayland Mittwoch Morgens früh.

Samstag:

Die Pariser-Briefe gehen daselbst ab, Mittwoch Mittags.	**Morgens** die Briefe aus ganz Frankreich, Engelland, Spannien und Portugall, wie am Montag und Donnerstag; auch von Mühlhausen und Colmar. Item die Briefe von Augspurg, Nürnberg, aus Schwaben, Franken und Bayern.

Samstag:

Morgens früh der Pruntruter und Delsperger-Bott. **Nachmittag um halb 2. Uhr** die Briefe in die Schweitz, auch nach Savoyen und Piemont, nach Schafhausen und in das Reich. Item nach Inspruck und der Grafschaft Tyrol, wie am Mittwochen. Abends die Briefe nach Frankfurt, &c. auf gleiche Weise wie am Montag, Mittwoch und Donnerstag.	Dieser Bott kommt in Pruntrut an Abends um 9. Uhr. Diese Briefe kommen in Bern an Sonntag Morgens, in Zürich und Schafhausen auf den Mittag, und in Genf Montag Morgens. Diese Briefe kommen in Frankfurt an Dienstag Morgens.

NB. Alle Briefe nach der Grafschaft Tyrol, nach Oesterreich, Ungarn, Böhmen, Schlesien, Ober-und Nieder-Sachsen, Pohlen, Preussen und ganz Norden müssen allhier bey der Aufgab frankirt werden, wie auch die Briefe nach Freyburg im Breißgau.

Imgleichen alle Italienische Briefe, welche weiter als in das Mayländische zu lauffen haben, oder in das Venetianische lauten, die nach Bergamo allein ausgenommen.

Ferners die Englische Briefe, wenn sie über Calais dirigiert werden sollen. Auch die Briefe nach Lyon und den mittäglichen Französischen Provinzen, wenn sie mit der Schweizer-Post von hier abgehen, und über Genf dahin gelangen sollen.

Sodann dienet zur Nachricht, daß alle und jede Briefe allemal vor obermelter Zeit auf das Posthaus geliefert werden müssen, wenn selbige richtig lauffen, und in die Felleisen und versiegelte Säke und Paquet verschlossen werden sollen. Beschwerte Briefe aber und andere Päcklein müssen wenigstens eine halbe Stunde früher, und was denen Messagerien nach Zürich und Bern aufgegeben werden will, Abends vorher, spätens vor 6. Uhr eingebracht werden, damit alles und jedes behörig eingeschrieben, widrigenfalls darfür nicht gutgesprochen werden kann.

Auch muß alles was der Berner-Messagerie aufgegeben wird, entweders nach dem Valor, oder nach der Beschaffenheit des Inhalts, jeweilen declariert werden, sonsten man solches nicht annemmen noch darfür gutstehen kann.

Ueberhaupt ist zu wissen, daß man für Contanti und andere Pretiosa, so in keine Felleisen oder Briefsäke verschlossen werden können, nicht garantiert; so wenig als für dasjenige, was denen hiesigen Postilionen vor die Französischen und Straßburger-Couriers naher Hüningen und so weiters aufgegeben, oder ohne Anzeige lediglich in das Rohr hineingeworffen wird.

Anbey ist zu observieren, daß denen Französischen und Elsäßer-Couriers gar kein in Briefen verschlossenes Geld aufgegeben werden darf, und man dafür in keine Weis gutstehet; damit aber denenjenigen, welche Geld nach Französischen Landen zu verschicken gedenken, auch hierinn zu gewünscht werden möge, als wird hiemit wissend gemacht, daß der Belauff dessen, allhier in dem Bureau abgestattet werden könne, welches selbiges an seine Behörde zu verschaffen, mit mehrerer Sicherheit, als wenn solches in die Briefe eingeschlossen würde, Mittel und Weg an Handen hat.

Belangend die Contanti überhaupt, werden von hier abgehende bekannter maßen gegen Beziehung eines Scheins hier aufgegeben; die hier ankommende aber, gegen Unterzeichnung in ein Buch, oder gegen einen sonderbaren Schein, an ihre Addresse ausgeliefert.

Für die Baarschaften die nach Italien versandt werden, wird wie jeweilen gewöhnlich, weiter nicht als bis Lugano ausgesprochen.

Zur Bequemlichkeit der Reisenden ist die Veranstaltung gemacht worden, daß Mittwochs und Samstags mit der Schweizer-Post jeweilen zwey Passagiers nach Sollothurn, Bern oder Genf, in einer dazu eingerichteten Chaise mitfortkommen können.

Wie dann auch diejenige die nach Arau, Lenzburg und Zürich zu reisen willens sind, durch die am Dienstag früh abgehende Züricher-Messagerie bekannter maßen alle Bequemlichkeit dazu finden.

Wissenschaftliche Versuche

«Herr Daniel Bernoulli stellte 1760 ein schönes Experiment an, um zu zeigen, dass der Schall in vacuo (im leeren Raum), oder besser in aere maxime rarefacto (in stark verdünnter Luft) nur wenig hörbar ist. Jenes kleine Glas, das man Lachrimiae Bataviae (Batavische Glastränen) nennt, und das in gewöhnlicher Luft verbrennend einen Laut wie eine Pistole gibt, legte er unter die Campana pneumatica (Luftdruckglocke) auf ein kleines Stückchen Kupfer, das oben an der Glocke war, welches mit einer solchen Kunst gemacht war, dass, wenn man das aus dem Dach der Glocke herausragende Kupferstäbchen anzog, das kleine Glasstück von dort herunterfallen musste. Dann legte er unter dieselbe Glocke um ein geschnitztes Stück herum einen glühend gemachten Eisenring. Nachdem nun die Luft aus der Glocke herausgezogen worden war, liess er, indem er das erwähnte Kupferstäbchen ein bisschen nach oben zog, die Lacrima herabfallen, welche nun auf den glühenden Eisenring aufprallend zerplatzte; aber das Zerplatzen schien nur so gross, als ob der Mensch einen Floh töten würde. Er stellte auch ein anderes Experiment an, um zu zeigen, wie die Wärme des heissen Wassers die Luft extendiert. Er nahm ein besonderes Glas mit einigen Windungen, in der Mitte war Quecksilber. Er tauchte das Glas in heisses Wasser, das Quecksilber bewegte sich weiter und weiter, bis es an einer Stelle, weit weg von der ersten, stehen blieb. Die Entfernung dieser Stelle von der ursprünglichen Lage des Quecksilbers zeigte die Ausdehnung der Luft.»

Teleki, p. 45f.

Studentenleben

«Als ich am 2. Januar 1760 hier ankam, nahm ich Wohnung im Hotel zur Krone, dessen Wirt Joh. Rud. Hauser heisst; das Haus ist am Rhein gelegen, dort wo das Tor ist, nur durch eine Gasse von diesem getrennt. Vier Monate lang nahm ich dort Wohnung und Kost, auch meine Verwandten, Graf Joseph Teleki und Graf Adam Teleki, haben nach meiner Ankunft bis zu der Zeit, da sie wieder weiter fuhren, hier gegessen, damit wir beisammen sein konnten. Da mir das Wohnen im Gasthof langweilig wurde, zog ich am 3. Mai um zu einem Goldschmied namens Fechter auf dem Fischmarkt, aber die Mahlzeiten nahm ich weiter bei dem oben genannten Wirt. Für die Kost habe ich für mich und Joseph Kováts monatlich 33 deutsche Gulden bezahlt. Wir speisten immer in einem Extrazimmer, und wenn ein fremder Herr oder einer vom Rat kam, so assen diese auch bei uns. Unter anderm kam am 22. Juli ein preussischer Kavalleriehauptmann in einer hübschen ungarischen Kavallerieuniform, der aber nicht ungarisch sprechen konnte. Wie ich später von einem preussischen Kapitän, der noch im Dienst steht und aus der Schweiz stammt, erfuhr, dient er zur Zeit nirgends, da ihn der König wegen gewisser Vergehen entlassen hat. Er selbst sagte freilich, dass er aus dem Lager des Königs komme und unter General Soeculi (d.h. wohl Székely) als Hauptmann diene und Baron Gottwitz heisse. Kurz, dieser Mann hat eines Tags am Tisch ein Glas Wein auf die Gesundheit und das Wohl des Preussischen Königs und der zwei anwesenden Ratsherren getrunken, ich aber als Untertan unserer gnädigen Königin excusierte mich und wollte nicht mittrinken. Darüber wurde der Husar böse und forderte mich zum Duell und verlangte, dass ich ihm ein Paar Kugeln und eine Karte schicken solle. Dies liess er mir nach dem Aufstehen vom Tisch sagen; ich habe ihm geantwortet, dass ich niemand provozieren dürfe, wenn er mir aber seine Karte schicke, werde ich sie annehmen, und wenn ich vom Hof Erlaubnis zum Duell bekomme, so werde ich ihm Satisfaktion geben. Gleich am nächsten Tag war ich bei Herrn Marschall, dem Gesandten unserer Gnädigen Königin, und ging mit ihm zu dem damals regierenden Bürgermeister Battier, dem Herr Marschall die Sache vortrug, indem er auch sagte, dass ich mich nicht duellieren dürfe, und er bat ihn, solche Vorkehrungen zu treffen, dass mir der Kapitän mit dem Duell keine Umstände mehr machen könne. Gleich am nächsten Tag gingen im Namen der Häupter Registrator Bruckner und ein anderer Ratsherr zu dem Husaren und teilten ihm mit, dass das Duell hier nicht erlaubt sei und dass er es fallen lassen oder die Stadt verlassen solle. In der Folge hatte ich mit dem Husaren keine weiteren Umstände, dieser brachte noch einige Tage hier zu, und als er kein Geld mehr hatte und den Wirt nicht zahlen wollte, pfändete ihm dieser seine Sachen, sodass er doch zahlen musste. Er zog nun in ein anderes, billigeres Gasthaus; sein Diener war ihm schon davongelaufen, und eines Morgens war auch er verschwunden. Solange er hier war, habe ich in meiner Wohnung gegessen.»

Teleki, p. 120f.

Eigenwilliger Sprachmeister

«Als ich hier ankam, konnte ich nicht deutsch sprechen. Hier lebt ein Prof. Jacobus Spreng, der in der deutschen Sprache omnium iudicio (nach jedermanns Urteil) als ein Cicero gilt, auch ist er ein sehr gelehrter Mann, hat einige kleinere Arbeiten geschrieben und will noch eine Glossa in Deutsch und Latein in 6–7 Bänden herausgeben, die er aber schwerlich drucken lassen kann, weil er keine Mittel dazu besitzt. Freunde hat er noch weniger, da er ein Sonderling ist, der mit niemand näheren Verkehr hat; besonders mit Gelehrten kommt er nicht aus, und mit andern kann er sich auch nicht befreunden. Bei ihm habe ich drei Monate lang Privatvorlesung über deutsche Sprache gehört, er ist aber ein grosser Kritiker, lehrt unklar, hauptsächlich korrigiert er die Autoren, und ich konnte keine Grammatik finden, die ihm recht gewesen wäre. Sein Unterricht verlangt mit einem Wort Hörer, die im Deutschen schon ganz durchgebildet sind, nicht einen, der die deutsche Sprache erst zu erlernen anfängt. Ich war gezwungen, im vierten Monat einen Sprachmeister namens Freiburger zu engagieren, der vier Monate lang zu mir kam. In dieser Zeit konnte ich es durch Übungen und Privatstudium so weit bringen, dass ich ziemlich gut sprechen, schreiben und auch die Bücher verstehen konnte. Auch Joseph Kováts hat mit mir zusammen deutsch gelernt, später lernte ich noch französisch bei einem Sprachmeister namens Collin, der früher Canonicus in Lothringen war, jetzt aber zur reformierten Kirche gehört und hier wohnt.» 1760.

Teleki, p. 120

300-Jahr-Jubelfest der Universität

«Den 15ten Aprill 1760 wurde von Lobl. Universität allhier zu Basel das 4te Jahrhundert, seit dessen von dem damaligen Erz-Cancellario aller Universitäten in Europa vor 300 Jahren geschehenen Löbl. Stiftung, angetreten und durch ein Jubel-Fest folgendermassen feyrlich begangen: Nachdeme Tags vorher etliche Hundert ausgesuchte Mannschaft von der Land-Miliz, um mehrerer Sicherheit willen, in die Stadt gezogen, so liessen sich gegen 300 auserlesene Mann aus unserer E. Burgerschaft gefallen, mit fliegendem Fahnen und klingendem Spiel, nachdem sie sich vorher Morgens um 7 Uhr auf dem Kornmarkt versammelt, auf den grossen Münsterplatz zu ziehen, um alldorten zu Bezeugung ihrer Theilnehmung an der Jubel-Freude denen sämtlichen Universitäts-Gliedern in das Gewehr zu stehen. Um 8 Uhr des Morgens versammelten sich sämtliche E. Glieder der Lobl. Universität in dem obern Collegio Erasmi, und dabey geruheten Ihre Gnaden Herr Obrist-Zunftmeister Fäsch samt denen Hochachten und Hochgeehrten Herren Geheimen u. andern Raths-Gliedern sich mit einzufinden, um die sämtliche Herren Professores mit ihrer Hohen Gegenwart, in die grosse Haupt-Kirche begleitende, zu beehren. Um gleiche Uhr fiengen alle Glocken in sämtlichen Kirchen an zu läuten, und der Zug gieng durch die 2 paradirende Reigen gerade in die Kirche, allda wurde nach einer Eingangs-Musik, Gesang und Gebet, eine zur Sach dienende Predigt von Herrn Antistites Merian gehalten und die Handlung mit einem Gebet, schönen Musik und Gesang beschlossen. Nach geendigtem Gottesdienst gienge der Zug wieder zur Haupt-Pforte hinaus durch die wieder paradirende E. Burgerschaft hindurch in den sogenannten Doctor-Saal. Allda wurde der Actus wiederum mit einer Vocal- und Instrumental-Musik eröffnet; nachwerts von dem dismaligen Rectore Viro Magnifico Herrn Doct. und Prof. Thurneysen eine zierlich und vortreflich gesetzte Oration, die in 3 Abtheilungen bestund, zwischen welcher jeglicher wieder musicirt wurde, gehalten. Die Rede selbst handelte, theils von denen nur seit dem letzten Jahrhundert unserer Universität von Hoher Obrigkeit erwiesenen vielen Wohlthaten, theils von denen seit der Zeit von dieser fruchtbaren Mutter erzeugten vortreflichen grossen und in allen Wissenschaften gelehrten Männern, damit unsere Universität selbst oder andere auswertige Universitäten geprangt, und endlich wurde mit einer Musik beschlossen. Zuletzt gieng der Zug wiederum ins Collegium, allwo im Namen Unserer Gnädigen Herren und E.E. Raths nach einer sehr rührenden Rede von Herrn Doctor Rathschreiber Iselin dem Herrn Magnifico Rectori zu Handen der Lobl. Universität, und zu Bezeugung Dero höchsten Wohlgefallens über dieses geehrte Corpus, ein prächtiger und kostbarer silber-vergulditer Becher presentirt und verehret wurde, worauf von etlich Hundert der vornehmsten Universitäts-Gliedern öffentliche Tafel gehalten, und so dieser Tag frölich und dankbar zugebracht wurde. Auch beliebten ein Hochlöbl. Magistrat zu Bezeugung Dero Wohlwollen noch jedem Universitäts-Glied eine silberne Medaille, die bey diesem Anlass zum Denkmaal gepräget worden, zu verehren.»

Wöchentliche Nachrichten, 24. April 1760/Linder, I 2, p. 48f./Im Schatten Unserer Gnädigen Herren, p. 105ff.

«Ein Stadtknecht» in «Baslertrachten von Ano. 1600, gezeichnet von J. R. Huber und geäzt von J. R. Schellenberg».

Eidesleistung an der Universität

«Am 26. Juni früh pflegte der Rector magnificus den Professoren und der Akademie den Schwur zu leisten und eine kurze deutsche Rede zu halten, und die Professoren und sämtliche zur Akademie gehörenden Personen leisten ebenfalls dem Rector magnificus den Schwur. Am Mittag desselben Tages pflegt der Rector magnificus und die amplissima Regentia (die hoch verehrte Regenz) im Collegium Erasmianum ein Mittagessen zu geben, dort, wo gewöhnlich die Konzerte stattfinden, wozu ich auch eingeladen und mit Professor Iselin zusammen erschienen war, und wo ich mit grosser Höflichkeit empfangen wurde. Wir waren etwa dreissig am Tisch; zuerst trank man auf die Gesundheit des Magistrats und des Rektors, nachher auf die meinige etc. etc. Es ist Sitte, bei diesen Anlässen zu trinken, doch wird niemand stark dazu genötigt. Auch die Familie Teleki konnte mit Erwidern nicht zurückbleiben, da sie besonders ausgezeichnet wurde. Das Essen endete abends um 7 Uhr.» 1761.

Teleki, p. 131

Deutsche Gesellschaft

«Es gibt hier eine Vereinigung, die sie ‹Die Deutsche Gesellschaft› nennen und welche folgende Mitglieder zählt: Professor Herbster, der Consiliarius des Markgrafen von Baden-Durlach, Professor Beck, Professor Zwinger der Jüngere, Hochwürden Herr Buxtorf, der erste Pfarrer in Klein-Basel, Hochwürden Zwinger, Pfarrer von St. Leonhard, Dr. Buxtorf, der Physikus der Stadt, und Registrator Bruckner. Diese Gesellschaft pflegt alle zwei Wochen einmal am Donnerstag Nachmittag zusammenzukommen, um gelehrte Unterhaltung zu treiben. Die Teilnehmer dieser Gesellschaft treffen sich der Reihe nach in den Wohnungen der Mitglieder, wo jedesmal derjenige, bei dem die Versammlung stattfindet, eine Konversation gibt. Am 20. Dez. luden mich die Mitglieder dieser Gesellschaft durch den Hochwürdigen Professor Beck ein, an dieser Versammlung teilzunehmen; seit dieser Zeit ging ich jedesmal zu diesen Zusammenkünften und wurde mit besonderer Freundlichkeit aufgenommen. Am 7. Mai 1761 lud ich diese Gesellschaft zu mir ein und gab in meiner Wohnung selbst eine Konversation, die alle mit ihrer Anwesenheit beehrten. Übrigens kommt es selten vor, dass jemand fortbleibt. Die Mitglieder dieser Gesellschaft sind alle sehr gelehrte Männer, und ich halte es für einen grossen Gewinn, dass ich während meines Aufenthaltes mit solchen Gelehrten zusammensein konnte, und ich wäre froh, wenn ich immer in einer solchen Gesellschaft leben könnte.»

Teleki, p. 135f.

Basler ‹Leckerli›

«Ein gewisser Basler in Paris, welcher schon verschiedene Mahl geistliche Bücher von Herrn Imhof bezogen hatte (was verboten war), bestellte 1762 wieder eine Kiste und gab dem Buchhändler Ordre, diese unter der Aufschrift ‹Baslerische Leckerlein› an seinen Speditor in Belfort zu adressieren. Dieses geschah. Weil aber die Sache verrathen wurde, ward die Kiste geöffnet und die Bücher verbrannt.»

Linder, I 2, p. 135

Hauspoet

«Jetzt auf die Neue Jahres-Zeit/der Poet Ecklein war bereit/bequemer in der Ruh zu leben/den Hausbestande aufzugeben/bey Hrn. Bischoff am Blumenrain/Nun würklich in der kleinen Stadt/derselbe seine Wohnung hat/an der Rheingasse bey Herr Krug/Wachtmeister, der da fromm und klug/nicht weit entfernet von der Hären/sechs Häuser von dem schwarzen Bären/Dem Publico derselb macht kund/dass er zu finden alle Stund/die jungen Leute zu ergetzen/mit Briefen oder Vers aufsetzen/und hofft zu dienen Herren und Buren/in deutsch- und welschen Staats-Scripturen.»

Wöchentliche Nachrichten, 30. Christmonat 1762

Knöpfemacher sucht Arbeit

«Mit disem wird zu wissen seyn/wo Isaac Landis wohnt der Junger; an dem Herbergs-Rein/ins alten Mstr. Vesten Haus/hängt eine Kart mit Knöpfen raus/Wer ihme, ohngeprallt, will glauben/so macht er ächte, feine Hauben/von Fasson Strassburg mancherley/mit Pferdhaar, eingelegt und Stein/auch Schlauffen, Schnür und Gansen/Crepinnen, Ollifen und Fransen/Garnierung der Weiber-Aufschlägen/Quasten an Kutschen-Ross und Dägen/auch alle Knöpf und Hand-Arbeit/so fein, als man sie findet weit/gemacht, in Strassburg, Wien, Paris/Diss alles schafft er um ein Priss/dass jeder selbst wird billig nennen/Wer's ihme bürgerlich wird gönnen/belieb dorten anzukehren/so kann er sich gar ehrlich nähren.»

Wöchentliche Nachrichten, 14. Weinmonat 1762

Die Haassche Schriftgiesserei

«Herr Mechel war nicht zu Haus, weshalb wir uns nicht lange verweilten, sondern nur noch in der Begleitung von Herrn Iselin zu Herrn Haas, einem geschickten Mechaniker und bekannten Schriftengiesser gingen. Dieser Herr zeigte uns eine Sammlung von Kupferstichen, von verschiedenen mathematischen Instrumenten und führte uns mit ungemeiner Leutseligkeit in seine Giesserei-Werkstatt, wo er uns den ganzen Prozess der Herstellung aller Arten von Schriften und Druckerzeichen vorarbeiten liess und erklärte. Die Behandlung dieser Giesserei ist ganz

Münzmandat über Münzensorten, deren Umlauf in Basel nicht mehr gestattet ist.

Confirmirtes
Müntz-MANDAT.

Demnach, seit dem unter dem 29. April 1752. in offentlichen Druck publicirten Müntz-Mandat, sich annoch, über die in demselben gäntzlich verruffen- und verbottene Müntzen, etwelche, theils seither neu-geprägte, theils unter älteren Jahr-Zahlen zum Vorschein kommende Müntz-Sortes in das Publicum eingeschlichen haben, die aber bey gehaltener Prob, nicht weniger als die schon verruffene, ringhaltig erfunden worden; Namlichen die Gräflich-Sayn- und Witgensteinischen 12.- und 6. Kreutzer-Stuck, und die Saltzburgischen Batzen und Halbbatzen oder sogenannte Landmüntz, deren Abprägung, sowohl als deren in gemeldtem Mandat verruffenen, hierbey fürgestellet wird:

Verruffene Müntzen.
Bayerische halbe Gulden.

Bayerische 15. und 12. Kreutzer-Stuck.

Bayerische 6. und 3. Kreutzer-Stuck.

Würtenberger, Costantzer, und andere Groschen, oder 3. Kreutzer-Stuck.

6. und 3. Kreutzer-Stuck.

5. Kreutzer-Stuck.

Verruffene Müntzen.
Bayreitische halbe Gulden.

Bayreitische und Anspachische 6. Kreutzer-Stuck.

Bayreitische und Anspachische halbe Batzen.

Nassau-Weilburgische drey Batzen Stuck.

Nassau-Weilburgische Batzen.

Walliser gantz und halbe Batzen.

Als haben Unsere Gn. Herren L. L. und Wohlweiser Raht vor nöthig erachtet, zu Bevorkommung ferneren Ubels, solches E. E. Burgerschafft hiemit kund zu thun und diese gemeldte Sayn- und Witgensteinischen 12.- und 6. Kreutzer-Stuck samt den Saltzburgischen halb- und gantzen Batzen gäntzlichen zu verruffen, auch zugleich gedacht Dero Müntz-Mandat frischer Dingen zu confirmiren, mit ernsthaffter Erinnerung, daß dessen samentliche Articul von Jedermann geflissentlich in Acht genommen, folglich sowohl die in demselben specificirte, als die dißmalen verruffene Müntz-Sortes von Niemand, und zwar bey der in dem Mandat angesetzten unausbleiblichen Straff im Handel und Wandel weder angenommen noch ausgegeben werden sollen.

Zu welchem End Eine Löbl. Müntz-Commission genau darauf zu vigiliren und die Fehlbaren befindenden Dingen nach ernstlichen zu rechtfertigen haben wird. Decretum den 6. Hornungs, 1754.

Cantzley Basel, ssst.

eigen und scheint recht mühsam zu sein. Die Materie, woraus die Schriften gegossen werden, besteht aus bleifeinem Metall. Diese Materie wird in kleinen Öfen, wovon mehrere in der Werkstatt stehen, geschmolzen und auf der Glut immer flüssig erhalten. Die Modelle sind aus Bronze und bestehen aus zwei Teilen, in denen die Figur des Buchstabens ausgeschnitten ist. Die beiden Teile müssen bei jedem einzelnen Buchstaben vermittelst verschiedener Fugen genau zusammengepasst und dann wieder auseinander genommen werden. Der Guss in die Modelle geschieht mit eisernen Kellen. An jedem Buchstaben bleibt ein Stäbchen hängen, welches die Gestalt des Trichterchens des Kanals hat, durch welchen der Guss in das Modell geschieht. Dieses Stäbchen abzubrechen ist die Arbeit eines zweiten Arbeiters. Ein dritter ist damit beschäftigt, die Buchstaben von der gleichen Nummer oder Grösse rechtwinklig zu schneiden, zu polieren und zu schärfen. Ein vierter ordnet sie nach ihrer Grösse in verschiedenen Fächern. Nach dieser Beschreibung könnte man glauben, es handle sich um einen langwierigen Prozess. Aber es ist unglaublich, mit welcher Fertigkeit alle Handgriffe ausgeübt werden. Man muss das mit eigenen Augen gesehen haben, wenn man einen hinlänglichen Begriff von dieser edlen Kunst erhalten will. Herr Haas verfertigt selbst die künstlichen Modelle samt allen dazu notwendigen Instrumenten. Die Genauigkeit, die er hierin wie bei andern Arbeiten beobachtet, gehört zu seinen seltenen Verdiensten. Herr Haas ist ferner ein Liebhaber der Landwirtschaft und besonders der Gärtnerei. Er hat darum in seinem Garten mit seinem Gewächs allerlei Versuche angestellt und rühmt den Nutzen der Zwergkästen, die eine Eigenheit Basels sind, gar sehr.» 1773.

Schinz, p. 50 f.

Das erste Dreilauf-Kanonenrohr der Welt
«Um 1773 hat Rudolf Zorn, der Strumpfwäber, ein artig mössingen Stuck (Kanone) gebohrt und Läuf darein gezogen, welches das aller erste in der Welt seyn soll.»
Linder, II 2, p. 16

Vom Basler Geld
«Schon lange hab ich Ihnen einmal die hiesigen Münzen und die Art zu rechnen bekannt machen wollen. Die kleinste Münze sind hier die Rappen. Zehn Rappen machen einen Batzen, zwölf Batzen ein Basler Pfund, funfzehn Batzen einen Basler Gulden. An ganzen Stücken hat man halbe Batzen, ganze Batzen, Drey-Batzenstücke, Fünf-Zehn-Batzenstücke, Dreissig-Batzenstücke. Dabey gilt alle Art französischer Münze bis auf die Sechs-Sousstücke herunter. Die französische Art zu rechnen ist eben so gebräuchlich, als die hiesige. Ich rechne am liebsten nach der französischen, weil sie mir unter allen die bequemste scheint. Drey Sous machen einen Batzen, wenigstens will der Unterschied in kleinen Summen nichts sagen. Unbequem ists, dass sich keine einzige der hiesigen Münzen auf die sächsischen reduciren lässt. Die alten Louisd'or (fünf Thaler) haben hier keinen Cours, eben so wenig die Dukaten; die neuen oder Schildlouisd'or haben wieder in Leipzig keinen Cours, weil man sie da nicht für sechs Thaler acht Groschen nehmen will. Indessen lässt sich die sächsische Münze noch am bequemsten auf französische reduciren. Zwanzig Sous machen einen Livre, sechs Livres einen Laubthaler, und vier Laubthaler, oder ein Schildlouisd'or, machen zu Basel zehn Gulden vierzig Kreuzer, oder zehn Batzen.» 1776.

Küttner, Bd. I, p. 158 f.

Glanzlose Universität
«Sie werfen mir vor, lieber Freund, dass ich Ihnen noch nie etwas über die hiesige einst so berühmte Universität geschrieben habe. Die Hauptursache dieses Stillschweigens ist wohl, dass sie hier nicht so in die Augen fällt, wie eine Universität in Deutschland. Ich glaube, ein Fremder, der nicht wüsste, dass eine hier ist, könnte Jahre lang zu Basel leben, ohne es zu wissen, wenn ihn nicht etwa ein Ungefähr darauf führte. Ich besinne mich nicht, jemals hier einen Studenten bemerkt zu haben, und in der That ist ihre Zahl gewöhnlich zwischen sechszig und siebenzig. Ja sie würde nicht einmal so stark seyn, wenn nicht eine Menge Ungarn darunter wären, für welche hier eine besondere wohltätige Stiftung ist. Der Lehrer sind achtzehn, eine kleine Anzahl gegen die Menge von ordentlichen und ausserordentlichen Professoren und Magistern zu Leipzig; und doch hat vielleicht keine Universität so viel Lehrer als Basel, wenn sie ihre Anzahl gegen die der Studenten halten. Auch giebt es unter diesen Professoren Männer von vielem Verdienste; manche, die auch auswärts einen Namen haben, und andere, die vielleicht einen zu haben verdienten.

Die theologische Fakultät hat drey Lehrer, unter welchen D. Herzog ist, der verschiedenes geschrieben hat, und D. Beck, ein Mann, der ausserordentlich viel gearbeitet hat. Er hat viel zu dem grossen historischen Wörterbuche geliefert, das unter dem Namen des Iselinischen bekannt ist; auch ist von ihm die bekannte grosse Concordanz.

Die juristische Fakultät hat 1. einen Lehrer der Institutionen, 2. der Pandekten, 3. des Lehnrechts. In dieser Fakultät ist Herr d'Annone, ein Mann, der nebst grosser Gelehrsamkeit weitläufige Kenntnisse im Münzwesen besitzen soll. Er hat über die Numismatik geschrieben, und besitzt selbst eine Sammlung von Münzen und von interessanten Naturalien. Herr D. Iselin, den Sie nicht mit dem Doktor Rathschreiber, wie man ihn hier nennt, verwechseln müssen, ist ein Mann, dessen Name unter den gelehrten Juristen sehr bekannt seyn soll. Ich weiss, dass einige Standsglieder seine Aussprüche in der Rechtsgelehrsamkeit und in Staatssachen sehr hoch schätzen und ihn öfters berathen. Auch besinne ich mich, dass D. Ernesti zu Leipzig mir einst viel von ihm und von seiner Gelehrsamkeit in der alten Litteratur und Geschichte sagte. Aber alles das weiss ich eigentlich nur vom Hörensagen, und deswegen brauche ich so oft das Wort soll, ein Ausdruck, in welchem Sie wenigstens meine Aufrichtigkeit schätzen müssen.

Die Arzneykunde hat einen Lehrer 1. in der Physik, welches jetzt der berühmte Daniel Bernoulli ist, älterer Sohn des noch berühmteren Johannes. Dieser Mann ist nahe an die achtzig, und hat sich selbst überlebt. Man sieht ihn nicht, und hört eben so selten von ihm. 2. In der Theoretik; 3. in der Anatomie und Botanik; 4. in der Praxis.

Die philosophische Fakultät hat 1. einen Professor der Mathematik, welches jezt D. Johann Bernoulli ist, Bruder des Daniel und Vater des Akademikers zu Berlin. Sie wissen, dass Johann Bernoulli einen grossen Namen unter den Mathematikern hat. 2. Der Geschichte; 3. der Rhetorik; 4. der hebräischen Sprache, 5. der Vernunftlehre, 6. der Moral und des Naturrechts, 7. der Redekunst; 8. der Griechischen Sprache, welches jezt Herr Le Grand ist, ein Mann, der viel Gelehrsamkeit in diesem Fache besitzen soll, der aber schon seit Jahren in eine gewisse Schwäche verfallen ist, die ihn zu den Geschäften untüchtig macht. Wenn ich sehe, wie wenig die Universität und Gelehrsamkeit im ganzen hier geschäzt wird, so wundere ich mich, dass diese Universität noch so viele Gelehrte aufzuweisen hat. Auch geräth sie täglich mehr in Verfall. Man kann alle Ämter im Staate erlangen, ohne, nach der gewöhnlichen Art, studirt zu haben. So war z. E. der eine der hiesigen Bürgermeister ein Kaufmann, der seine Bandfabrike nicht eher aufgab, als bis er Haupt wurde. Man scheint sogar im Stande eine gewisse Abneigung gegen eigentlich sogenannte Gelehrte zu haben. Wer sich der Universität widmet, kann keine Stelle im Staate bekommen. Auch herrscht eine gewisse Eifersucht zwischen der Universität und dem Stande, welcher leztere die wenigen Rechte, oder Privilegien, die die erstere hat, noch so viel als möglich einzuschränken sucht. Auch ist der Stand natürlich der Souverain, und die Universität ist gleichsam nur ein untergeordnetes Collegium. Die Bezahlung ist auch schlecht, denn eine Professorstelle trägt kaum zweyhundert sächsische Thaler ein. Besondere Ehre und Vorzüge sind eben so wenig an diese Stellen gebunden, und so glänzt der reiche Kaufmann mit Equipage, Bedienten und glänzendem Aufzuge, während dass der Professor, besonders wenn er wenig eigenes Vermögen hat, in der Vergessenheit lebt.

Es scheint nicht, dass man hier findet, dass eine Universität dem Staate vortheilhaft sey, denn der Stand thut nicht das geringste für sie, z. B. durch Verbesserung des Gehalts, durch ausserordentliche Pensionen, oder durch Berufung eines Ausländers von Namen, in einem Fache, in welchem es etwa hier fehlt. So eben hab ich wieder gelesen, was ich hier geschrieben, und ich sehe, dass ich zum Theil ungerecht gewesen bin. Der hiesige Stand ist arm, und hat wenig übrig zu Pensionen und ausserordentlichen Ausgaben. Überdies ist man gegen jede Neuerung in einer Republik, wo das Volk, ohne Unterschied, Antheil an der Regierung hat, und wo alles durch die Mehrheit der Stimmen geschehen muss. Die schönsten Vorschläge müssen in einer solchen Regierung oft verworfen werden, bloss weil sie neu sind, und weil der, der etwas neues vorschlägt, immer ein klügeres Ansehen zu haben scheint, als die andern, die eben sowohl den Einfall hätten haben können. Hier liegt wohl die hauptsächlichste Ursache, warum in den Republiken, besonders in den Demo- und Aristodemokratischen alles Neue so selten Grund fasst, und alles Alte, es sey auch wie es wolle, sich so fest und so lange erhält.

Ich gestehe, dass ich oft in Versuchung gerathe, über dieses und jenes zu spotten; wenn ich mir aber die Sache umständlich erklären lasse, wenn ich alles im ganzen Zusammenhange sehe, so finde ich oft, dass man die Theile nicht ändern kann, ohne das Ganze über den Haufen zu werfen. So ist hier z. E. das Loosen, eine Sache, die jedem Fremden im höchsten Grade auffallen muss. Im Stande sowohl als bey der Universität bekommt nicht der Würdigste die Stelle, sondern der, dem das Loos wohl will. So oft also eine Professur zu besetzen ist, werden durch die Mehrheit der Stimmen drey Candidaten gewählt, und diese loosen miteinander. Mir kam dieses anfangs unglaublich vor, wenn ich bedachte, dass auf einer Universität, die so zahlreich an Lehrern ist, wie z. E. die Leipziger, schwerlich drey Männer würden zu finden seyn, die alle gleich geschickt zu der Stelle wären. Da sagt man mir nun, dass es vor der Einführung des Looses noch schlimmer gewesen wäre, weil dann die Stelle blos nach Gunst besezt worden sey. Wie nun aber, wenn auch jezt ein Unwürdiger Mittel findet, gewählt zu werden, und das Loos ihn begünstigt? ‹Dann haben wir wenigstens zwey gegen eins›, war die Antwort. Sie war mir freylich nicht zureichend; aber was geht das mich an?

Eine andere Gewohnheit ist mir nicht weniger aufgefallen. Sobald eine Professur ledig wird, so hält alles, was seinen Universitätscurs gemacht hat, darum an. Hierdurch geschieht es denn, dass ein Mann oft sonderbar aus seinem Fache gehoben wird, dass der in die philosophische Fakultät kommt, der in die medizinische gehört, und dass der, dessen vornehmste Stärke in der Mathematik ist, Professor der hebräischen Sprache wird.

An Berufung fremder Gelehrter ist nicht zu gedenken; denn ohne zu untersuchen, ob man unter den einheimischen alles, was man von einem fremden erwarten möchte, finden kann oder nicht, so ist dies schnurstraks gegen die hiesige Verfassung. Kein Amt, vom höchsten bis zum geringsten, kann einem andern zu Theil werden, als einem hiesigen Bürger. Selbst alle Einwohner des Cantons sind hier ausgeschlossen, wenn sie nicht Bürger der Stadt sind. In den Stand können nicht einmal neu aufgenommene Bürger kommen; ihr Blut muss erst durch folgende Generationen alles Ausländische evaporiren.
Noch etwas, das die Universität einigermassen angeht! Herr Schletwein, der am Badischen Hofe lebte, und der dem Markgrafen allerhand ökonomische und kameralistische Projekte angab, wovon einige in Ausübung gebracht wurden und fehlschlugen, kam nun nach Basel, und erhielt vom Stande die Erlaubniss (nicht als Professor, nicht als Universitätsgenosse, denn dies kann nicht seyn) statistische, kameralistische, ökonomische Vorlesungen zu halten. In einer Schrift ‹über den Einfluss einer wohleingerichteten Universität auf den Nahrungszustand der Bürger›, lud er das Publikum zu seinen Vorlesungen und zu Anhörung einer Rede ein, die er heute hielt. Herr Iselin, der sich sehr für ihn interessirt, giebt sich viele Mühe, ihm Subscribenten zu seinen Vorlesungen zu verschaffen.» 1776.

Küttner, Bd. I, p. 222ff.

Das von Mechelsche Kunstkabinett

«Ich kann Ihnen heute von des Herrn von Mechel Kunsthandlung und Kabinet schreiben, denn beides habe ich schon verschiedenemale gesehen. Seine Kupferstich-Handlung soll eine der ausgedehntesten, und seine Niederlage eine der vollständigsten seyn, die man finden kann. Sie sehen hier nicht nur einen ungeheuren Vorrath der neuern englischen, französischen und deutschen Kupferstiche, sondern auch eine grosse Anzahl alter gestochener und geäzter Blätter, die entweder durch ihren inneren Werth, oder durch ihre Seltenheit schäzbar sind. Auch solcher Kupferstiche können Sie viele sehen, die unter den Liebhabern, gleich einem klassischen Schriftsteller, durchaus bekannt sind, und deren Schönheiten, wie die eines Homers oder Virgils abgöttisch verehrt werden. Von den besten englischen Kupferstichen hat Herr von Mechel oft verschiedene Abdrücke und verschiedene Preisse. Welche Wonne für mich, lieber Freund, so mitten in der schönen Gesellschaft zu sitzen, und mein Auge an unendlicher Schönheit und Mannigfaltigkeit zu weiden! Dabey hält Herr von Mechel eine Art Fabrike, die er Akademie nennt, das heisst, eine gewisse Anzahl von Kupferstechern, die beständig für ihn arbeiten, und deren Blätter mehrentheils unter Herrn von Mechels Namen herauskommen. Doch höre ich, dass einige sich dem nicht unterwerfen wollten, und ihn entweder verliessen oder ihn nöthigten, ihren eigenen Namen darunter zu setzen. Seine Gemäldesammlung, ohne sehr zahlreich zu seyn, ist von guter Wahl; viele Stücke werden sehr hoch geschäzt. Jeder Fremde kann ohne weitere Empfehlung sich anmelden, oder von Jemanden sich einführen lassen, und er ist gewiss, dass er mit Höflichkeit empfangen wird und alles zu sehen bekommt, Herr von Mechel mag da seyn oder nicht.» 1776.

Küttner, Bd. I, p. 42f.

Die öffentliche Sammlung

«Wenn ich den Fremden, die dieses Frühjahr zu mir gekommen sind, die hiesigen Herrlichkeiten zeige, so ist die Bibliothek der Hauptplatz, wo ich mich immer am längsten aufhalte. In der That gibt es da eine Menge Gegenstände, die ich ohne Ermüdung wieder und wieder sehe. Ich will Sie heute mit den vornehmsten unterhalten. Mit der eigentlichen Büchersammlung hab ich wenig zu thun, weil ich die Bücher, die ich zu lesen wünsche, leichter aus Privatsammlungen haben kann. Indessen sagt man, dass die hiesige öffentliche Sammlung beträchtlich sey und viele seltene Bücher enthalte. So gar zahlreich kann sie jedoch nicht seyn, wenn ich den Platz gegen andere halte, die ich gesehen habe. Das Beste sind wohl die Manuscripte, deren man eine gute Anzahl hier hat. Hier ist auch ungefähr alles, was die beiden Concilien betrifft, besonders hat man, in einer Menge Bänden, eine Kopie von allen Actis des grossen Conciliums.
Interessanter für mich ist eine ansehnliche Sammlung originaler Briefe, von einer Menge Männer aus dem sechszehnten Jahrhunderte; Briefe, die nicht nur durch die Namen der Ammerbache, Erasmus und einer Menge anderer, sondern auch durch ihren Inhalt merkwürdig sind. Ich hatte vor kurzem Gelegenheit, mich in diesen Briefen umzusehen, um einen Auftrag zu besorgen, den mir Hofrath Schläger zu Gotha für numismatische Gegenstände gab. Schade ists, dass alle diese Ehrenmänner erbärmliche Hände schrieben.
Unter dem Saale, in welchem die Manuscripte aufbewahret werden, sind allerhand merkwürdige Sachen, unter denen das Holbeinische Sanctuarium wohl das Schönste ist. Sie wissen, lieber Freund, dass dieser Maler aus Basel gebürtig war, und dass er, seinen Aufenthalt in England ausgenommen, ungefähr alle seine Zeit in dieser Stadt zubrachte. Schwerlich hat man an irgend einem Orte, England ausgenommen, so viel Holbeiniana als hier! Hier ist das berühmte Altarblatt, welches das Leiden Christi vorstellt, eines der besten und vollendetsten Werke dieses Malers; das Corpus Domini, ein nakter todter Körper, den die Kenner unendlich hoch schätzen, der aber eher Schauder, als Andacht einflösst. Auch ist die gemeine Sage, dass Holbein dieses Stück nach einem Juden malte,

der im Rhein ertrunken war. Ferner Holbeins Weib mit einem Kinde, unendlich wahr.

Von kleinen Stücken will ich Ihnen nur einiges zur Unterhaltung anführen. Z.E. eine griechische Buhlerin mit einem Cupido (Liebesgott) die man aus einer Kirche genommen. Nicht nur der Bogen, welcher dabey liegt, sondern die Miene und ganze Kleidung der weiblichen Figur zeigt offenbar, dass Holbein einen Amor und nicht ein Christkind zu malen dachte.

Die Schulmeister und Schulmeisterinnen für kleine Kinder hatten sonst die Gewohnheit, gleich Gastwirthen und Weinschenken, gemalte Bilder auszuhängen. Holbeins beständiger Mangel am Gelde nöthigte ihn alle Arten von Arbeit zu übernehmen. Hier sind zwey solche Denkmäler seiner Kunst, auf welchen man Knaben und Mädchen lernend sieht, einige knien, andere empfangen, am gehörigen Orte, die Ruthe. Unter dem Gemälde liest man in einer langen Schrift alle die Herrlichkeiten, die in diesen Schulen gelehrt wurden.

Eins der merkwürdigsten Dinge ist eine vierte Ausgabe von Erasmus ‹Encomium moriae› mit breitem Rande, auf welchem Holbein alle die Figuren mit der Feder gezeichnet hat, die Sie vielleicht aus Holzschnitten in einer französischen Übersetzung kennen.

Auch hat man hier Erasmus eigenhändiges Testament, nebst einem garstigen, plumpen Petschaftsringe, auf dem sein Zeichen, der Terminus ist. Ferner einen roth atlassenen Ärmel von seinem Schlafrocke, einen artigen Becher, und andere dergleichen Erasmiana.

Artig sind die antiken Figuren, die man zu Augst, Augusta Rauracorum, gefunden hat, nebst einigen Gefässen u.s.w. Das Münzkabinet will nicht viel sagen.

In einem besonderen Portefeuille zeigt man eine Sammlung Holbeinischer Zeichnungen. Ob sie alle von ihm sind, weiss ich nicht; ich zweifele. Andere Zeichnungen von ihm, z.E. von der Passionsgeschichte, hängen unter Glas und Rahmen an der Wand. Unter diesen sind verschiedene weibliche Figuren, die die Moden der Zeit zeigen. Die Frauenzimmer müssen zu allen Zeiten ein besonderes Vergnügen empfunden haben, dem mittlern Theile ihres Körpers eine ungeheure Dicke zu geben; denn anstatt unserer Reifröcke und Poschen, machten sich die Damen, zu einer Zeit, ungeheure Bäuche, und zu einer andern verlegten sie diesen projektirenden Auswurf auf den entgegengesezten Theil. Dass ich einige Naturalien und verschiedene andere Curiosa mit Stillschweigen übergehen, werden Sie mir wohl vergeben.» 1777.

Küttner, Bd. I, p. 264ff.

Der «Holbeinische» Totentanz

«Ich nahm heute meinen Weg von einem Spaziergange, den ich machte, über den Kirchhof der französischen Kirche nach Hause, und blieb, wie ich oft thue, ein Weilchen vor dem berühmten Holbeinischen Todtentanze stehen. Dies ist ein langes Gemälde an einer Mauer, die den Kirchhof von der Gasse absondert, und an deren inneren Seite man ein Dach über das Gemälde gebauet hat, mit einem durchsichtigen Gegitter davor. Der Tod fängt mit dem Herrn Kaiser und der Frau Kaiserin an, redet zu einem jeden in Versen, die unter dem Gemälde zu lesen sind, und macht so seinen Tanz fort durch alle Stände hindurch bis auf den niedrigsten herab, wo man die Wohnung des Todes sieht, in der eine Menge personi-

Erste Seite der Kaufhaus-Ordnung der Stadt Basel von 1753.

ficirte Todte mit Trommeln und Pfeifen eine Musik machen.

Was dieses Gemälde ehemals mag gewesen seyn, weiss ich nicht: die Kenner sagen, man sehe noch jezt eine grosse und erhabne Zeichnung in allen Figuren und Gruppen. Da das Ganze blos durch ein Gitter bewahrt ist, so werfen die Knaben, die auf dem Platze spielen, ohne Unterlass Koth und Steine an das Gemälde. Vorausgesezt nun, dass diese beste Welt zu allen Zeiten die nämliche war, so lässt sich mit ziemlicher Wahrheit schliessen, dass die Knaben vergangener Zeiten das nämliche thaten. Da aber an dem Bilde gelegen war, so wurde es oft reparirt, übermalt und überkleistert, so dass jezt das Hauptwesen davon eine plumpe Masse bunter Farben ist.

Ich sagte vom Anfange ‹ der Holbeinische Todtentanz › und unter diesem Namen ist er überall bekannt. Wie das kommt, weiss ich nicht; aber das weiss ich, dass die, die am meisten Kenntniss von Kunst haben, sagen, dass dieses Gemälde schon vor Holbeins Zeiten existirte, und dass es von Hans Glauber, Holbeins Meister, herstammt. Man hat hier in der That einen Todtentanz von Holbein; aber das ist ein ganz anderes Ding.» 1777.

Küttner, Bd. I, p. 252

Ein berühmter Stempelschneider

«Ich muss Ihnen den hiesigen Stahlschneider Samson bekannt machen, einen Künstler, der unter den neuern gewiss einen ansehnlichen Rang verdient. Ich wundre mich, dass ich Ihnen noch nie von ihm geschrieben, da ich von Zeit zu Zeit mit Reisenden, die von seiner Arbeit zu sehen wünschen, zu ihm gehe.

Ich nenne Herrn Samson einen Stahlschneider überhaupt, obschon sein Schicksal gewollt hat, dass er den schönsten Theil seines Lebens hindurch Wappen und Petschafte schneiden musste. Seine vorzüglichste Stärke besteht daher in allem, was zum eigentlichen Wappenwesen gehört: und da hat alles eine Schärfe, Feinheit, auch im Kleinen, eine Richtigkeit und Ausdruck, die schwerlich etwas zu wünschen übrig lassen. Sobald er aber aus diesen Gränzen geht und sich an die Figur wagt, so ist er nicht mehr der nämliche. Er sticht gerne Figuren im antiken Stil, und da macht, unglücklicher Weise jedermann eine Vergleichung. Diese Vergleichung wird jezt um so leichter gemacht, seitdem durch Wedgewood's und Bentleys Fabrike die Abdrücke von geschnittenen griechischen Steinen so gemein geworden sind. Samsons Figuren dieser Art haben nicht die griechische Grazie, sind bisweilen etwas schwer und nicht ganz richtig in der Zeichnung. Verschiedene Thiere macht er vortrefflich, besonders die Löwen.

Er ist von Basel und lebt zu Basel, wo man auch sehr viel von seiner Arbeit hat; doch hat er auch für Engländer, Franzosen und Italiener viel gearbeitet. Der geringste Preiss eines von ihm gestochenen Petschafts ist vier Schildlouisd'or, und so steigt er bis auf zwölfe, ja ich habe eins gesehen, für das er sich noch mehr hat bezahlen lassen. Lezthin hat er den Kaiser gestochen, in der Grösse eines Laubthalers; er hat die Abdrücke von Zinn machen lassen, die er für einen Gulden verkauft; ist nicht von seiner besten Arbeit, auch nicht ganz getroffen.» 1778.

Küttner, Bd. I, p. 301 ff.

Tüchtige Handwerker

«Ich habe hier verschiedene Handwerker in den ersten Gesellschaften gefunden, und ich versichere Sie, dass sie in keiner Betrachtung die leztern Plätze einnahmen. Sie kleiden sich, wie es gerade unter den Mannspersonen die Mode mit sich bringt, tragen den Degen und geben oft in ihrer Unterredung mehr Unterhaltung, als ich bey sehr vielen gefunden habe, die sich besser dünken.

Sonst speiste ich öfters bey einem der hiesigen Häupter, wo ich bisweilen einen Fleischer traf, dessen Bekanntschaft ich seitdem immer fortgesetzt habe, und in dessen Gesellschaft ich mehr Resourcen und Reichthum von Unterhaltung gefunden, als ich möglicherweise vom grössern Theile vieler der besten Gesellschaften hier erwarten kann. Er hat eine ausgebreitete Kenntniss der deutschen Litteratur, spricht und schreibt Französisch und Englisch, ist ziemlich bekannt mit der Litteratur dieser Sprachen, und hat so viel von seiner Schulerziehung behalten, dass er im klassischen Felde keinesweges ein Fremdling ist. Er spielt ein Instrument und seine Frau begleitet ihn mit Gesang. Er hat eine Stelle in der Miliz, und auch da zeichnet er sich als ein guter Offizier aus. Aber um des allen willen giebt er seine Fleischerey nicht auf, und schämt sich auch nicht selbst zuzusehen, ob in der Lichtgiesserey (Kerzenzieherei, welches hier ein Fleischergeschäft ist) alles in Ordnung geht.

In Kleinbasel lebt ein Becker, der vermuthlich einst ein Haupt der Republik werden wird, wenn er es sucht, wozu es ihm denn nicht an Ehrgeiz fehlt. Er hat eine der vornehmsten Stellen im Stande, wo er eine ansehnliche Rolle spielt, und seine politische Fähigkeiten und seine Geschicklichkeit in Verhandlungen machen, dass die Wahl fast immer auf ihn fällt, wenn die Republik irgendwohin Abgesandte zu schicken hat.

Es ist hier nichts seltenes, dass ein Gerber, ein Schmidt, ein Becker, oder sonst ein Handwerksmann, Präsident irgendeiner Kammer ist. Das Bewusstseyn, dass jeder hiesige Bürger in die Regierung kommen kann, giebt jedem Individuum ein Gefühl von Würde, das oft in den höchsten Grad des Lächerlichen ausartet. Der Schneider, der Schuhmacher, der Kürschner etc. fühlt, dass das ganze Gewicht des Staats auf ihm ruht, sobald er Sechser wird, das heisst, einen Platz im grossen Rathe bekommt; wird er Rathsherr (Mitglied des kleinen Raths) so ist's

Verzeichnis der Profeßionisten der Stadt Basel im Jahr 1780.

	Meister welche die Profeßion treiben.	Meister welche die Profeßion nicht treiben.	Gesellen und Jungen. Bürger hier u. ausserh.	Gesellen und Jungen. Fremde.
Bader	3		2	1
Bräter	8			
Becker	52	28	27	42
Bildhauer	1		1	
Bleicher	4	2		
Buchbinder	13	1	2	14
Buchdrucker	8			
Büchsenmacher	2		2	4
Bürstenbinder	3			3
Caminfeger	3	1	2	1
Degenschmiede	2	3		
Drechsler	6	4		
Fischer	15	3	4	1
Gärtner	12		2	2
Gassenbesetzer	1			
Gerber	22	27		11
Gipser	4		2	13
Glaser	10	1	5	2
Glockengiesser	2			2
Goldschlager	1	1		
Goldschmied und Jubilierer	8	5		4
Grieser	6			
Gürtler	3		2	2
Hafner	9	4	6	9
Handschuhmacher	6	1	2	11
Huf- und Waffenschmiede	8	4	5	19
Huthmacher	6	1		1
Knöpfmacher	5	2	5	7
Kübler	19	9	4	7
Küfer	31	11	15	39
Kupferschmiede	8	3	5	8
Kupferstecher	1		1	
Langmesserschmied	1			
Leinweber	2	2		
Mahler	hier 17 ausserhalb 2	1	5	7
Maurer und Steinmetzen	11	7	3	85
Messerschmiede	2	8	3	2
Metzger	70	36	6	44
Müller	24		8	28
Kürschner	hier 10 ausserhalb 4	3	7	7

Der zweite Teil des Handwerkerverzeichnisses von 1780 nennt u. a. 287 (!) Schuhmacher, 16 Schiffleute, 174 Schneider, 98 Seidenfärber, 33 Seiler und 62 Wundärzte.

noch ärger, ausgenommen die Wahl hat einen vernünftigen, weisen Mann getroffen, der seine Grösse verdauen kann.» 1779.

Küttner, Bd. II, p. 235ff.

Das goldene Seidenband

«Die Hauptquelle des hiesigen Reichthums ist, wie man sagt, der Handel; allein wenn man genau Achtung giebt, so findet man, dass die grössten Häuser ihr Vermögen aus den Fabriken haben. Die Bandfabriken überwiegen, an der Zahl, bey weitem alle andere; man hat ihrer vierundzwanzig, und das Band ist von einer besondern Art, dergleichen, wie ich höre, man nirgends macht, als zu Basel und St. Etienne in Frankreich. Zwar hat die Kaiserin Maria Theresia wiederholte Versuche gemacht, in Österreich solche Fabriken einzuführen; allein es ist ihr so wenig gelungen, dass das, was dort gethan wird, in gar keine Betrachtung kommt. Die Mechanik der hiesigen Bandstühle ist, obschon verhältnissmässig sehr einfach, für mich doch zu verwickelt, als dass ich Ihnen einen Begriff davon geben könnte. Die Hauptsache ist, dass auf einem und dem nämlichen Stuhle eine einzige Person auf einmal vierundzwanzig Bänder machen kann, während dass der Posamentirer in den sächsischen Erzgebirgen nur ein Band auf einmal macht. Ich habe den Arbeitern öfters zugesehen, und was mich allemal in Erstaunen sezt, ist der schnelle und scharfe Blick, mit der die nämliche Person eine Menge Bänder (denn man macht nicht immer vierundzwanzig auf einmal) übersieht, und augenblicklich gewahr wird, wenn irgend ein Faden reisst. Die Leute, welche man dazu braucht, sind grösstentheils Bauern, die fast in allen Dörfern des Cantons und in den Bergen daherum leben. Ein Landmann, welcher nicht selbst ein ansehnliches Stück Land besizt oder gepachtet hat, hält sich für glücklich, wenn er einen Bandstuhl in seine Familie bekommen kann; selbst die, welche sich mit Landarbeiten beschäftigen könnten, ziehen den Bandstuhl vor, weil sie mehr damit gewinnen. Die Folge davon ist, dass es dem Lande an Arbeitern fehlt, und dass man besonders in der Zeit der verschiedenen Erndten, eine grosse Menge Menschen vom Schwarzwalde und, zum Theil, aus den Cantonen Bern und Solothurn braucht. Auf den Gütern, die Stadtleuten gehören, habe ich mehrentheils Ausländer gesehen, und selbst von den Sennen und Pächtern sind viele Wiedertäufer, die hauptsächlich im Canton Bern ihren Sitz haben.

Ein grosser Vortheil bey diesen, wie bey den mehresten Fabriken ist, dass man Kinder, bis auf vier Jahre herab, dabey brauchen kann, als zum Reinigen der Seide, Winden und, was weiss ich!

Alle Sonnabende kommen eine Anzahl Wagen in die Stadt, welche von den verschiedenen Dörfern das Band zusammen bringen, da es denn in den Häusern der

	Basel-Ellen.
Alle Sorten Floret-Band, ohngepreßt, gepreßt, Ordinari, Fein, Extra-fein; Auf Zwilch gewoben; sogenannte Holländer oder Frisolet.	
Gemeine Farben.	58
Hoch- oder Feinfärbig.	40
Bey denen Frisolet-Banden allein solle, erlaubt seyn, jedoch nur auf expresses Begehren des Käuffers, die Gemeinfärbigen à 50. und Hochfärbigen à 35. Ellen zu machen, doch nicht darunter, noch zwischen 58. und 50. Ellen; auch sollen diese Kurtzmässigen mit einem melirt- oder bunten Faden durchzogen seyn.	
Alle Sorten Gallaunen, gepreßt und ohngepreßt, mit Floret eingeschlagen, Glatt, mit Spiegeln oder mit Spitzen; deßgleichen Hanenkämm, Traverly, oder Atlas-Schnur. Gemeine Farben.	58
Hochfärbig.	40
Sogenannte Padoux de France, Oval aufgeschlagen. Gemeine Farben.	52
Hochfärbig.	44
Sogenannte Gallons de Tour. Gemeine Farben.	126
Hochfärbig.	108
Alle Sorten Gallaunen, Hertzschnur, Schraubschnur, sogenannte Hanauer Gallaunen, glatt, mit Spiegeln oder Spitzen, mit Spinal eingeschlagen; deßgleichen Perruquen-Band. Gemeine Farben.	58
Hochfärbig eingeschlagen.	50
Schurtzschnur, mit Spinal. Gemeine Farben.	29
Hochfärbig.	25
Basel-Schnur, oder Jarrettieres.	25
Halbseidene Façon oder Figur-Band, alle Gattungen und Num. Gantz gemeine Farben.	25
Mit hochfärbigem Spinal oder Blumen.	23
Und wann beydes hochfärbig ist.	22
Halbseidene Runde Litzen. Gantz gemeinfärbig.	40
Mit Hochfarb melirt.	35
Gantz hochfärbig.	30
Gantz seidene Rund- und Platt-Litzen, Mühl Corden, Brustschnur, Halsschnur, und dergleichen. Gantz gemeinfärbig.	58
Mit Hochfarb melirt.	54
Gantz hochfärbig.	50
Gantz seidene Gallaunen, Mantelschnur, Schurtzschnur, und dergleichen. Gemeine Farben.	58
Hochfärbig.	50
Seidene Gros de Tour-Schnur, wie auch breite Atlas-Schnur, so nicht auf Brettlein. Gemeine Farben.	50
Hochfärbig.	40
Taffet- oder Fort-Band, Oval, auf Carton gezogen. Gemeine Farben.	62
Hochfärbig.	56
Für die Spitzen Zwey Ellen, und für das Drucken auch Zwey Ellen weniger.	

Eine halbe Basel-Elle. 1/4

Verbindliche Skala der Masse für die in Basel fabrizierten Seidenbänder. 1754.

Fabrikherren noch durch eine Menge Operationen und Hände geht, bis es verschickt oder in der Waaren-Niederlage aufgestellt werden kann. Jeder Fabrikant ist natürlich auch ein Kaufmann. Das Fabrikwesen wird durch besondere Leute besorgt, und, sobald das Band für die Niederlage fertig ist, kommt es in die Hände des Kaufmanns, und die Geschäfte werden nun im Comptoir getrieben. Das Band geht ungefähr in alle Länder von Europa und mehrentheils aus der ersten Hand; selbst in andere Welttheile wird sehr vieles verschickt, aber dann nicht aus der ersten Hand.

Indienne-Fabriken, das heisst, gedruckte baumwollene und leinene Zeuge, Kattune, Zitze, zählt man hier fünfe. Auch die Seide- und Wolle-Fabriken sind hier nicht unbeträchtlich.» 1779.

Küttner, Bd. II, p. 228ff.

Die Haassche Basler Karte

«Unter den Personen, die ich hier öfters sehe, ist Herr Haase, ein Mann von mannichfaltigen Kenntnissen. Er ist ein Schriftschneider und Giesser; seine Typen sind wegen ihrer Schönheit bekannt, und er treibt damit ein weitläufiges Gewerbe, indem er sie sehr weit an Buchdrucker verschickt. Er ist ein sehr sinnreicher Kopf, der auf allerley verfällt, und so geht er jezt mit gedruckten Landkarten um. Die erste Probe, die er davon liefern wird, ist eine kleine Karte vom Canton Basel. Ich gestehe, dass ich die Sache, als eine Seltenheit betrachtet, sehr interessant finde; aber Nutzen und Vortheil erwarte ich nie davon. Die gestochenen Karten werden allemal schöner ausfallen und dem Auge angenehmer seyn, als diese gedruckten oder gesetzten. Herr Haase müsste also die seinigen wohlfeiler geben, und dies ist schwerlich möglich, da man eine Homannische hier für 16 Kreuzer haben kann. Zwar wird man von den gesetzten Karten mehr Abdrücke machen können, als von den gestochenen; allein die Typen und Figuren, Berge, Flüsse, Schatten u.s.w. erfordern eine ungeheure Zeit zur Verfertigung, und der grössere Theil davon kann doch wohl nur für eine einzige Karte gebraucht werden. Als Herrn Haasens Karte vom Canton Basel fertig war, wovon ich einen Abdruck erhielt, erschienen ungefähr in der nämlichen Zeit, oder kurz nachher, die Breitkopfischen von der Gegend um Leipzig und von dem Reiche der Liebe. Man stritt sich nun um die Ehre der Erfindung: Beide massten sich dieselbe an, und Beide hatten vielleicht ein gleiches Recht dazu. Man machte diesen Karten den Einwurf, dass sie nie im Grossen würden ausgeführt werden können, worauf Herr Haase eine von Sicilien lieferte, fast in Form der Homannischen. Im Jahr 1779 lieferte Herr Breitkopf noch einen dritten Versuch von dem Quell der Wünsche, und seitdem hat man nichts weiter von gedruckten Karten gehört, und das gedruckte geographische

Werk, welches Herr Breitkopf mit Herrn Büschings Beytritt ausführen wollte, ist nicht erschienen.»

Küttner, Bd. I, p. 66f.

Vom Reichtum der Basler

«Aus Ihrem lezten Briefe sehe ich, lieber Freund, dass Sie sich kaum einen Begriff von dem Reichthum machen, den Basel besitzt. Wenn man die geringe Zahl der Einwohner dieser Stadt bedenkt, so ist er in der That ausserordentlich. Es giebt verschiedene Häuser hier, deren Vermögen die allgemeine Sage auf eine Million Basler Gulden sezt, und drüber. Den Schildlouisd'or zu sechs Thaler gerechnet, macht die Million Basler Gulden ungefähr 600 000 sächsische Thaler. Von dieser Summe herab findet man in verschiedenen Familien, alle Mittelzahlen, bis auf 300 000 Gulden. Solcher, die von 2 bis 300 000 Gulden besitzen, rechnet man eine sehr beträchtliche Anzahl; und ein Vermögen von 100 000 Gulden ist, in der allgemeinen Meynung, so wenig, dass man die, welche es besitzen, keinesweges als Reiche betrachtet.

Sagen und Berechnungen dieser Art lassen sich nie mit Gewissheit bestimmen, und beruhen grösstentheils auf Muthmassungen. Niemand sagt den wahren Betrag seines Vermögens, und Andere können es nie genau berechnen; allein Sie wissen, dass man überall einen gewissen allgemeinen Überschlag hat, nach welchem das Vermögen der reichen Einwohner eines Orts angegeben wird: und dieses hab ich Ihnen hier gegeben, so wie ich es seit Jahren aus der allgemeinen Sage beobachtet habe. Bedenken Sie nun, dass der grösste Theil dieses Geldes nicht in Häusern und Gütern, sondern in Handlungen oder Fabriken angelegt ist, und Sie werden sich einen Begriff von dem Einkommen des reichen Theiles der hiesigen Einwohner machen können.» 1779.

Küttner, Bd. II, p. 227f.

Gegen eine gemeinsame Sache der Apotheker

«Auf Absterben Dr. Eglingers, des Apothekers, sind 1780 die andern 6 Apotheker übereingekommen, diese an sich zu erhandeln und wegen gemeinsamem Nutzen eingehen zu lassen. Da aber ein junger Niclaus de Johann Bernoulli, der Apotheker gelehrt hat, sich darüber beschwärte, erkannte der Rath, entgegen einem nachdrücklichen Memorial der Medizinischen Fakultät, dass fernerhin 7 Apotheken seyn sollen, wodurch Bernoulli Gelegenheit bekam, die Eglingersche Apothek zum Abel für 4200 Neuthaler an sich zu bringen.»

Linder, II 2, p. 292

Die Basler Aufmunterungs-Gesellschaft

«Die Aufmunterungs-Gesellschaft in Basel machte 1781 bekannt, dass, obwohl es in unserer Stadt wie auf dem Land weder an Nahrung noch an Verdienst fehle und sich eher Mangel an Arbeitern als an Arbeit ergebe, neue Nahrungs-Quellen sehr erwünscht sind. In dieser Absicht verspricht die hiesige Aufmunterungs-Gesellschaft demjenigen einen Preys von 100 Ducaten, der einen bisher hier nicht betriebenen Zweig von Industrie einführen und damit zur Prob ein Jahr lang 12 Personen beschäftigen und unterhalten kann. Die Arbeit muss so beschaffen seyn, dass sie auf jeden Arbeitstag einer Mannspersohn 7½ Batzen und einer Weibspersohn 5 Batzen gewähren kann.»

Linder, II 2, p. 356

Unbedeutende Hochschule

«Basel hat eine Hochschule, aber eine so unbedeutende, dass nicht wohl abzusehen ist, warum man sie nicht schon längst hat eingehen lassen. Man versicherte mich, dass die Zahl der hiesigen Beflissenen sich nicht über zwanzig belaufe, so dass wirklich mehr Lehrer als Schüler da wären. Meine eigene Beobachtung stimmte hiemit überein. Denn bei einer öffentlichen gelehrten Streitfeierlichkeit oder sogenannten Disputation, die während meines Hierseins vorfiel, zählte ich wirklich gegen dreissig Hoch-

Das Richthaus von der Krempergasse (Greifengasse) her gesehen. Bleistiftzeichnung, mit der Feder nachgezogen, vermutlich von Achilles Bentz. Um 1835.

schullehrer und nur fünf oder sechs Beflissene. Man stritt über die Frage: ob man seine Vernunft auch in Glaubenssachen gebrauchen dürfe? Dies wurde nun zwar bejaht; aber der blosse Umstand, dass man diese Frage hier noch für schwankend, d. i. für eine solche hält, worüber für und wider gestritten werden kann, beweist, dass die Aufklärung über Dinge dieser Art hier noch keine sonderlichen Fortschritte gemacht haben könne.» 1785.
Campe, p. 53

Neue Postroute wird verboten
«Als der Post-Inhaber Fischer zu Bern 1786 mit dem hiesigen Wilden-Mann-Wirth Merian übereinkommen, alle Passagiers von Bern über Olten nach Basel zu lüfern und auch von Basel den nemlichen Weg nach Bern, wodurch Sollothurn und alle auf dieser Route befindlichen Gewerb und Postillionen ungemein würden gelitten haben, sind darüber Klagen eingegangen. Nach eingeholten Gutachten erkannten Unsere Gnädigen Herren, dass diese neue Einrichtung der Post niederzulegen sey und dass beym Rothen Haus keine Pferdt zu Förderung oder Raysen von Frömden zu halten gestattet seyen.»
Linder, II 2, p. 614

Die Ärzte verzichten auf Neujahrsgeschenke
«Nachdem sich die hiesigen Ärzte alle Neujahrs-Geschenke fürs künftige von den Apothekern verbätten haben, haben letztere, dieser wohldenkenden Anweisung zur Folge, sich 1786 untereinander ihr Wort gegeben, gar niemand mehr dergleichen Geschenke weder in die Häuser zu senden noch bey Bezahlung der Rechnung zu geben. Sie denken, dem allgemeinen Wesen besser zu dienen, wenn sie statt dieser ungeschicklichen und überflüssigen Geschenke den Dürftigen und Kranken Arzneyen umsonst liefern. Deshalb haben sie sich bey demjenigen Ausschuss, welcher von der Gesellschaft des Guten und Gemeinnützigen für die Besorgung ganz hilfloser armer Kranker ernannt worden ist, zu einem bestimmten Beytrag verpflichtet.»
Linder, II 2, p. 654

Dachdeckerzeichen
«1787 wurde allen Maurer Meistern anbefohlen, dass allemahl, wenn auf den Dächern gearbeitet wird, das gewöhnliche Zeichen eines Ziegels ausgehängt werden muss.»
Linder, II 2, p. 720

Gründung der Lesegesellschaft
«Am 19. Oktober 1787 kamen sieben Bürger auf dem Zunfthause zu Schmieden zusammen, um eine Gesellschaft zu gründen, deren Zweck sein sollte: ‹Beförderung der Geselligkeit, wechselseitige Mittheilung gemeinnütziger Gedanken, Rückerinnerung an die besten Werke der ältern Literatur und Bekanntschaft mit der neuern verschiedener Nationen; schnelle Kenntniss der Geschichte der Mitzeit.› Diese sieben Bürger waren: Dr. Lachenal, Schultheiss Wieland, Dr. Daniel Bernoulli, Pfarrer Miville, Pfr. Falkeisen, Johann Zäslin und Wernhard Huber. Am 26. Oktober fand die erste Hauptversammlung statt, an welcher 20 Theilnehmer erschienen und 25 andere ihren Beitritt schriftlich erklärten. Die Gesellschaft wurde konstituiert und somit ist der 26. Oktober der Stiftungstag derselben geworden. Es ist die heutige Lesegesellschaft.»
Historischer Basler Kalender, 1888 / Lutz, p. 323

Bücherzensur
«Als 1789 eingezogen wurde, dass seit einiger Zeit alhier Büecher getruckt und verkaufft werden, welche nicht nur die Sitten, sondern auch die Religion verletzen, so wurde dieser Einzug Löblicher Büecher Censur zugestellt mit

§. 2.

Dahero und damit alle Waaren desto gewisser in das Kauffhauß kommen, sollen die hiesige Wirth und andere nicht gestatten, daß einige fremde Kauffmanns-Waaren vor ihren Häuseren abgeladen, darinnen gelägert und verkaufft werden, bey unnachläßiger Straf von 50. Gulden: Und sollen allein hievon ausgenommen seyn, vordrist laut alter Ordnung die auf dem Wasser ankommende und von einem Schiff sogleich in ein anderes zu ladende Waaren; Demnach Reiß und Käß, so die Lucerner- und andere Weinfuhrleut auf ihren Weinwägen herbringen; sodann Taback und Tabackblätter, Wollen, Sächsische Tuch, Eisen, Hartz, Hanf und Pulver, welche zu Verhütung grosser Unkommlichkeit vor Particular-Häuseren abgeladen, und darinn gelägeret werden können; wie auch gantze Wagenläst mit rohen Häuten, und Stichhäuten, so aus der Nachbarschafft hieher getragen werden, sofern deßwegen nichts verdächtiges vorgehet, und kein Viehpresten in der Nachbarschafft graßieret: Doch daß alle diese ausser dem Kauffhauß abzuladen erlaubte Waaren sogleich bey dem Empfang, und hernach vor der Versendung dem Kauffhauß-Schreiber getreulichen bey Straf der Confiscation angegeben werden, und derjenige, welcher die Waaren in Handen hat, auf allen Fall für den Pfundzoll zu stehen sich erkläre. Besonders solle das Schießpulver, welches ungefehr mit anderen Waaren ins Kauffhauß kommt, darinnen nicht gedultet, sondern von deme, welchem es zugehöret, oder von dem Fuhrmann ohne Anstand abgeladen, und in Pulverthurn gebracht werden.

Marginalien: Alle Waaren sollen im Kauffhauß abgeladen werden. Welche davon ausgenommen? Ausser dem Kauffhauß abgeladene Waaren sollen gleich nach deren Empfang angegeben werden.

Alle Güter, die nach Basel kommen, sind auf jeden Fall im städtischen Kaufhaus an der Freien Strasse zur Erhebung des Zolls zu präsentieren. 1753.

dem Auftrag, den 12. Theil der Wercke des Königs in Preussen, Friedrich II., einzusehen, die Herren Thurneysen und Legrand deswegen zu vernehmen und Unsern Gnädigen Herren zu berichten, wo dieses Buch und jeder Theil desselben getruckt und wer Theil daran habe. Indessen soll der fernere Druck, Verkauf oder Versendung dieses 12. Theils dem Thurneysen und Legrand bey einer Straf von Tausend Gulden undersagt seyn, mit dem Befehl, alle vorhandenen Exemplars ohne Aussnahm dem Stattschreiber zu überliefern. Da nun diese Erkantnus dem Mr. Legrand vorgelesen worden, verthädigte er nicht nur den Druck dieser Büecher, sondern hielt noch eine förmliche Lobrede auf Voltaire, Hiume, Rousseau und andere dergleichen Gesellen. Als Herr Wenck ihm die Larve ganz dreist abzog und ihm sagte, dass bey seiner Gesinnung ihm kein Raths Eyd mehr zu vertrauen sey, fand sich Legrand bemüssiget, in einem geschriebenen Blatt seine jesuitischen Ausflüchte zu beschönen und solches in der Statt auszustreüen. Indessen wollte Thurneysen den Censores über die an ihn gethanen Fragen keine vergnügende Antwort geben, so dass die Censores E.E. Rath anzeigten, dass dieses gantze höchst fluchenswürdige und gottslästerliche Werck hier in des Teüfels Werckstatt von Thurneysen zu wider seynem Bürger Eyd gedruckt und weit der grösste Theil dieses Buchs verkauft sey. Hierauf wurde erkannt, dass die noch vorhandenen Exemplars dieses 12ten Theils in einigen Hundert Stukken confiscirt und durch Veranlassung Löbl. Büecher Censur zernichtet werden. Sodann ist der Buchdrucker Johann Jakob Thurneysen in eine Straf von 100 Louisdors an die Armen Häuser, Waysenhaus und Spithal zu vertheilen verfällt. Ebenso wird auch männiglich alles Drucken und Verkaufen dieses 12. Theils bey hoher Straf niedergelegt. Merckwürdig ist anbey, dass Thurneysen die Übergehung der Censur mit dem kahlen Vorwandt zu bemäntlen suchte, dass er Basel nicht als den Druck Ort dem Werck vorgesetzt habe. Auf gleiche Art behauptete Mr. Legrand, dass er nicht in dieser Societaet sey, sondern nur 10% von dem Gewinn ziehe. Noch auffallender aber ist, dass Mr. Legrand als Deputat (Verordneter) der Kirchen und Schulen in die Wahl kam und hernach Gesandter über das Gebirg wurde. Letzteres aber ist deswegen zu entschuldigen, weil dermahlen alle Räth sich dieser Gesandtschaft bedanckten, ausser Zwölfen, und er unter diesen unstreitig der allertauglichste war, und dass es für ein Glück gehalten wurde, dass das blinde Loos ebenso dachte.»

Linder, II 2, p. 842f. / Basler Jahrbuch 1891, p. 224ff. / Basler Biographien 1, p. 235ff.

Verkannter Kunstmaler
«1790 hat Franz Feyerabend, der Kunstmahler, sage Pfuscher, ein Gemähl von seiner Hand, die Kreuzigung unseres Heylands darstellend, Unsern Gnädigen Herren präsentiert. Dem hat man 3 Neue Louisdors als eine Steuer samt seinem vermeinten Kunst Stück zurückgegeben.»

Linder, II 2, p. 913

Orthographie
«Gott zum gruss und Jesus zum Kuss. mein viel liebder herr Ich hab mich Entschlossen In den Krieg zu gehn Ich hab auch Er fahren dass Einnige In Baßel sin dass sie umb Eine gutte Bezahllung Ein mahn zu stellen begert. wan man mir 2 Daußent liebber gibt nebst dobblet Mundur gibt so will Ich gehn. sein sie so guth stellen sie Es In das wochen blatt damitt sie Es die herren Erfahrren um der mann zu erfraggen In Millhaussen wohnhafft bey dem herrn heinrich senglin In der stroh gaßen Nommoro vom hauss hatt 100:90 dass bekenne ich Jahanes Jenn die 2 batzen wo Es kost In die truckrey wird der bott selbt gegeben.
Überschrieben: Millhaussen, Diessen briff zukommen an dem herren herren Deckerischen buchdruckerey abzugeben In Baßel. kost Eille so balt möglich. Dass obige Abschrift dem in meinen Handen befindlichen Original gleichförmig sey, bescheine Basel den 8. Nov. 1798. J. Decker.»

Mittheilungen aus dem Gebieth der neuesten Literatur, 1856

Titelvignette aus einer 1597 von Johann Schröter gedruckten Ratserkanntnis.

24 d	Dominicus	Schütz 10	4.10.n.
25 e		Schütz 22	3 ☉ h. ♂♃
26 f	Beda priester	Steinbock 5	
27 g	Lucianus	Steinbock 15	
28 a	Wilhelm	Steinbock 27	

Christus vnderweißt Nicodemum/Johan. 3

29 b	Dreifaltigkeit	Wass. 9	✠ trüb
30 c	Felix bapst	Wasser 21	✠
31 d	Petronell	Visch 4	✠ ☉

Brachmô/Junius.

1 e	Nicomedes	Visch 17	6. n. □h
2 f	S.B.Hergotstag	Visch 30.	☐♂ 4
3 g	Erasmus	Wider 13	
4 a	Cyrinus	Wider 27	

Vom reichen vnd armê Lazaro/Luc. 16

5 b	Bonifacius	Stier 12	
6 c	Benignus	Stier 26	♌ ☉
7 d	Paulus Bisch.	Zwilling 11	♂h ♃
8 e	Medardus	Zwilling 26	☉ 0.43 n.
9 f	Primus	Krebs 11	4 ♂ ♂
10 g	Onophrius	Krebs 26	
11 a	Lentztag	Löw 11	

Võ grossen abentmal vn den geladnê gesten/Luc. 14

12 b		Löw 25	
13 c	Heliseus	Jungfraw 9	
14 d	Valerianus	Jungfraw 23	1 □h
15 e	Vitus martyr	Wag 6	6.0.v □♂ 8
16 f	Aurelianus	Wag 19	
17 g	Paula Jugfr.	Scorpio 2	✠ vnstet
18 a	Marcellian	Scorpion 14	

Die Gleichnuß vom verlornê schäfflin/Luc. 15

19 b	Geruasi9 Prothas.	Scorp. 26	♃ ☉
20 c	Florentia	Schütz 6	✠
21 d	Albanus	Schütz 19	nebel 4 h
22 e	10000 Mart.	Steinb. 1	♂ h
23 f	Basilius	Steinb. 13	7.25 v. ☉ h 6
24 g	Johan Tauff.	Steinbock 24	
25 a	Eulogius	Wass. 6	✠

Vom balcken vn spreissen im aug/Luc. 6

26 b	Joba Paul	Wasser 18	✠
27 c	vij. schläffer	Visch 1	☉
28 d	Leo bapst	Visch 13	□h
29 e	Peter Paul	Visch 26	☉
30 f	Pauli gedäch.	Wider 9	

Höwmon/Julius.

1 g	Theobaldus	Wid. 22	4.40. v. 8 ♂
2 a	Marie heimsû.	Stier 6	tond ♃

Jesus predigt auß dem schiff/Luc. 5

3 b	Procopius	Stier 20	♌ ☉
4 c	Ulrich	Zwilling 3	✠
5 d	Anßhelm	Zwilling 20	3 ♂ F

Christus hulfft einem wassersüchtigê/Luc. 14

25 b	Cleophas	Zwill. 21	3 ☉ h. 3 ♂
26 c	Cypria Justin.	Krebs 5	✠ ☉
27 d	Cosmas/Dam.	Krebs 20	G. 14 v
28 e	Wenceslaus	Löw 4	
29 f	Michael	Löw 18	✠ vnstet
30 g	Ursus Hieron.	Jungfraw 3	

Winmon/October.

1 a	Remigius Tag XI. st.	Jungf. 16	♂ ☉ 6

Jesus fragt die Pharisees võ Messia. Mat. 22

2 b	S. Leodegario	Wag 30	
3 c	Lucern kilwy	Wag 13	
4 d	Franciscus	Wag 26	● 1.12. v. trüb
5 e	Constans	Scorpion 9	✠ nebel
6 f	Fides	Scorpion 21	10 ♃
7 g	Sergius	Schütz 3	
8 a	Pelagia	Schütz 15	♂ h 2

Jesus hulfft einem lamen menschen/Mat. 9

9 b	Dionysius	Schütz 28	6 □9
10 c	Gereon	Steinbock 10	
11 d	Basel kilwy	Steinbock 22	☽ 12. n.
12 e	Panthalus	Wasser 4	
13 f	Maximilian	Wasser 16	✠
14 g		Wasser 29	✠
15 a	Aurelia	Visch 11	□h 11

Gleichnuß võ eines Königs hochzeit/Mat. 22

16 b		Visch 24	
17 c	Lucina	Wider 7	
18 d	Lucas Evan.	Wider 21	
19 e	Tag X. stun.	Stier 4	● 2.34 n.
20 f	Wendelinus	Stier 18	♌ 2
21 g	11000 iungfr.	Zwilling 2	☉
22 a	Seuerus	Zwilling 17	♂ h 2

Jesus macht des königische son gsund/Jo. 4

23 b	Seuerin9	Krebs 1	□h 4
24 c	Salome	Kreb. 16	✠
25 d	Crispinus	Lö. 1	♃ vngestüm
26 e	Hemman	Löw 15	7. 40. v.
27 f	Columbanus	Löw 29	
28 g	Simo/Jude	Jungfr. 13	□h 9
29 a	Narcissus	Jungfraw 26	

Vom könig der mit seine knechtê rechnet/Mat. 18

30 b	Theonestus	Wag 10	8 ☉ ♂
31 c	Wolffgang	Wag 23	

Wintm./Nouêber.

1 d	All heilige	Scorpion 3	
2 e	All selen	Scorp. 18	● 4. 0 n. ♃ 2
3 f	Theophilus	Scorpion 30	
4 g	Amantius	Schütz 12	✠
5 a	Malachias	Schütz 24	3 h

Christi lehr võ des Keysers zinß

Fragment eines Basler Wandkalenders aus dem 16. Jahrhundert mit den in der historischen Reihenfolge aufgeführten Zunftwappen zum Himmel, zu Webern, zu Schiffleuten und zu Fischern.

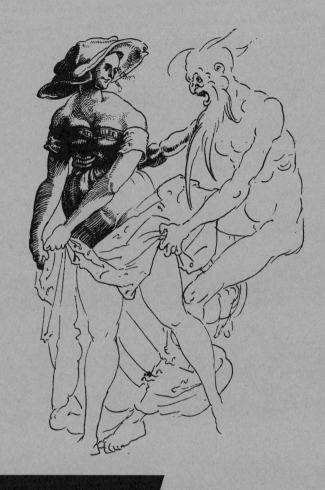

XIV CHRONIQUE SCANDALEUSE

Von der Strafe der Hurerei
«Anno Domini 1297 sind in der Statt Basel einem geistlichen Mann wegen einer jungen Frau, die er heimlich buhlte, die Nieren und die männlichen Gemächten (Geschlechtsteile) ausgeschnitten worden, worauf er inmitten der Statt, auf dem Kornmarkt, menniglichen zu sehen, aufgehenkt wurde.»
Brand, p. CCXCIv / Gross, p. 33 / Bieler, p. 726

Tiefes Sittenverderben
«Dass die Bordelle oder offnen Wohllusthäuser zu Basel gesetzlich geduldet wurden, erhellet aus einer obrigkeitlichen Verordnung vom Jahre 1384, nach welcher bey Strafe einer jährigen Verweisung alle Wirthinnen, die fahrende Frauen und Töchter oder Freudenmädchen halten, von ihnen nicht mehr nehmen sollen als den dritten Pfenning in allen Sachen. Aus den Mandaten und Satzungen anderer Städte über diese unzüchtigen Weibspersonen ist sichtbar, dass diese sich vor ehrlichen Weibern durch eine besondere Kleidung auszeichnen mussten. Wahrscheinlich wird in dem luxuriösen Basel diese unterscheidende Bekleidungsart ebenfalls statt gefunden haben. Was übrigens für schmutzige Minnelieder gesungen, und welche garstige unsittliche Reden und Scherze beliebt und gäng und gebe waren, lässt sich nicht beschreiben; und mit Recht soll man sich ärgern, dass dieses der Ehrbarkeit zu widerlaufende Zeug aus damahligem Zeitalter sich aufgezeichnet findet, während von den wichtigsten Begebenheiten kaum einige Anzeige vorhanden ist. Bey dieser geilen ausschweifenden Lebensart waren Ehebrüche nichts ungewohntes, und die Bestrafung derselben durch göttliche Gerichte, war der fast allgemeine Innhalt der Kanzelvorträge eifriger Prediger gewesen. Üppigkeit und Eitelkeit, auch in andern Beziehungen, fielen zu Basel überall auf, so dass unsre Stadt im Ganzen genommen in tiefes Sittenverderben versunken war, und es ist sich in Wahrheit darüber zu verwundern, dass bey so empfindlichen Heimsuchungen Gottes, wie sie Basel besonders in der zweiten Hälfte des 14ten Jahrhunderts erfahren musste, sich unter seine Einwohner ein so unmoralischer ernstloser Geist habe einschleichen können.»
Lutz, p. 112f.

Liebender Jude
«In welcher socialen Stellung die Juden den Christen gegenüber standen, geht aus folgendem Vorfall aus dem Jahre 1394 hervor: Ein Jude kommt zu Gengenbachs Tochter ins Gartenhäuschen. Die Liebenden küssen einander. Die Magd, welche mit der Tochter ins Gartenhäuschen gekommen war, entfernt sich, um durch ihre Gegenwart nicht zu stören. Der Vorfall kommt zu den Ohren des Raths. Der liebende Jude wird drei Tage hintereinander mit einem Judenhütlein auf dem Kopf ins Halseisen gesteckt und muss dann auf ewige Zeit leisten (in die Verbannung gehen). Gengenbachs Tochter wurde in den Käfig gelegt und muss 5 Jahre, die Magd 2 Jahre leisten. Trotz dieser socialen Stellung und trotz dem Hasse, der auf den Juden lag, vertrauten die Christen hinwiederum ihr Theuerstes, ihre Gesundheit, denselben an, und stellte der Rath Juden als Stadtärzte an.»
Fechter, p. 118 / Leistungsbuch II, p. 13

Die bösen Töchter
«Junker Rudolf von Ramstein, Herr zu Zwingen, hatte zwey Töchter, die einst (1447) in seiner Abwesenheit bey Nacht über die Mauern des Schlosses hinausstiegen, nachdem sie vorher alles Geld und Silbergeschirr, das sie fanden, mitgenommen hatten. Zwey Bauern, die auf sie warteten, giengen mit ihnen bis unter Neuenburg hinab unweit Breisach. Dort wurden die Fräulein angehalten und nach Neuenburg zurückgebracht, von wo Thomas von Falkenstein sie auf Farnsburg führte. Er brachte nachgehends die jüngere auf Gilgenberg in Gefangenschaft, und endlich in das Steinen Kloster zu Basel. Die Bauern waren aber entwichen. In der Folge fieng von Ramstein zwey Bauern, die er auf die Folter schlug. Der eine bekannte, dass er die jüngere Tochter beschlafen hätte, worauf der Juncker ihn henken und den andern enthaupten liess. Indessen war er durch sie zu dem entwandten Gelde und Silbergeschirr wieder gekommen. Mit der Zeit ertappte er zu Bern zwey andere Bauern, die er auch enthaupten liess, weil einer von ihnen der Buhl seiner ältern Tochter gewesen war. Es war das allgemeine Gerücht, dass die zwey Bauern es Jahr und Tag mit den Töchtern getrieben hätten; wenn der Juncker abwesend war, stiegen sie zu Nacht über die Mauern in das Schloss hinein. Allein, an solchen Sachen war der Vater selber Schuld, denn seine Frau sass mit dem Grafen von Saarwerden, und er hielt mit einem Dorechten Weib Haus, welches einst in einem gemeinen Hause gewesen war. So macht böses Beyspiel böse Töchter.»
Ochs, Bd. III, p. 559f. / Beinheim, p. 401f.

Dirnen geloben Besserung
Im Anschluss an eine Predigt während der Karwoche 1474 gelobten 7 Dirnen des «offenen Huses zur Lyss uff dem Kohlenberg», von ihrem «unordentlichen, sündlichen Leben» abzulassen. Damit den «Dyrnen» der Übergang in die Ehrbarkeit erleichtert wurde, hatte Frauenwirt Hans Winkler den bekehrten Sieben «ihr bestes Gewand, Rock, Tüchlin, Hemdlin und was anderes darzu gehört» auszuhändigen.
Gerichtsarchiv D 10, p. 78v

< *Bärtiger Alter stellt in unbändiger Gier einer jungen Frau nach. Federzeichnung von Urs Graf. Um 1518.*

Basel, die Stadt ohne fromme Frauen

«Im Jahre 1492 wurde eine getaufte Jüdin für ewig zehn Meilen Weges von der Stadt verwiesen, weil sie gesagt hatte: ‹Es sey keine fromme Jungfrau noch Frau in der Stadt Basel. Und wenn man eine finden wolle, müsse man sie in der Wiege suchen.› Da sie aber die Urfehde nicht schwören wollte, wurde sie auf Wasser und Brot, und ohne Bett, in Gefangenschaft behalten.»

Ochs, Bd. V, p. 178f./ Wackernagel, Bd. II 2, p. 924

Gewissenloser Gürtler

«Am Dorotheentag 1515 hat man einen jungen Gürtlergesellen unter dem Galgen zu Basel gepfählt, weil er mit seines Meisters Tochter, die noch gar zu jung war, gemuthwillet und zu schaffen gehabt. Dieses Mensch wurde dann an einen Mann verheiratet, der später im Schwarzwald gehenkt wurde.»

Wieland, s.p./ Baselische Geschichten, II, p. 5

Drei Trunkenbolde kommen jämmerlich ums Leben

«In dem eine halbe Meile von Basel gelegenen Dorfe Weil setzten sich drei Knechte zum Trunke und verschlangen ein solches Übermaass des Weines, dass auf eine Gurgel 11 Maas zu zählen war, 33 Maas im Ganzen. Einer von ihnen fiel todt am Tische nieder, die Andern wurden nach Hause geschleppt, wo sie während dreier Tagen im Schlaf liegen blieben; aber nicht wieder gesund aufstunden. Nach langwieriger, schmerzvoller Krankheit hauchten sie im Jammer ihr elendes Leben aus.»

Buxtorf-Falkeisen, 1, p. 40

Aufgeflogenes Dreieckspiel

Um das Jahr 1524 kamen Magister Petrus, Pfarrer zu St. Alban, und eine mit ihm befreundete junge hübsche Ehefrau überein, den älteren Mann der Frau zu bewegen, die Scheidung einzureichen, «doch also, dass die dry Personen by einander wohnen in einem Hus und der Pfarrer by der Frauen schlieff». Weil der gehörnte Ehemann mit einer solchen Absprache nicht einverstanden war, drohte der Geistliche, das Beichtgeheimnis zu lüften und einen vom Mann begangenen Betrug an den Tag zu bringen. Ein Notar, der den «Handel» hätte beglaubigen sollen, aber brachte die ungeheuerliche Sache vor den Rat. Und dieser liess den sittenlosen Pfarrer im Halseisen mit Ruten auspeitschen und anschliessend, wie das Ehepaar, der Stadt verweisen.

Basler Karthäuser, p. 445f.

Vom Regen in die Traufe

«Einer der vielen Geistlichen, die nach dem Austritt aus der katholischen Kirche in die Ehe traten, war Peter Kessler, am Herbrigberg zum Schönenberg. Einmal entschlossen zu heirathen, stellte er seine Wahl blindlings der göttlichen Fügung anheim und gelobte bei sich, der ersten heirathsfähigen Jungfrau, die ihm Morgens auf seinem Gange zur Kirche begegnen würde, den Heirathsantrag zu stellen. Also nachdem er sich im Gebet gestärkt, stieg er zu St. Peter hinauf. Zu dem Kirchhof gelangt, gewahrte er ein Frauenbild, das wohl in Bettlerlappen gehüllt, doch nicht anmuthslosen Angesichtes und, wie es ihm schien, von züchtiger Sitte, da stand und ihn demüthiglich um eine Liebesgabe bat. Seinem Gelübde getreu, bietet er sich zu ihrem Ehemann dar. Sie weiss nicht, wie ihr wird, und staunt mit zweifelnden Blicken; er aber wiederholt mit Ernst dasselbe Wort, und alsbald ist sie willig und bewogen, ihm nach Hause zu folgen. Die Hochzeit ist schnell gefeiert. Und die beglückte Ehefrau? Kaum des Hauses Meisterin und den Bettlerlappen enthoben, wird sie des guten Kesslers Haustyrann und plagt und zwackt ihn in Rohheit und Übermuth, so dass er in seiner Langmuth scherzweise zu sagen pflegte, er habe noch nie ein grösseres, aber schlechter angewandtes Almosen gegeben.»

Buxtorf-Falkeisen, 1, p. 85f.

Bildnis einer Dirne, die in üppiger Aufmachung ihre Gunst anbietet. Federzeichnung von Urs Graf. 1518.

Um die Manneskraft gebracht

Urban Schaffner, ein Gastwirt aus dem elsässischen Sierentz, besuchte, wenn er sich in Basel aufhielt, gelegentlich auch das «offen Frauen Huss» der Anna Riecher zur Roten Kanne. Als diese ihm – nachdem er sich zweimal mit ihr «leiblich vermischt» hatte – zur Stärkung eine Suppe servierte, verlor er darob seine Manneskraft. Noch auf dem Totenbett beschuldigte Schaffner die Wirtin der Zauberei. Seine Witwe erhob deshalb Anno 1530 Klage beim Rat, unterstützt von einem Wahrsager aus Freiburg, der das Wasser des Schwerkranken untersucht hatte. Des Kannenwirts Frau bestritt energisch, den Mann vergiftet zu haben, anerkannte aber, dass ihr für die geschlechtlichen Verfehlungen «gepürrent straff» gehöre.

Criminalia 4, 2

Wegen Ehebruchs geschwemmt

«Eine berüchtigte Ehebrecherin, die Dienstmagd Anna Bachmann, wurde 1531 im Rhein geschwemmt: sie war wegen Ehebruchs von ihrem ersten Mann getrennt worden und hatte sich, was ihr jedoch untersagt worden war, einen zweiten Gatten verschafft. Als sie mit ihm zusammengelebt hatte, klagte sie über seine Kränklichkeit oder Impotenz und begehrte, auch von ihm geschieden zu werden. Daher wurde sie ins Halseisen gestellt und dann gezwungen, in jenes entehrende Bad zu steigen.»

Gast, p. 141

Freudenhaus abgetan

«Wider das Frauenhaus, zur Leuss (Lyss) genannt, war bisher viel geprediget, aber dennoch unabgethan blieben. Dieser Zeit (1532) ward es, als eine offene Ärgernuss und Schandfleck dem Evangelio, als eine Verderbnuss der Jugend, und unlaugbare Übertrettung des Gesätzes Gottes, gäntzlich aberkannt. Dann ob man wohl an andern Orten gerad Anfangs der Kirchen Reformierung dieses unehrbare Wesen abgeschaffet: ist doch der gemeine Mann in solcher Beredung gestanden, man solte diese Häuser bleiben lassen, Ehebruch, Jungfrauenschwächung, und Sünden, die nicht zu nennen, zu vermeiden: ja also verwehnet gewesen, als wann sie keine frommen Töchtern noch Frauen behalten könnten, man behielte dann diese gemeinen Häuser. Es hat aber Gott selbst der Stadt Basel hierüber den Weg gewiesen, als dieses Jahrs die Metzenwirthin zur Leuss jämmerlich erstochen: das andere üppige Haus in der Maltzgassen vor sechs Jahren durch den entzündeten Pulverthurn vom Himmel zerstöret worden: und Gott selbst dasjenige würcken müssen, so der Oberkeit geziemet.»

Wurstisen, Bd. II, p. 651 / Gross, p. 172 / Bachofen, Bd. II, p. 188

Zu Tode getrunken

In der Herberge zur Gilge kehrte an einem Sommervormittag des Jahres 1541 ein Fremder ein. Er nahm am Tische eines Karrers aus Rheinfelden Platz und genehmigte mit diesem in der Folge zwei Mass Wein. Dann zechte der Unbekannte mit einem Welschen und einer Frau kräftig weiter, indem er zwei weitere Mass spendierte. Auch leerte er eine Flasche Wein, die ihm eine Frau gereicht hatte, derart gierig, dass sich die andern Gäste darob entsetzten. Trotzdem sprach der Auswärtige weiter dem Alkohol zu, bis er sinnlos betrunken war. Als er sich schliesslich vom Tische erheben wollte, sackte er zu Boden und blieb röchelnd liegen. Einige Gesellen trugen den Bewusstlosen eilends an die frische Luft und betteten ihn auf der Laube hinter dem Hause ins Stroh, dort aber übermannte alsbald der Tod den Bedauernswerten.

Criminalia 10 A

Ungleiches Ehepaar

«Gret Imeli hatte sich nach dem Tod ihres vortrefflichen Mannes und treuen Dieners Christi, Magister Jakob Imeli, sehr unglücklich mit einem Schuhmacher wieder verheiratet. Beide fühlten sich in dieser Ehe nicht wohl und stritten sich häufig. ‹Dieweil diese Ehemenschen für und für in Hader, Zank und Widerwillen leben›, wurde das ungleiche Paar im November 1545 einige Tage in Haft gebracht. Wenig später kam der Mann wieder in den Turm, da er gedroht hatte, seinem Weib den Kopf abzuschlagen und weil er sich mit geladener Büchse gegen seine Verhaftung gewehrt hatte. Schliesslich wurde der Rat des zänkischen Ehepaars überdrüssig und verwies Frau und Mann der Stadt.»

Gast, p. 263

Dirnengeläuf im ‹Storchen›

«1545 versuchte der Wirt zum Storchen einen Ehebruch zu begehen mit einem Dirnlein, das er durch eine Hintertüre in den hintern Teil des Hauses hineingebracht hatte, in der Meinung, die Sache sei ganz geheim. Doch weil das ‹hintere Stüblin ob der Stallung›, das für den fremden welschen Herrn bereit gemacht werden sollte, verschlossen war, und Knecht und Magd den Wirt darin reden hörten, holten sie Frau Elsbeth, die sofort erklärte: ‹Sammer botz Marter, ich will hinuf und will lugen, wer darinnen sye.› Der Wirt, in seinem Liebesabenteuer gestört, hiess sie weggehen und schwur ‹Gotts Marter, Lyden, Macht und Crafft›, er werde die Frau so ‹zurüsten und schlagen, das man si sacramenten müsst›. Schliesslich kam er heraus, schlug und trat die Frau, die ihrerseits drohte, ein Messer in die Hure zu stossen. Schliesslich schleifte der Wirt die Frau fort, und die Dirne, die in der Angst geschrieen hatte: ‹Ach, lieber Conrad, hilff mir; sie

will mich tödten›, konnte entrinnen. Die grobe Misshandlung seiner Frau hatte der Storchenwirt mit einigen Tagen Gefängnis und einer Geldbusse von 20 Pfund zu sühnen.»
Gast, p. 247

In Trunkenheit zu Tode gestürzt
«Einer, der in der Herberge zu St. Peter seinen täglichen Unterhalt hatte, war 1545 über Land gereist, und als er abends heim kam, kehrte er im Wirtshaus zur Krone ein und speiste hier zu Abend. In demselben Gasthaus aber sass neben ihm Christof Hagenbach und drängte nicht nur, sondern zwang den Unglücklichen, sich zu betrinken, indem er ihm, ob er wollte oder nicht, den Wein gewaltsam ins Maul einschüttete. Was geschah? Um Mitternacht fiel der Arme aus der Schlafkammer, die über der heizbaren Stube lag, durch das Fenster hinunter. Er starb zwar nicht sofort, aber er verletzte sich so elend, dass er das Wasser nicht mehr lösen konnte. Umsonst war der Ärzte Hilfe und Rat, denn ihre Bemühungen nützten ihm so wenig, dass er endlich am dritten Tag starb. Nach dem Tod aber begann er das Wasser von sich zu geben, wie wenn er lebte, was, wie Erasmus irgendwo in seinen Similia schreibt, bei Menschen, die an Harnzwang leiden, vorkommt. Von den Richtern wurde eine sorgfältige Totenschau vorgenommen, wie das bei uns üblich ist, und erkannt, der Unglückliche sei in Folge des Rausches und des folgenden Sturzes gestorben; er wurde dann auch zur Erde bestattet. Hagenbach, der in der Stadt einen übeln Ruf genoss (‹hat sich wider vollgesoffen, besonders im Storchen, wo etliche vom Adel gesessen, die er all getutzt, glich als hettens der Schwynen mit ihm gehüetet›), ergriff die Flucht, wurde aber später begnadigt, durfte jedoch bei Strafe des Schwerts nie mehr eine Zunftstube oder ein Wirtshaus betreten!»
Gast, p. 225ff. / Buxtorf-Falkeisen, 2, p. 91f.

Ein tolles Ehepaar
«Verhaftet wurde 1546 eine Ehebrecherin, die Tochter Meister Conrads, des Küblers. Diese hatte ein Verhältnis mit einem Knecht, der sich davon gemacht hat. Die Ehebrecherin, eine Mutter von drei Kindern, ist dazu noch schwanger, ein rechtes tolles Vieh! Ihr Mann ist in der gleichen Nacht auf dem Wachthaus verhaftet worden, wo er mit andern Bürgern wachen sollte. Seine Betrunkenheit, in der er sich erbrach und sonst wüst aufführte, veranlasste, dass man ihn in Haft brachte.»
Gast, p. 299

Ein rechtes Vieh
«Vor dem Ehegericht wurde 1546 der Fall der Frau des Lukas Grünnagel verhandelt: Nachdem diese volle 15 Jahre ein Hurenleben geführt, hin und her gezogen war und schamlos gelebt hatte, auch die Beischläferin eines päpstlichen Pfaffen gewesen war, dessen Knecht sie darauf heiratete, kam sie nach Basel zurück und begehrte, dass sie mit der Einwilligung des Ehegerichts einen andern Mann heiraten dürfe. Es wurde ihr der Bescheid gegeben, sie dürfe zwar jenen heiraten, aber nicht mit ihm in Basel wohnen; das könne man ihr nie gestatten. Ihr Gatte lebt noch und hat wegen ihrer Ruchlosigkeit eine andere geheiratet, mit der er in Ehren lebt und von der er einige Kinder bekommen hat. Ein rechtes Vieh; aber wenn sie sich aufrichtig bessert, verdient sie Lob.»
Gast, p. 297ff.

Vom Wein zur tödlichen Leberentzündung
«Es starb 1546 Theodor Holzach, der Sohn des Arztes. Er delirierte während seiner Krankheit beständig. Er hatte an einem Trinkgelage teilgenommen, an dem sich einige damit vergnügt hatten, sich mit korsischem Wein vollzusaufen. Sie sollen alle an Leberentzündung krank liegen, und so sind alle, die in Folge dieser Unmässigkeit gestorben sind, ihre eigenen Henker geworden: Des Leibes soll man mässig und fromm warten.»
Gast, p. 259 / Buxtorf-Falkeisen, 3, p. 3f.

Notzüchtler wird gepfählt
Ein «Brabender, ein furman, hatt sich um 1546 zu grossen Gempss vol weins druncken, den wagen fort nach Basel geschickt und im hernoch zien durch die Hart dess Danielen wirt zu Kembs muter, ein wib von 70 jaren, rittendt nach Kembs angedroffen, dieselbig vom ross gezert und notzwengt, auch sunst vil unzucht mit ir getriben. Nachmolen als er verspetet zu Hünigen über nacht gebliben, doselbst morndess, alss die sach offenbar worden, ergriffen und gon Basel gefiert. Der wardt durch meister Niclaus den nachrichter, der von Bern alher kam, ein stoltzen hüpschen man, mit feurigen zangen auf den kreutzstrassen gepfetzt, gab altzeit ein mechtigen rauch, alss ich gesehen, wardt im ein brust so zimlich gross, dan er feisst war, vom leib by der Rheinbricken, dass sy herfir hieng, gerissen. Darnach führt man in hinus zum hochgricht. Do wardt er gar schwach und voller gerunnes bluts auf den henden, also das er stetz sanck, enthauptet, darnoch in ein grab doselbst geworfen und im ein pfol durch den Leib geschlagen, wie ich selbs gesehen hab, dan mein vatter mich an der handt hinausfürte.» Felix Platter.
Lötscher, p. 98

Eines trage des andern Last
«Ein Hafner, ein Basler Bürger, klagte 1548 vor Ehegericht seine Gattin an als untauglich zur Ehe wegen irgend

eines ungewöhnlichen Leidens. Dass diese Klage berechtigt sei, hatte sie auch selber gestanden; aber das sei nicht ihre Schuld, sondern alles sei Schuld des Gatten gewesen, der sie ohne ihr Verschulden geprügelt und schlecht behandelt und dadurch dieses Leiden hervorgerufen habe. Der Spruch der Richter lautete: sie sollten diese Sache ehrbaren und gerechtdenkenden Vermittlern übergeben, und weil sie ja schon in vorgerücktem Alter ständen, wurden sie ermahnt, es solle geduldig eines des andern Last tragen. Als sie heimgekommen waren, nahm der Mann ein Holzscheit und schlug damit seiner Frau auf den Kopf, so dass man die Splitter mit Gewalt aus dem Kopf ziehen musste. Daher wurde der Mann ins Gefängnis geworfen.»
Gast, p. 347ff.

Adeliger Ehebrecher
«Ein nicht geringes Ärgernis erregte der Graf Georg von Württemberg: er wurde von unsern Stadtknechten 1548 auf der Tat der Unzucht oder vielmehr des Ehebruchs ertappt mit der Gattin des Sebastian Hesser, einem betagten Weib, das unter dem Papsttum Nonne gewesen war und Keuschheit gelobt hatte, wie es diese Sorte von Menschen mehrheitlich zu tun pflegt. Es heisst, Graf Georg habe zu den Stadtknechten gesagt: ‹Ihr hättet einen Fürsten nicht so überfallen dürfen.› Sie sollen ihm erwidert haben: ‹Wir haben keinen Fürsten überfallen, sondern einen Taugenichts ertappt, der unter dem Vorwand des Evangeliums sich nicht gescheut hat, diese gute Frau in Schande zu bringen. Warum heiratest du nicht? Du weisst, dass Hurerei von Gott verboten ist und dass jeder Hurer schimpfliche Bestrafung verdient.›»
Gast, p. 305ff.

Ratten und Mäuse plagen Ehebrecher
«1551 brachte man den Batt Meyer in Haft; man weiss nicht, ob es das Ehegericht oder aber der Rat verfügt hat. Wie es auch sei, er wurde in den Wasserturm geführt; er wollte nicht hinein, wurde aber gezwungen hineinzugehen wegen wiederholten Ehebruchs. Der Rat wurde in seinem Namen ersucht, auf seine körperliche Schwäche Rücksicht zu nehmen; er könne weder essen noch trinken wegen der herumspringenden Mäuse und Ratten, die ihn furchtbar plagten. Es wurde beschlossen, er solle in einen andern Kerker gebracht werden, in den über dem Aeschenschwibbogen. Am Montag wird er vor Rat erscheinen; ein heilloser Schurke, der schon lange viele Frauen und Mädchen geschändet und betrogen hat. Aus seinen ehebrecherischen Verhältnissen sind ihm vier Töchter geboren worden. Sein Vater, der Bürgermeister Bernhard, konnte ihm nicht helfen; daher wollte er nicht in den Rat gehen, während seine Sache verhandelt würde.»
Gast, p. 383

Der ausschweifende Herzog
«1551 ist Herzog Friedrich III. von Liegnitz und Brieg zu uns gekommen. Ein in mancher Hinsicht sehr lästiger Gast, der wegen seiner Ausschweifungen und Schuldenwirtschaft vom Kaiser abgesetzt worden war. In einem Gasthaus hörte man seltsame Dinge vom Liegnitzer Fürsten erzählen, der sich in Bern ebenso unverschämt aufführt wie hier. Man sagt, er habe aus dem Gasthaus heraus im Rausch wohl 20mal geschrieen: Kuhmäuler und Kuhschänder! Schmachworte, mit denen die öffentliche Ehre der Schweizer gelästert wird, die nicht ohne Schande hingenommen werden können. Als man ihn schweigen hiess, wollte er nicht, sondern er benahm sich um so unanständiger, je mehr Rechtdenkende ihn zu beschwichtigen suchten; er flucht fast alle seine Pagen an, wenn sie ihm anständig und bescheiden wehren wollen. Er schläft auf der Reise manchmal nachts 5 Stunden im Wald, dann speist er nach Mitternacht. Er ist sich selber und den Seinen und allen, mit denen er verkehrt, zur Last. Einmal lud er verheiratete Frauen aus der Nachbarschaft zu sich ins Gasthaus und verlangte, dass sie sich ohne Kleider, nur im Hemd, neben ihn an den Tisch zum Essen setzten; aber auch das Hemd befahl er ihnen über dem Kopf festzubinden, so dass sie ausser dieser Kopfbedeckung nackt waren. Dann rief er ihre Männer herein und hiess sie feststellen, wer von ihnen seine Frau erkenne. Da begann der eine zu antworten: Das ist sicher meine Frau; ich erkenne sie am Fuss usw. Ein solcher Fürst verdient den Strick und ist nicht wert, dass ihn die Erde trägt. Monate später spielte der Herzog von Liegnitz mit einem seiner Diener Würfel mitten auf der Rheinbrücke in einem abgeschlossenen Raum; zwei andere Diener standen dabei, mit zwei Kannen und Bechern versehen, die den Vorübergehenden auf Befehl des Herzogs einen Trunk anboten. Ein Beispiel von Üppigkeit, wie es sich nicht für einen fremden Fürsten schickt.» 1559 in Breslau und Liegnitz in Gefangenschaft gesetzt, hatte der rüpelhafte Fürst in dunkeln Verliesen bis zu seinem 1570 erfolgten Tod bitter für seine Schandtaten zu büssen.
Gast, p. 391ff.

Der Ritter von Rufach
Im malerischen Städtchen Rufach, das zwischen Mülhausen und Colmar liegt, befand sich ein bemerkenswertes Rittergrab: Der Ritter lag verkehrt auf der Grabplatte, so dass dieser im Waffenkleid nur von hinten zu sehen war. Dies «soll auf seinen Befähl geschehen sein, domit ihm

seine Frau nit uf das Angesicht bruntzen kann, wie sy ihm gedroht hatt».
Lötscher, p. 122

Den Halsring abgeschleckt
«Ein verbrecherisches Weib, die Löfflerin genannt, ist 1552 aus der Stadt verbannt worden. Sie hatte ihre Mutter geprügelt und versucht, sie in den Ofen zu stossen; sie raubte ihr auch viel Gut. In Eisen geschlossen, leckte sie den Halsring ab. Sie hätte die Todesstrafe verdient.»
Gast, p. 417

Ungehorsamer Sohn
Baschi Gebhardt von Liestal zeigte sich «in Worten und Werckhen» wiederholt höchst unflätig gegen seine Eltern, so dass «der guot alt Vater hat miessen hertzlich anfangen weynen». Auch hat des Sonnenwirts Sohn in der Trunkenheit «gar übel geschworen (geflucht), nämlich tusent Sacrament, tusent Herrgott und derglychen unmenschliche Schwür ausgelassen». Zur Sühne für «sollìche ungeschickten Sachen» wurde der respektlose Sohn für 20 Tage und Nächte bei Wasser und Brot eingesteckt und bei angedrohter schärferer Strafe ernstlich ermahnt, inskünftig «Wyn und Wirtzhüser zue myden».
Criminalia 9 G 1

Feig bis in den Tod
«Ein Seiler in Kleinbasel, Fridli Loew, ein treuloser Mensch, der sich 11 mal durch die Schuld des Eidbruchs geschändet hatte und wegen ‹Suffens und Füllens›, Friedbruch und Rohheit daheim und auf der Gasse oft mit Geldbussen, Haft und Wirtshausverbot verurteilt worden war, ist 1552 geköpft worden. Er war ein sehr feiger Mann. Als er hingerichtet werden sollte, konnte er sich kaum aufrecht halten, ohne zu Boden zu sinken. Als man ihn mahnte, das apostolische Glaubensbekenntnis zu sprechen, rief er beständig: Jesus, Jesus!, so dass der Henker fürchtete, er könne ihn nicht nach Brauch und Recht hinrichten; jedoch gelang ihm die Sache recht gut.»
Gast, p. 435ff.

Fröhliche Äbtissin
Die Äbtissin des stadtnahen Klosters Olsberg «war ein frölich wib. Alss sy mich anfangs beschickt und ich fir das kloster kam und noch jung, kein bart, meinten sy nit, dass ichs were; den ir die junckeren, so zu Rhinfelden wonten und ich gedient, mich iren gelopt, bis ich mich iren zu erkennen gab und hernoch seer gebraucht, auch oft (ein)geladen, sampt meiner hausfrauwen, zu allerley kurtzwil alss fassnacht etc., do wir die luten gebraucht, mumery und andre spil. Sy beschickt ein mol mein hausfrauw in ir gmach, do hatt sy ein gmacht geschnitzlet nacket kindlin, gar zierlich, alss lebte ess und schlief; hatt es in ein wiegen, zeigt es meiner frauw mit vermelden, ess were geschickt. Main frauw vermeint, ess were lebendig, marckt doch zlest den (Be)drug, dessen wir alle lachten. Ich gedocht, in klösteren ettlichen wer das ein bruch, die rechte kinder also mit zeverbergen.» Felix Platter.
Lötscher, p. 373

Bestrafter Heiratsschwindler
«Um diese Zeit (1570) war in der Landschaft Basel ein Bauersmann, welcher corpulent und von grossem Leib mit seinem gantzen Rucken gegen der Erden gebucket hereyn gieng, gleich wie ein Vieh. War zuvor ein gerader aufrechter Mann. Die Ursach aber dieses seines erschrecklichen Gangs war, dass, als er einer die Ehe versprochen, und hernach geläugnet, welches sie ihme auf sein Gewissen gegeben, hat er gesagt, sie solle es ihme auf seinen breiten und starcken Rucken binden, so könne ers desto

Ein alter Narr mit einer Brille in der Hand, dem Symbol der närrischen Blindheit und des Voyeurs, stellt einem Mädchen nach. Federzeichnung von Urs Graf. Um 1516.

besser tragen. Darauf er bald sich angefangen zu krümmen, und ist lange Zeit so krumm herein gegangen.»
Gross, p. 209f.

Alter Lüstling
«Das Häusslein unten an der Sigristwohnung am Spittelsprung (Münsterberg) hat bei meinen Jahren inghan M. Rein, irgend von Ulm gebürtig, seines Handwerks ein Zimmermann; konnte wohl mit dem Wasserbau an den Mähl- und Papiermühlen umgehen. Dieser Mann war ein zornmüthig und versoffener, pflegte übel zu fluchen und die Leut auf der Gass mit schälen Worten anzufallen, sonderlich, wann er trunkhen war. Als er hierum vom Kirchenvorstand manch Mal gewahrnet, sich nicht bessern wollt, hielte man ihn vom Gottesdienst ab, da er den Predikanten feind ward. Wiewol er auch von der Obrigkeit etwan mit Gefangenschafft hierum gestraft worden, liess er doch sein ellende Weiss nicht, bis ihm seine Frau, so ein christlich Weiblein gewesen und ihme offtermalen gedroht, mit Tod hingeschieden. Allda blieb er ein Wittwer, vertrieb sein Hab und Guth, erkauffte noch bey St. Jakob an der Birs ein Pfrund. Als er sich nun ob 70 Jahr alt, vermeynet in Ruhe gesetzt zu haben, fiel er erst in schwere Stricke des Teufels. Es wohnete auf der Walke ein armer Mann mit zwei jungen Töchterlein, die pfleget er mit Darreichung von Brott, Wein, Obs und was er je hatt in sein Logement zu locken und zu verführen, bis sein Schuld- und Lastermass gefüllt war. Da griff ihn die Obrigkeit und liess ihm 7. September 1585 sein grau Sündenhaubt abschlagen. Allen verruchten Leuten zu einem merklichen Exempel, die Gottes Wort verachten, dass sie endlich des Allerhöchsten gerechtem Urtheil nit entgehen werden!»
Buxtorf-Falkeisen, 3, p. 82f.

Barbarische Strafe
«1602 gieng das Stadtgerücht: ‹Soll ein jung's Meydlin von 15 Jahren in einem Schifflein mit Ketten angeschmidet, darinnen es einen Laib Brott und Glass mit Wein vor sich gehabt, den Rhein abgfahren sein.› Sollte sich mit seinem Vater verschuldet haben.»
Buxtorf-Falkeisen, 1, p. 137

Trinkfester Kurfürst
«Nach der Morgenpredigt des 16. Mai 1605 erzählte unser Herr Antistes Grynäus, unter Anderm, dass Landgraf Moritz von Hessen, als er zum grossen Schiessen (1605) gekommen, am Mittagsmahl in Herrn Wasserhuns Haus auf Peters Platz den Gästen mitgetheilt habe, wie Churfürst Christian von Sachsen ‹uff ein Zeit ihm zugschriben und an ihn begehrt, er mechte woll, dass sie zusammen khumen und mit einander von allerhand conferiren khenten. Doch das Eintzige thue er vorbhalten, was die Religion belang.› Darauf Herr Landgraf Moritz geantwortet: ‹Ich lasse E. Durchlaucht das Gelieben und Wohlgfallen, doch wann Solches beschehen sollte, so welte ich mir auch Eins vorbehalten nemlich, dass E. Durchlaucht mir nicht welle zusauffen.› Dann bemerkte auch Antistes Grynäus, dass dieser Churfürst Christian den Wein gar zu sehr ergeben, und keine grössere Lust habe, dann Eins mit dem Trunk zuzufüllen. Es ist das Churfürst Christian II. von Sachsen, der auf dem Landtag von Torgau 1609 an 700 Tafeln unterhielt und selber 7 volle Stunden zu Tische blieb, mit seinen Gästen im Trinken wetteifernd.»
Buxtorf-Falkeisen, 1, p. 33f.

Herzloser Vater
«Unsere Herren haben 1615 Hans Jakob Tschudi, Kaufhausschreiber, hinter dem Zollkasten beifangen lassen. Er hatte einem Burger, Chr. Sprenger, aufgetragen, sein Bastardtöchterlein nach Burgund zu führen oder, im Fall er ihm keinen Dienst fände, dasselbe in einer Scheuer allein zurückzulassen. ‹Indessen gab der bös Feind dem Sprenger ein›, das Töchterlein im Hineinreisen bei Waltighofen in einem Gehölze mit einem Messer jämmerlich umzubringen. Der Mörder wurde lebendig gerädert; Tschudi aber, der heimlich von seiner Blutthat gewusst,

Ein Zecher vergnügt sich mit seiner Gespielin. Aus «Lob der Torheit» von Erasmus von Rotterdam. Federzeichnung von Hans Holbein d. J. 1515.

seines Dienstes entsetzt und zwei Jahre Stadt und Land verwiesen.»
Buxtorf-Falkeisen, 1, p. 139/Falkner, p. 45/Scherer, III, p. 23f.

Bezechter Vater
«Als 1623 Georg Schwegler, der Gerichtsknecht, mit seiner 10jährigen Tochter über den Steg der hoch angeloffenen Birs ging, fiel solche hinein und ertranck, weil ihr der wohlbezechte Vatter nicht helfen konnte.»
Linder, II 1, p. 530

Exempel der Trunkenheit
«Es geschahe 1627, dass der Junkherr Wolfgang von Bärenfels, ein Sohn des Herrn zu Grenzach, gar bezecht zu Pferd bis zu dem Ruhebänklein zwischen Basel und Grenzach gelangte, da fiel sein Pferd auf die Knie. Er spornte es so heftig, dass es einen Sprung an die Halden gethan, also dass sie beide in den Rhein gestürzt, und der Junker ertrunken. Sein Reitkumpan schrie laut umsonst: ‹Junkher! o weh Junkher!› Die Bauersleut kamen mit Fakeln an die Halde und suchten den Junker Wolfgang mit seinem Pferd, vergebens. Das Pferd ist wohl unterhalb St. Thomasthurm und dem St. Johanns-Thor aus dem Rhein gestiegen.»
Buxtorf-Falkeisen, 1, p. 131/Richard, p. 118/Wieland, s. p./Chronica, p. 81ff./Basler Chronik, s. p./Scherer, II, s. p.

Blühendes Geschlecht verarmt
Adelberg Meyer, den man 1628 zu den reichsten Bürgern der Stadt zählte, verarmte plötzlich zusehends. Seine Frau, die wohlhabende Witwe Eckenstein, hatte sich von ihm scheiden lassen, weil sie vermeinte, es mit einem Schwarzkünstler zu tun gehabt zu haben. So zerrann sein grosses Vermögen, man wusste nicht wie. Er war alt und krank geworden, als man ihn in einem Sessel in eine Gefangenschaft ins Rheintor trug. Schliesslich wurde der armengenössige Mann in ein Haus im Kleinbasel verbannt, wo seine Kinder für ihn aufzukommen hatten. Aber auch diese gingen elendiglich zugrunde, so dass das einst blühende Basler Geschlecht ganz ins Verderben kam.
Richard, p. 129/Chronica, p. 105ff.

Resolute Hochzeiterin
Als Dorothea Spätti 1634 mit Rudolph Genath auf St. Margrethen Hochzeit feierte, «sagte man, sie habe im Beisein ihres Bräutigams etlichen Männern in den Latz gegriffen und er habe dazu schweigen müssen. Hernach habe sie gesagt, jetzt wolle sie heim und dem Hochzeiter auf den Bauch liegen.»
Hotz, p. 286

Ernsthaftes Kanzelwort
«1634 hat Herr Dr. Theodor Zwinger, Oberstpfarrer, in der Morgenpredigt mächtig wider die Hurer und Ehebrecher, so hier in der Stadt sind, und wider die Töchter, so sich Jungfrauen nennen lassen und mit dem Kranz zur Kilche gehen, aber bald hernach eines Kinds genesen, heftig geschrauen und gerügt, dass alles ungestraft bleibe.»
Hotz, p. 275

Wilder Mann
«1635 starb Petri der ‹wilde Mann›; er wurde todt auf dem Felde gefunden. Dieser sonderbare Mann hatte in der Rüttihardt ganz wie ein Wilder gelebt, obwohl er sonst ein erfahrener und gelehrter Mann gewesen.»
Historischer Basler Kalender, 1888/Buxtorf-Falkeisen, 2, p. 114

Unverdiente Ehre
«1642 ist der Schneider Samuel Fink wegen Ehebruchs zum Käppelin auf die Rheinbruck geführt worden, gerade an dem Tag, als die kleinen Basler ihren Umzug hielten. Der Greif und der Fink kamen nun just beym Käppelin zusammen, und alle Umzüger gaben Salve. Solche Ehre ist noch keinem Ehebrecher widerfahren.»
Basler Chronik, II, p. 100

Unkeuscher Knabe
«1642 ist es an den Tag gekommen, dass Jacob Schweitzer, ein Schülerknab im Gymnasio, seines Alters 16 Jahr, ein 40jähriges Weibsbild geschwängert hat. Er ist deswegen vom Praeceptor mit Ruthen ausgestrichen worden.

Trinkender Bacchus. Federzeichnung von Jost Amman. 1585.

Von ihm ist das Sprichwort gekommen: Ego non libenter feci (Ich habe es nicht gerne gemacht!).»
Basler Chronik, II, 101/Baselische Geschichten, p. 44

Ungleiches Paar
«1646 heiratete Johannes Salathe von Liestal, ein 73jähriger Mann, Herrn Andreas Strübins sel. Tochter, ein Mägdlein von 16 Jahren. Wurden nachwerts, weil sie übel miteinander lebten, wieder geschieden.»
Battier, p. 475

Herzlose Mitmenschen
Anna Maria Schickler, die Tochter des Pfarrers zu Diegten, ist 1652 «grossen Leibs nach Basel gekommen. Da sie bald das Kindsweh überfallen hat, klopfte sie an etliche Höfe auf dem Münsterplatz, aber niemand erbarmte sich ihrer. Dessentwegen hat sie auf freyer Gass ihr Kind geboren und ist endlich von Johann Jacob Zörnlin aufgenommen und verpflegt worden.»
Battier, p. 480/Beck, p. 60/Ochs, Bd. VII, p. 376/Basler Chronik, II, p. 112/ Linder, II 1, p. 68

Händel im Ehegericht
«1655 ist es im Ehegrichtssaal zu einem grossen Händel gekommen: Hans Heinrich Falkner drohte, den Schänder seiner Tochter, Rudolf Fürfelder, vor den Augen des Gerichts zu erstechen. Die Mutter des missbrauchten Mädchens dagegen schalt die Eherichter Schelme, Diebe und meineidige Richter. Auch beschimpfte sie den anwesenden Pfarrer, er sei kein Seelenhirt, sondern ein Teufelshirt. Die aufgebrachten Eltern mussten ihre Unbeherrschtheit im Gefängnis büssen und hatten zudem vor den beleidigten Eherichtern auf den Knien Abbitte zu leisten.»
Basler Chronik, II, p. 126f.

Nackter Baderknecht
Der Baderknecht der Badstube zum Mühlinstein am Gerbergässlein 1, Jakob Schad, produzierte sich 1656 völlig nackt, mit einem Säbel an der Seite und einer Hellebarte in der Hand, den Socinschen Hochzeitsgästen und spannte anschliessend eine Kette über die Gasse bei der Rümelinsmühle. Wegen dieser Ungebühr liess ihn der Rat für eine Nacht in den Wasserturm legen.
Ratsprotokolle 41, p. 76

Findelkind
«Als der Siegrist 1660 bey den Baarfüssern zur Kirche läuten wollte, lag ein neugebornes Kind vor der Kirchthüre, unbewusst wem es angehöre, kam eine Magd darzu, sie kannte den Korb, und nannte die Eltern, der Vater ein Studiosus von Marburg gebürtig, wurde um 80 Pfund gestraft, die Mutter, eine Bürgerin von Basel, für drey Jahre lang verwiesen.»
Weiss, p. 12

Verruchter Prasser
«Schneider Ludwig Haag hat 1662 mit 3 Weibern, der Schützenen, der Baldenen und dem Wäscher-Sarlin, in einem Sitz 27 Maas Wein getruncken und 10 Pfund Fleisch gegessen. Weil er auch noch auf des Teufels Gesundheit getruncken hat, ist er für 3 Jahre aus der Stadt verbannt worden, nach Candia auf die Galeere.»
Basler Chronik, II, p. 140/Baselische Geschichten, II, p. 68/Buxtorf-Falkeisen, 2, p. 117/Wieland, p. 282f./Ochs, Bd. VI, p. 782

Grausame Sache
«Anno 1662 ist zu Basel ein Pastetenbeckh, so viel Dirnen heimlich ermordet und ihr Fleisch eingemacht und verkauft hat, ergriffen worden. Hernach ist er 3 Tag lang in dem Kercker mit seinem eigenen Fleisch, so ihm der Hencker riemenweis aus seinem eigenen Leib geschnitten hat, gespeiset und letztlich lebendig gerädert worden.»
Linder, II 1, p. 485

Zur Versöhnung ins Gefängnis
1668 klagte Barbara Schart vor der Obrigkeit, ihr Mann, Strählmacher Johann Pfriend, misshandle sie täglich. Aber auch der Ehemann beschwerte sich bitter über seinen ‹Hausdrachen›. Unter diesen Umständen erachtete es die Regierung als gegeben, das streitbare Ehepaar so lange in ein gemeinsames Gefangenengemach im Spalenturm zu setzen, bis es sich ausgesöhnt hatte …
Ratsprotokolle 48, p. 33

Jäher Tod eines Gottlosen
«Herr Jakob Meltinger des Rats, Dreizehner und Stadtquartierhauptmann etc., ward 1670 in seinem Garten vor Spalentor durch einen gächen und schnellen Tod ohne ein Wort zu sprechen dahingerafft. Dieser, nachdem er in der Jugend aus Unvorsichtigkeit zu Liestal einen Knaben erschossen hat, ist dann auf eine Zeit lang als Bereiter dem Krieg nachgezogen, hernach durch Heirat eines grossen Herrn Tochter nach und nach gewaltig herfürgezogen worden und zu Ämtern gekommen. War ein Mann ohne sonderlichen Verstand, unbillig, zornmütig und rachgierig. Und hat der grosse und gerechte Gott ein merklich Exempel an ihm erwiesen. Daran seine Mitgenossen sich billig stossen und bekehren sollten.»
Basler Jahrbuch 1917, p. 232f./Hotz, p. 496/Baur, p. 13/Scherer, II, s. p./ Basler Chronik, II, p. 156

Mit zwei Männern verheiratet

Esther Daussmann, von ihrem Ehemann mit 3 Kindern sitzengelassen, verheiratete sich 1670, ohne dass es zu einer Scheidung gekommen wäre, ein zweites Mal. Damit hatte sie sich der Bigamie und des Ehebruchs schuldig gemacht. Dem Rat fiel es nicht leicht, in dieser Sache zu urteilen, da solche Verstösse gegen die Rechtsordnung sich selten bei uns einstellten. Die Behörden brachten schliesslich ein gewisses Verständnis auf, dass «diesem jungen Weib, ohne mit einem Mann zu leben, vermuthlich die Zeit zu lange fallen» müsse, und liessen es bei einer Stadtverweisung bewenden. Ihre Kinder aber wurden «aus sonderbarer Erbärmde in hiesige Spital Versorgung gegeben».

Criminalia 27 D 1/Ratsprotokolle 49, p. 361ff.

Moses

Im Frühjahr 1671 «hat sich zu Basel ein trauriger Fall begeben, indem eine unnatürliche Mutter ihr im Wirtshaus zum Schnabel geborenes Kind sogleich in das Secret (Abtritt) geworfen hat. Weil es aber der Hausknecht noch hat schreien hören, ist es errettet und zur Heiligen Taufe befördert worden. Man hat es, weil es aus dem Schlamm gezogen worden ist, Moses genannt.»

Hotz, p. 501

Mann und Frau geniessen gemeinsam die Wärme eines Pferderückens. Federzeichnung von Urs Graf. Um 1523.

Liederlicher Ballenmeister

Mit der Verpflichtung Jean Remonds aus Dijon zum städtischen Ballenmeister gelang dem Rat kein guter Griff. Der Bewegungskünstler, der die Bevölkerung im Ballspiel zu unterrichten hatte, erwies sich nämlich schon bald als ein Mann, der «ein sehr liederliches und leichtfertiges Leben führt, dem Wein und der Trunkenheit ergeben ist, schröcklich flucht und schwört und seine Frau mit Worten und Werken schnöd und übel traktiert». All das und der Versuch, eine Magd mit einem halben Reichstaler seinem Willen gefügig zu machen, wogen aber weniger schwer als die Tatsache, dass «er dem Varin, der ein Messpriester gewesen und von der papistischen Religion zu der unsrigen übergetreten, gesagt hatte, er sey deswegen zu allen Teufeln verdammt, und dass er die abscheulichen Wort geredt, die heilige Jungfrau Maria sey eine Hur und Kupplerin». Das Vergehen gegen die Religion, «das ihm bey den Papisten leichtlich den Hals gekostet hätte», taxierte der Rat als überaus schwerwiegend. Nur «weil die Gleichheit der Strafe schon längstens abgethan und heütigen Tags nicht mehr üblich ist», kam der unbequeme Ballenmeister, der sich auch erlaubt hatte, in «der französischen Kirche die Tür ungestümiglich zuzuschlagen», mit dem Leben davon: Er wurde 1672, nach 14tägiger Haft «bey strenger Kälte im Bärenloch», unter Androhung des Schwerts auf ewig von Stadt und Land verwiesen. Frau und Kinder aber durften auf Wohlverhalten in der Stadt bleiben.

Criminalia 5, 3/Ratsprotokolle 50, p. 220ff.

Versuchte Notzucht

Einen lauen Sommertag im Jahr 1672 benutzte die 18jährige Anna Lüdin zu einem Spaziergang vor dem Aeschentor. Auf dem Weg zur Wegkapelle an der Strasse nach St. Jakob trat plötzlich ein Unbekannter an sie heran und fragte, weshalb sie so traurig in die Welt schaue, ob ihr einer in den Krieg gezogen sei. Die junge Magd aber ging auf die plumpen Annäherungsversuche nicht ein und wies dem Störenfried, Zimmermann Hans Grüneblatt, unmissverständlich den Weg. Bei den Reben gegen Münchenstein jedoch ergriff Grüneblatt das «Meydlin, fellte es mit Gewalt zu Boden, entblösste es, betastete es ungebührlich, legte es auf den Rucken, riss ihm die Kleider vom Leib und gab ihm einen starken Streich ins Angesicht. Auf das Geschrey des armen Meydlins kamen erstlich zween Metzgerhünd, darauff ein Metzger und bald hernach zween neugeworbene Soldaten. Da hat sich der Unhold aufgemacht, nachdem er ihm noch einen Tritt auf die Brust gegeben und es als Hur titulirt hat.» Nach einiger Zeit konnte Grüneblatt verhaftet werden: Er wurde zur Sühne mit einem Eisen an das Schellenwerk

geschlagen, dem Mädchen aber wurden 10 Pfund Schmerzensgeld zugesprochen.
Criminalia 32 G 1/Ratsprotokolle 50, p. 305ff.

Trunksüchtiger Torwart
«1674 ward Johann Kolb, der Thorwart unter Spalenthor, wegen liederlichen Vollsaufens auf dem Spalenturm gefangen gesetzt. Gegen Abend erhenkte er sich selber in dem Kamin. Weil er solches aus Kleinmut getan, ward er zu St. Elisabethen (bei den Selbstmördern) begraben.»
Basler Jahrbuch 1917, p. 238f. / Scherer, p. 132 / Baur, p. 18 / Basler Chronik, II, p. 159

Krach mit der Schwiegermutter
Nach einem gemütlichen Nachtmahl im Juni 1678 geriet Hans Martin Huser, der Gassenbesetzer, seiner Schwiegermutter buchstäblich in die Haare, weil diese ihn «einen faulen Lumpen» gescholten hatte. Im Verlaufe des Raufhändels titulierte Huser die Mutter seiner Frau «eine alte Hexe und Hur» und versetzte ihr schliesslich «ein Stösslin, worüber sie hindersich gefallen ist». Die unbeherrschte Tat kostete den groben Schwiegersohn einige Tage Gefangenschaft im Wasserturm und anschliessend ein knappes Vierteljahr Anschmiedung an das Schellenwerk.
Criminalia 9 H 1/Ratsprotokolle 53, p. 398ff.

Gericht Gottes
«Als Hans Brand, der Seidenfärber, sonst der gross lang Hans genannt, 1679 im Rathaus wegen Händeleien einvernommen wurde, wurde er unversehens tödlich krank und brüllte wie ein Ochs. Man führte ihn in einer Kutsche heim, wo er in 2 Stunden verschied. Denkwürdig ist, dass er seine Stiefkinder bei der Teilung betrügen wollte, weshalb manche grobe Laster, die er begangen hat, an den Tag gekommen sind. Etliche hielten den Fall, weil er sich im Richthaus zugetragen hatte, für ein Gericht Gottes. Er wurde deswegen aufgeschnitten, um zu sehen, ob er Gift bey sich hatte. Es fand sich aber nichts.»
Basler Chronik, II, p. 170 / Buxtorf-Falkeisen, 3, p. 118f.

Wiedererwachte Manneskraft
«1679 starb Paulus Kühn, Sechser zu Spinnwettern. Dieser wurde vor Jahren von seiner Ehefrau geschieden, der Unvermöglichkeit in ehelicher Beywohnung beschuldigt, dessenwegen sie mit ihrem Knecht einen Ehebruch begangen hat. Nach der Scheidung vermählte sich Kühn anderwerts mit der Witwe Maria Störr und hielt sich so tapfer, dass er zwey Töchter mit ihr erzeugte und hiemit obige Beschuldigung völlig zernichtete.»
Linder, II 1, p. 215

Jugendlicher Sodomit
Heini Yffert, ein junger Bauernknecht von Niederdorf, ist 1683 von seinem Meister mit einer Herde Kühe auf die Weide geschickt worden. Dabei band er ‹Steene›, eine braune Prachtskuh, mit einem Strick an einen Baum und hat nachfolgend «zu seinem Vortheil sich des Melchstühlins wie auch eines Diehlens gebraucht, zumahlen mit der rechten Handt der Kuh den Schweiff auff die Seiten gethan und mit der linken sich gehalten, alls dann das abscheuliche Laster und grosse Sündt der Sodomiterey mit dero vollkommen und würcklichen begangen»! Diese Schandtat war nach Artikel 116 der Gerichtsordnung mit der Todesstrafe durch das Feuer zu sühnen. Doch «ist ihm Gnade erzeugt und ihm vordrist das Haubt abzuschlagen». So wurde Yffert, «ohne dass man Malefitzgericht im Hof gehalten, vom Eselthurm gleich hinaus auff die Wahlstatt geführt, allda ihm das Haubt abgeschlagen und der Cörper sambt dem Viech verbrannt» worden.
Criminalia 31 Y 1/Ratsprotokolle 56, p. 211vff.

Verrufene Binninger Wirtschaft
«Das Wirthshaus zu Binningen (ein Eigenthum des Freiherrn von Salis, früher in Pacht von einem Wick, jetzt von einem Gernler) diente lüderlichen Weibspersonen zum Schlupfwinkel. Als die verrufene Wirthschaft 1685 aufgehoben ward, wurden 6 dieser hier ein- und ausgehenden Weiber an das Halseisen gestellt, und 2 davon noch ausgepeitscht und gebrandmarkt und alle mit ihren Männern, wie auch die beiden Wirthe, Stadt und Land verwiesen. Und unter diesen Frauen befanden sich die Bürgerinnen Anna Maria Säger, Tochter des gewesenen Postmeisters, und die Frau des Sattlers Eckenstein.»
Buxtorf-Falkeisen, 3, p. 119

23 Degenstiche
Nachdem er sich «aus Triebs des bösen Feindes hinter dem Ofen mit einem Kännlein weissen Weins beweint hatte», verletzte Pergamenter Rudolf Lindenmeyer in einem Anfall von Schwermut seine schwangere Frau am Heiligen Abend 1694 mit 23 Degenstichen lebensgefährlich und fügte sich dann selbst tödliche Wunden zu. Damit die Ehrwürdigkeit der Familie erhalten bleibe, baten die Hinterbliebenen um ein «ehrliches, under Christenleuthen übliches Begräbnis». Der Rat erfüllte indessen die «wehmüthige Supplication» nicht, verfügte er doch, der «Cörper soll bey Nacht durch die Todtengräber nach St. Elisabethen geführt und allda an dem Orth, wo die Maleficanten begraben sind, zur Erde bestattet werden. Auch soll der Dägen zu obrigkeitlichen Handen geliefert werden.»
Ratsprotokolle 66, p. 240v/ Scherer, II, s. p. / Scherer, III, p. 200 / Baselische Geschichten, II, p. 171 / Buxtorf-Falkeisen, 3, p. 130f.

Kunstmaler Neustück zeigt sein Gemälde des Pan einem erlauchten Kreise von sich wichtig nehmenden «Kulturisten». Um 1840. Aquarell von Hieronymus Hess.

«Item zwei Kneblin in gelben Kleidern uf Holtz mit Öl-
farben. Ambrosi Holbein.»

Bildnisse eines Knaben mit braunem Haar (links) und eines Knaben mit blondem Haar. Gefirnisste Tempera auf Tannenholz von Ambrosius Holbein. Um 1515.

Zwei Studenten im Gespräch im grossen Kreuzgang des Basler Münsters. Um 1850. Aquarell von Johann Jakob Neustück.

Die Basler Truppen auf dem Marsch nach Héricourt im Jahre 1474. Der 2000 Mann starke Truppenverband führte nicht nur Waffen, Pulverfässer, Speisewagen und einen Feldaltar mit, sondern auch einen Tross an Dirnen! Faksimile aus der Berner Chronik des Diebold Schilling.

Andreas Vesalius (1514 bis 1564), Begründer der Wissenschaft von der Anatomie des menschlichen Körpers, seziert vor versammeltem Auditorium eine tote Frau. Sein von ihm «fabriciertes» Skelett gilt als ältestes historisch beglaubigtes Anatomiepräparat der Welt. 1534.

«Wahre Abbildung zweyer Zwilling, welche zu Genua in Italia 1618 an diese Welt geboren und getaufft wurden. Der Kleine hat sein Leben so wohl als der Grosse, doch ohne Verstand, Stimm und Red. Hat nur einen Fuss, welcher ungestalt und nur 3 Zehen dran. Die natürlichen Durchgäng gehen durch den Grossen. Diese Wunder-Geburt ist von jedermann zu Strassburg gesehen worden im Augstmonat 1645.»

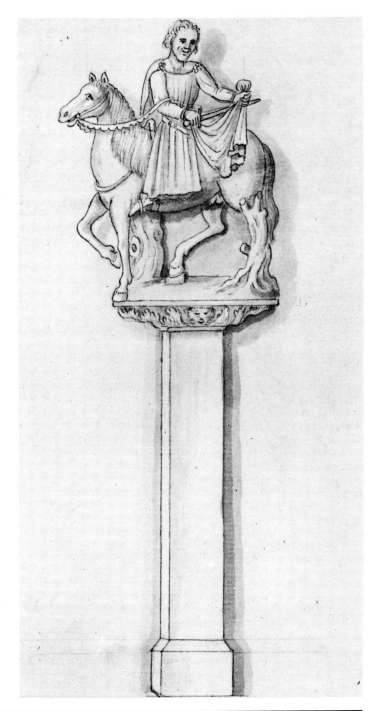

«St. Martinus auf einem Pferd reittend, welches der hintere und vordere rechte Fuss auf einmahl auflupfet. Ist ein mercklicher Fehler von dem Bildhauer. Im Mentelin Hoof (Münsterplatz 14) gezeichnet von Emanuel Büchel im July 1774.»

Der Heiligen Apollonia, «einer betagten christlichen Jungfrau», werden vor ihrem im Jahre 249 erlittenen Märtyrertod die Zähne ausgeschlagen und die Kinnlade zertrümmert. Kolorierter Einblattholzschnitt aus der Kartause. 1473.

Findelkind

«1694 wurde nächtlicherweile oben am Rosenberg (Nadelberg 3) ein Kind auf die Mauer gestellt, in einem Körblein und in einem Ärmel aus Pelz. Man nahm es ins Spital und taufte es mit Namen Daniel Rosenberger.»
Scherer, p. 193f.

Heiratsschwindler

Moritz Zimmerli, ein Müllerknecht, hatte sich 1694 wegen Heiratsschwindels vor dem Ehegericht zu verantworten. Im Dienste des Blaueselmüllers stehend, machte er erstlich die Bekanntschaft mit der Magd Maria Gruber, zu «dieser er etliche Male in die Kammer gekomen und sie beschlafen hat, wovon sie aber nicht schwanger geworden». Als Zeichen seiner ernsten Absicht verehrte der verführerische Müllersknecht der hoffnungsvollen Magd einen Taler zum Ehepfand. In der Folge aber traf Zimmerli keine Anstalten, sein Versprechen einzulösen. Im Gegenteil. Beim Drachenmüller lernte er Maria Senn von Bettingen kennen, die er nach kurzer Zeit ebenfalls zu seiner Braut erhob «und beschlafen hat, wovon sie anjezo schwanger sey». Die Obrigkeit schätzte das Vergehen des zweifachen Eheverlöbnisses schwer ein und setzte Zimmerli umgehend in harte Gefangenschaft, doch beim Urteilsspruch liess sie Milde walten, weil «nicht das Unschuldige mit dem Schuldigen leiden müsse». Demnach wurde der «Bigamus» angehalten, die schwangere Maria Senn zu heiraten und sich dann mit seiner Frau ausser Landes zu begeben.
Criminalia 27 Z 1/Ratsprotokolle 65, p. 197ff.

Baselhut als Nachtgeschirr

1694 trafen sich einige Angehörige des Regiments Stoppa in einer Weinschenke zu einem Abendtrunk. Ein «Lyrenmeidtlin» machte fröhliche Musik, und bald ging es in der engen Wirtsstube lustig zu und her. Auch der Wachtknecht Johannes Roth gehörte zur heitern Tafelrunde. Aber weil es für ihn keinen Platz mehr am Tische hatte, setzte er sich unter die Türe und trieb «seinen Spass mit dem Lyrenmeidtlin, welches dann denselben zu zweien Mahlen gebetten, er solle es hinaus lassen, da es seine Notthurfft verrichten müsse. Derselbe aber habe es nicht thun wollen, sondern demselben seinen Baselhut gelangt, mit dem Vermelden, es solle es nur in solchen verrichten. Nach anfänglichem Weigern hat dann das Meydtlin sein Wasser darein lauffen lassen!» Die «schändliche Aktion» wurde bald in der Stadt bekannt, worauf die Obrigkeit den «despektierlichen» Wachtknecht, der «einer Weibsperson seinen Baselhut zu einem Nachtgeschirr gelichen hat», für einige Tage in den Wasserturm stecken liess…
Criminalia 12 R 1/Ratsprotokolle 66, p. 191ff.

Erbprinz verzieht sich

«Weil des Markgrafen Erbprinz sich mit 3 Madämlenen (Mädchen), darunter die Ursel, des Ross Jocklieb sel. Tochter (eine lose Schandhur) am St. Leonhardsberg, in allzu genaue Bekanntschaft eingelassen hat, ist er 1696 in einer ganz zugemachten Kutsche weggereist.»
Schorndorf, Bd. I, p. 109

Anthoni, der Kuppler

«Ein Pastetenbeck mit Namen Anthoni, der seine eigene Tochter verkuppelt und gar zu Huren-Buben hinein geführt hatte, ist ans Halseisen gewiesen und dann von Stadt und Land verwiesen worden. Seine Tochter aber wurde für zwei Monate ans Schellenwerk geschlagen und anschliessend auf Wohlverhalten für zwei Jahre ins Zuchthaus gesteckt.»
Scherer, p. 293 / Scherer, II, s. p. / Schorndorf, Bd. I, p. 182

Wütende Megäre

«1704 entstand ein grausames Gezänke zwischen Meister Ludwig Frey, dem Schneider, und seiner Nachbarin, der Brenneren, der Weinschenkin. Der guthe Zi Zi Zi kam mit einem Räuschchen des abends gegen 8 Uhr vor sein Haus und setzte sich aufs Bänklein. Dann fing er an zu schentzlen (zanken) und die Brenneren auszumachen. Diese, eine starke, junge Megäre (böses Weib, eine der

Verführerisch ihre Reize zur Schau stellende Dirne schüttet, als Zeichen ihrer Grosszügigkeit, Geld aus. Federzeichnung von Urs Graf. 1517.

Erinnyen), verstand es lätz und fiel über den Frey her und zerklopfte ihn so gantz jämmerlich, dass man ihn endtlich nur mit grosser Müeh gantz blutig ihren Clauen entreissen konnte.»
Schorndorf, Bd. I, p. 215

Lustige Witwe
«Anno 1704 ward Brenner, der Schuhmacher auf dem Barfüsserplatz, begraben. Er hinterliess eine traurige Witfrau, die längst darauf gewartet hatte und ihm folgend Totenliedlein von Hertzen nachsang: Fahr hin, mein lieber Schatz, und komme bei Leib nicht wieder / Sonst fall ich in Ohnmacht mit Händ und Füess darnieder / Einen Frischen will ich han, und solltens schon zween sein / So hab ich noch Curach und einen guthen Wein!»
Schorndorf, Bd. I, p. 213

Wie ein Vieh gestorben
«1706 starb mit unversöhnlichem Herzen der sogenannte leichtfertige Hasenbattier, welcher auch die Prediger nicht um sich leiden mochte. Wollte sprechender Begehr eben nicht in den Himmel. Starb wie ein Vieh. Man begrub ihn wohl im Kreuzgang, es wurde ihm aber keine Leichenpredigt gehalten.»
Scherer, p. 352

Unzucht mit einem Mädchen
1706 «hat man einen Mann und eine Frau aus der Kleinen Stadt ans Halseysen gestellt, weil die Eheleut ein junges Maidlin bey ihnen in dem Bett gelitten und die Frau nicht einmal saur darzugesehen, sondern vielmehr dazu geholfen, dass der Mann mit dem Maidlin Unzucht getrieben und Ehebruch begangen hat».
Scherer, p. 353

Kindersexualität
«Ein Knabe von zehn Jahren von Binningen, der 1707 auf entblössten jungen Mädchen von vier und fünf Jahren, auch entblösst, liegend angetroffen worden, wurde ins Zuchthaus, statt in eine gewöhnliche Gefangenschaft, geführt. Zwey geheime Räthe und der Rathschreiber bekamen den Auftrag, ihn zu besprechen. Nach verlesenem Examen erkannten die übrigen geheimen Räthe, dass weil der Bube in seinen Aussagen variire, er mit Ruthen kastigirt (gezüchtigt) werden sollte, um die Wahrheit desto eher von ihm zu erhalten. Der geheime Rath liess ihn im Zuchthause, um dort zur Arbeit angehalten zu werden. Zu Zeiten züchtigte man ihn, und der Prediger und Präceptor sorgten für seine Unterweisung.»
Ochs, Bd. VIII, p. 36

Verhasste Schwäger
«Als der Weissbäcker Thurneysen 1710 in einer Kutsche zu einer Hochzeit fahren wollte, passte ihm sein Schwager Gugelmann, ein berühmter Uhrmacher, auf und jagte 2 Büchsenschüsse auf den Wagen. Thurneysen wurde dabei schwer verletzt. Gugelmann aber, den niemand begehrte aufzuhalten, marschierte durch die Stadt zum Bläsitor in das Markgräflerland hinaus, allwo er sich eine Zeitlang aufhalten musste.»
Scherer, III, p. 352f. / Ochs, Bd. VIII, p. 37 / Basler Jahrbuch 1894, p. 44 / Criminalia 14 G 1 / Baselische Geschichten, II, p. 209f.

Unbarmherzige Mutter
«Wiewohl es beim Propheten heisst, dass keine Mutter sich der Erbarmung gegen ihr Kind vergessen könne, haben wir doch 1711 ein schröckliches Exempel an einem jungen Mägdlein namens Catharina Grübelin zu vermelden. Dieses Mägdlein ist schwanger geworden von einem Weissbeck mit Namen Franz Senn, der Weib und Kind hatte. Als das Mägdlein des Kindes niedergekommen war, hat es selbiges gleich erwürgt und ihm die Ärmlein samt den Füsslein abgehauen, und teils beim Barfüsserplatz in den Birsig und teils zu St. Alban in ein Schüttloch geworfen. Weil vor Gottes Augen nichts verborgen bleibt, ist es gleich an den Tag gekommen, hatte das Mägdlein doch unversehens seinen grossen Bauch verloren. Das Mägdlein hat alles gestanden und Gott und die Obrigkeit um Verzeihung gebeten, worauf ihm vor Weihnachten die rechte Hand abgehauen und gleich darauf der Kopf abgeschlagen wurde. Der Ehebrecher aber wurde eine Zeitlang an das Schellenwerk geschlagen.»
Bachofen, p. 35f.

Zu Tode gesoffen
Im Hornig 1711 «ist ein italienischer Kaufmann, der im Gasthof zum Wilden Mann allhier über Nacht gewesen, auf dem Birsfeld ab dem Ross zu Tode gefallen, da er sich zuvor voll Branntwein gesoffen. Er hatte einen Seckel bei sich von 600 Louisdor. Man hat ihn zu Arlesheim begraben.»
Scherer, p. 429 / Scherer, III, p. 359f.

Bedauernswerte Weibsbilder im Almosen
Zwei bedauernswerte Frauen hielten sich 1712 im städtischen Armenhaus auf. «Die einte, eine bucklige Person, ging schwanger von einem abscheulichen Mannsbild, der sich eine Zeitlang im Spital aufgehalten hat und nur auf dem Leib herumschnaken konnte, weil ihm beide Beine unter dem Bauch weggeschnitten worden waren. Die andere war auf einem Karren ins Zuchthaus geführt und eingesperrt worden. Ein Beckenknecht aus dem Spital,

ein der Füsse beraubter Hurenbub, hatte sie geschwängert.»

von Brunn, Bd. I, p. 30 / Scherer, p. 454 f. / Linder, II 1, p. 687

Salomonisches Urteil

Abel von Mechel, ein Krämer zu Liestal, und dessen Frau, Margreth Morf, bezichtigten sich im Oktober 1712 vor dem Rat gegenseitig des Unfriedens. Nach erfolgter Untersuchung verfügten die Gnädigen Herren, das «unstellige Ehevölklein soll zusammen in den Wasserthurm-Boden gesetzt, ihnen nur ein Löffel gegeben und nit ehnder erlassen werden, bis sie sich miteinander versönt, mit dem Versprechen, künfftigs miteinander friedlich zu leben».

Ratsprotokolle 84, p. 111

Holzschnitt aus «Der Todten-Tantz, wie derselbe in der weitberühmten Stadt Basel als ein Spiegel menschlicher Beschaffenheit gantz künstlich mit lebendigen Farben gemahlet, nicht ohne nutzliche Verwunderung zu sehen ist. Gedruckt von Johann Conrad von Mechel. 1724.

Berauscht ertrunken

«1713 ersoff vollerweis Jacob Ringlein, der Maler, als er von Neu Rheinfelden mit noch anderen auf dem Rhein herab fuhr. Bereits auf der Schifflände hier ausgestiegen, zwirbelte er rücklings über die Schifflände ins Wasser, ward beym Salzturm herausgezogen und lebte noch, bis man ihn heimbrachte. Alda er bald gar verschied. Qualis vita, finis ita (Wie das Leben, so das Ende): Eine Sau, die weiss ja wohl, wann sie genug getrunken/Keine von Überfluss noch ist zu Boden gesunken/Der Mensch dagegen soll am Geist vernünftig sein/Der doch sehr oft hier lebt wohl ärger als ein Schwein/Also führt ihn der Weg nicht in den Himmel ein.»

Schorndorf, Bd. II, p. 18 f.

Zu Tode getrunken

In einer Winternacht anno 1713 «ist ein Pfaff von Gross-Kembs, der in der Krone übernachten wollte und sich voll gesoffen hatte, zum Fenster hinausgefallen und vor dem Wirtshaus tod aufgefunden worden. Darauf hat man ihn in die Wachstube bei der Rheinbrücke getragen, morndrist auf dem Kornmarkt öffentlich besiebnet (Wundschau) und hernach auf dem Wasser heimgeschickt. Er hatte in Geld 50 Pfund bei sich und eine schöne Uhr.»

Scherer, p. 541 / Bieler, p. 895 / Scherer, III, p. 392 / Schorndorf, Bd. II, p. 28 / Linder, II 1, p. 704

Ein faules Nest von Kupplerinnen

Im März 1714 hat die Obrigkeit im Kleinbasel «ein faules Nest von Kupplerinnen und Diebinnen ausgenommen, die sehr viele Leute mit Huren und Stehlen verführt haben. Es waren so viele, dass man fast alle Türme voll dergleichen hatte, da sie einander wie Hexen bei der Obrigkeit anschwärzten!»

Scherer, p. 549 / von Brunn, Bd. I, p. 150

Giftzwerg

«Maria Euler, welche eine Zwergin war, hatte sich mit dem Balbierer Nicolaus Marbach verheiratet. Weil dieser ihr aber nicht geizig genug war, führte sie eine üble Ehe mit ihm. Nach dessen Tod nahm sie sich den Schneider Johannes Müller, einen kleinen wüsten Mensch, zum Mann. Aber auch er war ihr nicht geizig und sparsam genug, so dass sie ihn bald lieber tod als lebendig gesehen hätte. Um ihn denn auch ledig zu werden, mischte sie Gift unter ein Teiglein für eine Wähe. Ihre Magd beobachtete sie indessen bei ihrer Untat und gab die Wähe dem Hund zu fressen, der darob krepierte. Die Sache wurde vorerst geheim gehalten. Als der Giftzwerg aber dann die Bretter über dem hohen Keller verschob, damit ihr betrunkener Mann in den tiefen Keller zu Tode stürze, kam das meuchelmörderische Gehabe dem Rat zu

Ohren. Die Frau flüchtete ins Markgräflerland, wo sie im Elend herumzog, wobei sie vom Ungeziefer schier gefressen und vor Hunger schier gestorben wäre. Auf vielfältiges Bitten liess der Rat die armselige Frau wieder in die Stadt, steckte sie aber lebenslänglich ins Waisenhaus.»
Bachofen, p. 121ff.

Barbarischer Rittmeister
Rittmeister Merian, wegen zahlreicher Bubenstücke stadtbekannt, hatte 1717 in Sachen Hurerei vor dem Ehegericht zu erscheinen. Dort gebärdete er sich wie wild, setzte sich schliesslich vor dem Haus zum Seuzen wieder auf sein Pferd und jagte wie ein rasender Mensch durch die Eisengasse und über den Marktplatz. Das Spektakel zog eine grosse Bubenschar an, die dem wilden Reiter auf dem Fuss folgte. Dieser zog seine Pistole und schoss auf die Buben, ohne aber einen zu treffen. Endlich bemächtigten sich acht Musquetiere des gewalttätigen Rittmeisters und setzten ihn in Gefangenschaft. Dann wurde «der gottlose Bub in eine ewige Gefängnis im Zuchthaus in der Cartus gesteckt und an Ketten gefesslet».
Nach geglücktem Ausbruch gelang dem streitbaren Rittmeister bald die Flucht nach Strassburg. Der von Basel verlangten Auslieferung konnte der Grobian sich indessen nicht widersetzen. Wegen Gotteslästerei zum Tode verurteilt, hätte er zuvor noch die entehrende Strafe des Zungenschlitzens erdulden müssen. Doch auf Fürbitte seiner Geschwister wurde Merian diese Schmach erlassen. «So ging er ganz beherzt und guten Muths mit ziemlicher Reue zum Tod. Er hatte eine Cavalliers Perruquen auf, einen blau camelotten Rock, rot scharlachen Camisol und Hosen an seinem Leib und in der Hand ein weiss geglättetes Schnupftuch samt einer Citrone, welches er in Handen hielt, bis ihm der Kopf vor den Füssen lag. Daraus ist zu sehen, wie Gott, der Herr, nichts ungestraft, sowohl an Fürnehmen wie an Gemeinen, hingehen lässt.»
Scherer, p. 628f. und 658 / Baselische Geschichten, II, p. 232, 256f. und 276 / Scherer, p. 736ff. / Scherer, III, p. 431 und 455 / Ochs, Bd. VII, p. 479ff. / Nöthiger, p. 34 / Schorndorf, Bd. II, p. 86v und 176ff. / Geschichte der Stadt Basel, p. 24ff. / Linder, II 1, p. 737f.

Hurerischer Herrenküfer
Obwohl von einem Schwiegersohn bewacht, gelang es im Februar 1718 dem Herrenküfer Johannes Jockel, seinem Leben ein Ende zu setzen. Schuldenhalber war er von der Obrigkeit, die sich durch unerlaubte Weinlieferungen von ihm allerdings eine lange Zeit hatte bestechen lassen, in den Spalenturm gesperrt worden, er aber entzog sich mit Messerstichen in den Hals der irdischen Gerechtigkeit. «Er war ein gar vielfältiger Hurer und Ehebrecher und hatte viele heimliche Huren gehabt. Der Sechser zu Spinnwettern aber ist auch ein schöner, starker und witziger Mann gewesen, der jedermann einen guten Rat zu geben wünschte. Auch war er im Schreiben und Rechnen wohl erfahren. Ebenso ist folgender Vers vom Herrenküfer geschrieben worden: ‹Das beste Licht, das brennt, wird an dem Rauch erkennt. Des Menschen Lob, so er erwirbt, wird man erst hören, wenn er stirbt.› Es wäre zu wünschen gewesen, dass sich obiger Herr seinen gemachten Vers zu Herzen gezogen hätte, so hätte er ein löbliches und seliges End genommen. Gott aber wolle sich seiner Seele erbarmen. Amen.»
Bachofen, p. 198ff. / Basler Jahrbuch 1892, p. 178 / Baselische Geschichten, II, p. 249f. / Schorndorf, Bd. II, p. 97

Betrübter und doch erfreulicher Tod
Emanuel Bachofen, ein Jüngling von 26 Jahren und ein Seiler seines Handwerks, war am 20. Juni 1718 willens, mit Frau Anna von Mechel die Ehe einzugehen. Als er einige Tage vor seiner Hochzeit beim Pfarrer zu St. Margrethen die notwendigen Formalitäten erledigen wollte, befiel ihn ein schmerzhaftes Grimmen, das wenige Stunden später seinen Tod zur Folge hatte: «Diesen geschwinden Tod könnte man, weil er einen Hochzeiter betroffen hatte, einen betrübten Tod nennen. Wenn man aber den Ausgang betrachtet, so kann man ihn besser einen erfreulichen Tod nennen. Denn allem Ansehen nach hätte er wenige gute Tage gehabt, weil seine Braut ein böses, unverständiges und nichtswärtiges Mensch gewesen war, das sich bei ihrem ersten Mann nicht nach Gebühr aufgeführt hatte. Verwunderlich war es, dass jener in diesem Jahr einen jungen Zwetschgenbaum gepflanzt hat, dieser aber selbige Woche, da er gestorben, verdorrt war. Wir Menschen meinen wohl gar oft, es tuh uns übel gehen. Wenn der Tod bey uns früh anklopft, wir's auch nicht gerne sehen. Allein Gott weiss wohl zu dieser Frist, was uns Menschen nützlich ist.»
Bachofen, p. 210f.

Undankbarer Mameluck
«1718 ging Pusterla, der alte verruchte italienische Mameluck, nachdem er über 20 Jahr viel Gutes von Unsern Gnädigen Herren und vielen andern Ehrenleuten genossen, wieder ins Papsttum. Er verführte noch dazu seinen einzigen Sohn, Thomann, von 18 Jahren, so schon stud. juris war, ein sehr schöner Knabe. Er liess sein Weib, welche eine Bischoffin von gutem Geschlecht ist, allhier sitzen und marschierte unverhofft wieder nach Italien.»
Scherer, p. 657 / Scherer, III, p. 430f. / Linder, II 1, p. 746

Annullierte Ehe
«Als Johannes Fäsch zum Kleyen Eck des Landvogt Geymüller Tochter geschwängert und sich mit ihr heimlich hat copulieren (verheiraten) lassen, wurde diese Ehe wegen zu nacher Verwandtschaft wieder aufgehoben und beyde vom Ehegericht bestrafft. Bald aber nahm der

Ehegericht-Schreiber Oberriedt diese artige, gespickte Tochter selbst zum Weib!»
Linder, II 1, p. 616

Skandalöser Markgrafenbesuch

«Den 20. Mai 1720 kam der Herr Markgraf hier an, mitbringend 2 Kamöhl, 3 Mohren und ein Wagen voll Ungeziefer, will sagen Demoiselles, die in grünen Jäger Röcken à la Cavalliere vorher ritten. Auf St. Peters Platz liess er seine Musicanten aufblasen und die Nachtigallen (Dirnen) aus ihren Wincklen locken, deren auch viele in weissen Fürtüchern (Brusttüchern) herbey flogen, eine hier, die andere da. Welche demzufolg erdapt worden waren, sind die Nacht durch gefenglich behalten worden: ‹Das Luderleben geht nun wieder an/davon doch fliehen sollt, führwahr ein jedermann/Die Jugend wird verführt, die Älteren lassens zu/Und setzen sich dadurch in Schanden und Unruh!› Als den Tag hernach Magister Nicola Hebenstreit den Graben bey der Neuen Vorstatt (Hebelstrasse) herab gehen wollte, sah ihn die Herrschaft, die eben beym fürstlichen Hoof stand, und winckte ihm, zu sich zu kommen. Hierauf redete ihn der Fürst in Latein an und discutierte mit ihm über die Materie des Sauffens, worauf ihm Zapfenbruder Niclaus vergnügte Antwort gab. Nun auferlegte ihm der Fürst, einige Vers ex temporé zu machen, dem Hebenstreit alsobald Folge leistete und wie nachkommend sprach: ‹Ihr Durchleucht, ich bin arm und habe nichts zu trinken/Es heisst oft, Gott erbarm sich des dürstigen Fincken/Ihr Durchleucht könnten hier am besten remedieren (abhelfen)/Wenn sie von Ihrem Wein nur liessen was zu führen!› Darauf hat der Fürst gesprochen: ‹Ihr sollt ihn haben, doch mit der Condition (Bedingung), dass ihr mit meinem Hofküfer meinen Wein im Keller versuchen sollt. Welcher Euch dann am besten schmeckt, von dem soll Euch ein Fass nach Haus geführt werden!› Welches auch sogleich geschehen war, was dieser abgesoffene Poet mit Danck annahm!»
Schorndorf, Bd. II, p. 149f./von Brunn, Bd. III, p. 281 / Basler Jahrbuch 1890, p. 214

Bestialische Mütter

«1721 wurde eine Weibsperson enthauptet, aus den Bärnergebiet gebürtig. Sie ist im Hurenleben herumgezogen und hat, nachdem sie ein unehelich Kind gehabt, noch ein anderes aufgelesen. Da der leidige Satan sie gereitzt, hat sie ihr eigenes Kind erwürgt. Nachdem das Kind begraben worden war, ist dieses Mensch in eine solche Gewissensangst geraten, dass sie die That bekannt hat und begehrte, man solle sie deswegen hinrichten. Weil man befürchtete, es sey dies aus Melancholey geschehen, wollte man das Mensch nicht hinrichten. Nachdem aber die Leuthe, welche die That gesehen hatten, diese durch ihr Zeugnis bekräftigten, ist ihm Glauben geschenkt worden. Die Mörderin ging ganz ohne Schrecken zum Tod, beseufzte herzlich ihre grosse Missethat und konnte es fast nicht erwarten, bis ihr das Recht angethan wurde. Hieraus ist die grosse Allmacht Gottes zu ersehen, wie er den Menschen durch das Gewissen treiben kann.

Eine andere Bestie, welche gleichfalls aus dem Bärnergebiet schwanger hieher gekommen ist, hat sich nach Allschwil begeben, dort den Glauben verleugnet und ist dann in die Dienste des Junkers von Leimen getreten. Dort hat sie ihr Kind in das Secret (Abtritt) geworfen und ist davongegangen. Es ging aber eine Nebenmagd dorthin, ihre Notdurft zu verrichten. Sie hörte ein Winseln und meinte, es müsse ein Jagdhund darin gefallen sein. Als des Junkers Jäger am Thurm ein Loch öffnete, kam das arme Kind mit dem Kopf hervor. Man trug es gleich der Junkerin zu. Diese liess es waschen und zur Taufe bringen. Aber das Kind starb bald darnach. Die bestialische Mutter hatte sich davongemacht.»
Schorndorf, Bd. II, p. 192

Weiberstreit

Zwei junge Schönheiten der Stadt, Maria Daubenberger und Ursula Pack, die eng miteinander befreundet waren,

---

Von Straffe derer so wider die Ehe-Ordnung handlen/ absonderlich von Straffe des frühzeitigen Beyschlafs.

§. I.

Gleich wie Wir nun all-Unsere in Ehesachen biß anhero mit mehrerem angeführte Ordnungen von Unseren Untergebenen heiliglich wollen gehalten haben, also ist Unser ernstlicher Will und Meynung, daß wann jemand unserer Untergebenen zu Stadt Wurde sich aber hernach ferners zutragen, daß dieselbe Personen sich zum anderen mahl wiederum, eintweders mit einanderen, oder mit anderen Personen, vergriffen und mit gleichmässiger Sünd besudlen wurden, sollen dieselbe noch so hart als vorhin gestrafft; und zwar die Manns-Personen, fahls selbige bereits des erstenmahls ihrer anzutragenden Ehren-Aemteren still gestellet worden, derselben alsdann gar entsetzt, und in dreymahl so langer Zeit, als bereits des ersteren Verbrechens halber beschehen, zu keinen Ehren-Diensten mehr gelassen; Sonsten und ausseret diesem Fahl aber ihrer habenden Ehren-Diensten ebenfahls dreyfach so lange Zeit als das erstere suspendirt; Oder, da die Person nicht in Aemteren wäre, vor erstangedeuter, benanntlichen dreyfach so langer Zeit, als das erstere mahl bereits beschehen, zu denselbigen nicht beruffen; Hingegen die Weibs-Personen gleicher gestalten vor Verfliessung erst-gemelter Zeit bey ehrlichen Zusammenkünfften, als Hochzeiten, Kinds-Tauffen, und dergleichen, nicht gedultet, sonderen davon außgeschlossen werden sollen.

Haben sich Verlobte vor der Eheschliessung ‹miteinander fleischlich vermischt›, dann hat sich die Braut bei der Hochzeit aller jungfräulichen Zierden, wie des Kränzleins, zu enthalten. 1747.

gerieten 1724 in argen Streit miteinander. Und als Scheltworte wie «Hure» und «Zuckerbrotschleckerin» fielen, entstand ein blutiger Händel zwischen den beiden Frauen, der schliesslich vor dem Richter endete. So erfüllte sich an ihnen das Sprichwort: «Gemein macht selten rein.»

Bachofen, p. 323

Weinsüchtiges Weib
«Es starb 1725 Michels Fuchsen Frau an der Weinsucht. Sie war eine grosse Liebhaberin des edlen Rebensafts.»

Schorndorf, Bd. II, p. 292

Elternschänder
Am 12. Mai 1726 wurde im Münster während eines Gottesdienstes Leonhard Herbster, ein gottloser und verschwenderischer Mensch, der Gemeinde vorgestellt. Er hatte seinen Vater geschändet und geschlagen und sich samt Weib und Kind in die Armut gestürzt. Aus diesem Grunde wurde ihm eine hochgelehrte und erbauliche Predigt gehalten. Fand sich im Februar 1711 nur eine einzige Frau, allerdings bei starkem Schneefall, zur Frühpredigt im Münster ein, so waren nun Tausende von Mitbürgern zu zählen, die sich angesammelt hatten, um genüsslich die öffentliche Tadelung des Leonhard Herbster mitzuerleben. «Gott möge allen Kindern in Sinn geben, dass sie ihre Eltern lieb und wert halten, sie respektieren und fürchten mögen, dadurch sie den Segen erlangen werden.»

Scherer, p. 884f. / Basler Jahrbuch 1894, p. 24 / Bachofen, p. 349 / Schorndorf, Bd. II, p. 304

Mailänder verführt Mädchen
«1727 ist dem Dr. Gamba Courta von Mailand erlaubt worden, auf dem Kornmarckt in einem eingeschranckten Stand Medicamente zu verkaufen. Er aber hat einem 14jährigen Bauernmeidtlin die Ehr genommen und ist deshalb mit 100 Louisdor bestraft worden. Weil er nicht so viel Geld bei sich hatte, ist er in Gefangenschaft gesetzt worden.»

Scherer, III, p. 501

Durch Streit in den Tod
«1727 ertrenkte sich Wentz, der Mackler, im Rhein. Er hatt einen Räbacker vor dem Riehemer Thor. Er wurde erst bei Istein im Rhein gefunden. Er schrieb auf den Tisch in seinem Räbhäuslein, dass seine Frau daran schuld sey. Er hatte mit ihr im Streit gelebt, aber dennoch mit ihr 20 Kinder gezeugt, davon noch 10 am Leben sind.»

Schorndorf, Bd. II, p. 332

Liederliche Weiber
Ende Jänner 1728 hob die Obrigkeit unvermittelt das liederliche «Gesindlein am Platzgässlein» beim Spalentor aus. Anna Maria Schneider, Katharina Sternenberger und Susanna Fäss standen wegen ihres anstössigen Lebenswandels in schlechtestem Ruf. Während der Examinierung in der Gefangenschaft des Innern Spalenturms aber wiedersetzten sich die angeklagten Gunstgewerblerinnen energisch solchen Vorwürfen. Die Besucher, unter ihnen besonders häufig der Trottenjoggi, seien nie in schlechter Meinung zu ihnen gekommen. Man habe nur «miteinander geschwetzt und eines hat dem andern seinen Lebenslauf erzehlt, wobey sie bey den Spinnredern gesessen sind und die Männer auf der Bank». Da kein Klopfer an ihrer Türe angebracht sei, hätten die Leute jeweils «am Abend zwischen Liecht gerufen oder gepfiffen». Dies habe nach aussen offenbar zu Missverständnissen geführt. Mit dergleichen «faulen» Ausreden waren die Herren des Rats natürlich nicht abzuspeisen: Die Sternenbergerin wurde samt ihrem Kind aus der Stadt gewiesen, während die Schneiderin und die Fässin zur Besserung einige Wochen am Schellenwerk zu verbringen hatten.

Criminalia 30 K 1 / Ratsprotokolle 99, p. 233ff.

Lebenslänglich ins Loch gesteckt
«1731 ist eine Frau, die ihren Mann mit Gift ums Leben bringen wollte, zum Tod verurteilt worden. Auf Fürbitte ihrer Verwandtschaft und ihres Mannes ist ihr aber das Leben erhalten worden. Allerdings ist für sie im Spital express ein Kämmerlein gemacht worden, wo sie für ein Leben lang, an Fuss und Arm angefesselt, eingesetzt wurde. Das Kämmerlein hatte nur ein Loch, durch welches man ihr zu essen geben konnte.»

Basler Chronik, II, p. 204

Zwei leichtfertige Metzen
Elisabeth Witz von Mülhausen, Mutter von drei unehelichen Kindern, und die schwangere Barbel Madöri von Zunzgen erregten 1732 wegen ihres schandbaren Wandels grosses Ärgernis. Die beiden «leichtfertigen öffentlichen Metzen» wurden deshalb mit aufgehoben Stäben zur Stadt hinaus geführt und bei Androhung des Prangers von Stadt und Land verwiesen.

Ratsprotokolle 104, p. 56v

Vater und Tochter hingerichtet
Im Januar 1735 «wurde Peter Koch aus Bubendorf mit dem Schwert hingerichtet, weil er seine Tochter geschwängert hatte. Die Tochter aber wurde ins Spital getan, wo sie nach vier Wochen eines Knäbleins niedergekommen war. Dieses hat man ohne Taufzeugen auf den

Namen Lazarus getauft; es starb aber innert 10 Tagen. Nachdem die Tochter ausgekindbettet war, wurde sie aus dem Eselstürmlein auf die Richtstatt geführt und allda mit dem Schwert gerichtet.»
Bachofen, Bd. II, p. 391 / Beck, p. 169 / Scherer, III, p. 529

Zerrissenes Kindlein
«Vor dem Steinen Thor ist 1736 ein neugeborenes Kindlein tod aufgefunden worden. Es hatte einen rothen seydenen Faden um das Hälslein und war mit diesem vermuthlich erwürgt worden. Das arme Kind mag schon etliche Tage dagelegen haben, denn es war von Hunden und Vögeln übel zugerichtet worden, so dass es erbärmlich aussah. Es hatte nur noch ein Ärmlein, und die Gedärme waren ihm auch schon aus dem Leiblein gerissen. Man wünschte der Thäterin habhaft zu werden, damit sie zur wohlverdienten Straf gezogen werde und andern zum Exempel dienen könnte. Das Kindlein aber ist zur Anatomie geliefert worden.»
Basler Chronik, II, p. 101f.

Falsche Ordensfrau
«Ein unter einer Franciscaner- oder Barfüsserkutte verstecktes Frauenzimmer ist 1738 im Wirtshaus zu den Drei Königen abgestiegen und verlangte ein besonderes Zimmer zur Nachtherberg. Des Morgens früh kam dieser ehrwürdige Pater oder Frater in die Küche und bezahlte seine Zeche. Dann drückte die vermeintliche Weibsperson der Magdt eine Duplone à part in die Hand mit dem Vermelden, sie werde selbige nach seiner Abreise zu verdienen schon Anlass haben. Als die Magd das gehabte Zimmer visitierte, entdeckte sie zu ihrer nicht geringen Bestürzung, dass ein neugeborenes Kindlein im Bette lag. Auch war ein Päcklein dabei mit 200 Gulden Geld nebst einem Brieflein mit der Bitt, man möge das Kindlein wohl versorgen. Ob nun die Verkleidete die Trägerin oder die Mutter des Kindes gewesen war, wurde in Zweifel gestellt.»
Basler Chronik, II, p. 252f.

Vor dem stinkenden Tod errettet
«Als die Schuhknecht 1740 in der Herberg zur Kanne ihr Michaeli- oder Liecht-Bratens-Fest feierten, haben sie sich, um ihrem Fest ein Ansehen zu geben, verglichen, dass ein Jeder ein Ehrenmensch zu Tanz und Schmaus mitnehmen möchte. Es trug sich aber zu, dass eine ungeladene Jungfer sich bei dieser Ergötzung eingefunden hatte, in der süssen Hoffnung, es werde sich einer von den Schustern ihrer annehmen und sich an ihre Seite setzen. Ein alt-Gesell, der nichts als Schimpf verstand, aber hat das gute Mensch, anstatt zum Tisch und auf den Tantzboden zu nehmen, nicht nur zur Thür hinausgeschmissen, sondern auch noch in die Heimlichkeit (Abtritt) hinuntergestürzt. Die Hur aber hielt sich an dem Urian so fest, dass derselbe mit ihr hinunterbürtzelte und die halbe Nacht allda verbleiben musste. Es machte aber dieser Kothhahn ein solch grässliches Geschrey, dass er endlich, samt seiner schmutzigen Henne oder Gefährtin, herausgezogen und vom stinckenden Tod errettet worden ist.»
Basler Chronik, II, p. 402f.

Null und nichtig
Niklaus Spörlin, seit einem halben Jahr verwitwet, drängte es nach kurzer Einsamkeit zu einer neuen Ehe. Zur Braut hatte sich der 60jährige die 19 Jahre alte Grosstochter seiner verstorbenen Frau gewählt. Die Obrigkeit aber erteilte keine Heiratsbewilligung, da eine solche eheliche Verbindung dem göttlichen Gesetz widerspreche. Spörlin indessen, von der Macht der Liebe geblendet, liess sich von dieser Verfügung nicht beeindrucken. Bei einem Feldpredigeraspiranten aus dem Toggenburg erschlich er sich einen Trauschein, und der Vollzug der Ehe in einem Schaffhauser Dorf erfolgte unmittelbar darauf. Doch der liebeshungrige Witwer hatte die Rechnung ohne den Wirt gemacht, denn der Arm des Gesetzes erreichte ihn und seine jugendliche Frau. Die beiden wurden im Sommer 1741 gefangengenommen, und der Rat erklärte die Heirat «als null und nichtig, die Frau wurde von Statt und Land fortgewiesen und er, Spörlin, ins Zuchthaus gethan, bevögtet und seine Massa liquidirt».
Criminalia 6 S 14 / Ratsprotokolle 113, p. 263ff.

Unschuldige Mutter
«Im Markgräfischen ist 1742 eine ledige Weibsperson in ihrem 103. Altersjahr gestorben. Sie hat niemals zu heiraten verlangt, weil sie schon in ihrem 17. Jahr auf unschul-

Mädchen, einem Burschen ihre Brust reichend. Aus «Lob der Torheit» von Erasmus von Rotterdamm. Federzeichnung von Hans Holbein d. J. 1515.

dige Weise zu Fall gebracht worden war und von zwey Zwillingen entbunden worden war, ohne deren Vater zu kennen.»
Basler Chronik, II, p. 66

Jungfräuliche Ehefrau
«Um diese Zeit (1748) hielt Peter Ritter, Jacob des Sechsers zu Metzgern Sohn, Hochzeit mit Jungfrau Sulger, des Ochsenmüllers Tochter. Die Ehe aber wurde bald hernach entzweyt, indem die junge Frau sehr lange eine Jungfrau blieb und sich, wenn sie zu Bett ging, aufs beste gegen den Mann zu wehren wusste. Dies hat den Mann sehr erzürnt, worauf er wieder zu den Eltern ging. Die Sache zog sich sehr lange vor dem Ehegericht umher und war das gemein Gespräch in der gantzen Stadt. Als die Frau versprach, sich nicht zu widersetzen, gingen sie wieder zusammen.»
Linder, II 1, p. 1175

Das Hurenkämmerlein zur Blume
«Anno 1749 hatte Theobald Hagenbach, der Blumenwirth, einen Juden, der willens war, ein Glas Branntwein zu trincken, in ein oberes Zimmer zu gehen animiert. Hierauf stellten sich bey diesem sogleich zwey nackende Huren ein, welche den Juden durch unzüchtiges Bezeigen und Betasten in grössten Schrecken versetzten. Er sah sogleich gar wohl, dass diese geile, nicht kauschere Waar sich nicht zur Abkühlung ihrer hündischen Brunst bey ihm aufhielten, sondern es fürnehmlich auf seinen hebräischen Silber-Seckel abgesehen hatten. Deshalb trachtete er mit grossem Geschrey von ihnen loszuwerden und wollte gar durch ein Fenster auf die Gasse springen. Auf Anklage von Herrn Helfer Burckhardt ist der Wirth, der sogenannte Stincker, samt seinen Huren und samt den 3 Schwestern Mäglin von der Blume eingesteckt worden. Auf die Examinatio kam an den Tag, dass Hagenbach, ein greulicher Hurer und Ehebrecher, seine Magd geschwängert hatte und ihr unter dem Hertzen tragendes Kind mit Hilff anderer Canaillen abzutreiben gesucht hatte. Die Magd sollte deswegen an das Halseisen gestellt werden, viel aber bey der Vorführung am Spalenberg in Ohnmacht und musste wieder ins Gefängnis geführt werden. Die 3 Schwestern Mäglin, welche schon 7 Huren-Kinder gehabt hatten, sollten ein halb Jahr ans Schellenwerk geschlagen werden. Es gelang ihnen aber, unerkannt zu entwischen, weil eine jede einen bunten Stroh-Hut auf dem Kopfe trug. Der Huren Mutter, welche ihre Töchter zu diesem schönen Handwerk erzogen hatte, wurde als beeydigte Hebamm ihres Dienstes entsetzt. Und Hagenbach selbst wurde wegen seinem gottlosen, viehischen Leben bey Strafe des Schwerts für 10 Jahre auf die Galeeren geführt und auf ewig der Eydgenossenschaft verwiesen.»
Linder, II 1, p. 1179f.

Kindermund
«Um diese Zeit (1750) trug sich in Liechstahl ein lächerlicher Begebenheit zu. Herr Wagner, der Kürschner allda, Bürger von Basel, stund bey andern guten Freunden auf der Gasse, als dessen kleiner Knab vorbeigehen wollte. Diesen ruffte er und fragte ihn, wohin er wolle. Sein Knab antwortete, er wolle etwas kaufen gehen. Auf weiteres Befragen, wo er denn das Geld hergenommen hab, sagte der Knab, es sey ein Herr mit einem rothen Rock (Anzug) in der Stube, der habe ihm das Geld gegeben. Als der Vater weiter fragte, was dieser Herr in seiner Stube mache, bekam er die unbeliebte Antwort, der Herr habe die Hosen herunter gelassen, und die Mutter habe die Junte aufgehoben, er glaubte, sie wollen beyde auf den Tisch scheissen … In der Tat musste der Knab, um seiner Mutter Zorn auszuweichen, sich einige Zeit bey seinem Grossvater, Landvogt Wagner, in Basel aufhalten!»
Linder, I 1, p. 61

Schamhafte Frühgeburt
«Eine Furlenmeyerin aus der Äschenvorstatt, die vom Müller Rudolf Sigfrid geschwängert worden war, hat 1751 in der School (städtische Metzgerei) vor des Jacob Scharten Bank unversehens ihr Kind von sich geschossen, welches sie aus Scham mit den Füessen unter die Bank gestossen hat, allwo diese unzeitige Geburth von den Hünden gefressen wurde.»
Linder, I 1, p. 105

Betrogener Hosenmann
«Im April 1751 war die gantze Statt voll einer lächerlichen Begebenheit, die sich in der Aeschenvorstatt zugetragen hat: Der Krieser, genannt Lebendig, kam wider seine Gewohnheit etwas früher von seiner Wacht nach Haus, zog sich ab und legte sich zu seiner Frau ins Bett, befragte auch solche sogleich, warum das Bett so vertrolet sey. Er bekam zur Antwort, dass sie gar entsetzliches Grimmen habe. Er solle doch in die Apotheke gehen und ihr etwas Artznei holen. Der gute Mann stand auf und begab sich in die Apotheke. Als er die Artzney bezahlen wollte, wusste er nicht wie ihm geschehen war: Er hatte auf einmal blüschene Hosen an, welche mit silber Geld, auch noch mit Gold und einer schönen Uhr reichlich gespickt waren. Der Mann lieff mit der Artzney geschwind nach Haus, erzählte seiner Frau die glückliche Hosenveränderung. Und da er unschwer das Rätsel errieth, nahm der die Ruthe von Birken, welche auch den

Kindern viel Gutes wirkt, und applicierte diese so wohl, dass die Frau geschwind das Bett verlassen musste. Der Liebhaber war, währenddem der Mann in der Apotheke war, unter dem Bett hervorgekrochen, hat schleunigst die gefundene Hose angelegt und hat sich aus dem Staub gemacht. Den Tag darauf hat der Liebhaber dem Mann seiner Geliebten durch einen Zettel seine Hosen samt der Uhr zurückgefordert, mit dem Anerbiethen, noch etwas Geld zu geben, hat aber zur Antwort bekommen, er solle die Hosen gefälligst selber holen ... Man hat sich zwar nicht gescheut, den Namen des betrogenen Hosenmannes zu melden. Weil dieser aber eine Krös trägt (also ein vornehmer Herr war), so hat man Bedenken, denselben zu nennen.»

Linder, I 1, p.103f.

Die Obrigkeit duldet Unmoral

«Des verstorbenen Capitain Lieutenants Bartenschlag Frau, aus dem guten Wertmüllerischen Geschlecht aus Zürich abstammend, ist 1751 durch zwey Wachtmeister in einer Gutsche ins Zuchthaus begleithet worden. Sie hatte vorher einen Fäsch zur Ehe und erkaufte mit diesem das Benken Schlösslein. Nach dessen Tod führte sie ein so gottlos und schandlich Hurenleben, wie es nur von der gemeinsten Metz erwartet werden konnte. Deshalb haben ihre Anverwandte durch den Rath von Zürich den Basler Rath beweglich ersuchen lassen, solche lebenslang zu versorgen, damit ihre Seele von dem augenscheinlichen Verderben errettet werde. Zu wünschen wäre gewesen, dass hiesiger Standt auf seine Angehörige besser achten und nicht warthen thäte, bis ihn andere Ort zur Bestrafung der Laster abmahnen müssen.»

Linder, I 1, p.120

Um die Vaterschaft gedrückt

«Im Jahr 1751 gab es viel zu reden, dass Jungfrau Anna Maria Bavier von dem in Holland abgedanckten Leütnant Alexander Linder geschwängert worden ist und unter Versprechung der Ehe so lang herumgezogen wurde, bis sie mit einer Tochter glücklich darnieder kam. Als nun die Mutter das Kindbett ziemlich wohl überstanden hat, thaten die zur Verbergung ihrer Schand und Abtreibung des Kinds vorher gebrauchten unerlaubten Mittel erst ihre Würckung und zehrten sie neben dem Kummer ihres Ehe Proces dergestalt aus, dass sie im 27. Altersjahr starb. Der Proces wurde nachher von ihrem Vater weiter betrieben, unter Einbezug, dass Linder vor dem Beyschlaf guldene Hemder Knöpf und Manschetten auf die Ehe hin gegeben worden seyen. Der Rath entschied dahin, dass das Kind für ehelich erkannt werde und mithin beidseithiger Erb sey. Endlich hat sich Linder dahin verglichen, dass er dem Kind bis in das 12. Jahr wöchentlich 12 Batzen geben wolle.»

Linder, I 1, p.168

Eigenartige Vorstellung

«1752 hielt Ludwig Wentz, der Ehegerichtsschreiber zu Bubendorf, seine Hochzeit mit Jungfrau Judith Beck, mit welcher er schon seit 10 Jahren versprochen war. Er war zwar schon vor 3 Wochen von der Kantzel verkündet worden. Weil aber seine Liebste seit 10 Jahren nicht mehr aus dem Haus gegangen war und sich absolut im Bett wollte copulieren (trauen) lassen, musste die Heirath bis zu ihrer Willens Änderung aufgeschoben werden.»

Linder, I 1, p.195

Standesunterschied

«1752 wurde des Pfarrer Wettsteins von Langenbruck geschwängerte Tochter um 50 Pfund gestraft und musste noch dazu dasigem Färber, dem sie die Ehe versprochen hatte, 50 Pfund samt allen ergangenen Kösten abtragen. Machte es hiemit dieser Pfaff wie der Pfarrer zu Benken, Falkner, vor 2 Jahren und wollte lieber seine Tochter zur Hure werden lassen, als diesem artigen und bemitleideten Färber zur Ehe zu geben. Sagend, dass alle Bauern verflucht wären, welche unvernünftige Red dieser Hutzelbirren Pfaff noch wird verantworten müssen.»

Linder, I 1, p.199

Liederlicher Sänger

«Um das Jahr 1754 machte hier viel zu reden der vom Collegio Musico angenommene catholische Sänger Torsch, der sich einer sehr wüsten Kranckheit in des Caffée Hauss der Frau Frey an der Schneidergass von Frau und Mägden bekommen zu haben, aller Orthen rühmte. Diese Sach wurde nachwerts vom Gericht untersucht, Torsch um 30 Pfund bestraft und das Verhalten der Freyin dem Rath hinterbracht, welche aber nicht viel Acht darauf machte, sondern diesem sich selbst zum Prostibulo (Hurensohn) gemachten Sänger zu jedermanns Ärgernis die jährlich in 300 Pfund bestehenden Gnaden Gelder ferners zu geben fort fuhr.»

Linder, I 1, p.259

Lächerlicher Betrug

«Von Berlin lief 1754 die Nachricht ein, dass des vor einigen Jahren von hier dorthin sich gesetzten Lüdins, des Chirurgen, Tochter mit einem unehelichen Kind darniedergekommen sey. Ihre Mutter, eine gebohrne Wirzin, hat auf alle mögliche Weise die Schwangerschaft ihrer Tochter zu verbergen getrachtet. Sie hat sich schliesslich für selbst gross schwanger ausgegeben, und als die Tochter in grösster Stille des Kindes genesen, sey die Mutter für sie ins Bett gelegen und habe alle in Berlin anwesen-

den Basler zu Gevattern (Paten) angenohmen. Als nachher der Betrug offenbar geworden ist, wurden die Gevatter Leüth sehr beschämt und mussten sich gewaltig vexieren (auslachen) lassen.»
Linder, I 1, p. 311

Schand und Spott
«Auf Jacobi 1754 kam Meister Andresens Tochter mit einem Kind darnieder, welches sie 9 Monath vorher vom Steinhauer Lotz eingepfropft erhalten hat. Als des Lotzen neugebohrenem Kind Vorgängerin (Pflegerin) lag sie bey dessen Frau zur Abwarth (Betreuung) im Bett. Als nun Lotz bei damaliger Kälte sich zu seiner Frau ins Bett verfügte und sich erwärmen wollte, wies diese ihn an die neben ihr liegende Vorgängerin, mit deren er sogleich des Handels eins wurde. Da eine Würckung nicht ausblieb, verglichen sie sich dahin, dass Lotz der Vorgängerin zur Pflegung des Kinds in drey Terminen 300 Pfund zu geben versprach, mit dem Beding, seinen Namen zu verschweigen. Er zahlte ihr auch sofort den ersten Termin. Als der zweite Termin indessen ausblieb, ward sie unwillig und machte den Handel beym Ehegericht anhängerisch. Dieses auferlegte Lotz, ihr noch weiter 100 Pfund zu geben um ihn so noch gebührend zu bestrafen. Lotz kam also in Schand und Spott.»
Linder, I 1, p. 316

Späte Sühne
«1754 erschien vor dem Ehegericht die gewesene Jungfrau Awang, bittend, ihr behülflich zu seyn, dass Candidat Jacobus Burckhardt, sein ihr vor einigen Jahren gethanes Eheversprechen, welches durch kräftigen Beyschlaf begleithet worden war, jetzt mit ihr zu vollziehen. Da die Sache auf das Beste untersucht worden ist, erlaubte es der seit kurtzer Zeit in diese Jungfrau gefahrene Pietismus nicht, auch die grösste Heimlichkeit (Geheimnis) zu verschweigen. Sie offenbarte also, dass sie vor einigen Jahren mit einem wohlgestalteten Knäblein von diesem Liebsten niedergekommen sey, welches ihr Liebster nachher selbst vor des Sigristen im Münster Haus gesetzt und dato noch in dem Spithal im Leben anzutreffen sey. Diese Bekanntnus veranlasste, beyde in Gefangenschaft zu legen und die Sache E. E. Rath zu hinterbringen. Dieser erkannte, dass die Anwengin bis zu ihrer Begnadigung ins Zuchthaus zu sperren sey, während Burckhardt für immer des Predig Amts entsetzt und für 3 Jahr des Lands verwiesen werden soll.»
Linder, I 1, p. 283

Unzucht mit dem Tochtermann
«1755 ward Anna Maria Riegerin, eine wüste alte Vettel (schlampiges Weib), welche noch 6 lebendige Kinder in Pratteln hatte, ans Halseisen gestellt und recht braf mit Ruthen ausgestrichen worden, weil sie mit ihrem neuen Tochtermann an seiner Hochzeitsnacht zugehalten (ins Bett geschloffen ist) und in diesem Gespass von der Brauth, die sich nach dem Hochzeiter sehnte, erdapt worden ist. Der Bräutigam, Jacob Reüsch, musste es sich daher gefallen lassen, für 6 Jahr auf die Galeeren zu wandern.»
Linder, I 1, p. 369

Der Dreiweiberbeck
«1755 ward Lucas David, der sogenannte Drey Weiber Beck, zum Sechser zu Brotbecken erwählt. Er bekam diesen Titul darum, weil er zu gleicher Zeit drey Weibsbilder unter Versprechung der Ehe geschwängert und endlich die erste, Hindenlang des Schuhmachers Tochter, geheyrathet hatte.»
Linder, I 1, p. 373

Dem Wein ergebener Sänger
«Als auf Johanni 1755 der neue Rath eingeführt wurde und sich Sänger Torsch wie gewöhnlich in der St. Peters Kirche hätte hören lassen sollen, blieb er, von dem tags zuvor eingenommenen allzu vielen Wein berauscht, in dem Bett liegen und wollte nicht einmal die zu diesem End verfertigten Cantaten herausgeben. Hierauf hat der Rath erkannt, er solle noch das Jahr ausdienen und alsdann fortgeschafft werden.»
Linder, I 1, p. 370

Grosser Furz
«Während der Neujahrs Nacht 1755, als alles wegen verbottenem Schiessen mit Patrollien umstellt war, hat Dünner, Bedienter bey Werthemann & Huber, hinter dem Münster, bey seinem Haus, einen grossen Furz losgelassen und gesagt, es sey doch dieses Schiessen erlaubt. Er ist deshalb von einem Wachtmeister verklagt und vom St. Alban Quartier mit 2 Schilling Straf belegt worden.»
Linder, I 1, p. 350

Mussheirat
«1755 ward Anna Maria Geymüller, die Tochter auf dem Schützenhaus, welche sich eine geraume Zeit im Musicsaal mit ihrer schönen Stimme hat hören lassen, von grossen Herren Söhn schwanger. In aller Eile ist sie deshalb mit Johannes Müller, einem Schneider, verkündet worden, den man ihr mit grösster Geschwindigkeit und nahmhaften Versprechungen aufgetrieben hat.»
Linder, I 1, p. 370

Kugelfuss für Dirnen
«Sonntag den 14. Mertz 1756 wurden bey St. Leonhard 2 Weiber, namlich Frau Brunnerin, des vor Jahren verstor-

benen Friedrich Günters des Scharfrichters Tochter, und Frau Elisabeth Scherbin wegen schandlichem H...leben und als Couplerinen, auch andrer Sünden halben, spectaclisch vor so viel 100 Personhen von aldasigen H. Pfarrer Zwinger offentlich vorgestelt, vor ihr Lebtag bey Wasser und Brodt zu ein Kugelen geschlossen und ins Zuchthaus gespehrt, auch alle Sontag morges mit der Kugelen durch den Profos (Bettelvogt) ein gantzes Jahr lang vor der offendlichen Gemein in die St. Theodor Kürchen geführt.»

Im Schatten Unserer Gnädigen Herren, p. 42f. / Bieler, p. 779

Wandelnder Weinschlauch

1758 «starb an einer 2tägigen Blutstürtzung der bekannte Meister Johann Jacob Freyvogel, der Schuemacher und Mehlknecht in der Kleinen Statt am Sägergässli, im 47. Jahr. Ist seit 3 Jahren, da er Mehlknecht war, einer von den grössten Weinschlauchen und sonst liederlicher, massifer, doch auch, wan er nüchtern, ein dienstbahrer, kurtzweiliger, dicker Weltmann gewesen, welchen man sonst wegen seinem grossen und dicken Corpus und grauen Haaren den sogenannten Rosium genannt hat. Mithin hat man wohl sagen können, weil er verarmt und viel Schulden hinterlassen, dass sein Dienst ihn in das Verderben gestürtzt, weil er im Stand gewesen, sich alle Tag 2 bis 3 mal voll, auch 6 bis 8 Mass des stärcksten und teursten Weins zu saufen.»

Im Schatten Unserer Gnädigen Herren, p. 75 / Bieler, p. 384

Ein Mädchen am Spinnrocken wird von einem Prälaten, zwei Mönchen und einem Narr überrascht. Pinselzeichnung von Hieronymus Hess. Um 1840.

Trinkfreudiger Pfarrer

«Am monathlichen Bättag 1758 als Johann Jacob Nörbel, Pfarrer und Präceptor zu Laufen, gesund in seiner Kirche gepredigt und das letste Gebätt verrichten wolte, excusirte er sich wegen Unpässlichkeit, gieng die Cantzelstegen hinunter, und als er in seinen Stuhl kam, sanck er zu Boden und starb gleich im 52. Jahr. Ist ein ehrlicher, religiöser, stiller, weicher Mann und bey 18 Jahren Pfarrer und in seiner Jugend einer von den besten Schwimmern zu Basel gewesen, welcher vielmal mit seinen Cameraden insonderheit mit Ludwig Wenck, Gerber, ums Gewett von oberhalb dem oberen Rheinthor bis zum untern Collegium mit grösster Verwunderung über den Rhein geschwummen. N.B. Ist dem Bacho sehr ergeben gewesen und hat den vinum rubrum dermassen geliebt, so dass er ihm ohne Zweifel den Tod veruhrsacht hat.»

Im Schatten Unserer Gnädigen Herren, p. 78f. / Bieler, p. 387

Eine unverschämte Metze

Margreth Vogelfängerin, bei Johann Jakob Winkelblech an der Rheingasse in Diensten stehend, machte sich im Kleinbasel durch einen losen Lebenswandel unvorteilhaft bemerkbar. Nachdem sie «nach begangener Hurerey und darauf erfolgter Schwangerschaft und Niederkunft gebührend gestraft wurde», führte sie ihren liederlichen Lebenswandel ungeniert weiter. Deswegen 1758 vor das Ehegericht geboten, gab sich die «unverschämte fremde Metze sehr schimpflich, worauf sie mit aufgehobenen Stäben zur Stadt hinaus geführt» wurde.

Criminalia 27 V 2 / Ratsprotokolle 131, p. 404

Liederliche Weiber

«1760 wurde bey St. Peter Meister Seilers, sonsten ‹Durhinenschwartzen› genand, seine Frau und ihr ledige Tochter, wegen weilen sie ihr Tochter zur Hurerey und als ein Couplerin einen Einzug gehalten, vor vielen 100 Personhen von Diacono Ertzberger öffentlich vorgestellt und hernach beyde für ihr Lebtag bey Wasser und Brodt ins Zuchthaus versperht.»

Im Schatten Unserer Gnädigen Herren, p. 108 / Bieler, p. 817

Erbarmungsloser Moralist

«Als 1760 Herr Bulacher, der Stubenknecht zum Greifen, dergleichen that, mit seiner Frau zu seinem Schwächer (Schwager), dem Cronenwirth, nach Kleinhüningen zu gehen und dort zu übernachten, wollte sich dessen die betagte Markgräfer Magd zu Nutze machen. Allein sie machte die Rechnung ohne den Wirth, denn Bulacher und seine Frau kamen um 12 Uhr mit Johannes Linder, dem Kiefer, nach Haus und fanden die Magd mit einem Schlosser Gesellen gantz nackt in ihrem Ehebett. Linder führte nun beyde in solcher Postur die Stege hinab in den

Hof, band sie an einen Baum, nahm einen Bäsen, haute denselben voneinander, gab dem Bulacher und seinem Knecht auch eine Handvoll Reisiges, worauf sie das Paar erbärmlich zerfilzten (vermöbelten) und es dann zum Haus hinaus jagten.»

Linder, I 2, p. 53

Der Stellvertreter
«Von Joggi Bussinger in Ormalingen, sonst der Dietsche genannt, wird erzehlt, dass er 1762 der Frau des Überreithers verdeütet habe, es sey Brauch, dass wenn der obrigkeitliche Bote nicht nach Hause käm, er seine Stell vertreten lasse. Also hat die Frau des Überreithers in diesen Handel eingewilligt und hat denn auch nach 40 Wochen einen jungen Dietsche, des alten Ebenbild, herfürgebracht!»

Linder, I 2, p. 162

In Vollheit gestorben
«1764, als Meister Emanuel Hey, Seiler und gewesener Spanner, abends bey Meister Fischer an der Spalen, zwar vorher schon berauscht, getruncken, da er ohne Liecht nach Haus gehen wollt, ist vornen im Haus der Kellerladen offen gewesen, darinnen er gefallen und das Genick gebrochen, alwo er auch, obschon man durch ein Barbier alles angewend, dennoch ein Stund darauff in der Vollheit gestorben. Ist einer von den gottlosesten Fluchern und grössten Weinschlauchen gewesen, dem man sonst, weil er den Elsässer und Marggräfer Bauren ihr alhier feilgebrachten Wein hat verkaufen helfen, der sogenandte ‹Wein-Curtie› geheissen. Mithin kann man auch sagen, wegen seinem vüechischen Fluch- und Saufleben, was das Sprichwort sagt: wie gelebt, also auch gestorben.»

Im Schatten Unserer Gnädigen Herren, p. 154 / Bieler, p. 417

§. 8.

Belangend ferners jenige leichtfertige Personen, die sich selbsten zur Unzucht prostituiren und anderen antragen, oder antragen lassen, oder junge Leuth einziehen und verführen, sollen die Herren Ehe-Richter dieselbe, wann solches kundbar, Uns der Oberkeit verzeigen. Fahls auch eine solche öffentliche c. v. Hur oder Prostibulum sich schwangeres Leibs befinden thäte, und ein oder mehrere Personen als Vatter des Kinds dargeben wurde, soll ihro kein Glaube zugestellt, auf diejenigen, so selbige angeben, nicht inquirirt, das Prostibulum aber gleich den fremden Metzen für immer von Statt und Land verwiesen seyn. Es solle auch auf diejenigen Häuser, welche leichtfertige Einzüg halten, genau vigilirt und die fehlbar erfundene ernstlich gestrafft, diejenige unzüchtige Weibsbilder aber, die sich bezahlen lassen, oder öffentlich auf den Strassen prostituiren, als erwiesene Prostibula angesehen und als solche bestrafft werden.

Prostibula und welche junge Leut einziehen.

«Falls eine öffentliche Hur sich schwangeren Leibs befinden thäte und ein oder mehrere Personen als Vatter des Kinds dargeben würde, soll ihr kein Glaube zugestellt (geschenkt)» werden. 1747.

Der nackte Reiter
«Als 1774 ein junger Meyer in der Aeschenvorstadt muthwilliger Weis am heitern Tag gantz nackend auf einem Pferd herumgeritten war, ward er ins Zuchthaus gethan und beym Eintritt castigirt (gezüchtigt).»

Linder, II 2, p. 48

Wie gewonnen so zerronnen
«Anno 1774 ward in Benken begraben worden Hans Heinrich Schaub, gewesener Hauptmann in englisch ostindischen Diensten. Er hatte von allen dahin gegangenen Schweizern den grössten Reichthum daselbst erworben. Durch spielen und übriges ausgelassenes Leben ist er aber wieder um alles gekommen. Deshalb hat er sich bey seiner Ankunft hier nicht sehen lassen dürfen, desswegen er nach Benken ging.»

Linder, II 2, p. 51

Hurenbub
«1774 starb der sogenannte Heiry Iselin, des Rathsherrn im Rosshof Sohn, im Alter von 46 Jahren. Seine Hauptbeschäftigung war, dass er den Weibsbildern nachzog, sich Maitressen hielt und mit den grössen Metzen und Huren prangerte.»

Linder, II 2, p. 53

Wie aus dem Gesicht geschnitten
«1774 ward die sogenannte Schlotter Beckin, eine betrügliche Käuflerin (Trödlerin), für ein Jahr ans Schellenwerk geschlagen. Man sagt, sie sey eine natürliche Tochter des Herzogs von Württemberg, ihre Mutter sey aber nur eine Schneiderin gewesen. Leüthe, die den Herzog wohl kennen, versichern, dass sie ihm wie aus dem Gesicht geschnitte sey.»

Linder, II 2, p. 45

Ärgerlicher Handel
«1774 ereignete sich ein ärgerlicher Handel mit Jean François Burnet von Lausanne, französischer Prediger allhier, seiner Frau, welche mit einem hier sich aufhaltenden französischen Chevalier ungescheüt den ärgerlichsten Umgang hatte. Auf Abmahnung gab sie zur Antwort, ihr Ehemann, der Pfarrer, hange an der Magd, welche ihn dergestalt enervire (auf die Nerven gehe), dass er seiner Frau alle Vierteljahr nur 2 mahl die Aufwartung machen könne. Deshalb habe sie den Chevalier zu einem Gehilfen anstellen müssen, welcher dann auf geschehene Anzeig durch Major Miville aus der Stadt gemustert wurde.»

Linder, II 2, p. 52

Sündige Liebe
«Der 1775 verstorbene Friedrich Burckhardt zum Wolf hatte seinen Verwandten zum Trutz eine Hornerin gehei-

rathet, welche eine artige, wohlgewachsene Persohn war. Ihr wollte der alte Geck beständig Liebkosungen erweisen, wurde aber theils alters, theils Unvermögens halber davon abgehalten. Durch diesen beständigen Reitz ohne Nachdruck wurde die Frau in beständige hitzige Aufwallung gesetzt, weshalb Beyde Sachen begingen, welche sich nicht vor aller Ohren erzehlen lassen!»

Linder, II 2, p. 67

Grosser Bauch

«Ursula Ritter ward Anno 1780 von Lucas Respinger, dem Seidenfärber, wegen eingestandenem Ehebruch geschieden. Respinger musste die Kösten bezahlen wie auch 10 Pfund Straf. Kurz darauf zeigte der Respingerin grosser Bauch, dass auch sie sich vergangen hatte und dem Kostgänger ihres Vaters, einem hamburgischen Medico, zunahe gekommen war. Weil dieser schon fort war, musste ihr eylends ein Bräutigam gesucht werden. Da sie noch 6000 Pfund von Respinger gerettet hatte, liess sich gar bald ein artiger Bräutigam finden, Treu, der Kupferschmid, welcher sich in Wyl copulieren liess und den 4 Wochen hernach zur Welt gekommenen Knaben als Vater anerkannte.»

Linder, II 2, p. 288

Zwei üble Ratsherren

«Von diesem 1782. Jahr ist in unsern Annalen sonderheitlich anzumerken, dass unser E. Kleiner Rath (Regierungsrat) durch Gottes sonderbare Schickung zwey Männer ausmustern konnte, welche vom gleichen Caliber waren. Der erste von ihnen war Benedict Mitz, Raths Herr zum Schlüssel, der Handelsmann, welcher mit seinem Tochtermann Conrad Wieland, Sechser zu Räbleuthen, fallierte. Beyde blieben von ihren Ehrenstellen nur stillgestellt, bis sie alles bezahlt haben, welches in Ewigkeit nicht geschehen wird. Indessen zog Mitz seine Raths Besoldung weiter! Er hatte des Landvogts Fäschen auf Farnsburg Tochter zur Ehe, hielt aber neben ihr noch eine Packin mit anderen Huren zu seinen Concubinen. Nicht etwa heimlich, sondern fast öffentlich. Ihm gehörte die grosse Alp Dietisberg. Daselbst lief dieser etlich siebenzig jährige Mann auch bey Schnee und Regen der Jagd nach, vergass dabey nicht, des Struben des dortigen Metzgers Frau, eine Erz Canaille, zur Köchin zu nehmen. Kam seine Frau auch hinauf, so wurde des Verschwendens noch mehr. Kein Abendtrunck ging vorbey, dass nicht Tauben, ein Weltschen Hahn, ein Capaun, Fisch oder wenigstens Backwerck verschleckt wurden, und zwar vor wie nach dem Falliment! Er starb 1792 im Alter von 80 Jahren.

Der andere dieser berüchtigten Räthe war Niclaus Raillard, Raths Herr zu Weinleüthen, Dreyer Herr, Pfleger des Spitals und sonst vieler Ehrenämtern. Dieser geile Bock, dem zur Erfüllung seiner Begierden auch nicht die schändlichste Prostibula (Strassenmädchen) nicht zu widrig vorkam, lockte ein armes junges Mägdlein zu sich und nothzüchtigte solches. Diese That konnte nicht verborgen bleiben, wegen den Schmertzen, die dieses Kind ausstundt. Seine Verwandten wurden räthig, dass er seine Ehrenstellen abbätten solle, welches auch beschah. Auch die Eltern der unglücklichen Creatur wurden befriedigt. Raillards Frau, eine Ryhinerin, hatte, wie leicht zu erachten ist, wegen dem ehebrecherischen Betragen ihres Mannes eine betrübte Ehe und fand nirgends Rath und Hilf. Raillard stand öffentlich auf dem Fischmarckt vor seiner Haus Thür und winckte den Huren mit seinen Fingern ohne Scheu. Selbst bey dem Dreyer Amt am Brett (Staatskasse) liess er manches Stück unter den Tisch fallen, damit die Wickin, des Brett Knechts Frau, etwas kriegte. Um nach diesem überall bekannten Vorfall, der ihm andern Orts das Leben gekostet hätte, der Schande zu entgehen, verfügte er sich auf die Alp Bütschen im Waldenburger Amt, der seinem Schwächer Vatter, Leonhard Ryhiner, gehörte, allwo die umliegenden Ort vor diesem schandlichen Mann gewarnet wurden. Er starb 1793 im 79. Altersjahr.»

Linder, II 2, p. 404f.

Heimliche Gelüste

«1786 verkaufte Hans Jörg Strub sein Wirths-Haus in Rümlingen dem Hans Jacob Martin von Diepflingen.

Langbärtiger Würdenträger geniesst die Zuneigung eines leichten Mädchens. Aus «Lob der Torheit» von Erasmus von Rotterdam. Federzeichnung von Hans Holbein d. J. 1515.

Strub, der voller Schulden stack, heyrathete bald darauf des Kiefers Hansen Wittib von Wittinspurg, welche 8000 Pfund von ihrem kurz verstorbenen Mann ererbte. Dieser laborierte einige Jahr an Auszehrung und dung seiner artigen Frau einen jungen Knecht, der des Mannes Vices (Liebesdienste) bey ihr versehen musste, damit sie komlicher ihre Gelüste fröhnen konnte, welches nicht heimlich, sondern mit jedermanns Wissen geschah.»

Linder, II 2, p. 623

Scheidung wegen Französischer Krankheit

«Weil Emanuel Pack, der Steinmetz, 1788 seine erst kürtzlich angetraute artige Ehefrau, des Isaac Mentzingers einzige Tochter, mit der Französischen Krankheit (Syphilis) angesteckt hatte, hat das Ehegericht die gänzliche Scheydung vorgenommen, denn die Frau wollte mit dem Mann, der ihr solches Unglück zugezogen hatte, nicht mehr zusammen leben. Diese Ungerechtigkeit, die dem Pack angethan worden ist, ist rein erfunden worden und schreüt bis gen Himmel. We, däne Dockter!»

Linder, II 2, p. 778

Der grösste Lügner

«Johann Heinrich Zäslin, im Geisshof, Meister zu Safran, starb 1789 in aller Verachtung als der grösste Lügner. Denn just wie sein moralischer Charakter war auch sein physischer beschaffen. Er hatte eine Fistel an dem Hinderen, deren nachlässige Besorgung einen unerträglichen Gestanck von sich warf, welcher seinen Nachbarn im Rath und im Tabackkämmerlein sehr überlästig fiel. Seinen Drahtzug im Schönthal liess er ganz zertrümmern, weil ihm niemand arbeiten wollte. Er hinderliess einen Sohn, der nichts anderes that, als von morgen bis in die späthe Nacht in dem Caffée Hauss oder in Kämmerlinen zu spielen. War aber ein Donnerwetter am Himmel, lief er nach Haus und umhüllte seinen Kopf mit dem Deckbeth. Seine Tochter war ein artiger, aber sehr affectierter Mensch.»

Linder, II 2, p. 841f.

Trauriges Bündel

«1790 ist Anna Maria Kempf, eine Luenz (Dirne), wieder angehalten und in das Schellenwerk gebracht worden. Weil sie aber keine Kleider hat und noch dazu venerisch (geschlechtskrank) ist, wurde sie aus der Stadt verwiesen.»

StA Straf und Polizei H 3

Massloser Prasser

«1790 starb Johann Jacob Frey, Senator zu Weinleüthen, ein Accordant (Stücklöhner), im Alter von 72 Jahren. Seine ganzen Meriten bestunden im vielen Fressen. Desshalben hatte er kein einzig Neben Amt, das ihn hätte davon abhalten können. Sein Bruder Rudolf, der Rechenrath, hatte dieselben Qualitäten: Gulosus (Prasser) lieget hier, ein Mann von grossen Gaben/zu mercklichem Verlust der Fleischerzunft begraben/Er lebte, ass und tranck und schloss die Augen zu/Geehrter Wanderer, stöhr ihn nicht, sein Magen fordert Ruh!»

Linder, II 2, p. 900

Unmässiger Gugelhopfbäcker

«Hier ruhet in Gott von seiner Arbeit der ehrenveste und mannhaffte Meister Johann Friedrich Wohnlich, der Kunstbäcker, welcher 60 Jahre seinem Beruf vorgestanden hatte. Seine Kinder haben ihm bey seinen Lebzeiten dieses Epitaphium der Liebe (Grabdenkmal) an der Mauer des St. Theodor Kirchhofes errichten lassen. Er starb 1791 im 81. Altersjahr. Hier wird der Leser ohne Zweifel begierig seyn, zu wissen, durch was für eine Kunst er sich von andern seiner Profession auszeichnete: Er bachte Gugelhöpff von allerley Grösse, welche Kunst er auf seiner Wanderschaft erlernt hatte. Und da er hier der einzige war, so bekam er Zulauf von den Schläck Mäulern. Am letzten Ort seiner Wanderschaft war er Vorsteher einer sehr fleischlich gestimmten Schwärmer Rott. Die nämliche Gesinnung brachte er hieher. Obwohl er mit seiner Frau obgemelte Kinder erzeugte, so unterhielt er doch beständig Concubinen zu Mägden. Obwohl dieser Bock bis in hoche Alter seine Unmässigkeit forttrieb, ist einem nie zu Ohren gekommen, dass seine Lasterthaten von Obrigkeits wegen geahndet worden sind. Ein wahrer Freund von ihm mahnte ihn anfangs durch einen Brief von diesem ärgerlichen Leben ab. Allein der berühmte Kunstbäcker schoss diesen Mahnbrief in Gegenwart des Überbringers auf dem Schüssel zu seinen Gugelhöpfen in den Ofen ...»

Linder, II 2, p. 912

Eine Basler Lucretia

«1547 kehrte Benedikt Stockher, Kaufmann von Schaffhausen, in Veltin Ottens, des Kirschners, Haus ein, um als Pathe ein Kind aus der Taufe zu heben. Als Hausfreund hatte er Quartier bei der Familie. Am Abend zog Ott auf die Wache, und der Gastfreund machte sich durch frevelhaften, gewaltthätigen Ehebruch zum Mörder der Ehre der gastwirthlichen Gattin. Von Schamgefühl gepeinigt, warf diese sich in Verzweiflung in den Rhein und fand den gesuchten Tod. Der schreckliche Vorfall sollte vom Malefizgericht sträflich behandelt werden, doch ein Fürschreiben der Herrn von Schaffhausen hintertrieb den Rechtsgang. Der Übelthäter wurde jedoch mit 300 Gulden bestraft und ihm das Betreten der Stadt verboten.»

Buxtorf-Falkeisen, 2, p. 91/Ochs, Bd. VI, p. 488f.

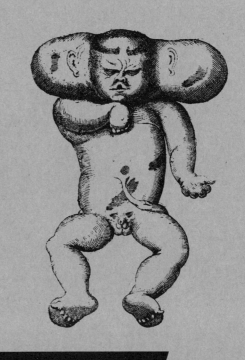

XV KRANKHEITEN, SEUCHEN UND MISSBILDUNGEN

Grosses Sterben

Anno 1312 «ist ein Cometstern 14 Tage lang am Himmel gesehen worden, worauf ein grosses Sterben an Menschen und Tieren aller Orten in ganz Deutschland erfolgte. Auch ist eine solche Teuerung und Hungersnot eingefallen, dass die Eltern ihre Kinder und wiederum die Kinder ihre Eltern geschlachtet und gegessen haben. Ja, auch etliche frische tote Körper diesorts nicht verschont haben. Das Sterben hat 4 Jahre gewährt.»

Scherer, p. 1 / Wurstisen, Bd. I, p. 162

Der Schwarze Tod und der Judenmord

«Im Jahre 1346 nach Christi Geburt brach jenseits des Meeres ein grosses Sterben aus, wie es noch keines seit Beginn der Welt gegeben hatte. Im folgenden Jahre brachten die Genuesen die Seuche herüber nach Italien. Als die Genuesen heimgekommen waren, starben sie eines plötzlichen Todes. Im nächsten Jahr kam die Seuche nach Österreich, wo jeder sechste Mensch starb. Von da zog sie durch Deutschland. Damals war auch in Basel ein grosses Sterben, so dass vom inneren Äschentor bis zum Rheintor die ganze Freie Strasse hinab nur drei Ehepaare verschont blieben. Es entstand das Gerücht, dass die Juden die Christen mit Gift hätten vertilgen wollen, mit Gift, das sie heimlich übers Meer gebracht hätten. Man fand auch in den Brunnen manches Säcklein, das vergiftet war. Es gestanden auch einige Christen, sie seien von den Juden bedrängt worden, sie hätten Geld von den Juden genommen, um die Christen auszurotten. Etliche sagten aus, als die Juden sie gedungen hätten, sei ihr Hochmeister ihnen auf den Fuss getreten und habe die Hand auf ihr Haupt gelegt. Als dieses Gerücht von den Juden sich ausbreitete, da verschworen sich die Fürsten vielerorts gegen die Juden und töteten sie. Nur der Herzog von Österreich duldete sie länger. Als die Juden in den Städten des Reiches dies sahen, verbrannten sie sich teilweise selbst, teilweise verbrannte man sie wohlüberlegt, teils tötete sie das Volk gegen den Willen der Regierung.»

«Zu Basel, da auch eine Anzahl Juden wohnet, und an St. Lienharts Berg allein fünfzehn Häuser dem Gottshaus abgekauft, dazu ein besondere Schul- und Kirchhof innhielten, entstuhnd ihrenthalb ein Tumult, dass die Gemeinde vor dem Richthauss bewafnet zusammen lieffe. Das Pöfel war über die Juden also ergrimmet, dass sie den Rath zwungen, die Juden zu verbrennen, und in 200. Jahren keinen mehr in der Statt einzusitzen lassen. Also wurden sie nach Wienachten des 1348. Jahrs in ein Ow (Au) des Rheins in ein hölzin Häusslein zusammen gestossen und jämmerlich im Rauch verschicket. Viel junge Kinder wurden vom Feur errettet und wider ihrer Eltern Willen getauft: alle Schulden wettgemacht, die Brief und Pfender wider geben. Ihre Begrebnussen zwüschen Gnadenthal und St. Peters Platz, da jez der Werckhof steht, wurden zerstöret und die Maur des inneren Stattgrabens damit bedecket.»

«In der alten Stadtmauer Basels, vor dem St. Johannesbogen bis zum St. Albansbogen, befanden sich über 500 jüdische Grabsteine, welche früher auf dem Friedhofe standen, den dieses Volk zwischen dem Petersplatz und Gnadenthal besass. Die Grabsteine wurden nun zum Ausmauern der Stadtgraben und Mauern benutzt, und waren Jahrhunderte durch ein Denkmal der finstern Grausamkeit früherer Zeiten. Jetzt (1838) sind die finstern Mauern gefallen, die Gräben ausgefüllt und die Steine grösstentheils verschwunden, doch im Buche der Geschichte wird keine Zeit den Flecken auslöschen, welchen sich unsere Väter durch diese grausame Verfolgung in allen deutschen Ländern gegen Mitmenschen erlaubten.»

Teuteberg, Bd. I, p. 26 / Jüdische Geschichten, p. 190 / Der Wanderer 1838, p. 28 / Wurstisen, Bd. I, p. 183ff. / Gross, p. 41 / Bieler, p. 352 und 726 / Grössere Basler Annalen, p. 21 / Diarium, p. 44 / Ochs, Bd. II, p. 62ff. / Wackernagel, Bd. I, p. 266ff., Bd. II 1, p. 366 / Boos, p. 112f. / Linder, II 1, p. 11

Gesundheitsapostel

«1383 liess ein Schuhmacher, genannt Mulberg, sich auf einmahl 60 Schräpfhörner aufsetzen.»

Linder, II 1, p. 13

Gewalttätige Aussätzige

«Siechenhäuser für Aussätzige giebt es in Basel in ganz unglaublicher Anzahl: daran soll das viele Fischessen und

< «Wunderliche Missgebürt. So Anno 1633, den 24. tag May alten Calenders, zwischen 4 und 5 uhren vor mittag, zu Moltzheim an diese Welt geboren von einer Soldaten Köchin oder Concubina.»

1533 ist im Spital zu Basel ein Mann aufgenommen worden, dessen untere Extremitäten gelähmt waren, so dass er «mit Hand Krücklinen von einem Ohrt zum andern rütschen musst». 1557.

der spärliche Wein und Essig schuld sein. Man sagt, dass vor nicht langer Zeit der Sohn eines deutschen Herzogs und seine Frau, die Tochter eines andern Herzogs, ankamen und in einem der Siechenhäuser übernachteten. Da wollten die Aussätzigen die Frau vergewaltigen, und sie musste sich das Leben nehmen: darauf brachten sie den Gemahl ebenfalls um. Die Sache wurde ruchbar und die Verwandten kamen und verbrannten das Haus samt allen, die drin waren; es wäre eine lange Geschichte zu erzählen, wie sich das alles zutrug.» Pero Tafur, 1439.

Oswald Huber, p. 15

Das Volk fiel dahin wie Laub von den Bäumen
«Anno 1439 in dem werenden Bassler Concilio regierte den gantzen Sommer hindurch die Pest so erschrocklich, dass viel herrliche Leuth, hoch und niderstandts, Geistliche und Weltliche, sonderlich viel von dem Concilio, Praelaten standts, dahin sturben, da doch die übrigen das Concilium nit wolten trennen, sonder demselbigen biss zu endt ausswarten. In Hundstagen der grössten Hitz war dise Sucht am strengsten, dann selten ein stund vergieng, dass nicht ein Leich daher getragen ward, dass Sacrament und letste Ölung kam nimmer ab der Gassen, auch gar nahe kein Hauss in der Statt, vor der Sucht aussgienge, also dass vast alle Häuser traurens, weinens und leidtragens voll waren: das Volck fiele dahin, wie die Bletter angendts Winters von den Bäumen fallen. Und griffe diese Sucht so mächtig umb sich, dass so einer gesund auff der Gassen dem andern begegnete, er hernach uber wenig stunden in dem grab lage, also dass die Kirchhöfe aller aussgegraben, und man bey den Pfarrkirchen löcher graben musste, und die Todtenleib auff einander legen mussten, und also vergraben. Im grösten sterbet vergiengen zu Basel alle tag bey 100 Menschen.»

Klauber, p. 60f.

Und dieweil durch diesen Sommer eine greuliche Pestilentz zu Basel regierte, also daß viel vom Concilio sturben, viel auch hinweg zogen: ordnete man etliche Herren, Sorg zu haben, damit nicht das Concilium aus Zerfliessung der Prälaten gar vergienge, und diese wurden Patres de stabilimento genennet.

In Hundstagen der grösten Hitz, nahme diese Sucht so viel Menschen hin, daß man schier alle Stund eine Leich daher truge, das Sacrament und letste Oel nimmer ab der Gassen kame, auch gar nahe keinem Hause der gantzen Stadt verschonet fürgienge: es war alles voll weinens, traurens und leidtragens. Das Volck fiele dahin, wie angehendes Winters die Blätter abzureisen pflegen, und griffe die Erbsucht dermassen um sich, daß welcher irgend jetz einen auf der Gassen frisch und gesund gesehen, nach wenig Stunden vergraben lage. Alle Kirchhöfe wurden ausgegraben, daß man bey den Pfarrkirchen grosse Gruben machte, die todten Cörper auf einander beugte. Im grösten Sterbend vergiengen alle Tage bey hundert Menschen.

1439 regierte «ein greulicher Sterbend» in Basel: «Das Volck fiele dahin, wie angehenden Winters die Blätter abzureisen pflegen».

Genesung eines pestkranken Würdenträgers
«Im Jahre 1439 brach während des Konzils eine entsetzliche Pest aus, die ganz Deutschland vergiftete. In Basel wurden sehr viele hohe Geistliche in den Tod gestürzt und zahlloses Volk zu Boden gestreckt. Und so gewaltig tobte die Krankheit, dass an einem einzigen Tag mehr als dreihundert Leichen begraben wurden. Zu jener Zeit verlor Enea Silvio Piccolomini, der spätere Papst Pius II., seine liebsten Freunde. Den Erkrankten stand er als tapferer Gefährte bis zum letzten Atemzug bei. Doch blieb auch er nicht von der Pest verschont, und als er sich angesteckt fühlte, rief er seine Kameraden herbei und riet ihnen fortzugehen, damit sie nicht, um einem Sterbenden beizustehen, sich selbst anstecken liessen. Einer unter ihnen ist erschreckt aus Basel geflohen, ein anderer hingegen, in treuer Freundschaft verbunden, beteuerte, lieber sterben zu wollen als fortzugehen. Die Pflege durch den Arzt war folgende: Da Eneas linke Hüfte befallen war, öffnete man sein linkes Bein. Dann wurde ihm während des ganzen Tages und eines Teils der Nacht der Schlaf untersagt. Auch flösste man ihm ein Pulver ein, dessen Natur der Arzt nicht verraten wollte, und legte dem Geschwür und der verwundeten Stelle bald zerschnittene Stücke saftiggrünen Rettichs, bald Brocken nasser Tonerde auf. Inzwischen steigerte sich das Fieber, verursachte ungeheure Kopfschmerzen und liess an der Genesung verzweifeln. Darum hiess Enea einen Priester rufen und beichtete sogleich, kommunizierte und empfing die letzte Ölung, worauf er bald ins Phantasieren geriet und auf Fragen verworrene Antworten gab. Da verbreitete sich das Gerücht, Enea sei gestorben, und das kostete ihm sein Amt in Mailand. Doch die göttliche Güte erbarmte sich seiner; nach sechs Tagen genas Enea. Als er jedoch dem Arzt zur Belohnung sechs Gulden bot, sagte dieser in der Meinung, es sei nicht so viel wert gewesen: ‹Wenn du willst, dass ich diese Gulden entgegennehme, so werde ich sechs arme Kranke kostenlos pflegen.› Und er verpflichtete sich mit einem Eid, dies zu tun.»

Teuteberg, Bd. I, p. 26f. / Wurstisen, Bd. I, p. 375ff. / Gross, p. 79 / Bieler, p. 352 / Ochs, Excerpte, p. 229 / Ochs, Bd. III, p. 279ff. / Wackernagel, Bd. I, p. 522 / Rathsbücher, p. 50f.

Feuriger Wein erzeugt Cholera
«Zu dieser Zeit war eine grosse Pestilenz im Elsass ringsum, so dass die Menschen fast eines plötzlichen Todes starben. Und das kam daher, weil es in den vorhergehenden zwei Jahren sehr heisse Witterung gewesen, so dass die Colera in den Leuten erzeugt wurde. Auch war im letzten Herbste ein ausserordentlich feuriger und starker Wein gewachsen. Von dem tranken die Leute und wurden also von der Colera entzündet, dass wer von ihr ergriffen war in einem Tage dahin starb.»

Basler Taschenbuch, 1850, p. 145

Die Lustseuche kommt

«Die Syphilis kommt im Jahre 1495 durch Söldner aus Frankreich nach Basel. Das ist die ‹Franzosenkrankheit›, sind die ‹bösen Blattern›. Wie überall, so hier ein plötzlich alarmierender und Entsetzen erregender Schrecken. Was bisher sorglos genossen werden konnte, bietet jetzt die grösste Gefahr für Leib und Leben, die Wirkung der Seuche ist rasch und furchtbar. ‹Manchen stolzen Mann und manches stolze Weib lähmt sie, sodass sie elende Leute werden, und Viele sterben.›

Merkwürdig langsam erhebt sich die Stadt zu Schutzmassregeln. Es ist, als ob man die Leichtigkeit der Ansteckung nicht sofort erkannt oder zunächst an die Möglichkeit einer Abwehr überhaupt gezweifelt hätte. Erst von 1503 an gibt der Rat seine Anordnungen und Verbote. Die von der Franzosenkrankheit Befallenen dürfen die öffentlichen Brunnen und Bäder nicht gebrauchen, in der Schol und auf dem Markte nichts berühren. Sie sollen überhaupt aller Gemeinsamkeit müssig gehen, sie sollen zu Hause bleiben. Einzelne Fälle will der Rat ins Siechenhaus bringen; aber die Aussätzigen sperren sich gegen diese Hausgenossen und verlangen deren Absonderung mit eigener Wartung, eigener Küche, eigenem Abtritt.»

Wackernagel, Bd. II 2, p. 942f. / Ochs, Bd. V, p. 224 / Schnitt, p. 191 / Adelberg Meyer, p. 358

5000 Basler sterben an der Pest

«1502. Ein grosser Sterbend war in diesem Jahr zu Basel, in welchem bey fünff tausend Menschen dahin gefallen. Etliche Geschlechter seynd gar verloschen, deren Güter der Stadt heimgefallen.»

Gross, p. 136 / Bieler, p. 353 / Wurstisen, Bd. II, p. 532

Von einer seltsamen Krankheit

«Anno 1517 kam zu Basel ein Krankcheit, dass den Leüten die Zungen und Rachen so weiss wurden wie ein weiss Tuch und war eben wie ein Beltz oder Schimmel wie auf dem Wein, so dass die Leüth weder essen noch trincken mochten. Und kam zu demselben ein gross Hauptweh, dass die Leüth von Sinnen kamen, und starben viele daran. Denjenigen, denen man zu Hilff kommen wollte, denen musste man die Zungen und den Rachen bis in den Schlund ganz sauber schaben und fegen, das Weisse gantz hinweg. So lieff darnach das hell Blut heraus. Darnach musste man es bestreichen mit RoosenHonig. Das musste man Tag und Nacht zwölfmahl thun. Diese Plag währte ein halb Jahr. Und kam gleich darauf ein grosses Sterbet der Pestilentz und starb viel Volckes.»

Ochs, Excerpte, p. 211f. / Gross, p. 146 / Ochs, Bd. V, p. 420 / Wurstisen, Bd. II, p. 563 / Ryff, p. 23

Englischer Schweiss

«Ein unbekante Sucht (der Englische Schweiss genandt) kommt 1529 den Rhein hinauf gen Basel. Welchen diese Kranckheit ergriff kam in einen tieffen Schlaf, der ihn hinnahm. Und weil dieser Sucht, so aller Artzten Cur unbekandt, anfänglich nicht konte begegnet werden, hat sie viel hingefressen. Endlich aber hat die Erfahrung gelehret, dass man denjenigen, so mit derselbigen Sucht behaftet, acht oder neun Stund musste schwitzen lassen, dadurch er genesen. Welche aber zu lang im Schweiss geblieben, seynd dahin gestorben.»

Gross, p. 160 / Ochs, Bd. V, p. 753 / Linder, s. p. / Klauber, p. 61

Bösartiges Faulfieber

«In dem 1541. Johr kam ein grosses Sterben (Pest) in alle dütschen Land und fieng auch hie zu Basel an. Es starb hie mercklich viel Volck, jung und alt, Wib und Mann. Es starben auch viel Gelehrte und Lehrer des göttlichen

«Ein kurtz und trüwlich Underricht wider die sorgklich Kranckeyt der Pestilentz.» 1519.

Worts. Deswegen ordneten die Gnädigen Herren auf jeden Dienstag an, Gott dem Allmechtigen zu Lob und Ehren sin göttlich Wort in allen Pfarrkirchen zu verkünden. Und niemand soll sin Werk vollbringen, bevor die Predigt vollbrocht ist.»

Ryff, p. 162f./Bieler, p. 353/Ochs, Bd. VI, p. 160/Scherer, II, s.p./Linder, p. 160f./Buxtorf-Falkeisen, 2, p. 62f.

Missgeburt

«Zu Reinach ist 1543 ein Kind mit zweyen Köpfen, zweyen Brüsten und Bäuchen und vier Armen geboren worden. Unten war es nur eines und männlichen Geschlechts. Ist zwar lebendig in die Welt geboren worden, hat aber nit über eine Stunde gelebt.»

Brombach, p. 936/Gross, p. 179/Scherer, II, s.p.

Franzosenkrankheit

«Der Fremdling Arbogast ist 1551 gestorben; sein Leib war in Folge der Franzosenkrankheit (Syphilis) ganz verfault; als man ihn vom Bett aufhob, wurde ihm ein Arm vom Körper weggerissen. Ein elender Mensch!»

Gast, p. 397

In der kalten Stube

«1552 seind mehr dann tausend Menschen an der Pest gestorben. Damaln ist eines Küblers Knecht an der Spalen auch an derselbigen Sucht kranck worden, und, wie man darfür hielt, gestorben. Dann man ihne schon beseit in ein Gemach gelegt hatte. Da man ihne nun zu Grab tragen wolt, ward ein geschrey im selbigen Gemach erhöret: Ey wie lig ich in einer so kalten Stuben! kreucht zu einem Beth im selbigen Gemach, nam ein Küsse, legts under seinen Kopff. Ward also auf der Erden gefunden. Ist ein Vatter worden vieler Söhnen und Töchteren.»

Gross, p. 192/Bieler, p. 354/Buxtorf-Falkeisen, 3, p. 12f.

Erbärmliche Neugeborene

«1556 ward ein Knäblin geboren ohne Ohren, doch hatte es zwey Löcher daselbst, konnte aber nichts hören. Ist mit grossem Schmertzen folgenden Jahrs gestorben. Im folgenden Jahr wird zu Basel ein Kind geboren ohne Hals mit grossen Augen, die ihme zuvorderst stunden. Aber das Ober-theil des Kopffs ward eingetruckt, und hinden hienge es wie ein Frauen-Hauben, und gieng ihme durch das Gnick ein Loch in Leib, das schweisst von Blut, starb gleich, so bald es geboren war.»

Gross, p. 197/Bieler, p. 733

Missgewächs

«Einem Landman wachset 1559 ein Horn einer Spannen lang bey dem Hertzen einsmals herfür, dardurch er in allen seinen Geschäfften verhindert ward. Endtlich liess er dasselbige, wider ihren vielen Raht, wegschneiden, dessen er hat sterben müssen.»

Gross, p. 199

Tierähnliche Missgeburten

«1569 hat auf der Landschafft Basel zu Rümlincken ein arme Frau ein Kind geboren mit einem Fischkopf und Sauaugen. Und in dem man disputierte, ob es zu Tauffen, starb es bald nach der Geburt. Hiemit ward die Disputation auffgehebt.

Im Heumonat ist zu Hefelfingen in der Landschaft Basel ein Kind geboren worden mit einem Hanenkopf, allein ist der Schnabel fleischen gewesen. Und hat des Kinds Mutter bezeugt, sie sey ab einem Hanen erschrocken, der ihro ins Angesicht gesprungen, als sie zum Fenster hinaus sehen wöllen.»

Gross, p. 208f.

Frosch im Bauch

«Ein junger Mann hatte sich in seinem Vaterland in fliessendem Wasser zum Vergnügen gewaschen und den

1557 ist zu Basel ein Kind ohne Hals geboren worden, mit grossen Augen, «die ime zuoberst stundend, aber der oberthey des koppfs was eingetruckt».

Missbildungen sagen aussergewöhnliche Ereignisse voraus, wird 1619 in Basel besorgniserregend festgestellt.

Kopf im Wasser untergetaucht. Er bildete sich ein, dass er zugleich beim Untertauchen junge Froschzucht, die im Fluss schwamm, geschluckt habe. Dadurch wurde er dermassen erschreckt, dass er sich mit Gewissheit einredete, ein lebender Frosch hänge ihm im Bauch oder in den Eingeweiden und lebe dort, indem er von Speise und Trank mitnähme. Niemand konnte ihm diese Meinung aus dem Geiste tilgen, und zwar noch viele Jahre später. Er verlegte sich auf das Studium der Medizin, just in der Absicht, dass er sich heilen könne. In diesem Studium machte er in der ganzen Zeit von sieben Jahren in Deutschland, Italien und bei uns in Basel solche Fortschritte, dass ihm die Doktorwürde ‹cum laude› erteilt wurde.» Felix Platter.
Buess, p. 57

Vom Krebs befallen
«1608 starb Georg Widenmann, stud. phil, welchem der Krebs den Backen völlig verfressen hatte.»
Battier, p. 457 / Linder, II 1, p. 21

Das siebente Peststerben
«Mit dem Jahr 1609 hob (nach Felix Platter) das siebente Peststerben an, das bis 1611 anhielt. Das ansteckende Übel schleppte ein Bäckerjunge, von Schopfheim herkommend, in seines Meisters, des Treubelbecks Altenburgers Haus in Kl.-Basel ein. Zuerst regierte die Krankheit, mit Kopfweh, noch nicht gerade heftig, bis im Juli 1610 die Pestseuche sich ‹heiter› erzeigte und steigerte. Vom 12. October dieses Jahres an wüthete sie dermassen, dass man wöchentlich 250 bis 280 Leichen begrub, bis sie im December abzunehmen begann. Die Särge mit Knaben und Mädchen unter 14 Jahren mussten zur Besichtigung der Leichen auf den Kirchhöfen geöffnet werden. Die Gesammtzahl der Gestorbenen belief sich auf 4049, gegen 3000 genasen wieder. Ganze Ehen sind 165 ausgestorben. Im Allgemeinen starben Rathsherren 16, Professoren 8, Geistliche 8, Studenten 22; vom Handwerksstande 41 Schneider- und 31 Schuhmachermeister, Meister Abraham an der Freien-Strasse am gleichen Tage mit seiner Frau und Tochter. Zur Schätzung des Sterblichkeitsgrades dient zu wissen, dass zu dieser Zeit (nach Dr. Felix Platter) zu Basel in 1884 Häusern (Gross-Basel 1558, Kl.-Basel 326) 16120 Seelen wohnten. Kirche und Staat waren im Wetteifer beflissen, für Leib- und Seelenwohl dem Volke heilsame Mittel und Weisen darzubieten. Die Geistlichkeit ermahnte von den Kanzeln zum christlichen Muth im standhaften Verharren und Gedulden, und Antistes J. J. Grynäus behandelte in einer Predigt die Frage: ob man in Pestzeiten einander verlassen dürfe. Indem er zum treuen Ausharren an die Gewissen sprach, gestattete er eine Ausnahme für Kaufleute in dringenden Geschäften, Botschafter der Obrigkeiten, Studiosi, Edelleute (!) und ehrliche Gäste, ferner für die zarte Jugend und Personen, die wegen jungfräulicher und weiblicher Blödigkeit zur Verrichtung äusserlicher Dienste untauglich wären. Anderseits erschien auf Befehl der Regierung ein ‹kurtzer, aber nutzlicher Bericht der medicin. Fakultät, wie vermittelst göttlicher Gnaden man sich vor der Pestilenz hüten usw. möge›. Neben dem dass im Besondern die Ärzte Rauchzältlein, Bysamäpfel, Pestillenzpillulen- und Lattwerg, Präservatif-Wein und Curativwasser etc., mit jeweiligen Anweisung der Zubereitungsstoffe und Weise, vorschrieben, forderten sie im Allgemeinen

---

Das ander Curatif-Wasser.

℞. Tormentillen-
Klätten-
Pimpinellen-   } wurtzelen/ jedes acht loth.
Teufels-abbiß-
Grossen Baldrian-

Meister-
Angeliken-
Diptamn.   } wurtzelen/ jedes ij. loth.
Entzian-
Schlangenkraut-

Geschellete Zwibelen/
Grün Nuß/ jedessen xij. loth.
Scabiosen/
Eysenkraut/
Ringelkraut und blumen/ jedessen iij. handvoll.
Rauten/
Saurampffer/
Cardobenedicten/ jedes ij. handvoll.
Campher ij. quintl.
Aquæ vitæ ij. loth.
Mithridat iij. loth.
Guten weissen Wein ij. maaß.
Roßessig iiij. loth.
Alles gedistilliert.

Sonst mag man wol/ in mangel diser Artzneyen/ den Theriac/ Mithridat/ das gulden Ey/ und dergleichen lang-bewärthe Pestilentz-Confecten/ anderthalb quintlin schwär/ in komlichen Wassern/ alß von Ringelblumen/ Schelkraut/ Eysenkraut/ Klättenkraut/ Cardobenedicten gebrañt/ zertribẽ/ eynnemmen.

«Wie vermittelst Göttlicher Gnaden man sich vor der Pestilentz hüten und bewahren oder curieren möge». 1629.

das Publikum auf zu einer nüchternen Lebensweise, zur Verhütung vor hitzigen, gewürzten Speisen und starken Getränken, zu Vermeidung starker Leibesübungen, damit das Geblüt sich nicht entzünde. Sie warnten vor den gar heissen Stuben- und überflüssigen Schweissbädern. Dann anempfahlen sie, die Wohnorte, besonders Schulen, Kirchen, Rathsstuben, recht sauber und trocken zu halten und sie mit Weckholderholzfeuer, Sevenbaumholz, Apfelschelleten, Mastix, Weihrauch und sonstigen wohlgeschmackten Stücken zu räuchern und fleissig zu luften. Auf den Strassen und an Orten, wo die Sucht regiert, solle man sich mit Angelica, Pimpinellen-Rauten wohl bewahren, im Mund behalten, auch mit gekauten Weckholderbeeren und anderm Geschmack (Lavendel, Citronen usw.) und oft daran riechen. Dessgleichen Schwämmlein, so in Essig und Rantensaft genetzt, mit Campfer und Saffran gemischt in Händen tragen und das Angesicht damit beschmieren usw. Nicht minder sind auch dieser Zeiten parfumirte Händtschuhe und übrige wohlriechende Kleider zu gebrauchen. Da nun viele der angerathenen Mittel und Arzneien köstlich zu stehen kamen, so wird zum Trost der Armen gesagt: ‹Nachdem wir – Gott Lob! – gute Wurzlen und Kräuter auch in unsern Landen wachsen haben, die ihre Kraft nit minder dann anderswo erzeigen und villeichten unsern Naturen angenehmer seind, so haben wir unsere Lattwergen, männlich zu bestem darauss geordnet und allbereit in hiesigen Apotheken umb ein zimlichen Pfennig zubereiten lassen etc. Arme Leut, die köstliche Artzneien nit haben, können die von Alters hero lang bewährte Lattwergen gebrauchen (von 20 Nusskernen, 15 Feigen, 2 Löffel Weckholderbeer und etlich Blätter von Rauten), alles wol durcheinander mit Rosessig und Honig gestossen und angemacht. Und ist alle Morgen dem Gesindt in der Grösse einer Muskatnuss, den Kindern etwas minder darvon einzugeben usw.›»

Buxtorf-Falkeisen, 1, p. 27f./Gross, p. 237/Falkner, p. 32/Bieler, p. 355/ Ochs, Bd. VI, p. 559/Battier, p. 458

Nasenbluten

«Einer, Namens Abraham, der seiner Zeit noch ganz jung von den schwarzen Reitern in Muttenz als Findling zurückgelassen und da aufgewachsen war, erschlug 1609 in den Wässermatten einen Knaben mit der Hacke und verschwand eine Weile. Die Leiche wurde auf Befehl des Obervogts zu Mönchenstein unter die Dorflinde gelegt und musste ‹von Jedermann berührt werden, ob etwa der Todte ein Zeichen gebe. Es zeigte sich Nichts.› Als dann aber bald ‹aus Trieb des Gewissens› der Thäter sich wieder sehen liess und darüber befragt ward, fieng seine Nase alsbald an zu bluten (schweissen) und er gestand nicht allein diesen Mord, sondern auch noch zwei andere, worunter denjenigen eines Stud. juris bei Grenzach, den er in Rhein geworfen, nachdem er ihm des goldenen Rings wegen den Finger abgehauen. Er wurde zum Rad verurtheilt, und zugleich mit ihm durch's Schwert gerichtet ein Falschmünzer (Johann Galeat) sammt seinem Weibe.»

Buxtorf-Falkeisen, 1, p. 138/Brombach, p. 429/Bieler, p. 736/Gross, p. 236

St.-Veits-Tanz

«Als ich noch ein Knabe war, litt eine Frau an dieser entsetzlichen Störung (s. Vits Dantz); sie wurde von den Vorstehern der Äschenzunft hier in Basel nach dem sogenannten Haus ‹Zum Rupf› geführt. Ihr hatte der Rat einige robuste Männer bestimmt, die mit ihr abwechselnd bei Tag und bei Nacht tanzen und springen mussten, indem, wenn einer ermüdet war, der andere nachfolgte, was beinahe während eines ganzen Monats fast ohne Unterbrechung andauerte, obgleich die Haut ihrer Fußsohlen ganz zerrieben war. Dabei schauten viele Leute zu. Wenn sie sich auch hinsetzen musste, um Speisen zu sich zu nehmen und weil sie vom Schlaf überwältigt war, so bewegte sie doch heftig ihren Körper wie im Tanz, mit Gestikulieren und unruhiger Bewegung, bis sie,

Eine junge Mutter lässt sich zum Teufelstanze mit einem Narren hinreissen. Federzeichnung von Urs. Graf. Um 1525.

da ihre Kräfte gänzlich erschöpft waren, so dass sie nicht mehr stehen konnte, aufhören musste zu tanzen. Da brachte man sie in das Hospital, wo sie sich wieder erholte und völlig genas. NB. S. Vitus ward von seinem Vatter übel geschlagen, weil er die Götzenbilder verachtete, richtete aber nichts aus. Deshalb er ihn mit mancherley lieblicher kurzweiliger Music und Täntzen mit jungen Töchteren unterstund zur Abgötterey zu bereden.» Felix Platter. 1614.
Buess, p. 82 / Ochs, Bd. VI, p. 814 / Ziegler, p. 10 / Bieler, p. 737 / Wurstisen, Bd. III, p. 144 f. / Gross, p. 241

Seltsame Blatternkrankheit
1618 «herrschte eine seltsame Blatternkrankheit bei Klein und Gross, abschreckend anzusehen und von unerträglichem Gestank. Man sah Männer, denen davon der ganze Bart ausgefallen war, verheiratete Frauen, die zuvor schön gewesen und hernach gänzlich entstellt waren, so dass man sie nicht wieder erkannte, und erblindete Kinder. Zudem erschütterte im Monat Mai der Rhein die Fundamente der Brücke, und man sah eine alte Bauernhütte den Rhein herunter kommen. Darin lagen ein nackter Leichnam und mehrere Schweine.»
Basler Jahrbuch, 1905, p. 204 / Bieler, p. 355 / Gross, p. 243

Freudentränen
«Samuel Grynäus, Diakon bey St. Leonhard, erzählte 1620, er sey zur Frau des Samuel Marschall, des Organisten im Münster, gekommen, welche 10 gantze Jahr kranck gelegen sey. Dort habe er des Kaufmanns Peyer Frau angetroffen. In dieser Stundt habe die Krancke angefangen zu schlafen. Nachdem sie aber wieder erwachte, sagte sie: ‹Ach, was für eine gross Herrlichkeit hab ich jetzt gesehen, also dass ich meine grosse ausgestandene Kranckheit, Schmertzen und Elend nicht mehr acht.› Über diese grosse Freüd seyen Frau Peyerin und Herr Pfarrer zu den grössten Freüden Thränen beweget worden.»
Linder, II 1, p. 547

Verbotene Liebesträuke
«1622 wird ein mannsfeldscher Soldat, der mit Heilmitteln und Liebesträuken in der Stadt hausirte, auf dem Lastersteine ausgestellt und vom Volk mit faulen Äpfeln und Koth beworfen, dann zur Stadt hinausgeführt, vom Bettelvogt Ueli Gernler vor dem Eschenthor mit Ruthen gestrichen und dann laufen gelassen. Etliche Tage darauf zog der Stadttambour mit dem obrigkeitlichen Ausrufer durch die Stadt und macht dem Publico bekannt, ‹wie dazz es verboten syg jedermann, mit geheimen mitteln, als da sind säften, salben und artzneyen, handel zu triben, insunderheit den apothecarien syge bei schwerer straf nit gestattet, den burenlüten und abergläubigen volch andere mittel zu verkaufen als verschrieben sigent von den bestellten Doctores item Professores der Hochschuel›.»
Historischer Basler Kalender, 1888

Einer stirbt vor Kummer
«1623 starb Theodor Burckhardt Sohn an Hauptweh (Flecktyphus, Nervenfieber). Man nimmt aber an, es sei aus Kummer geschehen, weil seine Frau, Niklaus Meyers Tochter, ihm Hörner aufgesetzt und sich mit Salomon Ciriac, einem fremden Studenten, übersehen hatte.»
Wieland, s. p.

Durch frisches Menschenblut vom Siechtum befreit
Im Jahre 1624 haben etliche Personen, die an fallendem Siechtum (Epilepsie) litten, warmes Blut von Geköpften zu sich genommen und sind sogleich von ihrer Krankheit befreit worden. Ein Knabe, dem der Scharfrichter ebenfalls ein Glas voll Blut reichte, mochte dieses nicht austrinken und liess sich dazu auch nicht überreden.
Richard, p. 61 f. / Wieland, s. p. / Chronica, p. 54 f. / Linder, II 1, p. 535

Tödliches Geköch
1625 kochte die Seifensiederin Belley in einem kupfernen Hafen gelbe Rüben. Von denen, die davon assen, starb ein Kind, ein anderes sowie ein Pfründer wurden ernsthaft krank. Die Frau wurde wegen Verdachts auf Vergiftung einvernommen, doch mangels Beweis wieder freigelassen.
Wieland, s. p.

Ungewohnter Stier
«1625 fing man zu Basel einen Stier, der hatte einen grossen Kopf, eine zugespitzte Schnurre, ein Maul unten am Kopf und nicht vornen an der Schnurre. Oben auf dem Kopf hatte er ein grosses Loch, in das man eine Faust legen konnte. Er hatte einen weissen Bauch und einen schwarzen Rucken.»
Baselische Geschichten, p. 27

Fehlgeburt
1626 brachte die Tochter eines Stadtknechts ein totes Kindlein zur Welt. Dieses war in ihrem Leib verfault, weil die Schwangere ein Gebräu eingenommen hatte, das zu einer Abtreibung hätte führen sollen. Noch während des Kindbettes aber verstarb die Unglückliche. Sie wurde ohne Leichenpredigt bestattet, da sie möglicherweise ohnehin geköpft worden wäre.
Richard, p. 61

Thomas Platter jun. stirbt an der Pest
Am 4. Dezember 1628 starb Professor Dr. Thomas Platter. Er hatte sich «ein Amulectum gegen die Pest angehenkt. Da solches bei ihm erwarmte und er schwitzte, ist das Gift durch die Schweisslöcher zu ihm gedrungen und hat ihn getötet.»
Wieland, s.p./Baselische Geschichten, II, p. 40

Seltsame Missgeburt
«1629 sind zu Rickenbach von einer ehrlichen Frau ein oder zwei Kinder geboren worden von folgender Gestalt: Beide Kinder hatten jedes ein Haupt. Jedes zwey Händlin, jedes zwey Füess und alle Gliedmassen. Sie sind aber beide mit ihren Büchen und Leib zusammengewachsen, dass es gleich wie ein Leib gewesen ist, oben vom Hals bis hinunter zum Nabel. Sonst hat ein jedes sein eigene Scham gehabt, also dass es zwey Meidtlin gewesen sind. Sind aber bald nach der Geburt gestorben.»
Brombach, p. 707/Battier, p. 466

Tödlicher Husten
Im Frühling 1631 «grassierte unter den Meitlin ein so heftiger Husten, dass etliche daran erstickt sind».
Wieland, s.p.

An einem Pferdebiss gestorben
1637 ist zu Zurzach der Basler Kaufmann Adolf Orthmann an einem Pferdebiss gestorben.
Scherer, II, s.p.

Irrer Herzog gerät in Gefangenschaft
Herzog Roderich von Württemberg ist 1638 in grosse Blödigkeit seiner Sinne geraten, weshalb er sich zur Kur nach Basel begeben hat. Als er dabei unversehens der Exekution eines armen Sünders beiwohnte, verlor er seinen Verstand, bestieg ein Pferd und raste mit diesem bis zum Schloss Burg. Dort wurde er von Soldaten aufgehalten und im Burghof inhaftiert.
Quelle z.Z. nicht mehr bekannt

Mann in Weiberkleidern
«1639 ist ein Gerber gestorben, der den Brauch hatte, sich oft Weiber Kleyder anzuthun und in solcher Weise in die School und auf den Marckt zu gehen. Das konnte man ihm nicht abgewöhnen, denn er hat im untern Theil des Leibs beständige Schmertzen empfunden, wie Kindsweh.»
Basler Chronik, II, p. 97

Schlafendes Mädchen
«1641 ist eines Webers Töchterlein an der Steinen beim Anblick eines toten Mägdleins in einen immerwährenden Schlaf gefallen.»
Basler Chronik, II, p. 99

Lazarus Colloredo
«1645 zeigte man ums Geld eine Missgeburt im Gasthof zum Wilden Mann. Es war eine Manns Person von Genua. Diese hatte 2 Leib, 4 Arm, 3 Füss und 2 Köpf. Der 27jährige nahm Speis für alle beide zu sich. Er hiess Lazarus Colloredo.»
Basler Chronik, II, p. 106

Ohne Hals
«Matthias Busers Frau zu Känerlingen (Känerkinden) bekam 1646 ein todes Kind. Dessen Kopf stund auf dem Leib, ohne Hals. Hatte eine grosse Hasenscharten und nur ein Naslöchlin.»
Scherer, p. 28/Baselsche Geschichten, p. 46

Armlose, an einem Auge erblindete Dirne mit Stelzbein: Schandtat einer zügellosen Soldateska. Federzeichnung von Urs. Graf. 1514.

Tödliches Klistier

«1650 ist Schulmeister Schwartz zu Pratteln plötzlich gestorben. Weil sein Tod verdächtig erschienen ist, hat man eine Untersuchung angestellt. Dabei hat sich ergeben, dass ihm seine Frau ein Clistier oben eingegeben hat, das im Hintern hätte appliciert werden müssen.»

Basler Chronik, II, p. 111

Laune der Natur

1657 «genas Judith Wagner von Rümlingen eines Meidtlins von ungewöhnlicher Gestalt. Denn die Augen stunden fast auf dem Kopf oben. Hinten am Genick hatte es ein Blateren voll Blut, eines Hühner Eis gross. Auf beiden Schulterblatten in der Haut innen hatte es auf jedem ein knöchiges Beinlin in Form eines kleinen Geisshörnleins, etwan eines Fingers lang. In der Nasen hatte es nur ein Löchlein. Die Ohren waren wie Gitziöhrlein. Der Kopf stund hart an der Brust, fast ohne Hals. Es war 10 oder 12 Wochen zu früh gekommen und tod.»

Wieland, p. 249

Berühmter Augenarzt

1663 kam mit Dr. Johann Niclaus Diellemann ein berühmter Arzt nach Basel. Er verhalf einem Blinden aus Leimen und einem 70jährigen Mann, der ebenfalls aus Leimen stammte, wieder zum Augenlicht.

Wieland, p. 290

Schreckliches Omen

«Anno 1667, den 1. August, trug sich etwas Wunderliches zu: Ein junger Knabe, 15 Jahre alt, Sohn des Meisters Bartlin Frey, des Schuhmachers an der untern Brotlaube, von einer bösen Stiefmutter umgeben, ist zu Grabe getragen worden. Beim Tragen hat sich der Totenbaum beim Seufzen gewälzt und ist auf den Boden gefallen. Dabei ist der Deckel aufgesprungen, und der tote Leichnam gab durch den Mund Blut von sich. Der Leichnam war ganz lumpig und nicht starrig, wie sonst die Toten sind. Am Totengässlein ist solches wiederum geschehen. Der Tote hat nun den einten Arm allzeit gegen den Himmel aufgereckt, so dass man den Deckel nicht mehr hatte zutun können. Dieses war sehr wunderlich und hat vielen Leuten zu denken gegeben. Es hat auch den Gedanken erweckt, sein Vater habe ihn zu Tode geschlagen. Man hat deshalb den Toten wieder ausgegraben und in der Kirche zu St. Peter in Gegenwart des Herrn Dr. Platter besichtigt. Beim Aufschneiden des Knaben hat der tote Leichnam den Diehlen, auf dem er lag, mit der rechten Hand gefasst wie ein lebendiger Mensch. Auch hat er gestockt Blut bei der Herzkammer gehabt und blaue Strich um den Rucken. Es befand sich zwar kein Totschlag, sondern die leidige Pest. Auch ist noch zu vermelden, dass die Träger, als sie zum Kirchhof kamen, kein offenes Grab vorfanden, sondern ein solches, das von selbst zugefallen war. Gott lässt seiner nicht spotten: Was geschieht die andere Woche? Man vergrabt seine Schwester. Und wiederum starben in seinem Haus 2 Kinder samt einem Knecht. Diese 3 Personen wurden an einem Tag vergraben. Wenige Tage später starb dem Meister Bartlin sein Eheweib, hernach seine Stiefmutter. Von da an starben viele Personen, und es ist eine recht grassierende Sucht daraus entstanden, wie es leyder der barmhertzige Gott an den Tag gegeben hat.»

Meyer, p. 13v ff. / Linder, p. 178 / Wieland, p. 317f.

Der Schwarze Tod

«Anno 1667 grassierte grausamlich die böse Seuch und Kranckheit, die Pestilentz. In dem Monat September sind fast alle Tag auf die 8, 9, 10 Personen begraben worden. Mitte des Herbstmonats hat man in allen Kirchen angefangen, das Reckholder Holz zu rechten Flammen zu brennen. In dem Münster hat man drei Pfannen angezündet. Eine bei des Herren Tisch, die andere bei dem Gotteskasten, die dritte hinter der Cantzel, damit also die Luft etwas purificiert und gereiniget wird. Ferner hat der Ehrsame Rath ein Mandat publicieren lassen, wie man sich bei Begräbnissen verhalten solle. Auch ist man unterrichtet worden, wie sich ein Jeder zu Haus vor dieser schädlichen Sucht durch Gottes Hilf und Beystand und durch die Artzneymittel präservieren und hüten könne. Von einer löblichen Facultät der Medizin ist ein Druck verfertiget worden, darin gehandlet wird, wie man sich innerlich und äusserlich mit Tränken, Wassern und Rauchwerkhen verhalten solle. So hat man auch gepflegt, allerhand wohlriechende Sachen in den Händen zu tragen, wie runde Büxlin mit vielen Löchlin, darin Rauten und dergleichen gewesen. Hat man auch allerhand Hertzsäcklein gemacht, welche das Hertz stärckten, damit die Materia venerata nicht in das Hertz hineindringe. Auch hat man 15 Wägen voll Reckholder Holz hieher gebracht, um die Loca publica damit zu verräuchern, wie das Rathhaus, die Kirchen, die Schulen, die hohe und niedere Wachtstube und das Spittal. Auch ist das Kaufhaus auf die Schützenmatte versetzt worden, wo die Waren abgeladen, gewogen und wieder aufgeladen wurden. Damit sie besser haben hineinfahren können, ist die Mauer beim Schützenhaus abgenommen worden. Zudem ist den Sundgauern von der Obrigkeit verboten worden, sich auf keine Weis gelusten zu lassen, nach Basel zu kommen, andernfalls sie Leib und Leben, Hab und Gut verlieren sollten.

Den 2. Tag des Weinmonats ist Meister Georg Scherer, der Zimmermann, zur Erde bestattet worden. Er ist nur einen Tag in dieser Kranckheit gelegen. Da hat er angefangen zu empfinden, dass sein Sterbstündlein nicht mehr werde weit sein können. Er sprach also seine Frau an und sagte: ‹Ich weiss, Frau, dass ich bald sterben muss. Gib mir ein weisses Hemd, Haube und Strümpf, ich will mich selber anlegen. Denn ich weiss, dass nach meinem Tod mich niemand anlegen wird, weil keiner mehr zu dem andern will.› Also legte er sich seinen Totenplunder noch zu Lebzeiten selber an. Nachem er ihn angelegt hatte, legte er sich auf eine Seite und gab alsobald seinen Geist auf.

Im Weinmonat hat ein Possamentweber mit seiner Braut Hochzeit gehalten. Dieser Bräutigam ging zu Nacht mit seiner Braut heim und war lustig und guter Dingen. Des andern Tags starb er an der Pestilentz. Er hatte schon 2 Tag vor der Hochzeit die Pest an dem Fuss, hat aber seine Braut nicht angesteckt. Doch der Braut ihre 3 Schwestern starben an der Sucht gleich nach dem Bräutigam.

Auch durfte kein Basler in ein Dorf gehen. Daher wurden vor allen Dörfern Schiltwachen aufgestellt. Wollte einer mit Gewalt in ein Dorf dringen, dann hatte man ihn tot zu schlagen. Das war den Bauern von ihrer Obrigkeit scharf angekündet worden. Trotzdem fingen die reichen Kaufleut aus der Stadt zu weichen an, dem Sterben zu entfliehen, an Gott zu verzagen und misstrauisch zu werden und sich hinaus zu begeben nach Binningen, Bottmingen, Riechen, Hüningen, Weil und Grentzach. Doch Gott wird den finden, der am Meer wohnt wie den, der zu Basel wohnt. Wer vor dem Zorn Gottes entfliehen will, der soll hingehen an einen Ort, der weder Himmel noch Erde ist. So bleibe ein jeder in dem seinigen, damit ihn Gott finde, wenn es Zeit ist. Im Weinmonat sind auch alle Barbierer und Wundärtzte vor den Ehrsamen Rath citiert worden. Dort ist ihnen anbefohlen worden, dass sich keiner entschuldige, zu den Patienten zu gehen. Wenn einer von einem Kranckhen gerufen werde, soll er unverzüglich zu ihm gehen. Auch sind 4 Barbierer auf die Zunft zu Schärern angestellt worden, die dort liegen, schlafen und essen, damit man sie finde, wenn man ihrer bedarf. Johann Singysen, der Barbierer, ward acht Tag in den Thurm gesteckt, weil er nicht recht mit seinem Patienten umgegangen ist, sondern ihm nur ein Tränklein gegeben hat. Auch wollten die Tischmacher nicht in die Häuser gehen, um die Totenbäum zu machen, sondern man musste ihnen das Mäss in ihr Haus bringen. Es war ein erbärmlicher Jammer, dass die Betrauerten selbst die Toten mussten einnageln.

Trotz der Pestilentz hat man die Mess eingelüttet. Es sind eine Zielete Häuslin auf dem Kornmarckt und eine Zielete in dem Richthaus aufgerichtet worden. Aber nur in zweyen Häuslin hat man feil geboten, die andern waren lähr geblieben.

Von Anfang der Pest scheuchten sich die kleinen Basler etwas vor den grossen Baslern. Wollte einer von der grossen Stadt in die kleine gehen, sind sie von ihm hinweg gegangen, als ob er sie inficieren könne. Aber sie habens leider wohl erfahren, wer es ihnen gebracht hat. Freylich hat dieses der Mensch nicht gebracht, sondern der allmächtige Gott hat es den Menschenkindern geschickt, auf dass sie lernen, Busse zu thun.

Anno 1668 am neuen Jahrestag ist der Verstorbenen und der Getauften Zahl des vergangenen Jahrs abgelesen worden: 409 Getaufte, davon 77 Kleinbasler, und 1626 Verstorbene, davon 369 Kleinbasler.»

Meyer, p. 16 ff. / Richard, p. 587 ff. / Hotz, p. 414, 476 / Baselische Geschichten, p. 100 ff. / Beck, p. 95 f. / Chronica, p. 215 f. / Baselische Geschichten, II, p. 73 / Buxtorf-Falkeisen, 3, p. 2 ff. / Basler Chronik, II, p. 145 f. / Lindersches Tagebuch, p. 119

Ein Gebätt in Pest-zeiten zu sprechen.

O Ewiger/ Allmächtiger/ Gerechter vnd Barmhertziger GOtt/ wir erkennen vnd bekennen vnsere natürliche Verderbnuß/ vnd grosse Sünden/ die wir mit Gedancken/ Worten vnd Wercken/ durch Vnderlassung des guten/ vnd Vollbringung des bösen/ begangen. Du hast vns in vnserem Vatterland nun viel Jahr nach einandern für vielen anderen Völckeren gesegnet mit gesundem Lufft/ Frieden vnd Fruchtbarkeit des Lands: Wir haben aber laider die Zeit vnserer gnädigen Heimsuchung nicht erkant/ sondern deine Gutthaten zur Vndanckbarkeit/ Sicherheit vnd Vnbußfertigkeit schandlich mißbraucht; dadurch deinen gerechten Zorn gerätzet/ vnd dir Vrsach gegeben/ dein Schwerdt/ nachdem du bißher täglich gedröhet/ wider vns zu zucken/ deine tödtliche Pfeil auff vns zu schiessen/ vnd mit der jetzt-regierenden bösen Seuche das Land heimzusuchen. Das macht dein Zorn/ daß wir so vergehen/ vnd dein Grimm/ daß wir so plötzlich dahin müs-

Ein von Peter Werenfels 1669 formuliertes Gebet zur göttlichen Bewahrung vor der Pest.

Tote wird wieder lebendig

1668 «starb eines Hafners Frau an den Steinen. Sie wurde, wie dies zu geschehen pflegt, versorgt. Um Mittag brachte der Schreiner den Totenbaum. Wie er die Tote hinein legen wollte, erholte diese sich wieder und fragte den Sargmacher, was er wolle. Es währte aber nicht

lange, denn nach 2 Stunden wurde es ernst und sie verschied recht.»
Wieland, p. 324

Mädchen mit 3 Zungen
1672 «ist zu St. Elisabethen ein Mägdlein mit 3 Zungen an das Licht dieser Welt geboren worden».
Hotz, p. 513

Fliegender Krebs
«1683 grassierte eine zuvor niemals bekannte Seuche unter dem Rindvieh, genannt fliegender Krebs. Anfangs nahm es sehr viel Vieh dahin, bis man die Krankheit lernte kennen. Die Krankheit war also: Das Vieh bekam gelbe Blattern, auf oder unter der Zunge. Wenn man nicht Hilfe schaffen konnte, faulte die Zunge in wenig Zeit hinweg. Man hat observiert, dass wenn man abends die Zunge gebutzt hatte, so wuchsen über Nacht ganze Büschel Haare in die Wunde.»
Baselische Geschichten, II, p. 93 / Buxtorf-Falkeisen, 3, p. 37f.

Nasenbluten an einem Toten
1684, als Martin Jenny von der Wanne bei Langenbruck beerdigt werden sollte, «begehrte seine Schwester, ihn noch einmal zu sehen, worauf sie ihren toten Bruder also angeredet: ‹Ach, mein herzlieber Bruder, wie ist es dir ergangen, dass du so geschwind gestorben bist.› Da gab der Tote ein Zeichen von sich, dass ihm das helle Blut zur Nase ausfloss. Sah die Schwester auf die Seite, hörte es auf, richtete sie ihre Augen wieder auf ihn, fing es wieder an zu bluten. Dies geschah fünfmal. Die Kundschaft ist hierüber vom Landvogt eidlich verhört worden.»
Baselische Geschichten, p. 140 / Basler Chronik, II, p. 178

Seltsame Todesursache
«Im J. 1684 starb Einer, Namens Jenni, in der Wanne zu Langenbruck. Als er den 23. July begraben werden sollte, begehrten seine Schwestern, ihn noch einmal zu sehen. Darauf redete eine derselben ihn so an: ‹Ach, mein herzlicher Bruder, wie ist es dir ergangen, dass du so geschwind gestorben bist?› Sogleich gab der Todte ein Zeichen von sich, und schoss ihm Blut zur Nase häufig hinaus. Wenn die Schwestern bey Seite sahen, so hörte es auf. Sobald sie aber die Augen wieder auf ihn wandten, floss das Blut wieder. Das geschah zum fünften mal. Kundschafter wurden hierüber durch den Landvogt abgehört, und der Verdacht eines gewaltthätigen Todes entstand bey den Leuten. Der Rath oder die Häupter ertheilten aber den Befehl, den Todten zu begraben.»
Ochs, Bd. VII, p. 350f.

Neue Invention
«1689 wurde eines Zimmermanns Frau aus der Markgrafschaft, welche schwangeren Leibes war, alhero gebracht und hat zwey Kinder, ein Knäblein und Mägdlein, gebohren, die mit dem Bäuchlein zusammengewachsen waren. Durch eine neue Invention (Erfindung) vermittelst eines seydenen Fadens sind aber beyde verwunderlich voneinander getrennt worden. Beyde wurden zur Heiligen Tauf ins Münster getragen. Ihre Taufzeugen waren die vier Herren Häupter. Die Eltern wurden reich mit Speis und Tranck versorgt und mit Geld beschenckt.»
Scherer, III, p. 152f. / Scherer, p. 157, 159 / Ochs, Bd. VII, p. 362 / von Brunn, Bd. III, p. 559 / Scherer, II, s. p. / Baselische Geschichten, II, p. 100

Verzeichnis der im Jahre 1668 in Basel verstorbenen, getauften und verheirateten Personen.

Seltsame Viehseuche
«Verwunderlich war es, dass im Sommer 1693 im Kleinbasel fast alles Vieh auf der Weide nach und nach von einer sonderbaren Seuche dahingerafft wurde, während diese die grosse Stadt verschonte.»
Scherer, p. 185

Wundermittel
«Ein Italiäner namens Toscanus verkaufte 1696 in einer Bude auf dem Blumenplatz ein wundersames Heilmittel. Er liess dabei zur Probe zwei Nattern, die er zornig machte, an seine linke offene Brust und liess sich beissen, bis es blutete und anschwoll. Nach einer Viertelstunde bestrich er die Wunden mit seinem Mittel, welches ihm dann alles Gift vom Herzen gezogen hat.»
von Brunn, Bd. I, p. 67 / Scherer, p. 210 / Scherer, II, s. p.

Garstige Raut
Im August 1700 berichtete der Prädikant von Bubendorf von einer 33jährigen Bauerntochter aus Ramlinsburg, «so eine garstige Raut in ihrem Leibe hat, wie am Haupt, an den Armen und an den Schenkeln, die in einen Aussatz gehen könnte. Dieses Mensch soll im Siechenhaus zu Liestal curiret werden.»
Ratsprotokolle 72, p. 319

Werdende Mutter erschrickt
«1702 ist in einem Burgerhaus ein Kind geboren worden, welches weder Hände noch Füsse hatte. Man sagte, die

XV.
Wann die empfangenen Kindlein allzu schwach und krank erscheinen, soll die Hebamm, so viel an ihr ligt, veranstalten, daß die Heil. Tauffe nicht verzögeret, oder allzu weit hinaus gesetzet werde.

XVI.
Wenn einer Hebamme in ihrem Beruff etwas von wider=natürlich=beschaffenen Kindlein, oder auch von Miß=Geburten und dergleichen vorkommt, solle sie solches alsobald Herrn Doctor Stadt=Arzt oder dem bestellten Herrn Hebammen=Meister zu hinderbringen schuldig seyn.

XVII.
Es soll keine Hebamm eine Säugamme zu einer Kindbetterin in Dienste thun, oder ein Kind der Säugammen in ihr Hauß und Kost übergeben; es seye dann, daß solche Säugamme zuvor wegen ihrer Milch, und ob sie auch recht gesundes und reines Leibes sey, von einem Medico Practico genau besichtiget, und gut erfunden worden.

Aus der «Hebammen-Ordnung für die Hebammen in der Stadt». 1769.

Mutter sey während einer Comedi (Theateraufführung) so sehr erschrocken, als ihr Mann unter den Comedianten erschienen ist.»
Scherer, III, p. 281

Gefährliche Kinderblattern
Um die Jahreswende 1713/14 grassierte in und um Basel die gefährliche Krankheit der Kinderblattern, die mit zunehmender Wärme besonders bös wurde. «Diese hat allein in der Stadt gegen 300 der schönsten und werthesten Kinder weggenommen. Vielen nahm es das Gesicht, andern das Gehör und andere wurden sonst im Angesicht übel zugerichtet. Dies hat bei den Eltern grossen Jammer verursacht.»
Bachofen, p. 90

Geglückte Augenoperation
«1715 ward durch Herrn Dillenius, Operator in der obern Pfalz, einem Mann von ca. 54 Jahren, aus Rothenfluh, namens Jockli Märcklin, der Starr an beyden Augen gestochen. Die Operation währte keine halbe Stund, nach welcher er ein Blatten mit Eyern und ein Glas mit Wasser nehmen konnte. Hierauf ist er verbunden und auf ein Bett auf den Rucken gelegt worden, in welcher Postur er also 8 bis 10 Tag soll liegen bleiben. Soll halb weissen Wein und Wasser trinken und Fleischsüpplein, so nicht viel gesalzen, und ein wenig wohl gekochtes Kalbfleisch essen. Auch soll er des Tages 3 Mahl verbunden werden.»
Schorndorf, Bd. II, p. 49

Unglückliche Schwangerschaft
«Eine junge Frau von 20 Jahren, dem Geschlecht der Battier angehörend, trug ihr erstes Kind während 60 Wochen und konnte nicht genesen. Sie war so grossen Leibs, dass die Doktoren nicht wussten, wie ihr zu helfen sei. Frau Battier hatte während der Schwangerschaft einen schweren Fall die Treppe hinunter gemacht. Von dieser Zeit an war ihr sehr übel, ein Gestank war bei ihr entstanden, auch hatte sie grosse Schmerzen und verlor an Gewicht. Es sind ihr aber auch allerhand Stücklein faules Fleisch zum Mund herausgekommen, so dass sie elenderweise hat sterben müssen. Nachwerts sagte man, sie habe zwei tote Kindlein in ihrem Leib gehabt, nachdem man diesen eröffnet habe. Andere sagten, sie habe durch den Fall die Mutter versprengt, worauf die Kinder in den holen Leib gefallen und von der Nahrung gekommen seien. Von einem solchen Fall ist seit 100 Jahren nicht gehört worden. Viele Leute sagten, es sei kein Wunder, sondern eine Strafe Gottes, weil sie sich vielfältig an ihrer

Mutter, die sie schnöd gehalten und traktiert habe, versündigte.»
Scherer, p. 606f. / von Brunn, Bd. I, p. 37, und Bd. III, p. 535 / Scherer, III, p. 415f. / Linder, II 1, p. 731

Abgestorbene Leibesfrucht
«Im Spital öffnete man im Oktober 1718 einer ledigen Frau, die viele Jahre mit einem überaus grossen Bauch elendiglich herumging, dass ihr niemand helfen konnte, den Leib. Bei ihrem Tod wollten die Medici wissen, was solches wäre und nahmen eine kleine Anatomie vor. Sie schnitten sie auf und fanden einen Molam (abgestorbene Leibesfrucht), wie sie es nannten, in der Mutter voll Wassers, gleich als Gallen, welches mit harter zäher Haut umgeben war.»
von Brunn, Bd. III, p. 535 / Scherer, p. 672 / Linder, II 1, p. 750

Herbstmesse der Pest wegen abgesagt
Auf Grund von Mitteilungen aus Bern, Zürich und aus dem Deutschen Reich beschloss der Grosse Rat im Oktober 1720, infolge der Gefahr des Einschleppens der Pest, die Herbstmesse abzusagen. Obwohl schon einige Warensendungen in Basel eingetroffen waren, wurden keine Fremden in die Stadt eingelassen. Und die schon aufgestellten Messehäuslein mussten mit grösstem Bedauern wieder abgebrochen werden.
Nöthiger, p. 21 / von Brunn, Bd. III, p. 539 / Bachofen, p. 252

Blinder wird wieder sehend
Notar Hans Jakob Hofmann, der vor etlichen Jahren «das Gesicht verloren hatte», ist 1721 auf wunderbare Weise wieder sehend geworden: Ein Sturz in seinen Keller hatte so glückliche Folgen, dass ihm plötzlich das Augenlicht wieder gegeben ward.
Bachofen, p. 266

Wilde Blattern
«Im Januar 1723 erkrankten viel hundert Kinder an Kindsblattern, und es starben eine Menge, darunter auch Frauen von 30 und mehr Jahren.»
von Brunn, Bd. I, p. 51 / Scherer, p. 802 / Beck, p. 160 / Scherer, III, p. 466

Glücklicher Sturz
Des Wachtmeisters Philibert 20jährige Tochter «trug etliche Jahre einen Bauch gleich einer Schwangeren. Als sie aber 1724 auf dem Petersplatz strauchelte und auf den Bauch gefallen war, ist ihr das versessene Wasser gebrochen und davon geloffen. Darauf hat sie den Bauch verloren und ist wieder völlig gesund geworden.»
Bachofen, p. 314

Entenschnabel
«Meister Erlacher des Tischmachers Frau jenseits ist 1726 eines Kindes niedergekommen, welches zwischen seiner Nase und dem Maul ein Missgewächs hatte, welches einem Entenschnabel fast gleich siehet. Es ist in dem Haus getauft worden und lebt noch. Es tragen die Herren Medici Bedencken, ihm solches hinweg zu schneiden, aus Beysorg, es möchte solches verbluten.»
Geschichte der Stadt Basel, p. 267

Unbarmherziger Gott
Weil Catharin Herzog ein schuldhaftes Leben geführt und viele Leute betrogen hatte, «hat Gott, der Herr, sie schwerlich heimgesucht: Sie hat einen so grossen Bauch bekommen, der grösser war, als der grösste einer schwangeren Frau. Diesen hat sie viele Jahre bis ins Grab tragen müssen. Nach ihrem 1728 erfolgten Tod hat man ihren Leib geöffnet. Er war voller Fleischwasser, das 95 Pfund gewogen hat. Auch wurde in diesem Sack ein Gewächs, das so gross war, wie zwei Fäuste, gefunden. Dieses war ganz hart und inwendig ganz weiss wie das Weiss von einem Ei. Solches hat jedermann mit grösster Verwunderung angesehen.»
Bachofen, p. 399f.

Von der «moden Kranckheit»
Um die Weihnachtszeit 1729 wurde die Bevölkerung zu Stadt und Land von einem überaus hartnäckigen Husten erfasst, der von Schüttelfrost und Fieberanfällen begleitet war. Obwohl kaum eine Familie von der bösen «Sucht» verschont blieb, gab es kaum Todesfälle zu verzeichnen, «weshalb die Sucht moden Kranckheit geheissen wurde. Wie die Medici urtheilen, solle solche von einer unreinen Luft, die etliche Wochen vorher ins Land gezogen war, herrühren».
Bachofen, p. 435 / Bachofen, II, p. 320

Behandlungsmethoden eines fahrenden Feldscherers
«Erstlich curiere ich alle Mängel der Augen, so ein Mensch das Gesicht 10, 12, 15 Jahr lang verloren, den grauen oder weissen Staaren hat, denen helfe ich in wenig Minuten, dass sie den kleinsten Vogel auf dem Dach sehen können, so sie aber Fell auf den Augen haben, helfe ich theils mit Instrumenten, theils mit Medicamenten, wo nur der Augapfel noch ganz ist.
Zweitens rühme ich mich ein Meister im Bruchschneiden und Leibesschäden zu heilen, mit dem Schnitt, wie auch ohne den Schnitt, welche aber sich dem Schnitt nicht unterwerfen wollen, curire ich solche mit einer ganz bequemen Bandasche, welche ganz kommod zu tragen, und aller Kommodität dabey pflegen können, und mit

dazu gehörigen Medicamenten von mir in kurzer Zeit davon curirt werden.

Drittens nehme ich den reissenden Stein aus der Blasen mit subtilen Instrumenten; Sand und Gries curire ich mit Medicamenten.

Viertens schneide ich alle abscheulichen Wolfsrachen, Hasenscharten, Muttermähler, dergleichen garstige Gewächs mit Verwunderung.

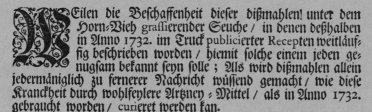

Artzney-Mittel /

Welche bey dem in diesem 1734ten Jahr unter dem Horn-Vieh in einigen Orten Löbl. Eydgnoßschafft eingerissenem Vieh-Presten / der fliegende Zungen-Krebs genannt / heilsamlich gebrauchet werden.

Weilen die Beschaffenheit dieser dißmahlen! unter dem Horn-Vieh graßierender Seuche / in denen deßhalben in Anno 1732. im Truck publicierter Recepten weitläufig beschrieben worden / hiemit solche einem jeden genugsam bekannt seyn solle; Als wird dißmahlen allein jedermänniglich zu fernerer Nachricht wüssend gemacht / wie diese Kranckheit durch wohlfeylere Artzney-Mittel / als in Anno 1732. gebraucht worden / curieret werden kan.

Diesem Ubel nun zu begegnen und vorzubiegen / ist höchst nöthig / daß man zum wenigsten zwey oder drey mahl des Tags die Zunge alles Horn-Viehs auf das Sorgfältigste besehe / und examiniere / damit man dem Ubel gleich im Anfang Widerstand thun könne.

Wann man bey Besichtigung des Viehs beobachtet / daß ein oder etliche Blatteren an der Zungen sich befinden / so muß man solche sogleich mit einem silbernen Löffel / oder einem anderen scharffen stuck Silber zerreissen / die Haut hinweg ziehen / und so lang die Wunden schaben / biß daß solche blutet; Hernach muß man scharffen Wein-Eßig zerstossenen Knoblauch und Pfeffer unter einander vermischen / damit die Zungen wohl anfeuchten und auswaschen; Darauf reibet man die Wunden mit Honig / Büchsen-Pulfer / Saltz und Ruß; unter einander vermischet.

Wann auch das Geschwähr schon würcklichen formieret wäre / muß man doch vorgeschriebenes Mittel gebrauchen / und zwar in beyden Fählen des Tags zwey biß dreymahl / biß zur völligen Genesung.

Basel den 6. Martii 1734.

Der beim Vieh auftretende sogenannte fliegende Zungenkrebs ist durch Wegschaben der Blattern mit einem silbernen Löffel zu kurieren.

Fünftens curiere ich auch den um sich fressenden Krebs, er mag seyn entweder an der Brust, Maul oder Nasen theils mit Instrumenten, theils mit Medicamenten.

Sechstens curire ich alle alte offene Schäden am Bein oder Arm mit heilsamen Medicamenten.

Siebentens curire ich ansetzende Lungensuchten, Schwindsüchtige, Dörrsüchtige, auch Wassersüchtige, die aufgeschwollen wie ein angefüllter Sack.

Achtens curire ich Epilepsiam oder hinfallende Krankheit, Milzkrankheiten, dadurch ein Mensch von Sinnen kommen und närrisch worden ist.

Neuntens, die das Sausen und Brausen der Ohren haben oder viele Jahre das Gehör gar verlohren, helfe ich mehrentheils ehe sie aus meinem Quartier gehen.

Zehntens curire ich diejenigen Frauenspersonen, die ihre monatlichen Rosen verloren, oder gar noch nie gehabt haben, wie auch solche, die am weissen Fluss laborieren.

Eilftens curire ich auch die Weibspersonen, die mit Mutterbrüch oder Vorfäll beladen seynd, und in harten Kindsnöten durch unerfahrene Hebammen verdorben worden, wie auch die mit Saadhälsen beladenen, solche dürfen sich meiner Hülfe getrösten.

Zwölftens solche Persohnen, die mit bösen Köpfen oder s.v. sog. Erbgrinden behaftet, so der Grind bis ins Graneum hineingefressen, curire ich in 14 Tagen.

Dreyzehendens curire ich s.v. die venerische Krankheit ohne Salivation, auch wird alles von mir in geheim gehalten.

Vierzehendens curire ich das reissende Gicht oder Gliederkrankheit.

Nb. So aber jemand selbsten nicht weisst, wo es ihm fehlt, der beliebe morgens nüchtern s.v. seinen Urin in ein reinen Geschirr auffangend, in mein Quartier zu schikken, werde ihnen daraus sagen, woher der Zustand komme, ob zu helfen seye, oder nicht, dann in Urin schauen darf ich mich einen Meister rühmen, wird auch keine Medizin durch meine Hand ausgegeben, zuvor ich das Wasser besehen habe, werden auch zugleich gebetten, dieses Exemplar oder Zedul dem Kranken und andern Hilfsbedürftigen zu überschicken.» Dienstwilliger Operateur und gewesener Feldscherer Franz Antoni Wittelbacher, 1730.

Hans Müller, p. 12ff.

Grippewetter

«Nachdem den 10. Dezember 1732 ein Schnee und Frost eingefallen, so hat selbiger immer mehr zugenommen bis den 21. und 22., da die Kälte am grössten war. Nach Weihnachten aber hat sich das Wetter geändert, also dass es geregnet, doch nicht stark und viel, bis an den Neuenjahrstag, da auf die Morgenröthe während der Predigt es geregnet wie im Frühling; darauf kahmen unterschiedliche stinkende Nebel, durch welche der Luft stark inficieret, nichts als Krankeiten verursachet. Da in Teutschland

Anfangs January die Krankheiten sich geäussert, ist man dero erst in hier in den zwei letzten Wochen Januarii gewahr worden, also dass kein einziges Hauss überblieben, das nicht mit Kranken beladen worden, also dass in vielen zahlreichen Haushaltungen kaum die eint oder andere Persohn befreyet geblieben.

Allhier fienge das Übel an mit einer Mattigkeit in den Gliedern, Engbrüstigkeit, Verlust des Appetits zum Essen, darauf folgeten grosse Kopfschmerzen, ein starkes Fieber, eine Mattigkeit durch den ganzen Leib und in allen Gliedern, so dass die stärksten Männer sich müessen zu Bette legen. Wann nun durch die Wärme und angewandte Mittel dem grössten Übel gesteuret worden, folgete ein starker Schnuppen, Husten und bei jungen Leuten ein sehr starkes Nasenbluten, so schier nicht zu stillen wahr!»

Des Volksboten Schweizer Kalender, 1896, p. 52f.

Wieder zum Leben erweckt

«Im August 1734 ist die unlängst entdeckte und durch den Mercure Suisse bekannt gemachte Kunst, Ertrunckenen die Lebens Geister wieder zu erweckhen, zu Neuschatel probiert und aprobiert worden. Als nämlich ein junger Knab aus Basel, Heinrich Schaub, in dem See badete und sich etwas zu weit hinein wagte, ist er bis auf den Grund niedergegangen und fast gegen eine halbe Stund dort gelegen, ehe man ihn mit langen Hacken herauszog und seinem Kostherrn als tot, ohne jede Bewegung und Empfindlichkeit, nach Hause brachte. Alsobald wurde die Operation, wie sie im Mercure Suisse beschrieben ist, vorgenommen, worauf er nach 4stündigem Anhalten wieder zu seinem Leben und Verstand gebracht worden ist, so dass er anderntags diese merkwürdige Geschicht nach Basel hat berichten können. Er musste aber der Schwachheit halber noch etliche Wochen das Haus hüeten. Es wäre fast besser gewesen, wenn er damals im Abgrund geblieben wäre, weil er sich nachwerts durch sein ärgerliches Leben sehr bekannt gemacht hat.»

Linder, II 1, p. 877

Berühmter Oculist

«1734 hat sich der berühmte englische Oculist Taylor in Basel aufgehalten. Er hat nicht nur den von der hiesigen medizinischen Fakultät vorgenommenen Operationen beygewohnt, sondern hat auch in Gegenwart der Professoren und anderer vornehmen Personen eine Lection über die Schönheiten des Auges gehalten und hernach eine ebenso nützliche wie neuerfundene anatomische Dissection oder Zergliederung der Augen vorgenommen. Auch hat er einen vorhin völlig blinden Mann aus dem Solothurnischen, Daniel Reinli, vorgestellt, der von der Medizinischen Fakultät als wieder sehend und sich in gutem Stand befindend begutachtet worden ist. Obwohl Taylor bey seinen sonst so gefährlichen Curen sehr über die Nase gesehen hat (er war also hochnäsig), ist er in die Basler Societät aufgenommen und mit einer kostbaren Mahlzeit im Untern Collegio beehrt worden.»

Basler Chronik, II, p. 442f.

Blasensteinoperation

«1737 ist der 46jährige Gerichtsherr Rudolf Frey von Herrn Cappguet aus der Nieder Laussnitz an dem Stein geschnitten worden. Nach schwärer Operation ist endlich ein grosser Stein, etwas oval, in der Grösse einer kleinen Citrone, rauh und weisslich, an Gewicht 8 Loth schwär, herausgezogen worden, und zwar nach der Methode des bewährten Ravy. In der Operation hat der Patient viel Blut verloren und ist hernach in eine starke Ohnmacht gefallen, die über eine Stund gedauert hat. Die Cur ist langsam vonstatten gegangen, dieweil man zwei Schnitt hat thun müssen, wegen der Grösse des Steins. Aber dennoch ist der Patient mit dem Leben davongekommen.»

Basler Chronik, II, p. 179f.

Der Kopf im Hafen

«1737 ist Johann Michael Heinlin mit dem Schwert vom Leben zum Tode gebracht worden, weil er im Wirtshaus zur Kanne seinen Reisegefährten Johann Christian Hintze vorsetzlich getötet hatte. Als Professor Benedict Stächelin seinen Kopf in einem erdenen Hafen durch seinen Knecht in sein Laboratorium bringen liess, ist der Knecht, der aus Wunder in den Topf geguckt hatte, dergestalt erschrocken, dass er für ein paar Tag unpässlich wurde.»

Linder, II 1, p. 953

Lebensunfähige Drillinge

«1738 ist die Frau des Papierers Friedrich Walther, welche von gantz kleiner Postur und noch nicht 20 Jahr alt war, innert dreyer Stunden mit 3 lebendigen Knäblein darnidergekommen. Das erste hat sechs und das letzte drei Stunden gelebt. Das mittlere aber hat nur dreyviertel Stund gelebt und ist ohne Tauf gestorben. Alle drei Kinder sind zusammen in einen Sarg gelegt und begraben worden. Etliche Tage darauf haben Unsere Gnädigen Herren der schwachen Kindbetterin einen Sack Mehl, einen Saum Wein und 10 Pfund Geld geben lassen.»

Basler Chronik, II, p. 256

Gesalzene Honorare

«Der sächsische Oculist oder Augenarzt Meyners hat 1741 sowohl an vornehmen wie an geringen Personen verschiedene Operationen vorgenommen, wobei er sie bey letzteren guten Theils umsonst verrichtet hat. Bey den Reichen aber hat er sich desto besser bezahlen lassen, wie bey Herrn Werthemanns Töchterlein 1000 Gulden und

bey Herrn Wild 300 alte Louisdor. Dass er mit seiner raren Wissenschaft gar blind Geborene sehend zu machen vermochte, wie an einem Kindlein aus Liestal, mag allhier nur wenigen verborgen seyn.»
Basler Chronik, II, p. 24f.

Brustoperation
«In Gegenwart der Herren Medicorum und Chirurgorum wurde 1741 an der Weibsperson Susanna Haas in allhiesigem Spital eine wichtige Operation vorgenommen, indem ihr die linke Brust, in welcher sie seit mehr als einem halben Jahr entsetzliche Schmertzen verspürte, und keine Hoffnung zur Genesung mehr bestand, hatte abgenommen werden müssen. Die Operation ist von Herrn Mangold, dem Chirurgo, in sehr kurtzer Zeit mit grösster Behutsamkeit und Geschicklichkeit vorgenommen worden. Die Patientin befand sich nachher gantz wohl. Zu ihrer Genesung war die beste Hoffnung vorhanden, hat die Brust doch über 8 Pfund gewogen.»
Basler Chronik, II, p. 22 / Linder, II 1, p. 1061

Missglückte Operation
«1741 hat sich eines Naglers Tochter aus Frenkendorf den einen von ihren beiden Kröpfen von einem fremden Operator abhauen lassen. Weil solches ziemlich glücklich abgeloffen war, hat sie sich auch noch den andern abschneiden lassen wollen. Besagter Operator ist dabei aber ziemlich weit in die Gurgel hineingekommen, so dass das Mädchen innerhalb einer Viertelstunde verstorben ist. Der Operator ist hierauf in die Stadt gebracht worden. Weil er aber noch etliche Kinder zu curieren hatte, wurde ihm dieses erlaubt, ehe er von Stadt und Land verwiesen wurde.»
Scherer, II, p. 539

Mit einer garstigen Krankheit behaftet
Im Sommer 1744 stellten die Behörden fest, dass der Hafner Andreas Perna samt seiner Frau und seinem Kind mit einer «wüsten» Krankheit behaftet war. Chirurg Niclaus Faesch, der mit der medizinischen Untersuchung beauftragt war, hatte anfänglich grosse Mühe, den von der «venerischen Seuche» angesteckten Mann zu «besichtigen», da dieser dazu keine Bereitschaft zeigte. Der Befund ergab dann eindeutig, dass die ganze Familie «voller Chancer» war, der nur durch eine radikale Kur geheilt werden konnte. Die Frau hatte sich deshalb im Siechenhaus von St. Jakob einzufinden, das sie schon nach wenigen Wochen «völlig curiert, also dass nicht das geringste Merkmal ihrer vorigen wüsten Krankheit mehr an ihr zu sehen war», wieder verlassen konnte. Als auch der Mann zur Pflege nach St. Jakob beordert wurde, weigerte sich dieser entschieden, so dass die Frau – die verbotenerweise die eheliche Gemeinschaft wieder aufgenommen hatte – erneut an Geschlechtskrankheit litt. Das von der «garstigen Krankheit» befallene Paar wurde wegen seines Ungehorsams schliesslich zur besseren Einsicht an das Schellenwerk geschlagen.
Criminalia 27 P 2 / Ratsprotokolle 117, p. 40ff.

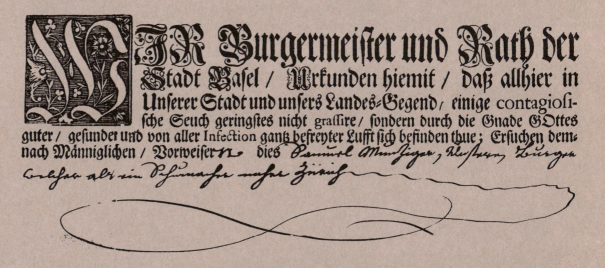

Dass die Stadt nicht mit ansteckenden Krankheiten belastet sei, sondern sich durch eine gesunde Luft auszeichne, bescheinigt die Obrigkeit 1755 Samuel Munzinger mit einem für Zürich gültigen Gesundheitspass.

Mit Baumöl gerettet

«Gestern 8. Tag Nachmittag fiele ein 6jähriges Kind bey E. E. Gesellschafft zur Hären in den Rhein, wurde von dem Strom über 300 Schritt weit getrieben und erst wieder aufgefangen; man schüttete ihme eine zimliche Portion Baumöhl ein, und kehrte es so dann unter über sich, wodurch sich das viele eingeschluckte Wasser wieder von ihme gosse, und das Kind gesund und frisch davon kame.»

Hoch-Obrigkeitlich privilegirtes Donnstags-Blätlein von Basel, 2. Heumonat 1744

Quacksalber

«Verena H., des hiesigen Zieglers Tochter, ward in verwichenem Sommer 1745 am roten Schaden (rote Ruhr) krank. Dabei schlug der kalte Brand in der Patientin linken Fuss, blieb aber, als er bis gegen dem Knie gekommen, stehen und wollte weder ab- noch zunehmen. Endlich meldete sich ein frömbder Bursch, dieser verspricht, das Mensch zu kurieren, öffnet den geschwollenen Fuss, schneidet und hantieret und schmieret diesen ganzen Winter durch so lange, bis endlich der kranke Fuss in vorgestriger Nacht der Patientin unbemerkt abbricht und neben derselben (die übrigens gesunden Herzens ist) im Bette liegend gefunden wird. Hierauf erkannte der Rat, die Quacksalber, welche die hengermässige Kunst betreiben, die Gesunden krank zu machen und die Kranken zu töten, auszuschaffen.»

Hans Müller, p. 16

Vom Krebs verzehrt

«Zu Kilchberg ist 1747 ein Mann gestorben, welcher seit 6 Jahren den Krebs gehabt hat und von diesem von den Augen bis zum Hertz schon verzehrt worden war.»

Linder, II 1, p. 1173

Kindsblattern

Gegen Ende des Jahres 1751 wurde ganz Europa von einer grassierenden Kindsblatternepidemie heimgesucht, wie es in solchem Ausmass seit 1618 nicht mehr der Fall gewesen war. «Die meisten sind gestorben. Auch sind viehlen die Küfel und Backen abgefault. Etlichen hat man gantze Stücker Fleisch, Füssli und Fingerli abgeschnitten und sind die Augen ausgerunnen. Der Geschmack war auch so entsetzlich starck, dass die Umstehenden selbigen kaum ertragen konnten.»

Im Schatten Unserer Gnädigen Herren, p. 30 / Bieler, p. 362

Durch Elektrizität geheilt

Magister Wiegand, Lehrer am Gymnasium, litt nach einem Schlaganfall an Lähmungen und Sprachlosigkeit. Durch «Würckung der Electricitaet von Herrn Rahtsdiener Götz seiner Maschinen aber wurde er glücklich, wenn auch nicht völlig, doch dass er widrum reden, greifen und gehen konnte, curirt».

Im Schatten Unserer Gnädigen Herren, p. 31 / Bieler, p. 363

St. Ruperts Schlüssel

«Ein tauber Hund biss 1753 auf einer Rheininsel bei Neudorf einige dort weidende Kühe und den sie hütenden Knaben. Hierauf ist der Knabe samt den Kühen nach Hüningen geführt worden, allwo ein Schlüssel, welchen man St. Ruperts- oder St. Peters-Schlüssel nennt, sich befindet. Mit diesem sind die Gebissenen auf ihren Wunden gebannt worden.»

Quelle unbekannt

Es haben Unsere Gnädige Herren E. E. Wohlweyser Raht dieser Stadt aus Anlaß der dermahligen Sommer-Hitze gut erachtet, wegen den Hunden und insbesondere zu Verhütung des Schadens der von tauben Hunden geschehen könnte, folgende Verordnung zu erneuern, und solches zu beständiger Beobachtung E. E. Burgerschafft und sonsten Männiglich kund machen zu lassen befohlen:

Erstlich; Sollen alle Hindersäßen und Handwercks-Gesellen gar keine Hünde halten.

Zweytens: Die Burger aber, welche entweder zu Ihrem Beruff, zu Bewahrung Ihrer Häuseren und Höfen oder sonsten Hunde nöthig haben, auf dieselben ob sie gesund seyen oder nicht? gute Acht haben und wann Sie etwas Unrichtiges an denselben verspühren, solche einsperren oder nach befinden todt schlagen lassen. Maßen diejenigen, welche auf Ihre Hünde keine Acht haben thäten, den von denselben verursachten Schaden mit empfindlicher Straff zu büssen haben würden.

Drittens; Ein Großviehmetzger, krafft schon verschiedenen ergangenen Erkandtnussen nur einen Hund und ein Kleinviehmetzger nicht mehr als zwey oder höchstens drey Hünd haben, jedoch solche nicht mit einander lauffen lassen, widrigenfalls die mehrere über diese Anzahl haltende, deme weggenommen werden.

Viertens: Jenige Burger, so Jagd-Hünd halten wollen, solche nicht in der Stadt lauffen lassen, sondern selbige bey Hauß behalten. Und

Fünfftens: Diejenigen so grosse Hünd haben, solche sowohl des Tags als Nachts in Ihren Häuseren behalten, wie dann auch sonsten niemand des Nachts irgend einen Hund er seye groß oder klein, auf der Gassen lauffen lassen solle, zu dem Ende dann auch befohlen worden, alle Hunde die man zu Nachts ohne Meister auf den Gassen antreffen wird, todt zu schlagen.

Uebrigens haben auch Hochgedacht Unsere Gnädige Herren mißfällig wahrnemmen müssen, daß von theils Burgeren, meistens aber von deren Gesind, die Hünd zum öfteren mit in die Kirche genommen werden, und demnach Männiglich warnen wollen, sich dessen als einer unanständigen und ärgerlichen Sach zu müßigen.

Auf welches alles und damit dieser Ordnung geflissen nachgelebet werde, Unser geordnete Obrist-Knecht wie auch alle übrige Bediente und die Harschierer genaue Acht haben, und die darwider Fehlbahre denen Herren Innzüchter-Herren und denen Herren Vorstadt-Meisteren verzeigen, und diese dieselben rechtfertigen sollen. Wornach sich also Männiglich zu richten und vor Schaden zu hüten wissen wird.

Actum & Decretum den 21. Julii 1762.

Cantzley Basel, sst.

1762 liess die Obrigkeit die Bürgerschaft u. a. wissen, dass Hunde weder in die Kirchen mitgenommen noch nachts unbeaufsichtigt gelassen werden dürfen, im letzteren Falle solche totgeschlagen würden.

Tödlicher Melonenschmaus

«1755 starb der junge Stupanus auf der Eysengass plötzlich, nachdem er tags vorher einer Gasterey beygewohnt hatte und, wie man vermuthet, allzu viel Melonen gegessen hatte.»

Linder, I 1, p. 380

Jammervoller Tod

«1757 starb Meister Johannes Hertzog, Schneider und Stattknecht, der sogenande Storck und Galgenleider, an einer 6wöchigen schmertzhaften und ausserordlichen incurablen Kranckheit, dergleichen die Doctores unter ihren Patienten noch niemals gehabt haben. Haben ihm die Gedärme zum Leib herausgehangen, auch die Fäulung und der kalte Brand dazugeschlagen, welches ihm den Tod verursachte. Im übrigen ist es zu Statt und Land bekand, dass er lange Finger gehabt, auch schon längstens wegen seinen vielen diebischen Excessen meritirt, dass man ihn von seinem Dienst abgesetzt und am Leib abgestraft hätte. Allein weilen er aber gut zum Dienst und ein guten Schelmen-Fanger, dergleichen noch keiner gewesen, so hat er allezeit gute Herren gehabt und ist gnädigst abgestraft worden.»

Im Schatten Unserer Gnädigen Herren, p. 60f./ Bieler, p. 371

Himmlische Pillen

«Herr Johann Zwinger, Apotheker in Kleinbasel an der Räbgass, thut das hochzuehrende Publicum wiedermahlen avisiren, auf nachfolgende drey Stuck ihr Augenmerk zu richten: Für das Erste hat er eine sonderbare Composition von Pillen, die man recht mit Grund der Wahrheit Pillulæ Cœlestes, oder himmlische Pillen, tituliren kan, ihrer Kraft und Würkung halber. Als zum Exempel in der rothen Ruhr, da er dieses Jahr eine schöne Anzahl mit dieser Krankheit beladen gewesener Personen durch Gottes Hülf wieder zurecht gebracht. Item, in Colica Desperatissima, oder dem allerentsetzlichsten Grimmen, seynd viele mit dem Gebrauch dieser Pillen wieder zurecht gebracht worden, nachdem sie etliche Tag sich derer bedienet. Ferner, in 2-, 3- oder 4tägigen Fiebern, wird man, nachdem man sich derer eine zeitlang bedienet, die herrlichste Würkung davon verspüren. Weiter in denen Zeiten, da ansteckende Kranckheiten grassiren und die Luft angesteckt, so seynd diese Pillen, täglich davon nach der Vorschrift gebraucht, ein solches Präservativ als immer eine Arzney mag gefunden werden, dahero es insonderheit reisenden Personen dieses beständig bey sich zu haben, um sich dessen auf den Nohtfall zu bedienen, bestens recommendirt wird, wie auch dergleichen Personen, die viel mit Kranken umgehen, und kan man diese Pillen zu allen Zeiten gebrauchen, vor und nach dem Essen. Zweytens, ein kostbarer Wund-Balsam zu alten Schäden wie auch frische Wunden, es seye von Hauen, Stechen, Brennen und dergleichen, es seye von Fett, Dampf oder Wasser, auch insonderheit vor Weibspersonen, die Kinder säugen, da zu Zeiten die Wärtzlein in solchen Zustand gerathen, dass Spält und Klecken darinnen seynd, dass sie vor grossem Schmerzen die Kinder

Heilungs-Mittel
wider den Biß toller Hunden.

Sobald ein Mensch von einem tollen Hund oder anderm Thier gebissen worden; so muß man erstlich tiefe Einschnitt in die Wunde machen, dieselben mit warmem Wasser auswaschen, und ungefehr eine halbe Stunde bluten lassen.

Zweytens Spanischmucken-Pulver in die Einschnitt streuen, und die Wunde mit Spanischmucken-Pflaster bedecken.

Drittens täglich viermal, oder alle vier Stund ein halb Quintlein gereinigten Salpeter mit zwey Gran Campfer vermischt, in Gerstenwasser eingeben.

Viertens den Patienten eine leichte Diät von gesunden Erdgewächsen und Gemüsern ohne Fleisch halten lassen, und zum Getränke Gerstenwasser oder eine andere leichte Tisane.

Fünftens das Gemüth des Patienten so viel möglich aufzumuntern trachten, als worauf sehr viel ankömmt.

Sechstens, wenn die Wunde und das erweckte Geschwür recht eiteret, dieselbe ferners mit Basilicum-Salbe 4, 5 biß 6 Wochen eiternd oder im Fluß underhalten, und endlich

Siebendens die ganze Cur mit einem den Umständen angemessenen Abführungs-Mittel beschliessen.

Eine andere noch leichtere und bequemere Heilungs-Art ist, wann die frisch gebissene Wunde alsobald mit einem glühenden Eisen recht ausgebrannt, und die Wunde mit einem Heilpflaster bedeckt wird, nach welcher Operation weiters mit dem Gebissenen gar nichts weder in- noch äusserlich vorgenommen wird.

Unsere Gnädige Herren Ein Ehrs. und Wohlweiser Rath dieser Stadt haben aus wohlmeinender Vorsorge für ihre lieben angehörige Burger und Underthanen obstehende Heilungs-Arten des Bisses von tollen Hunden durch den Druck kund zu machen befohlen den 5. Augstmonats 1780.

Canzley Basel, sst.

Kennzeichen eines wüthenden Hundes.

Die Lust zum Essen und Trinken verliert sich bey solchen Thieren allmählich, sie werden traurig und still, verbergen sich vor den Menschen, murren anstatt zu bellen, sind zornig, fallen alles an, was ihnen begegnet; gleichwohl scheuen sie sich noch vor ihrem Herrn, lassen Ohren und Schwanz herabhangen, gehen wie schlafend einher. Diß ist der erste Grad des Uebels: Alsdann bekomen sie einen Schaum vor dem Munde; sperren denselben weit auf, ihre Zunge sieht bleyfarbig aus, und hängt ihnen zum Munde heraus; sie keichen, haben triefende Augen, kennen jetzt ihren Herrn nicht mehr, gehen bald langsam, bald geschwind, und das geringste Geräusch vermehret ihre Wuth. Unter diesen Zufällen sterben sie meistentheils innerhalb 24 biß 30 Stunden.

Grassierende Tollwut veranlasste 1780 die Behörden zum Erlass eines Mandates, welches die Symptome und die Behandlung der Seuche beschreibt.

unmöglich säugen können und in Gefahr stehen, dass die Wärtzlein gar abfallen. Diesem vorzukommen, nur die Wärtzlein mit diesem Balsam gesalbet, und wann man dem Kind zu trinken geben will, alsdann sauber abwischen, und wann das Kind getrunken, wieder salben, wann man also einige Tag continuiret, so wird man nicht nur Linderung, sondern in kurzem völlige Genesung verspüren und die Wärtzlein erhalten werden. Zum dritten hat er ein kostbares Pulver für Weibspersonen, die schwanger seynd, dass wann die Zeit der Geburt vorhanden, da es doch gar nicht von statten gehen will, so darf man nur ein Brieflein von diesem Pulver der leidenden Person in ein wenig Thee oder Brühen eingeben, so wird man augenscheinliche Würkung der Genesung verspüren. Sollte aber bey dem ersten Gebrauch nicht von statten gehen wollen, so muss man in Zeit 6 Stunden noch eines geben, so wird die Frau ihrer Bürde mit Gottes Hülf glücklich entbunden werden.»

Wöchentliche Nachrichten 1759, p. 294f.

Nach einer Empfehlung aus «Alter und Newer Schreibkalender auf das Jahr MDCLIII (1653) durch Jacobum Rosium» ist beim Aderlassen der Stand des Mondes zu beachten.

Wider die rote Ruhr

«Wegen der eingerissenen Kranckheit des rothen Schadens haben Unsere Gnädigen Herren zwey Ärzte nach Gelterkinden beordert, damit wenn je im eint oder andern Dorf die Kranckheit auch grassiere, man bey den zwey Doctores ihren Rath vernehmen sollte. Damit aber auch der ferneren Ansteckung vorgebogen wird, wird männiglich zu seinem eigenen Besten erinneret, auf Nachbeschriebens zu achten:
1. Sich der kühlen Nachtluft, insonderheit, wenn man vorher geschwitzt hat, zu enthalten und auf keinen feuchten Boden sich niederzulegen, um auszuruhen.
2. Sich im Essen und Trincken in dieser gefährlichen Zeit überhaupt mässig zu halten. Das kalte Wasser nach geschehener Erhitzung nicht gantz zu geschwind und häufig in den Leib zu schütten. Das Stein Obst mässig zu geniessen. Die sogenannten blauen Griechen (Pfläumchen) aber gäntzlich zu meiden.
3. Angesteckte nicht zu Gesunden schlafen zu legen.
4. Die Zimmers öfters des Tags zu durchluften und mit Reckholder Beeren oder ein wenig auf einem Teller angezündeten Schiesspulver zu durchräuchern.
5. Den von den Krancken abgehenden Unrath in dazu verfertigten Löchern zu vergraben und gleich etwas Grund darüber zu schütten. Übrigens ist wohl darauf Acht zu haben, dass dieser Unrath nicht auf offene Misthaufen geworfen, noch weniger auf Strassen zum Scheusahl anderer Leuthe geschüttet wird.
6. Die an dieser Kranckheit verstorbenen nicht lang im Haus zu behalten, sondern bald vergraben zu lassen.
7. Die Kranckheit nicht lang zu verschweigen, sondern gleich nach Mitteln umzusehen.
8. Den Durchlauf (Durchfall) nicht gleich zu stopfen, welches eben das meiste Unheil nach sich zieht.»

Linder, I 2, p. 109f.

Unfolgsamer Landarzt

«Als Bümpi, der Barbierer in Gelterkinden, bey der rothen Ruhr Kranckheit sich 1761 übel aufgeführt hat und den Patienten gleich stopfende Mittel verabfolgte, welche bey einigen zur Lähmung ihrer Glieder führten, ist er zur Examinierung vor die löbliche Medizinische Fakultät beordert worden.»

Linder, I 2, p. 112

Warnung vor der Tollwut

«Zu Basel und andern benachbarten Orten ist 1764 unter den Hünden eine Gattung Seuch umgegangen. Selbige hatten im Kopf und Hirni Würm bekommen, so dass viele davon wütig worden und in 24 Stunden daran crebirt sind. Mehrerem Unglück vorzukommen, wurde durch den Statt-Tambour Merckli publicirt, dass ein jeglicher, der ein Hund hat, selbigen angebunden zu

Haus behaltet und curiren lassen solte, widrigenfahls sollen sie von den Kohlibergern zu Tod geschlagen werden. Einer von solchen dauben Hünden hat der Frau Hagenbachin auf der Bleichi vor dem Rüechen Thor ihr neunjährig Töchterli gebissen, alwo es auch 14 Wochen darauf an der Wasserscheuche und Gattung Daubsucht (Tollwut) gestorben.

N.B. Ein Freund hat dem Publico ein aprobirtes Recept für daube Hundsbisse zu guthem mitgeteilt: 1. Muss die Wunde mit warmem Baumöhl gereinigt werden. 2. Muss man der gebissenen Persohn einen Löffel voll frisch Baumöhl einschütten und nach einem Chirurcus schikken. 3. Muss man auf und neben die Wunden, wan es möglich, etliche Schrepfhörnli aufsetzen und wohl ziechen lassen. 4. Wan es nöthig, ein nicht alzu starckes Ziechpflaster darauf legen. 5. Muss der Medicus dem Patient, um böse Folgen zu verhüten, mit innerlichen Mitteln begegnen.»

Im Schatten Unserer Gnädigen Herren, p. 145f. / Bieler, p. 411

Massnahmen gegen die Ruhr

«Aus landesväterlicher Vorsorg haben Unsere Gnädigen Herren im Sommermonat 1767 einem wohlweisen Raht von der Hochlobl. medicinischen Facultät wegen diesmaliger laydigen grassirenten Disenderie oder Rothen Ruhr einen umständlichen Bericht geben lassen, welches dem Publico im Truck ausgetheilt worden. Erstlich solle man sich vor der Abendkälte mit warmer Kleidung und Decke wohl verwahren und sich im Essen und Trincken vor harten Speise hüten. 2. Solle niemand, der gesund ist, über den Abtritt, wo andere an dieser Kranckheit liegen, gehen, weilen solches ansteckent und durch die Erfahrung sundirt worden. 3. Soll man nicht wie zu anderen Zeiten bey dieser Kranckheit geschechen, stopfente, hützige Hausmittel oder Medicin brauchen, als rother Wein mit Pfeffer, Gewürtz, Brandewein, Milch und zerstossene Eichlen und Teriac und dergleichen. 4. Soll man, wan jemand von dieser Kranckheit angegriffen wird, anfangs gantz gelinde Mittel als Manna, Rhabara und dito Tinctur nach Proportion einer angegriffen wird, 3 bis 5 mal nach einander laxiren und wan es nötig ist, von Milch, Leinöhl, Eyergelb und Zucker clistiren. 5. Solle man nichts anders essen als gesottene Suppen, Mehlbrüjen und von Schäffenem Fleisch-Brüjen und dito ein wenig Fleisch und andere von Mehl und Eyer leichtstopfente Speisen. Das Rindfleisch und dito Suppengmüs aber sind durch Erfahrung gäntzlich verbotten. Für den Durst solle man entweder Blömli-Brunnenwasser oder Pfefferswasser lau, auch könne man nach Proportion seines Naturels 1 bis 2 Tassen gut Caffee ein wenig mit Milch trinken.»

Im Schatten Unserer Gnädigen Herren, p. 175f. / Bieler, p. 426

Prügel gegen Krankheit

«1773 starb in Riechen Meister Johannes Schärer, der Schulmeister. Dieser Mann war einige Jahr mit einer grausamen Glieder Kranckheit beschwärt und fand keine andere Linderung, als wenn er sich den Rucken starck zerprügeln liess, welches erbärmlich anzusehen war.»

Linder, II 2, p. 39

Rezept für Brustkranke

«Auf ausdrücklichen Befehl der Landgräfin von Darmstatt ward durch das Franckfurter Journal publicirt, dass für diejenigen, die mit Brustbeschwärten und Blutspeyen behafftet seyen, nichts besseres sey, als zum öftern starcken Rauch und Dampf von Harz und gelbem Wax zu machen.»

Linder, II 2, p. 295

Zweiköpfiges Kind

«1785 ward angezeigt, dass die Frau des Indiennedrukkers Frey eines Kindes mit zwey Köpfen und zweyen Hälsen niedergekommen ist. Das Kind muss bis vor wenigen Tagen vor der Geburt noch gelebt haben.» Für Leid und Schrecken verehrte der Rat den Eltern 20 Pfund und der Hebamme 2 neue Taler. Bereits anno 1723 ist an der Gerbergasse ein Kind mit 2 Köpfen mit Hilfe

«Der wunderliche Theophrastus Bombast von Hohenheim (1493 bis 1541), genannt Paracelsus, der 1527 Stadtarzt geworden, es sofort mit allen Leuten verdarb und schon 1528 einer ihm drohenden Verhaftung durch Flucht nach Colmar entging.»

der Medicorum zur Welt gekommen. Starb aber an der Geburt.»

Ratsprotokolle 158, p. 104v/Bürgermeister Joh. Ryhiner, p. 3/von Brunn, Bd. II, p. 401/Scherer, p. 811/Beck, p. 160

Geschwollene Hälse oder Kröpfe
«Man bemerkt zu Basel, wie in allen Berggegenden, eine Menge Leute, besonders weiblichen Geschlechts, mit geschwollenen Hälsen oder sogenannten Kröpfen, und es ist in solchen Gegenden beinahe eine Seltenheit, eine Person zu sehen, welche ganz und gar nichts davon an sich hat. Die wahre Ursache dieses Übels scheint mir bis jetzt noch nicht entdeckt zu sein. Einige haben gesagt, es rühre von der Bergluft her; andere: das Wasser solcher Berggegenden, das reinste und gesundeste, welches man trinken kann, wäre Schuld daran! Aber, wenn das eine oder das andere die Ursache ist, woher kommt es denn, dass nicht eben so viele Männer als Weiber mit diesem Übel behaftet sind, da doch beide einerlei Luft und einerlei Wasser geniessen? Wiederum hat man gesagt, es rühre dieses vornehmlich daher, weil die Weiber und Mädchen in bergichten Gegenden gemeiniglich viel auf dem Kopfe zu tragen pflegen, wodurch ihr Hals auf eine unnatürliche Weise hervorgepresst würde, aber da muss ich abermals fragen, woher kommt es denn, dass das vornehme Frauenzimmer, welches ausser seinem Kopfputze keine Lasten zu tragen gewohnt ist, in solchen Gegenden gleichwohl ebenso gut, als die Weiber der niedrigen Stände, seinen Kropf für sich zu haben pflegt?» 1785.

Campe, p. 57

Rezept gegen Kröpfe
«Recept für die grossen Kröpf am Hals nach der Erfahrung des Herrn von Willburg: Man brennt Eyer-Schallen unter beständigem Rühren in einer eisenen Pfanne so lang, bis sie die Farbe des gebrannten Caffee erhalten. Als dann stösst man sie zu feinem Pulver und nimmt davon täglich 3mahl einen grossen Koch-Löffel voll mit frischem Wasser ein, bis das kröpficht Wesen vergangen ist.» 1786.

Linder, II 2, p. 616

Antivenerische Kur
In der Morgenfrühe eines Maitages im Jahre 1797 wurde bei einem Schilderhäuschen auf der Petersschanze die einen leichtfertigen Lebenswandel führende Susanna Biermann durch einen Wachsoldaten angehalten und sogleich ins Schellenhaus abgeführt. Weil sie im Verdacht stand, geschlechtskrank zu sein, nahm Chirurg Miville entsprechende Untersuchungen vor und stellte denn auch fest: «Susanna Biermann von hier ist mit venerischer Geschwulst und Geschwüren der Geburts-Teile behaftet, welche eine ganze antivenerische Kur erfordern werden.» So hatte die «liederliche Dirne» mit einem Blech um den Hals – das der Öffentlichkeit ihr «Verbrechen» mitteilte – den Weg zum Siechenhaus St. Jakob anzutreten. Die Kosten für den mehrmonatigen Kuraufenthalt übernahm das «Brett» (Staatskasse), welche indessen von der Patientin durch «nützliche Arbeit» im Zuchthaus abzugelten waren.

Criminalia 27 B 31/Ratsprotokolle 170, p. 170ff.

XVI GLAUBENSFRAGEN UND (ANTI) RELIGIÖSE HANDLUNGEN

Kirchenversammlung zu Basel
«Unter Bischof Beringer wurde im Jahr 1061 eine Kirchenversammlung zu Basel gehalten. Der Tod Pabsts Nikolaus II veranlasste dieselbe. Ohne Vorwissen der Kaiserin Agnes, als Vormünderin ihres noch minderjährigen Sohns Heinrich IV, wurde die Pabstwahl vorgenommen und Alexander II erwählt. Dieser Wahl versagte die Regentin nicht nur ihre Bestätigung, sondern versammelte hierauf ein Concilium zu Basel, auf welchem zwar Honorius II, die Tiara erhielt, aber von der Christenheit als rechtmässiges Oberhaupt nie anerkannt worden ist.»
Lutz, p. 39 / Wurstisen, Bd. I, p. 101

Der Heilige Bernhard wirkt in Basel
«1146 ist der H. Lehrer Bernardus, als er aus des Pabsts Anregen in Teutschland kommen, und der Christen heilige Heerfahrt wider die Heyden gefürdert, gen Basel kommen, daselbst dem Volck geprediget, und einer stummen Weibsperson, einem lahmen Mann, und sonst einem Blinden geholffen.»
Gross, p. 15 / Ochs, Bd. I, p. 256

Ablass beim Bau des Predigerklosters
«Heinrich, von Gottes Gnaden Bischof von Konstanz, grüsst im Herrn alle Gläubigen, die den vorliegenden Brief sehen werden. Da wir, wie der Apostel sagt, alle einmal vor dem Richterstuhl Christi stehen werden, damit jeder einzelne Rechenschaft gebe, wie er in seinem Körper das Gute oder das Böse getragen habe, müssen wir für den Tag der Ernte Werke äusserster Barmherzigkeit vorsehen. Wir wissen nämlich, dass, wer sparsam sät, auch sparsam ernten wird, und wer Segen sät, Segen ernten wird. Da nun unsere geliebten Söhne, die Brüder des Predigerordens, in Basel ein Kloster zu bauen begonnen haben und ihnen dazu die eigenen Mittel, verliehen von allen, die in unserer Diözese wohnen, nicht ausreichen, erlassen wir aus Barmherzigkeit allen, die ihnen dabei mit eigener Hände Arbeit oder mit Geld geholfen haben, im Vertrauen auf die Gnade Gottes des Allmächtigen und der seligen Jungfrau Maria Ablass von zwanzig Tagen Busse, Nachlass von Schuld und Strafe.»
Teuteberg, Bd. I, p. 61

Zur Verehrung der Elftausend Jungfern
Zur Verehrung der Elftausend Jungfern erbat das Domkapitel «Anno 1254 von Meisterin und Convent Sanctorum Machabeorum zu Cöln, welches Kloster an dem Ort gebauen ist, da die XI tausend Mägde vor Zeiten sollen erschlagen worden sein», eine Anzahl Reliquien, worauf «Basel mit einem Hauptschädel, zweien Armen und anderen Überleibeten von den gesagten elf tausend Jungfrauen von St. Ursula» beschenkt wurde.
Beiträge zur vaterländischen Geschichte, Bd. 12, p. 417 / Wackernagel, Bd. I, p. 167

Die Kleinbasler St. Niklauskapelle
«Die St. Nicklauskirche im Dorfe Enrum Basel (wie das Testament sagt) bey der Rheinbrücke wird 1255 gebaut. 1375 wurde sie eingeweiht: Stiftung der Kirche zu St. Nicklaus im mindern Basel, und gründlicher Bericht, dass die Bürger im klein Basel sich beschwert haben, zu St. Theodor in die Kirche zu gehen, weil dem grössten Theil des Volkes der Weg zu weit war, und dass man ihnen zu willfahren, mit grossem Ansehen der Vorstännder der Kirchen zu Basel, bey welchen damals alle Gewalt in Kirchensachen gestanden, St. Nicklauskapelle oder Kirche erbauen und zugerüstet, als welche mitten in der Stadt, und desswegen jedermann wohl gelegen war. Dass nämlich alle Predigten, Messen, Einsegnungen und Kindertaufen zu St. Nicklaus sollten gehalten werden. Nachher aber, zur Zeit der Reformation und Änderung der Religion, als die Frauenkirche zu St. Clara erledigt worden, hat man den Bürgern daselbst die St. Clarakirche eingeräumt, als welche grösser und heiterer war, doch mit diesem Bedinge, dass die Sonntag Morgenpredigten und die Dienstags Busspredigten zu St. Theodor sollen gehalten werden.»
Weiss, p. 16

Der fromme Teufel von Basel
«Der Ursprung des Sprichworts, da man sagt, er ist ein frommer Teufel von Basel, kommt daher, dass in damaliger grosser wohlfeiler Zeit Anno 1296 ein Burger zu Basel, genannt Teufel, von dem Probst zu St. Alban 100 Säck Roggen, jeder zu 4 Schilling erkauft hat. Ehe aber das herum war, erlöste er aus jedem Sack wohl 3 Pfund Stäbler. Er machte sich darüber ein Gewissen und baute

In dieser Betrübnuß der widerwärtigen Christenheit, begaben sich viel Leute aus der verwirrten Welt in die Klöster, deren etliche dieser Zeit von neuem gebauet wurden. Also hat auch Bischoff Burkart zu Basel, im 1083 Jahr (angesehen daß alle Bischofflichen Städte derselbigen Gegne, zum mindesten drey geistlicher Versammlungen, und Basel allein die Thumherren-Stift hätte) den Benedictiner-Brüdern von Clugny aus Burgund, daher man sie Cluniaxer Ordens nennet, vor der Stadt einen Platz zur Wohnung gegeben, und ihnen darauf zu S. Alban das Kloster gestiftet, daßelbige mit viel Gütern begabet, darzu etliche Grafen und Herren vermögen, demselbigen trefflich Steuren zu thun, auf daß die Brüder daselbst ihrer Leibesnahrung nicht nachgehen, sondern Tag und Nacht Gott allein dienen möchten, als das Instrument sagt.

< *Über den Schilden des Reichs, des Bischofs und der Stadt Basel stehen die Patrone des Münsters: Maria, Kaiser Heinrich II. (links) und St. Pantalus. Holzschnitt von Urs Graf. 1514.*

Im Jahre 1083 gründeten Kluniazenser aus dem burgundischen Cluny auf Anordnung von Bischof Burchard von Fenis die erste klösterliche Siedlung auf Basler Gebiet.

aus dem Gewinn die St. Oswalds Kapelle. Es werden jetzt nur noch wenig fromme Teufel gefunden.»
Linder, II 1, p. 484

Reliquienüberführung der Basler Stadtheiligen

Im Jahre 1347 «schicket das Capitel zu Basel eine Legation gen Bamberg, alda um das Heiligtum von Keyser Heinrich II. (Erneuerer von Bistum und Münster, Schutzherr und Heiliger der Stadt) und seiner Gemahel Kunigundes Leichnam zu werben. Die Domherren daselbst liessen sich bewegen, zwey Stuck von den rechten Armen Henrici und Kunigundis gen Basel sehr andechtig zu übersenden. Als man dises Heiligtum gegen die Statt brachte, ging das Capitel sampt der andern Clerisey und den Orden in einer Procession entgegen, empfingen den Gsandten mit seinem Kram herrlich und begleiteten ihn mit Singen und aller Glocken Klingen in das Münster. Für dises hin hat Bischof Johannes den Tag Keyser Heinrichs Absterben, so auf den 13. Tag Juli (1024) fallet, feierlich zu begehn durch ein offen Mandat befohlen und den Keyser Heinrichs-Tag fürbass mit roten Buchstaben in den Calender zu schreiben» angeordnet.
Beiträge zur vaterländischen Geschichte, Bd. 12, p. 415f.

Die frommen Flagellanten

«So christlich es war bey diesem fürchterlichen Strafgerichte Gottes durch Bussübungen den Himmel zu versöhnen, so sehr hätte man sich hüten sollen darüber nicht in finstere Schwermuth oder gar auf geistliche Excesse zu gerathen. Die Geissler, Büsser oder Flagellanten waren Leute von allerlei Stande, die mit vierstrickigen Peitschen ihre halbentblössten Leiber auf öffentlichen Plätzen zerhauten, und mit Singen und Beten Schaarenweise von einer Stadt zur andern zogen und Busse predigten. Zu Basel vereinigten sich auch bey hundert von den angesehensten Personen, die sich also selbst marterten und aus Frömmigkeit nach Avignon zogen. Anfangs wollte der Pabst sie einthürmen lassen, es entschuldigten aber einige Cardinäle ihren gutgemeinten Zweck, und dessen ungeacht befahl der Pabst ihre Vertilgung, als das sicherste Mittel, ähnlichen Schwärmereyen in Zukunft vorzubeugen.» 1348.
Lutz, p. 87f.

Früher Reformationsversuch

«Anno 1400 fieng Johannes Maulberger, des Prediger Ordens, zu Basel zu predigen an. Sonderlich wider die äusserlichen Laster, darnach auch wider das Papstthum. Kayser Sigmund bezeuget in dem Constanzer Concilio, dass Maulberger recht gelehrt habe. Auf eine Zeit predigte er also: Freue dich, Basel, grosser Ehren, dann in dir sollen die Pfützen und Wurmnester, da alles Böse daraus entstanden ist, zerstreuet werden. Aber es muss mit grosser bitterlicher Arbeit geschehen. Ich mag die Zeit nicht erleben. Aber es sitzen etliche vor meinen Augen, die es erleben werden: Zu Basel wird Rom also feil, dass sie zu dir kommen werden, wie zu dem Stuben-Ofen und dich bitten um Herberg, und du wirst ihnen Herberg geben. Freuet euch alle reinen Hertzen, denn die Ehr Gottes zeucht daher. Denn es muss eine Reformation beschehen, es sey recht wem lieb oder leyd. Wollen die grossen

Aus ermeldter ernstlichen Heimsuchung GOttes, der langwierigen Sterbensläufen, erhube sich der Geißlern neue und selbst erwählte Geistlichkeit, welche durch willige Geißlung ihres Fleisches, die Sünde zu büssen, und GOtt zu versöhnen unterstuhnden. Wer diese Superstition von erstem aufgebracht, ist unbewußt, daher man sie Acephalos, das ist, ohnhäuptige Rottierer nennet. Tritenhemius sagt, sie sey in Ungarn entstanden. Wie nun diesem, so mehreten sich diese Landstreicher dermassen, daß sie hauffechtig, bisweilen etliche hundert, mit Fahnen und Creutzen herum zogen, trugen auf den Hüten und Mänteln rothe Creutz. Wo sie erstlich in die Städte oder Märckte kamen, giengen je zween und zween in der Proceß, und empfienge man sie mit dem Geläut: sie aber sungen folgendes Lied:

Nun ist hie die Bettefart
Da Herr Christ gen Jerusalem kart,
Er fürt ein Creutz in seiner Hand,
Nun helffe uns der Heiland.
Nun ist die Bettefart so gut,
Hilff uns Herr durch dein Blut,
Das du am Creutz vergossen,
Und uns im Ellend gelassen.
Nun ist die Straß also bereit,
Die uns zu Unser Frauwen treit,
In Unser lieben Frauwen Landt,
Nun helffe uns der Heilandt.
Wir wollen die Buß annemmen,
Daß wir GOtt desto baß gezimmen,
Dort in unsers Vatters Reich,
Deß bitten wir dich alle gleich,
So bitten wir den Heilgen Christ,
Der aller Welt genädig ist.

Wo diese Vaganten (solte sprechen Flagellanten) hinkamen, giengen sie allbereit in die Kirchen, da liefe viel Volcks zu, diese andächtige Gäuche zu sehen. Allda sungen sie wieder,

JEsus ward gelabet mit Gallen,
Deß sollen wir an ein Creutz fallen.

Zu diesem Wort fielen sie alle Creutzweis auf die Erden, wie Judas Gesellschaft am Oelberg, und wann sie eine Weil da gelegen, so hub ihr Vorsänger an zu singen,

Nun haben auf euere Hände,
Daß GOtt den grossen Sterbend von uns wende.

«Von der Büssern oder Geisslern Fahrt 1349.» Die Bewegung der Flagellanten erreichte in den Pestjahren 1348 und 1349 ihren Höhepunkt und verlor dann zunehmend ihren religiösen Inhalt.

Prälaten und Herren nicht darzu thun, so werden die harten Stein reden, so viel, bis eine Reformation geschehen ist.»
Baslerischer Geschichts-Calender, p. 15

St. Christina-Segen
«Anna zem Blumen kennt auch einen Segen, aber nicht mit der Anrufung des Satans (worüber sie sich selbst entsetzt), sondern mit der Hülfe Gottes; indessen um keinen edlern Zweck, als eben auch zur Erlangung der Zuneigung einer Person. Es ist der St. Christina-Segen, der die Kraft hat, dass Eines dem Andern, wer ihn spricht, hold und günstig werden muss, und zu welchem fünfzehn Paternoster zu sprechen sind. Als Frau Anna zem Blumen den Segen der Stammlerin zu lehren bereit war, da wollte diese sich nicht dazu ankehren, sprechend: ‹die Kunst die du kanst ist kot, du gost mit segenen umb es ist nützit. Ich kon wol ein ander Kunst.› Da antwortet Die z. Bl. und sprach: ‹gang du mit dem tüffel umb, so wil ich got umb gan. Sage nur, was ist din kunst?› Sprach die Stammlerin: ‹du vernympst sie nyeme.› Frau Anna gab ferner an, dass Verbena ein Kraut sei, das gewonnen werden müsste am St. Johanns-Abend, mit Silber und mit Gold umgerissen, mit einem Segen, der anfängt: ‹Mit aller Krafft und mit aller Macht, die Got der heilige vatter an das krut hat geleit, damit so gewinne ich dich und umbrisse dich im namen des vatters, des sons und des h. geists.› Uff derselben Verbenen solle man schlaffen, das sie dazuo guot, das wan zwey miteinander ze schaffende gehebt hand, das die nüt von einander mögent lassen.» Wegen ihres zauberischen Umgangs ist Anna zem Blumen 1407 auf ewig von Stadt und Land verwiesen worden.
Buxtorf-Falkeisen, 4, p. 21f.

Wie der Kaiser sich zur Messe kleidete
«Samstags den 7. November 1433 wurde das ganze Concil in der Kathedralkirche versammelt. Es waren anwesend sieben Cardinäle, zwei Patriarchen, Erzbischöfe, Bischöfe, Äbte, Botschafter der Könige und Herren, alle inkorporirt und eingeschrieben zum Conzil. Und in diesem Augenblick kam Kaiser Sigismund mit allen seinen Baronen, und mit den Gesandten der erlauchten Herrschaft Venedig. Und wie sie angelangt waren, bestieg der Kaiser einen mit Goldstoff ausgeschlagenen Rollstuhl und liess die Gesandten von Venedig an seiner Seite stehen. Unterdessen machte sich ein Bischof bereit und sang eine feierliche Messe des heiligen Geistes. Als die Messe zu Ende war, legte der Kaiser seine Gewänder ab, und zog Kopfbinde, Chorhemd und Rock eines Archidiakons, und einen Chormantel ganz von Goldstoff an, und setzte ein rothes Barett und darauf eine weisse Mitra nebst einer goldenen Krone mit Edelsteinen auf das Haupt. So gekleidet bestieg er besagten Sessel, und zu seiner Rechten sass der Herzog Wilhelm. Während der Kaiser sich umkleidete, rüsteten sich alle Cardinäle, Erzbischöfe, Bischöfe, Äbte mit ihren Chorhemden, Mänteln und weissen Mitren, und als sie alle bereit waren, und Stille geboten war, – und bemerke, dass es im ganzen 84 Mitren waren –, trat der Bischof, welcher die Messe gesungen hatte, vor den Altar, und fing an, Litaneien zu singen, wobei alle ihm antworteten.
Hierauf wurde ein Evangelium gesungen. Nach dem Verlesen eines Termins an den Papst erhob sich der Kaiser und dankte in demüthiger Weise dem Concil, für das, was es gethan hatte. Dann erhob sich Monsignor von Piacenza und sprach, an den Kaiser sich wendend, also: Heilige Majestät, wir haben das alles euch zu Gefallen gethan, möge der heilige Vater nun seine Schuldigkeit thun! Der Kaiser antwortete: Ich bin gewiss, er wird seine Schuldigkeit thun. Und als er das gesagt hatte, legte er seine priesterlichen Kleider ab und zog seine eigenen Kleider wieder an. Dann begab sich ein jeder in sein Quartier.»
Gattaro, p. 14f.

Der Basler Kreuzgang
«Anno 1439, auf Barnabas Tag, gingen die von Basel und ihre Umsässen mit Kreuzen zu Unserer Frau ins Todtmoos mit tausend Menschen. Darnach, am St. Albans Tag, gingen die aus der Kleinen Stadt auch dahin mit zweyhundert Menschen. Darnach aber, am Freytag vor St. Margrethen Tag, gingen die von Basel und ihre Umsässen mit tausend Menschen mit Kreuzen und 24 Priestern gegen Einsiedeln. Sie gingen am ersten Tag bis gegen Säckingen. Dort hat jeder Priester Mess gehalten. Den andern Tag gingen sie bis nach Brugg. Auch dort hat man Messen gelesen. Am dritten Tag gingen sie bis nach Zürich, wo man sie wohl empfangen hat und die Reichen wie die Armen reich beschenkte. Am vierten Tag erreichten sie Einsiedeln, wo sie der Abt mit dem Heyligthum begrüsste.»
Ochs, Excerpte, p. 308f./Schnitt, p. 297

Mädchen besteigen den Fronaltar
«Eine merkwürdige Begebenheit ereignete sich im Jahre 1447, welche vieles zu denken gab. Einige Zeit nach der Abreise des Pabstes Felix des Vten am Fronleichnamsfest, schlichen sich vor Vesperzeit drey junge Töchter, wovon die älteste 7 Jahr alt war, in das Münster, stiegen auf den Frohnaltar, nahmen das Sacrament aus dem Monstranz und theilten es unter sich in drey Theile. Als dieses nun ruchbar wurde, erschrack die ganze Stadt.»
Ochs, Bd. III, p. 555/Beinheim, p. 398f./Gross, p. 100/Linder, II 1, p. 6.

Niklaus von Flüe in der Gegend von Liestal

«Aus der schon oft verfassten Biographie dieses frommen und redlichen Eidgenossen ist bekannt, dass er 1467 bey der Ausführung seines Vorhabens, Gott im Eremitenstande zu dienen, seinen Niederlassungs Ort ausser der damaligen Schweizer Grenze suchen wollte. In dieser Absicht entfernte er sich von den Seinen und dem Vaterlande und wanderte über des Juras Gebürgs Rücken nach der Gegend der Stadt Liestal hin. Nur bis hieher sollte aber der fromme Pilger kommen, um durch einen göttlichen innern Machtzug und durch eine sichtbare, ausserordentliche Erscheinung zur Rückkehr in sein Heymatland gedrungen zu werden: Hochauflodernde Flammen aus Liestals Mauern, Thürmen und Wohnungen, schienen ihm nemlich den ganzen Himmel zu röthen. Erschreckt von diesem Wunder Phänomen, nahm er eilends seine Einkehr in einer nahen Bauern Hütte, wo er eine gutwillige Aufnahme fand. Hier erzählte der selige Bruder Claus die bisherigen Erfahrungen seines Lebens und seine nunmehrigen Wünsche dem erstaunten Landmanne, und bat ihn, ihm irgend eine unbewohnte menschenleere Gegend zu zeigen, wo er abgeschieden von aller Welt, nur seinem Gott leben könnte. Der gerührte Bauer lobte des frommen Gasts Vorhaben, sprach ihm aber vieles von dem Hasse der Ausländer gegen die Eidgenossen, und wie er sich auch bey dem reinsten Bewusstseyn seiner Unschuld in Verdacht setzen dürfte. Auch, sagte er ihm, wären ja in den rauhen, wilden Thälern seiner Heymath der abgelegenen Orte viele, wo er von der Welt entfernt der Andacht sich wiedmen könne. Dankbar verspricht der fromme Claus diesen Rath zu befolgen, segnend verlässt er dieses redlichen Landmanns Hütte und zieht von dannen. Aber bald überfällt ihn die Nacht, und Claus entschliesst sich, an einsamer Stelle dieselbe unter freyem Himmel zuzubringen. In andachtglühender Gemüths Stimmung wünscht er hier in feyerlicher Stille durch eine höhere Offenbarung seines Gottes Willen über seine Rückreise zu vernehmen, als ein sonnenhelles Licht ihn

Johann Stumpf beschreibt in seiner «Chronica Germanie» von 1548 die Eröffnung des Konzils zu Basel am 1. September 1431.

urplötzlich im nächtlichen Dunkel umleuchtete, von dem ein Strahl mit physischer Wirksamkeit ihm durch den Körper drang, gleich als hätte man mit einem schneidenden Instrument in seinen Eingeweiden gewühlt. Von dieser Stunde an soll dieser dem Vaterlande so ehrwürdige Eremite aufgehört haben, Speise und Trank, des Lebens erste Bedürfnisse, zu sich zu nehmen. Diesem höhern Winke zu seiner Heimreise folgte der gottselige Claus am folgenden Morgen und eilte nach dem quellenreichen Melchthale, wo er noch über zwanzig Jahre seinem Gott und dem Vaterlande lebte und diente.»

Lutz, Neue Merkwürdigkeiten, Abt. II, p. 22ff.

Reliquiendevotion

«Über das Interesse der einzelnen Kirche hinaus reicht die offizielle Reliquiendevotion. Schon um die Ottersburger Reliquien 1425 (je ein Haupt des hl. Claudius und eines der dreihundert Mauren) hatte sich der Rat beworben ‹zu Heil und Segen der ganzen Stadt Basel›; jetzt, da die Burgunderbeute geteilt wird, verlangt Basel auch von dem Heiltum, das ihm ein grösserer Kriegsgewinn sein würde als Gold und Edelstein. So wird auch der berühmte Reliquienerwerb von 1474 zu einem Ereignis für die ganze Stadt. Im April d. J., gerade da die Kräfte sich zum Kampfe wider Herzog Karl sammeln, kommen in Solothurn vierunddreissig Gerippe zu Tage, die sofort als heilige Reste der thebäischen Märtyrer erklärt und zu St. Ursus beigesetzt werden; in schöner Weise erhebt sich Solothurn zu dem Entschlusse, dem oft angefeindeten Basel jetzt, in der Stunde höchster Gefahr, einen Teil dieses kostbaren Fundes zu überlassen; am 2. Juni 1474 trifft der Transport hier ein und wird von der ganzen Einwohnerschaft empfangen.»

Wackernagel, Bd. II 2, p. 864f.

Kleinbasel im Schutze der Muttergottes

«Im Jahr 1474 kamen aus den obern Landestheilen des Herzogs von Burgund, d.h. aus Waldshut, Laufenburg, Seckingen, Rheinfelden und vom Schwarzwald 800 best ausgerüstete Fußsoldaten vor das Klein Basler Thor mit dem Begehren um Durchpass durch die Stadt. Der Durchpass aber wurde von den Oberen verweigert, ohne dass sie ahnen konnten, was im Schilde geführt wurde. Die Kleine Stadt hätte nämlich auf folgende Weise in ihre Gewalt fallen sollen: Wenn die Ersten zur Rheinbrücke gelangt wären, hätten sie dieselbe abgedeckt, die Nachhut hätte das Thor besetzt und offen gehalten; die im Mittel aber niedergemacht, was ihr vor's Eisen gekommen. ‹Aber die Heilige Jungfrau wollte nicht, dass dieses Unglück geschehe; sie hat uns geholfen und in Sinn gegeben, Jene nicht einzulassen›, sagt der Chronist Kaplan Knebel.»

Basler Taschenbuch, 1862, p. 179f.

Eigenwillige Klosterfrauen

«Ein seltsamer Zug war am dritten Sonntag October 1482 auf der Rheinbrücke zu schauen, bei der Rückkehr der Äbtissin des Klosters im Klingenthal mit ihren 24 vornehmen, lebenslustigen Klosterfräulein. Im bunten Triumphzuge betraten sie die Brücke nach der Kleinen Stadt wieder, von wo sie zwei Jahre zuvor so unzart und barsch verjagt worden waren. Und das nicht ohne Grund und unverschuldet. Früher schon hatten diese ‹weissen Schwestern mit den schwarzen Pletzen› (wie sie Wurstisen zeichnet) wegen ihres leichten Wandelns und Handelns dem Rathe Anlass zu Klagen, selbst Strafen, gegeben. Sie schenkten z.B. Wein aus und zahlten kein Umgeld (Steuern), so dass der Rath sogar eine Strafe auf ihren Besuch setzte. Früher unter den Dominikanern der Stadt gestanden, waren sie 1431 dem Bischof von Konstanz untergeordnet. Als sie 1480 von diesen ihren frühern Oberherren bei Pabst Sixtus IV. ‹ihres üppigen, lüderlichen Wesens halber, welches sie wider ihren geistlichen Staat und weibliche Zucht› führten, verklagt wurden, sollte ihnen durch den Principal des Prediger-Ordens, in Gegenwart der Ältesten aus den Orden der Augustiner, Karthäuser, Barfüsser und des Predigerordens die päbstliche Bulle verlesen werden, gemäss der ihr unordentliches Leben durch Aufrichtung der regulirten Observanz abgeschafft und sie wieder unter die Obhut der Prediger versetzt werden sollten. Anstatt sich beschämt zu fügen, begannen sie, die Bulle nicht anhörend, laut und höhnisch zu schmähen und stellten sich in ihrem Übermuthe, der mit den hohen Adelsverwandtschaften pochte, wie zur Wehr. Die eine stellte sich mit einem Bratspiess, die andere mit einem Prügel; und in dem Nonnenallarm ward selbst mit Ansteckung des Klosters gedroht, also dass die Verordneten für den Augenblick nichts schaffen konnten. Indessen wusste sich doch die Bulle mittelst der geistlichen und weltlichen Autorität Geltung zu verschaffen. Das Kloster nahm statt der alten Schwestern, von denen nur zwei blieben, 13 des Klosters Himmelporten zu Gebweiler auf. Der Pabst bestätigte die Reform und der Kaiser nahm die neuen Schwestern in Reichsschirm. Die vertriebenen Fräulein schürten in ihrer Rachegier der Stadt im Schutze ihrer hohen Angehörigen Anstoss und Span an, hetzten den Adel wider Basel auf, trachteten die auf fremdem Boden haftenden Gefälle sich zuzueignen, und gewannen vor Allem den Grafen Oswald von Thierstein, diesen Feind der Basler, als ihren Schutzherrn. So erhob sich eine wahre Klosterfehde. Albert von Klingenberg schickte den Dominikanern drei Absagebriefe, wovon einer an einem Stabe durch die Stadt getragen wurde. Jetzt wurden Bürger auf dem Wege nach Frankfurt niedergeworfen, beraubt und gefangen gehalten. Es war Zeit zur Thädigung (Friedensverhandlungen). Diese kam unter Vermittelung des Erzherzogs Sigmund und der Eidgenossen zu Stande. Die vertriebenen Nonnen durften zurückkehren, scheinen jedoch ihrem üppigen Gebaren nicht entsagt zu haben. Sie haben später noch durch ihr Baden an öffentlichen Orten Ärgerniss gegeben, und als 1525 die Stunde der Erlösung schlug, liess der Rath die frommen Schwestern wissen, er sei nicht ferner geneigt, Jemanden unter ein Joch zu zwingen, das ihm zu tragen unmöglich sei.

Am Abend des dritten Sonntags October 1482 also, als ganz Basel ihres Jubelzugs Zeuge in Masse und Musse sein konnte, traten die siegreichen Schwestern im stolzen Anmarsche und Gefolge eines Zugs von Rittern und Edelleuten, ihren Verwandten und Beschützern, aus der Verbannung wieder auf. Trompeten verkündeten ihre Rückkunft, und herrliche Banner voll zierlicher Wappenschilder flatterten hoch, als wie zur trotzenden Herausforderung ihrer geschlagenen Feinde, der Dominikaner jenseits des Rheins, gegenüber, welche ihrer Obhut über das Klingenthal wieder entsetzt worden waren. Eine Menge Männer, Weiber, Kinder, auf der Brücke sich drängend, begrüssten ihre Ankunft mit dem lautesten Freudenruf. Die staatliche Schwesterschaft im streng beobachteten Ordenskleide (weissen fliessenden Röcken, schwarzen Schleiern, Mänteln mit schwer von den Gürteln herabhängenden Rosenkränzen) sass auf Wagen, gezogen von weissen Pferden mit Zobeldecken, in schönem Abstande gegen die glänzenden Rüstungen, prachtvollen An- und Überzüge von Seide und Sammt und gegen die von den Helmkämmen wallenden Federbüsche, welche die kühnen Ritter in ihrem freudigen Übermuthe trugen, zu Seiten der Damen reitend auf den unter Schabrakengepränge sich lustig bäumenden Hengsten.»

Basler Taschenbuch, 1862, p. 180ff. / Johannes von Müller, 16. Theil, p. 167f.

Des Heiligen Moritz Reliquien

«Anno 1490 ist von Sitten aus Wallis kommend und eingeläutet worden das Heiligtum des Sankt Moritz und dessen Gesellen: ein Schinbein nämlich. Item ein Stücklein von der Glocke zu Sitten. Item ein Stuck von der Casuckel (Messgewand), darin St. Theodulos vergraben gewesen, ehe er canonisiert worden. Das Glas an der selbigen Monstrantz hatt Hans Bär von Venedig gebracht, kostet ein Pfund, drey Schilling.»

Beiträge zur vaterländischen Geschichte, Bd. 12, p. 417

Geistliche Exzesse

«Weil wir erfahren haben, dass die meisten Geistlichen, die zur Leichenfeier adeliger und reicher Leute gerufen werden, mehrenteils sich im Spielen und Saufen unanständig aufführen, sodass einige ganze Nächte hindurch am Spieltische sitzen bleiben, andere, weil sie übermässig getrunken, sich erbrechen müssen, und die ganze Nacht hindurch auf den Bänken schlafen, so sollen die Geistlichen, die zu solchen Feierlichkeiten gerufen werden, sich des Würfelspiels enthalten, so wie der Karten und anderer schändlicher Handlungen.» 1503.

Kölner, Friedhöfe, p. 50

Der Weg zur Seligkeit

«Eine in den letzten Zügen liegende Nonne war von vielen andern Schwestern ihres Heilordens, die ihr Stärkung und Trost beizubringen bestrebt waren, umgeben. Eine, vor den andern weiser und redseliger, sprach zu ihr: ‹Vertraue, beste Schwester, auf deine Werke, auf dein Fasten, deine Gebete, deine von der h. Clara gestiftete Klosterregel, und du wirst selig werden.› Wie sie Solches

Holzschnitt aus der Inkunabel (Frühdruck) «Andechtig und fruchbar Lob der Glyder Marie». Nach 1489.

und der Art Ähnliches in Irrwahn sprach, trat der gerufene Mönch herzu und rief auf diese einem Christenohr unerträglichen Worte den Nonnen zu: ‹Weg mit euch, Verführerinnen! Setze du, keusche Schwester, dein Vertrauen auf Christum Jesum, blicke in deinem Herzen zum Kreuz hinan, an dem der Erlöser gehangen um deiner Sünden willen, die weder du, noch die Väter haben tilgen können, und so wirst du gerettet. Deine Werke sind von keinem Belang für die Erlangung des ewigen Lebens. In Sünden empfangen und geboren, sündigen wir durch alle unsere Lebenstage hindurch oft und schwer wider Gott und unsere Nächsten und um unserer Verdienste willen sind wir nur werth, ins höllische Feuer geworfen zu werden. Christus ist unser Erretter, Erlöser, Befreier und Rechtsprecher. Der Mittler bei dem Vater im Himmel, der, wie die Schrift lehrt, Genüge gethan hat für die Sünden der ganzen Welt.› Da seufzte die sterbende Schwester: ‹Ach, ich elendes Weib, in welcher Verderbniss habe ich in diesem Kloster gelebt! Wie sind meine Werke doch nichts! Jesu Christe, erbarme dich meiner, vergieb mir meine Sünden! Auf dich allein baue und glaube ich.› Mit diesen Worten übergab sie ihre Seele Gott. Aber die übrigen Nonnen, die da standen, sagten sich im Stillen: ‹Wer hat doch diesen argen Schurken eingelassen, diesen Unzüchter, diesen Trunkenbold, der unsere arme Schwester mit dieser Christuslehre verführt hat?› Siehe doch dieser Weiber Blindheit, was für schändliche Lehrer haben sie nicht gehabt in religiösen Dingen! Die Geschichte ist wahr. Eine dieser Nonnen, die mit eigenen Augen und Ohren dieses gesehen und angehört, hat es mir selber erzählt. Fortan ist jener Mönch im Kloster nicht mehr erblickt worden. Es muthmassen Etliche, der Unglückliche sei ein nächtliches Opfer der Lehre Luthers geworden, die er zu kosten angefangen habe. Eher möchte man urtheilen, er sei in Tod geliefert worden wegen seines unablässigen Lesens des Evangeliums, dem er Tag und Nacht obgelegen, auf dass sich die übrigen Mönche um so mehr vor dieser Lehre hüteten und die beschworenen Gelübde und Regeln um so eifriger beobachteten.»

Buxtorf-Falkeisen, 1, p. 18f.

Ein bussfertiger Sünder und sein Beichtvater

«Ein Schlosser, der anno 1512 den Auftrag erhalten hatte, eine öffentliche Kasse mit Schlössern und Eisenspangen gegen nächtliche Einbrüche fest zu verwahren, machte sich im Stillen Doppelschlüssel dazu, um bei kommender Gelegenheit sich aus der Noth zu helfen. Nach Verfluss etlicher Jahre griff er, in Geldnöthe gerathen, zu den geheimen Schlüsseln. Er gelangte in einer günstigen Nacht in die Schatzkammer und hat bald den nächsten sich darbietenden Sack mit Goldmünzen erfasst und voll Freude fortgebracht. Alles war wieder sorgsam verschlossen worden, und in Stand gebracht, als wäre Nichts geschehen. Doch als Tags darauf der Schatzmeister die Pforte aufschliesst, vermissen seine Blicke alsogleich den vorn gestandenen Sack. In grösster Verlegenheit, doch reinen Gewissens, zeigt er den Vorfall der Regierung an. Bald werden Einige, die in Verdacht gefallen, mit grausamer Tortur verhört und ihre Wohnungen ohne Erfolg durchsucht. Die Gepeinigten beharren auf ihrer Unschuld. Das stieg doch dem Dieben zu Herzen, und vom Gewissen getrieben, entdeckt er einem Geistlichen seine That und bittet ihn, dem Rathe Anzeige davon zu machen, um die Unschuldigen aus ihren Leiden zu befreien. Der Geistliche giebt dem reuigen Geständer Ablass seiner Schuld und eilt mit der Anzeige vor Rath. Nach Angabe des Diebes lag die Geldsumme in der Tiefe eines Brunnens versteckt und wurde auch bis zum letzten Heller wieder daraus enthoben. Jetzt wollten aber die Räthe den Dieben wissen und legten den Geistlichen in Kerker und Folter. Dieser antwortete: ‹Ich habe dem Thäter kraft meiner priesterlichen Vollmacht in der Ohrenbeichte Ablass gegeben, Verschwiegenheit ist jetzt meine heilige Pflicht. Reisst mir die Glieder auseinander, ich darf nicht reden, es sei denn, mein Bischof ertheile mir die Vollmacht, den Mann zu nennen.› Da begab sich eine Botschaft der Räthe zu dem Bischof und erlangte

Die heilige Barbara, den Kelch mit der Hostie und einen Palmzweig tragend, als Fürbitterin der Sterbenden. Scheibenriss von Urs Graf. 1515.

mittelst einer schweren Summe, was der Rath wünschte. Der Priester erhielt den schriftlichen Befehl, frei und offen ohne Gefährden, den Dieb zu entdecken. So geschah es, und der Schlosser sah sich bald in Haft. Nach einem Monat sollte er, vor das Gericht geführt, in Gegenwart eines andern Diebes, der einem Tuchscheerer 40 Gold Gulden gestohlen hatte, sein Endurtheil vernehmen. Da trat sein Vertheidiger also auf: ‹Eine sehr schwierige Aufgabe, gerechte Richter, ist mir auferlegt; ich bin ihr kaum gewachsen und unterziehe mich nur ungerne. Die Macht der Beredtsamkeit, die dieser wichtige Fall erheischt, besitze ich nicht. Cicero hat Viele vertheidigt, die im besten Rechte standen; aber niemals wollte er solcher Leute Anwalt sein, deren Ankläger der Staat selber war. So stehe ich jetzt hier, will ich nicht der Regierung den Gehorsam verweigern, mit dem Auftrage, einem am Staate begangenen Diebstahle das Wort zu reden, feindselig gegen die öffentlichen Gesetze aufzutreten und dadurch ein Beförderer des Bösen zu werden. Ich werde nun thun, was in meinen Kräften liegt, dass der Angeklagte freigesprochen wird. Dafür aber rufe ich, gerechte Richter und Zuhörer, Euere billige Nachsicht an und Euer Verzeihen.› So schien es einerseits nicht wohl gethan, den Schuldigen zur gesetzlichen Strafe zu verurtheilen; anderseits durfte doch ein Diebstahl am Gemeinwesen nicht unbestraft bleiben. Der Spruch liess mehrere Tage noch auf sich warten. Da kam dem zögernden Gerichte ein neuer Fall zu Hülfe. Ein fremder Dieb wird eingebracht, gefangen gesetzt und verhört. Das Gericht sitzt über ihn zum Spruche, und wiederum wird hin- und her berathen. Da erhebt sich endlich ein Richter und schlägt mit folgendem Vortrage alle weitern Besprechungen nieder: ‹Was braucht's, ihr Richter, noch langer Beredung? Wenn ihr einen Missethäter, der sich eines so schweren Diebstahls schuldig gemacht hat, nicht zum Tode verurtheilen wollt, was wollt ihr wider den verfügen, der im Drangsal einer Theurung von Nothdurft getrieben, eine so kleine Summe Geldes entwendet hat? Die für ihn niedergelegten Fürbitten der Gattin, der Kinder, der Verwandten, Freunde und Nachbarn, sowie der Geistlichkeit sind nicht zu überhören. Doch soll auch nichts beschlossen werden, das der Gerechtigkeit des Gesetzes ganz zuwider wäre. So höret: Beide seien von der Todesstrafe frei gesprochen, zugleich werde jedoch der Strafgerechtigkeit auch Geltung gegeben.› Diese Worte entschieden, und das Strafurtheil fiel also, dass der zuletzt Angeklagte mit einer Tracht Ruthenstreiche entlassen; der Schlossermeister aber, zum Exempel für alle Beamten, in einem besonders zugerichteten Gewahrsam eingesperrt wurde. Dieses Gemach bekam eine Öffnung, wodurch der Gefangene Sonnenlicht und Nahrung erhielt, aber auch die Gelegenheit, ungehindert mit den Vorbeigehenden mündlich verkehren zu können. Der Mann soll in seinem lebenslänglichen Verliesse immer wohlberedt und elegant geblieben sein.»

Literarische Beilage zum Intelligenz-Blatt der Stadt Basel, 9. Juli 1853/ Buxtorf-Falkeisen, 1, p. 13ff.

Requiem für Kaiser Maximilian

«Am 12. Januar 1519 starb Kaiser Maximilian, und Basel bezeugte in offizieller Weise seine Trauer über den Weggang des alten Herrschers durch ein am 16. Februar im Münster gefeiertes Requiem. Hier im hohen Chore, vor dem mit schwarzen Behängen überdeckten Fronaltar, stand der Ceremoniensarg; ein faltenreiches Goldtuch war über ihn gelegt, an ihm lehnten die Wappenschilde des Reiches und des Hauses Habsburg. Beim dumpfen Geläute der Papstglocke strömte der Klerus der Stadt ins Münster samt der Menge der Parochianen (der übrigen Geistlichkeit); der Rat war vollzählig anwesend. Alle trugen Trauerkleider, Bischof Christoph celebrierte die Totenmesse.»

Wackernagel, Bd. III, p. 38f.

Predigt des Reformators Johannes Oekolampad (1482 bis 1531) im Basler Münster. Kolorierte Radierung von Peter Vischer.

Vom Irrtum des Papsttums
«In diesem 1521. Jahr hat Gott auch der weitberühmten Stadt Basel grosse Gutthat erzeiget und ihr das klare Licht der Wahrheit des Evangeliums vorgestellt. Und zwar hat Wilhelm Röbelin, Pfarrer bey St. Alban, ein eifriger und gelehrter Mann, öffentlich gegen die Greuel des Papsttums gepredigt, sonderlich gegen das Fegfeuer. Als in einer Procession das Heiligthum umgetragen wurde, trug er eine offene Bibel voraus und sagte, dies wäre das rechte Heiligthum, das andere sey nur Totenbein. Dies war Ursach, dass er zur Stadt hinausgejagt wurde. Er kam darauf nach Zürich und war einer der ersten unter den Geistlichen, die sich in den Ehestand begaben.»
Scherer, II, s. p.

Das Abendmahl in neuer Form
«Pfarrer Imelin zu St. Ulrich wird uns als der Erste genannt, der das Abendmahl in der neuen Form, unter beiderlei Gestalt, gereicht habe, und Ökolampad als sein erster Kommunikant. Dass dies schon im Jahre 1523 geschah, zeigt uns der Verlauf im fränkischen Städtchen Wertheim, wo Franz Kolb im Sommer 1523 das Abendmahl unter beiderlei Gestalt einführte, mit ausdrücklicher Beziehung auf den in Basel – wo er sich in eben diesem Jahr aufgehalten – ihm bekannt gewordenen Ritus.»
Wackernagel, Bd. III, p. 348

Erste Priesterhochzeit
«Es war der kecke Thurgauer Stephan Stör, Pfarrer in Liestal, einer der frühen Führer der Reformation auf Basler Boden, der im Cölibatskampfe die Gasse brach. Seit einem Jahrzehnt mit seiner Magd im Konkubinate lebend wollte er jetzt diesem ‹bübischen und schändlichen Haushalten› ein Ende machen. Am 8. November 1523 teilte er dem Rate von Liestal seine Absicht mit und verlangte, diese auch vor der Gemeinde zu rechtfertigen. Solches geschah, worauf er im Januar 1524 durch öffentlichen Kirchgang die Ehe schloss ‹nit on grosse freud und wolgefallen der kirchgenossen›.»
Wackernagel, Bd. III, p. 350 / Basler Karthäuser, p. 445

Böse Entgleisung
«Thomas Wolff, der Drucker, sagt 1524 vor den Herren Räten, er sye sampt Welschen Hans, dem Druckergesellen, und anderen an der Hesinger Kilby zu Hüningen gsin und da Zoben zeren wöllen. Da sye des Vogts zu Hüningen Bruder, mit Namen Jost, und auch des Vogts Frau bim Wirtshus gesin. Die Frau hab ein Kind uf dem Arm getragen. Da hab Thoman Wolff zu der Vogtin gesagt, wer das Kind, so si sy uff dem Arm trag, gemacht hab. Da hat sy geantwortet, der die XIII gemacht hat, hat das auch gemacht. Und witer daran gehenkt: Ich möcht liden, dass ich nit so viel Kind gehept. Daruff er sy gefragt, warum? Do hette sy geantwortet, dass ihr Lütpriester, Herr Hans Schlosser, uff den selben Tag von den seltsamen Läuffen, die jetzt vorhanden wären (Reformationswirren), gesagt und gepredigt hette: Wie der Lütpriester zu Sant Lienhard ze Basel ein Kind hette sollen taufen. Als man ihm das Kind gebracht, hätte er das Ding (Penis) herfürgezogen, dem Kind uff den Kopf gepruntzt und gesagt, nehmend das Kind hinweg, es ist genug getauft! Man hätte diesen nun gefangen, hoffentlich werde man ihm den Lohn geben.»
Ratsbücher O 20, p. 25

In Sachen Frauenklöster
«Der Rath trifft 1525 in Sachen der Frauenklöster, speziell für das Kloster Maria Magdalena an der Steinen, folgende Verfügung: 1. Der Konvent und Vater zu Predigern soll hinfüro des Klosters an der Steinen ganz und gar müssigen, kein Beichtvater oder Predikant dahin nit setzen, auch Mess lesen oder etwas dahin schenken, denn wir das in keiner Wis dulden, sondern dasselb Kloster mit Beichtvater, Predikanten und Messhaltern selb der Gebühr nach, dieweil die unsern drinnen, zu versehen Willens. 2. Den Konventschwestern sei erlaubt, so oft und viel sie wollen, einen Beichtvater zu nehmen nach eigenem Belieben. 3. Die Schwestern sollen frei und ungehindert mit ihren Eltern, Geschwisterte reden können im Kloster selbst. 4. Sie dürfen das alte und neue Testament lesen. 5. Sie dürfen auch an Feiertagen Fleisch und Eier essen, das Verbot sei gegen die weibliche Natur. 6. erkennt der Rath, es seien etliche im Kloster, die dasselbe gerne verlassen möchten, ‹und wieder zu ihren erlichen Freunden sich begeben wollen›, denen soll es nicht verwehrt sein, doch soll keine das Kloster verlassen, bevor von den Klosterpflegern Rechnung und Inventar über das Kloster aufgenommen ist.»
Historischer Basler Kalender, 1886

Todesstrafe für Wiedertäufer
«Laurenz Hochrütiner, der Weber, Matthäus Graf, der Drucker, und Barbel, sein Eheweib, Michel Schürer, der Schneider, Ulrich Hugwald, der Korrektor, und Elsi Müllerin sind 1525 alle ins Gefängnis gelegt worden, weil sie im Hause des Michel Schürer an der Weissen Gasse eine Winkelversammlung eingerichtet haben. Sie sind dort täglich zusammengekommen und liessen sich predigen. Sie haben sich auch wiedergetauft und dabei ketzerische Formeln gebraucht. Am Mittwoch nach dem Himmelfahrtstag Mariae sind sie auf Beschluss des Rates wieder freigelassen worden. Darauf haben die Personen alle bei Gott und den Heiligen die Urfehde in der stärksten Form geschworen. Dazu haben Ulrich Hugwald und Elsi Müllerin geschworen, in Zukunft auf solche Winkel-

versammlungen zu verzichten und niemanden zu solchen unchristlichen Neuerungen zu helfen. Sollten sie dies aber nicht tun, so sollte der Rat die Vollmacht haben, die Frauen durchs Wasser, die Männer durchs Schwert ohne alle Gnade hinrichten zu lassen.»
Teuteberg, Bd. I, p. 70

Deutsche Psalmen
«1526 hat man in der Kirche zu St. Martin angefangen deutsche Psalmen zu singen; vor Freuden weinten viele Menschen. Es trug sich auch zu, dass, als Einige in ihren Weingärten Psalmen sangen, die Andern aber es nicht leiden wollten, und fluchten, dass der Donner sie zerschlüge, wirklich ein ernstliches Donnerwetter entstand, der Strahl schlug beym Aeschen Thor in Pulverthurm, und die Flucher kamen alle um.»
Weiss, p. 9/Baselische Geschichten, II, p. 7

Liedgottesdienste
«Erst durch Rathsbeschlüsse von 1527 wurde zu Sankt Martin und zu Sankt Alban das Singen förmlich eingeführt und eine kleine Besoldung für die Kantoren ausgesetzt.»
Historischer Basler Kalender, 1888

Die Wiedertäufer
«Anno 1527 erhob sich in viel Ländern teutscher Nation viel Volk, das man nennt Wiedertäufer. Sie wurden deshalb Täufer genannt, weil sie nichts auf die Kindertaufe hielten, sondern weil sie meinten, wenn man einen taufe, solle er alt sein, damit er verstande, was der Glaube sei. Sie wollten auch kein Eigentum han, sondern alles gemeinsam, Weib und Gut. Sie verwarfen die Obrigkeit und meinten, kein Christ möchte Oberer sein. Man sollte weder Zins noch Zehnten geben und keine Schwerter und andere Gewehr tragen. Städte und Schlösser sollten nicht abgeschlossen sein, denn Gott der Herr sei der Allmächtige, der sie schütze und schirme. Etliche hielten, weil Christus genug für uns gethan hätte, dafür, dass man nicht mehr thue, als dem Leib wohl thäte. Etliche hielten Christum für einen Propheten und nicht für Gott und glaubten, der Teufel werde auch selig. Etliche hielten das Reich des Himmels für geschlossen, schieden sich deshalb von ihren Weibern, hörten auf zu arbeiten und warteten auf das jüngste Gericht.

In dieser Zeit Anno 1530 ward ein Täufer, Conrad in Gassen von Hellbrunn genannt, zu Basel verbrannt. Er glaubte nicht, dass Christus Jesus, unser einziger Seligmacher und Erlöser, Gott und Mensch gewesen ist. Er hielt auf Beten nüt. Wenn man ihm seyte, Christus hätte am Öhlberg gebetet, fragte er, wer es gehört hätte; die Jünger hätten geschlafen. Glaubte auch nit, dass die Jungfrau Maria, die Mutter Gottes, Christum Jesum unter ihrem Hertz getragen hat.

Es lag auch eine Frau hie zu Basel, von ziemlichem Alter und der Stadt eigen, die eine Täuferin war. Die war vierzehn Tag ohne Essen und Trinken. Wenn man sie fragte, warum sie nit essen wollt, sprach sie, Gott, der Herr, könnt sie wohl speisen, und starb an dem fünfzehnten Tag im Kefig.

Bischof Christoph von Utenheim (1502 bis 1527), humanistisch geprägter Reorganisator des Bistums Basel, erfleht den Beistand der Muttergottes. Holzschnitt. 1563.

Die und dergleichen Mann und Weib, die solches aus Einfalt thaten und meinten, Gott, dem Herrn, zu dienen, und auf Androhung nicht vom Land wichen, wurden abgethan, ertränkt oder sonst gerichtet. Wann es dann zum Ende kam, gingen sie fröhlich in den Tod und lobten Gott, dass die Stund gekommen sey.»

Ochs, Excerpte, p. 209ff. / Bieler, p. 732 / Wurstisen, Bd. II, p. 620 / Gross, p. 165f. / Ochs, Bd. VI, p. 28 / Buxtorf-Falkeisen, 1, p. 83f., 88ff. / Criminalia 1 G 1 / Linder, s. p. / Ryff, p. 112

Lästerer wider das Abendmahl

Auf dem Weg in die Rebäcker vor dem Spalentor traf der Rebmann Augustin Back 1527 unvermittelt einige Frauen, die ebenfalls zur Arbeit in die Reben gingen. Im Verlaufe des Gesprächs, das sich nun unter den Rebleuten ergab, meinte Back dezidiert, die Obrigkeit wolle das Volk nur zum Abendmahl zwingen, damit man bei «Wyn und Brot nydersitzen und mit Essen, Trincken und gutter Dingen mit einander syn» könne. Damit hatte Back gegen «Gott den Allmechtigen» gelästert, der «vom Hymmel herabgestigen und Mentsch worden, um unsere Sünd zu erlösen». Weil sich solches für «einen Christen nit gezympt, ist sin Leben dardurch verwürckt». Oberstknecht Hans Balthasar beantragte deshalb den Gnädigen Herren, es sei Augustin Back «mit dem Schwert und was darzu gehört» vom Leben zum Tod zu bringen.

Criminalia 1 B 1

Schmäher erzwingt Gottes Zorn

«Die Hochzeit eines Reichen wurde 1527 mit fürstlichem Aufwande gefeiert. Man setzte sich an's glänzende Freudenmahl. Bald drehte sich das Gespräch um die neue Zeit und die neuen Prediger. Die Einen nannten diese Verkündiger der evangelischen Wahrheit, die Andern Verführer des Volks, und bald war der Wortstreit im lärmenden Gange. Da, mit freundlichen Mahnworten auftretend, sprach der Bräutigam: ‹Lasst mich doch frohe, heitere Gäste an meinem Mahle haben, und keine bittern, streitsüchtigen! Hier ist nicht der Ort für solche Streitsachen; lassen wir das Ding den Theologen, den Hirten unserer Seelen!› ‹Verführer des gemeinen Volks sind sie›, unterbrach ihn mit Geschrei sein Schwiegervater, ‹und vom Satan selber in unsere so ruhige, friedliche Stadt geschleudert, damit sie eitel Streit und Aufruhr erregen und die Bürgerschaft in feindselige Parteien spalten. Ich halte lieber fest am alten wahren, heiligen Kirchenglauben, als an den neuen Lehren dieser armseligen Menschen. Diese obscuren Leute plappern viel Sonderbares von einem neuen Evangelium, das Erasmus erfunden hat, der Fleisch an den Fasten isst, immerdar zu Hause sitzt, nichts auf Messe und Gottesdienst hält. Des Teufels Lehre predigen sie, nicht Christus und der röm. Kirche. Was geht uns an, was Paulus schreibt, dieser Lästerjude?› Jetzt prahlte einer der Gäste auf und rief: ‹Das sind Lästerungen, Herr, die kein Christ sich erlauben soll, und die an keine fröhliche Hochzeitsfeier gehören. Wollt Ihr nicht aufhören, der Art wider die Evangeliumsprediger und den Apostel Paulus selbsten zu lästern, so gehe ich mit Frau und Kindern weg. Zu Solchem sind wir nicht geladen!› Dabei blieb's. Der elende Spötter schwieg voll verbissener Wuth. Doch was geschieht? Des folgenden Tags wird die junge neuverlobte Tochter des Lästerers von der Pest ergriffen und nach dreien Tagen zum Schmerze Aller weggerafft. Die Christen mögen davon lernen, ihre Zunge nicht an den Himmel zu legen, und erwägen, wie es einem Lästerer über kurz oder lang geht. Vier Jahre darauf versank der Vater mit seinem Pferde in einem kleinen Flusse und wurde nicht wieder herausgefunden. Noch nicht genug! Die Nachricht seines Todes warf sein Eheweib auf's Krankenlager und nach acht Tagen auf die Todtenbahre.»

Literarische Beilage zum Intelligenz-Blatt der Stadt Basel, 17. September 1853 / Buxtorf-Falkeisen, 1, p. 61f.

Religionsspötter und gottloser Sohn

«In diesem 1528. Jahr wird einem gottlosen Bösewicht auf dem Markte die Zunge ausgeschnitten. Einmal hat er

«Bekantnuss unsers heyligen Christenlichen gloubens, wie es die Kilch zu Basel haltet.» 1534.

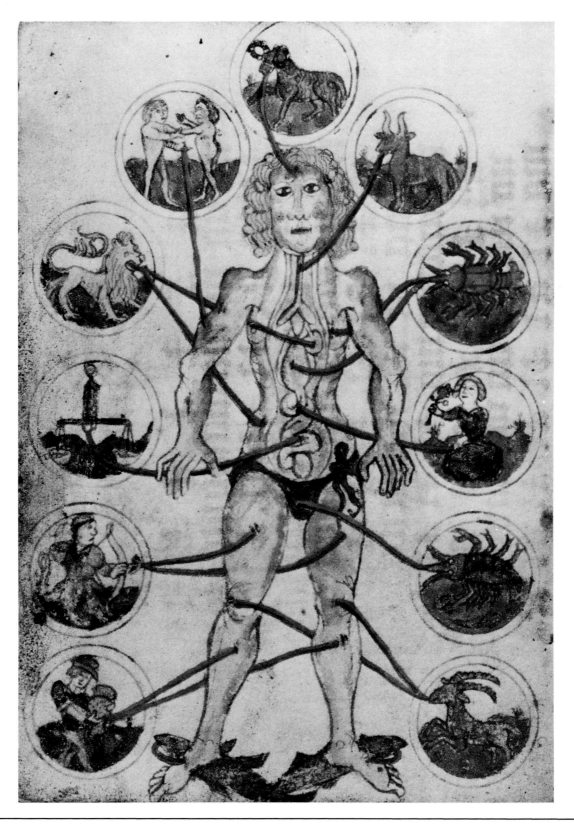

Heilmedizinisches Aderlassmännchen mit den Sternzeichen der für die Blutentnahme günstigen Zeiten aus einem von Jakob Meyer 1490 verfassten Kalender mit Regeln für Gesundheit und Geschäfte.

Die Pest: ‹*Voller Schrecken und Furcht, versinnbildlicht das Gemälde die Ausweglosigkeit menschlichen Daseins.*› *1898. Gefirnisste Tempera auf Tannenholz von Arnold Böcklin.*

Prozession und Totenbestattung auf dem Barfüsserplatz während der grossen Seuche von 1348/49. Lavierte Federzeichnung von Hieronymus Hess. 1836.

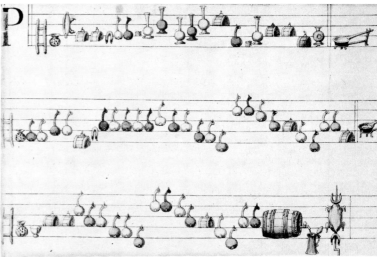

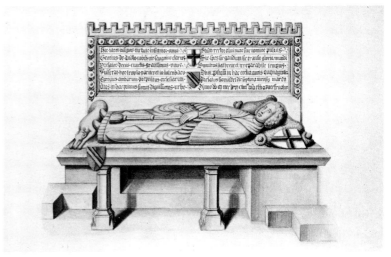

Oben: Die Zähmung der Begierden mit Lautenschläger und Liebespaar. Federzeichnung in schwarzer Tusche in «Aristoteles vom Fürstenregiment. 1476.»
Unten: Der Leichnam Christi im Grabe (Ausschnitt). 1521. Gefirnisste Tempera auf Lindenholz von Hans Holbein d. J.

Oben: Scherzhafte Notenschrift aus Georg Forsters Liedersammlung von 1543. Die Notenformen sind durch Küfergeräte, Trinkflaschen, Würste etc. dargestellt.
Unten: Das Grab Georgs von Andlau (um 1390 bis 1466), des ersten Rektors der Universität. Aquarellierte Zeichnung von Emanuel Büchel. 1771.

Der Predigermönch Andreas Zamometic, der sich den Titel eines Kardinals von San Sisto angeeignet hatte, war im Frühling 1482 nach Basel gekommen, um ein Konzil gegen den Papst zu verkünden. Auf Druck der Kurie in den Spalenturm gelegt, erhängte sich der selbsternannte Erzbischof nach zweijähriger Haft und entging so der Auslieferung nach Rom, worauf dessen Leiche in ein Fass geschlagen und dem Rhein übergeben wurde. Faksimile aus der Luzerner Bilderchronik von Diebold Schilling.

Ketzerverbrennung auf dem Scheiterhaufen, auch an die ‹böse unmenschliche Ketzerie› von 1474 erinnernd (vgl. Bd. I, p. 156). Bleistiftzeichnung von August Beck. 1854.

‹Als eines Tages (um 1327) ein angesehener päpstlicher Legat in Basel erschien, um einige Verordnungen gegen den Bischof bekannt zu machen, wurde derselbe gepackt, über die Pfalz geworfen, und da er sich durch Schwimmen zu retten versuchte, von seinen Verfolgern, die ihm in Kähnen nacheilten, todtgeschlagen.› Getuschte und aquarellierte Zeichnung von Ludwig Adam Kelterborn. 1858.

Die Kreuztragung Christi nach einem Wandbild in der St. Niklauskapelle des Münsters. Aus der «Sammlung der Merkwürdigsten Grabmäler, Bilder, Mahlereyen, Aufschriften des Grossen Münsters zu Basel, nach den Originalien vorgestellt von Emanuel Büchel. 1775».

schreckliche Lästerungen gegen Gott ausgestossen, dann sich an seiner Mutter entsetzlich versündigt, die er nicht allein alltäglich mit rohen, harten Worten überschüttete, sondern sogar bis auf's Blut mit Schlägen misshandelte. Nach Vollziehung der Strafe wird er lebenslänglich verbannt. Wenn heut zu Tage alle Lästermäuler gestraft würden, grosser Gott!, was hätte nicht der Henker vollauf zu schaffen! Was irgend wie Christus für's Wohl der Menschheit gethan hat, das wird von diesen bösen Zungen als Beschwörungs- und Betheurungsmittel gemissbraucht. Christi Wunden, Leiden, Kreuz werden bei jeder Kleinigkeit genannt, selbst von siebenjährigen Buben. Nicht zu reden von der Redeweise der Vornehmen, der Rathsherrn und der Weisen dieser Zeit. Überall wird geschworen beim heiligen Sakramente des Leibs und Bluts Christi, bei der Taufe, beim Barte Gottes und was sonst noch das unsinnige Volk erfindet; mich schaudert's zu sagen. Woher kommt das? In den unaufhörlichen Kriegen haben sie diese schändlichen, verabscheuungswürdigen Reden aufgelesen, wo alles ungestraft und frei gesprochen und ausgeübt werden darf. Keiner gilt ja für einen Kriegsmann, der nicht auf's Beste den Namen Gottes lästert. Wer kann läugnen, dass wir, die wir Christen genannt sind, ohne alle Furcht vor dem Herrn leben, ohne Gewissen, die dereinst Satan in seinen den Gottlosen bereiteten Pfuhl wegraffen wird. Wer seinem Gott nicht willfahrt, wie kann er seinen Eltern willfahren?»

Literarische Beilage zum Intelligenz-Blatt der Stadt Basel, 1. Oktober 1853/ Buxtorf-Falkeisen, 1, p. 69f.

Die Reformation

«Im Jahre 1522 kam ein junger Mann als Leutpriester zu St. Alban nach Basel. Er hiess Wilhelm Reublin. Er predigte aus der Heiligen Schrift und legte sie so gut aus, wie man es vorher nie gehört hatte. Viele Leute drängten sich herbei, um ihn predigen zu hören. Er bekämpfte die Zeremonien und Kirchenbräuche der Bischöfe und Priester mit Hilfe der Heiligen Schrift. Er verwarf auch die heilige Messe. Als dies die Pfarrer und das Domkapitel merkten, wurden sie sehr erregt, sie beklagten sich darüber beim Bischof und nannten Reublin einen Ketzer. Sie getrauten sich aber nicht, an ihn Hand anzulegen, weil sie die Gemeinde, die an ihrem Pfarrer hing, fürchteten.

Nun beklagte sich der Bischof bei der Regierung wegen des Ketzers. Als die Gemeinde es vernahm, versammelte sich eine grosse Zahl von Bürgern bei der Barfüsserkirche und richtete an die Regierung die Bitte, diesen Prediger zu schützen. Die Regierung schickte den Bürgermeister und einige Ratsherren in die Versammlung, um deren Anliegen anzuhören. Die Gesandten der Regierung versprachen, den Prediger zu schützen; sie gaben gute Worte in der Absicht, so die Versammlung aufzulösen.

Der Bischof und sein Anhang brachten es aber durch Geschenke und Lügen zustande, dass die Regierung den Prediger vierzehn Tage später ausweisen wollte. Als die Gemeinde dies merkte, wurde sie unruhig. Etwa fünfzig Frauen, vornehme und andere, versammelten sich, zogen ins Rathaus und baten, ihnen den Prediger Reublin zu lassen. Aber es half nichts, der Prediger musste die Stadt verlassen. Alle Bürger, die seinen Predigten zugehört hatten, schimpfte man lutherische Ketzer. So bildeten sich im Volke zwei Parteien.

Zur Zeit als Reublin vertrieben wurde, war ein anderer Prediger im Spital. Er hiess Meister Wolf Wissenburg. Sein Vater sass im Rat. Auch er fing an, die Wahrheit des göttlichen evangelischen Wortes zu verkünden und die Messe in deutscher Sprache zu halten. Er erhielt einen starken Anhang, noch mehr als Reublin. Die Priester aber konnten gegen ihn nichts ausrichten, da er ein Basler Bürger war. Die neue Lehre bekam von Tag zu Tag mehr Anhänger.

Zu gleicher Zeit begann ein gelehrter Mann, ein Doktor der Theologie, an der Universität Vorlesungen zu halten. Er hiess Johannes Oekolampad, auf deutsch Johann Husschin. Er hielt Vorlesungen über den Propheten Jeremias und legte ihn so christlich aus, dass alle ihm gerne zuhörten. Er hatte stets eine grosse Zuhörerschaft von Geistlichen und Nichtgeistlichen. Auch in der Martinskirche verkündete er das göttliche Wort auf eine so christliche Weise, wie man es noch nie gehört hatte. Die Gemeinde hing ihm so an, dass sie Leib und Leben für ihn gewagt hätte.

Einige Priester verheirateten sich. Dies dünkte manchen gar seltsam, aber Oekolampad erklärte es als der Schrift gemäss. Immer mehr nahm das Wort Gottes dank Oekolampad in Basel überhand. Neben ihm erhoben sich eine Reihe andrer christlicher Lehrer, so zu St. Martin, zu Augustinern, im Spital, zu Barfüssern und zu St. Leonhard. In den andern Kirchen hingegen waren recht böse und feindlich gesinnte Prediger. Sie stifteten mit Schelten

vnd was darauff erhalten wurde mit der gschrifft das sölte ein fürgang haben. Bald darnach an der Fasnacht wustend die burger abermals auf in harnisch/ vnd klagt ein teil/ des anderen teils Prediger hettind wider den hievorgemachten abscheid vnd vertrag gehandlet/ ꝛc. Auff das wurdend an der Fasnacht die Bilder auß den Templen geworffen/ vnd an Eschermitwochen verbrennt. Hiemit vergleychet sich die statt in allen dingen der Religion halb mit den stetten/ Zürych vnd Bern/ ꝛc. In der nachuolgenden Fasten machet der Radt die Reformation/ wie sy die noch haltend.

«Der Bildersturm von 1529 verbreitete sich über die ganze Stadt. Eine Menge von unschätzbaren Werken baslerischer und oberrheinischer Kunst ist da durch den Fanatismus, der keine ‹Götzen› mehr dulden wollte, vernichtet worden. (Andreas Heusler.)»

und Schmähreden viel Uneinigkeit in der Bürgerschaft. Um dieses zwiespältige Predigen zu vermeiden, liess der Rat 1523 ein Gesetz ausgehen, das allen Predigern und Seelsorgern in der Stadt und auf der Landschaft vorschrieb, allein die wahre Heilige Schrift zu predigen und alle andern Lehren, die der Heiligen Schrift zuwider, zu unterlassen, stammten sie nun von Luther oder andern Doktoren.

Die Tage der Entscheidung vom 7. bis 10. Februar 1529 und der Bildersturm: Da die Anhänger des Papstes nicht von ihrer Predigtweise ablassen wollten und der Rat von Basel nicht handelte, versammelten sich dreissig Deputierte der Evangelischen am 7. Februar, an der Herrenfasnacht, auf der Gärtnerzunft und berieten den ganzen Tag. Sie beschlossen, die Evangelischen heimlich auf den folgenden Tag in die Barfüsserkirche aufzubieten. Einer sagte es dem andern. Am Morgen des 8. Februar, einem Montag, kamen um sechs Uhr früh achthundert evangelisch Gesinnte dort zusammen. Sie beteten zu Gott dem Herrn um Hilfe. Einer von den Deputierten, Hans Irmy, hielt eine Rede und schilderte dem Volk die Lage. Man sehe, dass die katholische Partei sich nicht an die Abmachungen halte. Während man noch verhandelte, kam ein Bote des Rates und lud die Deputierten der Evangelischen ein, ins Rathaus zu kommen, der Rat werde ihnen seine Meinung kund tun. Jetzt wollten die Evangelischen aber nicht mehr darauf eingehen, nachdem man vier Wochen auf eine Antwort von seiten des Rates gewartet hatte. Weil die Katholischen so sehr gegen die Abmachungen gehandelt hätten, fühlten sie sich auch nicht mehr daran gebunden. Die Versammelten begehrten nun, dass einige Männer aus dem Rat der Stadt austreten sollten und dass die gegnerischen Prediger aus der Stadt gewiesen würden. Erst dann würden Friede und Eintracht wieder einkehren. Aus dem Rat sollten vor allem austreten: der Junker Heinrich Meltinger, der Oberstbürgermeister, der Junker Lux Zeigler, Oberstzunftmeister Franz Bär und einige andere, die namentlich genannt wurden. Diese Männer hätten immer den päpstlichen Priestern geholfen.

Nun zogen also die Deputierten ins Rathaus und brachten die Begehren der evangelischen Gemeinde vor. Unsere Regierung war darüber aufgebracht. Die Herren wollten wissen, warum sie nicht dazu taugten, im Rate zu sitzen. Darauf gab man ihnen die Antwort, der Rücktritt werde vom Volk gewünscht, die Gründe werde man ihnen gerne nennen, falls sie es zu wissen begehrten.

Da der Rat keine Antwort geben wollte, warteten die Deputierten von morgens sieben Uhr bis abends fünf Uhr im Rathause, ohne zu essen oder zu trinken. Um diese Stunde kamen sie aus dem Rathaus. Die Evangelischen liefen herbei und wollten die Antwort der Regierung hören. Aber die Deputierten waren vor Hunger zu kraftlos und baten die Menge heimzugehen. Am andern Morgen werde man ihnen Bescheid geben und die Beschlüsse aufschreiben, denn man könne nicht alles im Kopfe behalten. Die Gemeinde war aber damit nicht zufrieden. Sie wollte nicht bis zum andern Morgen warten. Alle Zünfte beschlossen, jetzt zwar heimzugehen,

Verzeichniß
der
Reliquien und des Kirchen-Schatzes
im Münster zu Basel,
zur Zeit der Reformation von der Regierung zu Handen genommen.

Erstlich ein ganz goldener Tisch, von Kaiser Heinrich, auf welchem 3 Erzengel: Michael, Gabriel und Raphael, unseres Heilands und der Benedicta, mit Heinrich und der Kunigunda Bildniß befindlich. Geschätzt zu 4500 Pfund oder 2000 Sonnenkronen.

2) Ein silbern vergüldtes Kreuz, mit unsers Heilands, der Jungfrau Maria und der Evangelisten Bildniß, in welchem ein merklich Stück vom Kreuz Christi enthalten; darauf stehen 4 köstliche Edelgestein (3 Diamanten und ein Saphir).

3) Eine goldne Rose mit 38 Blättern, 5 kleinen Knoten und Aestlein, alles von gutem Gold; in der Mitte ein köstlicher Saphir.

4) König Davids Bildnuß, wie auch das St. Annä von gutem Gold auf hölzernem Fuß.

5) Ein ganz goldener Kelch ohne Schaalen.

6) Eine hohe neue Monstranz von Silber auf vergüldten Füßen; ist mit gar viel köstlichen Kleinodien geziert, zum Dienst und Gebrauch des Festes des allerheiligsten Leibs Christi, — daran ein Ring mit einem Rubin.

7) Eine große silberne Monstranz, worin St. Theodosii und Mauritii Reliquien.

8) Eine große Porzelane Kanne, auf einem silbernen Füßlein, einem silbernen Gefäß von Werth, wobei gewisse Heiligthümer liegen.

9) Eine andre große silberne Monstranz mit dem Heiligthum des heil. Kaisers Heinrich.

10) Ein köstlich Kreuz mit heil. Kleinodien, an einer silber-

Die erste Seite des 48 Gegenstände umfassenden, 1833 der Teilungsbehörde in Aarau vorgelegten Inventars des Münsterschatzes.

aber bewaffnet wieder auf den Marktplatz zu kommen. Um sechs Uhr standen 800 Zünftler gut gerüstet vor dem Rathaus. Sie besetzten alle Gassen und die Stadttore und stellten auch die Kanonen auf dem Kornmarkt auf. Jetzt erschrak der Rat. Er versammelte sich sofort wieder, denn nun galt es Ernst. Um neun Uhr nachts brachten die Deputierten die Nachricht, dass alle Ratsherren, die vorher genannt worden waren, aus dem Rate austräten und dass alle andern Begehren bewilligt seien. Die Bürger aber waren noch nicht zufrieden. Sie wollten nicht heimgehen, sondern die Nacht auf ihren Zunftstuben und auf der Rheinbrücke verbringen. In allen Gassen wurden Fackeln angezündet. In dieser Nacht verliessen einige der ausgestossenen Ratsherren, so der Bürgermeister Meltinger, auf einem Weidling die Stadt Basel.

Als nun der Rat gesäubert war, berieten die restlichen Glieder noch lange über andere politische Geschäfte. Immer noch warteten viele Bürger in ihrem Harnisch auf dem Kornmarkt. Einige kamen nun auf den Gedanken, in der Stadt herumzugehen, um irgend etwas anzustellen. Also zogen etwa vierzig auf den Münsterplatz und traten ins Münster ein. Einer schlug mit seiner Waffe eine Altartafel in Stücke. Darauf verliessen sie das Münster wieder. Am Münsterberg begegneten sie zweihundert andern, die auch vom Kornmarkt abgezogen waren. Sie ratschlagten, was sie tun könnten. Einer meinte, sie könnten wieder ins Münster gehen, um die Bilder zu zerschlagen. Alle stimmten bei. Inzwischen hatten die Geistlichen die Türen verschlossen, da sie bemerkt hatten, dass eine Altartafel zerstört worden war. Jetzt wurden die Türen aufgebrochen und alles, was im Münster war, wurde krumm und klein geschlagen. Es wurde nichts verschont. Gemälde, Altartafeln, Heiligenstatuen, ob aus Stein oder Holz, alles wurde in Stücke gehauen. Nur was aus Gold und Silber war, blieb unbeschädigt, denn niemand wollte etwas stehlen. Niemand durfte es wagen, den Zerstörern Einhalt zu gebieten. Nachher zogen sie noch nach St. Alban und St. Peter und von einem Kloster zum andern, bis sie im Grossbasel alle Götzenbilder zerstört hatten.»

Teuteberg, Bd. I, p. 75 ff. / Ryff, p. 88 / Wurstisen, Bd. II, p. 598 ff. / Gross, p. 159 / Ochs, Bd. V, p. 606 ff. / Wackernagel, Bd. III, p. 513 ff. / Linder, p. 76 ff. / Aufzeichnungen eines Basler Kartäusers, p. 447 f.

Der Abzug der altgläubigen Geistlichkeit

«Wenn in meinen Geist zurückkehrt das traurige Bild des Abschieds, gleitet aus meinen Augen eine tränende Welle. O Basel, leb' wohl! Du warst berühmt als Mehrerin und Beschützerin der Religion. Mehr als 1300 Jahre hast du den römisch-katholischen Glauben bewahrt und die Sitten rein gehalten. Aber nun liegst du, seit kurzem berückt vom verkehrten Calvinischen Dogma, als Beute umstrickt von höllischen Listen, und Venus und Bacchus herrschen in der ganzen Stadt. Alles Heilige liegt darnieder und alles Schlechte triumphiert. Prediger, die falsche Lehren verbreiten und ihre Ketzereien und Irrtümer von der Kanzel herab unter dem Deckmantel der hl. Schrift rechtfertigen, täuschen die leichtgläubigen Herzen des Volkes. Der grössere Teil der uneinigen Bürgerschaft will den neuen Glauben. Die Klöster stehen offen, und die meisten Mönche und Nonnen brachen ihre Gelübde zu Gunsten gotteslästerlicher Gesetze. Zwar liess Bischof Philipp von Gundelsheim die Seinen nicht im Stich, sondern schickte ihnen von Pruntrut aus hervorragende, gelehrte und fromme Prediger, die abrieten, den Glauben zu ändern, und zeigten, dass das neue Dogma falsch sei und ein Hinterhalt der Hölle. Aber die Gottlosigkeit triumphierte, und die Herde verschloss ihrem Hirten die Herzen:

Die wütende Menge bewaffnet sich und stürmt die Kirchen, zertrümmert alles, was heilig ist, zerreisst die Ornate, zerschlägt die Reliquien und verbrennt die Kruzifixe. Ein verbrecherischer Müller schleppt das grosse Osterkreuz, das der übermütige Pöbel wegen seines allzugrossen Gewichtes nicht hinwegtragen kann, mit einem Pferde fort, erhängt sich aber bald darnach in seinem eigenen Stall. Aus diesem ‹höchsten Tempel›, wohin er das Kreuz geschleppt, wird er, der verzweifelnde Galgenstrick, vom Pferde weggerissen und darauf unter dem Galgen vom Henker nach altem Brauch begraben. Die Messe und der alte Kult werden unterdrückt. Es verstummt der heilige Gesang des berühmten Chores, und die Orgeln schweigen. Der bischöfliche Stab und die Hl. Mitra liegen im Schmutz. O Gott, welche Veränderung des Glaubens! Strecke aus deine hilfreichen Hände, ich bitte Dich.

Der Offizial verlässt Basel und verlegt das geistliche Gericht nach dem sichereren Altkirch. Die Domherren ziehen weg, und es folgt ihnen der ganze Klerus. In

Johannes Oekolampad setzte in seiner Doppelfunktion als Professor für biblische Vorlesungen und Leutpriester zu St. Martin die Reformation in Basel durch.

Standhaftigkeit und treu ihrem Gelübde verlassen die Clarissinnen ihr Heim. Berühmte Professoren und die meisten Scholaren suchen bessere Orte auf und eilen nach Freiburg i. Br. Ein einziger Prälat wechselt den Glauben und bleibt in der Stadt zurück. Ihn erheben die Bürger zu einem Vorsteher, gewähren ihm Zinse und Einkünfte und überhäufen ihn mit Schmeicheleien. Eine vornehme Äbtissin wird ihm zur Frau gegeben. So verletzen beide die vorgeschriebenen Gebote Gottes. Aber welch ein Wunder! Schon nach wenigen Jahren ereilt die Beiden der gerechte Zorn des rächenden Gottes. Sie stirbt plötzlich zu Hause, ohne Hoffnung auf ewiges Heil und eilt im Bewusstsein ihrer Sünde der schwarzen Hölle zu. Er wird mit dem Aussatz bestraft und aus der Stadt verstossen und beschliesst seine Tage in Unfrömmigkeit.
Unterdessen ging eine Gesandtschaft an Kaiser Karl V. ab, die aber keinen Erfolg hatte. Denn zu eben dieser Zeit wurde Wien von den Türken belagert, und der Hof des Kaisers zitterte. Trotzdem erliess der Kaiser ein Mandat zu Gunsten der Besitzungen, der Einkünfte und Zinsen des Domstifts im Gebiete Vorderösterreichs und des Reichs.
Aber Basel behält in unrechtmässiger Weise bis auf den heutigen Tag, was in seiner Oberhoheit liegt: das ehrwürdige Münster, die Orgel, die schweren und kunstreichen Glocken, 60 Häuser, Gärten und mehrere Landgüter, den kostbaren Kirchenschatz mitsamt den vielen Zinsen und Zehnten, innerhalb und ausserhalb der Stadt, zum Schaden von 600000 Duplonen für das Stift. Ich frage dich, Basel: Mit welchem Rechte wirst du solche Geschenke behalten wollen? Siehe zu, wie du dieses Diebsgut Gott wieder zurückgeben kannst. Du versuchst jetzt, die Welt durch einen maskierten, vorgespiegelten Glauben zu täuschen. Aber du wirst einst gezwungen werden, alles zurückzuerstatten. Kein Vorwand und keine Rechtstitel werden dir helfen. Unser Anspruch bleibt bestehen! Bürgermeister, ich bitte Dich.»
Paul Roth, p. 133ff.

Die Altgläubigen verlieren das Bürgerrecht
«Diejenigen, die religionshalber unter Verzicht auf das Bürgerrecht die Stadt innert Monatsfrist verlassen, dürfen in ihren Häusern weder offenes Feuer noch Licht haben, sondern sollen als Gäste in öffentlichen Herbergen einkehren. Diejenigen aber, die sich mit der Christlichen Ordnung noch nicht vereinbart haben, sollen dies thun, andernfalls sie auf den Zünften stillgestellt werden.» 1530.
Scherer, II, s. p.

Beleidigung der Geistlichkeit
Päule Werchle von Riehen hatte 1530 in Gesellschaft von vielen Ehrenweibern die Barbel Kern und die Frau des Ambrosius Kettenacker in unflätiger Weise als Pfaffenhuren beschimpft und sich über den Pfaffen, der ihm feindlich gesinnt sei, beklagt: «Die geile Hur und der Pfaff wend alle Ding regieren!» Weiter hatte er unmenschliche Schwüre ausgestossen. Dadurch bewegte er die göttliche Majestät jämmerlich zu höchstem Zorn, was nach der Reformationsordnung mindestens ewige Verbannung zur Folge hatte!
Gast, p. 112f.

Über die Einfalt der Wiedertäufer
«In dem eine Stunde von Basel entfernten Terwyl huldigte und opferte (um das Jahr 1530) ein reicher Bauer über Massen der so gepriesenen Einfalt und Frömmigkeit der Wiedertauflehre, so dass ihn nicht Kerker und Banden davon abbringen konnten. Als die Wiedertäufer zum ersten Male in sein Hauswesen traten, das da hablich war an Äckern, Wiesen, Weingelände und baarem Gelde, fielen sie auf die Kniee nieder, stiessen bei gedämpfter Stimme ein seltsames Seufzergetön aus und standen wieder auf, indem Einer den Anderen, das Angesicht trocknend, zur Enthüllung der heiligen Schrift ermahnte. Das Buch wird aufgeschlagen, die Stelle von der Taufe vorgelesen und mit grossem Gelärm und Geseufze verhandelt. Grosser Gott, wie wurde da Alles nach dem einmal eingesogenen Wahnwitze geschmiedet und gemodelt, wie sollten die Einfältigen durch Heuchelei geblendet werden! Indessen ward bei grosser Heiterkeit täglich geschmaust und über die Diener des Evangeliums tapfer losgeschimpft. So verzehrten und verschlemmten sie mit schönem Danke mehrere Monate hindurch Alles, was aufgetischt wurde, bis, müde der zahlreichen leidigen Tischgänger, die nichts zubrachten, nichts arbeiteten, die Bäurin zu fürchten begann, was geschah: Armuth nach der Täuschung. Der schöne Vorrath, der die Familie den Winter hindurch ernähren sollte, ward vernichtet. Jetzt, wo die Würste und die Speckseiten verzehrt, die Weinfässer vertrocknet, das Korn geschwunden war, verschwanden auch die schamlosen Gäste, indem sie auch den arm gefressenen Bauern mit sich fortschleppten. Der heilige Geist habe sie anderswohin gerufen, hiess es, die evangelische Ernte stehe vor der Thür. Dem Rufe müsse man folgen, denn der Herr habe ihnen in dieser Nacht im Traumgesicht einen Mann aus dem Hause Israel geoffenbart, in dessen Wohnung sie eingehen müssten, da der wahrhafte Sohn Abrahams in dieser Nacht ankommen werde. So zog der böse Schwarm aus diesem Haus in einem andern ein. So werden einfältige Leute unter der Lüge, Zehnten und Abgaben würden aufhören, angelockt und verführt, Arbeit und Beruf aufzugeben. So giebt es unter diesen Menschen rüstig starke Männer, die noch unlängst im Besitz von Feld und Haus arbeitsam ihr redliches Brod verdienten, jetzt aber arbeitsscheu in den

Scheunen der Bauren und hinter Hecken und Büschen liegen und mit den Kindlein den Backöfen nachschleichen. Andere, um nicht für müssige Landstreicher zu gelten, gehen den Deckelschnecken nach oder flechten Körbe. Dann klagen und jammern sie, sie seien durch entsetzliches Unrecht von Haus und Habe getrieben und verstossen worden.»

Literarische Beilage zum Intelligenz-Blatt der Stadt Basel, 26. November 1853/ Buxtorf-Falkeisen, 1, p. 94f./Bieler, p. 732

Der erste Märtyrer der Basler Täufer

«Der (um 1530) zum Tod verurteilte Hans Ludi, der erste Märtyrer der Basler Täufer, ging in unerschütterlicher Glaubensgewissheit in den Tod, die Geistlichen mit ihren Tröstungen wies er als Satansdiener von sich. Starr, bleich und wortlos liess er sich zur Richtstätte (vor dem Steinenthor) führen. Manche Anhänger der Sekte zogen mit hinaus. Als ihn der Henker aufforderte, gemäss der Sitte vor dem Todesstreich das Volk für das gegebene Ärgernis um Verzeihung und um ein Gebet für seine Seele zu bitten, wies er beides schroff ab. Er habe kein Ärgernis gegeben und habe keines Menschen Fürbitte nötig, als ein Kind Gottes sei er rein von allen Sünden. Dagegen forderte er die Anwesenden auf, niederzuknieen und ein Vaterunser zu beten, das er laut mit zitternden Lippen mitsprach. Dann rief er: ‹So geschehe Gottes Willen!›, und der Henker schlug ihm den Kopf ab. Vom Tode dieser Männer berichtet uns einzig ein Gegner, der deutlich genug seine Überzeugung ausdrückt, dass die Hingerichteten direkt zur Hölle gefahren seien, und trotzdem machen die von Gast angeführten Thatsachen, nach Abzug seines Kommentars, jedem heutigen Leser den Eindruck, dass diese Täufer in der festen Gewissheit, den wahren Glauben zu besitzen, mutig für denselben zu sterben verstanden haben.»

Burckhardt, Täufer, p. 123

Trunkenbolde

«Ludwig Lachner, Junker Egli Offenburg, Junker Niclaus Escher, Friedrich Ungerer, Michel Schnitzer und Lienhart Bischoff haben zur Heiligen Zeit am Ostertag, so andere Bürger zur Predigt gsin, im Wirtshaus zum Seufzen 14 Maas Malvasier getrunken. Sie sind deswegen ingelegt (ins Gefängnis gesteckt) und jeder um 5 Pfund gestraft worden.»

Urfehdenbuch IV, p. 110

Mif teuflischer Bosheit gegen den Reformator

«In dem ansehnlichen Dorf Sissach ist 1531 folgende abscheuliche und schändliche Beleidigung angetan worden: Einige Bewohner jenes Dorfes, ruchlose, gottlose und schändliche Leute, im Glauben, der edle Mann (Reformator Oekolampad) übernachte im Pfarrhaus, was jedoch nicht der Fall war, zerschlugen den Abort des Pfarrers im Garten und beschmierten mit dem stinkenden Kot überall das Pfarrhaus, nicht nur dem edlen Mann zum Schimpf, sondern auch der Lehre, die er verkündete. Das ist die teuflische Bosheit, die in den Bauern steckt!»

Gast, p. 143

Die Spalemer sind dem alten Glauben zugetan

«Zur Zeit der Reformations-Bewegungen in Basel sträubten sich die Einwohner der St. Pauls-Vorstadt, gewöhnlich an der Spahle genannt, gegen die Einführung der Kirchen-Verbesserung. Wie bei den ebenfalls widerspenstigen Kleinbaslern, hatte auch bei ihnen Ehrfurcht für das Alte, dessen Lob aus jedermanns Munde erscholl, eine Scheu vor den von den Evangelischgesinnten aufgeregten Stürme und Umwälzungen hervorgebracht, so dass sie den Zeugnissen der Wahrheit Herz und Ohren verschlossen, und es vorzogen, sich ferner in dem gewohnten Geleise, auch in Glaubenssachen, fortzubewegen. Es wohnten am Heuberg, zum Quartier dieser Vorstadt gehörend, viele Metzger, die wegen ihres Viehhandels bald in den katholischen Kantonen, bald im Sundgau, bald auf dem Schwarzwalde sich aufhielten. Dort hörten sie Verwünschungen und Schimpfworte der gröbsten Art über die Ketzer (die Reformationsfreunde) ausstossen, was sie zurückhielt, den Predigten der Reformatoren nachzulaufen. Diese zeichneten sich demnach als die eifrigsten Vertheidiger der alten Lehre unter den Spalemern aus, und wussten das längere Festhalten an der bisherigen Glaubens-Norm in diesem Stadtbezirk besonders durch ihren Einfluss zu unterstützen. Dazu mögen denn auch noch die katholischen benachbarten Dorfleute, die in den zahlreichen Weinschenken in dieser Vorstadt einkehrten, vieles beigetragen haben. Desswegen darf man sich nicht wundern, wenn in dem ausgebrochenen Bildersturme und der Zerstörung der Altäre, der damalige Lützler-Abt Theobald Hilveck, das in seiner Hofkapelle in dieser Vorstadt aufgestellte Mirakelbild der Heil. Jungfrau, auf seinen eigenen Schultern zur Stadt hinaus trug und ungehindert in Sicherheit brachte, und wenn eine andere Statue derselben, die Spalenthor-Madonna, die noch bis auf diesen Tag von den aus und einwandernden Sundgäuern verehrt wird, und sich an der Aussenseite des Thors dieser Vorstadt befindet, der allgemeinen Schmach entgangen ist.»

Rauracis, 1826, p. 102ff.

Wüste Ketzerin

«Als die Lutherei in Basel anfing, stund 1532 eine Frau aus der St. Johannsvorstadt in der St. Anthoniencapelle

auf die Kantzel und predigte in spöttischer Weise. Hernach bruntzte sie in die Hand und teilte dieses als geweihtes Wasser aus. Nicht lange darnach erlahmte sie an derselben Hand.»
Ryff, p. 489

Im Dienst des schwarzen Höllenfürsten
«In unserer Stadt war ein Gesandter Kaiser Karls V., der 1545 in unsere Stadt einzog und im Gasthaus zum Storchen einkehrte. Es heisst, es sei ein spanischer Bischof, der nach Italien und von dort an den Reichstag ziehen wolle; er ist von 16 Rossen und zwei wohlbeladenen Mauleseln begleitet. Dieser wollte im Kartäuserkloster jenseits des Rheins eine Messe feiern; Bruder Thomas, vielleicht derjenige, der der letzte der Mönche war, wollte das nicht gestatten, sondern verlangte, dass er ihn und sein Kloster mit seiner Messe verschone, damit er ihn nicht bei unserm Rat in Gefahr bringe. So zog der Gesandte, der zwei Tage im Gasthaus blieb, in ein benachbartes Dorf, wo der päpstliche Aberglaube herrscht, und opferte dort seinem Götzen im Namen dessen, der den Dienst des schwarzen Höllenfürsten gestiftet hat.»
Gast, p. 247

Seelsorger im Streit
«Wegen einer Predigt, in der die Schauspieler scharf mitgenommen worden waren, sowie auch über theol. Vorlesungen, geriethen 1546 Prof. Wolfg. Weissenburger und Antistes Myconius scharf hinter einander. Im Worthader brach Myconius im Kapitelhause in Gegenwart anderer Geistlicher gegen Weissenburger in die Worte aus: ‹Gott verderbe dich! Du lügst wie ein Lecker!›, zugleich griff er nach seinem kleinen Dolch. Glücklicher Weise erhob sich der Angeschnaubte und gieng weg. Bald schrieb ihm jedoch Myconius, er verzeihe ihm seine Rede, denn er feire morgen das Abendmahl. Wolle er den Vorfall vor den Richter bringen, so stehe es ihm frei und offen.»
Buxtorf-Falkeisen, 2, p. 84

Begräbnis nach päpstlichem Ritus
«Roetelin, ein Päpstler, ist 1546 um 230 Gulden gebüsst worden. Auf seine Veranlassung und seinen Rat geschah es, dass Franz Conrad, der Meister zum Schlüssel, auf dem päpstlichen Friedhof von Habsheim nach päpstlichem Ritus, mit Weihwasser, brennenden Kerzen und andern abergläubischen Gebräuchen, bestattet wurde, wobei ein päpstlicher Priester den Leichenzug führte und Roetelin mit einigen andern unserer Bürger (es waren 4) nachfolgte.»
Gast, p. 295

Schillernder Pfarrer
«Hans Loew, der Pfarrer von Riehen, wurde 1546 vorgeladen: es wurde ihm ernstlich und streng anbefohlen, sein Amt gewissenhaft zu führen und nicht aus Interesse am Medizinieren die Kirche im Stich zu lassen, indem er überall herumreite. Denn er ist manche Woche hindurch fortgewesen und hat die Kirche vernachlässigt. Es wurde ihm ernstlich befohlen, sich mit einem Amt zu begnügen, entweder Arzt oder Pfarrer zu sein. Er überlegte es sich und bat um Entlassung aus dem Kirchendienst; er gab sich ganz der Heilkunde hin, um die ärztliche Praxis auszuüben. Er rühmte, es sei ihm von irgend jemandem ein Jahresgehalt von 100 Gulden versprochen worden. Der Tor, der seine Pfründe aufgab, die Sorge um die Schafe von sich warf und dahintenliess, der aus einem theologischen Hirten ein medizinischer Schwindler geworden ist!» Im übrigen erregte Pfarrer Loew nicht nur als «geschickter Anatomicus» Aufmerksamkeit, sondern auch wegen seines bedenklichen Lebenswandels. So hatten Hans Links Schwester und Katharina Vogel erwiesenermassen ein Kind von ihm empfangen. Doch der Riehener Pfarrer leugnete die Vaterschaften «bym Allerhöchsten»: «Jo, wenn er die Person solcher Gestalt je berührt habe, soll er ins Gottes Rich nie mer kommen!»
Gast, p. 273

Der wahre Elias
«Ein gewisser Steinmetz, Hans Lynz, war Anno 1546 im Gasthaus zur Kone. Dieser sagte, er sei der wahre Elias, der dreimal von der Erde emporgehoben worden sei, und anderes mehr. Er wurde im Jahr 1559 zu Luzern enthauptet. Er war schwermütig, sonst ein bedeutender Künstler, von dessen Kunst zahlreiche Denkmäler in der Stadt vorhanden sind (z. B. der Rebhausbrunnen im Kleinbasel).»
Gast, p. 255

Geistlicher Pferdehändler
Hochwürden Cunradt, Pfarrherr zu Leimen, betrieb neben der Ausübung seines geistlichen Amtes einen schwungvollen Handel mit Füllen und Pferden aus dem Schwabenland. Durch seinen gar nicht standesgemässen Nebenberuf fügte er dem Basler Rossmarkt erheblichen Schaden zu. Stadtschreiber Theodor Brandt liess deshalb den geschäftstüchtigen Pfarrer eindringlich wissen, die Regierung wünsche, dass er das Rosstauschen in Leimen einstelle.
Missiven B 7, p. 180

Vom Orgelspiel
«Die grosse Münsterorgel von 1404 hatte nach der Reformation bis zum Jahr 1561 ‹als ein unnutz papistisch Ding

zum äusserlichen Gepränge› bei dem Gottesdienste verstummen müssen. Die Wiedereinführung des Orgelspiels, sowie das feierlichere Kirchengeläute mit Begleitung der Papstglocke an den hohen Festtagen (1565) war durch den Einfluss des Antistes Simon Sulzer zu Stande gekommen, welcher dem lutherischen Lehrbegriff vom Abendmahl huldigend, die kahl reformirte Form des Gottesdienstes dem lutherischen näher zu bringen suchte. Wie diese Änderung zum bittern Ärger der streng Reformirten, denen Orgelton und Glockenklang in ihrem Widerwillen gegen alles päpstlich Kirchliche ein Ärgerniss war, zu Stande gekommen, meldet in seiner starren Einseitigkeit Wurstisen wie folgt:

‹Balthasar Meyel, der Präsentz Schaffner und Orgelmacher, hat im Eckhof gegen dem Münster über oben in einem Saal auf den Platz hinaus ein Werk stehen, auf welchem er bisweilen mit aufgesperrten Fenstern an den Sonntagen, sonderlich nach der Mittagpredigt orgelte, als ob er gern ein Kaufmann dazu gefunden. Diess schaffet, dass etwan die Knaben, Gsellen und Mägd stehen blieben, der Orgel zuzuhören. Solches erwitscht Sulcerus zum Anlass und er bildete der Obrigkeit ein, es wäre zu thun, dass man die Orgel wiedrum schlagen solle lassen, das junge Volk in der Kirchen zu behalten. Dazu war desto besser Gelegenheit, dass Gregory Meyer ein geurlaubter Organist von Solothurn hier wohnte. Er war gebürtig von Seckingen, ein gar päbstlicher Mann, der mit den Burgeren hinter dem Wein gut Mann war und gern etwas Dienstes bekommen hätte. Sulcerus erhielt's also, dass man's (das Orgelspiel) erstlich nach den Mittagspredigten für die Hand nahm, bald auch nach der Abendpredigt und letzlich auch am Morgen; dergestalten ist diese unerbauliche Pabstlyren in ein wol reformirte Kirchen eingeschlichen.› Nachdem 1579 das alte presthafte Werk verbessert, umgestimmt und von zwei ‹papistischen› Organisten geprüft worden war, so bricht darüber unser Wurstisen in den Ärgererguss aus: ‹Mit solchen nichtigen Elementen gehen wir um, da wir uns vielmehr bemühen sollten, Aufsehens zu haben, dass die Lehr in der Kirchen nach Gottes Wort gestimmt wärd, und die Pfeiffen unseres Lebens in rechter Harmonie gingen. Gott gebe, dass es nicht Vorbotten seyen des wieder hineinlauernden Pabstums.›»

Buxtorf-Falkeisen, 3, p. 50f.

Der Allschwiler Judenstreit

«Wann sich in dem Dorfe Allschweiler die Juden eingehauset haben, ist unbekannt. Im Jahr 1568 wollten hier die Bauern sie ausschaffen, weil beides, ihr Müssiggang verbunden mit der höchsten Unreinlichkeit, und das von ihnen gemissbrauchte Zutrauen der Christen, welches sich in ihren betrügerischen Handlungen offenbarte, den Einwohnern der Gemeinde Allschweiler, die Überzeugung von der Schädlichkeit ihrer Duldung und Aufenthalts in derselben beygebracht hatte. Da nun ihr Landesfürst, Bischof Melchior von Lichtenfels, die Israeliten zu Allschweiler gegen die christlichen Einwohner daselbst in Schutz genommen hatte, wollten diese voll Erbitterung und Misstrauen in ihren Herrn, Gewalt an den eingesessenen Juden-Familien üben und sie auf eine unerwartete Weise aus ihrem Dorf entfernen. Nicht unwahrscheinlich versprachen sie sich von Basel (damals noch mit ihnen verbürget) Hülfe und Beystand. Der Bischof wollte durch ein Schreiben vom 7. Jenner 1568 der baslerischen Einmischung in diesen Streit mit den Allschweiler-Juden zuvorkommen, und bat in demselben die Stadt Basel, sich seiner unruhigen Unterthanen im Dorf Allschweiler nicht anzunehmen, indem er ihr zu verstehen gab, dass die wenigen Juden zu Allschweiler mit bischöflicher Genehmigung sich daselbst niedergelassen hätten, dass sich ihr Auffenthalt in diesem Dorfe nur auf eine gewisse bestimmte Zeit erstrecke, und dass es ihm, dem Bischof, spöttisch und verächtlich zu sein bedünke, wenn er wider die den Juden zu Allschweiler ausgestellten Brief und Siegel, sie fortweisen würde, ehe der zugesagte Schutz und Schirm seine Endschaft erreicht hätte; überdiess vindizierte (beanspruchte) er seine Oberherrschaftsrechte gegen jede Einmischung der Stadt Basel in diese Sache. Obgleich es nicht im damaligen Geiste der Basler gelegen war, den Juden einige Gunst zu bezeugen, so wollten sie auch die Bitte des Bischofs nicht zurückweisen und ent-

«Pestgebet» aus der «Sammlung allerhand meist lächerlicher Gedichte» von Felix Platter.

hielten sich jeder Theilnahme an der Fehde mit den Juden zu Allschweiler. Inzwischen gieng das Vorhaben der Allschweiler, die Verdrängung der Juden aus ihrem Orte (nur nicht auf gewaltthätigem Wege), nichts desto weniger durch, und seit der Zeit hat sich kein Jude mehr in dieser Dorfgemeinde einhausen können.»
Lutz, Neue Merkwürdigkeiten, Abt. III, p. 375f.

Ein Gotteslästerer
Nach einem ausgiebigen Nachtmahl in der Herberge ‹Zum Kopf› an der Schifflände liess sich Junker Mathis Münch von Löwenburg im Beisein vieler Ehrenleute im Frühjahr 1568 dazu hinreissen, Gott mit grausamen Schwüren zu lästern und den Rat und die Eidgenossenschaft mit ungebührlichen Reden zu beleidigen. Kurz darnach plagte ihn heftige Angst vor harter Strafe, was ihn schliesslich zum fluchtartigen Verlassen der Stadt trieb. Dank der Fürsprache seiner Verwandten übte die Obrigkeit später Milde und liess ihn wieder nach Basel ziehen. Mit ein paar Tagen Haft im Aeschenturm und der Erstattung einer Urteilsgebühr von 50 Gulden hatte Junker Mathis seine unrühmliche Tat abgegolten.
Urfehdenbuch X, p. 85

Welsche Predigten
«1572 wurde den Welschen ein besonderer Ort vergönnt, damit sie in ihrer Sprache predigen können. Der Anlass hiezu waren die aus der Parisischen Mordnacht entronnenen Reformierten, und unter denen des französischen Admirals Caspar von Colignii Sohn.»
Wieland, s. p. / Baselische Geschichten, II, p. 20f., 23

Neuer Nachtmahltisch
«1580 wurde der neue Nachtmahl Tisch im Münster durch Daniel Haintz, den Steinmetz, aufgerichtet.»
Baselische Geschichten, II, p. 24

Der Bischof wird beschenkt
1581 begab sich der Bischof von Basel zu einer Badekur ins Birseck. Der Magistrat liess dem ehemaligen Oberhaupt der Stadt bei dieser Gelegenheit «½ Futter Wein und zwei Salmen ins Bad verehren».
Wieland, s. p. / Baselische Geschichten, II, p. 25

Erste Heilige Messe zu Arlesheim
«Den 29. Weinmonat 1581 hielt der Herr Bischof von Basel zu Arlesheim wohl seine erste Mess.»
Basler Jahrbuch 1893, p. 137 / Wieland, s. p. / Baselische Geschichten, p. 19

Abendmahl für die Welschen
«1587 wurde den Welschen völlige Freyheit gegeben, dass sie in der Kirche zu Predigern auch das heilige Nachtmahl administrieren (vornehmen) dürfen.»
Baselische Geschichten, II, p. 28

Am Tisch des Herrn
Im Februar 1588 «hat man im Münster angefangen, die Hostien, so man bis dahin vom Diener in den Mund empfangen, mit den Händen zu nehmen und zu essen».
Falkner, p. 8 / Linder, II 1, p. 19 / Baselische Geschichten, II, p. 28

Riehemerin wallfahrtet
Im Jahre 1601 berichtete der Pfarrer von Riehen, ein krankes Weib habe in Begleitung ihres Mannes eine Wallfahrt zu einem besonders kräftigen Heiligtum im Sundgau unternommen. Vor versammelter Gemeinde sei sie dort vor den Altar gekniet und habe gebetet, während

Kerzenstiftende Frauen vor einem Marienbild. Federzeichnung von Hans Holbein d. J. 1515.

der Messpriester ihr von hinten das Haar schnitt und so das Siechtum absegnete.
Quelle unbekannt

Als ob Geistliche Monstren wären
«Als dominus abbas (der Herr Abt) und mein socius (Genosse) die Stat und Tumbkirchen besichtigt und nur kurze Mantel über den habitum (Gewand) angehabt, sagt ein beser Buob auf der Gassen: schawet, dise Pfaffen legen das Hemet über das Gewandt an. Solches haben sy nitt gehert, aber Superintendeus (Antistes) alda und der Burgermaister. Als mier zu nacht gessen, lassen sy den Wirdt fragen, wo diesen Gaistlichen diser Despect (Ungebührlichkeit) geschehen, vor welchem Haus? Der Wirdt fragt sy über Tisch; wil kheiner nichts drumb wissen. Er aber bitt, sy wöllen solches nitt verschweigen, sonst khome er selbert in Nachthail. Nichts desto weniger ist der Buob ergriffen worden und volgenden Tag, als mir bericht, vor dem Radt übel gestrichen worden. Basler haben diese Zeit noch guotte policiam (Ordnung) gehalten. Haben die Gaistlichen wol sicher megen gehn ohn allen Spott; aber also hat man sy angeschawet, als waren sy Monstra.»
Thommen, p. 72

Frühmessen
«1605 hat man das erste Mal angefangen, um 6 Uhr zu Barfüssern und um 7 Uhr im Münster zu predigen, wie es die Obrigkeit angeordnet hatte.»
Basler Chronik, II, p. 71 / Baselische Geschichten, II, p. 31

Wegen Religionsspötterei geköpft
«Der Basler Posamentweber Martin du Voisin, Vater von sieben Kindern, wird 1608 in Sursee wegen Religionsspötterei hingerichtet. Auf einer Geschäftsreise nach Luzern gerieth er auf dem Wege mit geistlichen und weltlichen Wallfahrern in ein Religionsgespräch, wobei er sich etwas unvorsichtig über die katholische Religion, der er früher auch angehört habe, ausdrückte. Er sagte z.B., die Mutter Gottes sei eine Frau und Sünderin gewesen wie andere und habe auch mit Männern gelebt. Unbelästigt kamen sie nach Sursee. Da er daselbst noch seiner Meinung blieb, wurde er andern Tages verhaftet und, da er im Verhör nicht widerrief, zum Tode verurtheilt. Vergebens bat der Rath von Basel um Gnade für seinen Bürger, das Schreiben wurde von dem Inquisitor von Sursee nicht einmal eröffnet, sondern du Voisin gerade zum Tode geführt. ‹Darumb sich die Basler hoch angenomen und hat sich ansehen lassen, als wolt es zu einem öffentlichen Krieg geraten. Ist doch wider gestilt worden, dan die Basler, als inen das Gekepften Verbrechen recht kundt gethan worden, indiciert haben, wann ime also sey, habe er billiche Straaf empfangen.› Sechs Tage nach der Hinrichtung hielt Antistes J.J. Grynäus im Münster eine Gedächtnisrede zu Ehren des Geopferten.»
Historischer Basler Kalender, 1888 / Basler Jahrbuch 1894, p. 75 / Buxtorf-Falkeisen, 1, p. 18ff.

Mönche werden misshandelt
«Die Basler haben 1609 einen Patrem von Lützel mit Steinen beworfen, weswegen der Thäter um 20 Pfund gestraft worden ist. Auch haben die Beckenbuben und andere den Generalem Franciscanorum (Ordensgeneral der Franziskaner) übel geschlagen, weil zu Sursee ein Basler wegen erschrocklicher Gotteslesterung gekepft worden ist.»
Thommen, p. 74f.

Bund mit Gott gebrochen
«Anno 1610 starb der Schlosser Labi, der mit seiner Frau in schlechter Ehe gelebt hatte. Im Sinne sich zu bessern, hatte Labi einen Bund mit Gott gemacht, dass wenn er solchen nicht halten werde, er sein Leben lassen sollte. Bald darnach aber hat er seinen Buben und seine Frau

«Ein Diaconus und der französisch Prediger.» Radierung von Hans Heinrich Glaser. 1634.

derart übel geschlagen, dass die Frau zu ihm sagte: ‹Oh Mann, jetzt hast du den Bund gebrochen, du musst sterben.› Darauf legte sich der Mann zu Bett und starb nach 3 Tagen.»

Battier, p. 458/Linder, II 1, p. 23/Gross, p. 238

Auch Henker sind Christen

Als um das Jahr 1614 Scharfrichter Jakob Iselin in die Seligkeit einging, hatte Bürgermeister Hornlacher zu entscheiden, ob eine Leichenpredigt gehalten werden solle. Dies aber war für den gläubigen Magistraten keine Frage, denn für ihn war klar, dass auch ein Henker ein Christenmensch sei.

Richard, p. 160/Buxtorf-Falkeisen, 1, p. 126

Enthusiast

«Unter der Überschrift: ‹ein Enthusiast› – erzählt Pfarrer Richard 1618 von einem ziemlich betagten Studenten (Marsilius) aus dem Veltlin, dass er sich selbst beredt, der h. Geist werd' ihm zu Pfingsten kommen. Er stund um Mitternacht auf zu beten, schruw überlut. Trieb es lang. Uf ein Zeit, als er auch also unter Tagen schruw, hörtens die Herren in der Regenz (dann er hatte sein Musäum im untern Collegio im ersten Kämmerlein gegen der Regenzstuben). Herr Dr. Thomas Blatner gieng aber zu ihm, fragt, was er so schruwe, er molestier die Herrn. Er antwortete: ‹wann ich etwas Üppigs thät, tanzete etc., wurd man mich nit also tadlen.› Man musst' ihm sein Wyss lassen. So man mit ihm disputierte, wusst man nit, was er redt. Kam hernacher heim und ward in dem Uflauf (Veltlinermord) auch umbgebracht.»

Buxtorf-Falkeisen, 1, p. 120

Getaufter Jude läuft davon

«Ein Jude (Jakob Noe aus Böhmen), der sich gar wohl angelassen und auf obrigkeitliche Kosten einem Buchbinder in die Lehre gegeben worden war, wurde am 18. Mai 1619 im Münsterchor unter Feierlichkeiten von Antistes Wolleb getauft. Bald darauf wegen seines Unfleisses vom Meister bestraft, lief ‹der Kerl› wieder davon.»

Buxtorf-Falkeisen, 1, p. 106

Unerlaubte Beschneidung

Um dem jüdischen Gesetz nachzukommen, vollzog im Einverständnis mit Oberstknecht Georg Martin Glaser und im Beisein zahlreicher Zeugen Korrektor Abraham Brunschweig 1619 an seinem neugeborenen Sohn die Beschneidung. Die ‹schandbare› Tat, die jedes christliche Empfinden aufs höchste verletzt habe, durfte nicht ungesühnt bleiben! Die Obrigkeit verfügte unmittelbar nach dem Bekanntwerden der ungewöhnlichen Zeremonie, die «viel ehrliche Leute, geistlichen und weltlichen Standes, höchlich geärgeret», dass «die Jüdin sambt dem Kind zur Stadt hinaus geschafft und die Mannspersonen zur Haft gebracht werden». Das Urteil liess nicht lange auf sich warten: Professor Dr. Johannes Buxtorf, Arbeitgeber von Brunschweig, und Buchdrucker Ludwig König, dessen Schwiegersohn, wurden zu je 100 Gulden Busse verknurrt. Zwei weitere ‹Beschneidungszeugen›, Vater und Sohn Johann Kessler, hatten je 2 Tage und 2 Nächte Türmung abzusitzen, wie auch der Oberstknecht, «der sich schwerlich vergriffen» hatte, einige Tage Haft erstehen musste. Der ‹Autor der Beschneidung› aber, Abraham Brunschweig, der ‹halsstarrig› seine Unschuld beteuerte, hatte mit 400 Gulden die Freiheit aus der Gefangenschaft zu erkaufen!

Criminalia 6 G 2/Ratsprotokolle 16, p. 154 ff./Wurstisen, Bd. III, p. 174/ Buxtorf-Falkeisen, 1, p. 107f./Jüdische Geschichten, p. 207/Baselische Geschichten, II, p. 37

Mann mit drei Religionen

«Ein Mann, Rötich genannt, der ein Haupt (Magistrat) zu Freyburg im Breissgau war und daselbst wegen eines Fehlers entwichen ist, wurde ein Capuziner, darauff ein Lutheraner, hernach ein Calvinist. Er liess sich in Basel nieder, wurde ein Zeitungsschreiber, ging 1622 nach Hägenheim, um wieder Catholisch zu werden. Er ist daselbst in einem Stall wie ein unvernünftig Thier gestorben. Die Ursach seines Austritts von Basel war die Furcht der Straf, weil er etliche Tage zuvor zu Rheinfelden eine Messe gelesen hatte.»

Baselische Geschichten, II, p. 34/Buxtorf-Falkeisen, 1, p. 37f.

Tauber stört kirchliche Andacht

«Um 1624 geschah es, dass ein tauber Mann, Mundbrot genannt, einem Mitbürger, der mitten in der Predigt schlief, mit grosser Ungestümigkeit an den Kopf stiess und ihm zurief, er solle aus der Kirche gehen, wenn er schlafen wolle. Als auch die Anordnungen des Siegrists und des Pfarrers den entstandenen Händel nicht zu schlichten vermochten, kamen die Stadtknechte und führten den Tauben ab.»

Chronica, p. 21f./Linder, II 1, p. 531

Basler im Vatikan

«1626 erzehlte Rudolf Obermeyer, JVD (juris utriusque doctor), was sich vor 30 Jahren, als er zu Rom gewesen, mit ihm zugetragen habe: Er habe daselbst einen alten Bekannten angetroffen, der mit einem Diener prächtig aufzog. Der Obermeyer fragte ihn, wie er zu solch grossem Ansehen gekommen sey, und bekam zur Antwort, er habe zu Haus Haab und Guth verlassen und sich zur päpstlichen Religion gewendet. Darauf habe ihn der Papst also erhöchet und begabet. Wenn Obermeyer Lust habe, wolle er ihm Gelegenheit verschaffen, des Papstes Füsse zu küssen. Der Obermeyer sagte ‹nein, gar nicht.

Warum hast du ihm nicht den Hinteren geküsst?›. Darauf führte er ihn in die St. Peters Kirch und zeigte ihm eine Säule, mit einem Gitter eingefasst, mit dem Vermelden, es seyen durch Anbetung derselben die Blinden wieder sehend geworden. Der Obermeyer sagte, er glaube es nicht, es wäre denn durch des Teufels Wirkung geschehen. Endlich hat er ihn in eine Kapell zunächst dabey geführt und ihm die Bildniss aller Päpste gezeigt mit Vermelden, was dieser und jener für Wunder verrichtet habe. Der Obermeyer aber sagte hierauf, dieser war ein Schelm und jener ein Hurenhengst. So bald es der Bekannte gehört hatte, zeigte er solches beym Päpstlichen Hoof an. Der Obermeyer wurde gefänglich eingezogen und befragt, wollte aber nichts bekennen. So ward er wieder freygelassen. Inzwischen erhielt er ein Fürbittschreiben von hiesiger Obrigkeit, er war aber schon wieder los. Der Papst gab dem Basler Botten ein Schreiben, des Inhalts, der Doktor Obermeyer sey schon wieder los und bekehrt worden und wünsche, dass sie auch bekehrt würden.»

Linder, II 1, p. 536

Jesuitenfresser

«Anno 1627 kamen neben vielen baslerischen und fremden Studenten auch unverhofft etliche Jesuiten in den Lehrsaal der Universität. Als Herr Doctor Wolleb nicht nach ihrem Gefallen gelesen hatte, schüttelten sie ihre Sch.(afs) Köpf und gingen hinaus. Bald hernach, als Herr Doctor Beck öffentlich gelesen und zugleich wider die Abgötterei und abergläubischen Götzendienst geredet hatte, waren auch wieder etliche Jesuiten zugegen. Einer von diesen stand auf und begehrte, darwider zu disputieren. Doch Herr Doctor Beck sagte, es sey jetzt die Zeit da zum Lesen. Darauf aber wollten die Jesuiten mit Gewalt disputieren. Die Studenten riefen nun: ‹Halt das Maul!›, worauf sie hinaus gingen.»

Chronica, p. 83ff./Linder, II 1, p. 539/Buxtorf-Falkeisen, 1, p. 108

Allschwil wieder katholisch

«Den 5. Mai 1627 fiel ein solcher Platzregen, dass das Gewässer unsäglichen Schaden anrichtete. In dieser unruhigen Nacht hat der Bischof von Basel in Pruntrut im Dorf Allschweiler, das zuvor lutherisch gewesen war, anstatt des Prädikanten einen Messpfaffen eingesetzt. Auch hat er um Mitternacht die Kirche einweihen, Mess lesen und jung und alt zum Papstthum zwingen lassen.»

Battier, p. 464/Wieland, s. p./Basler Jahrbuch 1893, p. 144/Basler Chronik, II, p. 77

Mönch wird Professor

«1635 verliess Rufinus Henricus Kisselbach, ein Mönch aus dem Erzbistum Mainz, in Basel das Papsttum und nahm die reformierte Religion an. Hernach hat er öffentlich gepredigt, ward in die Schul auf Burg aufgenommen und letztlich zum Professorem Philosophiae Naturalis gemacht, welches er bis zu seinem seligen Ende blieb.»

Basler Chronik, II, p. 90

Mit dem Schuh getauft

«Ein Bube, der 1636 im Rhein andere Knaben mit einem Schuh getauft, und dadurch, melden die Rathsbücher, Gott im Himmel gelästert hatte, wurde in der Gefangenschaft mit Ruthen gehauen, und dann vor den Bann mit seiner Mutter gestellt.»

Ochs, Bd. VI, p. 775

Der Pfarrer von Rothenfluh

«1639 starb Friedrich Schwartz, Pfarrer von Rothenfluh. War erstlich ein Student, lernte hernach das Küeffer

Ein Narr betet ein Christophorus-Gemälde an. Federzeichnung von Hans Holbein d. J. 1515.

Handwerck, wird ein Schreiber, wandlet auf dem Handwerck, verheurathet sich, kommt gegen Basel und küeffert wieder, wird Pedell der Universität, wird darnach Pfarrer zu Münchenstein, Langenbruck und endlich zu Rothenfluh.»
Linder, II 1, p. 48

Neubestellung des Abendmahls
«1642 ward durch eine Synode erkannt, dass inskünfftig bey dem heiligen Abendmahl anstatt der weissen kleinen papistischen Hostien gemeines Hausbrot gebraucht werden solle, das bei der Austheilung zu brechen ist. Item, dass auf dem Land bei Haltung des heiligen Abendmahls neben dem Diener des göttlichen Worts ein ehrlicher und redlicher Mann das Trinckgeschirr halten soll.»
Linder, II 1, p. 52

Tod auf der Kanzel
«1642 ist Jacob Steck, Praeceptor in der Schul auf Burg, bey der Predigt im Münster von der Hand Gottes berührt worden, dass er auf der Cantzel niedersanck und anderntags verstorben ist.»
Basler Chronik, II, p. 100

Neue Kirchensitten
1642 «ward allhier eine General Synodus gehalten, in welcher beschlossen wurde, dass hinfür für das hl. Abendmahl anstatt der weissen, kleinen papistischen Hostie gemein Hausbrot gebraucht werde, und dass das Brot bei Austheilung des Brots gebrochen werde. Dies wird das erste Mal am 2. Oktober im Münster vollzogen. Item dass anstatt der steinernen alten Tische hölzerne gebraucht werden und dass auf der Landschaft bei Haltung des hl. Abendmahls neben dem Diener des göttlichen Worts ein ehrlicher und redlicher Mann von der Gemeinde das Trinkgeschirr halten solle.»
Battier, p. 472 / Baselische Geschichten, p. 44 / Basler Chronik, II, p. 102

Zerstreuter Münsterpfarrer
«1660, den 27 July, sollte Herr M. Joh. Gernler um 9 Uhr im Münster predigen, und ein Ehepaar einsegnen; er liest das Schlussgebeth, und erheilt den Segen zum Weggehen; endlich erinnert ihn der Hochzeiter an die Einsegnung, welche er auch verrichtete.»
Weiss, p. 3

Erste Predigt im Zuchthaus
«1670 wurde im neuaufgerichteten Zuchthaus, der Carthaus, die erste Predigt gehalten.»
Baselische Geschichten, II, p. 81

Greulicher Gotteslästerer
Im Sommer 1671 ist Hans Georg Spengler, eines Henkers Sohn, «wegen gräulicher Gotteslästerung an das Halseisen gestellt worden. Nach Verfliessung der gewöhnlichen Stund ist ihm die Zunge geschlitzt worden, worauf er auf einem Schlitten mit Ruten ausgestrichen wurde. 1680 sind ihm auch beide Ohren abgehauen worden.»
Baselische Geschichten, p. 111 / Wieland, p. 347

Rekordprediger
«Einzelne Geistliche haben geradezu Unglaubliches im Predigen leisten können, so der Gemeindehelfer M. Jeremias Braun, welcher allein im Jahre 1682 die Kanzel zweihundertunddreissig Mal bestiegen hat.»
Basler Jahrbuch, 1892, p. 190

Verpöntes Salve Regina
«Im Rath wurde 1682 eingezogen, dass unsre Bürger zu den Executionen nach Hüningen herunter liefen, und da zum grossen Ärgernis, beym Salve Regina auf die Kniee fielen. Der Rath verboth es bey höchster Ungnade.»
Ochs, Bd. VII, p. 343

Schändung des Abendmahls
«In der französischen Kirche ereignete sich 1682 ein schreckliches Ärgerniss. Die begangene Gottlosigkeit drang den Leuten durchs Herz und trieb ihnen die Thränen aus den Augen. Es sollte nämlich ein Geistlicher, Namens du Plessis, bey dem heiligen Abendmahl, als der andere, Namens Prince, ihm das gesegnete Brod reichte, mit verächtlichen Gebehrden ein wenig davon gebrochen und das Übrige auf den Tisch geworfen haben. Über den ganzen Handel herrschte aber Ungewissheit. Aufgeforderte Zeugen z. B. sagten aus, sie hätten nichts gesehen. Prince wurde abgewiesen (ausgeschafft) und du Plessis für vier Wochen lang noch geduldet, worauf er seine Valetpredigt (Abschiedspredigt) halten und mit einem ehrlichen Viatico (Reisegeld) dimittirt (entlassen) werden sollte. Indessen verloren aus diesem Anlass die Hausväter der französischen Gemeinde das Recht, ihre Geistlichen zu ernennen, und der Rath erkannte, dass künftigs bey Erwählung der französischen Prediger (ausser den Ältesten) die Herren Deputaten, neben Herrn Antistes, von Obrigkeitswegen beywohnen sollten; welches heut zu Tage (1821) noch beobachtet wird.»
Ochs, Bd. VII, p. 343f.

Das Münster bleibt protestantisch
«Schon im Jahr 1628, kurz vor seinem Tode, machte Bischof Wilhelm Rink von Baldenstein Ansprüche an die Domkirche und derselben Zugehörungen zu Basel. Kaiser Ferdinand bey dem er sich als dem Reichsoberhaupte

darum bewarb, hörte ihn auch in seiner Anforderung und befahl derselben Wieder-Abtrettung an das Baselische Hochstift. Inzwischen war aber dieser Bischof mit Tode abgegangen und obgleich sein Stuhlfolger Heinrich von Ostein das Geschäfte anfangs ernstlich betrieb, so sah er sich doch von selbst gezwungen von jeder weitern Fortsetzung desselben abzustehen, in dem die Besetzung seines stiftischen Gebiets von feindlichen Truppen ihn zur Flucht nöthigte und seine Aufmerksamkeit auf andere Gegenstände lenkte. Erst dem Bischof Johann Conrad von Roggenbach, der im Jahr 1656 zum Episcopat gelangte, fiel es wieder ein, sein vorgebliches Recht auf die Münsterkirche zu Basel bey der Reichsversammlung in Regensspurg im Jahr 1663, zu behaupten. Es entsprach aber hier der Erfolg nicht seinen Erwartungen. Indem diese der Bassler Eigenthums Recht auf ihre Dohmkirche zu ehren schien, glaubte jetzt der Bischof ohne fremder und mächtiger Hülfe mehr zu gewärtigen, sich gütlicher Wege bedienen zu müssen, und wandte sich in den Jahren 1670 und 1671, unmittelbar an die Basslerische Regierung selbst, mit ihr seiner Ansprüche wegen zu unterhandeln. Es wusste aber diese die Rechtmäsigkeit des Besitzes ihres Münsters mit solchen Gründen zu erheitern, dass ihre im Jahr 1675 bekannt gemachte Rechts-Erklärung sie aller fernern Einsprüche von Seite des Bischofs hätte überheben sollen. Doch dieser protestirte im Jahr 1685 förmlich dagegen, welche Protestation Basel mit Stillschweigen widerlegte.»

Lutz, p. 263

Neuer Feiertag

«1687 ist der Hohe Donnerstag das erstemal gleich einem Sonntag gefeyert worden. Gott verleihe uns die Gnad, dass wir steif und fest daran festhalten.»

Scherer, III, p. 144 / Beck, p. 100

Ärgerlicher katholischer Brauch

«Im J. 1689 war der Baron Tertzii, marggräfischer Stallmeister, catholischer Religion, hier gestorben, und die Häupter hatten die Abführung des Leichnams nach Inzlingen, einem benachbarten catholischen Orte, zur Bestattung bewilliget. Allein, die Fackeln, die durch die Stadt bey der Begleitung getragen wurden, kamen der Bürgerschaft höchst ärgerlich vor. Der Rath musste mehrere Personen zur Verantwortung ziehen, z.B. die Ältern der sieben Lehrjungen, so die Fackeln getragen hatten, und den Doctor Bauhin, dass er diesen ungereimten und ärgerlichen Ceremonien beywohnte. Ja es wurde sogar über die Wittwe des verstorbenen Stallmeisters, die krank darnieder lag, verordnet, dass wann sie zur Gesundheit wieder gelangt, sie vom Pfarrer ihrer Gemeinde, mit Zuziehung eines der Räthe des Banns, in seine Wohnung berufen und ihr dort ihr Unrecht zu verstehen gegeben werde.»

Ochs, Bd. VII, p. 363 / Buxtorf-Falkeisen, 3, p. 119

Loser Vogel

«1692 ist Albertus Heinimann, der Schneider, wegen geführtem bösen Leben von Stadt und Land ewig verwiesen worden. Er war ein loser Vogel, der den gantzen Sonntag über gearbeitet hat und deswegen oft bestraft worden ist!»

Schorndorf, Bd. I, p. 67

Keine Wunder

«Die Clöster im Bistum Basel zu visitieren, ist 1695 der Capuziner Oberster in Dornach angekommen. Von ihm sagte das gemeine Volk, er könne die Tauben hörend, die Blinden sehend, die Krüppel stehend, die Lahmen gehend und die Kranken gesund machen. Deshalb sind aus den Dörfern wie aus der Stadt viele bresthafte Leute auf Wägen und Kärren dahin gebracht worden. Es sind aber keine Wunder geschehen. Denn der oberste Capuziner sagte, dies zu thun stehe nur in der Macht Gottes und nicht in der seinigen.» NB «Es den Capuzinern zu Hüningen sagen», bedeutete, jemandem ein Geheimnis verraten oder jemanden bloßstellen.

Scherer, II, s. p. / Schorndorf, Bd. I, p. 102

Heilige Messen in Bürgerhäusern

Während 1695 Hofmarschall von Menzinger durch Oberstzunftmeister Zäslin bedeutet wurde, man habe mit dem Messlesen im Markgräflerhof Zurückhaltung zu

> Auch fier ein niechter leben
> Hör fleissig Gottes lehr
> Almüsen solt du geben
> Dir goht nichts ab dest mehr
> Befilch dich in die hende
> Deins Gotts der dich bewar
> Von sünden dich ab wende
> So bist in keiner g'far.
>   In dem büßfertigen wäsen
> Villicht kompts dich nicht an
> Wirst dann kranck kanst wol gnäsen
> Wil dich dann Gott schon han
> So losst du nichts dahinden
> Dann ein zergenglikeit
> An welches statt wirst finden
> Frid/ Freud in ewigkeit.

«Geistliche Belehrung» aus der Zeit der schweren Pestepidemie im Jahre 1667.

üben – auch wenn «allhiesige Verburgerte dem Verlaut nach mehr der alldort exercirenden Music wegen», dann dem Gottesdienst zulieb, sich dahin begeben – wurde dem Junker von Reichenstein zu Inzlingen angezeigt, dass in seinem Basler Sitz keine gottesdienstlichen Handlungen mehr geduldet würden.

Ratsprotokolle 67, p. 258vf.

Goldstücke zur Taufe

1698 ist ein 18jähriger Türke, den Rittmeister Ramspeck aus Ungarn mitgebracht hatte, im Münster von Antistes Werenfels getauft worden. Taufzeugen waren die beiden regierenden Stadthäupter – Bürgermeister Emanuel Socin und Oberstzunftmeister Hans Heinrich Zäslin – und die Frau des Zunftmeisters Hans Balthasar Burckhardt. Das Geschenk für den auf den Namen Emanuel Heinrich getauften Türken Mustaffa Beck bestand aus 10 Dukaten in echten Goldstücken.

Scherer, p. 250f./von Brunn, Bd. I, p. 134/Basler Jahrbuch 1892, p. 189/ Scherer, II, s. p./Schorndorf, Bd. I, p. 136/Baselische Geschichten, II, p. 179/ Linder, II 1, p. 422

Überforderter Carmeliter

«1699 hat sich ein Carmeliter Mönch, der in der Aeschenvorstadt im Kleinen Bären getrunken hatte, verlauten lassen, er sey von seinen Principales ausgesandt, eine Sache zu verrichten, dass ihn besser düncke, er erschiesse sich selber. Daraufhin ist er weggegangen und in der letzten Sandgrube bey St. Jakob hat er solches mit einer Pistolet verrichtet. Er ist allda gefunden, von den Kolibergern in die Stadt hereingeführt und auf dem St. Elsbethen Kirchhof logiert worden.»

Schorndorf, Bd. I, p. 149/Baselische Geschichten, II, p. 181

Neue Taufordnung

«1699 ist vom Kleinen Rat beschlossen worden, dass inskünftig an Sonntagen und an Dienstagen getauft werden soll. Dies hat öffentlich vor dem Tisch des Herrn und vor versammelter Gemeinde zu geschehen. Aus der Kirche soll man erst nach vollendetem Taufsingen gehen.»

Scherer, III, p. 264/Schorndorf, Bd. I, p. 159/Baselische Geschichten, II, p. 182

Frommer Wirtssohn

Im Jahre 1700 «hat sich der ungerathene, gottlose Sohn des 3 Königwirts nach Wien begeben, sich dort eines besseren bedacht und sich in ein Closter begeben. Registrator Heinrich Gernler ist deshalb expresse nach Wien gesandt worden, hat aber nichts ausrichten können. Der junge Hauser ist im Closter verblieben, ist aber nach etlichen Jahren in ein anderes Closter gegangen und dort verstorben.»

Scherer, III, p. 265

Gottloser Marktschreier

1704 gestattete die Obrigkeit einem italienischen Schauspieler, auf dem Blumenplatz sein Theater aufzuschlagen und dem Volk seine Kunst darzubieten. Weil «der frömde Marcktschreyer aber zum sonderbahren Ergernuss vieler frommer Herzen comediantische Farces spielte und dabei greuliche Flüche ausgestossen», erhob der Oberstpfarrer energisch Protest beim Rat. Man habe kürzlich einen allgemeinen Fast- und Bettag abgehalten, um durch aufrichtiges Busswesen den Zorn Gottes abzukühlen. Und nun komme ein Fremdling und reisse durch Hohn und Spott den ausgeworfenen guten Samen wieder aus den Herzen vieler Bürger. Man sei auf dem besten Wege, dem Satan zu erlauben, neben dem Tempel Gottes eine Kapelle aufzurichten. Die Obrigkeit teilte vorbehaltlos die Befürchtungen des um das Seelenheil seiner Mitbürger zutiefst besorgten Antistes und verfügte umgehend, «das Theatrum ist abzubrechen und der Schreyer soll sich nicht unterfangen, weiter zu spielen».

Quelle unbekannt

Bischöfliche Huldigung zu Arlesheim

1705 «sind 300 Mann aus den bischöflichen Dörfern des Markgrafenlandes mit Unter- und Obergewehr durch unsere Stadt gezogen. Aufs Mal aber wurden nur 150 hindurch gelassen, begleitet von einem Überreiter (Stadtboten) in der Farb (Standesmantel) und einem Soldaten. Sie zogen von hier nach Arlesheim und mussten den Eid der Treue oder die Huldigung dem neuen Fürstbischof ablegen, so auf folgende Weis geschehen: Nachdem Mess gehalten worden, wurde vor der grossen Porte der Kirche ein grosses Theatrum aufgerichtet und in die Mitte ein schöner Sessel mit einem Sametkissen gestellt, worauf der neue Bischof von Basel, Johann Conrad von Reinach, in einem schwarzen Mantel und seydenem Kleid mit einem Kräglein und breitem Hut gesetzt ward. Zu beiden Seiten sassen in ihrem Kirchenhabit auch auf Sesseln die Domherren. Auf der Seite stand der Kanzler und hatte ein Pult vor sich. Tat anfänglich eine Oration, die Huldigung betreffend, nachwerts vermahnte er das Volk, das 3 mal hinauf bis an das Theatrum gezogen war, und las ihnen den Eyd der Treue vor, worauf sämtliche mit aufgehobenen Fingern schwuren, und ruften hernach fast alle: ‹vivat Johannes Conradus!› Es waren über 1000 Mann zusammen, und so die ersten abgezogen, gaben sie voraussen Salven. Hernach ist der Fürst sambt den übrigen Honoratioren in ein Haus auf dem Platz gezogen. Vor ihm gingen 6 Trabanten in der Liverey, gelb und schwarz, und auf dem Platz stunden zu Pferd 2 fürstliche Trompeter und ein Herpaucker, welche tapfer drauf blasten. Den folgenden Tag ward der neue Bischof durch

den anwesenden Nuntium Apostolicum eingeweiht und gesalbt.»
Scherer, p. 342ff. / Scherer, III, p. 304ff.

Unerlaubtes Messlesen
1705 kam der Pfarrer zu St. Martin, Alexander Wolleb, zu einer aussergewöhnlichen Beobachtung, die ihn veranlasste, darüber den Rat in Kenntnis zu setzen: Seine Leute und er hätten des Morgens zwischen 9 und 10 Uhr etliche Male im Reichensteinischen Hof (Blaues Haus) ein Glöcklein läuten hören, wie man es bei der Aufhebung der Hostie zu brauchen pflege! Daraus hätten sie geschlossen, dass Messe gelesen werde. Eine Vermutung, die durch das tägliche Ein- und Ausgehen von Kapuzinern erhärtet wurde. Weiter berichtete Pfarrer Wolleb der Obrigkeit, er hätte von seiner Studierstube aus gesehen, wie der Kaplan von Inzlingen öfters im Gärtlein des Reichensteinerhofs spaziere und dabei das Brevier lese. Da die Wahrnehmungen des aufmerksamen Pfarrherrn zu St. Martin sich einerseits als richtig erwiesen und andrerseits die Ausübung der «römischen Religion» in der Stadt verboten war, verfügte der Rat, dem «Junker von Inzlingen solle solches glimpflich untersagt werden».
Criminalia 1 R 3 / Ratsprotokolle 77, p. 218ff.

XI. Von Fortpflantzung der wahren Religion und Gottesforcht, wie auch von Schulen und Schulmeistern.

Zu desto besserer Pflantzung einer in GOttes Wort gegründeter Wissenschafft, sollen hinfüro in allen Gemeinden diejenige, welche vor andern mit zeitlicher Haab und Gütern von GOtt gesegnet seynd, eine Bibel neben dem Nachtmahlbüchlein, Gesang- und Bättbuch in ihren Haußhaltungen haben; Welche aber nicht so wohl begütert, wenigstens ein Neues Testament samt dem Nachtmahlbüchlein, Gesang- und Bättbuch bey der Hand haben; auch hierauf die Prediger, sonderlich wann junge Leute zur Ehe schreiten wollen, fleißige Acht haben, und keine angehende Eheleute zusammen geben sollen, sie haben dann diese Bücher vorgewiesen; in dem Gegentheil aber ernstlich daran seyn und verhüten, daß ihre Zuhörer keine ärgerliche oder andere auf Schwarmerey und Trennung abzielende, oder sonst gefährlich- und schädliche Bücher in die Hände bekommen, wodurch sie nur in dem Glauben und Gottesdienst verwirret, zu irrigen Meinungen, oder sonst zum Aberglauben und Gottlosigkeit würden verleitet werden. Worauf dann die Prediger in ihren Hauß-Besuchungen, zu deren fleißiger Versehung sie hiemit ernstlichen angemahnet sind, absonderlich Acht haben sollen.

Erbauliche Bücher anzuschaffen.
Schädliche Bücher wegzuthun.

Die Bibel soll fortan, neben dem Nachtmahlbüchlein und dem Gesang- und Betbuch, in allen Haushaltungen zur allgemeinen Erbauung aufliegen. 1759.

Am Tisch des Spitalmeisters
«Bisher hatte ein Prediger bey den Baarfüssern und Spithal das Recht, neben seiner ordinären Besoldung wöchentlich zweymal am gleichen Tische mit dem Spithalmeister zu speisen, ferners 3 Laiblein Brod und andere Zulagen (Accidentien) zu beziehen; als aber 1706 die grosse Spithalreformation vorgenommen, wurde dem Pfarrer diese Accidentien aberkannt, dagegen ihm jährlich 4 Saum Wein und 4 Vierzel Korn von des Spithals eigenem Basel Gewächse zuerkannt.»
Gross, p. 12

Türkischer Wiedertäufer
Dem Rezept, durch wiederholte Taufe zu Glück und Wohlhabenheit zu kommen, hatte sich der «Türck» Mustafa Cara Babassan von Algier verschrieben. Nach «dreyunddreyssig Seefahrten, die er als Sclave hat thun müessen», gelang dem fast 50jährigen völlig «abgemarterten» Ruderknecht die Flucht von einer Galere. Mit «einem Stückhlin Eisen, etwan eines Fingers lang, das er erwütschte, hat er den Nagel seines am Fuss gehabten Schliesseisens loos geschlagen», was ihm zur erfolgreichen Flucht verhalf. In wochenlangen Märschen erreichte er, von Calais aus, eidgenössisches Hoheitsgebiet. Durch Vermittlung eines Pfarrers, der «in der Gegend des Bärengrabens» wohnte, empfing der «Türck» in Bern die Taufe, die mit allerlei Geschenken verbunden war. Die grosszügige Behandlung brachte Babassan auf den Gedanken, sich andernorts nochmals taufen zu lassen. Doch in Basel hatte er mit diesem Trick kein Glück. Die Ältesten der hiesigen Französischen Kirche erkannten ihn als Neugetauften. Obwohl der Schwindler fussfällig beteuerte, er «liesse sich eher in kleine Stuckh zerhauwen, als zweymal die Tauff zu empfangen», wurde er in den innern Spalenturm gesteckt und schliesslich des versuchten Betrugs überführt. 1710 «ist obgemeldter Türck an den Pranger gestellt, mit Ruten aussgehauen und bei Pöen (Strafandrohung) des Schwerts auff ewig von Statt und Land verwiesen worden. Man kann den Höchsten nicht genugsam loben, dass er zugegeben, dass dieser Betrieger erkhannt worden, Gott bittende, dass er diesem armseligen Menschen die Gnad verleihe, sich durch die verdiente Straff zue besseren!»
Criminalia 36 N 2 / Ratsprotokolle 81, p 392ff.

Tumultuöse Kirchweihe in Kleinhüningen
«Den 23. November 1710 ist die Kirche von Kleinhüningen eingeweiht worden. Am Sonntagmorgen ist der Stadtleutnant samt 12 Soldaten mit Musqueten zum Thor hinaus marschiert nach Kleinhüningen, welche die Menge Volk auf dem Kirchhof bewachten, damit diese nicht vor der Zeit in die Kirche dringe und die Häupter,

Deputaten und vornehmen Leute keinen Platz mehr fänden. Es kamen unerhört viele Leute zu Pferd, zu Fuss und zu Wasser. Die Kleinhüninger Bauern standen zu 40 im Gewehr (Parade). Gegen 9 Uhr arrivierten die Häupter der Stadt und Antistes Burcard. Als man die Kirchenthür öffnete, kam der ganze Schwall von Männern und Weibern mit einem solchen Geräusch und Tumult, dass man sein eigen Wort nicht mehr hören konnte. Auch waren die Soldaten nicht mehr Meister, obwohl sie drauf schlugen. Es drang alles mit Gewalt hinein, dass etlichen Weibern ihre Fürtücher (Brusttücher) und Männern die halben Röck zerrissen wurden. Etliche wurden fast erdrückt. Es sind gegen 1000(!) in die nicht gar grosse Kirche eingedrungen. Man stand einander fast auf den Köpfen. Als der Tumult nicht enden wollte, stieg Dr. Burckhardt auf die Kanzel und befahl, man solle singen, worauf er 1½ Stunden predigte. Die Feier nahm dann einen würdigen Verlauf.»

von Brunn, Bd. III, p. 581 / Scherer, p. 422 ff. / Ochs, Bd. VII, p. 428 ff. / Scherer, III, p. 357

Ein gottloser Hypocrit

Im Mai 1711 «hat man N. Bernard, einen welschen Sprachmeister, an den Pranger gestellt, weil er zuvor etliche Mal die Religion changiert, die Messe gelesen und als ein gottloser Hypocrit (Heuchler) mit 1500 Thalern davon ziehen und seine Frau, eines ehrlichen Bürgers Tochter, allhier im Stich lassen wollte».

Scherer, p. 437

Mahnvers auf das wiedergefundene Konziliumsbuch

«Man hielt dafür, dass Antistes Burckhardt den 1. Tom des Concilium Buchs in Handen gehabt hat und solches durch seinen Famulum Jacob Christoff Ramspeck, Pastor zu St. Jacob, vor die Thür hat stellen lassen, darauf einer diese Vers gemacht hat:
Ich bin viel Jahr verborgen gewesen, dass mich niemand hat können lesen
Als ich einmahl zum Vorschein kommen, ward ich gantz heimlich weggenommen
Doch, hätt ich sehen und reden können, ich glaub, ich könnt den Freund wohl nennen
Als ich nun so lang unsichtbar, und jedermann begierig war
Zu wissen, wer der Thäter war, und man darauf geforschet sehr
Ward ich an Paul Bekehrungs Nacht, Rahtschreiberen vor das Haus gebracht
Unwissend eigentlich durch wen, weil ihn niemand recht gesehn
Ihr lieben Leuth, habt Sorg zu mir, und stellt mich nicht mehr vor die Thür
Denn sollte jemand mein begehren, ich könnt mich seiner nicht erwehren
Und würd ich wieder weggenommen, ich dörft so leicht nicht wiederkommen.»

Linder, II 1, p. 764, 816

Dreikönigswirt gratuliert dem Papst

«1721 schrieb der allhiesige Wirt zu den 3 Königen an den neu erwählten Papst, Signor de Conti, der den Titel Innocentii des 13. an sich nahm, und gratulierte ihm zur heylosen Wahl. Dieser hatte vorher 20 Jahr als ein päpstlicher Nuntius im allhiesigen Durchreisen beim 3 Königswirt logiert und ihm erst vor einem Jahr einen Gruss als Cardinal aus Rom zugeschickt.»

Schorndorf, Bd. II, p. 180

Fischerhütten statt Paläste

«1722 wurde vor den Grossen Rath gebracht, ob man Herrn Pfarrer Wettstein sollte das alte Pfarrhaus zu St. Leonhard neu ausbauen. Dazu wurde gesagt: Die Apostel haben zu ihren Zeiten in armen Fischerhütten gewohnt und nicht in prächtigen Pallästen. Aber heutzutag wollen die Herren Seelsorger, einer um den andern, in tollen Pallästen wohnen, wodurch ihr Hochmuth anstatt der Demuth, deren sie sich befleissigen sollten, immer anwachse und verursache, dass sie sich so hoch aufführen, da man doch mit Fug sagen könnte, dass einige nur den Titular Theologum agieren und nicht so fromme Schäflein seyen, als sie wohl tragen wollten.» Aus diesem Grunde ist das Begehren einstweilen ausgestellt worden.

Schorndorf, Bd. II, p. 204 f.

Des Pfarrdienstes entsetzt

Christoph von Waldkirch, ein Pfarrer aus dem Toggenburg, wurde 1722 mit der Kinderlehre in der Spitalkirche beauftragt. Weil «der Herr von 50 Jahren aber ein Mägdtlein von 17 Jahren, das er daselbst getauft hatte, heiratete, ist er seines Pfarrdienstes entsetzt worden».

Bachofen, p. 274

Psalmensingen am Neujahrstag

«Auf den Neuen Jahrs Tag 1722 hat man zum ersten Mal Psalmen gesungen. Die Gemeinde zu St. Elisabethen hat eine solche Freude darob bezeugt, dass sie nicht nachgelassen hat, bis sie eine Orgel hat erhalten können.»

Bachofen, p. 274

Verweigerung der Eidesleistung

1723 gab es in der Stadt etliche Leute, welche zwar einen frommen Lebenswandel führten, aber weder zur Kirche noch zu den heiligen Sakramenten gingen. Auch verweigerten die Pietisten den Behörden die Eidesleistung. Als auch nach vier Wochen Bedenkzeit sechs Bürger sich nicht zum Schwören einfinden wollten, wurde ihnen das Bürgerrecht entzogen, worauf sie die Stadt zu verlassen hatten.

Nöthiger, p. 71/Schorndorf, Bd. II, p. 235 und 237

Brüskierte Kleinbasler

Pfarrer Theodor Falckeysen, ein frommer Mann und ausgezeichneter Prediger, wurde 1725 durch das Los zum Pfarrer zu St. Theodor gewählt. Das Amt aber schien ihm zu schwer, weshalb er den Kleinbaslern mitteilen liess, er wolle lieber weiterhin das weniger beschwerliche Pfarramt zu St. Martin versehen. Die Kleinbasler jedoch waren nicht gewillt, eine solche Absage entgegenzunehmen «und haben ihm ganz trutzig gesagt, ob sie nicht Menschen und ehrliche Leute wie die Grossbasler seien». Als Falckeysen sich weiterhin weigerte, die Seelsorge ennet Rheins zu übernehmen, versuchten die enttäuschten Gläubigen, den Pfarrer zu St. Martin mit einem Bibelwort umzustimmen: «Ach Herr, ich bin jung und tauge nicht zu predigen. Der Herr aber sprach, du sollst nicht sagen, ich bin zu jung, sondern sollst gehen, wohin ich dich sende, und predigen, was ich dich heisse.» Trotz der erneuten eindringlichen Bitte konnte sich Falckeysen nicht entschliessen, ins Kleinbasel zu ziehen, weshalb die Bürger der Kleinen Stadt unter fürchterlichem Lästern einen andern geistlichen Beistand wählten.

Bachofen, p. 338ff.

1446 «kamen bey Nacht etliche Reuter (Ritter) von Neuenburg herauf, verbrannten Klüben das Weyerhaus (Klybeckschlösschen) vor der kleinen Stadt und auf der andern Seiten die Wasserhäuser Binningen und Botmingen vor der grossen Stadt.». 1765. Kupferstich nach Emanuel Büchel.

Wider das Fischereiverbot an Sonntagen

Obwohl der Oberdörfer Hans Jakob Dietrich wusste, dass das Fischen an Sonntagen nicht erlaubt war, ging er einst im Sommer 1725 nach der Kinderlehre heim, um sich «alt anzulegen» und dann dem Fischfang zu obliegen. Da auch seine Frau mit von der Partie war, musste sich das «frevelhafte» Ehepaar vor dem Rat in Basel verantworten. Dieser liess bei der Frau Milde walten, verknurrte dagegen den Mann, der «ein gottloos, leichtfertig Leben führte mit Fluchen, Schwören und Händel», zum Tragen des Lasterstecken.

Criminalia 1 A, D/Ratsprotokolle 97, p. 109

Katholisch geworden

Anna Maria Spiess ist durch eine Magd in Rheinfelden zur Annahme des katholischen Glaubens «verführt» worden. Nach einem kurzen Aufenthalt in einem Kapuzinerkloster in Solothurn wollte sie sich 1726 in Pratteln niederlassen, aber die Gemeinde duldete keine Andersgläubige in ihrem Kirchbann. Sie zog deshalb nach Augst, wo sie von «der Wacht gefangen und gebunden aufs Schloss geführt wurde». In Basel hatte dann die 18jährige Spiess Red und Antwort zu stehen, weshalb sie sich von der «allein seeligmachenden Religion ihrer Väter» abgewendet habe. Ihre Begründung, sie sei dazu «vergwaltigt» worden, aber liess der Rat nicht gelten, und er verfügte: «Diese Anna Maria Spiess wird in das Waysenhaus gethan, allda zur Arbeit angehalten, in der Religion unterrichtet und zu Gottesfurcht angeführt.»

Criminalia 1 A S/Ratsprotokolle 97, p. 415f.

Neue Gottesdienstordnung

«1726, den 21. Christmonat, wurde von E. E. Rathe erkannt, so wie es in den lutherischen Kirchen üblich, eben so auch in den Samstag Abendbethstunden geistliche Lieder sollen gesungen werden; und wie vorher nur ein oder höchstens zwey Kapitel der heiligen Schrift verlesen worden, von jetzt an ein Kapitel, und zwar ein Vers nach dem andern soll erklärt und ausgelegt werden. In der Münsterkirche wurde aus den dazu gebräuchlichen und gesammelten geistlichen Liedern das erste Mal gesungen: ‹Herr Christ der einig Gottes Sohn› u. s. w. Auch war es bisher gebräuchlich, dass bey Haltung des H. Abendmahls während dem Gesang: ‹Ehr sey dem Vater und dem Sohn› der Pfarrer von der Kanzel stieg und vor den Altar trat, hiemit haben die Nichtkommunikanten ohne priesterlichen Segen weggehen müssen. Es wurde ebenfalls erkannt, dass nach Beendigung des Gesanges der Geistliche den Nichtkommunikanten den Segen von der Kanzel ertheilen sollte.»

Weiss, p. 3

Gegen Verherrlichung der Reichen

Bis ins Jahr 1727 war es üblich, dass «Leute von reichen und vornehmen Häusern bei ihrem Ableben dermassen ihrer Frömmigkeit und guten Tugenden belobigt wurden, dass man hätte meinen können, es seien Engel gewesen, obwohl sie doch oft ein ruchloses Leben geführt hätten. War es aber ein unvermögender Mensch gewesen, dann hat man nicht viel Wesens oder Rühmens um ihn gemacht.» Auf Betreiben der Pietisten und der Separatisten sind diese Ungerechtigkeiten der Leichenpredigt dann abgeschafft worden. Und so ist die den vornehmen Bürgern zustehende Formel in Vergessenheit geraten: «Es ist verschieden im wahren christlichen Glauben der Ehrenvest, Fromm, Fürnehm, Vorsichtig und Weise Herr N. N. Dem barmherzigen Gott sey Lob und Dank gesagt, dass er diesen unsern Bruder selig aus gegenwärtigem Jammerthal so gnädig erlöst hat. Er wolle auch einem jeden unter uns zu seiner Zeit ein sanft und selig End verleihen. In Christo Jesu unserm Herrn Amen.» Die Geistlichkeit konnte sich mit dieser Änderung der bisher bewährten Tradition nicht abfinden und sorgte dafür, dass der Grosse Rat 1731 die alte Regelung wieder in Kraft setzte.

Bachofen, p. 371ff.

Mönche gefoppt

Ein Schaffhauser Apotheker und Bürgermeister war 1729 willens, seine Tochter in ein Kloster zu stecken. Zu diesem Zwecke liess er «6 Pfaffen in sein Losament (Wohnung) berufen und ihnen ein tolles Gastmahl bereiten. Wie nun gedachte Gesellen in Saus und Braus bey Tische sassen, machte sich die Tochter mit einem Apothekergesellen samt ihrem mütterlichen Erbgut auf und davon. Sie kamen glücklich bis nach Augst, wo sie auf Begehren des Vaters arretiert wurden. Hierauf wurden sie nach Basel geführt und separatim auf die Thürm gesteckt. Als aber die schlaue Tochter ein Inventarium vorwies, wurde sie samt ihrem Begleiter gleich wieder auf freyen Fuss gesetzt. Sie haben sich eilends nach Weil ins Markgräfische begeben und sich allda durch den lutherischen Pfarrer copulieren (verheiraten) lassen, worauf sie den Rhein hinunter davonmarchiert sind: Als die Fratres bey dem Tisch / Frassen Bratis, Küchlein und Fisch / Und sich braf herum besoffen / ist die Nonn' davon geloffen / Da bekamen die sauberen Hasen / Sampt dem Ätti lange Nasen!»

Schorndorf, Bd. II, p. 366f.

Konversion bewahrt vor Todesstrafe

«Meister Hans Ulrich Götz verfolgte 1730 einen flüchtigen Debitoren bis nach Häsingen. Dort ist er von dem fraglichen welschen Refugianten, anstatt der baren Bezahlung, mit einem tödlichen Degenstich verwundet und seines Lebens beraubt worden. Der Thäter ist daselbst zwar sogleich gefänglich genommen worden. Weil er aber seine Religion gewechselt und katholisch geworden ist, ist ihm nichts geschehen.»

Basler Chronik, II, p. 199

Abendgebätt so man auff die Wacht zeucht.

Ewiger/ Allmechtiger/ Barmhertziger Gott vnd Vatter/ dieweil wir jetzt nach deinem willen/ die Nachtwacht antretten sollen/ vnd aber alles wachen der Wächteren vmb sonst ist/ wo du nicht wachest/ vnd die Statt bewahrest. So bitten wir/ du wöllest selber mit vns auffziehen/ vnd deine heiligen Engel senden/ daß sie ein Wagenburg/ wider allen feindtlichen Gewalt/ vmb vns herschlagen. Weil auch niergend durch mehr/ deine lieben Engel abgetriben/ vnd dem Feind die Statt geöffnet wirdt/ dann durch Fressen/ Sauffen/ Spielen/ Flüchen/ Schwören/ Hader/ Zanck/ vnd andre dergleichen Laster: So verleyhe/ daß wir in vermeidung derselbigen/ auch Geistlicher weiß/ wider den Teuffel wachen/ damit nicht allein wir selbst/ sampt vnseren Heüseren/ Weib: vnd Kinderen/ sonder auch vnsere Seelen für allem vbel vnd jammer bewahret werden/ durch vnseren Herren Jesum Christum/ in dessen Namen/ wir dich ferners also anrüffen/ Vnser Vatter/ ꝛc.

Morgengebätt so man ab der Wacht zeucht.

Barmhertziger Gott vnd Vatter/ nicht vnserer Wacht vnd Fürsichtigkeit/ sondern deiner Vätterlichen Barmhertzigkeit haben wir zu dancken/ daß du vns/ vnd die Statt/ diese vergangene Nacht/ für allem vbel so gnädiglich behütet/ vnd vns den Tag mit gesundheit hast erleben lassen. Verleich vns/ daß wie jetzt die liebe Sonn auffgeht/ vnd den Erdboden erleuchtet/ also auch vnsere hertzen/ durch deinen heiligen Geist erleuchtet werden/ damit dir auch vnser vbrig thun vnd lassen gefallen möge/ vnd das durch deinen lieben Sohn/ vnseren Herren Jesum Christum/ in dessen heiligen Namen/ wir dich also ansprechen/ Vnser Vatter/ ꝛc.

Vnser Vatter/ der du bist in den Himmlen. Geheiliget werde Dein Namm. Zů komme dein Reich. Dein will geschehe/ auff Erden/ wie im Himmel. Gib vns heut vnser täglich brot. Vnd vergib vns vnsere Schulden: alß auch wir vergeben vnseren Schuldigern. Vnd führe vns nicht in versuchung/ sonder erlöß vns von dem bösen. Dann dein ist das Reich/ die Krafft vnd die Herrligkeit/ in Ewigkeit/ Amen.

Getruckt zu Basel/ bey Martin Wagner.

Gebete, welche die Stadtwächter bei Antritt und nach Beendigung ihrer Pflicht im 17. und 18. Jahrhundert zu verrichten hatten.

Es bleibt beim alten zu St. Clara

«Rationes (Begründungen) warum keine neue Veränderung mit dem Kirchengehen am Sonntag Abend bey St. Clara vorzunehmen, vorgetragen im Jahr 1731:
1.) Dass man in Kirchensachen und Haltung des Gottesdienstes nicht bald und leicht eine Änderung vornehmen soll, die Leute in ihrer Andacht nicht irre zu machen. 2.) Dass bald nach der Reformation man anstatt zu St. Nicklaus, zu St. Clara in die Kirche gegangen, mit diesem Bedinge und Anordnung, dass die Sonntagsmorgenpredigten und die Dienstagspredigten zu St. Theodor gehalten werden sollen. 3.) dass A°. 1711 die jetzige Veränderung gut befunden und eingeführt worden zur Kommlichkeit und Vergnügen der ganzen christlichen Gemeinde, sowohl des obern als des untern Quartiers, und sonderlich weil man am Sonntag Abend zu St. Clara nicht Platz genug gehabt. 4.) Dass die Kirche zu St. Theodor für den Sonntag Abend kühler und luftiger sey. 5.) Dass zu St. Clara nur eine einzige schlechte Glocke, und dagegen das schöne Geläute zu St. Theodor wohl verdient, am Sonntag Morgens und Abends gebraucht zu werden. 6.) Dass man sich weiss nicht wie viele Stuhlstreitigkeiten mit der Kirche zu St. Clara zuziehen würde. 7.) Auch ist zu wissen, dass vor der letzt gemachten Veränderung man nicht allezeit am Sonntag Abend zu St. Clara in die Kirche gegangen, sondern alle 4 Wochen, da man des Morgens die H. Communion gehalten, des Abends zu St. Theodor in die Kirche gegangen. Dessgleichen auch so oft ein Burger um 4 Uhr begraben worden, nicht allein weil der Kirchhof zu St. Theodor ist, sondern auch weil die Leid- oder Begräbnissleute zu St. Clara nicht genug Platz haben. 8.) Und warum soll die schöne Hauptkirche zu St. Theodor wöchentlich nur ein Mal, und dagegen die zu St. Clara, als die geringere, sechs Mal besucht werden, folglich auch die Leute, so im obern Theil der Stadt wohnen, sechs Mal zu der untern Kirche, und die, so im untern Theil wohnen, nur ein Mal zur obern Kirche in der Woche gehen? wäre wohl eine schlechte Proposition und Austheilung. 9.) So können auch zu dem Orgelwerk zu St. Theodor, als zu dem grössern und bessern, die Musiken besser gemacht werden, als zu dem zu St. Clara, als dem kleinern und geringern. 10.) Man hat ja auch am Sonntag wohl der Zeit, der weitern Kirche nachzugehen, wesswegen auch unter anderm die letzte Veränderung gemacht worden. 11.) Wenn man just einem jeden nach seiner Kommlichkeit und wie es ihm am nächsten und besten gelegen, zur Kirche gehen soll, so muss man auch wöchentlich ins Klingenthal gehen. 12.) Man hat ja in den Gemeinden der grossen Stadt eben so weit, und noch weiter, und zwar Berg auf zu den Kirchen zu gehen, und doch gedenkt man an keine Veränderung. 13.) Gott verhüte in Gnaden, dass man sich diess Orts nicht versündige mit Undank und Meisterlosigkeit, und er genöthiget

werde, uns alle Kirchen und den reinen und freyen Gottesdienst darin wegzunehmen, wie es droht. Offenb. 2, 5. Ach wie gern würden nicht unsere Glaubensgenossen in Frankreich, Piemont und andern Orten gern so weit, und wohl noch viel weiter, wie es auch theils an vielen Orten geschehen muss, zur Kirche und dem Gottesdienst gehen, wenn sie sie nur haben könnten.»
Weiss, p. 15f.

Besuch des Kapuzinergenerals
«1731 ist Pater General des sämtlichen Capuziner Ordens, aus dem Breisgau kommend, in Begleitung von 11 Ordensleuthen hier angelangt. Er hat in der Crone Einkehr gehalten und ist von Unsern Gnädigen Herren mit einer kostbaren Mahlzeit von allerhand raren Fischen bewirtet worden. Anderntags ist er mitsamt dem ganzen Gefolge nach der Himmelspforte in Wyhlen weitergereist.»
Basler Chronik, II, p. 209 / Linder, II 1, p. 846

Predigt wird vorgelesen
«Wegen schwachem Gedächtnis und zufallendem Hauptwehschwindel musste 1732 Oberstpfarrer Hieronymus Burckhardt, welcher sonst ein Mundstück wie Chrisostomus (Johannes Chrysostomos, 397–403 Patriarch von Konstantinopel. Der Name bedeutet ‹Goldmund›) hatte, der Gemeinde seine Predigten vorlesen. Zu diesem Zweck hat er sich ein kleines Pult mit grünem Tuch auf die Kanzel legen lassen.»
Bachofen, Bd. II, p. 369

Reim Gebättlein.

Willkommen, süsse Ruh, die du des Leibes Kräffte,

Ergäntzen sollst, die sich geschwächt durch Tags-Geschäffte,

Willkomen süsses Grab, das meine Sorgen frisst,

Sanfft ruh ich, wann du mir, mein Heyland, gnädig bist, Amen.

Gebet aus «Der Kinder Gottes tägliches Lob-Opffer. Basel bey J. Conrad von Mechels sel. Wittib. 1738».

Quäkerinnen werden getauft
«1736 sind zwey erwachsene proselyten Weibsbilder, eines von 18 Jahren, das andere von 22 Jahren, aus der quäkerischen Secte zu St. Peter unter einer grossen Menge von Zuschauern getauft worden.»
Basler Chronik, II, p. 169

Wahl des Oberstpfarrers
«1737 wurde im Münster erneut die Wahl eines Antistes vorgenommen. Sämtliche Electores, 157 an der Zahl, nämlich Unsere Gnädigen Herren, die 4 Häupter, die Deputaten, das Consistorium, die Klein- und Grossräte aus der Münstergemeinde und die aus den drei Gemeinden St. Martin, St. Alban und St. Elisabethen erwählten 12 Hausväter, verfügten sich aus der Kirche in das Chor. Nachdem die Ordnung abgelesen worden war, und sie ihre Sitze bezogen hatten, thaten Amtsbürgermeister Falkner eine sehr pathetische Anrede und die gantze Versammlung ein Gebätt um die Regierung des Heiligen Geistes. Nach solchem wurde von den Electoren der gewöhnliche Eyd abgelegt und ordnungsgemäss zur Wahl geschritten. Durch das Los ist Johann Rudolf Merian, Pfarrer bey St. Elisabethen und Diaconus im Münster, zu einem Pfarrherrn im Münster erwählt worden. In der nächsten Kleinen Raths Versammlung haben Unsere Gnädigen Herren wohl besagtem neuerwähltem Pfarrherrn das Antistitium und Archidecanat über die Kirchen zu Stadt und Land Basel einhällig conferiert und aufgetragen und diesen auch als obersten Pfarrherrn complimentieren lassen.»
Basler Chronik, II, p. 214f.

Bejubelte Bischofswahl
«1737 ist vor versammelter Dom Capitular Session zu Arlesheim der hochwohlgeborene Jacob Sigismund von Reinach, Herr zu Steinbrunn, im 53. Jahr seines Alters, fast einhellig zu einem Fürsten von Pruntrut und Bischof von Basel erwählt worden. Sobald solches geschehen war, ertönte ein allgemeines Freudengeschrey, die Canonen wurden losgebrannt und die Glocken angezogen. Das hohe Collegium begab sich samt dem kayserlichen Commissario in die Domkirche, wo eine schöne Music angestimmt und das Te Deum gesungen wurde. Etliche Tage später sind Deputant Frey und Doctor Stadtschreiber Christ, mit einer schönen Suite von hiesigen jungen Herren, nach Pruntrut verreist, um Ihro hochfürstlichen Gnaden im Namen unseres löblichen Standes zur hohen bischöflichen Würden zu complimentieren. Auch überbrachten sie ihm ein Pressent, bestehend aus einem goldenen Becher von 100 Loth.»
Basler Chronik, II, p. 199 und 212f.

Der Abt von Einsiedeln auf der Durchreise
«1743 sind Ihro hochfürstliche Gnaden, der Herr Abt von Einsiedeln, mit einem ziemlichen Gefolge im Gasthof zum Storchen abgestiegen und anderntags nach Mariastein weitergereist.»
Basler Chronik, II, p. 87f.

Sturer Antistes
«1745 musste eine Frau katholischen Glaubens, die krank darniederlag, auf einer Tragbähre zum französischen Ambassador, de Prié, getragen werden, damit sie mit den Heiligen Sacramenten versehen werden konnte. Der Antistes wollte nicht, dass das sogenannte Heiligthum in ihr Haus getragen werde.»
Linder, II 1, p. 1122

Heiden im Baselbiet
«1747 ist Jacob Ruede von Ziefen, sonst Koch Joggi genannt, in Basel enthauptet worden, weil er im Streit einem andern Bauern das Genick gebrochen hatte. Vor seiner Hinrichtung hat er recht herzlich gebetet, ungeachtet, dass der 40jährige Mann vorher nichts von dem Glauben und den Geboten Gottes gewusst hatte. Trotzdem konnte er in allem 4 kleine Gebätlein nicht gantz verkehrt herplaudern. Hiemit musste man erfahren, dass in unserm Basel Gebieth recht unwissende Christen, ja gar Heyden leben, welche ihr Leben ohne Gott in den Weinhäusern zubringen!»
Linder, II 1, p. 1163

Verbotenes Messlesen
Während der Herbstmesse im Jahre 1747, als viele Krämer und Freunde unsere Stadt besuchten, wurde verschiedentlich die Beobachtung gemacht, dass «oft gegen Mittagszeit manche Leüt zur Hintertür ‹zum Korb› hineingehen, allda Mess gelesen wird». Eine sogleich eingeleitete Untersuchung ergab die Richtigkeit dieser Feststellung, kam doch jeweils eigens ein Kapuziner aus Rheinfelden zur Verrichtung gottesdienstlicher Handlungen nach Basel. Der Rat war ob dieser Verletzung der «guten Sitten» empört und bezeugte dem Hausbesitzer, dem kaiserlichen Kommissär Schütz, sein «Befremden über dieses Verfahren und liess ihm anzeigen, sich künftigs des Messlesens zu enthalten».
Criminalia 14 M 8/Ratsprotokolle 121, p. 6ff.

Glaubensbekenntnis
«Den Tag vor dem Hohen Donnerstag, nach der Bättstund, wird hier üblichem Gebrauch nach in allen Kirchen unser Christliches Glaubens Bekantnus verlesen.» 1750.
Linder, I 1, p. 97

Unfähiger Prediger
«Nach der Kinder Lehr sollte 1751 Wagner, ein pfältzischer Studiosus, in der Kirche zu St. Leonhard predigen. Er betete das Gebätt hurtig und verlas den Text recht. Als er aber den Eingang machte, fing er diesen also an: ‹Salomon sagt.› Und da er diese zwey Wort etwa zehen Mahl wiederholte und nicht weiter konnte, fingen alle Zuhörer überlaut an zu lachen, und er auch. Begab sich hiemit herunter und ging nach Haus.»
Linder, I 1, p. 147

Hartherziger Pfarrer
«Auf Begehren seiner Verwandten sollte 1752 Christof Schirmann zu St. Elisabethen begraben werden. Allein Pfarrer Ramspeck weigerte sich, solches zu gestatten, weil dieser Schirmann niemals in seine Kirche gekommen war und während seiner Krankheit dem Pfarrer ins Angesicht gesagt hatte, er halte die Kirche von Muttenz allein für die wahre Kirche, wohin alle Sonntage die Pietisten in grösserer Menge hingingen. Ungeachtet, dass der Oberstpfarrer Pfarrer Ramspeck befohlen hatte, den Toten bey sich begraben zu lassen, musste dieser in das Münster getragen werden. Wahrscheinlich ist, dass, wenn Schirmann etwas für seine Leichred hinterlassen hätte und dabey ruchlos gewesen wäre, Pfarrer Ramspeck ihm gar willig die schönste Lobred würde gehalten haben!»
Linder, I 1, p. 203

Tumult am Säckinger St.-Fridolins-Fest
«Es hat die den 1. Decembris verflossenen Jahrs 1751 in Brand gerathene und hierdurch sehr übel zugerichtete Kirche in Seggingen, die weltberühmte Wallfahrt zu Unserm H. Statt- und Land-Patronen, den H. Fridolinum, als an dessen Festtag, eine solche Menge Leuthe angezogen, dass in vielen Jahren deren Anzahl niemahl so gross ware. Gleichwie aber aller Orten unter solchem Geträng allezeit ein Tumult entstehet, so ist es auch hier nicht leer abgelauffen, indeme einige ausgelassene Buben auf das Gerüst gestiegen und einen Staub in der Kirche verursachet, welcher die anwesende viele Leuthe in Schrecken gesetzet als wollte das Gewölb einstürzen, und dahero, aus leerer Forcht, unter sich selbst ein solches Trucken angefangen, dass einige mit blutigen Köpfen, und bsonders ein Baurs-Weib aus der Grafschafft Hauenstein, halb tod ausgetragen worden, wodurch ein solches Getöss erfolget, dass der Gottesdienst auf etliche Minuten unterbrochen worden, welches aber, nachdeme die Meiste anwesende sich ihres einbildischen Kummers selbsten betrogen, samt der Procession mit grösster Erbauung und Andacht widerum sollene fortgesetzt wurden. Es ist dahero der ergangene Ruff, dass das Chor (an deme nichts schadhafftes zu sehen) eingefallen, dardurch Persohnen

tod geblieben und andere mehrers gefährlich beschädigt worden seyen, um so ehender gäntzlich ohne Grund, als dergleichen Unheil bey so gnadenreichen Wallfahrten durch der H. Fürbitte von Gott, dem Allmächtigen, niemahlen zugelassen werden, und ist ermeldtes Baurs-Weib des anderen Tages wiederum gantz gesund nach Hause zuruck gekehret.»
Wöchentliche Nachrichten, 23. März 1752

Verweigertes Begräbnis
«1752 verweigerte der Pfarrer der St. Elisabethen Gemeinde einem seiner Pfarrgenossen die Begräbniss auf dem St. Elisabethen Kirchhofe, deswegen, weil der Todte bey Lebzeiten, wie der Pfarrer sagte, sich zu der Muttenzer Kirche gehalten; auch vorher ein sehr ärgerliches, nachher aber ein frommes und pietistisches Leben geführt hätte. E.E. Rath übertrug diese Verweigerung E. Löbl. Deputatenamte, welches diesem Pfarrer auf Befehl E.E. Rathes sein Unrecht zu erkennen gab.»
Weiss, p. 10

Pietisten werden ausgewiesen
«1753 wurden an Sonntagen die Thore bis nach der Kirche geschlossen gehalten, weil man vermeinte, dadurch die hiesigen Pietisten von dem vielen Geläuff in die Kirche nach Muttenz abzuhalten. Dies fruchtete aber wenig und verursachte den hiesigen frömden Lutheranern vielen Verdruss. So ward denn der 80jährige Schmid, Anfänger (Anführer) der hiesigen Separatisten, in einer Gutsche ins Zuchthaus geführt, weil man etwas ernstlicher mit ihnen zu Werck gehen wollte, und es sich nicht wohl schicken würde, mit den Lehrjüngern ernstlicher zu verfahren als mit dem Meister. Es ward ihm anfänglich seiner Bunds Genossen Besuch erlaubt. Da dies aber täglich in allzu grosser Anzahl geschah, wieder untersagt. Alle übrigen Separatisten mussten in ihrem Kirchspiel dem Pfarrer die Glaubens Rechnung ablegen, was von den meisten mit unglaublicher Freymüthigkeit geschah. Sie brachten aber dadurch nichts anderes zuwege, als dass der Rath ihnen noch 12 Wochen Bedenck Zeit gab, von ihren Meynungen abzustehen oder mit Haab und Gutt die Statt zu räumen.»
Linder, I 1, p. 249f.

Begründer der Herrnhuter unerwünscht
«Ende 1757 erschien der Graf von Zinzendorf (1700–1760) in unserer Statt und logierte bey Peter Gemuseus zum Pflug. Es war dann ein grosser Zulauf, diesen berüchtigten Propheten zu sehen, zu hören und bey dem gnädigen Papa zum Hand Kuss gelangen zu können. Den Sonntag darauf predigte Pfarrer Buxtorf über die Wort: Sehet Euch für vor den falschen Propheten. Da er dann mit ziemlichem Feuer wider diese Sectierer loszog, ihnen die Larve wegnahm und sie in ihrer ganzen Hässlichkeit darstellte. Zwey Anhänger von demselben gingen aus der Kirche, machten dem Pfarrer eine Faust und schmetterten die Thür hinter sich zu. Der Graf selbst verweilte sich nicht lang, da er roch, dass man ihm von Raths wegen das Consilium abeundi geben wollte (den Rat, sich fortzubegeben).»
Linder, I 1, p. 436

Verhinderte Entführung
«Als 1757 die Anzeig beschehen war, dass zwey Franciscaner von Luppach (im Sundgau) alhier angekommen und die Auslüferung eines im Storchen sich aufhaltenden, aus ihrem Kloster gesprungenen Franciscaner Fraters begehrten, ward solches höflich abgelehnt. Unsere Gnädigen Herren aber haben es den Häuptern überlassen, den Flüchtling mit etwas Kleyder und Reiss Gelt zu versehen. N.B. Der Flüchtling war kaum im Storchen angelangt, als die zwey Capuciner sich einstellten, ihn mit Gewalt anpackten und in die mitgebrachte Kutsche schleppen wollten. Dieses ist aber von einigen zugegen gewesenen Bürgern hintertrieben worden.»
Linder, I 1, p. 408 / Im Schatten Unserer Gnädigen Herren, p. 52ff.

Mohrentaufe
«1759 ist Hauptmann Wagner sein vor einem Jahr aus Bengalen mitgebrachter neunjähriger Mohren-Knab bey St. Leonhard vom dasigen Pfarrer Zwinger unter einer grossen Menge Volck mit dem Namen Johann Alexander getauft worden. Die Taufgezeigen waren Herr Meister Ritter, Küfer, und Herrenküfer Johann Jacob Kern des grossen Rahts und seine Frau geb. Ottendorfin.»
Im Schatten Unserer Gnädigen Herren, p. 87f. / Bieler, p. 626

Das heilige Abendmahl
«Bei einem Besuch in der St. Petrikirche Anno 1760 teilte man das h. Abendmahl aus, ich nahm es aber nicht, denn man muss sich dazu im voraus anmelden, und ich hatte nicht gewusst, dass Kommunion war. Übrigens kann man sie hier jeden Sonntag nehmen, denn es sind ausser der französischen Kirche vier Kirchen da, in denen jeden vierten Sonntag das h. Abendmahl ausgeteilt wird, sodass jeden Sonntag eine an die Reihe kommt. Ausser diesen gibt es noch andere Kirchen, in denen aber nie kommuniziert wird, sondern die Leute hören nur die Predigt an.»
Teleki, p. 43

Grosser Buss- und Fasttag
«In allen protestantischen Kantonen wurde am 13. September 1760 ein grosser Buss- und Fasttag abgehalten. An diesem Tag pflegt man dreimal in die Kirche zu gehen, erstens um 8 Uhr morgens (anderwärts 7 Uhr), zweitens

um 11, und drittens um 2 Uhr nachmittags. Aber es gab Leute, die nicht nur alle drei Predigten bis zu Ende hörten, sondern von 8 bis 4 Uhr in der Kirche sassen, bis alles vorüber war. Die ganze Bevölkerung hielt das Mittagmahl um 4 Uhr ab.»
Teleki, p. 47

Kundmachung
wegen dem auf Soñtag den 16 Märzens nächstkünftig angesetzten Feyertag.

Damit an dem bevorstehenden Bettage niemand von außen in seiner Andacht gestöret werde, so haben Unsere Gnädige Herren E. Ehrs. und W. W. Rathes verordnet, daß an demselben in allen Wirths- und Weinschenk-Häusern zu Stadt und Lande, außer fremden Durchreisenden, keine Gäste gesetzt, auch die Kaffee-Häuser beschlossen gehalten, und, außer den gottesdienstlichen Versammlungen, keine öffentlichen Gesellschaften besucht werden, die Stadt-Thore den ganzen Tag beschlossen seyn, die behörige Aufsicht unter den Thoren und in der Stadt gehalten und nur den fremden Reisenden nach der Abend-Predigt durch Veranstaltung der Herren Quartier-Hauptleute die Thore geöfnet werden sollen.

Welches zu Männiglichs Verhalt an dem nächsten Frohnfasten-Gebote, so wegen dem Bettag Sonntags den 9ten Märzens zu halten ist, auf allen E. Zünften und den E. Gesellschaften der Mineren Stadt bekannt zu machen.

Sign. den 15ten Hornungs 1794.

Canzley Basel.

Während des obrigkeitlichen Bettages bleiben die Stadttore wie die Wirtshäuser und Kaffeehäuser den ganzen Tag geschlossen, damit niemand in seiner Andacht gestört wird.

Umstrittene Gelterkinder Kirchstühle
«Als die Gelterkinder 1763 die von den Liestalern gekaufte alte Orgel, welche vormals zu St. Leonhard gestanden war, auf den Lettner im Chor setzten, ohne jemand zu fragen, gingen der Gemeinde Rickenbach viel Sitz verlohren. Weil die Rickenbacher nun von den Gelterkindern ziemlich herumgestossen wurden, mussten sich die Deputaten (die Mitglieder des Basler Kirchenrates) ins Spiel legen. Diese erkannten nach eingenommenem Augenschein, dass die Orgel auf den andern Lettner gethan werden müsse. Die zwey neben der Orgel stehenden und von zwey Handschin (welche die Gnädigen Herren von Gelterkinden genannt wurden) verfertigten neuen Stühl aber künftig von einem Beamten von Rickenbach und Tecknau besessen werden sollen.»
Linder, I 2, p. 191

Neues Bettagslied
«1771 erwirkte der Antistes Emanuel Merian, dass anstatt des ‹ziemlich schlechten Gesangs› ein besseres, erweckliches Lied aus dem Gesangbuch gewählt wurde. Am Bettag Nachmittag wurde nämlich seit langer Zeit das Lied von Lobwasser gesungen: ‹Erheb Dein Herz, thu' auf die Ohren.›»
Historischer Basler Kalender, 1888

Elende Gesänge
«Basel hat mehr Kirchen und mehr Prediger, als es braucht. Gleichwohl haben letztere genug zu thun, weil nicht nur Sonntags, sondern verschiedene Tage in der Woche Gottesdienst gehalten wird, wo, wie ich höre, gewisse Geistliche manchmal für 10 bis 20 Zuhörer predigen müssen. Die Anzahl der guten Prediger soll überaus klein seyn. Dass so viele und grosse Kirchen hier sind, kommt von der ehemaligen unendlich grössern Bevölkerung der Stadt her. Man rechnet jetzt 15 000 Seelen hier, die Fremden mit einbegriffen; in gewissen Zeiten soll diese Zahl vier ja fünfmal stärker gewesen seyn. Ich glaube, die Stadt, so wie sie jezt ist, könnte gar wohl 60 000 Seelen fassen, wenn ich ihren Umfang mit Strasburg oder Frankfurt vergleiche.
Wenn man hier zur Kirche geht, muss man hauptsächlich um der Predigt willen gehen, weil sie den grössten Theil des Gottesdienstes ausmacht. Der ganze Gottesdienst dauert in den deutschen Kirchen anderthalb Stunde, und in der französischen nur eine Stunde. Den grössten Theil dieser Zeit nimmt die Predigt ein. Die Gesänge, deutsche und französische, sind höchst elend; denn beide sind eine schlechte Übersetzung der Psalmen: die Melodien sind schleppend und ermüdend langweilig. Man hat hier eine bessere deutsche Übersetzung der Psalmen von Prof. Spreng, aber man braucht sie eben so wenig, als man in

Sachsen das Zollikofersche Gesangbuch in den lutherischen Kirchen braucht. Dort würde es der Religion schaden, und hier der republikanischen Freiheit. Übrigens sangen die Väter der hiesigen Einwohner diese Psalmen und waren ehrliche Leute dabey, so wie die Vorfahren der Sachsen mit ihrem Gesangbuche. Spott bey Seite ich glaube, es geht hier, wie überall! Alte Vorurtheile sind schwer auszurotten; und wenn der Eine etwas Besseres vorschlägt, so verwirft es der Andere, weil er nicht den Einfall hatte. Der Mensch lässt sich alte Gewohnheiten, wenn er sie auch abgeschmackt findet, nicht gern nehmen, weil er sich schämt, dass er sie nicht ablegte, ehe ihn ein Anderer daran erinnerte. Und so möchte das Volk hier wohl ein neues Gesangbuch annehmen, wenn nur die Geistlichen sich erst darüber vergleichen könnten.

In den Schweizerstädten wird der Kirchengesang durch eine Orgel in Zaum gehalten; allein die mehresten Dörfer haben, seit die Reformatoren die Orgeln auswarfen, nie welche bekommen. Man braucht an ihrer Statt Posaunen, die solche fürchterliche Töne von sich geben, dass einem bange wird.»

Küttner, Bd. I, p. 61ff. und 255

Am siebenten Tage sollst du ruhen

«24. July 1776. Vernahmen, dass der Herr Pfahrherr in Weyl seinen Pfahrangehörigen am Sonntag das Kirschenbrechen verbotten, aber letsten Sonntag selbsten ein Mann auf einen Nussbaum geschickt, um ihm grüne Nüsse zum Einmachen zu brechen, welcher das Unglück gehabt, hinunter zu fallen und das Genick einzustürzen.»

Koelner, Zopfzeit, p. 58

Mit dem Hut auf dem Kopf

«Nicht nur der grösste Theil der Zuhörer, sondern auch die Geistlichen auf der Kanzel, haben ihre Hüte auf dem Kopfe, und nehmen sie nur bey den Gebeten ab, und, wenn der Name Jesus ausgesprochen wird. Da dieses öfters der Fall ist, so können Sie leicht denken, dass der Geistliche, zumal wenn er jung ist, sich bemüht, es auf der Kanzel mit einer gewissen Grazie zu thun. Alle Frauenzimmer müssen hier in schwarzen Kleidern in der Kirche erscheinen; selbst das Band auf der Haube muss schwarz seyn. In Zürich sind auch die Mannspersonen diesem Gesetze unterworfen.»

Küttner, Bd. I, p. 254f.

Die Modekirche

«Die hiesige französische Kirche ist ein geraumer gothischer Tempel, den zwey Geistliche bedienen, und in dem alle Montage zweymal Gottesdienst gehalten wird. Da sie keiner Gemeinde (paroisse) zugehört, so sind alle Sitze darin frey, und sie ist immer sehr besucht. Allein sie ist auch zugleich die Kirche der beau monde, die Modekirche, wenn ich so sagen darf, wo man sieht und gesehen wird. Alte, stattliche Leute sind deswegen geschworene Feinde dieser Kirche, und bey vielen ist, gar nicht in die Kirche gehen, und in diese gehen ungefähr einerley. Inzwischen ist die Einrichtung des Gottesdienstes ungefähr die nämliche, wie in den deutschen Kirchen; und, was die Predigten betrifft, so hört man im Ganzen gewiss mehr gute hier, als in den deutschen.»

Küttner, Bd. I, p. 254

Verwerfliche Musik

«17. Juny 1777 haben Herr Johannes Preiswerck mit der Jungfrau Rosina Bischoff sich hier in Riehen copulieren lassen. Es war dabey eine grosse Music mit Harpauken aufgeführt und französische Arien dabey gesungen. Es ist mir dabey eingefallen, weil die Arien ziemlich verliebt und weltlich waren, dass unser Herr Jesus vielleicht hier

---

Ordnung,
nach welcher alle und jede andächtige Tischgenossen der Pfarrgemeine bey St. Theodor zu der Tafel des HErrn hinzu zugehen und also alle geziemende Anständigkeit bestmöglichst zu beobachten freundlichst ersucht werden.

Von den Weiberstühlen, gehen zuerst die beyden kleinen Röstlin zur rechten und linken Hande des Altars.

Hernach diejenigen Weibspersonen, welche ihre Sitze vor denen Mannsstühlen unter dem neuen Lettner haben.

Darauf folgen die beyden grossen Röste, je ein Bank nach dem andern, und endlich kömmt die Reyhe an den hintersten Rost.

In Ansehung der Mannsstühle, damit alles Gedränge, und sonderlich das Zusammenfliessen verschiedener Reyhen vermeidet bleibe, so bittet man folgende Ordnung in Acht zu nehmen.

Daß erstlich der Anfang gemachet werde von denen Stühlen, welche zur rechten und linken Seite der grossen Kirchthüre seyn;

Hierauf folgen diejenigen, welche ihre Sitze zu beyden Seiten neben dem Altar und hinter demselben haben.

Ferner triffet die Ordnung diejenigen, welche unter dem neuen Lettner sitzen;

Pfarrer und Pfarrhelfer zu St. Theodor verkünden am 15. März 1750 ihren Gläubigen, in welcher Reihenfolge das Abendmahl einzunehmen ist.

auch ein Peitsche genommen hätte, wenn dieses im Tempel zu Jerusalem geschehen wäre und gesagt hätte: Mein Haus soll ein Betthaus heissen, ihr aber habt eine Mördergrube daraus gemacht, denn Dauben in einer Kirche zu verkaufen und Geld daselbst zu wechslen, scheint mir noch pardonabler zu seyn als die Wohllüste, die dem Herrn ein Greuel, durch Lieder zu erheben.»

Koelner, Zopfzeit, p. 60f.

Der Eremit von Burg

«Eine halbe Stunde von dem Schlosse Burg im Leimental lebt im Walde, in einer kleinen Hütte, ein Einsiedler; an dieser ist eine kleine Kapelle, und ein Stückchen Land, wo er allerhand Gemüse für den Winter baut, schliesst beides ein. Ich liebe sonst diese Art Leute nicht; die mehresten führen ein schlechtes Leben, und die besten sind am Ende doch nichts als Müssiggänger, obschon von der mühseligsten Art. Aber dieser hier hat durch seine Taubeneinfalt, durch die wirkliche Simplicität seiner Lebensart, durch seine Gutherzigkeit und durch das Lob, das ihm die Landleute umher geben, meine Liebe und Achtung gewonnen. Wie wenig hat doch der Mensch Bedürfnisse! Ein einziges kleines Zimmer, mit einem einzigen sehr kleinen Fenster, schliesst ihn und seine ganze Wirthschaft ein. Er hat keine Bücher als das Brevier und was dem gleicht; und wenn er im Winter eingeschneyet ist, und niemand den Weg zu ihm bahnt, betet er sein Brevier und macht Schwefelhölzchen, die er bey besserm Wetter in die Dörfer trägt und Brod, Eyer etc. dafür bekommt. Er scheint vergnügt zu seyn, resignirt auf alles, wie uns an die Welt binden kann. Daraus entsteht eine Seelenruhe, die mit einer gewissen Schwermuth, einer beständigen heimlichen Trauer verknüpft ist; denn es ist doch eine höchst elende Sache, nichts auf der Welt mehr zu kennen, das uns anzieht, nichts zu begehren, kurz, herausgerissen aus der Kette der Wesen einzig seinen Gang für sich zu gehen.»

Küttner, Bd. II, p. 263f.

Klosterleben

«Gestern war ich den ganzen Tag abwesend. Wir gingen früh in ein Franziskanerkloster (Luppach in Bouxwiller), das zwey Stunden von hier im Sundgau liegt. Wir wurden zuerst dem Pater Guardian vorgestellt, dessen ganzer Unterschied von den übrigen der ist, dass er den andern zu befehlen hat und zwey Zimmer bewohnt, da die andern nur eins haben; in allem Übrigen ist er ihnen gleich. Er ist an die nämliche Kleidung gebunden, hat den nämlichen Tisch, lebt in der nämlichen Armuth. Er bekleidet seine Stelle einige Jahr lang, und dann ist er wieder ein gemeiner Vater, der seinem Quardian eben so unterthänig gehorchen muss, als man vor kurzem ihm gehorchte. Es trifft oft, dass der, welcher heute gebietet, übers Jahr einem von denen gehorcht, die jezt blindlings seine Befehle annehmen mussten.

Dann besuchten wir einige Zellen und ich machte über die Bedürfnisse des Menschen die gewöhnliche Bemerkung, die einem bey solchem Anblick nothwendig abgedrungen wird. Eine einzige Kutte, zwey Unterkutten, eine schwarze Mütze, ein paar Sohlen ist dieser Menschen ganzes Eigenthum; von Wäsche besitzen sie nichts anders, als ein paar Schnupftücher. So sind sie alle, so sind ihre Provinzialmeister und so soll selbst der General seyn, der doch ein Grand d'Espagne ist. Doch tragen die Grossen dieses Ordens, unter allerley Vorwand, mehrentheils Hemden; auch werden sie sich wohl andere Bequemlichkeiten zu verschaffen wissen.

Wir sahen ihr Begräbniss, ein reines unterirdisches Gewölbe, wie ein grosses Zimmer, mit einem Altar, durch das oben einfallende Licht wohl beleuchtet. An beiden Seiten der Wände gehen horizontal kleine Gewölbe, in denen gerade für einen Menschen Platz ist; eins neben

Basler Persiflage eines betrügerischen Konkurses aus dem 18. Jahrhundert mit dem Hinweis auf Jesus Sirach Kapitel 3 Vers 30: Ein loderndes Feuer löscht man mit Wasser, so sühnt mit geziemender Liebe die Sünde.

dem andern und über dem andern, bis oben an die Decke. Die Todten werden in ihrer Kutte auf ein Bret gelegt, in die Mauer hineingeschoben, die Öffnung vermauert und zugeweisst, dass alles der übrigen Wand wieder gleich wird. Namen und Todesjahr wird mit schwarzen Buchstaben darauf geschrieben. Ist man einmal der Reihe nach herum, so wird das erste wieder aufgerissen, da denn der darin liegende Leichnam längst in Staub übergegangen ist.

Der Guardian bekleidet diese Stelle drey Jahr; dann wird ein andrer aus den Vätern (Patres) gewählt, und der gewesene Guardian ist wieder, so gut wie der geringste, dem Gehorsam und allen Regeln des Ordens unterworfen. Wir speisten im Refektorium, wo alles beysammen isst, die Väter, (Patres) die Brüder (Fratres) und die Novizen (Novitir). Obschon dieser Orden gar nichts eigenes besitzt, sondern blos vom Almosen lebt, so waren wir doch sehr gut bewirthet. Die Brüder (das heisst, Layenmönche, die nicht eine volle Mönchserziehung gehabt haben, folglich nicht Geistliche sind, und die Tonsur nicht empfangen und Väter werden können), sind mehrentheils Schneider, Schuhmacher, Tischer, Maurer, Köche, kurz, man bemüht sich soviel als möglich Handwerker zu haben. Ich sprach einen Pater, der lange in Afrika und Asien gelebt hatte, einen andern, der im lezten Kriege mit der französischen Armee als Feldprediger bis nach Niedersachsen gekommen war und einige preussische Generale sehr rühmte.»

Küttner, Bd. II, p. 264ff.

Pietisten

«1780 sammelte sich im Hause des Professors Dr. Herzog ein Kreis von Freunden, welche sich förmlich zu einem Verein konstituirten, zur Beförderung der reinen Lehre und wahrer Gottseligkeit (Pietisten). Aus ihr entstand die Bibel-Gesellschaft, die Missionsschule, die Traktatgesellschaft, der Verein der Freunde Israels u.s.w.»

Historischer Basler Kalender, 1888

Verwirktes Landrecht

Im Hinblick auf einen Übertritt zum reformierten Glauben gewährte die Obrigkeit anno 1787 der Fricktalerin Maria Höslin das Landrecht, damit sie sich mit dem protestantischen Zunzger Hans Jakob Buser verheiraten könne. Den auferlegten Besuch des Religionsunterrichtes wie des Gottesdienstes in Sissach aber versäumte die Gesuchstellerin in der Folge, erfüllte dagegen die Sonntagspflicht weiterhin in einer katholischen Kirche und nahm fleissig an Prozessionen teil. Deswegen von den Behörden zur Rede gestellt, erklärte sie, weiterhin dem alten Glauben treu bleiben zu wollen und den Rosenkranz zu beten. Für solche reformationswidrige Handlungen brachte der Rat kein Verständnis auf: Er sprach dem Ehepaar das Landrecht ab und verwies es umgehend des Kantonsgebietes!

Criminalia 1 A, B 17 / Ratsprotokolle 160, p. 190ff.

Barmherzigkeit

«Schultheiss Wolleb erzählte 1788, es sey eine reiche Frau zu ihm gekommen und habe eine arme Frau beschuldiget, ihr ihr Geld nicht zurückzuzahlen. Er habe also dann die Reiche vermahnt, in Gottes Namen Geduld zu üben. Es sey aber nicht lange gegangen, dann wäre die reiche Frau wieder erschienen und hätte die Execution verlangt. Hierauf aber habe er zur Ungestümen gesagt, wenn sie in Gottes Namen keine Barmhertzigkeit thun wolle, dann solle sie dies doch in Teufels Namen thun. Auf dieses deutliche Wort habe die reiche Frau dann aller Ansprüche an die arme Frau entsagt.»

Linder, II 2, p. 794

Entlaufene Nonne

«Durch das Avis Blatt Nr. 18 von 1790 wird in französischer Sprach eine Wittib gesucht von 35 Jahren, welche in Basel in Diensten seyn soll. Sie heisst Maria Theresia, Gräfin von Aursperg, aus Österreich. Ihr Vater ersucht sie, in das nämliche Kloster zurückzukehren, aus dem sie vor einem Jahr entflohen ist. Er verspricht ihr, jährlich 3000 Pfund Sack Gelt zu geben. Diese Persohn dient bey Rudolf Steiger, dem Ochsenwirth in der Kleinen Statt.»

Linder, II 2, p. 901

Ungeeigneter Dorfpfarrer

«Am Abend des 5. Juni 1790 soll die Gemeinde in Neudorf einen grossen Lärm und Streit mit ihrem Pfarrer gehabt haben. Er sei besoffen gewesen, habe den Siegrist geprügelt, und die Weiber hätten mit Steinen nach ihm geworfen. Sie wollen ihn absolut nicht mehr als ihren Pfarrer erkennen.»

Straf und Polizei H 3

XVII ÜBERFÄLLE, KRIEGE UND POLITISCHE UNRUHEN

Krieger des Satans

«Die Hunnen haben 917, neben andern Städten, Basel ohne Arbeit erobert und eingenommen. Dann das Volck, so sich dieser Menge zu erwehren nicht getrösten konte, mit Proviant und bester ihrer Haab aus der Stadt gewichen und ihr Leben zu fristen, in das nächste unwegsame Gebürg entflohen war. Dahero sich die Ungarn nicht lang enthalten konten. Namen desswegen, was sie übrig funden, und steckten die Stadt mit Feuer an.»

Gross, p. 10 / Ochs, Bd. I, p. 185f. / Anno Dazumal, p. 3

Grosser Tumult in der Stadt

«1306 ist ein grosser Tumult in der Stadt Basel, zwischen den Königische und Bischöffischen entstanden. Dessen Anfang gemacht haben Herr Niclaus zer Kinden, Ritter, von des Bischoffs Seiten, und Herr Peter Schaler, auch Ritter, so es mit Keyser Albrecht hielt. Dann als sie auf einander an der Gassen stiessen, kommen sie von Worten zu Streichen und war Herr Niclaus von Schaler sehr verwundet. Dahero unter der Burgerschaft ein solcher Auflauff beschehen, dass der Bischoff und sein Parthey auf St. Peters Berg in der Mönchen Hof (so es mit dem König hielten) geloffen, bey 40 Fuder Wein genommen und verwüstet. Und musste der Gegentheil die Flucht geben. Die Mönchen aber und Schaler rottierten sich auf dem Münsterplatz. Zogen mit gewehrter Hand den Sprung nider bis zum Kauffhaus. Da ihnen dann der Bischoff mit den Burgern begegnet, welcher sie in die Häuser, und bis auf die Dächer getrieben, dass sie ab dem Haus zum Stäblin aufs Dach zum Schlüssel sprungen. Hiemit hat die Königische Parthey den Kürzern gezogen. Die Schaler aber und München sind als Rädliführer solches Tumults in die Leistung (Bestrafung) gewiesen worden, welche bey vierzehen Jahren gewähret.»

Gross, p. 34 f. / Ochs, Bd. II, p. 16 f.

Von den Engländern bedroht

1365 «ward wieder ein Comet gesehen, darauf ein sehr heisser Sommer erfolget. Also dass grosser und fast unerhörter Mangel an Futter war. Auch kamen die Engländer ins Elsass, um nach Basel zu rücken. Deshalb schickten die Eidgenossen von Zürich, Bern, Luzern und Solothurn den Baslern auf ihr Begehren eine Besatzung in die Stadt. Bern allein hatte 1500 Mann in weissen Röcken mit einem schwarzen Bären darauf geschickt. Auch wurden diese wegen ihren spitzen Hüten ‹Gugler› genannt. Als sie in Basel ankamen, gingen jedermann vor Freuden die Augen über. Die Engländer verdarben das Land während eines Monats.»

Scherer, p. 2 / Ochs, Bd. II, p. 203 ff.

Gewaltige Schleudermaschine

«Zur frühesten Art der Springolfe und Gewerfe zum Schleudern von Pfeilen oder Steinen gehörte jenes 1365 gebaute ‹herrliche› Gewerf, zu dessen Transport 24 Wagen und 144 Pferde nötig waren.»

Wackernagel, Bd. II 1, p. 299

Die Allschwiler werden beraubt

«Als am 23. Juli 1445, früh 7 Uhr, unter dem Schutze bewaffneter Macht die Allschwyler ihre Ernte einsammelten, erschienen plötzlich 200 Armagnaken zu Pferd von der Besatzung zu Mömpelgard und Pfirt, umgaben das

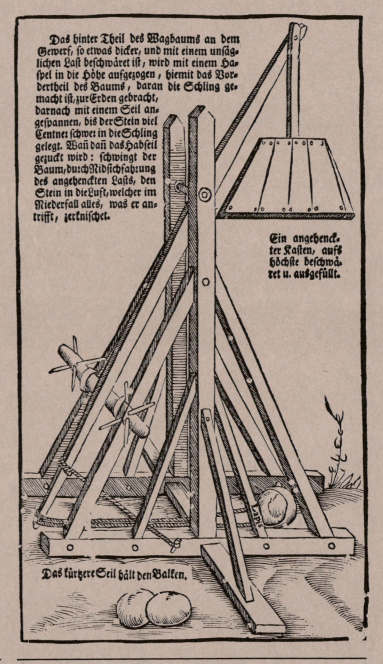

< *Die wirklichkeitsnahe Federzeichnung von Urs Graf aus dem Jahre 1521 illustriert vermutlich die Schrecken des Krieges anlässlich der Schlacht von Marignano.*

«Ein solch Gewerf liess die Stadt Basel im 1424. Jahr machen. Ward erstlich vor Spalenthor aufgeschlagen und probiert.»

weidende Vieh vor der Stadt und führten es nebst vielen Gefangenen mit sich. Die Bedeckung der Arbeiter von Allschwyl eilte herbei und jagte den ‹Schindern›, denn so wurden die Armagnaken geheissen, die Beute bis auf fünf Ochsen ab. Die Räuber machten sich aus dem Staube.»
Historischer Basler Kalender, 1886

Österreichischer Schlag gegen Kleinbasel
«Am Abend Simonis und Judä 1445 kamen bey 400 Pferd von der Herrschafft Leuten, Morgens um zehn Uhr, für minder Basel, in drey Haufen geteilet. So bald man den einen ersahe, ward Sturm geläutet, und liefen die Verordneten zum Panner. Unter dess wischten bey 200 Burger zu Ross und Fuss, aus Anregen Dietrich Ammans, ohne des Zunftmeisters Eberhart Zieglers, Dietrichs von Senheim, Henrich Halbisens, als der übrigen Hauptleuten Raht und Wissen, mit einem Stuck Feldgeschütz, für Rieheimer Thor hinaus, Willens die Feinde anzugreifen. Es schlugen sich aber diese zusammen, empfiengen die Burger dermassen, dass sie sich wendeten und durch das Wasser der Wiese, welches damals eben gross, die Flucht nahmen. Etliche, so die Rüstungen von sich geworfen, entrunnen mit Gefahr hindurch, der übrigen, so durch die Strasse hinein flohen, wurden sechszehen erstochen, viel verwundet. Den Feinden blieben nur drey Mann todt. Als das Geschrey der Zerstörung in die Stadt kame, eilete man mit dem Panner bis zum Hochgericht auf das weite Feld, aber die Reuter hatten sich schon aus dem Staub gemacht. Desshalb die Bassler ihre Erschlagnen und welche sich in das Gesträuche verborgen, wiederum mit sich hinein führeten.»
Wurstisen, Bd. I, p. 425 / Ochs, Excerpte, p. 92 ff.

Raub einer Schafherde
1448 zog ein Trupp Österreicher aus dem besetzten Rheinfelden gegen Basel, erschlug bei Gundeldingen den

Johann Stumpf beschreibt das grausame Ende der Schlacht von St. Jakob (1444): «Die Eydgnossen aber, deren gar wenig worden und gantz bemüdet, kamend vor der statt in das Siechenhaus zu S. Jacob, weertend sich auss dem Garten. Dafür leget der Delphin sein geschütz und erobert jn mit dem sturm. Da ward alles erwürget. Zum lettsten wichend etlich in die kirchen, die wurdend darinn verbrennt.»

Hirten des Propstes zu St. Alban und entführte dessen riesige Schafherde, die aus 500 Tieren bestand, rheinaufwärts.

Beinheim, p. 415f.

Sundgauer finden Schutz in der Stadt
«Anno 1467, Freitag vor Verenentag, als wiederum das Kriegsfeuer zwischen dem österreichischen Adel und den Schweizern loderte, hat sich das Sundgau mit Leib und Gut gegen Basel geflüchtet. Vom Montag bis Donnerstag fuhren 4600 Karren und Wägen in die Stadt. Das Spahlenthor stand während der Nacht offen.»

Ochs, Excerpte, p. 424f. / Ochs, Bd. IV, p. 173

Solothurner Überfall auf das Schloss Münchenstein
«War ein Bube, hiess Antoni Kratzer, mit 18 Knechten. Lagen 1469 zu Mönchenstein im Dorf. Der Juncker von Löwenberg war nicht anheimisch. Der Bube liess die Frau von Löwenberg bitten, dass sie ihnen etwas zum Nachtessen schickte. Sie hatte aber nichts gekochtes, und sie bath ihn, dass er Geduld haben möchte, sie wollte ihnen genug schicken. Als sie zu Nacht gegessen hatten, schickte er einen Boten, dass man ihn selb dritte hereinliesse, und sie leyte (das Nachtlager gebe). Denn sie müssten im Stroh liegen. Da that die Frau als eine Thörin, und schickte einen Knecht der sie hineinliess, und als er den Steg aufthat, nahm Kratzer den Knecht unter den Arm, und führte ihn mit sich hinein. Die andern druckten hernach, und nahmen das Schloss ein, im Namen derer von Solothurn.»

Ochs, Bd. IV, p. 198

Freundeidgenössische Hilfe
«Die Eidgenossen von Zürich, Luzern, Uri, Schwyz, Glarus und Unterwalden rückten 1474 in die von Karl von Burgund bedrohte Stadt Basel ein und wurden von den Bürgern freundlich empfangen und gut gepflegt. Am gleichen Tage kamen die Appenzeller und die Leute der Herrschaft Österreich, welche in die umliegenden Dörfer einquartirt wurden. Über den Festtag Aller Heiligen waren bei 10000 Mann in Basel, und der Weihbischof Niklaus hielt im Münster ein feierliches Hochamt, um für die Bundesgenossen Heil und Sieg zu erflehen. Bis zum 4. November dauerten die Durchzüge durch Basel zur Belagerung der Veste Héricourt.»

Historischer Basler Kalender, 1886

Schlacht bei Murten
«1476 zogen 2000 Basler zu Fuss und 100 zu Pferd Ross mit ihrem Haubtmann Peter Roth den Eydgnossen zu Hülff in die Murter Schlacht. Sie verloren nur 3 Mann und trugen herrliches Lob davon. Bekamen etliche Fähnlein, 1 Stuckh Geschütz von 36 Center und eine Ericurter Büchs von 14 Centner.»

Linder, II 1, p. 16

Die Verschwörung von 1481
«Anführer des Komplotts von 1481 waren die Brüder Peter und Hans Bischoff, aus einem seit mehreren Generationen angesessenen begüterten Geschlechte. Beide Metzger und als solche noch besonders gereizt durch die Fleischsteuer und die neue Metzgerordnung von 1480. Um Weihnachten 1481 wurde der Plan entworfen. Man wollte den Rat während seiner Sitzung überfallen, die Herren teils ‹erstechen und metzgen›, teils ins Gefängnis werfen und ‹mit den Zehen an die Seile henken›, bis sie bekennten, wohin der Stadt Gut verwendet werde. Zur gleichen Zeit sollte das Zeughaus besetzt und durch Schliessung der Strassen und Tore jede Flucht verhindert werden. Ein andrer Plan war, am Georgstag, wenn das Volk von dem üblichen Fest in die Stadt heimkehre, auf der Rheinbrücke die dort stehenden Ratsherren niederzumachen. Im einen wie im andern Fall sollten auch Alle, die dem Rate helfen würden, getötet werden. So gedachte man ‹die Erberkeit zu ermorden› und die Stadt in fremde Gewalt zu bringen.

Und wozu dies Alles? Weil auch die Brüder Bischoff fanden, man steure zu viel und wisse nicht, was aus dem Gelde werde. Diese Anschuldigungen genügten, um Unzufriedenheit mit der allgemeinen Lage, Gier und persönlichen Hass zur Tat zu treiben; auch waren die Vorwürfe so populär, dass die Absicht rasch um sich griff. Auf Zunftstuben und in Gärten fand man sich zusammen; ein geheimer Bund wurde verabredet, der eine ansehnliche Zahl ‹loser Knaben› umschloss. Offensichtlich eine Verschwörung vor allem von Angehörigen der niedersten Einwohnerschaft, des Pöbels. Aber es ist nicht undenkbar, dass Graf Oswald von Tierstein um die Sache wusste und dass bischöfliche Agenten mit Geld und aufhetzenden Reden tätig waren.

Aber wie fast immer bei Konspirationen geschieht, so machten auch hier, ehe der Schlag geführt wurde, Angst und Reue einen der Verschworenen im letzten Moment zum Verräter. Es war dies der Bäcker Hans Schuler genannt Pfefferlin. Er berichtete, anfangs Aprils 1482, Alles dem Bürgermeister Bärenfels und dem Rieher, und diese trafen sofort ihre Massregeln. In einer Grossratssitzung kam die Sache zur Sprache, noch ohne Nennung von Namen; aber Peter Bischoff, der als Sechser dabei sass, sah nun das Vorhaben entdeckt. Unmittelbar aus der Sitzung floh er mit seinem Bruder in die Freistatt des St. Albanklosters; Pfefferlin, der sich trotz seinem Verrat nicht sicher fühlte, folgte ihnen. Die andern Verschwore-

nen wichen aus der Stadt. Zwar legte der Rat sofort eine Wache von Stadtknechten vor das Asyl zu St. Alban. Aber die Wache war nicht wachsam genug, und mit Hilfe des Propstes und einiger Mönche, in Kutten verkleidet, konnten die Eingeschlossenen Kloster und Stadt verlassen. Sie flüchteten nach Ensisheim und fanden dort offene Arme bei Graf Oswald, dem österreichischen Landvogt.»
Wackernagel, Bd. II 1, p. 149f.

Krieg und Frieden

«*Am Abend vor S. Markus Tag im 1499. Jahre (24. April):* Mein Vornehmen, so ich zu Anfang dieses Jahres 1499 gefasst, aufzuzeichnen, was in unserer Stadt Basel sich zugetragen, ist liegen geblieben. Die Welt ist mit Kriegsgeschrei erfüllt, und die Stadt gleicht einem Topf, darinnen es kocht, und weiss niemand, wann es überläuft. Wenn der Lärm um die Mauern heult, ist keine Zeit, und ich habe auch keine Lust, den Kiel laufen zu lassen.

Doch wer sieht sein Ende ab? Ich will nimmer warten und niederschreiben.

Da ich heute zu Predigern in die Beichte ging, sah ich die Räte in das Kloster treten und hörte, dass sie daselbst tagten. Darnach sah ich zuweilen der Räte einen oder andern oder auch ihrer etliche aus dem Saale laufen und mit erhitzten Gesichtern auf und ab gehen und heftig reden. Dachte, sie beredten die Zeiten, so unsere Stadt zwischen zwei Feuer gestellt, die beide nach unsern Mauern und Leuten greifen, seit der Krieg ausgebrochen ist zwischen dem römischen König und der gemeinen Eidgenossenschaft. Da sie aufhörten zu tagen, machte ich mich an der Räte einen, so ich seinen Bub in der Schul gelehret hab, und fragte ihn, was sie beredet. Ich habe richtig vermutet. Der Rat ist zusammen gesessen wegen des grossen Gigampfens. Oder ist es nicht ein Gigampfen, da auf dem einen Ende des Balkens König Max sitzt und die adeligen Herren, dazu die Städte, die ihm anhangen, und auf dem andern Ende die Eidgenossen, und suchen beide Teile, den Balken zu sich zu ziehen und wollen, dass Basel auf ihre Seite rutsche. Und ist die Parteiung auch in der Stadt, und hangen die einen diesem, die anderen jenem an. Der Rat aber meint, es sei klug und für die Stadt und ihrer Herrschaft Gebiet von Nutzen, so man keinem anhanget und den Bart streicht, und wäre solches auch denen kommlich, die wider einander laufen. Also sucht er die Gigampfe zu halten, dass der Balken auf keine Seite sich neige und er hinunterrutsche. Wir wollen Basler sein und bleiben. Man will also stille sitzen und meint, je stiller desto besser. Das ist ein schweres Tun, sonderlich niemand weiss, ob das Kreuz obsieget oder die Pfauenfeder.

Maria Magdalena Tag (22. Juli): Der Tag neigt sich. Er ist voller Unruhe und Lärmen gewesen. Und voller Angst. Die Kaiserlichen sind hergezogen, ein gewaltig Volk, und lagerten vor Dorneck, Solothurner Gebiets. Die Eidgenossen sind an sie gekommen. Da war eine grosse Schlacht, und haben die Eidgenossen die Kaiserlichen also geschlagen, dass ihrer viel Hundert in ihrem Blut tot liegen blieben.

Eine Woche darnach: Die Eidgenossen sind herab vor die Stadt gezogen und liegen zu Sankt Jakob. Man hat ihnen Wein und Brot geschickt. Die Hauptleute aber sind in die Stadt gekommen, mit den Unsrigen zu reden. Es sind gar wilde Gesellen, die gewaltig mit den Eisen klirren. Und gingen mit dem Rat zu Predigern, also dass das Kloster auf einen Tag das Herz der Stadt geworden. Sie haben den Rat bestürmt, dass Basel ihnen anhange und mit ihnen in den Sundgau wider die Kaiserlichen zöge. Da hatte der Rat wahrlich einen schweren Stand und musste sich mächtig stellen, dass er nicht umfiel, massen viele in der Stadt es mit den Eidgenossen hielten und man sorgte, die Eidgenossen, so in Liestal sitzen, möchten der Stadt Herrschaften ergreifen und an sich nehmen. So man aber mit den Eidgenossen ginge, hätte man mit ihnen in den Sundgau laufen müssen, allwo der Stadt Gefälle und Rechte schwinden möchten und der Kaufleuten Handel vertilgt werde. Solches überlegte der Rat und blieb fest, ohngeacht man ihm stark zusetzte.

Darnach sind die Eidgenossen abgezogen. Und ist der Jörg, Meister Hans Hasler, des Maurers Bub schier mitgelaufen, also mächtig hangt er den Eidgenossen an. Ihm fehlt noch die Einsicht des Vaters. Er ist ein junges Blut, das noch gäret. Ich kann ihm darob nicht böse sein. Er ist vor wenigen Jahren noch ein kleines Büebli gewe-

Vmb diese zeit lebte Hauptman Klinghammer / Burger zu Basel / ein sehr dapfferer Mann / so sich in den Außfählen vnd Kriegen selbiger zeit treffenlich gehalten.

So hatten sich auch zu Basel die Weinleuth / Rebleuth / Schühmacher / Metzger / vnd Spynwetter / sampt denen auß mindern Basel / vor Blomont / Herman von Eptingen Vestung / gantz Mannlich gehalten / da die Vestung eyngenommen / vnd verbrennt / der von Eptingen aber / sampt seinem Hundt / Delphin genannt / welchen er ja zu sonderm trotz / in seinem Absagbrieff / auch vnder seine Helffer gesetzt / ist auff den Spalenthurn in die Gefengknuß gelegt worden.

«*Hauptmann Klinghammer hat sich bey verschiedenen Anlässen dapffer gehalten, insbesonders als man Anno 1449 das Dorf Carsow bei Rheinfelden geplündert und verbrennt hat.*»

sen und jetzt ist er ein gar grosser, stattlicher Gesell geworden. Daran kann ich ermessen, wie die Zeit läuft, schneller denn ein Wasser. Es ist mir, als hätte ich eben noch mit dem Hasler auf dem Kornmarkt und in den Gassen Buben Kurzweil getrieben, da die Häuser unserer Väter Seite an Seite standen. Unsere Wege sind auseinander gelaufen, aber wir sind uns nicht fremd geworden. Ich bin seines Buben Taufpate gewesen, und nachher hat er den Jörg zu mir in die Schule geschickt. Es war gar ein gescheit Büebli.

Am Tage nach U.L.F. Himmelfahrt (16. August): Gratias agamus Domino Deo nostro! Seit dem Tage der Hochseligen Mutter reiten die Boten des Friedens in die Stadt, die Gesandten des römischen Königs und des Königs von Frankreich, dazu der Mailänder, alle gefolgt von vornehmen Herren und Edelleuten, also dass man solch Schauspiel in unserer Stadt nicht mehr gesehen hat seit den Tagen des Conciliums. Seiden und Samt flammt durch die Gassen und köstliche Ketten blitzen. Auch die Boten der eidgenössischen Stände sind erschienen. Sie gehen mit breiten Schritten und zeigen das weisse Kreuz aller Orten. Beide haben Kriegsknechte mitgebracht. Die hätten lieber Krieg denn Frieden, denn jener bringt ihnen ihr Brot. Es ist ein gefährlich Ding. Die Bürger sind voller Unruhe und stössig wie ein Stier, wenn die Pfauenfedern durch die Stadt stelzen. Die Weiber knien in den Kirchen, dass sie den Frieden gewinnen mögen.

Am Mittwoch vor S. Mauritzen Tag (18. September): Sie sitzen noch immer in des Bischofs Hof und ziehen auf beiden Seiten, wer der Stärkere sei und gewinnen möchte. Da ich heute auf Burg war und das Volk vor den Fenstern lärmte, hinter denen die Herren ratschlagten, traten unser etliche hinter die Kirche auf den Platz, den man die Pfalz nennt. Wir werweisen ob dem Handel. Da ruft einer: ‹Fürio!› und reckt den Arm. Gegen Augst zu steigt ein mächtiger Rauch auf. So haben die Österreichischen wieder den roten Hahn in der Stadt Herrschaft fliegen lassen. Also sitzt Basel noch immer in einem Wasser, das hoch geht und darinnen keine Ruhe ist.

Sankt Mauritius des heiligen Märtyrers Tag (22. September): Gloria in excelsis Deo! Solches möchte man in Jubel anstimmen. Heute ist der Friede nach mancherlei Fährnissen gemacht worden zwischen dem römischen König und den Städten, die ihm anhangen und gemeiner Eidgenossenschaft. Im Münster ist ein hohes Amt gehalten worden, Gott dem Allmächtigen zu Lob und Ehr. Darauf ward im Hof des Matthis Eberler zum Engel, wo des Herzogs von Mailand Botschafter wohnte, der Frieden verbrieft. Und fing man hernach an zu läuten mit allen Glocken in der Stadt in allen Kirchen und Klöstern. Basel steht im Frieden. Der Rat hat dem König dargelegt, aus welcher Ursache willen die Stadt nicht wider die Eidgenossen in den Krieg gezogen. Und der König hat das Anliegen der Stadt beachtet und angenommen und sie in den Frieden eingeschlossen, dergestalt, dass ihr um alles, so sich in diesem Handel und Aufruhr begeben hat, keinerlei Ungnade noch Strafe zugemessen werden soll. Es haben Herr Hartmann von Andlau, der neu, und Herr Hans Ymer von Gilgenberg der alt Bürgermeister nicht an dem löblichen Amt in der Kirchen U.L.F. teilgenommen. Solches hat man wohl beachtet. Caspar Jöppel, Schulmeister.»

Eduard Wirz, BN 289, 1951

Der Friede von Basel

«Der Friede zwischen dem Deutschen Reich und der Eidgenossenschaft nach Beendigung des Schwabenkrieges wird 1499 zu Basel geschlossen und damit faktisch die Lösung derselben vom Deutschen Reiche besiegelt. Gross war der Jubel in Basel. Der Friede wurde mit einem Hochamt im Münster gefeiert. Die Erbitterung im Reich war dagegen nicht gering und ein zeitgenössischer Dichter gibt in Folge dessen den Rath:

Plibens dahaim, das wer in not,
und machten ziger und auch kes
und Anken, den man gern ess
Und gingen in sich selber bass
und liessen ihren neid und hass
und weren willig undertan
dem adel.»

Historischer Basler Kalender, 1886

Tapferer Kleinbasler

«In der Schlacht von Marignano lag Fähnrich Hans Lützelmann mit 13 Stichen und Wunden die ganze Nacht auf der Wallstadt unter den Toten. Als er sich gegen Tag wieder erholte, sah er von weitem einen, der sich unter den Erschlagenen auf den Knien aufrichtete und erkannte aus seinem Zuschreyen, dass es ein Schleiffer aus der minderen Statt Basel war. Da gab Gott beyden ehrlichen Männern soviel Kraft, dass sie allmählich zusammenkriechen konnten. Hans Lützelmann war seiner guten Kleydern und Schuhen beraubt, dass er gar schwärlich paarfuss durch das Dorngesträuch gehen konnte. Der Schleiffer aber hatte noch sein breites Schweitzer Schwerdt bey sich. Das legte er dem Fähnrich zum Schirm öfftermalen unter die Füss, dass er unverletzt über die spitzen Dörn gehen konnte. Da liess sich wahre Freundschaft bey guten Lanthsleuten sehen. Als sie endtlich zum Lager kamen, sind sie von den Eydgenossen mit hertzlichem Frohlocken empfangen worden. Es hat sich aber Fähnrich Lützelmann dermassen verblutet, dass er sich in einer Senfte nach Basel hat führen lassen müssen.»

Grasser, p. 199f.

Der Bauernaufstand im Baselbiet

«Im Jahre 1525 erhoben sich überall in Deutschland die Untertanen gegen ihre Obrigkeiten, besonders die in der Markgrafschaft Baden gegen ihren Herrn, den Markgrafen Ernst von Röteln, und eroberten sein Schloss Röteln. Auch im Sundgau erhoben sich viele Bauern mit Gewalt gegen die Regierung in Ensisheim und zerstörten viele Klöster. Auch das Volk des Bischofs von Basel im Laufental zerstörte alle Männer- und Frauenklöster auf dem Lande, zerriss und verbrannte die Kirchenbücher und alle Zinsregister, deren es habhaft werden konnte.

Am 1. Mai brachen auch die Untertanen von Basel auf. Darum schickte der Rat von Basel den Bürgermeister Adelberg Meyer, Hans Graf, Caspar Koch, den Maler, und Hans Bratteler, den Bannerherrn, auf die Landschaft. Sie sollten in alle Ämter reiten und ausfindig machen, was die Bauern beabsichtigten. Und als sie am gleichen Tag ausritten und nachts nach Liestal kamen, da gingen auch die Bauern aus allen Ämtern, jung und alt, dorthin.

Am Tage darauf, am 3. Mai, liessen die Boten des Rates alle Untertanen versammeln, zeigten ihnen den Befehl des Rates und erzählten ihnen, warum sie geschickt worden seien. Der Rat habe den Eindruck, die Bauern hätten einige Anliegen gegenüber der Obrigkeit. Das wolle der Rat nun von ihnen erfahren. Als sie nach Liestal gekommen seien, hätten sie hier jung und alt versammelt gefunden. Sie würden sehr bedauern, dass die Bauern ihre Obrigkeit so kritisierten und nicht an die zahlreichen Wohltaten dächten, die ihnen der Rat von Basel so oft getan habe, zum Beispiel in Brandfällen, in Kriegen und Teuerungen oder durch Darlehen von Geld und Korn. Das sei bisher oft vorgekommen und solle, so Gott wolle, auch in Zukunft geschehen. Darauf baten die Ratsboten die Bauern, wieder heimzuziehen; dann werde

«*Empörung in Basel: Dargegen samletend sich (1308) auff dem Münsterplatz die Scholler, München und jre anhenger, zugegend mit geweerter Hand, das sy musstend entweychen in die heüser daselbst und wurden gejagt auff die tächer (so domals gemeinlich flach und von schindlen warend) und sprungend von dem tach auffs Stäblins hauss über die gassen biss auff das tach zu dem Schlüssel.*» (Johann Stumpf, 1548).

man die Beschwerden dem Rate anzeigen. Er würde ihnen gerecht entgegenkommen.

Die Bauern gingen darauf weg, gaben aber den Boten aus Basel keine Antwort, sondern verschworen sich auf dem weiten Feld vor dem Oberen Tor durch einen Eid. Dann zogen sie wieder in Liestal ein. Zur Zeit des Imbissmahls schickten sie einen Trommler in Liestal herum und ermahnten alle, die den Eid geschworen hatten, sofort zum Untern Tor hinaus nach Basel zu ziehen. Die Ratsboten liessen sie ohne Antwort. Diese hatten inzwischen einen Söldner, den Ulrich Wiglin, nach Basel geschickt. Er kam vor den Bauern in die Stadt. So wurde die Stadt gewarnt. Man schloss die Tore, und alle Bürger zogen den Harnisch an.

Die Bauern kamen bis zur Kapelle vor dem Aeschemertor. Da die Stadt verschlossen war, zerstreuten sie sich in die Gegend von Muttenz. Dort blieben sie über Nacht. Viele Bauern liefen vor der Stadt herum, weil sie meinten, die Tore wären offen. Die Bürger wollten aus der Stadt einen Ausfall machen, die Bauern angreifen und sich mit ihnen schlagen. Das gestattete der Rat von Basel aber nicht. Wären die Bauern in die Stadt gekommen, so hätten sie die Klöster und die Geistlichkeit geplündert.
Es war auch ein Pfarrer zu Buus, Herr Matthäus Empser. Er hatte den Bauern die zwölf Artikel der Bauern aus dem Schwabenlande gebracht. Die Basler Bauern setzten noch einige Artikel dazu, nämlich wegen des Salzkaufs und andere Dinge.

Um die gleiche Zeit waren die Boten von Zürich, Bern und Solothurn nach Basel geritten. Ihnen tat der Streit zwischen Stadt und Landschaft aufrichtig leid. Sie ritten noch in der gleichen Nacht zur Stadt hinaus zu den Bauern bei Muttenz und redeten mit ihnen so, dass sie am nächsten Morgen früh alle wieder heimzogen. Doch hatten sie einen Ausschuss gebildet, der mit der Obrigkeit verhandeln sollte.

Der Rat von Basel griff darauf streng durch, legte viele in Basel und Liestal ins Gefängnis und behandelte sie sehr hart. Die Eidgenossen vermittelten nun gütlich. Nachdem einige Tage verhandelt worden war, wurde die Sache ohne Blutvergiessen geschlichtet. Den Bauern wurden in vielen Gebieten Zugeständnisse gemacht, so dass der Stadt etwa 300 Pfund an jährlichen Einnahmen verlorengingen. Die Bauern schworen wieder, und es wurden Verträge aufgesetzt.

In dieser Zeit waren fast alle Stadttore vierzehn Tage geschlossen. Nur drei Tore standen unter starker Bewachung offen. Auch das Glockengeläute war abgestellt worden, ausser den Ratsglocken. Der Rat fürchtete sich nämlich nicht nur vor den Bauern, sondern auch vor etlichen Bürgern. Daran schuld war die Glaubensspaltung.»

Teuteberg, Bd. I, p. 68ff. / Wurstisen, Bd. II, p. 584 / Gross, p. 153 / Scherer, p. 7f. / Linder, p. 33vf. / Buxtorf-Falkeisen, 1, p. 47 / Wackernagel, Bd. III, p. 373

Von der Schlacht ins Badhaus
«Die Unsern sind 1531 alle heil und wohlbehalten aus dem Bündner Krieg heimgekommen. Der Rat befahl allen, ein Badhaus zu besuchen; die Obrigkeit übernahm freigebig die Kosten. Jeder bekam vom Rat eine Krone; Waffen, ebenso Lebensmittel, Speise, Trank und Wein und anderes, was sie den Feinden nach Kriegsrecht abgenommen hatten, wurde ihnen vom Rat überlassen. 40 der Unsrigen blieben dort zurück im Dienst gegen den Feind, bis der Krieg vollständig beendigt ist.»
Gast, p. 147

Vereitelte Meuterei
«Am 6. Februar 1552 waren alle Stadttore bis 9 Uhr geschlossen. Einige Soldaten zechten im Ochsen in der Spalenvorstadt, und das Gerücht hatte sich verbreitet, sie hätten im Sinn, das Spalentor zu besetzen und andere Soldaten, die vor der Stadt warteten, einzulassen. Sie wurden zum Rathaus geführt und freigelassen.»
Gast, p. 417

Reisläufer
«1568 fuhr ein ganzes Schiff voll geworbener Knechte den Rhein hinab zu dem Prinzen von Oranien in den Niederlanden. Unter Oberst Claus von Hattstatt waren auch viele Basler darunter. Man schlug durch die Stadt öffentlich den Landsknechtenstreich. Den 21. Oktober befanden sich in den beiden Stätten Gross- und Kleinbasel 970 Soldaten welschen Kriegsvolks in den Wirtshäusern. Sie fuhren ebenfalls auf dem Rhein hinweg nach den Niederlanden.»
Wieland, s. p.

Der Eierkrieg
«Die noch fortwährenden Spaltungen zwischen dem König von Frankreich und dem Herzog von Bouillon, bewogen den erstern sich bey der Eydgenossenschaft um einen Aufbruch von 6000 Mann Kriegsvolk zu bewerben, welcher ihm bewilligt ward. Am 21ten März 1606 zogen die Bassler 300 Mann stark unter Hauptmann Curio aus, kehrten aber am 18ten folgenden Aprils schon wieder zurück, weil inzwischen der Spahn zwischen diesen beyden Fürsten war gehoben worden. Man nannte diesen Auszug scherzweise den Eyerkrieg, weil er um die Osterzeit geschehen war.»
Lutz, p. 227

Trinkfreudige Torwächter

«1620 wurden die Wachen des allgemeinen Kriegslärms willen wieder auf dem alten Schrot gestellt, bald aber geht die Klage, dass es bei den Wachen auf dem alten Schrot wieder liederlich zugehe, wesshalb der Rath beschloss, damit die Bürgerschaft mit Soldaten nicht beschwert werde, in den Zünften zu warnen, falls man sich des Prassens unter den Thoren künftig nicht enthalten würde, dass man beständige Soldaten auf der Bürger Kosten anstellen werde.»
Historischer Basler Kalender, 1888

Kriegsverletzter

«Bezeüg ich, Rudolf Hotz, mit eigner Hand, dass ich, meines Alters 13 Jahr, anno 1621 allhier nach Italien verreiset und zu Bergamo angekommen bin. Dort habe ich dem Herrn Hauptmann Isac Pellizari von Basel ein Jahr lang gedienet. Hernach habe ich Herrn Marco Alborghetti, Kaufherr zu Bergamo, ein Jahr lang zu Tisch gedienet. Wegen meines Wohlverhaltens hat er mich dann nach Florenz geführt, wo ich in sein Negotio gesetzt und ihm ehrlich und fleissig 4 Jahr lang gedienet. Weil ich aber von der Inquisition hinweggetrieben worden bin, habe ich mich nach Rom begeben und von dort nach Napoli, willens, mich aufs Meer zu setzen und nach Genova zu fahren. Leider bin ich durch böse Fortuna spanischen Soldaten in die Händ gekommen, welche mich getriboliert und gezwungen, ihnen im Kriegswesen zu dienen. Wir sind in das Piemont gemarschieret, wo wir dann die Franzosen vom Pass hinweg geschlagen haben. Hernach hat man uns in das Monserat geführt vor die Stadt und Festung Cassal. Do ist mir den 8. Tag vor Weihnachten 1628 der lincke Arm hinweggeschossen worden durch ein Stuck (Kanone) von dem Feindt. Nachdem ich geheilet war, hab ich meinen Passport begehrt. Druffhin bin ich meinem Vatterland zuogereiset und, Gott Lob, den 12. Juni 1629 allhier zu Basel angekommen. Gott der Allmechtige wolle mir seine Gnad verleihen, in seinem Willen zu wandeln und in seinem Heiligen Evangelio zu leben. Uff dass ich nach diesem zeitlichen Leben in das ewige durch seine Barmherzigkeit kommen möge.»
Hotz, p. 418f.

Leimen gebrandschatzt

Am 23. Januar 1633 rebellierten im Pfirter und Altkircher Amt die Bauern und schlugen zu Wentzwiller und St. Apollinaris etliche schwedische Soldaten zu Tode. Die Schweden dagegen brannten das Dorf Leimen ab und machten viele Bauern nieder.
Wieland, s. p.

Oberwil in der Hand der Schweden

Am 24. Januar 1633 erschlugen die Bauern von Oberwil einige bei ihnen einquartierte Schweden. Die überlebenden Soldaten sammelten sich und stürmten das Dorf und machten viele Bauern nieder. Dann steckten die Schweden zwei Häuser in Brand und machten 800 Gefangene.
Wieland, s. p.

500 Tote in Blotzheim

Am 28. Januar 1633 steckten die Schweden das Dorf Blotzheim in Brand, schlugen 500 Bauern zu Tode und nahmen deren 800 in Gefangenschaft. Zur selben Zeit wurden in Häsingen 39 Bauern an den Bäumen aufgeknüpft.
Wieland, s. p.

Kriegerische Verhältnisse

«Den 8. Oktober 1633 hat der Ehrsame und Wohlweise Rath dieser Stadt Basel den Grossen Rath versammeln lassen, weil der Duca von Ferria mit 12000 Spaniern wie der General von Altringen mit 12000 allerhand teutschem Kriegsvolckh samt einem unglaublichen Tross von Huren und Buben unversehens aus dem Schwabenland zue Rheinfelden angekommen sind. Also hat die Armada von 24000 Mann an die Stadt Basel zwey Dinge begehrt: Erstlichen, dass ihr der Pass über die Birsbruckh bis an den Stadtgraben zu St. Alban und durch Gundeldingen und Hollee der Marsch in den Sundgau vergönstiget werde. Zum andern, weil die ganz Armada ausgehungert und viel Mentschen und Pferdt an Hunger gestorben

Werbung eines deutschen Landsknechts durch einen französischen Offizier in einer Basler Zunftstube. Federzeichnung von Urs Graf. Vermutlich 1521.

waren, dass die Stadt 600 Seckh Mehl bereit halten solle, um Brot daraus zu bachen. Obschon die Stadt sich höflich hat entschuldigen wollen wegen Fehljahre und Kriegsschaden, hat General von Altringen von seiner Forderung nicht abstehen wollen. Da die Garnison in der Stadt zu schwach und eine Unterstützung aus der Eidgenossenschaft nicht in Kürtze zu erwarten war, hat man in Basel kein ander Mittel gewusst, als sowohl den Pass zu erlauben als auch 550 Seckh Mehl, aus welchen man 24000 Leib Brot gebachen, zue Schiff ins Quartier nach Otthmarsheim zu führen. Am 26. Oktober marschierten 500 Currassierer mit 150 Bagagewägen am Riehentor vorbei, was der Stadt grossen Schaden zufügte. Am 9. Dezember sprengte ein schwedischer Reiter über die Rheinbrücke und zerriss die eiserne Kette am Rheintor entzwei, davon das Pferd gleich tod liegen blieb. Von beyden Seiten des Rheins her sind in diesem Jahr nach Basel geflüchtet: 1528 Mannspersonen, 1789 Weibspersonen, 1939 Kinder, 623 Pferde, 432 Rindvieh, 462 Schafe, 28 Geissen, 211 Schweine und 20 Esel.»

Zäslin, p. 5f. / Wieland, p. 34f. / Battier, p. 469 / Basler Jahrbuch 1890, p. 40 / Buxtorf-Falkeisen, 1, p. 81ff., 95

Drei Spanier im obern Baselbiet hingerichtet

Die Wirren des Dreissigjährigen Krieges verschlugen im Oktober 1633 auch spanische Truppen ins obere Baselbiet. Drei Spanier, die sich dem Dorfe Häfelfingen näherten, zückten beim Zusammentreffen mit der Dorfwache die Degen. Während des Handgemenges, in welchem den Spaniern die «Köpfe verwundet wurden, also dass ihnen das Blut aller Orten herabgeflossen», zerrte man die fremden Krieger ins Dorf zur Vernehmlassung. Da gemäss obrigkeitlichem Befehl weder kaiserlichen noch spanischen Truppen mit Gewalt begegnet werden durfte, sollen die Ältesten des Dorfes befunden haben, die Soldaten seien nicht, wie gewisse Leute es wünschten, niederzumachen, sondern dem Untervogt in Buckten zuzuführen. Wie der Trupp sich nun auf den Weg machte, erschien plötzlich Hans Jacob Müller, der Schlosser von Buckten, aus vollem Halse schreiend: «Mached se nieder, mached se nieder!» Die Wachtmannschaft, im Glauben, es handle sich um einen offiziellen Befehl, schritt sofort zum Vollzug: Jakob Nebiker bemächtigte sich des ersten, Georg Rümpi des zweiten und Heinrich Gisin des dritten Spaniers: «Alle drey wurden mit verbundenen Augen an einem Baum angebunden und erschossen!» Schliesslich jagte Hans Egli, der Müller von Läufelfingen, den Toten noch eine Kugel durch den Kopf. Der brutalen Hinrichtung folgte die Beraubung der leblosen Spanier. «Jeder hat genommen, was er hat können und mögen. Doch sind keineswegs, wie behauptet worden war, die Kleider unter der Gemeinde verteilt worden! Auf solches alles sind die drei toten Leichname auf einem Schlitten nach Rümlingen geführt und allda auf dem Kirchhof begraben worden.» Die Hinrichtung von Häfelfingen hatte für die Beteiligten ein gerichtliches Nachspiel. Die «Bauern, so drei Italiener(!) jämmerlich erschossen», hatten sich vor dem Rat zu verantworten. Doch die Gnädigen Herren verschlossen sich offenbar den gewundenen Erklärungen der angeklagten Landleute nicht, liessen sie es doch bei einer verhältnismässig milden Strafe bewenden. Denn Jakob Nebiker wurde nur zu 6 Jahren Landesverweisung, Joggi Rümpi zu 4 Jahren und die übrigen Mittäter zu je 2 Jahren Verweisung von Stadt und Land verurteilt.

Criminalia 21 N 2 / Ratsprotokolle 25, p. 109ff.

Hölzerne Gewehre

«Die Vorstadtmeister zur Mägd und zur Krähe bringen 1633 bei dem Rathe die Klage an, wie der Hirt sich beschwere, dass er mit seinem Vieh nicht sicher auf der Weide sei, wegen der streifenden schwedischen Soldaten. Der Rath erkennt: dem Hirten sollen hölzerne Büchsen darauf der Stadt Basel Zeichen zu mehrerer Sicherheit anzuhängen gegeben werden.»

Historischer Basler Kalender, 1888

Krieger verabschiedet sich von Frau und Kindern. Federzeichnung von Urs Graf. Um 1520.

Schwedisches Volk passiert die Stadt

1634 begehrten vor dem Spalentor «mehr denn 300 Schwedische Huren und Buben Einlass zum Passieren. Doch hat man sie bis um 4 Uhr aufgehalten. Inzwischen haben sie in den Räben und Gärten viel Schaden gethan und unzeitige Trübel abgerupft und diese gegen den Durst gegessen. Des Torwächters Lazarus Tochter hat ihnen viel Wasser zu trincken gegeben, die Schüssel voll für einen Rappen. Die Soldaten haben hernach geklagt, es sei eine Schande für die Stadt Basel, das Wasser kaufen zu müssen. Man hat sie dann über die Rheinbruck passieren lassen.»

Hotz, p. 292

Angriff auf St. Chrischona

«Den 19. Mertz 1634 raubten die Schweden under dem General Rheingrafen Otto Ludwig alles Vieh bey dem Meyerhoof zu St. Chrischona. Auch die Kirche ward nicht verschont. Die Fenster wurden aller Orthen von den Soldaten nur darum eingeschmissen, damit sie die Fügungen aus Bley davon nehmen und Schiess-Kugeln daraus giessen konnten.»

Linder, II 1, p. 587

Grauenhafte Mörderei in Therwil

«Als Anno 1635 das Schloss Pruntrut belagert worden war, haben sich ungefähr tausend schwedische Reiter aus dem Lager aufgemacht und haben sich in das Dorf Tärwiller begeben, und daselbst die Einwohner, welche unbewehrt waren, erschrecklicher Weis angefallen, verwundet und nicht nur allein erschlagen, sondern gemetztget. Auch hat einer unter ihnen wie ein unvernünftig Thier die Knaben von den Einwohnern soweit genötigt, dass sie ihre Mitbürger mit einem Sebel bedrohten, und

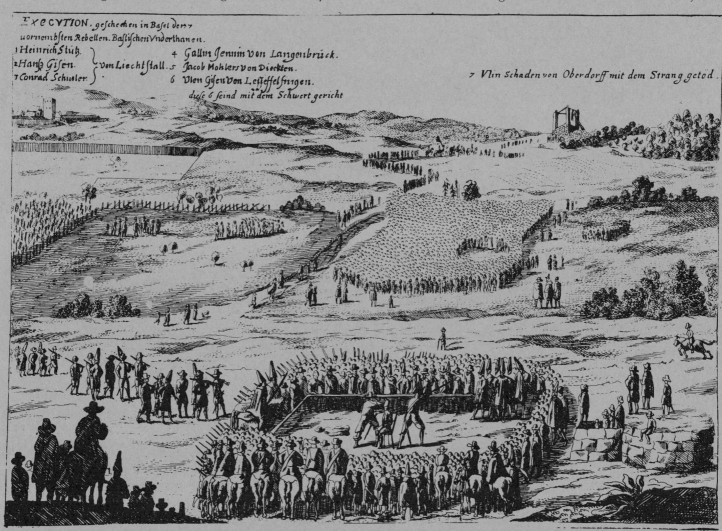

Durch massive Besteuerungen im Anschluss an den Dreissigjährigen Krieg löste die Obrigkeit unter dem Landvolk grossen Unmut aus. So sammelten sich auch im Baselbiet die Bauern zum Widerstand, doch kam es zu keinen blutigen Auseinandersetzungen mit der Basler Regierung. Trotzdem ging der Rat mit schmerzlicher Härte gegen die Rädelsführer und «rechten Anstifter» vor: Er verurteilte, mit Zustimmung des Grossen Rats und der Geistlichkeit, sieben Untertanen zum Tode und übergab sie 1653 auf der Richtstätte vor dem Steinentor dem Henker; sechs wurden mit dem Schwert gerichtet, einer mit dem Strang.

mit vielen Streichen zu Tod schlugen. Man hat einen dergleichen gesehen, welcher, nachdem ihm beide Arm durchschossen und die Beine zerbrochen worden waren, auf die Knie niederfallen und um seines Lebens Fristung beten. Darüber sind ihm von einem 10jährigen Bueben, auf Antrieb der Soldaten, sechs grosse Wunden mit einem Sebel in den Kopf gehauen worden. Als der Tärwiller ganz schmerzlich verwundet auf dem Rucken dalag, ist der Bueb genötiget worden, ihm den Kopf vollends abzuhauen. Weil der Bub aber wegen des auf dem Boden liegenden Kieses nit recht hat verrichten können, hat er ihm die halbe Gurgel abgeschnitten und eine grosse Wunde in den Rucken gehauen. Nach diesem hat sich der mehrere Theil des Volks in die Kirche begeben, welche aber von den Soldaten gefangen wurden, wobei damalen von den Türken und Tartaren keine grössere Tyranney und Übermuth hätten verübt werden können: Nachdem 10 Körper im Dorf gelegen und zum Begräbnis ein grosses Grab gemacht wurde, ist nach jedem Stoss der Schauflen das Blut überflüssig aus der Erde geflossen. Dabei sind viel Totenbeiner, die daselbst vor langer Zeit vergraben worden waren und alle weiss und ohne Fleisch waren, gefunden worden. Aus diesen ist ein roter Schweiss herausgeflossen. Man hat diese mit Blut besprengten Beiner sehr beweint und mit Erde wiederum zugedeckt. NB. Drei der Verwundeten haben auch bei der Brugg zu Dornach, nachdem sie mit Gott dem Allmächtigen versehen worden waren, ihren Geist aufgegeben. Als deren Leiber und Leichnam in das Dorf nach Dornach zum Begräbnis geführt wurden, ist auf der Totenbahre das Blut so heraus geflossen, dass die Strasse mit Blut besprengt wurde. Dieser Geschichte habe ich selbst beygewohnt und mit meinen Augen gesehen: Joseph Liechtin, Pfarrer zu Tärwiller und Decan.»

Lutz, Birseck und Pfeffingen, p. 354ff.

Kriegsangst
«Als 1642 im Suntgau und im Markgrafenland ein Geschrey, es solle Kriegs Volck in die Nähe kommen, erschollen ist, haben die Einwohner so viel als möglich ihre Früchte nach Basel geführt. So sind aus der Markgrafschaft 33771 Säcke Waitzen, Kernen, Rocken, Korn und Haber gebracht worden, und zu den Thoren der Grossen Stadt 12606 Säck. Summa 46377 Säck.»

Linder, II 1, p. 52

Die Rheinbrücke wird bewehrt
«1689 sind 2 Stücklin (Kanonen) auf die Rheinbruck gestellt worden, um die Grentzacher Steinführer, welche des nachts mit ihren Schiffen die Bruck passieren und Material aus dem Steinbruch am Horn zum Bau der Festung Hüningen bringen, zu erschröcken.»

Linder, II 1, p. 234

Die Bürgerrevolution von 1691
«Diesen Missbräuchen sind die Unruhen entsprungen, die unter dem Namen des 1691er Wesens bekannt sind und einen so kläglichen Ausgang genommen haben: Man kann wohl sagen, dass die Geistlichkeit durch ihr heftiges Eifern von der Kanzel herab gegen die Verderbnis des gemeinen Wesens den Hauptanstoss dazu gegeben hat. Durch diese Predigten wurden allsonntäglich trotz allen Abmachungen der Regierung die Gemüter aufgeregt und geängstigt, und die Unruhe in der Bürgerschaft wurde gesteigert durch den zwischen Frankreich und dem Deutschen Reiche ausgebrochenen Krieg, der die Stadt Basel durch die stärkere Befestigung Hüningens und die Fruchtsperre von seiten Frankreichs und Österreichs in schwere Besorgnis brachte. In der Grossratsversammlung vom 18. November 1690 kam diese gedrückte Stimmung zum Ausbruch, es wurden alle Beschwerden über die Verwaltung des gemeinen Wesens laut und der Bürgermeister nahm dieselben widerwillig zur Beratung im Kleinen Rate entgegen, aber die Aufregung in den Zünften war schon zu hoch gestiegen und wuchs den Räten über den Kopf, es kam schliesslich dazu, dass Sechserausschüsse als stehende Vertreter der Bürgerschaftsinteressen gebildet wurden, die nun den Räten als dritte Partei gegenübertraten und alle Gewalt der Räte lahmlegten. Denn diese Ausschüsse, geleitet von dem in Abfassung von Rechtsschriften und Postulaten gewandten Dr. Henric Petri und dem Chirurgen Dr. Johann Fatio, wurden zu einer höchst turbulenten Gesellschaft, die im Vertrauen auf ihren Rückhalt bei der Mehrheit der Bürgerschaft alle nur denkbaren Forderungen an die Räte erhob und mit gewaltsamen Mitteln ertrotzte. Diese ihre Forderungen gingen nämlich nicht bloss auf Änderungen in der Verfassung, wie Wahl der Sechser und der Zunftmeister, selbst des Oberstzunftmeisters durch die Zünfte, worüber sich ja reden liess, sondern auf Ausstossung von missbeliebigen Ratsmitgliedern aus dem Rate ohne Urteil und Recht, ein förmliches Proskriptionssystem wurde in Szene gesetzt, gegen das sich Grosser und Kleiner Rat gleichmässig stemmten. Dr. Fatio erschien mit siebzehn von den Ausschüssen vor dem Rat und verlangte, dass neunundzwanzig Ratsmitglieder, die sie namhaft machten, ohne weitere Untersuchung, bloss weil sie ihnen im Verdachte von Praktiken standen, aus dem Rate gestossen werden sollten. Als der Bürgermeister ihnen das Begehren abschlug, weil man keine Ratsherren unverhört und unüberwiesen dergestalt brandmarken dürfe, und die Räte das Rathaus verlassen wollten, wurden sie von einem Haufen der Anhänger der Ausschüsse, der auf dem Marktplatz zusammengelaufen war, zurückgestossen und im Rathause den ganzen Tag eingesperrt gehalten, bis sie endlich nachgaben und die bezeichneten Ratsmitglieder aus dem Rate stiessen. Dieses gewalttätige Mittel wurde

wiederholt, um die Entsetzung von neun weiteren Ratsherren und Zugeständnisse aller Art betreffend die Wahl der Räte durch das Volk zu erzwingen. Mehrfache Vermittlungsversuche eidgenössischer Gesandter wurden von den Ausschüssen geringschätzig abgewiesen: man sei Manns genug, ohne fremde Hilfe im eigenen Hause Ordnung zu machen. So hatten die Ausschüsse die Räte in förmlichen Belagerungszustand versetzt, aber schon lauerte das Verderben auf sie und überfiel sie unversehens und erbarmungslos. Das von ihnen geübte Proskriptionssystem brach ihnen und buchstäblich ihrem Wortführer Dr. Fatio den Hals. Die Ausgestossenen hatten eben doch in der Bürgerschaft einen grossen Anhang, man fand, dass die von den Zünften in ihre Stelle Gesetzten nicht besser seien, dass die Ausschlüsse die Hauptsünder, die Kornwucherer, doch nicht getroffen hätten, man hatte wohl von den Ausschüssen das Unmögliche, die sofortige Besserung der allgemeinen Lage, des Druckes der Teuerung, erwartet, und war enttäuscht; in den Ausschüssen selbst entstand Zwietracht, die Partei der Unzufriedenen gewann immer mehr Boden, und in Kleinbasel zuerst, wo der Schultheiss Burckhardt die Leute bearbeitete, schlug die Stimmung vollständig um und griff auch nach Grossbasel hinüber, wo sich einzelne Zünfte von den Ausschüssen lossagten. Die Kleinbasler traten unter die Waffen, stellten 200 Mann stark eine Wache auf die Rheinbrücke, verlangten vom Rate die Verhaftung Fatios und nahmen diese, als der Rat sich nicht dazu hergeben wollte, selbst vor. Sein Schwager Johann Konrad Mosis hielt treu zu ihm und begleitete ihn in den Turm. Als eine kleine Schar von der Partei Fatios gegen das Rathaus zog, wurde sie von der stärkeren Ratspartei, die der Bürgermeister hier versammelt hatte, auseinandergejagt und ohne Mühe wurde, gestützt auf eine eilig in die Stadt beorderte Mannschaft aus der Landschaft, aller Widerstand gegen den Rat niedergehalten, etwa fünfzig Männer, unter ihnen der Anführer der Ausschüsse, der Weissgerber Johann Müller, verhaftet, und den drei Hauptschuldigen Fatio, Mosis und Müller, der Prozess gemacht, der von Anfang bis zu Ende alles Recht ausser acht liess. Der Grosse Rat sprach nach einer oberflächlichen Befragung unter Anwendung der Folter das Todesurteil gegen alle drei aus, und sie wurden am folgenden Morgen auf offenem Markte unter den Augen der von den Fenstern des Rathauses aus zuschauenden Räte mit dem Schwerte hingerichtet. Alles das von der Inhaftierung bis zur Enthauptung geschah in dem kurzen Zeitraum von drei Tagen. Und dann folgte noch eine Masse von Verurteilungen zu Geldbussen, Landesverweisungen, Ehrlosigkeit, Zuchthaus, alles unter dem Schutze der bewaffneten Mannschaft von der Landschaft und der auf 350 Mann vermehrten Stadtwache. Dr. Petri hatte sich durch die Flucht der Strafe entzogen, er schrieb dann aus der Fremde eine fulminante Schmähschrift ‹Basel, Babel›, ein grosses Sündenregister der Familien Burckhardt und Socin.»

Heusler, p. 155ff./Ochs, Bd. VII, p. 192ff./Buxtorf-Falkeisen, 3, p. 42ff./ Scherer, p. 166ff./Baselische Geschichten, p. 145ff./Basler Chronik, II, p. 191ff./Linder, II 1, p. 262, 307, 404

Die Schlacht bei Friedlingen

«1702 fand bei Friedlingen und am Tüllinger Berge in der Nähe von Basel die Schlacht bei Friedlingen statt. Der französische General Villars verfügte unter den Generalen DesBordes und Biron über vier Brigaden Infanterie und eine starke Kavalleriebrigade unter General Magnac. Eine Brigade unter General Roberg blieb in der Ebene als Reserve zurück und 16 Kompagnien Grenadiere waren bei Neuenburg aufgestellt. Markgraf Ludwig von Baden hatte mit mehreren Bataillonen das Käferhölzli besetzt, die übrigen Truppen standen in zwei Treffen bei Ötlin-

«Wache schiebende» Landsknechte in Erwartung eines Trunks aus der Hand einer jungen Frau. Federzeichnung von Urs Graf. Um 1520.

gen, 3 Bataillone in den Reben von Haltingen, die Kavallerie 48 Schwadronen stark jenseits des Dorfes. Die Artillerie stand theils bei Ötlingen, theils bei der Kavallerie. Es war ein blutiges Waldgefecht. Die meisten höheren Führer wurden getödtet oder gefährlich verwundet. Beide Theile schrieben sich den Sieg zu. Der König von Frankreich sandte dem General Villars den Marschallstab, aber auch in Wien feierte man diese Schlacht als Sieg. Offenbar hatte Villars durch seinen kühnen Rheinübergang einen bedeutenden Erfolg errungen und Operationen ausgeführt, die einem Feldherrn alle Ehre machen.»

Historischer Basler Kalender, 1886/Baselische Geschichten, II, p. 190ff./Kern History, p. 73/Schorndorf, Bd. I, p. 196ff.

Dankbare Zuzüger

«1702 sind auch die Berner Zuzüger wieder abgereist. Sie hatten allesamt überaus schöne Meyen auf den Hüten, was lustig anzusehen war. Sie sind mit grossen Ehren abgereist, nicht aber, ohne vielfältig zu rühmen, wie auch die gemeinen Soldaten von unserer Bevölkerung sehr wohl tractiert worden seyen. Sie hätten meistens an den Tischen der Burger gespeist, obwohl man ihnen nichts anderes als Wasser über das Brot schuldig gewesen sey.»

Scherer, III, p. 289

In Todesgefahr

Im Oktober 1702 «stand Pedell von Bruck in Lebensgefahr, als er in seinen Reben bei der Linde vor dem Spalentor von einem französischen Offizier zu Pferd, ohne allen Anlass, angefallen und mit der Pistole bedroht wurde. Demnach ist er durch göttlichen Schutz vor dem Tode bewahrt worden.»

Scherer, p. 315f.

Gefahr für die Schiffbrücke

«Die französischen Truppen unter Marschall Villars hielten 1702 mehrere mit Steinen beladene Schiffe an, welche die Brücke von Basel passirt hatten, um die Schiffbrücke von Hüningen zu zerstören. Der General klagte wegen Verletzung der Neutralität, worauf der Rath zwei Geschütze auf der Brücke postiren und dazu patrouilliren liess, um ähnliche Versuche, Schiffe durchzulassen, zu verhindern.»

Historischer Basler Kalender, 1886

Überfall auf Rheinfelder Weidling

«Am 2. Juli 1706 kam ein Weydling mit Rheinfelder Leuten auf dem Rhein nach hiesiger Statt gefahren. Als sie unten an Grenzach kamen, passten in einem Weydling etliche Franzosen auf diese Leut und hatten auf dem Land gegen 30 Mann. Diese arretirten den Weydling, nahmen ihnen alles ab und blessierten fast alle, sowohl Manns- als auch Weibspersonen, mit Kugeln. So sind die Leute in elender Gestalt nach Basel gekommen, wo sie sich in der Krone verbinden liessen.»

Scherer, p. 348/Scherer, III, p. 309/Baselische Geschichten, II, p. 196

Von einem französischen Offizier erstochen

«1706 ist ein Schaffhauser namens Ziegler, der alhier die Strumpffärberei erlernt, zwischen Kleinhüningen und dem Neuen Haus von einem französischen Offizier erstochen worden. Dieser Offizier ist samt seinem Cameraden in die Stadt gebracht und gefänglich eingezogen worden. Wurden aber, weil sie alle Kösten ersetzten, wiederum losgelassen!»

Scherer, p. 345

Nächtlicher Durchzug

«Hier eine kurze Beschreibung des nächtlichen Durchzuges des General Graf Mercy über eine kleine Strecke des Basler Gebietes: Während dass die bey dem spanischen Erbfolge Krieg interessirten Mächte zu Anfange des Jahrs 1709 im Haag den Frieden unterhandelten, hatten die Feindseligkeiten der französischen und östreichischen Kriegs Heere noch immer ihren verwüstenden fatalen Fortgang. Der französische Marschall von Harcourt setzte mit 15000 Mann bey Kehl über den Rhein, wandte sich aber bald wieder nach Lauterburg abwärts. Der deutsche Feldmarschall von Thüngen bemühte sich, ihm allen Abbruch zu thun, konnte ihm aber eben so leicht nicht beykommen. Er sann daher auf eine Diversion, die er seinem Gegner im Elsass machen könnte, und wozu ihm der Weg von Rheinfelden über eine kleine Strecke des Basler Territoriums der sicherste zu seyn schien. Graf Meroy, den er zur Ausführung seines Vorhabens bestimmt hatte, rückte diesemnach auf der rechten Rheinseite mit einer Abtheilung des deutschen Heeres nach Rheinfelden hinauf und drang in nächtlicher Stille den 31. August 1709 mit 2000 Mann Kürassier und ohngefähr nocheinmal so viel Fussvolkes über das Basel Gebiete in den Sundgau ein. Ein jeder Reuter hatte seinen Infanteristen hinter sich, und die andern folgten ihnen so gut sie konnten nach. Dieser eigenmächtige und gewaltsame Einbruch geschahe mit Anfange der Nacht, zwischen Gibenach und Augst, durch den sogenannten Eidweg über die Ergolz. Als dieses Kriegsvolk das diesseitige Gestade im Wannenboden (wo beym Zuzuge von 1743 eine Schanze aufgeworfen wurde) erreicht hatte, schlug es sich links nach der Höhe in die Landstrasse bey Brattelen und Muttenz, wo sie in verschiedenen Abtheilungen ihren Weg durch die Birs nahmen. Eine derselben marschierte bey der kleinen Schanze vorbey über die Teichbrücke zu St. Jakob, die andre durch den hohlen Weg oberhalb der Kalkgrube und über die beyden Brücken, wo der Brüglinger und der Hauptteich zusammenstiessen, wo sie sich diesseits wieder aneinander schlossen und ihren Zug weiters bey Brüglingen hinauf durch den Weg bey den Gundeldingen, St. Margarethen, Holee und Alschweiler vorbey nahmen, und sodann den Sundgau erreichten. Da dieser Übergang über den Boden unsers Gebietes zur Nachtzeit geschah, so entgieng er auch ganz der Aufmerksamkeit der baselischen Bürgerschaft und konnte also auch von der letztern nicht verhindert werden.»

Lutz, Neue Merkwürdigkeiten, Abt. I, p. 231ff. / Bieler, p. 81 / Ochs, Bd. VII, p. 418ff. / Beck, p. 130 / Scherer, III, p. 341ff. / Baselische Geschichten, II, p. 203

Weltuntergangsstimmung

«Man hörte 1727 aus allen Landen Europas, dass grosse Kriegsrüstungen gemacht werden. Alle Mächte werben Völker, ohne dass man die eigentliche Ursache weiss. Es scheint fast das Ende der Welt nahe, weil ein Volk sich wider das andere empört und Krieg und Kriegsgeschrey allerorthen gehört wird. Gott wende alles zu seiner höchsten Ehr, Schutz und Erhaltung seiner wahren Kirche. Er bewahre sein armes Trüpplein und lasse es nicht zu, ein Raub seiner Feinde zu werden. Er gebe ihm aber die Gnade, durch wahre Buss und Bekehrung sich ernstlich zu ihm zu wenden und seine Gnadenhilf zu erbitten. Amen.»

Schorndorf, Bd. II, p. 319

Bärenstarke Entlebucher

«Unter den in Basel anno 1740 stationierten Zuzügern waren besonders die Entlibucher wegen ihrer Stärke berühmt. Etliche von ihnen gingen auch in das kaiserliche Lager spazieren, wobei einer einige kaiserliche Soldaten unter seinen Arm nahm und davon lief. Ein anderer Entlibucher stand einst auf der Rheinbrücke Schiltwache, allwo ein fremder Offizier vorbeiging und ihn wegen seiner plumpen Schuhe belachte. Da sagte der Entlibucher zu ihm: ‹Deine Schuhe sind eingewichset zum Laufen, die meinigen aber zum Stehenbleiben.› Der Offizier war über diese Antwort sehr betroffen und ging davon.»

Müller, p. 25f.

Mit Gold bezahlt

«Wir haben in unserer Stadt und Nachbarschaft anno 1743 alltäglich so viele durcheinanderlaufende Dinge, dass man nicht weiss, wo man mit der Erzählung den Anfang machen soll. Doch: Das Gros der deutschen Armee liegt bey Bambach, Bellingen, Reichenweiler und Kalten Herberg. Die Avant Garde aber von 4 bis 5000 Husaren und Croaten zu Eimeldingen. Die französische Armee liegt von Othmarsen bis Kembs, Neudorf und St. Louis. Unsere Bürger und Einwohner haben bis dato mit aller Freyheit in beyden Lagern wandeln und diese besehen können. Sowohl Deutsche wie Franzosen sind in ziemlicher Menge zu uns gekommen und haben allerhand Notwendigkeiten erkauft und alles mit schönem Gold wohl bezahlt. Die Deutschen haben allhier bis zu 100 Centner Seiler verfertigen lassen. Unter diesen befand sich eines, das sieben Centner wog und zu einer fliegenden Bruck dienen soll.»

Basler Chronik, II, p. 100f.

Caloten oder Sturmkreuze

«1744 haben die französischen Officiere allhier viel 1000 Caloten oder eiserne Creutze verfertigen lassen, die ihre Soldaten unter den Hüten tragen sollten, um den Kopf gegen Säbelhiebe zu schützen.»

Basler Chronik, II, p. 141

‹Kriegsoperationen›

«Vergangenen Montag, 8. Tag 1746, wurde von der in auserlesener schöner burgerlichen Mannschaft bestehenden löbl. Frey-Compagnie der Anfang zu ihren Kriegs-Operationen und Belustigungen gemachet. Der Sammel-Platz war bey ihrem Capitaine, Herrn Alt-Landvogt Johann Bernhard Burckhardt in Klein Basel, von da sie ihren Marsch über die Rheinbruck nach dem Münster-Platz und ferner nach der St. Jacobs-Schantze in folgend schöner Martialisch- und Militarischer Ordnung nahm: Den Anfang machten die Granadierer (dero Capitaine Herr Lucas Hagenbach) diesen folgten die Musquetierer, so dann die Canonierer und Artilleristen mit verschiedenen Canonen und Mörseren, darauf kamen die Ammuni-

Aus Anlass der Huldigung und der Ineidnahme des Landvolkes, welche den Bauernaufstand von 1594 friedlich beschloss, hatte Hauptmann Peter Ryf aus Liestal ein grosses Schiessen veranstalten lassen.

tions-Wägen und endlich einige Wägen und Kärren mit Zelten und Bagage, Pickeln und Schauflen, Fourage etc. Auf dem Münster-Platz machten sie vor Unseren Gnädigen Herren Häupteren das Compliment und Exercitium mit besonderer Fertig- und Geschicklichkeit, so gut als lang geübet und regulirte Truppen, und setzten alsdann nach 12 Uhren den Marsch nach besagter St. Jacobs-Schanze fort, und zwar wurde das Detachement zur Besatzung dieses Forts voraus gesandt, die Compagnie selbsten aber machte bey der Birs-Bruck bis um 4 Uhren halt, um welche Zeit Dero Granadierer den Vor-Posten ermeldter Garnison angegriffen und zuruck trieben; da dann sogleich das Lager geschlagen, die Batterien verfertiget und zur Belagerung alles veranstaltet wurde; welches aber die Garnison, sowohl durch starckes Canoniren, Bomben- und Granaten-Werffen, als auch durch verschiedene tapfere Ausfälle zu verhindern gesuchet; es wurde aber Posto gefasset und dieser kleinen Festung den ganzen Nachmittag und die Nacht hindurch mit gewaltigem Canoniren, Bombardiren und Bestürmen so starck zugesetzt, dass die Besatzung, um nicht einem zweyten Sturm sich bloss zu geben, endlich für gut gefunden, den folgenden Morgen um 5 Uhren zu capituliren, da dann deroselben, in Ansehung ihrer Tapferkeit und guten Deffension, ein freyer Abzug mit zweyen Canonen, einem Mörser und allen Militarischen Ehrenzeichen bewilliget worden. Dienstags war Rasttag, damit sich dieses kriegerische Corpo, nach ausgestandenen Fattiguen, wieder erholen, und mit allerhand herbey gebrachten guten Tractamenten und Erfrischungen unter einer angenehmen Feld-Music, Kunst- und Lust-Feuer-Werckeren etc. belustigen und ergötzen möchte. Mittwochs Morgens wurde das Lager aufgehoben und der Abzug in schöner Ordnung (zwar bey etwas Regenwetter) durch die Stadt nach der Schützen-Matten genohmen, der Tag mit einem Freyschiesset (da die erste Gaab in einer güldenen Medaille von 10 Ducaten aus Unserer Gnädigen Herren Generosität bestund) zugebracht und also dieser kriegerisch- doch nicht förchterlich- sondern kurzweilige Actus für dissmahlen beschlossen.»

Hoch-Obrigkeitlich privilegirtes Donnstags-Blätlein in Basel 1746, p. 125f.

Rote Bluthunde

«Bey der 1761 zwischen den Alliirten und den Franzosen vorgefallenen Affaire in Hessen sind 3 Basler Officiers getötet und verwundet worden: Ein Burckhardt, welchen eine Kanonen Kugel in der Mitte voneinander geschlagen hat. Der junge Geymüller, welcher erstlich an einem Fuss blessiert und dann durch eine Kanonen Kugel die Hirnschale verlohren hat. Der Theodor Gernler, welcher den Arm zerquetscht bekommen hat. Unsere Officiers meldeten, dass die Hanoveraner, als sie gesehen hätten, dass sich die Schweitzer so hartnäckig wehrten, diesen vielmahl zugeruffen hätten: ‹Ihr rothen Bluthund, wollt ihr nicht weichen.› Hauptmann Samuel Merian, der grosse Schweitzer, soll sich mit seinen 200 Grenadiers wie ein Löw gehalten haben. Er bekam deshalb auch bald darauf vom König 500 Livres jährlich Pension.»

Linder, I 2, p. 105

Die Festung Hüningen

«Dann beschlossen wir, zur Festung Hüningen zu spazieren, wohin wir am 23. Juni 1773, nach eingenommenem Frühstück um sieben Uhr in Gesellschaft von Herrn Lavater aufbrachen. Das Hoheitsgebiet der Stadt erstreckt sich in der Richtung nach dem Elsass kaum eine Viertelstunde weit. Dann kamen wir an die schweizerischen und französischen Marksteine. Auf der Schweizerseite befindet sich eine Freistätte für Flüchtlinge. Der Weg führt durch ein fast unübersehbares, topfebenes Kornfeld, von wo man einige französische Dörfer und St. Louis erblickt. Die Festung selbst liegt eine halbe Stunde unterhalb Basels am Rhein. Früher befand sich auch auf dem jenseitigen Rheinufer bei Klein-Hüningen ein Festungswerk, das mit Gross-Hüningen durch eine Brücke verbunden war. Jetzt aber ist dieses samt der Brücke geschleift worden, und man sieht nur noch die einstigen Überreste der Brückenpfeiler. Die Strasse, die nach der Festung führt, ist von schattenspendenden Ulmen umsäumt. Von der Festung selbst ist so gut wie nichts zu sehen, bis man unmittelbar vor den niedrigen Mauern steht. Sowohl die Häuser in der Festung wie die Mauern unter den Wällen sind alle aus Backsteinen gebaut. Der Eintritt von der Baslerseite führt durch ein doppeltes Tor. Das Haus des Kommandanten, die Wohnungen der Offiziere, die Kasernen für die Soldaten und einige andere für Handwerksleute machen zusammen die ganze Stadt aus. Wir sahen auf dem Hauptplatz, wie einzelne Gruppen von Rekruten eingedrillt wurden. Da war kein Unterschied mehr zwischen der Dressur von Hunden und von Menschen zu erkennen. Die Vor- und Nachteile des Soldatenlebens waren augenfällig. Plötzlich fragte einer von uns: ‹Haben sie denn da keine Pöstler?› – ‹Was, Pöstler›, erwiderte ganz erstaunt der Befragte. ‹Natürlich, Pöstler!› wiederholte er nochmals und es fiel ihm nicht ein, dass Pöstler ein elendes Züriwort und dem Fremden völlig unverständlich war. Der gute Herr meinte nämlich Grenadiere. Hätte er seine Augen besser offen gehabt, so würde er solche ohne Mühe gesehen haben. Es war verboten, die Wälle zu betreten. Deshalb gingen wir auf dem Hauptplatz auf und ab und verliessen nachher die Festung.»

Schinz, p. 45f.

Die Einrichtung des Soldatenwesens

«Heute habe ich, dicht an der Stadt, eine Revue oder Musterung mit angesehen. Sie wissen, lieber Freund, dass in der ganzen Schweiz keine stehenden Truppen sind, einige hundert Mann in jeder Hauptstadt ausgenommen. Jedermann ist Soldat, und die ganze Mannschaft eines Cantons ist in so und so viel Regimenter eingetheilt. Da die Einwohner des Cantons Basel nicht frey, sondern Unterthanen der Stadt sind, so sind sie ziemlich alle Gemeine und Unteroffiziere, und die Offiziersstellen haben die Bürger in der Stadt. Der Canton Basel hat vier Regimenter. Zur Reiterey nimmt man die reichsten jungen Landleute, die es sich zur Ehre machen, auf einem guten Pferde zu erscheinen. Ich habe schon letzthin einer Musterung beygewohnt, denn man mustert nur einige Compagnien auf einmal.

Die Einrichtung des Soldatenwesens gefällt mir. Jede Mannsperson ist vom sechszehnten Jahre an Soldat, muss sich auf eigene Kosten eine Uniform wie bey regulirten Truppen mit allem Zubehör halten, und jährlich an einem Orte zusammenkommen, wo seine Compagnie gemustert wird. Ein Landmann, wenn er sich verheurathet, erscheint vor dem Altare in seiner Uniform und mit dem Degen. Dies ist eine sehr weise Einrichtung, denn hin und wieder ist ein junger Mensch nachlässig, oder wirklich zu arm, sich eine Uniform anzuschaffen. Doch machen sie es sich ziemlich allgemein zu einem Ehrenpunkte, eine zu haben. Sonst hatte ein Canton diese und jener eine andere; jetzt aber ist, so viel ich weiss, die Infanterie in der ganzen Schweiz blau mit roth. Die Berner Reiterey ist, im deutschen Lande, roth mit schwarz; im französischen roth mit gelb.

Alle Sonntage im Sommer wird das junge Volk exercirt; ein besonderer Wachtmeister, den jedes Dorf hat, unterrichtet sie. Man betrachtet dieses als eine Belustigung, und oft sind eine Menge junger Mädchen aus dem Dorfe als Zuschauerinnen dabey. Diese Exercitien müssen sie nun auf den jährlichen Musterungen zeigen; und ob sie schon den regulirten Truppen nicht beykommen, so ist das, was sie thun, doch sehr viel für die kurze Zeit, die sie im Jahre darauf wenden. Auch machen sie allerhand Manövres und liefern einander kleine Scharmützel, in denen sie manchmal so sehr in Hitze gerathen, dass sie einander Schaden thun. Die vier Häupter der Republik, das heisst, die zwey Bürgermeister und die zwey Oberzunftmeister, werden als das Haupt der Truppen dieses Cantons betrachtet, und darum ist in Friedenszeiten kein anderer Commandant en chef.

Die Offizierstellen, ob sie schon nichts eintragen, werden sehr gesucht, und ich weiss, dass es häufigen Verdruss und Feindschaften deswegen giebt. An Bällen und bey andern öffentlichen Gelegenheiten erscheinen viele lieber in ihrer Uniform, als in einem andern Kleide. Männer aus den reichsten und besten Familien suchen Offiziersstellen, oft weil sie dadurch eine Gelegenheit mehr haben, ihre Popularität zu zeigen, und sich unter die verschiedenen Stände zu mischen, welches immer vortheilhaft ist, wenn man Stimmen (vota) nöthig hat, und diese hat hier jeder nöthig, der in den Stand, das heisst, in die Regierung will.»

Küttner, Bd. I, p. 63ff.

Stimmt ihr Freunde — stimmt ihr Brüder —
Stimmt ein Lied an — singt mit Lust,
Eins der schönsten Freyheitslieder,
Singt aus eintrachtsvoller Brust.
Freygeborne Heldensöhne!
Singt beym lermenden Getöne,
Bey der Instrumenten Klang,
Singt der Helden Lobgesang.

* Recht so — In der Eintracht Namen —
Brüder — nach vollendtem Streit,
Sind wir hier vergnügt beysamen,
In erlaubter Lustbarkeit.
Ha — wie wir uns nicht erhitzten —
Wie wir nicht im Kampfe schwitzten —
Ha — da gieng es Knall auf Knall
Bey der Trommeln lautem Schall.

Bruder — frisch im Avancieren —
Achtung! dass du Alles lernst!
Muthig noch im Retirieren,
Gleich als wär es bitterer Ernst.
Was wir da für Lermen machten —
Wie nicht die Granaten krachten!
Hitzig waren wir, zumal
In so gar geringer Zahl.

Frisch, ihr Brüder — jauchzet Alle:
Wir sind Schweizer — wir sind frey!
Jauchzt mit treuvereintem Schalle:
Gott, dem Vaterlande treu,
Wollen wir uns ewig lieben,
Frey uns in den Waffen üben;
Unser Wahlspruch ist bekannt:
Nur, Für Gott und Vaterland.

Brüder — unter dem Gewehre,
Bildet sich der Krieger aus;
Ha — das ist der Weg zur Ehre —
Wers nicht glaubt, der bleib zu Haus.
Wer das Pulver nicht mag riechen,
Der darf weit nur von uns fliehen,
Sey ein Geck, und bleib ein Gauch!
Uns vergnügt des Pulvers Rauch.

Frisch drum Freunde — frisch ihr Brüder —
Auf — und lasst uns frölich seyn!
Singt der Freyheit Jub.lieder!
Unsre Lust sey allgemein!
Frische Gläser hergegeben —
Basels Väter sollen leben!
Hoch — es leb das Glas zur Hand —
Unser werthes Vaterland.

Auf ihr Tapfern — auf ihr Treuen —
Knüpft aufs neu der Freundschaft Band!
Schlagt im militär'schen Reihen,
Heute freudigst Hand in Hand!
Füllt das Glas vom Saft der Reben
Nur aufs Neue — Wer soll leben?
Hurtig, mit dem Glas empor!
Es leb unser Herr Major!
Spötter — Neider — müssen fallen;
Wenn sie unsern Wachsthum sehn —
Weg mit diesen — weg mit Allen,
Die der Falschheit Wege gehn!
Ihr, entflammt von Schweizertreue,
Tapfre Brüder! singt aufs neue,
Singt begeistert: Es leb hier,
Jeder wackre Offizier!

«Kampflied» der «Frey-Compagnie». Das 1741 auf Initiative von Major Nicolaus Miville gegründete tüchtig geschulte Freiwilligen-Corps wurde sowohl bei drohender Kriegsgefahr als auch bei festlichen Anlässen und Empfängen von in- und ausländischen Honoratioren unter die Fahne gerufen.

Ruchloses Vorhaben misslungen

«Der 17te May 1788 an welchem von Basel ein grosses Unglück abgewandt worden, hätte für alle Einwohner unserer Stadt ein Tag des Schreckens und für viele von grosser Verwüstung werden können. An diesem Tage nemlich hatten Übelgesinnte in der benachbarten Festung Hüningen den Pulferthurm in die Luft sprengen wollen; man entdeckte aber noch zu rechter Zeit ihren ruchlosen Plan, und kam diesem zerstörenden Unglück, Dank sey dafür der göttlichen Vorsicht! noch zu rechter Zeit vor.»

Lutz, p. 324 / Taschenbuch der Geschichte, p. 191

Trinkgelage trotz Bedrängnis
«Neben den Juden flüchteten 1789 auch der französische Adel und die Geistlichkeit in unsere Stadt. Wegen allzustarken Andrangs von Fremden, aber auch wegen der Sicherheit, wurden des Nachts jeder Posten von der Bürgerschaft besetzt und starke Patrouillen und Ronden ausgeschickt. Kein Winkel blieb unbesucht. Man nannte dies doppelte Wachen. Jeden Bürger traf es alle 6 Tage, und jeder Bürger musste die Wache selbst stellen. Man that es auch gern. Denn es ging verdammt lustig her. Man dachte nur, sich zu amüsieren und lustig zu machen. Man merkte auf der Wache keinen Unterschied der Stände. Da war alles gleich, der reiche wie der gemeine Bürger. Es währte aber nur so lange, bis das erste Feuer verraucht war.»
Munzinger, Bd. I, s.p.

Schweizer Regiment desertiert
«Das alte Schweizer Regiment Château vieux, welches zu Nancy in Besatzung war, desertierte 1792 über den Rhein und langte bewaffnet, mit fliegender Fahne und klingendem Spiel, in unserer Stadt an. Sie hatten 4 Fähnen und 24 Tambouren. Ein schönes Regiment in ihren rothen Röcken, schwefelgelben Revers und Aufschlägen und weissen Unterkleidern. Es waren 2 Basler Compagnien darunter.»
Munzinger, Bd. I, s.p.

Schlägerei mit eidgenössischen Zuzügern
Zum Schutze der Landesgrenzen trafen im April 1792 die ersten eidgenössischen Truppen in Basel ein. Von den Appenzellern wurden einige Mann in Binningen stationiert. Nach einem fröhlichen Ausgang in die Stadt suchten an einem Septembertag drei Mann eine Abkürzung und benutzten dabei das Privatweglein des Binninger Löwenwirts. Hieronymus Wurster, der Schuhmacher, einer der Wirtssöhne, hetzte deshalb seinen Hund auf die Soldaten, die sich mit blanken Säbeln sogleich zur Wehr setzten. Dies erzürnte den aufgebrachten Binninger noch mehr. Mit einem Schuh in der einen und einer «Knippe» (Schustermesser) in der andern Hand stürzte er sich ebenfalls auf die Appenzeller. Als dann auch noch Wursters Bruder und dessen Knecht in das Handgemenge eingriffen, entwickelte sich eine böse Schlägerei, in deren Verlauf Zuzüger Hans Ulrich Alder, von einem Zaunpfahl am Kopf getroffen, «wie todt» niederfiel. Niclaus Muntzinger, Obervogt zu Münchenstein, ordnete umgehend eine Untersuchung an, und Ludwig Weitnauer, Verordneter der Wundschau, meldete dem Rat, dass Alder bei dem Raufhändel «eine starke Quetschung auf der rechten Seite des Schlafbeins, wie auch eine Quetschung unter dem rechten Auge» erlitten habe. Den beiden streitbaren Wirtssöhnen kostete der Vorfall einige Tage Haft und die Erstattung der Arztkosten sowie ein angemessenes Schmerzensgeld.
Criminalia 14/17 W 24/Ratsprotokolle 165, p. 287 ff.

Saaner eilen den Baslern zu Hilfe
«Der Auszug deren von Sanen, welche auf Basel in Zuzug geordnet waren, geschache den 10. Herbstmonat 1792, allwo wir bis auf Zweisimmen kamen. Wir wurden daselbsten überall in die Bürger-Häuser einquartiert und wohl bewirtet. Den folgenden Tag gingen wir bis auf Erlenbach. Den 12. langten wir in Thun an. Den 13. langten wir in Bern an. Wir schwuren daselbsten den Treüen-Eid. Weiters zogen wir auf Herzogenbuchsee, allwo sich noch 50 Mann mit uns vereinigten. Den folgenden Tag zogen wir bis auf Ballstall, allwo wir in zwey grosse Wirtshäuser verlegt wurden und um unser gutes Gelt tractiert. Den folgenden Tag kamen wir auf Liechstall, einem Städtlin Basler Gebiets. Daselbst wurden wir gut aufgenommen und schön beherberget. Den folgenden Tag langten wir in Basel an, allwo wir schon vor dem Thor mit einer trefflichen Musig bewillkomnet und in die Stadt begleitet wurden. In der Stadt auf dem Münster-Platz wurden wir durch den damaligen Burgermeister durch eine zierlich gehaltene Rede namens der Obrigkeit und der ganzen Burgerschaft empfangen. Wir wurden gleichen Abends in die Herren- und Bürger Häuser einquartiert, woselbst unser eine köstlich bereitete Mahlzeit wartete. Überhaupt ward ein jeder freundschaftlich und brüderlich auf- und angenommen, wohl verpflegt und gastfrey gehalten. Wir blieben 14 Tage in der Stadt und dann mussten wir aufs Land, weil anfangs alle 14 Tage abgewechselt wurde.
Blätter für bernische Geschichte, Bd. 22, p. 144 ff.

Der Friede von Basel
«In der Nacht vom 5. auf den 6. April 1795 wurde im Rosshof bei Hieronymus Stähelin zwischen dem preussischen Minister von Hardenberg und dem französischen Gesandten Barthelemy Namens der französischen Republik der Friede von Basel abgeschlossen. Durch denselben gab Preussen in einem geheimen Artikel das linke Rheinufer schmählich preis. Diese Schmach des Aufgebens stand im Zusammenhange mit der gleichzeitigen Schmach der dritten Theilung Polens, an der Preussen Theil nahm. Seine Heere waren diesen Augenblick dort unentbehrlich. Am 28. April erfolgte die Auswechslung der Ratifikationen des Friedensvertrages.»
Historischer Basler Kalender, 1886

XVIII VOLK UND OBRIGKEIT

Der König entsetzt den Bischof
«Lothar III. von Sachsen kehrt 1133 nach seiner Romfahrt als gekrönter König nach Deutschland zurück und reitet am 8. November in Basel ein, wo er Bischof Heinrich I. entsetzt und an dessen Stelle Adelbero von Froburg, einen frühern Prior von St. Blasien, wählen lässt.»
Historischer Basler Kalender, 1886

Basel bleibt kaisertreu
«Anno 1333, als die Stadt des verbannten Kayser Ludwigs V. Partey hielt, gerieth sie in des Papst Johannis XXII. Bann. Sie achtete aber dessen nicht, und den Ordensleuten, welche in ihren Kirchen Interdict (verbotene gottesdienstliche Handlungen) halten wollten, wurde von der Obrigkeit ein Reimen-Befehl vorgelegt, des Inhalts: ‹Sie sollten lesen und singen, oder aus der Stadt springen›. Weil dieses den Barfüssern und Predigern ungereimt vorkam, mussten sie zum Thor hinaus. Johannes Vitoduranus meldet gar, die Bürger hätten den päpstlichen Legaten, der die Bannbulle öffentlich verkünden und anschlagen wollte, hinter dem Münster, über die Pfalz hinunter, in den Rhein geschmissen. Es blieb also die Stadt getreu an den Kayser, solange er lebte.»
Iselin, p. 384/Gross, p. 39/Ochs, Bd. II, p. 31/Linder, II 1, p. 10

Vereinigung von Grossbasel und Kleinbasel
«1392 ist klein und gross Basel eine Statt geworden mit einerley Freyheiten, also dass die Kleine Statt keinen besonderen Rath mehr hat. Allein ein besonder Gericht, Schultheiss, 2 Haubtleüth wegen der vielen Geschäfte. Denn Bischoff Friedrich hat die Kleine Statt der grösseren Statt zu kaufen gegeben um 22000 Gulden mit Vorbehalt der Wiedereinlösung. Als er aber bald mehr Geld bedurfte, gab er sie am Palm Abend ihnen zu einem ewigen Auskauf um 29800 Gulden.»
Linder, II 1, p. 13/St. Urk. gr. 705/Wackernagel, Bd. II 1, p. 264

Basel hilft Olten
«Anno 1407 verbauten die von Basel mit Bewilligung Bischofs Humbrächt ein tausend Gulden an dem Stättlein Olten. Als Anno 1422 die Statt durchs Feuer übel beschädigt wurde, haben die Basler solche abermahls repariren lassen. Anno 1426 kam Olten durch Versetzung des Bischoffs und des Hohen Stiffts Basel an die Statt Solothurn um 6600 Rheinischer Gulden.»
Linder, II 1, p. 489

Sonderbare Polizeiordnung
«Zwischen den Hauensteinen am Fusse hoher und wilder Berge, doch in wiesenreichem Boden, liegt das Dorf Raucheptingen. Einige Felsenburgen, bey denen es wohl dem Landmann einst grauen mochte, vorüber zu wandeln, überragten gebieterisch die malerische Gegend. Hier hatten die Edeln von Eptingen ihr Stammhaus gehabt. In dem 15ten Jahrhundert übten diese Herren bald gegen Bern, bald gegen Basel und Solothurn viele Feindseligkeit aus. Zu Basel genossen sie das Bürgerrecht und besassen in dem Umfange unsers Cantons wichtige Gefälle, Güter und Rechte. Neben andern Schlössern und Ortschaften gehörten ihnen Schloss und Dorf Prattelen. Im Jahr 1410 wurde zwischen Bernhard von Eptingen und seinen Leuten in diesem Dorfe folgende Polizeyordnung verabredet. ‹Wenn ein Mensch des Abends nach der Bettstunde einen andern in seinem Hause angreift, ihn schlägt oder verletzt, so soll man ihn als Mörder behandeln. Der Angegriffene hingegen, gesetzt auch, dass er den Angreifenden tödet, wird ledig gesprochen. Nur muss er darthun, dass er die angegriffene Parthey sey. Wenn er keine anderen Zeugen aufstellen kann, so bringt er als Zeugen vor den Richterstuhl seinen Hund, seine Katze, seinen Hahn, nebst drey Strohhalmen von seinem Schaubdache, und legt über denselben den Schwur ab.› Vermuthlich betrachtete man diese Hausthiere als Hausgötter, als Bewacher des Hausmannes. Noch ein anderes Polizeyreglement war: ‹Um die Fastenzeit, wo es die Gewohnheit ist sich zu verheyrathen, soll der Vogt oder der Vorsteher des Dorfes einige mannbare Knaben und Mädchen nehmen, und machen, dass sie sich ehelichen.› Im Jahr 1519 verkaufte die Familie von Eptingen Schloss und Dorf Prattelen an die Stadt Basel.»
Lutz, p. 134f./Rauracis, 1826, p. 93f.

Privilegien für Basel
«König Sigismund wird 1432 in Rom zum Deutschen Kaiser gekrönt. Er schlägt seinen Adlatus, den Basler Gesandten Hemmann von Offenburg, auf der Tiberbrükke zum Ritter. Diesem gelingt es, vom Kaiser eine Anzahl Privilegien für Basel zu erlangen. Bestätigung aller seiner Pfandrechte Zölle und Umgelder; dazu das Recht, dass Niemand die Basler vor das königliche Hofgericht laden darf, dass sie vielmehr vor ihrem eigenen Schultheiss Recht zu nehmen haben.»
Historischer Basler Kalender, 1888

Säumige Zinsbauern werden mit Geldbusse belegt
«Das Cluniacenser Mönchskloster Sankt Alban in Basel erhob zu Pratteln wichtige Zinsgefälle. Zu ihrem Bezug ordnete dasselbe jährlich seinen Schaffner dahin ab, welchem dabei (nach dem Kloster Urbar von 1486) folgende Rechte zukamen: ‹Item uf St. Hilarien des Heiligen Bischofs Tag, das ist an dem 20sten Tag nach Wiehnachten, soll ein Innemmer oder Schaffner eines Probsts zu St. Alban erschienen zu Pratteln in dem Dorf, und nachdem die

---

< *Pamphlet von stud. theol. J. Th. Herbord, das ein Dutzend Ratsherrntöchter zeigt, die auf dem Markt verkauft werden müssen, weil kein Freier sich ihrer annehmen will, nachdem die während des Einundneunziger Wesens vergeblich bekämpfte Korruption durch Einführung des Loses für die Ämterbesetzung im Jahre 1718 abgeschafft worden war.*

Sunn undergangen ist, und die Zyt kompt, das die Sternen schinen und die Nacht anstosst, soll er under blosem Himmel sitzen, und allso ein Zyt warten der Zinslüten und die Hofzins do uffnemmen. Und were Sach, das die Zinslüt sümig weren und nit bald zinseten, so mag der Schaffner ufston und in die Herberg gon, und wer allso sümig würde an solcher Bezahlung und die nitt thäte an dem Ort, do der Schaffner vor gesessen ist, derselb oder dieselb verfallend morndes zwone als vil (zweifachen Zins), und wenn sy ein ganzen Tag und ein Nacht übersitzend, verfallend sy vierfaltig als vil (vierfachen Zins). Dorumb sollen alle Zinslüt gewarnet sin, ihren Hofzins usszerichten vor und ehe sy schlafen ligend.› Hieraus wird klar, dass die Pfaffheit damals auch die strengsten Mittel sich erlaubte und kein Mittel für unedel hielt, wodurch Geld in ihre Hände kam.»
Rauracis, 1828, p. 109ff.

Münzrecht

«Der Papst giebt der Stadt Basel 1512 das Recht, goldene, silberne und kupferne Münzen zu schlagen. Basel hatte allerdings schon das Münzrecht, allein von den Bischöfen nur pfandweise silberne Münzen schlagen zu dürfen, ebenso pfandweise von den Herren von Weinsberg das Recht zur Prägung goldener Münzen. Diese Herren hatten aber das Recht auch nur pfandweise von den Kaisern. Um das Recht der Goldprägung hatte sich Basel schon 1479 beim römischen Stuhle beworben.»
Historischer Basler Kalender, 1886

Der Goldene Baselstab

«Die Schweizer ordneten eine feierliche Gesandtschaft nach Rom ab, um dem Pabst zu danken für die Geschenke, die er ihnen für die Theilnahme am Feldzuge gegen

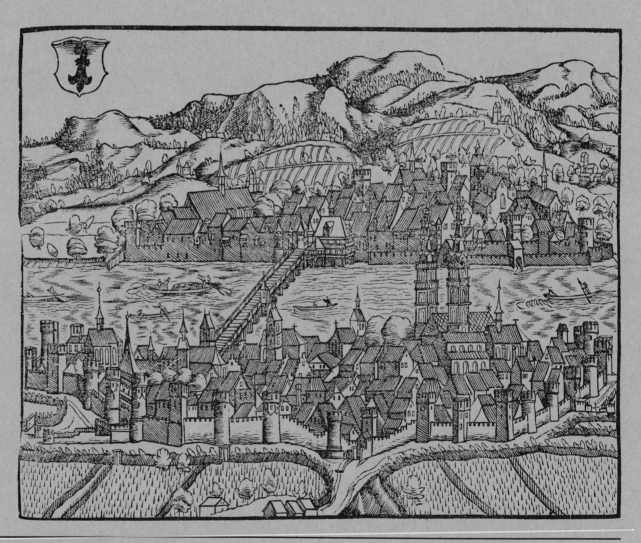

«Demnach schreyben etliche, dass die statt Basel nach dem endtlichen abgang der uralten statt Augst erstlich entsprungen sey. Welche mit jhrer meinung wol ein wenig näher zum zil schiessen, träffen doch den zwäck auch nit: dann ob gleich Basel auss dem anfang Augustae aufgangen ist, hat sie dennoch jhren anfang gehabt lange zeit hievor ehe Augst gar zerstört war.»

die Franzosen gespendet hatte. – Der Sprecher vor dem h. Vater war der Basler Oberstzunftm. Grieb, Meister der freien Künste.
‹Und gab der Bapst Denen von Basel ein nüw Paner mit einem wyssen Damast und einem guldinen Basellstab und dem Engelschen Gruss oben an der Stangen, den sy vor nye gefürt hatten. Gab's ynen zu einem Zeichen, das sy die weren, die dem h. Stul zu Rom gehulffen hetten, denn er sunst versunken und von dem Kung v. Frankrich vertriben was. Dessglichen schankt er gemeinen Eidgnossen ein hüpsch Cleynat, namlich ein guldin Schwert und ein Hut und den h. Geist oben uff mit Berlin und anderen Dingen kostlich gestickt zu einer Gedechtnuss der Gerechtigkeit. Das Schwert (schatzt man alleinig für 500 Ducaten) und der Hut ligen zu Zürich als hinder dem obersten Ort. Do findt man's. Dessglychen gab er ouch gem. Eidgnoschafft 2 hüpsch Paner, das sie mit der Hilff Gottes St. Peters Schifflin wider uffgeholffen hatt, das so gantz versunken was. Darumb hienk man die 2 Paner zu Unser L. Frawen zu den Eynsidlen. Do sicht man's hangen (?).› – (Über die Rückkunft der Basler und ihren Empfang von 900 bewehrten Knaben u.s.w. siehe Ochs V, 280 und Wurstisen 541.)
Im St. Gallentag (Octob.) ward von der Stadt Basel verordnet Herr Lienhart Grieb, Ob. Zunfftmeister, mit andern Eydgnossen der XII Ortern ze ritten zu dem Bopst Julio u.s.w. – Do sy schier gon Rom uff ein gutty Myl darvon kamen, schickt der Bopst sin Bottschafft entgegen, liess sy erlichen empfahen. – In der Herbergen ward von gem. Eidgnossen Herr Lienh. Grieb empfolhen die Red ze thun. Das dann geschah in Latin. Welcher Reden, do sy uss was, sich der Bopst bezügte und protestierte und gar für einen grossen Danck annam, wann sy eben gar lang geweret hette und dankht ynen gar früntlichen der Guthat und Lieby, so im ein Eidgnoschafft in sinen Nöten bewisen hette. Wann er bekannt wol, das St. Peters Schifflin umgefallen und versunken wer, wenn nit vorab Gottes Hilff und ein gem. Eidgnoschafft im als Liebhaber der Gerechtigkeit und sine lieben Sün, die er für Sün haben und sich gantz zu ynen setzen wolte, zu Hilff komen weren u.s.w.»

Buxtorf-Falkeisen, 1, p. 19f / Gross, p. 140f. / Basler Taschenbuch 1858, p. 58 / Wackernagel, Bd. III, p. 18ff. / Anno Dazumal, p. 364 / Baslerischer Geschichts-Calender, p. 25

Martinszins
«1524 verbot man den Amtsleuten, den Martins Rappen aufzuheben, der dem Bischof zustendig war und von einem jeden Haus in der Statt hat müssen gegeben werden.»
Linder, II 1, p. 17

Laufentaler gegen Bischof
«Die Bauern im Laufenthal beschwerten sich 1530 gegen ihren Bischof. Sie wollten keinen geistlichen, sondern einen weltlichen Herrn. Viele Basler Bürger setzten sich mit ihnen in Verbindung und versprachen ihnen zu helfen, doch ohne Wissen und Willen des Rathes. Als die Sache ruchbar wurde, liess der Rath auf den Zünften solches bei Leib und Leben verbieten, so dass Keiner wegzog.»
Historischer Basler Kalender, 1888

Neue Regimentsordnung
«Der Rath beschliesst 1530 folgende Änderung im Regiment: Ein alter abgehender Oberstzunftmeister, er sei von welcher Zunft er wolle, soll das Jahr, so er ein altes Haupt ist, in dem Rath auf der Bank vor dem Fenster her, den obern Sitz haben, das ist, vor der Zunft zum Schlüssel, auch vor der hohen Stube, falls Jemand dieses Jahr von Seite derselben auf ermeldeter Bank sitzen würde. Bisher sass ein alter Oberstzunftmeister an dem

Ferner begabete er sie mit einem schönen guldenen Schwert, 1500. Ducaten wehrt, darzu mit einem rothen seidenen Hut, mit guldenen Knöpfen, Perlen und Edelgesteinen versetzt, daran des H. Geistes Bildnuß. Uber das bezierete er alle der Eydgnossen von Orten und Zugewandten Paner mit sondern Zeichen des Leidens Christi, und erkennete ihnen den Ehrentittel, mit gegebenen Brief und Siegeln, daß sie forthin zu künftigen Zeiten Beschirmer der Christlichen Kirchen Freyheit genennet werden solten. Dann (sagt er in der Bull am Dato zu Rom, den fünften Tag Julii) als etliche Durchächter die Römische Kirch mit schädlicher Zwytracht zu Abgang gebracht, Welschland mit beschwärlichem Joch übel bekümmert, und den ungenehten Rock Christi zu vertheilen unterstanden, also daß St. Peters Schifflein in Gefahr des Untergangs geschwebet, haben sich die Eydgnossen so unerschrocken, großmütig, streng und ehrlich, mit Überwindung alles Unfalls und Verachtung alles Schadens, als die gläubigen Ritter Christi, getreulich, löblich und fürtrefflich erzeigt, und als ob ihnen die rechte Hand Gottes vorgangen, bemeldten Zwytracht gar nahe in einem Augenblick zerstört, der Christlichen Kirchen Freyheit wiedergebracht, und gantz Italien von unleidentlichem Joch der Dienstbarkeit, mit ihrer Stärcke, Treue und Kräften, sonders allen Zweifel, erlöst.

Der Stadt Basel Paner verehrte er mit einem guldenen Stab ihres gewohnlichen Zeichens, und dem englischen Gruß. Deßhalben derselbigen Hauptleute und Räht ein solch neu weiß Damasten Paner, mit einer vergüldten Stange dem

Papst Julius II. schenkt 1512 der Stadt Basel als Zeichen seines Dankes für die Verdienste um die Eroberung Pavias eine kostbar gestickte, mit echten Perlen besetzte Ehrenfahne (Juliusbanner).

Gottesdienst im Basler Münster. Im Vordergrund die von der Obrigkeit besetzten Häupterstühle. 1650. Ölgemälde von Johann Sixt Ringle, dessen «anziehendstes Werk seiner Hand zweifellos die perspektivisch nicht ganz korrekte, hingegen durch ihre lustige Staffage anziehende Ansicht des Münster-Interieurs ist».

Entwurf zu den Orgelflügeln des Basler Münsters. «Die zwen Flügel, welche zu beiden Seiten hangen, dienten vor Zeiten die Orgelpfeiffen zu beschliessen, welche von dem berühmten Mahler Holbein verferdiget und vornen mit Figuren, hinden aber mit Laubwerk übermahlet sind.» Aquarellierte Federzeichnung von Em. Büchel. 1775.

Der 26jährige Hieronymus Zscheckenbürlin vollzieht am 3. Juni 1487 in glanzvoller Umgebung den Eintritt als Novize in das Kleinbasler Kloster der Kartäuser. Lavierte Bleistiftzeichnung von Hieronymus Hess. 1837.

& in Hungariam ductus in Alba regali sepultus est.
¶ Anno 1426 academia Lovaniensis in Brabantia a Ieane Bur-
gundiae duce instituta, a Martino 5. pontifice Romano confirmatur.
Et Florentia fit archiepiscopatus.

Concilium Basiliense.

Anno post Christi natalem 1430 misit pontifex Iulianu Cardinalem
T. T. sancti Angeli in Germaniam, ad conciliu Basiliense congregan-
dum, qui a populo Senatuq Basiliense honorifice receptus est. Bohemi
ab imperatore & Cocilio Basilien vocati sunt, ut roem doctrina & religio-
nis suae redderent. Et no solu illis fides data, verumet obsides: nole-
bant n. promissioni credere, quandoqde Ioem Huss eo data fide combus-
serat. Tande hii Bohemoy legati Basilea 300 equit. comitati ptene-
runt. Ii die tertio post adventum in sessione vocati sunt. Contra
illos duob. mesib. disputatum sed frustra. In principio huius synodi
mortuus est pontifex Martinus, & in eius loco suffectus Eugenius 4. Venetus,
qi oem diligentiam ad destruendu concilii adhibuit. Sed prælati
perrexerunt, & duravit synodus ad 16 annu usq, multaq statuta, sed
no servata sunt.

Pontifices.

Ioannes 23 Neapolitanus post Alexandru quintu gubernavit Ro-
mana ecliam. Hic magis ad bella quam ad ectie ministerium
nat erat. Ei subsequutus est Martinus 5. Romanus, vir doctus ac pius,
q qlibet decenio synodum in eclia congregandam ee statuit. Inde
ad pontificia dignitate evectus est Eugenius 4. Venetus, q ab initio pacifi-
cus erat, mox tn ingenium mutavit. In Basiliensi synodo depositus est,
& in illius locu Amadeus vir pientissimus Sabaudia dux suffectus.
Hic Romæ & in aliis locis permulta publica gymnasia instituit.
Illi submissus e Nicolaus 5. Sarzanus vir simplex, & multis virtutibus

ornatus

Die Eröffnung des von Papst Eugen IV. einberufenen Konzils von Basel am 27. August 1431 durch die Prälaten Johannes Palomar und Johannes von Ragusa. Roh kolorierte Federzeichnung aus «Historiarum a creatione mundi usque ad annum MDLXIV (1564)».

Einsiedler in der Eremitage von Arlesheim, die nach ihrer Zerstörung während der Revolutionswirren von 1792 durch Konrad von Andlau 1812 wieder aufgebaut worden war. 1814. Lavierte Federzeichnung von Samuel Birmann.

Die Belagerung von Kleinbasel: «Und also understund sich 1445 Hertzog Albrecht von Oesterich für Basel die Cleinen Statt zelegen (zu belagern). Doch ward sollicher mass mit Geschütz genötiget, dz er und die sinen wider abzugend». Faksimile aus der Luzerner Chronik des Diebold Schilling.

Plünderung einer Stadt durch die Armagnaken im August 1444: «Diss Volk lag by drissig Wochen im Land, namend den armen Lüten, was sy hattend, fiengent sy, schatztend sy (verbrannten sie), und wer inen nüt ze gäben hat, den hancktend sy an die Bäum». Faksimile aus der Luzerner Bilderchronik des Diebold Schilling.

Die Verwüstung des Sundgaus durch die Basler: Also «wurdend die von Basel ouch angefochten zu kriegen, ruschtend sich und zugent für Tirmenach, Waltishoffen und verbrantend die beide am vierden Tag vor Urbani 1445. Zugend ouch daruff mit einem starcken Zug in das Brisgow und verbrantend inen XXIIII Dörffer, Burg und Schloss.» Faksimile aus der Luzerner Bilderchronik des Diebold Schilling.

Platz, der seiner Zunft gebührte, um so viel mehr, da er in dem Jahr, wo er nicht regierte, als Rathsherr oder als Meister Stellvertreter dieser Zunft war. Es scheint nach Allem, dass die Ratsherrn von der hohen Stube den alten Oberstzunftmeistern, wenn sie von Zünften waren, den Rang streitig machten.»

Historischer Basler Kalender, 1886

Fürbitte der Riehemer

1538 versuchte Frau Gisin-Rütsch von Riehen ihren Mann durch Verabreichen von Spinnen und Nadeln ums Leben zu bringen. Als die ruchlose Tat durch die Hand des Scharfrichters gesühnt werden sollte, legte die ganze Bevölkerung Riehens angesichts des schwangeren Leibes des ‹bösen Weibs› Fürbitte beim Rat ein. Dieser liess denn auch Gnade vor Recht gehen und verbannte die Missetäterin auf ewig 5 Meilen vom Basler Gebiet entfernt.

Öffnungsbuch VIII, p. 57v

Bettlerplage

«Den Bürgern und allen andern Einwohnern der Stadt wurde 1545 vom Rat bei Strafe von 5 Pfund verboten, Bettler zu beherbergen, wie auch alle eidgenössischen Gesandten einen solchen Beschluss einmütig gefasst hatten, damit die Masse von Bettlern, von der unsere Lande erfüllt waren, verringert würde. Den wegen offener Schäden und Krankheiten Bedürftigen wurde jedoch das Betteln auf den Gassen und vor den Kirchen für einen Tag unter Kontrolle der Bettelknechte gestattet. In der Elendenherberge sollten indessen nur ‹durchstrichende Bylgger› zugelassen werden. Alle andern fremden Armen mussten auf dem Kohlenberg ihre Herberge suchen.»

Gast, p. 231

Ratstitel

«1546 legte sich der Rath folgenden Titel bey: ‹Edle, strenge, fromme, feste, fürsichtige, ehrsame, weise.› Zugleich wurde den neuen Häuptern aufgetragen, es denjenigen zu sagen, die vor Rath zu schaffen hätten, oder an den Rath schreiben wollten. Wer es nicht befolgte, sollte gestraft werden.»

Ochs, Bd. VI, p. 524

Geld und Gunst

«Kaspar Mathis, ein reicher Kleinbasler Bürger, hat 1546 die angeseheneren Ratsherren samt ihren Frauen wie auch die 4 Hauptpfarrer zu einem grossartigen Mittagessen geladen. Beim Abendessen aber bewirtete er die Honoratioren der mindern Stadt glänzend. Mit solchen Gastereien gewinnt er die Leute, um sie sich zu verpflichten.»

Gast, p. 291

Händel im Rathaushof

«Der Untervogt des nahen Dorfes Blotzheim erschien 1546 mit einigen andern Bauern vor unserm Rat. Als sie vom Rat abgetreten waren, gerieten sie in Streit und kamen so von Worten zu Schlägen, und als der Vogt von einem Bauern etwas zu grob angefasst wurde, schlug er in seiner Erregung den Gegner mit der Faust ins Gesicht. Dieser zog sein Schwert und wollte auf den Vogt los, wurde aber von den Dabeistehenden daran gehindert und konnte nichts mehr ausrichten. Beide wurden in Haft gebracht, und es wurde ihnen eine Busse von 50 Pfund auferlegt, weil sie die Freiheit des Rathauses gebrochen hatten.»

Gast, p. 261ff.

Sonderbares Ehegesetz

«Es war 1548, da wurde der Ratsbeschluss verkündet, wonach am Aussatz erkrankte Gatten niemals durch endgültige Scheidung zu trennen seien, im Gegensatz zu der neulich getroffenen Entscheidung in der Sache des Hans Jakob Wild, der gezwungen wurde, seine Gattin zu

Der Bettelvogt mit dem Stab, dem Zeichen seiner Würde. Kupferstich von Johann Jakob Ringle. Um 1650.

verlassen oder vielmehr preiszugeben. Eine sonderbare Sache!»
Gast, p. 321

Bürgermeister Meyer
«Adelberg Meyer, der Bürgermeister, ist am 8. Juni 1548, um 8 Uhr, nach der Predigt gestorben. Er war ein leutseliger Mann, ein hervorragender Staatsmann, der im Rat die höchste Macht besass. Am folgenden Tag wurde er im Steinenkloster bestattet. Herr Myconius predigte über Jesajas 3. Im Leichenzug gingen der Reihe nach hinter den Kindern und nächsten Verwandten: 1. Die Standeshäupter mit dem Rat. 2. Die Universität und die angesehensten Professoren und die Studenten. 3. Die Bürger aus den Zünften. Stadtknechte, Ratsknechte und Überreiter, Läufer usw. folgten; die Richter der Stadt und die Beisitzer an den Gerichten schlossen sich gleich dem Rat an. Eine grosse Leuchte der Stadt ist mit seinem Tod erloschen.»
Gast, p. 329

Ungetreue Zunftmeister
Anno 1555 sind Oberstzunftmeister Bläsi Schölli und Lux Tyrsum, Meister zu Spinnwettern, wegen Betrügereien von ihren Ehrenämtern entsetzt worden.
Scherer, II, s. p.

Die Obrigkeit übt Gnade
1556 sind u. a. folgende Personen von der Obrigkeit begnadigt worden: «Jacob Wentz, ein Seckler, so Heinrich Stürlin erstochen hat. Rudolf Ecklin, ein Weissbeck, so ein Beckenknecht tot gehauen. Jacob Brand, ein Scherer, so den Becken Limphansen umgebracht hat. Claus Haas, so zu Riehen einen umgebracht hat.»
Wieland, s. p. / Baselische Geschichten, II, p. 9f.

114 schwangere Frauen bitten um Gnade
Im ‹Goldenen Sternen›, der Zunftstube der Schärer und Chirurgen, gerieten sich, nach einem Nachtessen im April 1557, einige Baderknechte in die Haare. Im Verlauf der Schlägerei schlug Heinrich Wohlgesang «mit erzücktem Gewer (Säbel) den David Rümelin, Bader zu Uttingen (Blumenrain 12), oben in das Haupt uff die Hirnschalen hinein, dass er sollicher Wunden hatt stärben müssen». Weil der jugendliche Baderknecht Heini, der «arme junge Mensch, sich in seinem Dienst allwegen uffrecht, redlich und besonders unzänkisch gehalten und keine Nachbaren erzürnet noch beleidiget hat», gelangten nicht nur die Anwohner der Streitgasse mit einer Bittschrift an den Rat, sondern auch «114 schwangere Wybspersonen». Und dies machte den ‹hochedlen Herren› Eindruck! So wurde denn Heinrich Wohlgesang nicht mit dem Schwert hingerichtet, «dieweil über hundert schwangere Frauen für ihn gebeten, haben unsere Gnädigen Herren ihm sin Leben geschenkt».
Criminalia 21 B 5 und W 1/ Urfehdenbuch IX, p. 136v/ Baselische Geschichten, II, p. 10/ Wieland, s. p. / Buxtorf-Falkeisen, 3, p. 17

Kohlenberggericht
«Den 18 Mertzen 1559 hült man das Kolenberger gericht; so lange zeit nit gehalten worden, volgender weis. Auf dem Kolenberg neben des nachrichters wonung, under der selbigen linden, ist ein blatz umschrancket, do haltet man es. Dass gricht besitzen die friets knaben oder seckdrager, dorunder der richter Lamprecht heisst, und mus jeder under inen ein nachenden fus in ein züber mit wasser han. Vor denen erschein meister Pauli der nachrichter, klagt wider ein anderen frembden nachrichter schelt worten halb. Hatt ieder sein firsprecher vom stat gericht, welche sy im firdragen dutzen, alss Timotheus sagt: Lamprecht, du richter etc. So sich dass gricht nimpt zu bedencken, dretten sy ab in die neben stuben. Do sind ettlich verordnete herren, deren roth sy haben; spricht es

Auf den Neujahrs-Tag 1593

hat man in Basel angefangen zu verlesen, wie viel Personen im vergangenen Jahre sowohl gestorben, als geboren worden.

Hier folgen die Jahre nacheinander.

Jahr	gestorb.	getauft	Jahr	gestorb.	getauft	Jahr	gestorb.	getauft	Jahr	gestorb.	getauft
1593			1615	264	402	1637	585	366	1659	237	423
94			16	297	519	38	647	435	60	350	413
95			17	307	353	39	546	489	61	308	380
96			18	535	420	40	239	492	62	338	377
97	354	401	19	259	437	41	195	483	63	378	422
98	227	414	20	257	352	42	242	422	64	265	402
99	263	414	21			43	552	573	65	281	399
1600	266	422	22		450	44	337	532	66	370	499
1	286	417	23	336	418	45	220	425	67	1626	469
2	241	393	24	297	440	46	205	455	68	716	466
3	292	433	25	297		47	298	378	69	279	406
4	291	458	26	330	446	48	235	425	70	280	416
5			27	266	431	49	316	378	71	307	446
6			28	556	329	50	300	408	72	262	442
7	336	464	29	2650	382	51	334	384	73	327	463
8	363	392	30	220	334	52	272	335	74	380	448
9	341	435	31	223	300	53	237	387	75	563	450
10	3710	442	32	284	272	54	279	367	76	428	490
11	423	292	33	556	329	55	268	364	77	373	497
12	236	398	34	2545	497	56	224	393	78	612	557
13	255	426	35	424	434	57	292	490	79	359	441
14	270	470	36	650	440	58	283	488	80	297	408

Aufzählung der von 1597 bis 1680 in Basel geborenen und getauften Personen.

alss dan der richter offentlich aus. So er ein urtheil felt, stosst er den züber mit wasser mit dem fus um. Solche grechtikeit sol die stat Basel haben, so ein nachrichter wider den anderen ein ansprach hatt, solches vor dissem gricht an dem ort rechtlich auszefieren. Es war ein grosse menge der zuseheren.» Felix Platter.

Lötscher, p. 351 f. / vgl. Freud und Leid, Bd. I, p. 255

Friedenskonferenz
Im Bestreben, den Streit zwischen Savoyen und Bern zu schlichten, erschienen 1561 Gesandte und Botschafter aus allen Orten der Eidgenossenschaft, aus dem Deutschen Reich, aus Spanien und Frankreich in Basel. «Die Obrigkeit hielt ihnen ein Nachtmahl auf St. Peters Platz. Im Schützenhaus wurden über 30 Tische gedeckt. Sie blieben 14 Tage zu Basel, richteten aber wenig aus.»

Wieland, s. p.

Über Bürgeraufnahmen
«Dass eine hohe Obrigkeit keine Burger mehr hat annehmen wollen, war die allzugrosse Anzahl der Burgeren die Ursach, und dann auch, wann ein Burger in Armuth gerathen, ist er sammt dem Weib und seinen Kindern dem Almosen anheimgefallen. Damit Solches verhütet möchte werden, ist eine Verordnung gemacht worden, dass ein jeder Bürger auf das Wenigste 50 Gulden eigenthümlich besitzen sollte, und zugleich mit einem Eid versprechen müssen, dass in 10 Jahren weder er noch die Seinen die Obrigkeit mit dem Almosen beschweren wollten. Zudem musste er seine eigene Waffenrüstung, Gewehr und Harnisch besitzen. Ein Gesetz von früher war gegen die Bürgeraufnahme von Welschen gegeben. Sollte eine Tochter einen Welschen heirathen, so soll sie mit dem Mann von Stadt und Land geschickt werden.»

Buxtorf-Falkeisen, 3, p. 51

Neue Ratsherren und Meister
«1565 sind wegen der Pest 13 neue Rathsherren und Meister erwählt worden.»

Linder, II 1, p. 521

Vom Testieren ausgeschlossen
Als 1567 Domstiftsschaffner Zacheus Keller, ein vermögender Junggeselle, seine Dienstmagd, Agnes Zehnder, zur Ehe genommen hatte und ihr einen Teil seines Vermögens vermachen wollte, erkannte die Obrigkeit, dass ledige Personen, es seien Männer oder Frauen, sowie kinderlose Ehepartner, kein Testament abfassen dürften. Denn ihre Hinterlassenschaft sei dem Allgemeingut einzuverleiben.

Wieland, s. p. / Baselische Geschichten, II, p. 18

Trotz Erbarmen enthauptet
Hans Andreas, der Müller aus dem bernischen Sulgenbach, flehte 1579 vor seiner Hinrichtung erfolglos um Gnade, obwohl «dieser vor dem Rat und im Hof so ernstlich redete, dass fast männiglich die Augen überlieffen».

Wieland, s. p.

Unbedachte Fürbitte
Am Weihnachtstag 1598 erstach an der Eisengasse ein Schreinergeselle einen Windenmachergesellen. Als der zum Tode verurteilte Täter hingerichtet werden sollte, zogen am 15. März 1599 die schwangern Frauen samt den Schützen und sämtlichen Schreinermeistern und Gesellen, über 200 Mann, in einer Prozession vor das Rathaus und legten bei der Obrigkeit Fürbitte ein. So wurde dem Schreinergesellen das Leben geschenkt, vier der schwangern Frauen aber brachten tote Kinder zur Welt!

Wieland, s.p. / Scherer, III, p. 20 / Baselische Geschichten, II, p. 30 / Wurstisen, Bd. III, p. 69 / Beck, p. 75 / Falkner, p. 18 / Baselische Geschichten, p. 22 / Scherer, II, s.p. / Buxtorf-Falkeisen, 3, p. 17 f., und 1, p. 3

Nachgenannte Herren seyn auf Johannis Baptistä A. 1613. in E. E. Regiment erkoren worden.

Herr **Melchior Zornlocher**, neuer Burgermeister.
Herr **Hieronimus Mentelin**, neuer Obristzunftmeister.
Herr **Jacob Götz**, alter Burgermeister.
Herr **Johann Wilhelm Ringler**, alter Obrist Zunftmeister.

Rathsherren.	Meister.
Bonaventura von Brunn.	Jacob Enderlin.
Sebastian Heinrich Petri.	Jeremias Fesch.
Daniel Falckner.	Melchior Hertenstein.
Hans Lux Iselin, der Elter.	Johann Stehelin.
Erasmus Wurseisen.	Hans Jacob Jantz.
Christof Halter.	Andreas Wagner.
Lux Iselin, der Jünger.	Caspar Maurer.
Hans Grüenenwaldt.	Hans Ulrich Thurneisen.
Niclaus Sattler.	Hans Ulrich Hellwaag.
Hans Schorendorff.	Georg Haaß.
Bernhardt Ofer.	Philip Bratteler.
Mattheus Rippel.	Heinrich Wyß.
Adam Huggelin.	Theodor Ryschart.
Fridrich Rosenmundt.	Heinrich Schellner.
Adelberg Meyer.	Anthoni Köbelin.

Joh. Fridrich Ryhiner, der Rechten Doctor und Stadtschreiber.
Heinrich Bruckner, Rathschreiber.

Die Besetzung des Kleinen Rats (Regierungsrat) im Jahre 1613, in der historischen Reihenfolge der Zünfte aufgeführt.

Beleidigte Riehemer

«Im Jenner 1600 geschah zu Riechen eine lächerliche Begebenheit: Ein Benachbarter vom Adel kam auf einem Schlitten, da es Schnee war, in das Dorf. Die Pferde waren mit Kuh-Schellen behängt, und der Schwein-Hirt, welcher auch darauf sass, blies (mit einer Trompete) auf, dergestalten, dass sich die Riechemer sehr belaydiget befanden, so dass dieser Handel hochobrigkeitlich musste beygelegt werden.»

Linder, II 1, p. 587

Basler Charaktere

«Andreas Ryff legt 1603 dem Rathe seine Bedenken vor betreffend den mangelhaften Befestigungszustand der Stadt. Vor Allem klagt er über die liederliche Wache von Thürmen und Thoren und schlägt vor, hiefür Leute vom Lande zu nehmen. ‹Denn, was die Bürger anlangt, die hangen zusammen wie Kraut und Käs, wickeln einander auf, bleiben auf ihren alten Geigen. Ein Jeder beredt sich selber, er dürfe keiner guten Neuerung stattgeben; er frage weder diesem noch jenem Rathsherrn nichts nach; er sei sowohl ein Burger als ein anderer. Die Vorgesetzten auf den Schaarwachen sind träg und unwillig, weil sie mit faulen, versoffenen und verschlafenen Leuten überladen werden.›»

Historischer Basler Kalender, 1888

Umstrittener Zunftmeister

«1623 ward zu einem Meister zu Brotbecken erwählt worden Veltin Oswald, von welchem Niclaus Rippel des Rats in einem Calenderlin geschrieben hat: Zu Becken haben die verständigen Beckermohren und Deygaffen den sauberen Knöbel, die versoffene Sau und den groben Knollfincken Veltin Oswald zum Meister geordnet.»

Scherer, II, s. p.

Fronarbeit

«1624 war man sehr eiferig beschäfftiget, Basel mehrers zu befestigen, an welche Kosten alle Bürger beytragen mussten. Davon wurden auch die Universitets Verwandten nicht ausgenommen, und legten selbst viel vornehme Leüth mit Hand an bey den Schantzen. Sie richteten aber wenig aus, so dass man genöthiget war, andere an deren Stell herbeyzuschaffen, deren Hände Rauhe gewöhnet.»

Linder, II 1, p. 530 / Historischer Kalender, 1888

Faule Meisterwahl

«1626 ist Christoph d'Anone zum Meister zu Weinleuten erwählt worden. Es ist ihm aber alsobald anbefohlen worden, in seinem Haus zu bleiben. 8 Tage hernach ist er erneut zum Meister erwählt worden. Es soll ihn viel gekostet haben, weil er durch faule Practiquen dazu gekommen ist.»

Scherer, II, s. p.

Die Obrigkeit lässt keine Milde walten

1634 war Jakob Teuscher von Anwil wegen Mords am Strassburger Baschi Schumpf zum Tod verurteilt worden. Obwohl Oberst Zörnlin und Ratsherr Grasser wie auch die Familie des Mörders vor dem Rat um Gnade gebeten hatten, wurde an der Vollstreckung des Richterspruchs festgehalten. «Bey der Wallstatt, als ihm der Nachrichter ein wenig von seinen langen Haaren abgeschnitten und ihm das Wamist abgezogen hatte, hat er männiglich um Verzeichung gebeten. Dann ist er, nachdem ihm Meister Thomas das Haupt abgeschlagen hat, getrost und herzhaft gestorben. Er ist ein schöner, junger, starker Mann gewesen und wohl zu erbarmen, dass er in das Unheil gerathen ist.»

Hotz, p. 280 ff.

Totengräber

«Der Rath beschloss 1634, den Todtengräbern soll angezeigt werden, auf die hin und wieder auf der Gasse sterbenden Leute Achtung zu geben, und da sie Todes verblichen, zu begraben. Von jeder Person sollte ihnen am Brett (Staatskasse) 6 Batzen bezahlt werden.»

Historischer Basler Kalender, 1888

Bettlerinvasion

«1635 fand sich eine grosse Anzahl Bettler in der Stadt ein. Alle Gassen lagen voll Krancker, besonders in der Kleinen Stadt. Einer unter den Bettelvögten berichtete,

Medaille von dem Bildnis des berühmten Herren Jo. Rodolf von Wetstein Burgermeister der Stadt Basel.

«Den grössten Rum erwarb sich Wetstein durch die Gesandtschaft auf den Friedens-Congress zu Münster, wo die Souveränität und Freyheit der Eidgenossenschaft erkannt worden ist.»

dass er innert einem halben Jahr 8000 Bettler zum Riehentor hinein in die Elenden Herberge und dann wieder zum Eschenthor hinaus geführt habe.»

Basler Chronik, II, p. 89f.

Kleinhüningen wird baslerisch

«In staatsgeschichtlichen Dingen ist 1641 zu melden, dass Basel ein Stückchen Reichsboden gewann. Nachdem das Dörflein Klein-Hüningen mit dem Neuen Haus bereits im November vorigen Jahrs gegen den Kaufschilling von 3500 Neuthaler in völligen Besitz der Stadt gelangt war, wurden im Mai dieses Jahrs die Einwohner ihres Eides gegen ihren bisherigen Landesherrn, den Markgrafen, entlassen und durch Oberstzunftmeister J. R. Wettstein in neuen Eid genommen. Unter der bisherigen Herrschaft zahlte der Leibeigene 1 Pfund jährlich neben einer Vermögenssteuer, die zu dieser so harten, bösen Zeit 38 Gulden 6 Batzen abwarf. Der Vermöglichste zahlte 7 Gulden. Von den 11 Familien des Ortes gehörten 10 zum Geschlecht der Gisel. ‹Nunmehr sind die Einwohner, deren Zahl schnell zunahm, von dergleichen Auflagen aus Gnaden befreyet und ohngeacht die Fisch- und Lachswaid sammt Waidgang jeweilen als ein Regale der Oberkeit vorbehalten worden, nutzen sie dennoch dieselbe mit grossem Vortheile.› »

Buxtorf-Falkeisen, 2, p. 30f. / Battier, p. 471

Als
Ihre Gestrenge Herrligkeiten
Herr Johann Rudolff Wettstein/
Vollkommene Regierung des hohen Burgermeister-Ampts
in der löblichen Statt Basel / im Jahr 1653. den 19. Junii/
glücklich antratte/
Ward diese geringe Glückwünschung nechst schuldiger Ehrerbietung
deroselben dargereichet/
von Herren Rodigers Tisch-Burschen.

Leg hie verfluchter Krieg / zu dieses Herren Füssen
Was deine freche Faust bißher verübet hat /
Such hie bey diesem Mann / für deine Schulden rath
Wofern du diesen Fall nicht mit dem Halß wilt büssen.
Du siehst in seiner Hand den hohen Scepter schweben
So jhm sein Basel gibt / du siehst den werthen Krantz
Der deine freche Macht vnd dich zermalmet gantz
Du must jetzunder dich in seine Huld ergeben.
Vnd was du bist schon hier / Verstand hat dich vertrieben
Verstand mit Macht verm ngt / du fällest schon zu Füß
Vnd thust wie-wol zu späth vnd halb gezwungne Büß
Damit du durch Verstand nicht gantz wirst auffgerieben.
Diß macht daß du vermerckt / der Mann von hohen Gaben
Den hohe Häupter sonst geliebet vnd geehrt
Der dieser Edlen Statt hat jhren Ruhm gemehrt
Der würd in kurtzer Zeit zu voller Macht erhaben.
Herr / der du deinen Witz hast öffters lassen spühren
Spring deinem Vatterland mit tapffern Räthen zu
Schaff jhm von allem Krieg vnd Streit vollkomne ruh/
Der Himmel lasse dich mit grossem Nutz regieren.
Es stehe diese Statt stäts in des Höchsten Güte/
Die Frembd-gefreundte Statt / die Nehrerin der Kunst
Die vielen Leuten hat erwiesen hohe Gunst/
Der Höchste sie hinfort für allem Fall behüte.

Gedruckt zu Basel bey Georg Decker.

Glückwunschadresse zu einem neuen Amtsjahr des Bürgermeisters Johann Rudolf Wettstein (1594 bis 1666).

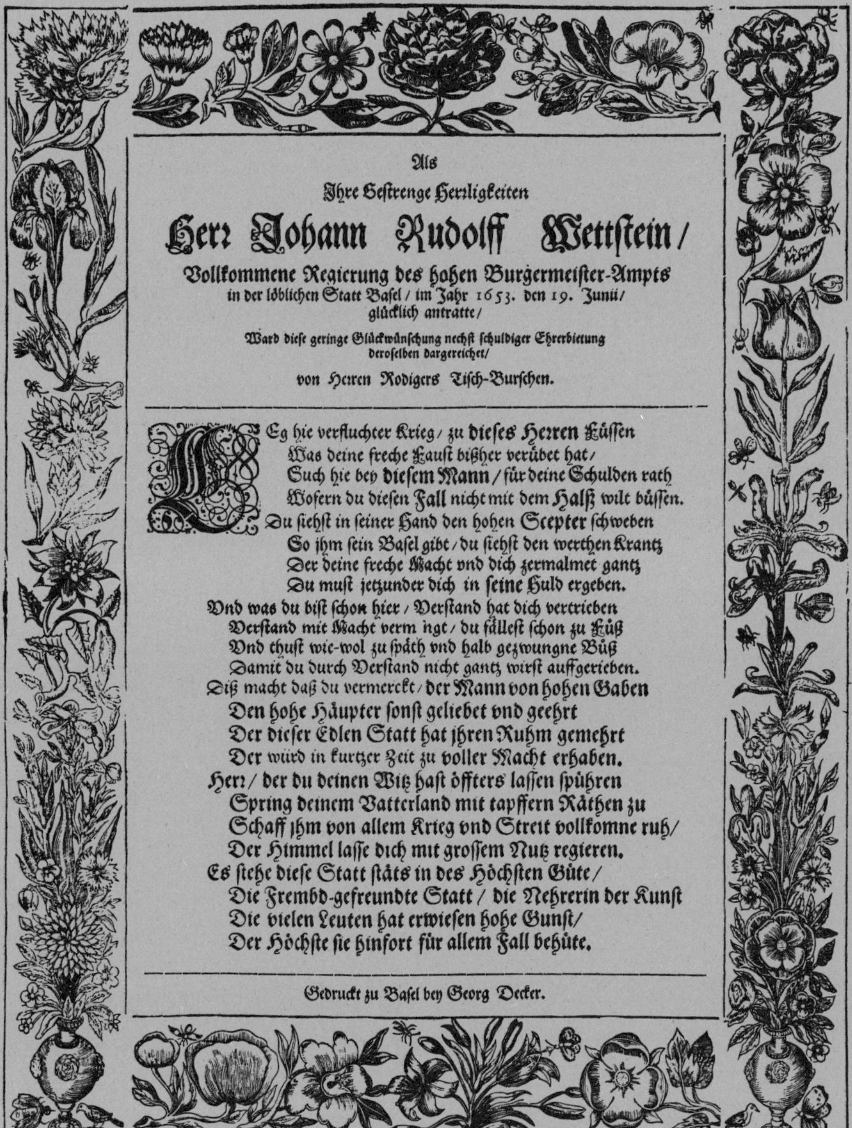

Bürgermeister Wettstein

«1646 ist Herr Bürgermeister Wettstein, neben Herrn Hans Rudolf Burckhardt, dem Raths Substituten, im Namen der Eidgenossenschaft nach Münster in Westphalen verreist. Dort sind sie auf dem allgemeinen Friedenstag ein gantzes Jahr ausgeblieben. Sie haben erreicht, dass sowohl die Stadt Basel wie die übrigen eidgenössischen Ort sollten von dem Römischen Reich exempt und befreyt seyn.»

Scherer, II, s. p. / Scherer, p. 27f.

Fruchtbarer Bürgermeister

«1659 starb Johann Rudolf Faesch, Bürgermeister, seines Alters 86 Jahr. War in E. E. Regiment der Stadt 40 Jahr, davon als Haupt 29 Jahr. Im Ehestand mit Jungfrau Anna Gebweiler 59 Jahr. Erzeugte mit ihr 13 Söhn und 3 Töchter, Grosskinder 92, Urgrossenkel 57. Summa 165 Seelen. Von diesen waren bey seinem Absterben noch am Leben 119 Seelen.»

Linder, II 1, p. 156

Waldenser geniessen Gastfreundlichkeit

«1665 sind in Basel 70 vertriebene Waldenser angekommen. Sie logierten im Gasthof zum Kopf, wurden aber von der Obrigkeit freigehalten. Dann hat man ihnen ein Schiff gedingt, sie mit 2 Saum Wein und Brot versehen und in die Pfaltz fahren lassen. Im nächsten Jahre fanden weitere 50 Waldenser in der Stadt gastfreundlich Aufnahme und fuhren dann auf dem Rhein nordwärts weiter.»

Basler Chronik, II, p. 143f.

Neuerwählter Bürgermeister stirbt

«Den 30. Juni 1667 ist der Ehrenvest, Fromm, Fürnehm, Fürsichtig, Ehrsam und Weise Herr, Herr Andreas Burckhardt, Oberstzunftmeister und neuerwählter Bürgermeister, welcher erst den 21. Juni erwählt worden ist, gestorben. Es war ein sonderlich trauriger Zustand, wie ein solcher noch niemals gewesen ist. Gott zu bitten, dass er

diesen traurigen Zustand mit gnädigen Augen ansehen wolle und uns mit der Zeit wiederum mit einem tapferen, gottesfürchtigen und redlichen Herrn versorgen wolle, der Gottes Ehr und des Vaterlands Nutzen begehrt zu fördern und auch zu seiner Seelen Heil und Wohlfahrt möge dienlich sein», sei unser Begehren.
Meyer, p. 12f.

Bettelhaftes Gesinde
1667 sah sich die Obrigkeit gezwungen, Massregeln gegen «das bettelhafte Gesindlin und andere dergleichen verdächtige Leüth» zu ergreifen. Unter diesen waren namentlich zu verstehen: «Huren, Leyerinnen, Sackpfeifer, Spielleut, Zigeuner, fahrende Schüler (Studenten), Gaugler, Schulmeister, Wurzengraber, Kräzen- und Schleifsteinträger, Gewürzkrämer, Tuchkrämer, Kessler, Äschenbrenner, Zundelmacher, Harzer, abgedankte Soldaten, Jacobsbrüder und Mausfallenträger.»
StA: Straf und Polizei E 2, 1

Analphabetischer Landvogt
«1670 war Georg Senn, Meister zu Rebleüthen, Landvogt auf Homburg. Er war ein Räbmann und Schwein Metzger, wie er dann auch den Bauern auf dem Land die Schwein gestochen. Er konnte aber weder schreiben noch lesen. Als ihm einmal von der Cantzley ein obrigkeitliches Schreiben zugekommen war, auf welchem ein grosser Zweifel Strich (Fragezeichen) war, sagte er zum Boten, er wisse wohl, was das bedeüte: Er müsse Wellen machen!»
Linder, II 1, p. 206

Die Zünfte unterstützen das Waisenhaus
«Anno 1672 entschlossen sich sämtliche Zünfte zu einem jährlichen Beytrag an das Waysen Haus: Schlüssel 60 Pfund, Hausgenossen 16, Weinleuthen 20, Safran 80, Räbleuthen 10, Brodbecken 8, Schmiden 30, Schuhmachern 8, Gerbern 16, Schneidern 12, Kürschnern 8, Gartnern 20, Metzgern 24 (4 Centner Fleisch), Spinnwettern 16, Schärer 8, Himmel 6, Webern 30, Schiffleüth 4, Fischern 8 Pfund. Die Schiffleüth versprechen ferner, die aus dem Waysenhaus in die Wanderschaft ziehenden Knaben mit ihren habenden Schiffgefährten umsonst bis nach Strassburg zu lüfern. Sodann wurde verordnet, dass künftig das Almosen-Amt, das Collect und die Schulen das sogenannte Luxen Tuch zu Kleydung ihrer armen Angehörigen aus dem Waysenhaus (Lukasstiftung für das Schülertuch) sich anschaffen sollten, alwo es wohlfeil und gut zu haben ist, weil schon damals 140 Waisen Kinder wegen überhand nehmender Theurung verpflegt werden mussten.»
Linder, II 1, p. 406 / Lutz, p. 262f.

Jugendlicher Schultheiss
«1672 ward Nicolaus Harder, Dr. jur., Schultheiss (Gerichtspräsident) im 21. Jahr seines Alters und war bis 1709 in diesem Amt. Dann ist er Meister zu Weinleuten geworden. 1722 ist er dann zum Oberstzunftmeister erwählt worden.»
Baselische Geschichten, p. 113

Die Juden der Stadt verwiesen
«In Bertschins Truckerey sind 1676 bey Nacht 100 Rappen gestohlen worden. Man hatte diesen Diebstahl dem Joseph Heylbron zugetraut, doch der hat trotz heftiger Folterung nichts gestehen wollen. Deshalb sind alle Juden für ein halbes Jahr von Stadt und Land verwiesen worden.»
Basler Chronik, II, p. 165

ES haben Unsere Gnädige Herren E. E. Wohlweyser Rath dieser Stadt, zum Besten der Herren Vorgesetzten E. E. Zunft zu Schiffleüthen, welche auf Ihren Reysen verschiedene Unglück gehabt, um denselbigen zu Ersatzung des erlittenen Schadens einiger massen beyzuspringen, eine Obrigkeitlich privilegirte Lotterie unter Hoch-Deroselben Authorität und Garantie nach beygehendem Plan aufrichten zu lassen für gut befunden, welcher hiemit E. E. Burgerschafft und sonsten männiglich, so Zedul zu nehmen Lust haben möhte, publiciret wird; Es stehen auch Hoch-besagt Unsere Gnädige Herren in der Hoffnung, es werden dieselben, absonderlich die E. Zünfft und andere Löbl. Collegia Publica, wie auch die, von GOtt mit zeitlichen Güttern gesegnete Particularen in Betrachtung der Hochgepriesenen Liebe gegen den Nächsten sich nicht entziehen in diese Lotterie zu legen und nach Gutbefinden Billets zu nemmen. Zu dem Ende Wir auch Unsere Getreüe Liebe Burgere Emanuel Fäesch, Alt Landvogt auf Mönchenstein und Peter Raillard im Adresse-Contoir diese Lotterie zu besorgen und die Billets beyderseit zu underschreiben und zu distribuiren geordnet haben, bey welch Letzterem dieselbe nach Belieben genommen und im Berichthauß abgeholet werden können.
Nun

Die Häupter der Stadt erlauben der Zunft zu Schiffleuten in Anbetracht der vielen Unglücksfälle auf dem Rhein eine Lotterie durchzuführen. Aus «Zwanzigstes Stük Wochentlicher Nachrichten aus dem Bericht-Haus zu Basel. Donnerstags, den 19ten May 1757».

Missachtete Vorschrift

Gemäss überlieferter Usanz hatten die Waisenkinder die «Verwilligung, heürathen zu dürfen, bei den Inspectoren einzuholen, ob wohl die Knaben über 20 und die Meydlin über 18 Jahr alt sein mochten, weil frühzeitige Ehen junger Leute ihnen zum höchsten Schaden gereichen und sie in die äusserste Armut stürzen. Es hat zu thun, dass sie in diesem Alter ein Stücklin Brot erwerben können, geschweige, dass sie eine Haushaltung sollen zu versorgen wissen. Sonderlich die Knaben haben in den Jahren, da sie etwas weiteres lernen, sich in ihren Handwerken zu perfectioniren, weshalb sie zu solchem End wandern sollten und sich nicht in frühzeitige Ehen stecken und sich an leichtfertige, verführerische und bisweilen unzüchtige Weibsbilder hencken wollten!»

Was die Inspektoren des Waisenhauses demnach mit allen Mitteln zu vermeiden suchten, wollten 1678 Jakob Reber und Margret Frey durch eine nichtbewilligte Heirat vollziehen. Nur war nicht ganz klar, ob der 22jährige Zögling seiner Geliebten aus freiem Willen versprochen hatte, mit «ihr zu leben und zu sterben», oder ob die 28jährige Jungfrau ihren Freund durch allerlei Zuwendungen zu einem Eheversprechen gedrängt hatte. Auf jeden Fall aber hatten beide, die ohne obrigkeitliche Bewilligung ein gemeinsames Leben führen wollten, bei Wasser und Brot ihre Heiratsgelüste zu vergessen!

Criminalia 6 R 1 / Ratsprotokolle 53, p. 327 ff.

Tragischer Tod zweier Bürgermeister

«1683 starb Herr Hans Rudolf Burckhardt, der sogenannte kleine Bürgermeister. Er war ein hochgelehrter, kluger Mann, welcher wegen seines hohen Verstandes vom Stadtschreiberamt zum Bürgermeister gewählt worden ist. Er war ein strenger Regent und ist des öftern als ein Gesandter im Namen der gantzen Eydgenossenschaft zum König nach Paris und nach Baden geschickt worden. Doch hat der gerechte Gott den Herrn Bürgermeister alsobald mit der Blödigkeit des Haupts angegriffen, so dass er seiner Sinne gänzlich beraubt worden ist. Ohne Scheuch ist er deshalb wegen verschiedener Handlungen von den Bürgern ‹Dreckfresser› geheissen worden. Nachdem er 4 Jahre ein elendigliches Leben zugebracht hatte, ist er im 63. Jahr gestorben. Ein Vierteljahr später ist auch Herr Bürgermeister Johann Ludwig Krug, der Eisenhändler, gestorben. Als er von einer Gesandtschaft nach Ober Baden zurückgekommen war, hat er sich wegen der Reise übel befunden. Noch hat er der Communion im Münster beygewohnt, dann aber haben die Schmertzen derart zugenommen, dass er zwey Zehen hat abstossen müssen. Darauf ist es gegen das Hertz gezogen, daran er mit grossen Schmertzen gestorben ist. Wie übel Bürger von ihren Oberen halten und reden, ist aus den Worten Emanuel Metlers zu vernehmen, welcher in die folgenden Wort ausgebrochen ist: ‹Der Teufel hat schon zwey Bürgermeister geholt und wird den dritten auch noch holen.›»

Scherer, II, s. p.

Meisterstreit zum Bären

«1684 trug sich bei der Meisterwahl zum Bären (Zunft zu Hausgenossen) ein seltsamer Handel zu, indem Christoph Beck gegen die Wahl seines Neffen Albertus Beck, des Goldschmieds, beim Rath Klage einlegte. Er behauptete, weil er selber Meister werden wollte, seines Bruders Sohn könne nicht Meister werden, weil er Ehebruch begangen habe. Hierauf wies der Rath die Vorgesetzten an, mit der Wahl fortzufahren, aber die beiden Beck davon auszuschliessen.»

Basler Chronik, II, p. 177 / Baselische Geschichten, II, p. 94

Nunningen ohne Galgen

«1685 wurde das der Stadt Basel zugehörige Hochgericht zu Nonningen abgethan. Claus Büeler von Nonningen bat, man solle ihm den Galgen schenken, weil er auf seinem Acker stehe. Hat man dem willfahrt.»

Baselische Geschichten, p. 141 / Basler Chronik, II, p. 179

Erneuter Tod eines Bürgermeisters

«1690 ist Herr Bürgermeister Franz Robert Brunnschweiler nach einer schmertzhaften Kranckheit gestorben. Er hat sich an der linkhen Brust ein Geschwür zugezogen. Als man es für rathsam befunden hatte, es zu öffnen, ist ihm dadurch seine tägliche Nahrung entzogen und alle Speis und Säfte sind von ihm hinweggeflossen, so dass er Hungers hat sterben müssen. Sein Zunftmeisterthum soll ihn über 4000 Thaler gekostet haben, dazu ihn sein Weib verleitet hat. Dieses hat mehr als er nach Ehr und Ansehen getrachtet und mit Frau Salome Schönauer das Weiber Regiment geführt. Brunnschweiler war ein ehrlicher und aufrichtiger Mann gewesen, aber gegenüber den

Miniaturporträts von Jungfrau Fruh und Professor Legrand. Bleistiftzeichnungen von Marquard Wocher.

Armen etwas unbarmhertzig. Mit ihm ist sein Geschlecht ausgestorben.»
Scherer, II, s. p.

Prügel für Bettler
«Ein 19jähriger Schlingel namens Franz Joseph Lörch, ohne Heymat, bettelte 1691 in der Stadt herum. Deswegen wurden ihm 6 Prügel gegeben, worauf er für 14 Tage ans Schellenwerk (Zuchthaus) kam.»
StA: Straf und Polizei H 3

Der botanische Garten
«Unter die Veränderungen, durch welche Basel, rücksichtlich einiger neuen Anlagen oder Verschönerung der zeitherigen, gewonnen hat, gehört der medizinische oder botanische Garten, der jetzt besonderer Aufmerksamkeit würdig ist. Dieser erhielte schon im Jahr 1692 ein angemessenes Lokal in dem vormaligen Kloster-Garten der Dominikaner. Im Jahr 1756 wurde durch Freygebigkeit der hohen Regierung eine Gärtner-Wohnung hinzugebaut. Allein er lag vernachlässiget, in Gewächsen und Pflanzen höchst mangelhaft. Am 29ten Wintermonds 1776 erhielte Dr. Wernhard de Lachenal die Professur der Anatomie und Botanik, und sein erstes, worauf er sein Augenmerk richtete, war, diesen Garten zu seiner Bestimmung zu erheben. Er both seine ansehnliche Kräuter-Sammlung, die durch einen besondern Zweig eine der wichtigsten Privatsammlungen geworden war, nebst seiner sehr ansehnlichen Bibliothek und einer Summe baaren Geldes dem medizinischen Garten an, wenn man diesen herstellen und ein Haus dazu bauen wollte, welches der jeweilige Professor der Botanik und Anatomie zu bewohnen hätte. Die Obrigkeit entsprach diesem uneigennützigen Anerbieten, und das Haus kam zu Stande. Dieser vortrefliche Mann starb am 14ten Weinmonds 1800 mit dem Nachruhme eines guten und gelehrten Arztes und verdienstvollen Bürgers.»
Lutz, p. 314f.

Unwille unter den Zunftbrüdern zu Safran
Als 1693 die durch den Tod des Vorgesetzten Uriel Ritz, des Apothekers, entstandene Lücke im Grossen Rat nicht innert nützlicher Frist durch eine Ersatzwahl ausgefüllt werden sollte, drohten die Zunftbrüder, eine solche unter ihresgleichen zu treffen. Und «Heinrich Leopart der Alte, ein kurtzer, dicker Mann gleich einem Zwerg, seines Handwercks ein Knöpfmacher, ist in die Wort ausgebrochen: Man müsse wohl die Gatter am Rathaus wieder zuschliessen und daran schmeckhen lassen. Der Grosse Rat liess hierauf auf Anbringen von Rathsherrn Respinger und der übrigen Vorgesetzten elf Zunftbrüder in Gefangenschaft nehmen.» Wurden fünf Gefangene nach der Wahl von Jacob Frey zum Vorgesetzten wieder nach Hause entlassen, so erfolgte die Freilassung der restlichen Zunftbrüder erst, nach «schärferer Examinierung und auf Fürbitte ihrer Weiber», einige Tage später.
Scherer, II, s. p.

Schwere Zeiten
Am Ostermontag 1694 sind im Schützenhaus an mindestens 400 durchreisende Arme Geld, Brot und Mehl ausgeteilt worden. Die Zeit war so schwer, dass die Obrigkeit die Quartierherren anwies, von Haus zu Haus zu gehen und die Vorräte zu prüfen. Wo Überfluss herrschte, war Abgabe geboten.
Scherer, p. 188f.

Verwunderliche Feuerlöschgeräte
1695 hat man vier neue Feuer- oder vielmehr Wasserspritzen im Werkhof im Beisein der Herren Häupter ausprobiert und sie für gut befunden. Etliche der Herren haben über das Dach des Zeughauses gespritzt, mit sonderlicher Verwunderung. Es sind auch «Läderrohre» gezeigt worden, mit welchen man kummlich hinfahren kann, wo man will. Unter diesen war ein Kasten, welcher mit zwei Rohren sehr stark und verwunderlich gespritzt hat.
Scherer, p. 201f.

Schlechte Vorbilder
1695 ist Lorentz David, der Metzger, im Münster vor versammelter Gemeinde getadelt worden, weil er greulich geflucht hatte. Auf die öffentliche Frage des Antistes, wo er denn dieses schreckliche Fluchen gelernt habe, antwortete David, von seinen Vorgesetzten in der Zunft.
Scherer, II, s. p.

Neue Feuerwehrspritzen
«1695 hat man 4 neue Feuer Spritzen in dem Werckhoff probiert, welche mit lädernen Schläuchen versehen und aller Orthen konnten gebraucht werden. Insonderheit ist ein Kasten mit 2 Rohren von St. Gallen gebracht worden, welcher sehr wohl gespritzt hat.»
Linder, II 1, p. 408

Protest gegen Bürgerrecht
«Es galt als eine Hauptweisheit, die fremden Elemente so viel als möglich fernzuhalten, die zünftigen Handwerker wie die grössten Handelsleute huldigten unbedingt diesem Princip. Nicht nur in Basel, sondern fast allenthalben in der Schweiz wurde das Bürgerrecht beinahe gänzlich geschlossen. Als aber im Jahre 1698 der Kleine Rath einen reichen Strassburger Kaufmann mit sechs Kindern wohl aus fiskalischem Interesse doch als Bürger aufnahm,

«Diverses» aus der Basler «Presselandschaft» von 1734.

da gab es unter sämmtlichen Spezierern Basels ein allgemeines Lamentieren, ja es wurde sogar ein Kollektivgesuch um Rückgängigmachung dieser Massregel eingereicht, das jedoch von keinem Erfolge begleitet war. Durch dieses Abschliessen und eine bis ins Kleinlichste gehende Arbeitsteilung kamen die Handwerker so durch, reich sind sie nicht geworden, sondern das mussten sie den Kaufleuten und Fabrikanten überlassen.»

Basler Jahrbuch 1892, p. 191 / Baselische Geschichten, II, p. 180

Wahl des Oberstschützenmeisters

1699 ist ein neuer Oberstschützenmeister auf der Schützenmatte gewählt worden. Dies geschah in folgender Weise: Die Häupter der Stadt, der Stadtschreiber und der Ratsschreiber, sassen an einem Tisch. Die Räte auf Bänken, die Schützenmeister, Mitmeister und ältesten Schützen sowie der Lohnherr, der Brunnmeister, der Zeugwart, der Lohnschreiber, der Karrenhofmeister – als Bediente in weissen und schwarzen Mänteln – auf Lehnstühlen. Die übrigen Bürger und Schützen, die zugegen waren, hatten der Zeremonie stehend beizuwohnen. Nach zierlicher Ansprache des Stadtschreibers erfolgte in geheimer Abstimmung die Wahl, wobei einstimmig Daniel Mitz als neuer Oberstschützenmeister hervorging. Dieser hielt gleich eine Dankrede und lud anschliessend die Wahlmänner zu einer herrlichen Mahlzeit ein.

Scherer, p. 268 f. / Schorndorf, Bd. I, p. 152

Über die Alimentation der Ratsherren

«Die beiden Bürgermeister und die beiden Oberzunftmeister erhielten jeder circa 1300 Pfund: nach unserem Gelde, das Pfund zu Fr. 1.70 (1890) berechnet, circa Fr. 2200.– und hatten die Berechtigung ein Staatsgebäude zu bewohnen. Zu ihrer Kompetenz gehörten dann noch Naturallieferungen: sechs Klafter Holz, zwölf Nasen aus der Birs vom ersten Fang, der erste Haufe Salmen aus dem Rheine, ein Lachs von Kleinhüningen, Fastnachtshühner, eine Martins-Gans. Fast heimelig klingt es, wenn wir erfahren, dass der Rath jedesmal, so oft in der Familie eines der Häupter eine Hochzeit gefeiert wurde, den Ehrenwein spendete.

Die Mitglieder des Kleinen Rathes bezogen an Geld je 226 Pfund und Fische aus den obrigkeitlichen Weihern, so oft daselbst gefischt worden ist. Die verschiedenen Versuche auch Fastnachtshühner zu erlangen, scheiterten jeweilen an dem haushälterischen Sinne der Deputirten zu der Haushaltung. Dafür erwiesen sich die Herren des Kleinen Rathes um so verschleckter und um so wählerischer bezüglich der Fische. Mehrfach ist der Haushaltung eingeschärft worden, dafür besorgt zu sein, dass nicht nur Hechte und Forellen, sondern auch schöne Karpfen ausgetheilt werden könnten.

Die beiden wichtigsten Beamten des Staates waren der Stadt- und der Rathschreiber. Wenn ein regierender Bürgermeister während seines Amtsjahres starb, war einer von ihnen für den Rest desselben Statthalter des Bürgermeisterthums. Sie waren vom Grossen Rathe eidlich darauf verpflichtet, falls der Kleine Rath gegen eine Erkanntniss des erstern sich verfehlen oder eine solche umstossen würde, dies dem Grossen Rathe unverzüglich anzuzeigen. Im Geheimen Rathe hatte der Stadtschreiber berathende Stimme; die Sekretariate der wichtigsten Behörden waren ihnen anvertraut. Ihre Besoldung war aber keine einheitliche. Vom sogenannten Brett, d.h. der allgemeinen Staatskasse, erhielt jeder 1020 Pfund, 16 Schilling und 18 Pfg. Daneben bezog der Stadtschreiber vom Salzamte 30 Pfund, von dem Deputatenamte 113 Pfund, vom Direktorium der Kaufmannschaft 10 L.'dor u.s.w.; der Rathschreiber vom Dreieramte 141 Pfund, für die Anfertigung der Stadtrechnung jeweilen 10 Dukaten. Ihm, dem Rathschreiber, lag ausserdem ob alles Hochwild, das in den Ämtern geschossen ward, zerlegen zu lassen und angemessen zu vertheilen, ‹ohne dabei seiner zu vergessen›.»

Carl Wieland, p. 24f.

Hitzige Ratsdebatten

«Die Formen der Berathung scheinen nicht immer die gewähltesten gewesen zu sein; vielfach berichtet das sonst so dürftige Sitzungsprotokoll durch kleine Notizen, dass ‹spitzige› Reden gefallen seien. Der sonst so feine und gebildete Jakob Sarasin schalt, weil er durch eine Verfügung des Bauamtes, an dessen Spitze Bürgermeister Debary stand, sich in seinen Brunnenrechten beeinträchtigt hielt, in offener Sitzung die Herren der betreffenden Behörde ‹Spitzbuben›. Bekannt ist das Zwiegespräch zwischen Bürgermeister Falkner und Gerichtsherrn Uhl. Dieser letztere hatte die Handlungsweise der Häupter in irgend einer Angelegenheit heftig angegriffen und am Schlusse seiner Rede ausgerufen: ‹Wie kann der Wagen gut fahren, wenn der Kutscher nichts taugt?› Schlagfertig rief ihm Falkner entgegen: ‹Was kann der Kutscher dafür, wenn Schindmähren angespannt sind?› Und aus Isaac Iselins Leben erhalten wir Kunde von einer Scene, die sich einst in dem Grossrathssaale abgespielt hat und uns mit dem Tone bekannt macht, der darin muss geherrscht haben. Als Iselins Vorschlag behandelt wurde, die Zahl der Stadtbevölkerung durch die Aufnahme neuer Bürger zu vermehren, der allgemeinen Verarmung dadurch zu begegnen, dass durch neue Elemente die Gewerbsthätigkeit erhöht würde, donnerte und eiferte ein Redner, wie jener altrömische Censor, gegen die Junggesellen, die sich weigerten die ernsten Pflichten des Familienlebens auf sich zu nehmen. Da trat der Gerichtsherr Ortmann auf, selbst ein Junggeselle, ein Freund Iselins, bekannte, dass er gerne würde geheirathet haben, wenn er nur eine Frau gefunden hätte, die sich seiner hätte erbarmen wollen. Dass es ihm ernst sei mit seinem Wunsche sich zu verehelichen, bekunde er damit, so schloss er seine Rede, dass er vor versammeltem Rathe um die Hand der Tochter des Vorredners, eines Merian, anhalte.

Ernstere Folgen hat ein anderer Vorfall gehabt. Ein Oberstlieutenant Krämer hatte in einer Sitzung den Rathsherren Huber lächerlich gemacht und schwer beleidigt und war dafür von Letzterem auf der Rathhaustreppe tüchtig durchgeprügelt worden. Da aber Krämer in französischen Diensten stand, mischte sich die allmächtige französische Gesandtschaft in den Handel und Huber musste seine Selbsthilfe durch längeren Hausarrest und Stillestehen in seinen amtlichen Funktionen büssen.

NB. Für den Kleinen Rath bestand die eigenthümliche Vorschrift, dass einem neu in denselben eingetretenen Mitgliede erst nach Ablauf von sechs Monaten die Betheiligung an der Diskussion gestattet ward, ‹der Mund geöffnet wurde›, wie der officielle Ausdruck lautete.»

Carl Wieland, p. 10f. und 24

Die Häupterkutsche

«Ich würde einer schweren Unterlassungssünde mich schuldig machen, wenn ich bei Besprechung des staatlichen Organismus eines Meubels nicht Erwähnung thun würde, in welchem sich recht eigentlich der Charakter des damaligen Staates verkörpert hat, der sogenannten Häupterkutsche, des Staatswagens, in welchem bei feierlichen Anlässen die beiden Bürgermeister und Oberstzunftmeister zum Rathshause und von demselben wieder in ihre Wohnung fuhren. Um allen Rangstreitigkeiten vorzubeugen, hatte man eine Maschine erfunden, die von allen Reisenden als eine Hauptmerkwürdigkeit der Stadt bezeichnet worden ist.

Es war ein ungeheurer schwerfälliger Kasten einer Kutsche, der zwischen den Hängebäumen so tief hinabhing, dass er fast den Erdboden berührte; in demselben waren die Sitze in der Weise angebracht, dass die darin Sitzenden einander den Rücken und die Gesichter gegen die Seitenfenster kehrten. Dadurch wurde möglich, dass der neue Bürgermeister mit dem neuen Oberstzunftmeister zur einen Thüre und gleichzeitig die alten, nicht im Amte stehenden Häupter zur andern aussteigen konnten und Friede und Ruhe der Stadt nicht getrübt wurden.»

Carl Wieland, p. 29f.

Wandschmierereien

«Bürgermeister Andreas Burckhardt liess 1705 an seine Mauer am Mäntelinshof auf dem Münsterplatz die Justitz abmahlen mit der Unterschrift ‹Gerechtigkeit hallt

allezeit›. Dieses ward kurz hernach mit Koth durchgestrichen. Sapienti Sat (Für den Weisen genügt es).»
Linder, II 1, p. 648

Erneut Widerstand gegen Bürgeraufnahmen
«1706 hielten ein gantz Dutzend teutsche und weltsche Fremdlinge beym Grossen Rath ums Bürgerrecht hier an. Darwider viel der Ehren Bürgerschaft bestens protestierten, weil bey diesen klammern (schlechten) Zeiten es an Nahrung fehlte. Entlich waren aus der Zahl zween angenommen: Morel, ein vertriebener Walch, und Mor, ein Apothekergesell. Der erste war mit Hauptmann Faeschen Tochter, der andere mit Stadtschreiber Faeschen Tochter ehelich versprochen. Die andern mussten abziehen.»
Schorndorf, Bd. I, p. 239

Verlängerte Messe
«1711 währte die hiesige Mäss acht Tage länger, weil sie sehr schlecht war und viele Kaufleute auf ihre Waren warten mussten, die in Rheinfelden aufgehalten worden waren. Und zwar wegen unbesonnenen Schiffleuten. Zur Straf wurden die Vorgesetzten der Schiffleutenzunft vom Rat für 1½ Jahr abgesetzt.»
Scherer, p. 447

Mit Geld zur Macht
«Auf Absterben von Albrecht Falkner, des Ratsherrn zu Weinleuten, hat Emanuel Müller, der Handelsmann, getrachtet, sich an dessen Stelle zu befördern. Zu diesem End hat er es mit Geld versucht. Dies hat ihn über 1000 Thaler gekostet, die er an Kleinräte (Regierungsräte) und Grossräte ausgegeben hat, wie das Spendieren und Practicieren eben Oberhand gehabt hat. Weil auch Christoph Frey (der Gegenkandidat) sich solcher Sitten bediente, hat es solche gegeben, die von beiden Seiten Geld genommen haben! Solchermassen in seiner Wahl verunsichert, griff Falkner zu einer List und liess sich durch Manipulation der Kugeln (ein damals übliches Glücksspiel) ins Amt einsetzen. Wiewohl solches nachgehends im Grossen Rat vorgebracht worden, ist er, weilen er gute Fründ gehabt, nicht abgesetzt worden.»
Bachofen, p. 135f.

Gebet für den Grossen Rat
«Da seit etwas Zeit an den Grossen Raths Tagen das Gebätt für denselben auf der Cantzel underlassen worden ist, ist deshalben 1718 dem Antistes eine Erkantnuss (Beschwerde) zugesandt worden.»
Linder, II 1, p. 616

Zwist im Grossen Rat
«Als 1719 Grosser Rath gehalten wurde und die Partheyen sich sehr entzweyt hatten, sind über 20 Personen aufgestanden und aus dem Rath gegangen. Die übrigen aber, sonderlich die klein Basler, blieben sitzen und erkannten (beschlossen), man solle diese ausschliessen, die jetzt heimgegangen seyen!»
Linder, II 1, p. 754

Dieses Jahr sind hingegen neue Burger angenommen worden:

Hieronimus Wilhelm, von Lausen.

Niclaus Pfister, von Altenheim in der Herrschaft Lohr.

Peter Anderweh.

Peter Eckstein, von Mumpf.

Hans Stocker der Seiler, von Undertürckheim im Wirtenbergischen.

Claus Rot, von Frenckendorf.

Hans Martin Lütthin, der Kiefer, von Reinen.

Theodor Mentzinger, der Goldschmied.

Jonas Hertzog, von Oberweiler.

Michel Ledergerwer, aus der Abtey St. Gallen.

Mathias Haumüller, der Müller.

Jacob Brunner, aus dem Rheinthal.

Andreas Krüchel.

Herr Balthasar Hafner, der Notarius, von Ulm.

Elias Studer der Schuknecht, von Diessenhofen.

Hans Gamper, aus dem Thurgöu.

Marx Lüdin, von Lörach.

Hans Bossert, von Under-Hirnau, in der Graffschaft Kiburt.

Martin Berger, der Metzger, von Waldenburg.

Michel Herbort der Schneider, von Ober-Allbach.

Thomen Höss der Schneider, aus dem Tyrol.

Hans Rudolf Murer der Schneider, von Grüningen, Züricher Gebiets.

Zacharias Knaur ein Schneider, von Metzningen, im Würtenbergischen.

Martin Kraft der Schneider, von Bürlach im Würtenbergischen.

Hans Philip Bibese der Schneider, von Jrtzstein im Nassauischen.

Hans Jacob Sienger der Maurer, von Mühlhausen.

Johannes Mösch, von Augspurg der Schreiner.

Georg Brombacher der Ballenbinder, von Oettlicken.

Hans Walten, aus dem Rheinthal.

Christen Bachmann, von Waghausen.

Hans Feuermann, von Magden.

Liste der im Jahre 1618 ins Bürgerrecht aufgenommenen Neubürger.

Der Ehrenämter verlustig gegangen
«Den 29. August 1720 sind drei Sechser (Vorgesetzte einer Zunft) zu ihren Lebzeiten durch andere ersetzt worden: Erstens Sebastian Freyburger zu Kürschnern. Dieser musste sein Amt abgeben, weil er ein gottloses Hurenleben geführt hatte und deswegen zu armen Tagen gekommen war. Zweitens Hans Jakob Wild zum Himmel. Er hatte als der reichste Glaser der Stadt gegolten. Sein wenig begabter Sohn, von dem sich die Eltern so ungemein blenden liessen, musste unbedingt das vornehme Hosenlismer-Handwerk erlernen. Dabei hat er sich so ungeschickt verhalten, dass die ganze Familie an den Bettelstab kam. Und drittens Hieronymus Linder zu Gerbern, der ebenfalls verarmt war.»
Bachofen, p. 243f.

Verbotener Salzhandel
Trotz des obrigkeitlichen Verbots, in der Stadt mit fremdem Salz zu handeln, verkaufte 1721 eine Frau aus Leimen solches bei den Bürgern. Weil sie das Salz um einen Batzen billiger gab als die offiziellen Vertriebsstellen, fand sie zahlreiche Abnehmer. Die Obrigkeit unterband umgehend den widerrechtlichen Handel und bestrafte die Beteiligten an Leib und Gut.
Bachofen, p. 260 / Geschichte der Stadt Basel, p. 31

Verschwundene Ratsprotokolle
«Weil 1721 drey grosse Raths Protocoll Bücher hinweg gekommen und verlohren sind, und nicht wenig daran gelegen ist, dass selbige wiederum zur Hand gebracht werden, haben Unsere Gnädigen Herren erkannt und befohlen, dass derjenige, der solche Bücher in Händen hätte, sie den Herren Häuptern liefern oder liefern liesse und zu keiner Straf gezogen würde. Einem Entdecker sollen eintausend Gulden zu einer Belohnung gereicht werden. So sind die Bücher wieder an den Tag gekommen. Wer sie aber gehabt hat, ist nicht an den Tag gekommen.»
Linder, II 1, p. 513f. / Geschichte der Stadt Basel, p. 21

Tumult im Grossen Rat
«Im Grossen Rath war 1722 ein grosser Tumult entstanden, weil man alljährlich etlich tausend mehr aus dem gemeinen Seckel (Staatskasse) ausgegeben hat, als drin kommen. Es wurde daher proponiert, dass man hinfür alles besser menagieren (mit allem sparsamer umgehen) sollte. Die Versammlung ist aber voneinander geloffen, und ist keine Erkenntnis (Beschluss) ergangen!»
Schorndorf, Bd. II, p. 213

Verschmähte Ehre
Zu Rebleuten wurde 1724 mit Emanuel Hofmann ein neuer Meister erwählt. «Weil er aber noch ledig und ein sehr reicher Kaufmann war, welcher mit Seidenbändeln eine Fabrica hatte, mochte er die Rats- und Zunftmühe nicht auf sich nehmen. Er gab an, ein kränklicher Mann zu sein. Wenig später ist aber eine Wassersucht an ihm ausgebrochen, dass jedermann an seiner Auskunft zweifelte.»
Bachofen, p. 311

Verweigerte Eidesleistung
Auf der Gartnernzunft sollte 1724 Meister Albrecht Dietsch, der Seiler, den von der Obrigkeit befohlenen üblichen Jahreseid schwören, was ihm nicht behagte. Schliesslich hat «dieser zwar den Eyd abzulegen sich anerbotten, doch gebetten, dass er nicht zu der dabey gewohnlichen Ceremonien der zwey vorderen Finger samt des Daumens der rechten Hand Aufhebung möchte angehalten werden, sintemalen er diesen Actum als abgöttisch wider sein Gewissen laufend ansehe». Hierauf beschloss der Rat: «Ist Albrecht Dietsch hiemit das Burgerrecht und der obrigkeitliche Schutz aufgekündet.

Es ist gefunden worden:
1. Bey der St. Martins-Kirchen ist gefunden worden: Ein Mößingenes Pittschafft, so im Adresse-Contor zu beziehen ist.
Item, Pareplüye, Hembder-Knöpfflein, Schnupfftuch und allerhand Schlüssel, alles gegen einer kleinen Discretion.

Hingegen ist verlohren gegangen:
Eine saubere dünne Canne, wie in jüngstem Ordinari beschrieben, und
Eine grüne Weiber-Tasche; Wer dergleichen zu Handen bekomt, beliebe es gegen Beziehung gemeldter Recompenz an seine Behörde zu lüfern.

Preise der Lebens-Mittlen.
Vergangenen Freytag haben die Früchten etc. gegolten, schier wie in letstem Ordinari gemeldet worden, namlich:
Der Obrigkeitliche Kernen 5. Pfund.
— Land-Kernen alter 6. Pfund 10. ß. à 6. Pfund 15. ß.
— dito Neuer 5. Pfund 6. ß. à 5. Pfund 10. ß.
— Mischleten 4. Pfund 10. ß.
— Weitzen 6. Pfund à 6. Pfund 1. Batzen.
— Gersten 4. Pfund.
— Roggen 4. Pfund à 4. Pfund 1. Batzen.
— Habern 1. Thaler à 2. Gulden 1. Sack.
Der Butter 24. Rappen der beste, und ordinari Kauff, sonsten auch der geringere 22. à 23. Rappen das Pfund. Von verschwenderischen Mägden solle er auch biß 25. Rappen das Pfund bezahlt worden seyn.

Herr Sebastian von Brunn der Goldschlager, dißmahlen in der Neuen-Vorstatt wohnhafft, offerirt junge Leüthe in der Reiß- und Mahlerey-Kunst so wohl in seinem eigenen Losament, als auch ausserhalb in raisonnablem Preiß zu informiren. Auch will sich derselbe recommendirt haben, wann jemand etwas zu illuminiren haben möchte, versichernd, daß man in allem erwünschte Satisfaction haben solle.

Meister Hans Balthasar Pfannenschmied, der Schrifftgiesser und Posaunen-Bläser in der Stadt, wohnhafft bey Meister Hans Heinrich Scherb dem Nagler an der Undern Webergaß, will hiemit Jedermänniglich so wohl in Verfertigung neüer als in Repair- und Außbesserung alter Pareplüyes, umb billichen Preiß seine Dienst offerirt haben.

Es ist ein paar schwartze Manns-Handschuh gefunden worden, wem solche gehören, kan sie in dem Adresse-Contor erfragen.

Es wird dem Verlegern dieses Avis-Blättleins Meldung gethan von 200. guten Püntner Schaffen, welche zu verkauffen seynd, finden sich einige unserer Herren Metzgeren, welche Lust darzu haben, so belieben sie es in dem Adresse-Contor diesen Nachmittag vor Abgang des Zürcher-Botten zu berichten.

In dem Adresse-Contor ist zu verkauffen:
Vin de Frontignac, die Bouteille à 10. Batzen.
— de Bourgogne 1728. die Bouteille à 7½ Batzen.
— dito etwas geringer, die Bouteille à 4. Batzen.
— d'Arbois, die Maas à 14. Batzen.
Pfeffers-Wasser, die Maas à 5. Batzen.
St. Morizer-Wasser, die Maas à 9. Batzen.
Und übriges wie letstlich ist gemeldet worden.

Anzeigen in «Mit Hoch-Obrigkeitlichem Privilegio begönstigtes Avis-Blättlein Dienstags Anno 1729. Num. XLI. Den 11. Octobris».

Wegen dem Gut (seinem Vermögen) aber sollen der Frauen und Kindern Vögt ihr Amt thun.»
Ratsprotokolle 96, p. 56v. / Scherer, III, p. 472f.

Das Regiment

«Das Regiment ist democratisch eingerichtet. Die höchste Gewalt steht bei klein und grossen Räthen zusammen, welche 280 Mann ausmachen. Nämlich von jeder der 15 Zünfte 4 im kleinen und 12 im grossen Rat (Sechser), samt 36 von den drei Gesellschaften der kleinen Stadt. Jede Zunft ordnet ihre Witwen und Waisen Vögt ab und hat Jurisdiction (die Gerichtsbarkeit) in Handwerksachen. Die Häupter der Stadt sind 2 Burgermeister und 2 Obriste-Zunftmeister, von welchen alle Jahr 2 regierend sind und auf Johannis Baptistae umwechseln. Auf gleiche Weise pflegen auch die 60 anderen Rathsglieder alljährlich auf gemelte Zeit umzuwechseln, also dass jedesmal 30 neu und 30 alt sind. Über dieses ist der geheime oder 13er Rath, welcher aus den 4 Herren Häuptern und 9 ansehnlichen Herren des kleinen Raths besteht. Diese rathschlagen über vorfallende wichtige Kriegs- und Staats- und auch Policey Geschäfte und bringen ihr abgefasstes Gutachten dem kleinen oder auch dem grossen Rath ein. Der Stadt Einkünfte und Schatz, wie auch die öffentlichen Ausgaben, werden durch drei Herren des Raths dirigirt und verwahrt, welche deswegen die Dreyer-Herren genennt werden. Über die Kirchen und Schulen zu Stadt und Land sind als Inspectoren von hoher Obrigkeit seit 1532 deputirt und verordnet 3 Herren des Raths, samt einem jeweiligen Stadtschreiber, welche man die Deputaten nennt. Zur Haltung der Justiz ist das Stadtge-

RIEHEN. Dorf im Canton Basel.
A. St. Chrischona. B. Wencken. C. Wiesen fluss.
Büchel del.

RIEHEN. Village dans le Canton de Basle.
A. St. Chrischone. B. Wencken. C. Wiesen Riviere.

«Riehen, in einer lustigen Gegend gelegen, welches ein alt Instrument Rinheim nennet, hat vorzeiten einen Edelmanns-Sitz gehabt. Das Kloster Wettingen kaufte im 1239. Jahr zu Mülhausen von Henrich von Wassersteltz den Kirchensatz, Zehnten und die besten Zinse und Gefälle. Diese aber sind im 1540. Jahr von der Stadt Basel um 4000 Gulden gekauft worden, welche zwanzig Jahr vorher die gantze Herrschaft an sich gebracht hat.»
1765.

richt. Dessen Präsident ist der Schultheiss, welcher 24 Beysitzer hat, die alle Jahr auf Johannis Baptistae abwechseln, sodass jeweilen 12 neu und 12 alt sind. Diese halten Gericht über Frevel, Scheltwort, Schulden, Erb und Eigentum. Das Malefitz (Verbrechen) gehört vor den kleinen Rath; aber im öffentlichen Blutgericht, das am Tag der Execution gehalten wird, führt der Schultheiss den Stab, welcher auch, nebst dem obersten Herrendiener, der Execution beywohnt. Die kleine Stadt hat einen eigenen subordinierten (untergeordneten) Schultheiss und eigen Gericht, wie auch die drei Gesellschaften, deren jede 12 Mann in den grossen Rath gibt, ein besonderes Haupt hat, welcher oberster Meister genannt wird.»
Iselin, p. 386

Nicht über die Verhältnisse leben
«Aus Anlass einiger um Besserung ihrer Dienste anhaltenden Amtsleüt ist 1727 im Grossen Rath erkannt worden, man solle keine Salaria verbessern, bis man sehe, wie man stehe. Und erst dann wolle man sehen, ob es auch nöthig sey. Auch ist Ferner ist erkannt worden, die noch schuldig restierende Pretentionen (Forderungen) innert den nächsten 3 Fronfasten abzustatten und zu bezahlen.»
Geschichte der Stadt Basel, p. 362

Mehr Sitzungen für den Grossen Rat
«Derweil durch die seit graumer Zeit gehaltenen Umfragen eine erstaunliche Anzahl Anzüg (parlamentarische Vorstösse) zusammen gekommen sind und dieselben in den gewöhnlich gehaltenen Raths Versammlungen ohnmöglich in langer Zeit könnten tractiert werden, ist 1727 erkannt worden, dass man alle Montag Grossen Rath halten solle.»
Geschichte der Stadt Basel, p. 376

Huldigung in Riehen
«1734 hat sich eine hochansehnliche Rathsdeputation, welche aus dem neuen Oberstzunftmeister, Meister Forkkardt, und alt Oberstzunftmeister Beck bestand, nach Riehen begeben, wo die beyden Landvogteien Riehen und Kleinhüningen ihren Landvögten Socin und Frey den Huldigungseid abgelegt haben. Dieser Actus ist mit einer kostbaren Mahlzeit beschlossen worden.»
Basler Chronik, II, p. 430

Der Wasenmeister von Tenniken
«Als der Wasenmeister von Tenniken 1734 auch um die Verlochung des verreckten kleinen Viehs, der Schweine, Kälber, Geissen und Schaafe, angehalten hat, ist er von Unsern Gnädigen Herren abgewiesen worden. Es solle den Underthanen fürterhin erlaubt seyn, das crepierte kleine Vieh selbst zu verlochen, er habe sich mit dem grossen Vieh zu begnügen.»
Linder, II 1, p. 601

Hochtrabender Zunftmeister
Als 1734 der Kleine Rat zur Neubestellung des Kleinbasler Stadtschreiberamtes zusammengetreten war, liess sich Meister Hegi zu Schneidern in einer Sänfte ins Rathaus tragen, um seine Kandidatur anzumelden, obwohl er sich seit eineinhalb Jahren nicht mehr im Rat hatte blicken lassen. «Weil nun Meinen Gnädigen Herren die Ankunft dieses Mannes in so seltsamer Postur fremd vorkam, ward er vor der Thür gefragt, warum er anjetzo hieher komme. Er hat zur Antwort gegeben, eine Magd sey in sein Haus gekommen und habe ihn gebeten, er möge sich alsobald durch diese 2 Persohnen in den Rath tragen lassen, weil ein Stattschreiber im Klein Basel zu bestellen sey.» Die Ratsherren liessen sich diesen Auftritt nicht gefallen und stellten Hegi für ein Jahr unter Hausarrest, verbunden mit einem dreijährigen Ämterentzug.
Linder, II 1, p. 880f.

Der Staatsweibel wird eingekleidet
«Auf Absterben von Hans Georg Dietz ist im Januar 1735 Isak Merian, der Kunstmaler, zum neuen Ratsknecht erwählt worden. Weil Dietz als ansehnlicher und wohlberedter Mann sich sehr propre in der Kleidung gleich einem Ratsherrn aufführte und immer einen Faltrock, einen Hut und eine Krös (weissen Kragen) wie ein Ratsherr trug, hat der Grosse Rat erkannt, dass der neue Ratsknecht in amtlichen Geschäften einen weißschwarzen Mantel zu tragen habe. Dadurch soll der Herr vor seinem Knecht erkannt werden. Auch wurde ihm auf seinen Stab ein silberner Kopf gegossen mit einem Basilisken als Wappenhalter obendrauf.»
Bachofen, Bd. II, p. 391

Das Mehl wird gewogen
«1739 ist auch allhier das Mehlwägen eingeführt worden. Bis anhin wurde das Mehl von vereidigten Mehlmessern in Sestern den Kunden vorgemessen.»
Müller, p. 23

Streit um den Weidgang
«Die Burgerschaft der mindern Stadt hat 1744 zum zweyten Mahl einen solennen Auszug auf die von Herrn Hagenbach neu angelegte Bleiche gehalten. Weil das Land zu ihrem Weidgang diente, haben die Kleinbasler die auf den Matten liegenden Tücher aufgehoben und aufeinandergelegt, den darum angelegten Grünhaag aus den Wurtzeln gerissen und das Vieh hereinlaufenlassen.»
Basler Chronik, II, p. 140f.

Anstössige Gedenkrede

«Herr Spreng, Pasteur im Waysenhaus und Professor der Poesie, hat 1748 im Doctor-Saal wegen den vor etlichen hundert Jahren in der St. Jacober Schlacht gebliebenen Schweitzerischen Helden eine schöne, gelehrte Oration (Rede) zu ihrem Nachruhm gehalten. Weil er aber die französische Nation ziemlich durchgehechelt hatte und wir solche jetzt zu unsern Nachbarn haben, haben Unsere Gnädigen Herren erkannt, Prof. Spreng 150 Pfund zu reichen, wogegen dieser die noch bey Handen habenden Exemplare auf die Cantzley lüfern soll. Es waren aber schon viele distribuiert (verteilt) und überdies einem jeden Grossen Rath eines zugestellt worden.»

Linder, II 1, p. 1177 / Im Schatten Unserer Gnädigen Herren, p. 23f.

Neuer Bürger

«Um das Jahr 1720 hatte Onophrio Brenner zu Bern ein Weibsbild geschwängert und sollte laut dasigem Chor Gericht solches ehelichen. Aber am Tag vor der Hochzeit machte er sich auf und davon und kam nach Basel, wohin ihn auch das geschwächte Weibsbild verfolgte und sich in dieser Sach vor hiesigem Ehegericht anheischig machte. Nach langem Procedieren wurde diese Ehe für nul erklärt, doch war indessen ein Knab gebohren und ehrlich getauft worden. Die Mutter blieb bis auf ihren Tod hier, der Knab aber wurde nach Bern gesandt. Brenner, durch richterlichen Spruch frey, hat sich nun anderwärts mit einer Lindenmeyerin verheyrathet, mit der Bedingung, dass er deren uneheliche Tochter an Kindsstatt nehme. Seit seiner ersten Ehe waren nun indessen gegen 20 Jahre still und ruhig vergangen und sein Sohn mittlerweile erwachsen worden. Dieser flehte nun die Berner beständig an, endlich das Urtheil des Chor Gerichts zu vollziehen. So wurde nun auf einer Tagsatzung der Basler Gesandte angewiesen, dafür zu sorgen, dass Brenner seinen Pastart als sein Kind erkläre und dass der junge Mann als Basler Bürger angenommen werde. Niemand war nun diesem rechtlichen Begehren mehr zuwider, als die Tochter, welche plötzlich einen 30 jährigen Bruder und Miterben bekommen sollte. Sie konnte aber nicht verhindern, dass ihr Stiefbruder, der auf Unkösten der Berner studiert hatte, vom Grossen Rath zu einem Bürger angenommen wurde und der vor einem Jahr ergangene Grossrathsbeschluss, dass während der nächsten 12 Jahre kein neuer Bürger sollte angenommen werden, über den Hauffen gestossen worden ist.»

Linder, I 1, p. 40f.

Beschimpfung der Obrigkeit

«Eine gottlose und frevle Hand hat 1750 mit einer Kreyde schön cantzleyisch ans Halseisen (Folterwerkzeug auf dem Marktplatz) geschrieben: ‹Bürgermeister, Zunftmeister, Räth und Meister sind allesamt Schelmen und Diebe, Statt- und Landesverräther.› Als ein Ehrsamer Rath solches erfahren hat, wurde dem Statt Knecht Befehl ertheilt, solches durchzuwischen. Auch wurde dem Entdecker 6 Neuthaler Recompens versprochen.»

Linder, I 1, p. 64 / Im Schatten Unserer Gnädigen Herren, p. 27

Der Landvogt zu Farnsburg

«1750 starb Andreas Fäsch, Landvogt zu Farnsburg, in seinem 55. Jahr. Er war ein sehr verständiger Mann, der die History seines Vatterlands wohl inne hatte, sich aber von dem Wein zu wunderlichen Sachen verleiten liess. In der Bau Kunst hatte er wenig seines gleichen, wie denn auf seiner Alp Dietlisberg fast alle Arten von Wasser Werck, aus einem Weyer angetrieben, anzutreffen waren. Das Schloss Farnsburg veränderte er fast gantz und machte einen recht fürstlichen Sitz daraus, ungeachtet, dass Unsere Gnädigen Herren wenig dazu beytrugen, wodurch er in grosse Schulden kam.»

Linder, I 1, p. 65

«Baslerisches Haushaltungsbuch», publiziert in den Mittheilungen zum Tagblatt der Stadt Basel, 1862.

Die Pflicht des Manteltragens
«Es war 1752 Gebrauch, dass alle Bürger, die vor dem kleinen Collegium (Regierungsrat) etwas zu schaffen hatten, in den Mänteln erscheinen mussten. Wer keinen mitbrachte, dem lehnten der Stuben Knecht oder der Ganth Rüeffer auf dem Rathhaus einen solchen gegen Gebühr. Als der Zuchthaus Meister Bauler ohne Mantel Pfarrer Merian jenseits (im Kleinbasel) zur Taufung seines Kindes ansprechen wollte, musste er zuerst den Mantel holen. Als er wiedergekommen war, fragte er den im Nachtrock seyenden Pfarrer, ob nicht auch ihm ein anderer Putz gebühre.»
Linder, I 1, p. 191

Justitia erblindet
«Als Niclaus Bientz, der Metzger, im Sommer 1754 mit noch Dreyen vom Baden aus St. Alban Loch zurückkam, begegnete ihnen oben am Steinenberg Hans Jacob Burckhardt, Capitain Commandant in Frankreich und designierter Meister zu Schmieden, der Bientz als einen unter ihm ausgerissenen Soldaten erkannte und ihn mit andern Scheltworten einen Nachtschwärmer nannte. Hierauf näherte sich ihm Bientz und sagte: ‹Herr Meister, wir legen ihnen ja nichts in Weg, dass ihr uns so schiltet.› Er kriegte aber statt der Antwort mit dem bereits entblössten Degen einen Stich unter das lincke Wärtzlin hinein, woraus bald viel Blut drang, und er ohnmächtig zu Operator Gigy gebracht werden musste, bis dahin er wohl 6 Pfund Blut mag verlohren haben. Dieser wendete hierauf allen Fleiss an, bis er nach 3 Stundt wieder redete und zum Zeichen, dass die Lunge ein wenig verletzt war, Blut spie. Gigy ging hierauf zu den Herren Häuptern, welche Bientz also bald besichtigen liessen und den Stich für sehr gefährlich hielten. Dennoch wurde nicht die geringste Anstalt zu Burckhardts Anhaltung gemacht. Als er nach einiger Zeit doch noch zur Verantwortung gezogen wurde, gab er vor, Bientz und dessen Cameraden hätten ihn durch Gorbsen und Furzen zum Zorn gereizt. Er wurde denn auch nur mit einer Straf von 50 Pfund belegt. Diese von E.E. Rath ertheilte Sentenz erweckte bey dem grössten Theil der Bürgerschaft ein überlautes Murren. Bey Bientz aber den heftigsten Zorn, so dass er vor Meister Burckhardts Haus lief und diesem mit grössten Betheuerungen den Tod drohte. Auf Befehl des Amtsbürgermeisters wurde Bientz zur Ruhe ermahnt, andernfalls er auf die Galleeren geschickt würde. Dieses war hiemit das Ende einer bey nache verübten Mordthat und beweist, dass Justitia, die schönste aller Tugenden, wahrhaftig erblindet.»
Linder, I 1, p. 329f.

Oberst-Herrendiener
«1755 wurde dem Oberst-Herren-Diener (in andern helvetischen Städten Grosswaibel genannt) aufgetragen, bey allen seinen amtlichen Verrichtungen die Stadtfarbe und den Stab (Amtskleider und Szepter) zu tragen.»
Taschenbuch der Geschichte, p. 188 / Müller, p. 32f.

Kein Mitleid für eine arme Frau
«Bürgermeister Merian liess 1755 eine arme Frau aus dem Steinen Quartier, welche sich bei ihm um ein Almosen bewarb und nicht mehr aus dem Haus wollte, durch die Spital Mägd in einem Krancken Sessel vor die Hausthür von Meister Kern, des Hauptmanns des Steinen Quartiers, stellen. Weil solches aus Hass zu geschehen sein schien, musste der Bürgermeister von diesem resoluten Meister viel Unbeliebiges anhören!»
Linder, I 1, p. 348

Lörrach wird zur Stadt erhoben
Am 24. August 1756 «wurde der margräfische Flecken Lörach, anderthalb Stund von Basel aus Anstiftung vom dasigen ambitiösen Residenten aus Befelch Ihro Durchlaucht, des Margrafen von Baden Durlach, zuerst geistlich in der Kirche, zweitens mit Salven und militärischer Paradierung und drittens debochirlich mit Essen und Trincken sambt allen beschriebenen Prifilegien solaniter und ceremonialisch zu einer Statt – notabene Stättli – proclamirt.»
Im Schatten Unserer Gnädigen Herren, p. 44 / Bieler, p. 913

Die Vorstadtgesellschaft zu den Drei Eidgenossen
«Es ist zu wissen, dass das Steinemer Quartier niemahlen eigene Vorgesetzte gehabt hat gleich den andern Vorstädten. Weil nämlich die Wäberen Zunft einzig in dieser Vorstatt gelegen und deren Vorgesetzte und der grösste Theil ihrer Zunftangehörigen des Orts Bequemlichkeit halber daherum wohnten und hiemit Steinemer waren, so konnte das Waydwesen gar füglich ihnen anvertraut werden. Allein als nachwerts die Bestellung der Vorgesetzten durch deren Intriguen mehrentheils bis zum Los und Gelt verhandelt wurde und ihnen hiemit sehr lieb war, wenn reiche Kaufleüthe sich um ihr Zunftrecht bewarben, von denen sie mehr Gewinn als von ihren rechtmässigen Zunftangehörigen erwarthen konnten. So wurden nach und nach Fremdlinge aus allen Ecken der Statt Vorgesetzte, denen der Waydgang und wahre Nutzen der Steinemer wenig zu Hertzen ging, und welche sich auch ein Stuck nach dem andern in der Neuen Welt entreissen liessen. Da nun seit einigen Jahren sich allerhand Zwistigkeit mit den Äschemern sich ereigneten, so sannen die Vorgesetzten zu Wäbern auf Mittel, sich dieser Last zu entledigen und resolvierten (beschlossen) den Steinemern als eine Gnad eigene Vorgesetzte. So

erwählten sie also am 3. Merz 1757 einen Vorstattmeister samt Mitmeistern. Den 23. ward vom Rath erkannt, dass die Vorsteher dieser neuen Gesellschaft zu den Drey Eydgenossen das erste mahl durch die Vorgesetzten zu Wäbern ohne Eyd bestellt und jeweilen ein Herr des Kleinen Raths und einer von der Gemeinde Vorstatt Meister seyn sollen.»

Linder, I 1, p. 410

Bürgerrecht gegen Musikunterricht

«1758 ist Melchior Walz, der Tanzmeister und Zinkenist im Münster, gratis ins hiesige Bürgerrecht aufgenommen worden, mit dem Beding, dass er 4 Bürger Söhn das Zinkenblasen ohne Entgelt lehrnen soll. Man verwunderte sich anfangs, dass dieser gar wohl entbährliche Mann so viele Gönner gefunden hat. Allein, wer ein wenig betrachtet, dass die meisten unserer jetzigen Klein- und

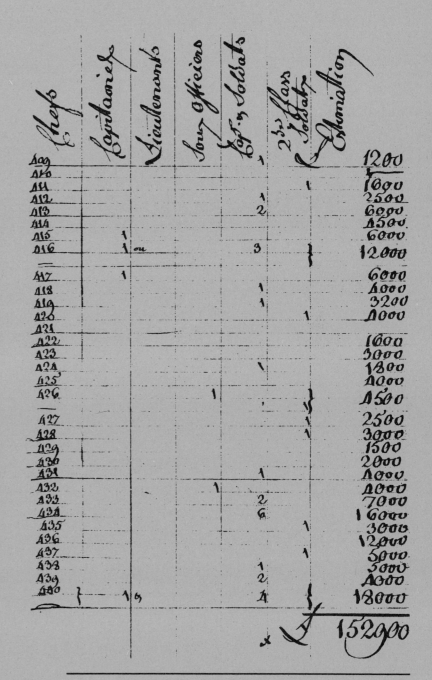

Aus dem Verzeichnis sämtlicher Häuser und Gebäude der Stadt Basel von 1798. Auf der rechten Seite ist sowohl die Anzahl der Wehrfähigen vermerkt wie die Schatzung der Häuser (Estimation).

Grossräth schon so manchmal nach seiner Pfeife getanzt haben, der wird bald gewahr werden, dass diejenige Parthey, welche ihn dieses zu begehren angereizt und solchen begünstiget hat, die neue Bürger Annehmung (Ordnung) dadurch lächerlich und verächtlich zu machen gesucht hat.»
Linder, I 1, p. 466

Vogtgarben
«Als 1758 Hans Imhof, sonst nur der Brentz Hans genannt, in Wintersingen zu einem neuen Untervogt gewählt wurde, führte dieser unruhige Kopf sogleich viele Neuerungen ein. So forderte er von allen Witweibern die Vogts Garben, da doch solche nur die reichen zu geben schuldig waren. Die Gemeinden beklagten sich zwar zu verschiedenen Mahlen bey Landvogt Wettstein zu Farnsburg. Allein es lief wider sein Interesse, diesen zu helfen, indem alle, die einem Vogt Garben stellten, auch dem Landvogt ein Viertel Haber lüffern mussten. Endlich kehrten die Gemeinden vor E. E. Rath, der denn auch die armen und geringen Witweiber von der Vogt Garbe frey sprach.»
Linder, I 1, p. 457

Ständige Wache für das Rathaus
«1759 haben es Unsere Gnädigen Herren für gut befunden, dass zur Verwahrung des Rathauses eine beständige Schiltwacht sich allda befinden soll.»
Linder, I 2, p. 16

Die vier Häupter
«Herr Prof. Iselin nahm mich 1760 mit zum Besuch bei den vier Häuptern, worüber er diese vorher verständigt hatte. Herr Falckner, der regierende Bürgermeister, empfing uns allerdings nicht, denn nach Mittag pflegt er immer ein langes Schläfchen zu machen; er ist schon ein sehr betagter Mann, dem noch im vorigen Jahr ein 62 Jahr alter Sohn begraben wurde, an welchem Anlass ich auch war. Von da gingen wir zu dem regierenden Oberstzunftmeister, H. Faesch, auch ein alter Herr, aber noch bei Kräften; alsdann zum ehemaligen Bürgermeister H. Merian. Dieser und der eine Zunftmeister heissen deshalb ‹ehemalig›, weil sie jetzt nicht regieren, sondern alle zwei Jahre alternieren. Auch er ist ziemlich alt, aber heiter und zu Scherz aufgelegt. Zuletzt gingen wir zum ehemaligen Zunftmeister H. Battier, dem jüngsten der Vier. Mit dem ersten sprach ich nur in der dritten Person Pluralis auf deutsch, beim Hinausgehen sagte mir aber der Professor, er habe mir vergessen zu sagen, dass Fremde [dem Oberstzunftmeister] den Titel Exzellenz geben, deshalb gab ich diesen Titel auch den beiden andern. Alle drei empfingen mich sehr freundlich.»
Teleki, p. 85f.

Zuchthäusler müssen arbeiten
«Nachdem öfters in Betrachtung gezogen worden ist, auf welche Art und Weis die in dem Zuchthaus gefangenen Persohnen zur Arbeit angehalten werden können, ist 1762 erkannt worden, dass die gefangenen Männer Brasilien Holtz schneiden und Pack Tuch machen, die Weibs Bilder aber Seiden winden, Garn zum Pack Tuch spinnen und auch auf der Baumwollen Spinnerey arbeiten sollen. Zu solchem ist ein erfahrener, ehrlicher Wäber Meister zur Aufsicht angenommen worden. Aller von dieser Einrichtung zu verhoffende Nutzen soll dem Armen Hauss zu gut kommen.»
Linder, I 2, p. 157

Abgesetzter Vorgesetzter
Anno 1762 «ist Christoph Brenner, Fischer, auch Sechser zu Fischern, weil er am Herberigberg viele junge hiesige und frembte Kaufmannsbediente zu Spiehlen und Hurerey eingezogen hatte, erstlich vom Sechserthum abgesetzt, lebenslänglich kein Wein ausgeben und für 1 Jahr ins Haus verbannisirt worden».
Im Schatten Unserer Gnädigen Herren, p. 130 / Bieler, p. 832

Blamierter Ratsherr
«Als Meister Franz Dietrich Anno 1764 von Haus ohne Grös (Kragen) in Raht gehen wollte und er auf das Rahthaus kam, sagdte ihm jemand, dass er kein Grös anhatte, worüber er erschrack und sich schämbte. Wan also dieser lächerliche Casus einem andern Conseiller begegnet wäre, hätte man solches nicht so viel estimirt. Weilen aber solches einem qualificirten und in der Einbildung geglaubten Staats-Mann passirt, so ist er auslachungswürdig gewesen. Mithin ist noch das allerlächerlichste, dass er in der grössten Einfalt ohne Grös heim, solches angelegt und wieder in Raht gegangen.»
Im Schatten Unserer Gnädigen Herren, p. 145 / Bieler, p. 665

Lächerliche Bettelscheine
«Lächerliche Bettelscheine, wie sie ein 1767 verstorbener baslerischer Stadtprediger an Hülfsbedürftige in seiner Kirchgemeinde auszustellen pflegte:
J. H., der Weisbeck, der aber aus Mangel an Mähl niemal bachen kann, ist mit drei Kindern beladen, und in solchen betrübten Umständen, dass er an allem Mangel hat, sonderlich aber an Pecunia (Geld). Bittet derowegen, wie auch schon öfters geschehen, sonderlich jetz und bei dieser herben Witterung, gutherzige Ehrenleut um eine milde Beisteuer. Den 6. Jenner 1755.
M. S., die Schwefelhölzleren, ein alt bucklicht Weiblein, kommt alle Frohnfasten und haltet an um ein Bättelzedel an ihre bekannten grossen Gutthäter und Gutthäterinnen, welcher hier beikommt. Den 14. Hornung 1755.

N.K., der Bättelvogt, ist gestorben, weil er aber nichts anders, und keine anderen Kleinodien als drei arme Bättelkinder hinterlassen, so werden gutherzige Ehrenleut demüthig gebätten, an die Begräbnisskosten dieses beamteten verstorbenen Manns und seiner Kinder etwas zu steuren. Den 25. Wintermonat 1756.

M.H., eine ledige Weibsperson aus dem Bernerbiet, 68 Jahr alt, eine elende Tröpfenen, welche sich allhier schon in die 44 Jahr als eine Taglöhnerin aufgehalten, ist endlich gewillet nacher Bern in den Spittal zu verreisen, aber nicht in einer Carosse, weil sie aber eine grosse Finsterniss im Säckel hat, als werden gutherzige Ehrenleut gebätten, ihro einen Zehrpfennig mitzutheilen, damit sie kah mit Ehren weiters koh. Den 19. April 1757.

H.H., ein Beck ohne Mähl und seine Ehefrau A.M.M., mit 3 unerzogenen Kindern beladen, beklagen sich sehr, dass sie Mangel haben an Brod und Geld, begehren von mir einen Zedul an gutherzige Ehrenleut, muss ihn wohl geben, um Ruh zu haben. Den 12. Augsten 1757.

E.B., das sogenannte Wurstlisi, eine arme Taglöhnerin, hat eine schlechte Hütte, keinen Kleiderpracht und keine delikaten Speisen, in Summa sie hat an der Armuth keinen Mangel, weil sie aber ein Frohnfastenkind ist, so bittet sie gutherzige Leut ihro ein Hellerlein an den Hauszinss zu steuren, sie will für diese Ehrenpersonen bätten. Den 17. Christmonat 1759.

A.H., eine alte, kranke, arme, verlassene Bauchiknetscherin (Wäscherin), an der hinteren Steinen, bittet gutherzige Ehrenleut um Gotteswillen um ein Allmosen. Ich hab sie heut nach der Morgenpredigt besucht, und an der finstern ausgenuzten Stegen mein Leben gewagt. Den 23. Mai 1762.

NB. Ehe die gemeinnützige Gesellschaft ihre menschenfreundlichen Stiftungen für Armenpflege und Armenbesorgung in Basel begonnen hatte, wurden die Namen und Verhältnisse nothleidender Gemeinde-Armen von ihren Seelsorgern entweder durch das Wochenblatt bekannt gemacht oder solche Bettelscheine denselben zugestellt.»

Quelle unbekannt

Löffeldiebstahl auf der Bärenzunft

Über diesen rätselhaften Vorfall, der viel Staub aufgeworfen hat, schrieb der Basler Ratsschreiber und Sechser der Bärenzunft (Zunft zu Hausgenossen) Isaak Iselin seinem Freund Salomon Hirzel, Stadtschreiber in Zürich, wie folgt: «Den 13. Jänner 1767 spiesen die Vorgesetzten der Zunft zum Bären auf ihrem Zunfthause miteinander. Ich war wie gewöhnlich nicht dabei. Meine Gesundheit, meine Geschäfte und mein Geschmack erlauben mir selten, öffentlichen Mahlzeiten beizuwohnen.» Des Abends nach dieser Gasterei fehlten dem Wirte vier silberne Löffel. Der regierende Ratsherr wie der regierende Meister empfehlen die genaueste Nachforschung. Indem der Wirt des folgenden Tages damit beschäftigt ist, schickt der Gerichtsschreiber (Christoph Burckhardt), welcher an der Mahlzeit gewesen war, einen Jungen zu demselben und lässt ihm sagen, er solle in die Gerichtsschreiberei kommen. Dort zog der Gerichtsschreiber die Löffel hervor mit dem Beifügen: «Seid zufrieden, dass ihr sie wieder habt. Sagt niemandem nichts davon, sonst könntet ihr ins Unglück kommen.» Der Stubenknecht antwortete, er könne nicht, er müsse es den Vorgesetzten mitteilen. Bei den nachfolgenden Untersuchungen gab der Gerichtsschreiber immer wieder zu verstehen, er habe der Person, welche die Löffel zurückgebracht habe, heiliglich versprochen, sie nicht zu verraten. So wurde der Diebstahl nie aufgeklärt, und der Verdacht blieb am Gerichtsschreiber hängen. 1772 musste er alle seine Ämter, wohl noch aus andern Gründen, aufgeben. Er ging ins Ausland, wo er starb.

F. Schw., Basler Nachrichten, 1. November 1923 / Linder, II 2, p. 316f.

Das von einem Ratsherrn, einem Geistlichen und einem Mitglied der Gemeinde gebildete Ehegericht. Radierung von Hans Heinrich Glaser. 1634.

Die Ratsherren und ihre Gewohnheiten

«Die Regierungsart und der Geist der Constitution sind sehr demokratisch, Handwerksleute und Zünfte haben den grössten Einfluss. Der Kleine Rat wird aus dem Grossen erwählt, die Grossen Räte werden aus den fünfzehn Zünften der grossen Stadt und aus den drei Gesellschaften der kleinen Stadt gezogen, und zwar nach dem Dafürhalten der Handwerker. Aus jeder Zunft gelangen zwölf in den Grossen Rat. Sechs Zünfte nehmen ausschliesslich Handwerksgenossen auf, zwei nehmen nur die Hälfte und die andere Hälfte aus fremden Berufen unter ihre Vorgesetzten auf. Auf diese Art sind im Grossen Rat, welcher die oberste Gewalt besitzt und vollzählig aus zweihundertundsechzehn Mitgliedern besteht, immer einhundertundzwölf echte Handwerksleute, also mehr als die Hälfte. Daneben gibt es noch viele richterliche und andere wichtige Ämter, wie das Schultheissenamt, welche von der gesamten Bürgerschaft gewählt werden. Nach den Landvogteien ausserhalb der Stadt werden Grossräte abgeordnet. Diese verlieren aber nach ihrer Wahl ihren Sitz im Grossen Rat. Alle Ämter werden durch das Los vergeben. Auf diese Art hängt die Bestellung der gesamten Regierung grösstenteils vom Zufall ab. Bei diesem Verfahren darf man sich nicht wundern, wenn in der Regierung weniger aufgeklärte Köpfe sitzen als in jenen Orten, wo man sich bemüht, die Regierung nur aus solchen Männern zu bestellen, die wirklich dazu fähig sind. Wie sehr muss doch eine solche Wahlart jedes ehrliche Streben ersticken, wo doch der beste Verstand mit dem redlichsten Herzen, mit allen Einsichten und Verdiensten sehr oft vom Los zurückgesetzt wird! Der Kleine Rat, bestehend aus vierundsechzig Mitgliedern, zerfällt in zwei Teile, den Neuen und den Alten Rat. Auf Sankt Johannes Baptist wechseln beide jährlich die Regierung unter sich. Beide Räte tagen immer zusammen. Wenigstens ist den Alten erlaubt, allen Versammlungen beizuwohnen. Wenn aber die Geschäfte vorgetragen und die Parteien angehört werden, zieht sich der Alte Rat zu einer Sonderberatung zurück und übergibt dem Neuen ohne gültige Stimme oder Decision sein Gutachten. Ein weiterer Unterschied wird aus den Bänken der Räte ersichtlich. Die Neuen stehen vornehmer im Saal, die Alten dagegen im Hintergrunde. So ist eigentlich die ständige Regierung nur aus zweihundertdreissig Personen gebildet. Im grossen Ratssaal sind die Bänke der Räte nach Zünften geordnet, die wiederum unter sich einen Rang haben. Die vordersten Kanzlisten, Stadt- und Ratsschreiber besitzen bei vielen Kammern eine gültige Stimme. Ihre Ämter sind lebenslänglich, einträglich und haben grossen Einfluss auf den Gang der Verhandlungen. Die vier Häupter und die zwei Staatsschreiber haben auf dem Münsterplatz sehr schöne, obrigkeitliche Wohnräume, desgleichen auch der oberste Pfarrer.

Die Bekleidung der Ratsherren, wenn sie sich in den Rat begeben, ist merkwürdig. Sie tragen kurze, gefaltete Überröcke mit weiten, aber kurzen Ärmeln nach Art unserer Kanzelröcke, ferner Kragen, die klein, aber steif und dick sind und sich von denen der Geistlichen durch ihre doppelte Kräuselung unterscheiden. Die Standeshäupter werden in einer kostbaren Kutsche auf das Rathaus abgeholt und heim geführt. Sie hat eine sonderbare Gestalt und sieht den fürstlichen Kutschen ähnlich, wie sie im vergangenen Jahrhundert in Frankreich Mode waren und wie man sie oft auf alten Kupferstichen abgebildet sieht. Damit keiner sich über den andern erhebe, sind die vier Sitze so angebracht, dass alle das Angesicht zur Seite wenden und je zwei einander den Rücken kehren. Das Schatzmeisteramt wird von drei Herren verwaltet. Sie geben aber nur auf dem Rathaus Audienz und kommen jede Woche an bestimmten Tagen dort zusammen, nehmen ein, zahlen aus und verrichten die Geschäfte ihres Amtes. Das nennt man Collegium, ihre Versammlung und das Zimmer, darin sie sich aufhalten, die Haushaltung. Der Ratsschreiber wohnt diesen Sitzungen ebenfalls bei und besitzt gültige Stimme. Es herrscht hier ein alter Brauch, dass jedesmal nach Abschluss der Geschäfte jeder der Herren ein grosses Glas Wein erhält. Die Bürgermeister laden nicht selten zur offenen Tafel. Es gibt hier viele Rechtschaffene, für das Wohl des Gemeinwesens und für den Nutzen des Vaterlandes Besorgte. Aber sie wirken nur als einzelne. Der vereinigte Eifer, die gesellschaftlichen Aufmunterungen, der verbindliche Wetteifer von vielen, die Anstalten, Zusammenkünfte, Versammlungen, Anlässe zu gelehrten, moralischen oder politischen Gesprächen, Beratungen oder Unternehmungen mangeln. – Der Kaufmann, dieser wesentlichste Stand in der Bürgerschaft, ist ungleich weniger gelehrt, weniger Politiker und Liebhaber der Wissenschaften und Künste als in Zürich, und dies macht einen grossen Unterschied im Zustand der beiden Städte.» 1773.

Schinz, p. 54ff.

Folterwerkzeuge

«Bey uns zu Basel brauchet man 1773 bey geringen Verbrechen und sonderlich bey schwachen Weibspersonen, den Daumenstock, hernach die Strecke, und wann diese nicht genug, den Stiefel, darnach die Wanne, damit man den Leib in die Breite ausdehnet, und endlich die Kron, so ein Knottenseil ist, welche um den Kopf gereitelt wird. An etlichen Orten werden die Delinquenten unter den Achslen, an den Beeren der Fingern und an andern empfindlichen Orten des Leibs mit Fackeln genget. Item, man schlaget ihnen kleine in Schwebel (Schwefel) gedunkte spitzige Höltzlein unter die Nägel, und

zündet hernach solche an. Wann auch vermuthet wird, dass die Person mit Zauberey unempfindlich gemacht worden, pflegen ihnen die Henker alle Haar an dem Leib fleissig abzuschären, auch zuweilen ein sonderbar darzu verfertigtes Hemd anzulegen.»
Waldkirch, p. 41ff.

Neuer Wind im Waisenhaus

«1776 ist Candidat Andreas Fäsch, Organist zu St. Theodor, zu einem neuen Waysen Vatter angenommen worden. Ihm gab man jährlich 300 Pfund und freye Kost für Ihn, Frau und Kinder. Die Inspection schaffte 40 Knaben und 20 Mägdlin gantz neue blaue Kleyder an, alles zinnen Geschirr und Bethwerck samt dem Kuchin Geschirr. Die acht seit dem Pabstthum gestandenen Zellen wurden abgebrochen und die 40000 darauf gewesenen Ziegel zum abgebrannten Zeughaus verkauft und an deren Platz ein Kuchin Garthen angelegt, worin für das gantze Haus genug Gemüess kann gepflantzt werden. Auch schaffte man 3 Stuck Küeh an und erhielt vom Grossen Rath den Stattgraben verlichen zum Abgrasen. Bey der Ausgrabung obiger Zellen ward eine (später im Druck erschienene) Schrifft eines Carthäusers gefunden und dafür dem Cand. Fäsch von der Obrigkeit eine guldene Medaille von 6 Ducaten verehrt.»
Linder, II 2, p. 109

Die Macht der Zünfte

«Ich hab Ihnen vor vierzehn Tagen von einem Bannritte geschrieben. Diesem zu folge hatte die Gesellschaft am Montage ihr Fest, das heisst, eine Art öffentlicher Mahlzeit, bey der sich ein grosser Theil derer befand, die mitgeritten waren. Jemand trug mir an, mich dahin zu führen, und als einen Fremden Antheil daran nehmen zu lassen. Dies nahm ich mit vielem Vergnügen an, weil ich begierig jede Gelegenheit ergreife, wo ich etwas Nationales zu sehen vermuthe, irgend einen Zug, eine Gewohnheit, ein Fest, das einem, der in einer Monarchie erzogen worden ist, neu oder seltsam vorkommt. Die Mahlzeit wurde auf einer Zunft gegeben, wo ich die Gesellschaft ungefähr so bunt antraf, als ich sie beym Ritte gesehn hatte. Herren des grossen und kleinen Raths, Kaufleute, Bäcker, Schuhmacher, Schneider u.s.w. alle da beysammen in einer anscheinend vollkommenen Gleichheit.

Die hiesige Regierung ist so beschaffen, dass nicht nur jeder Bürger ein Recht hat, in die Regierung zu kommen, sondern es müssen von dem und jenem Handwerke so und so viel Mitglieder darin seyn. Die ganze Stadt ist in achtzehn Theile getheilt; funfzehn in der grossen Stadt, welche man Zünfte (tribus) nennt, und drey auf der andern Seite des Rheins oder der kleinen Stadt, welche Gesellschaften heissen. Jede dieser Zünfte hat ihr Haus, das man die Zunft nennt, und die Bürger der Stadt, die dazu gehören, kommen bey gewissen Gelegenheiten in demselben zusammen. Eine dieser Zünfte heisst die Kaufleute, eine andere die Rebleute (Winzer), eine dritte die Schuster, die Schneider, die Bäcker u.s.w. Jede dieser Zünfte hat sechszehn Glieder im Stande, oder in der Regierung, und wenn eins dieser Glieder stirbt, so muss das neu zu wählende aus der nämlichen Zunft genommen werden. Stirbt also ein Schneider oder ein Winzer, so muss er durch einen Schneider oder durch einen Winzer ersetzt werden. Die höhern Stellen im Stande aber werden nicht nach den Zünften besezt, sondern aus dem kleinen Rathe überhaupt nach der Mehrheit der Stimmen gewählt. Diejenigen also, die nach diesen Stellen streben, müssen popular seyn, um, wenn sie Stimmen brauchen, in allen Ständen welche zu finden. Solche Männer ergreifen jede Gelegenheit, sich unter das Volk zu mischen, mit ihnen zu essen, zu trinken, und überhaupt in Ton und Art zu zeigen, dass sie die Sitten und Gebräuche des Volks lieben, dass sie Republikaner sind, dass sie alle einander gleich sind und gleiche Rechte haben. Mahlzeiten, dergleichen die heutige war, geben hiezu gute Gelegenheiten.

Es wird zum Außleyhen offerirt:

1. Eine grosse Stallung zu Pferdten oder Rindvieh / so man allenfahls auch per ein Magazin zu Waaren oder Kurtschen / Kärren und Wagen etc. gebrauchen könte / auff dem St. Leonhards-Graben / hinder der (so genandten) Leiß gelegen.
2. Ein kömlich Losament / auff dem zweyten Stockwerck / der Behausung zum Löwenberg genandt auf der Eisengaß / umb billichen Zinß.
3. Ein extra gut- und wohl-verwahrter Keller auf dem Adelberg / darinnen gegen 130. Saum Wein- grüne Stücklein / von underschiedener Grösse / alle in Eisen gebunden / auf vier oder mehr Jahr / umb billichen Zinß.
4. Ein dito in der Armen Herberg zu 60. biß 70. Saum Faß.

Hergegen wird zu entlehnen begehrt:

1. Eine Stube von mittelmäßiger Grösse zu einem Contor / nebst einem Gewölb ebenes Fusses / und einem Keller umb in circa 60. biß 70. Saum Wein darein legen zu können / in Mitte der Stadt / ohnweit dem Kauffhauß.
2. Eine Summam Geldtes zu 2½ pro Cento Interesse / gegen guter Sicherheit.
3. Ein Gärtlein mit einer kleinen Bewohnung / und (wo sichs præsentiret) einer Scheuren / umb raisonablen Zinß.

Handels- und andere Bediente und Jungen etc. begehrt und offerirt:

1. Man begehrt einen feinen und muntern jungen Knaben von Ehrlichen Leüthen / welcher getruckt und geschrieben lesen und ein wenig schreiben kan / um einen billichen Wochenlohn.
2. Verlangt man einen Knaben von 15. Jahren in circa, welcher einen guten Frantzösischen Buchstaben schreiben kan / auß dem Welschneüenburger-Gebieth / entweder gegen einem raisonnablen Lehrgelt oder umbsonst / auff etlich Jahr / in ein hiesig Negotium zu plaçiren.
3. Ein gut und tüchtiges Subjectum (so in einer Leinwath- oder dergleichen Handlung gestanden) wird umb ein ehrlich Salarium in ein Negotium nacher Mülhausen begehrt.
4. Ein / die Teutsch- und Frantzösische Sprach besitzender Mensch von guter Conduite, wird gegen einem bilichen Salario als ein Handels-Bedienter nacher Hüningen zu braven Leüthen begehret.

Kost / Tausch und Information offerirt und begehrt:

1. Wann junge Herren eine gute Kost und Losament umb billichen Preiß begehren / könten sie an einem wohl-gelegenen Orth in Mitte der Stadt sehr wohl accommodirt werden.
2. Von einem allhiesigen Herren Studioso wird bilige Information in der Arithmetic und Geographie offerirt.
3. Eine gleiche Offerte beschiehet von einem Frantzösischen Sprachmeister / welcher sich bey Hrn. Lindenmeyer an der Weissengaß aufhaltet / etc.
4. Eine favorable Kost ist in Welsch-Neüenburg an zwey underschidlichen Orthen zu haben / allwo junge Herren und Knaben neben der Frantzösichen Sprach / auch in den Studiis, und Handels-Geschäfften guten Grund legen und sich perfectioniren können.

Anzeigen aus «Mit Hoch-Obrigkeitlichem Privilegio begönstigtes Avis-Blättlein Dienstags Anno 1729. Num. XLI. Den 11. Octobris».

Das zu sehen, ist nun sehr interessant für den Fremden; aber ich weiss doch, dass man im Grunde einen sehr wesentlichen Unterschied zu machen weiss, und dass ein Handwerker, auch in dieser Republik, unendlich weniger gilt, als z.B. ein reicher Kaufmann. Indessen kützelt es doch den Niedern, wenn er mit dem Grössern aus Einer Schüssel essen und sein Glas mit ihm anstossen kann; und am Ende machen öftere Zusammenkünfte dieser Art, dass der wahre Unterschied der Stände wirklich hier bey weitem nicht so gross ist, als in einer Monarchie.

Dass bey solchen Gelegenheiten gewöhnlich Ausschweifungen im Essen und Trinken vorgehen, lässt sich leicht vermuthen.

Über die Zünfte muss ich Ihnen noch sagen, dass diejenigen Bürger, deren Stand sich unter keine der Zünfte bringen lässt, z.B. Studirte, die weder Geistliche sind, noch zur Universität gehören, sich, wenn sie in die Regierung zu kommen wünschen, auf irgend einer Zunft einschreiben lassen, deren Mitglieder nicht so zahlreich sind, als etwa die verschiedener anderer Zünfte.»

Küttner, Bd. I, p. 101ff.

Bürgermeisterwahl durch das Los

«Auf Absterben von Bürgermeister Hagenbach wurde an dessen Stelle Oberstzunftmeister Mitz erwählt. Bei Erwählung eines solchen Hauptes gab es eine allgemeine Bewegung in unserer Stadt. Die Erwählung geschah durch das Los. Von 240 Suffraganten wurden ebensoviele Kugeln in einen ledernen Sack gethan, von welchen 120 schwarz und 120 weiss waren. Wer eine schwarze bekam, war aus der Wahl. Die andern 120 Kugeln wurden in 6 Klassen getheilt, so dass je 20 in eine Klasse kamen. 20 Kugeln waren mit Nr.1, 20 mit Nr.2 u.s.f. bezeichnet. Waren noch 6 in einer Klasse, so zog man wieder das Los. Dieses sollte allen Partheilichkeiten vorbeugen. Das neue Haupt der Stadt liess sogleich alle Kinder im Waisenhaus mit Braten tractieren und hat etliche tausend Gulden unter die Armen austheilen lassen.»

Munzinger, Bd. I, s. p.

Basels Landvögte

«Ich habe einen grossen Theil dieses Tages auf einem alten Schlosse zugebracht, das eine Stunde von Basel auf einer Anhöhe liegt und von allen Seiten eine reizende Aussicht hat. Fast am Fusse des Schlosses, dessen Name Münchenstein ist, fliesst die Birs, die man etliche Stunden lang in einem angenehmen Thale sieht. In einiger Ferne sieht man die Stadt Basel, die, wegen ihrer vielen Thürme und gothischen Gebäude, überaus malerisch ist. Auf einer andern Seite sieht man den Flecken Arlesheim, wo die Domherren des Bisthums Basel ihren Sitz haben.

Der Canton Basel ist in Landvogteyen eingetheilt, ein Ding, das unsern Ämtern in Sachsen ziemlich genau entspricht. Münchenstein ist eine solche Landvogtey, und das alte Schloss ist die Residenz des Landvogtes. Eine jede in diesem Cantone hat ein solches Bergschloss; einige liegen so hoch, dass sie für Kutschen und Wagen unzugänglich zu seyn scheinen.

Nur die Hauptstadt eines jeden Cantons ist frey, die andern Städte, wenn nicht eine oder die andere besondere Vorrechte hat, so wie das sämtliche Landvolk, sind Unterthanen, die durch Landvögte regiert werden, und nie selbst einen Antheil an der Regierung erlangen, das heisst, nie in den kleinen oder grossen Rath kommen können. Man muss geborner Bürger der Hauptstadt seyn, um auf dieses Recht Ansprüche zu machen. (Hier sind die demokratischen Cantone ausgenommen, als Glarus, Appenzell, Uri, Schweiz etc. bey denen die höchste Gewalt in der Landsgemeinde beruht, und zur Landsgemeinde gehört jeder, der über sechszehn Jahre ist, er sey Bauer, Taglöhner, Hirt, oder was er wolle.)

Diese Landvögte werden in Basel vom grossen Rathe gewählt, und bleiben acht, in manchen Cantonen aber, als Bern, nur sechs Jahre. Im Canton Bern giebts Landvogteyen, die in den sechs Jahren hundert tausend Gulden, auch wohl mehr eintragen, ohne dass deswegen der Landmann gedrückt würde. Sie sind aber in keinem andern Cantone so beträchtlich und die Basler sind nur mittelmässig. Daher kommt es denn, dass viele Leute sich wenig darum bekümmern, und dass Kaufleute, Fabrikanten und überhaupt Reiche fast nie eine annehmen. Basel hat sechs Landvogteyen, die sie auf der illuminirten Haasischen gedruckten Karte deutlich sehen können, wenn sie die Stadt mit ihrem Bann (Distrikt) und Liehstal mit seinem Bann, welches durch einen Schultheis regiert wird, wegnehmen.»

Küttner, Bd. I, p. 258ff.

Titelsucht

«Ich habe schon manchmal darüber nachgedacht, woher wohl die Titelwuth kommen mag, die ich fast überall in der Schweiz, und besonders zu Basel findet. Titel sind, dachte ich sonst, das Eigenthum der Monarchien, und hauptsächlich kleiner Höfe in Deutschland, wo ein ehrlicher Mann nicht ohne einen Titel leben kann. In einer Republik würde ich gerade am wenigsten Titelsucht erwarten, wenn ich nicht durch Erfahrung vom Gegentheile überzeugt worden wäre. Hier dehnt man den Titel eben so, wie grösstentheils in Sachsen und andern deutschen Ländern, auf die Weiber aus, und ich höre sehr häufig, nicht nur in der Anrede, sondern auch, wenn die Personen abwesend sind, von der Frau Rathsherrene, der Frau Dreyerherrene, der Frau Rathsschreibern u.s.w. reden. Die Stelle eines Gerichtsherrn ist die, zu der ein Jeder, auch ohne eine Stelle im Stande zu haben, kommen kann, und doch höre ich nie den Namen eines

Gerichtsherrn ohne seinen Titel, zusamt mit der Frau Gerichtsherrene.

Alle unverheurathete Frauenzimmer heissen hier Töchter; wenn man aber ihren Namen nennt, so sagt man Jungfer, und Frau, wenn man von einer verheuratheten Person spricht. Die Titel: Madam und Mademoiselle, sind hier eben so anstössig, als dem weiblichen Theile einer Leipziger Kaufmannsfamilie die Titel: Frau und Jungfer, sind.

Apropos von Titeln! Eines hiesigen Bürgermeisters Titel ist: ‹Gnädiger, weiser, gestrenger, fürsichtiger Herr!› Wenn ich Bürgermeister verschiedener Schweizer-Republiken beysammen gesehen habe, hab ich bemerkt, dass sie einander gegenseitig Ihro Gnaden betiteln, und diesen Titel brauchen auch gewöhnlich die Fremden und viele Einheimische. Allein manche Republikaner finden dieses zu hoch, und sagen dann gewöhnlich: ‹wiser Herr.›»
Küttner, Bd. II, p. 237ff.

Schweizerische Bevölkerungsstatistik

«Geburts-, Todten- und Ehe-Listen verschiedener Eydgenössischer Cantone und Stätte anno 1780: Zürich Getaufte 385, Gestorbene 530. Bern 346/319. Lausanne 248/256. Aarau 67/60. Aelen (Aigle) 60/43. Vivis (Vevey) 98/99. Yverdun 63/55. Lentzburg 32/23. Lucern 135/87. Statt Basel 381/325. Landschafft Basel 824/470. Schaffhausen 171/181. St. Gallen 170/166. Mülhausen 240/252.»
Linder, II 2, p. 374

Ausgestorbene Basler Geschlechter

«Von 1700 bis 1780 sind in Basel 128 burgerliche Geschlechter ausgestorben: Achmann, Agricola, Altenburger, Bauchin, Becker, Binz, Biberstein, Blechnagel, Bollinger, Brombach, Brucker, Burrier, Butsch, Capaun, Curio, Debayer, Dussmann, Ebneter, Engelberger, Exter, Fattet, Fiechter, Fleyther, Fritsch, Fürfelder, Gantenschwiler, Gassmann, Genath, Gebhardt, Geigis, Grasser, Grieder, Grichel, Guischard, Günther, Gugelschoffer, Gider, Hagenbuech, Hage, Härdtlin, Haussmann, Hartmann, Heidelin, Hertenstein, Herbster, Heerwagen, Holzinger, Horn, Hüglin, Huss, Jagge, Jockel, Irmin, Isenflam, Itin, Kleindienst, Koch, Lachenmann, Lang, Längweiler, Lauber, Leopard, Lescho, Lovin, Löchlin, Marschall, Melger, Meltinger, Megerlin, Mohr, Morf, Muspach, Mylot, Nötiger, Obrecht, Parnus, Pfeiffer, Pfründt, Platz, Platter, Pleinis, Rabus, Rauch, Rein, Ritz, Ringler, Riedtlimeyer, Rosenmund, Russinger, Saxer, Schlecht, Schrotberger, Schweizer, Schock, Schmidmann, Schazmann, Schenck, Schafner, Schaub, Schwingenhammer, Sigwald, Suntgauer, Suter, Syfert, Stern, Steinhauser, Steinbrüchel, Stanz, Strom, Spitznagel, Stier, Tonjola, Thelluson, Vuillaume, von Gardt, Weissler, Wigant, Wydmann, Waldmeyer, Waldkirch, Weydmann, Widmer, Zornlin, Zuber, Zweybrucker.»
Linder, II 2, p. 287 und 346

Dankbare Bauern

«1784 kamen 8 Bauern zum hiesigen berühmten Sattler-Meister Wagner und verlangten, Gutschen zum Kauf zu sehen. Der Meister zeigte ihnen alte Rumpelkästen. Die Bauern schüttelten den Kopf: Was recht schönes wollten sie. So wies er ihnen einen kostbaren Staats-Wagen, und dieser dünckte ihnen hübsch genug. ‹Wer seid ihr denn?› fragte der Meister die Bauern. ‹Wir sind von einer Gemeind aus dem Badischen Abgeordnete, ein Meßstuck für unsern Fürsten einzukaufen, um einigermassen unsere Erkenntlichkeit für die unaussprechlichen Wohltaten, die

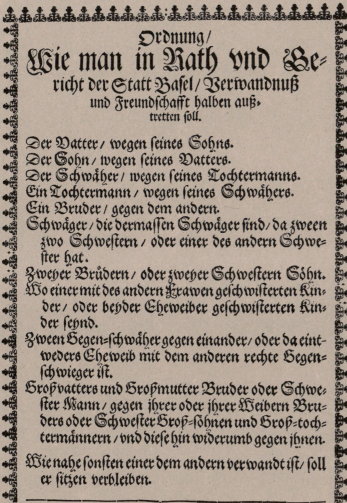

Verordnung aus dem Jahre 1666, welche die zulässigen verwandtschaftlichen Verbindungen im Rat und in den Gerichten regelt.

er uns täglich erzeiget, darzubringen›, antworteten die Bauern. Der Kauf wurde geschlossen, und zur Dankbarkeit führte Wagner seine Bauern ins Rothe Haus und bewirthete sie dort ebenso herrlich, als hätte er die Standes-Persohnen vor sich, die sich den Wagen für ihren eigenen Gebrauch ausgesucht hätten. So angebätten kann ein Fürst durch Wohlthun sich bey seinen Underthanen machen!»
Linder, II 2, p. 498

Die Vogteien Kleinhüningen und Riehen und Bettingen
«Die Vogtei und Pfarrei Kleinhüningen hat um 1790 circa 86 Haushaltungen. Wenn 4 Personen auf ein Feuer gerechnet werden, so befinden sich 344 Personen allda. Eine sehr grosse Anzahl Menschen für einen sehr kleinen und eingeschränkten Bann. Der Ort hat verschiedene Handwerker, besonders Fischer und Leinen- und Seidenweber. Die Weiber legen sich stark auf Pflanzungen der Gemüser, woraus sie nicht nur Nahrung, sondern auch noch ein schön Stück Geld erwerben. Sie besitzen auch noch einen kleinen Rebbau, den sie wohl bauen. Im Dorf hat es 3 Posamenter Stühl. Die Armen werden aus dem Armensäckel getröstet. Es finden sich aussert einigen betagten Weibern keine Bettler.
Die Vogtei und Pfarrei Riehen und Bettingen hat in circa 338 Haushaltungen einen vortrefflichen Bann, der einem Garten gleicht. Der starke Rebbau, das erdige Land, wo alles wächst, sollte allen diesen Menschen Brot genug schaffen. Allein es finden sich besonders in Riehen ganze Geschlechter von Stummen, Thoren und Grüppeln, die von dem guten Armenseckel, den Höfen und reichen Einwohnern erhalten werden. Der öffentliche Gassenbettel soll abgeschafft seyn, an welche Verordnung sich einige Unverschämte nicht zu finden wissen. Die Schule ist zur Schande dieses Ortes schlecht bestellt. Die Einwohner schicken ihre Kinder auf Lörrach, Weil und Grenzach.»
Kuder, p. 1

Meister Franz der Seidenweber, wohnhaft neben der Zehnten-Scheuer zu St. Elßbethen, die sich bisher mit Arbeiten ehrlich ernähret; da aber jetzt der Mann eine sehr beschwerliche Krankheit hat und die Frau ihme abwarten muß, folglich nichts verdienen, als werden sie hiemit von ihrem Herrn Seelsorger, als wohl-Bedürftige dem Mitleiden gutherziger E. Leuten bestens empfohlen.

Aufforderung zur Wohltätigkeit.
Aus «Neun und dreyssigstes Stuck Wochentlicher Nachrichten aus dem Bericht-Haus zu Basel». 1761.

Abschaffung der Leibeigenschaft
«1790 befreyte Basel seine Angehörigen auf der Landschaft von der Leibeigenschaft und den Manumissionsgebühren (Gebühr für die Gewährung der Freizügigkeit).»
Taschenbuch der Geschichte, p. 192

Patriotischer Klub
«Am 12. Dezember 1797 gründeten zwölf begeisterte Anhänger der Ochsischen Idee einen patriotischen Klub, den sie nach ihrem Versammlungsort bei Bierbrauer Erlacher neben der Rheinbrücke das ‹Kämmerlein zum Rheineck› nannten. Es waren: J.J. Erlacher, Bierbrauer; J.J. Vischer, Grossrath, und einer der Direktoren der Kaufmannschaft; Wernhard Huber, Apotheker, und Gerichtsherr Christoph Burckhardt, Kaufmann; Johann Lukas Legrand, Meister zu Hausgenossen und Obervogt zu Riehen, der zuerst Theologie studirt hatte, dann aber Seidenfabrikant geworden war, ein hervorragender Mann von edlem Charakter, der später neben Ochs in der Helvetischen Republik zu den höchsten Würden emporstieg; Ludwig Iselin, Wirth zu ‹Drei Königen›; Mathias Roschet; Remigius Frey, früher in französischen Diensten; Licentiat J.J. Schmid, ein ausgezeichneter Advokat; Emanuel Brenner; Samuel Flick, Buchdrucker; Johann Lukas Burckhardt, Kaufmann; später noch Rathsherr Peter Vischer. Am thätigsten waren Erlacher und Huber, hinter ihnen stand Mengaud und der in Hüningen kommandirende General Dufour, welche oft die Sitzungen im Kämmerlein besuchten. Die Wirksamkeit der Klubgenossen war für den Verlauf der Staatsumwälzung in Basel von der grössten Wichtigkeit. Aus dem Kämmerlein ging am 17. Januar die ‹Gesellschaft zur Beförderung bürgerlicher Eintracht› hervor. Sie konstituirte sich mit Vorwissen des Bürgermeisters Burckhardt.»
Historischer Basler Kalender, 1891

Freiheit und Gleichheit
«1798 wird vom Rathe angeordnet: dass der Titul Gnädige Herren, Basel-Huth, Krös, Habit und Mantel ganz abgethan sein sollen, wie auch bei allen diplomatischen Dikasterien. Hingegen sollen die Klein- und Grossraths-Versammlungen in schwarzer Kleidung und Degen gehalten werden. In Folge der staatlichen Proklamirung von Freiheit und Gleichheit durch den Grossen Rath wurde auf dem Münsterplatz ein Freiheitsbaum errichtet. Diakon J.J. Fäsch zu St. Theodor hielt im Münster eine passende Anrede an das Volk, die gedruckt wurde. Ein Chor von jungen Mädchen tanzte um den Baum. Lukas Sarasin gab einen Festball im Blauen Haus. Auch die Klein-Basler errichteten einen Freiheitsbaum.»
Historischer Basler Kalender, 1886

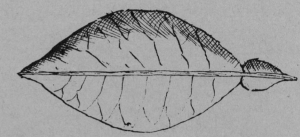

XIX SPRACHE UND GEFLÜGELTE WORTE, SINNSPRÜCHE UND BAUERNREGELN

Provinzialwörter aus unserer Vaterstadt

Abreblen	Über Vermögen arbeiten	Faxen	Narrenpossen
Ägrstenaug	Hühnerauge	Fazenezli	Nastuch
Alefanz	Närrischer Mensch	Fegnest	Unruhiger Mensch
Altfrank	Mensch nach alter Mode	Fern	Voriges Jahr
Anken	Butter	Fetzelen	Aufziehen, necken
Bäfzgen	Aufbegehren	Ficki	Lustbarkeit
Bantschen	Prügeln	Filz	Verweis
Bäschlen	Im kleinen arbeiten	Finzelig	Rein, klein
Batten	Passen	Fläre	Maultasche
Bausen	Zechen	Flausen	Närrische Possen
Beletschieren	Zanken	Flemmen	Daran bringen, überlisten
Beppi	Johann Jakob	Fulärtig	Schalkhaft
Bhüt is trüli	Behüt' uns in Treuen	Fulbelz	Mensch, der nicht gerne arbeitet
Bitzelächtig	Halb süss, halb sauer	Fürtuch	Schürze
Blechen	Zahlen	Gagle	Unnützes Weibsbild
Bletschen	Schmettern	Gaitschen	Regnen
Blunder	Weisse Wäsche	Galaff	Einer, der alles ohne Empfindung anstaut
Borzedig	Dicht ineinander	Gälecht	Gelb
Brautschi	Plaudern	Gandelsi	Einfältiger Tropf
Bröslen	Langsam essen	Gäxnase	Junges Weibsbild
Brüeka	Ein wenig weinen	Gestichel	Gewühl
Brülaff	Kind, das immer weint	Gfräs	Gesicht
Brutschen	Murmeln	Gigelen	Lachen
Budelen	Verächtlich umgehen	Giilehürli	Winziges Häuschen
Bueberolli	Mädchen, das gern und viel mit Knaben herumzieht	Gixen	Kreischen
		Gosche	Maul
Buechi	Waschküche	Grageel	Lärm
Bumbbis	Schläge	Grätti	Langsamer Mensch
Bumpelrurrig	Mürrisch	Grüseli	Grausamlich
Burehitzeli	Kleines Bauernmädchen	Gsiff	Saufgelage
Butzemummel	Vermummte Person	Gugelfuor	Spass
Caputt	Überrock	Gurre	Leichtsinniges Mensch, Weibsbild
Dachtele	Ohrfeige		
Daps	Streich	Gväterlen	Kurzweilen
Datsch	Handschlag	Handzwehelen	Handtuch
Decklachen	Kinderdecke	Hautsch	Nachlässige Person
Dips	Rausch	Heimli	Zahm
Ditte	Kinderpuppe	Hirni Saüfried	Wildfang
Docke	Puppe	Hochzeiter	Bräutigam
Doll	Herrlich	Horreüel	Ungekämmter Mensch
Dotsch	Ungeschickter Mensch	Hosenbrinzler	Wohlzeitige, gelbe Mosttraube
Dubel	Blödsinniger Mensch		
Dudelsack	Sackpfeife	Hübscheli	Ohne Geräusch
Dudle	Träges Weibsbild	Husen	Haushalten
Dudlen	Langsam machen	Irte	Zeche
Dunti	Einfältiger Tropf	Jäichen	Fortjagen
Dusle	Ohrfeige	Kaib	Abgenütztes Pferd
Egerten	Unbebautes Land	Keüen	Verdriessen
Ergelstern	Erschrecken	Kibig	Böse
Erheut	Erlogen	Kilbe	Kirchweihe
Fahrniss	Mobilien	Knetschen	Waschen

< *Liebesgedicht Felix Platters an seine Frau, dekoriert mit einem Pomeranzenblatt (Orangenblatt).*

Krätze	Brotkorb, den man auf dem Rücken trägt	Ranselen	Lustigmachen
Krup	Kleiner Mensch	Ranzen	Dicker Bauch
Krutig	Trotzig	Rappsen	Geizen
Kümmispalter	Geizhals	Rätsch	Plauderhaftes Weibsbild
Lälli	Zunge	Retzebelle	Aufbegehrerische Person
Lämpen henken	Unzufrieden sein	Risblei	Bleistift
Lappi	Schlechter Mensch	Rupis und Dupis	Völlig zugrunde gehen
Lichtstock	Leuchter	Scharrebonis	Verbeugung
Lilachen	Bettdecke	Schielibandhauer	Einer, der schielt
Littene	Versoffenes Weibsbild	Schlaif	Liederliches Weibsbild
Lotsche	Grube	Schlurpen	Pantoffeln
Lümmel	Grober Mensch	Schmutz	Kuss, Fett
Lumpendockete	Liederliches Weibsbild	School	Metzgerei
Luoder	Garstiges Weibsbild	Schüchtenpflug	Blöder Mensch
Luonz	Unzüchtige Weibsperson	Schütte	Kornspeicher
Lyren	Langsam arbeiten	Spanischer Wachs	Siegellack
Mäckelen	Üblen Geruch haben	Stöcken	Ohrfeigen geben
Maidlirolli	Knabe, der immer mit Mädchen herumläuft	Strumpflieni	Einer, der die Strümpfe nicht glatt gebunden hat
Majolika	Unechtes Porzellan	Surrämpel	Mürrischer Mensch
Mastig	Fett	Tischlachen	Tischtuch
Matterdellig	Müde	Trotschelechtig	Dickleibig
Mehlwisch	Kehrbesen	Tschaidai	Possierlicher Mensch
Mirra	Meinethalben	Tschampetaschi	Suppenhans
Molli	Dicker Kopf	Tschaute	Dummer Mensch
Morewadel	Säuischer Mensch	Tscholi	Einfältiger Mensch
Mosen	Flecken	Tschudere	Schaudern
Motschkopf	Dickkopf	Tuckenmisler	Heimtückischer Mensch
Mötschli	Kleines Brötlein	Unmiethig	Unangenehm
Mumpfel	Bissen	Verbünstig	Missgünstig
Murrolf	Mürrischer Mensch	Verdupft	Verborgen
Muttig	Unordnung	Verheuen	Verderben
Niegnueg	Vielfrass	Vernoppern	Schlecht vernähen
Ofenkuz	Einer, der gerne hinter dem Ofen sitzt	Verplämpeln	Unnütz vertun
		Ufrupfen	Vorwerfen
		Ungattig	Unartig
Pärzen	Ängstlich tun	Wäffele	Plaudern
Pflennen	Laut weinen	Waidli	Geschwind
Pflotzen	Herumstrolchen	Waidlig	Schiffernachen, Kahn
Pflotzwadel	Landstreicherin	Wampen	Grosses Stück
Pflutterig	Weich und feucht	Wamsen	Prügeln
Pfusbacken	Volle, runde Wangen	Wäntele	Wanzen
Piken	Groll	Watsch	Ohrfeige
Plappertäsch	Unnützes Plaudermaul	Wilogelen	Weinsäufer
Plerren	Laut heulen	Worgerli	Krawatte
Presthaft	Krank	Zäpfen	Laufen
Prozesskübel	Schikaneur	Ziefeckten	Herumziehender Mensch
Quack	Ente	Zimmis	Zu Mittag
Rachenputzer	Saurer Wein	Zottle	Langsam sein
Raigel	Wildfang		
Ramparbudel	Weibsbild, das sich den Soldaten preisgibt		
Ranft	Brotrinde		

Provinzialwörter aus dem Nachlass von Peter Ochs, so wie sie in unserer Vaterstadt Anno 1782 im gemeinen Leben gebraucht und ausgesprochen werden (Auswahl).

Baseldeutsch

«Schon längst habe ich Ihnen einmal ausführlich über die Sprache der deutschen Schweizer schreiben wollen; allein ich habe es immer verschoben, weil ich glaubte, ich müsste erst recht bekannt damit werden. Ich verstehe nun das sogenannte Basler Deutsch vollkommen, und kann so ziemlich mit den Einwohnern aller Cantone reden, sie mögen auch noch so sehr das Eigenthümliche ihrer Sprache sprechen; allein ich finde noch immer, dass hin und wieder Worte vorkommen, die ich entweder nie vorher gehört, oder auf die ich nie Achtung gegeben habe, und die ich mir also erklären lassen muss.

Wenn ich ein Wörterbuch von allen den Wörtern machen sollte, die ganz und gar nicht deutsch sind, ich glaube, ich würde viele tausende zusammenbringen. Hier haben Sie einige Beyspiele von solchen Worten. Losen, hören, Lueken, sehen, oder vielmehr schauen; Rinken, Schnallen, bitzelächtig, säuerlich süss, wunderfitzig, neugierig, ä Wunderfitz, ein neugieriger Mensch. Lälle, Zunge (doch wird dieses Wort mehr im Scherz oder auf eine gemeine Art gebraucht).

Buesche, Wäsche, nämlich wenn man Wäsche in einem Hause hält. Plunder, Leinenzeug, Wäsche (le linge). Gumpe (eigentlich gumpen, sie sprechen aber das n nicht aus), springen. Schmecken, riechen, Geschmack, Geruch. Zwar haben sie für die deutschen Worte Schmecken und Geschmack auch keine andern; allein sie sagen für das letztere gu (gout) und das Verbum wissen sie auf mannichfaltige Art auszudrücken, ohne es jedoch selbst zu brauchen. Sie sagen häufig: das dünkt mich gut, das schlecht usw., wo der Deutsche das Wort schmecken braucht. Junte, ein Weiberrock. Luder, ausgelassene Lustigkeit, z.B. ‹Wer si do en do gsi ein hend ä Lueder gha›, das heisst, wir sind da und da gewesen und haben uns ausserordentlich lustig gemacht. Go go Zimmis esse, zum Mittagessen gehen.

So sonderbar uns auch diese Sprache vorkommt, so habe ich doch gute Ursache zu glauben, dass sie die ächte deutsche, und zum Theil die wahre alt-sächsische ist. Ich sage, sie ist die alte deutsche, die sich hier erhalten hat, während dass sie im Mittel von Deutschland durch unzählige Abänderungen gegangen und endlich das geworden ist, was wir jetzt gut Deutsch, oder rein Deutsch, oder, wie man hier, in Elsas und in Schwaben sagt, Hochdeutsch nennen. Ich habe in der Schweiz eine Menge Worte bemerkt, von denen ich weiss, dass sie sonst die deutschen waren, die aber auch obsolet geworden sind. So war z.B. sonst das Wort Gaise, oder, wie man hier ausspricht, Gaiss, das gute deutsche Wort für Ziege; und wenn ich dieses letzte Wort hier gebraucht habe, haben mich Leute gefragt, was eine Ziege sey. Viele der gewöhnlichen Schweizerworte stehen in Luthers Bibel-Übersetzung, sind aber in Deutschland aus der Gewohnheit gekommen. Was mir es wahrscheinlich macht, dass die Schweizersprache zum Theil die alte Sächsische sey, ist die Ähnlichkeit, die ich ohne Unterlass zwischen ihr und der englischen finde. So ist z.B. das Schweizer gumpen das englische to jump, Sprünge, Sätze in die Luft machen. Das Wort Mütze höre ich hier nie, sondern durchaus Kappe, und das gerade so, wie die Engländer ihr cap brauchen; z.B. eine Nachtkappe (night-cap), Grenadierkappe usw. So sagen sie auch nie Schlafrock, sondern Nachtrock (night-gown), das angeführte Wort Gaiss ist beides das altdeutsche Wort und das englische goat. Auch in den Endungen und im Conjugiren gewisser Worte kommen die Schweizer den Engländern näher als den Deutschen. Anstatt z.B. zu sagen: ‹ich will gehen›, sagt der Basler: ‹I will go›, vollkommen wie ‹I will go›, nur dass das I im letztern anders ausgesprochen wird. Anstatt stehen sagen sie sto, anstatt thun thu, und so in vielen andern. Nun ist bekannt, dass die englische Sprache noch jezt eine Menge Worte, Inflexionen und Endungen hat, die dem alten Sächsischen näher kommen als dem jetzigen Deutschen; man muss also vermuthen, dass gewisse Abweichungen in verwandten Sprachen keinen andern Grund haben als die mehrern oder wenigern Veränderungen, die nach und nach mit einer Sprache vorgenommen worden. Was mich hierin bestärkt, ist, dass ich zwischen dem Schweizerdeutsch und dem Wenigen, was ich von der Sprache der Niedersachsen bey Bremen, Hamburg und Lübeck weiss, auch allerhand Ähnlichkeit angetroffen habe. Und dass dieses das Land der alten Sachsen war, ist bekannt, so wie das, dass man überall an den Enden oder äussern Gränzen von Deutschland eine Sprache redet, die wir jetzt für schlecht erklären.

Viele Worte, die wirklich deutsch sind und noch heut zu Tage gebraucht werden, haben in der Schweiz eine ganz andere Bedeutung als in Deutschland. So ist z.B. toll zu Basel so viel als lustig, aufgeräumt. Ein toller Mensch ist ein munterer unterhaltender Mensch. Und das, was in Deutschland toll, wahnwitzig oder unsinnig heisst, nennen sie in Basel taub, z.B. ein tauber Hund. Was wir taub nennen, nennen sie überhörig, und von einem, der ganz taub ist, sagen sie: ‹er hört gar nicht.› Das Wort Schürze höre ich hier nie, sondern allemal Vortuch. Schwätzen ist nicht, was wir schwatzen oder plaudern nennen, sondern es ist reden, sprechen, z.B. er schwäzt gar wohl. Gewisse Dinge höre ich nie mit dem deutschen Worte nennen, als Jagd, Jagdflinte, Haarlocke, Halsbinde, sondern durchaus Schass, Schassflinte, Buckle, Crabatt usw. Und das ist nicht etwa der Fall bey Leuten, die französisch in ihre Sprache mischen, sondern es ist der allgemeine Ausdruck, es ist die Sprache des Volks. Ausser den ganz fremden, ungewöhnlichen und obsoleten Worten entstellt der Schweizer die übrigen durch eine verderbte Aussprache so sehr, dass der Ausländer anfangs oft nicht errathen kann, was durch das Wort eigentlich gemeint ist. So ist eppen etwa, Epper, Jemand, eppes, etwas, gsi, gewesen, Zimmis, zu Mittage, do, gethan. Ein Schnupftuch nennen sie Nastuch, und hin und wieder Naselumpe. An manchen Orten sagen sie gar ein Fazzionehzli. Alle Diminutiven in li.» 1778.

Küttner, Bd. II, p. 205ff.

Trauriges Abscheid-Lied,

Welches die den 20. Herbstmonat An. 1732. zu Basel enthauptete bußfertige Maleficantin Regina Kehrerin, oder die sogenannte Schreyer- oder Lieder-Agath, gebürtig von Rägerstorff aus dem Zürcher-Gebiet, im Hinausführen, ehe sie auff die Richtstatt kommen, sehr deutlich abgesungen.

In seiner eigenen Melodey.

1. Er will mir gnug Zähren geben,
Zu bedauren mein Unglücks-Zeit,
Daß ich jetz hier muß mein Leben
Gantz verzehren in Angst und Leid;
All mein Hoffnung ist verschwunden,
Ach ich unglückseligs Kind!
Jetz empfang ich tödtlich Wunden,
Aus Forcht in Ohnmachten sinck.

2. Da Flora in Frühlings-Zeiten
Felder, Wälder, schönste Zierd,
Auch die Gärten, Bäume, Heyden,
Als mit seiner Blust floriert;
Schlaget mich das Unglück nieder,
Und zwar in das Grab hinein:

Das Abschiedslied der Regina Kehrer, die sich auf ihrem Gang zur «Kopfabheini» mit dem Absingen frommer Lieder auf den bevorstehenden Tod vorbereitete.

Basler Haus- und Bauernregeln

Januar – Jenner – Eismonat
Gott wolle diese Jahr beglücken. Sein Hülff und grossen Segen schicken. Im Jenner sonst halt warm den Leib. Hab nicht zulieb das Getränck und Weib.
Der Wassermann beherrscht diesen Monat. Ist ein warm und feucht Zeichen. Gehört der Luft zu. In diesem Monat ist gut Häuser bauen. In die Häuser ziehen. Ehe machen. Bös Arzneien an Schienbeinen. Haar abschneiden. Kinder, in diesem Zeichen gebohren, haben gute Ingenia (Begabung) zu studieren, in Händel sind sie listig und verschlagen, halten ihre Sachen heimlich, haben unbeständig Glück, lieben die Gelehrten.
Wann am Neujahrstag Morgenröte ist, bedeutet dasselbe Ungewitter und wohl auch Krieg. Scheint am Neujahrstag die Sonne hell und klar, so gibts viel Fisch dies Jahr. Ist's aber in des Neuen Jahres Nacht, so die Alten wohl in Acht genommen, klar, still, ohne Regen und Wind, so bedeutet es ein gut Jahr. Wäre es aber Wind und Ungewitter, so sey es schädlich und ungesund. Wenn am Vincenzentag (22. Januar) schön Wetter ist, dann soll es ein guter Herbst werden. Ist's an Pauli Bekehrung (25. Januar) schön, hell und klar, erhofft man ein gut Jahr. Regnets oder schneits, bedeutet teure Zeit. Ists windig, wird Krieg besorgt. Ists neblig, folgt gern ein Sterben. In diesem Monat soll man keinen Wein ablassen, nichts säen, aber den Immen (Bienen) den Honig nehmen. Die Pferd neu beschlagen, ist gut.

Februar – Hornung – Taumonat
Jetz spreng dein Blut mit Artzney. Was kalt ist meid und bad dabey. In diesem Monat rüget sich das Fieber, drum hab acht auf dich.
Der Fisch beherrscht diesen Monat. Ist ein kalt, feucht Zeichen. Gehört dem Wasser zu. In demselben ist gut im Wasser baden und bauen. Kaufen und Verkaufen. Glückliche Ehe machen. Kinder, zu dieser Zeit gebohren, werden freundliche, geschickte Leute. Sie lieben arme Leute, Freunde und Gesellschaften. Sie dienen jedermann gern und werden reich, sind aber unbeständig in ihrem Benehmen.
Wenn der Hornung warm ist, so bleibts um Ostern gern lang kalt. Wann im Februar oder März die gefangenen Vögel fein fett sind, so steckt gemeiniglich grosser Schnee, Frost oder sonst gross Ungewitter dahinter. Wann auf Liechtmess (2. Februar) die Sonne scheint, folgt gern ein grosser Schnee. Wann auf Liechtmess die Sonne scheint, soll die Korn- und Weizenernt schön sein und die Erbsen wohl geraten. Wenn die Sonne am Fasnachtsdienstag früh aufgeht, soll die frühe Saat wohl geraten. Wie es am Äschenmittwoch wittert, so soll es die Fasten durch wittern. Wie es in der Nacht vor Petri Stuhl (22. Februar)

Feur wittert, so soll es noch 40 Tag wittern. Wenns an St. Peters und St. Matthis (22./23. Februar) Nacht und Tag nicht gefriert, so ist kein sonderlicher Frost mehr zu befürchten. Die Podagrici (Gichtsüchtigen) haben um diese Zeit Geduld am allernötigsten. Man kann um diese Zeit die jungen Bäume versetzen, ihnen aufbrechen und guten Grund zulegen, aber nicht auf die Wurzeln.

März – Lenzmonat – Keimmonat

Des Weins und Weibs brauch mässiglich. Nichts gutes bringt Überfluss mit sich. Lass schräpfen, hab darzu Schweissbad, damit dein Gsundheit wohl geraht.

In diesem Monat geht die Sonn in Widder. Ist ein heiss und trocken Zeichen. Es gehört dem Feuer zu. In demselben ist gut zu handeln, wandern und im Feuer arbeiten. Kinder, in diesem Zeichen gebohren, sind beherzt, zänkisch mit allerley Leuten. Durch Heiraten bekommen sie viel Geld. Haben unbeständig Glück und bei grossen Herren und einfachen Leuten grosse Gunst.

Donnerts im März, dann soll es ein fröhlich und fruchtbar Jahr bedeuten. So viel Nebel im März, so viel Reif nach Ostern und Nebel im Augsten. Trockener März füllt die Keller. Wann an Mariä Verkündigung (25. März) vor Sonnenaufgang der Himmel schön und hell ist und die Sterne leuchten, dann ist gut Wetter zu erhoffen. Wann auch an diesem Tag die gedeckten Reben aufgezogen werden, soll ihnen kein Frost mehr schaden. Auch was gezweigt ist, soll man wohl bekleiben. Um Letare (4. Fastensonntag) 3 Tag vor dem Neuen soll man Gersten, Erbsen, Bohnen und Linsen und um Judici (2. Sonntag vor Ostern) Zwiebeln säen. In diesem Monat soll man die Wiesen und Matten säubern, die Gräben auswerfen, die Zäune ausbessern, die Bäume säubern und das Gemiess von den Ästen schaben.

April – Ostermonat – Laubmonat

Dieser Monat bringt den Glantz dahar. Die Erd thut sich auf wunderbahr. Erhitz dein Leib und mehrt das Blut. Zur Aderlassen ists sehr gut.

Diesen Monat beherrscht der Stier. Ist ein kalt und trocken Zeichen, doch mässig und gehört der Erde zu. In demselben ist gut Ehe zu machen, Kinder zu entwöhnen, in Gärten bauen, säen und pflanzen. Die Kinder, die in diesem Zeichen gebohren sind, haben Lust zu Landgütern, zu fröhlicher Gesellschaft, lieben die Musik und die Astronomie, sind hoffärtig, scherzen gern mit Weibsbildern, haben aber wenig Glück bei ihnen.

In diesem Monat gibts mehr Wind, Regen und Ungewitter als durchs ganze Jahr. Dürrer April ist nicht der Bauern Will, sondern Aprilen Regen ist ihnen gelegen. Trockener März, nasser April, kühler Mai füllt Keller und Kästen und macht viel Heu. Wie die Kirschen blühen, so blüht der Wein und der Roggen auch. Wann der Palmtag (Sonntag vor Ostern) schön und hell ist, gibts gern ein gut Jahr. Wirds am Ostertag regnen, so wirds dürr Futter geben. Soll es zwischen Ostern und Pfingsten mehr Sonntag regnen als schön seyn, ists schön und wirds guter und wohlfeiler Butter geben. Regnets am Charfreitag, dann soll es ein gut Jahr bedeuten. Auf Tiburtijtag (14. April) sollen alle Felder grünen und wann die Grasmücke singt, ehe die Reben herfür trucken, wird es ein gut Jahr mit viel Wein.

Mai – Wonnemonat – Blütenmonat

Treib Kurtzweil, tantz, ring, sing und spring. In summa sey nur guter Ding. Greifs Weib an und brauch Specerey. Ins wild Bad zeuch und lass dabey zur Ader.

Dieser Monat hat die Zwilling. Ist es warm und feucht Zeichen, doch mässig und gehören der Luft zu. In demselben ist gut zu wandern, im Feuer zu arbeiten, Kinder zur Schule zu schicken. Kinder, die in diesem Zeichen gebohren sind, haben Lust zur Weisheit und Geschicklichkeit. Sie studieren wohl, sind kurzweilig und fröhlich, mischen sich in fremde Händel. Sie sind gute Einnehmer, böse Bezahler und drehen den Mantel nach dem Wind.

Wann es im Mai oft donnert, folgt gern ein fruchtbar Jahr und bedeutet grosse Wind. Wann am St. Urbanstag (25. Mai) schön Wetter ist, soll der Wein wohl geraten. Den Maien voll Wind, begehrt das Bauerngesind. Wann der Mai kalt ist und es Reifen gibt, so ist es Frucht und Wein schädlich. Regnets auf Pfingsten, so bringts alle Plag. Vor Servatij (13. Mai) ist kein Sommer, nach Servatij ist kein Wintertag mehr, der schadet. Wenn die Reben gegen den Vollmond blühen, gibt es grosse Weinbeeren und viel Saft. Wenn viele kalte Regen in die Kirschenblust fallen, so schadets ihnen und allem Obst. Wenns am St. Walburgiabend (1. Mai) regnet oder während der Nacht tauet, so hofft man auf ein gutes Jahr. Wenn die Eychlenblust wohl geratet, dann gibts ein Schmalz-Jahr und alles wird wohl gerahten.

Juni – Brachmonat – Sommermonat

Mit Öl und Essig jetzt iss Salat. Ohn Noth vermeid das Blut und Bad. Das Maul heng an den Wasserkrug. Beim Tag ein Stund Schlaf, es ist genug.

Die Sonn gehet in diesem Monat in Krebs. Ist ein kalt und feucht Zeichen und gehöret dem Wasser zu. Was in selbigem angefangen wird, ist unstet. Es ist gut, neue Kleider anziehen, im Wasser bauen. Kinder, in diesem Zeichen gebohren, haben ein subtil Ingenium (Erfindungskraft), gute Gedächtnus und grossen Verstand, einen helden Muth und andere Tugenden.

Donnerts in diesem Monat, so wird gut Getreid, wenig und Abgang der Gerste. Der May kühl, der Brachmonat nass, die füllen Scheuren und Fass. Hingegen wann der Brachmonat dürr ist, so fehlt es an allem. Wie es wittert an Medardi (8. Juni), soll es vier Wochen nach einander wittern. Regnets an Medardi Tag, der Wein verdirbt, als man sagt. Wann an St. Johanns Tag (24. Juni) regnet, soll es gern noch 40 Tag regnen und eine nasse Erndt geben, und schadet allen Früchten, sonderlich den Nussen und Haselnussen. Wie der Holder blühet, so blühen die Reben. Wann die Immen (Bienen) vor Johanni (24. Juni) stossen oder schwärmen, das seynd die besten. Nach Johanni seynd sie gar nicht gut. An St. Johann Abend soll man die Zwiebeln legen, so gibts grosse Zwiebeln.

Juli – Heumonat – Wärmemonat
Diesmal lass Weiber Weiber seyn. Meide das Bad, Artzney und Wein. Purgier (entschlack) dich nicht und iss Änis. Mit warmer Speiss Salbey geniess.

Der Löw ist ein heiss und trocken Zeichen. Gehört dem Feuer zu. In demselben ist gut Häuser bauen, glücklich darein zu ziehen. Neue Kleider anzulegen, soll man unterlassen. Kinder, in diesem Zeichen gebohren, haben ein ehrlich, redlich Gemüth, sind behertzt, lustig arbeitsam, aber auch zornig und rachgierig.

Donnerts wann der Mond im Leuwen ist, bedeutets Verderbnusse des Korns und Gersten am Gebürge. Regnets auf Jacobi (25. Juli), sollen die Eychlen verderben. In diesem Monat soll man den Wein mit Wasser mischen. Allein die Weinschenken nicht, sondern nur, der selbigen trincken thut. In Hundstagen enthalt dich des Badens, Aderlassens und Artzney brauchen. Ists 3 Sonntag vor Jacobi schön, so wirt gut Korn gesäyt, welches dauert. Regnets aber, bringt das Erdreich schlecht Korn herfür. In diesem Monat und den Hundstagen soll man sich vor gehem Trincken hüten, sonderlich der, der sich bemüht und erhitzt hat. Nicht zu warm noch zu kalt baden. Auch heisser Speis sich enthalten und nicht zu viel schlafen.

August – Hitzmonat – Erntmonat
Im Augstmonat halt dich mässiglich. Des Schlafs und der Liebe masse dich. Nicht lass zur Ader, enthalt dich hitziger Speis. Artzney und Bad meid gleicher weiss.

Jetzt tritt die Sonn in die Jungfrau. Ist ein kalt und trocken Zeichen. Gehört der Erden zu. In solchem ist gut, Kinder zu entwehnen. Kinder, in diesem Zeichen gebohren, sind kunstreich, klug, mild, fromm etc. In der Jugend haben sie wenig Glück. Zur Kaufmannschaft haben sie gross Glück. Lieben Weiber. Werden reich. Bey grossen Herren haben sie Widerwärtigkeiten.

Wann im Julio und Augusto guter Sonnenschein ist, so gibts guten Wein. Daher wird gesagt, was Julius und Augustus am Wein nicht kochen, das kann September schwerlich braten. Mariä Himmelfahrt (15. August) klar Sonnenschein, bringt gemeinlich gern viel und guten Wein. Wie es auf Bartholomäi (24. August) Tag wittert, soll es den gantzen Herbst durch wittern. Wann die Haselnuss wohl gerathen, gibt es gemeinlich viel Eychlen. Nach St. Laurentij (10. August) wachst das Holtz nicht mehr, da pflegt man die Reben abschlagen. Wie es an Laurentijtag wittert, so urtheilt man auch, ob der Wein sauer oder süss, viel oder wenig oder sonst gerathen werde. In diesem Monat salz das Brot wohl, damit es nicht schimmle. Und sammle die Eyer, wann der Mond abnimmt, dann sie verderben nicht leichtlich.

September – Herbstmonat – Obstmonat
Bad, schräpf, lass zur Ader, zeitig Frücht gebrauch. Wein, gut Gewürtz und schadet auch. Curier den Leib. Und an dem Weib in Zucht und Ehren du dich reib.

Die Waag beherrscht diesen Monat. Ist ein warm und feuchtes Zeichen. Gehört der Luft zu. In demselben ist gut wandern, Ehe machen, auch säen und pflantzen. Kinder, in diesem Zeichen gebohren, sind treuherzig, bescheiden, still, fromm, lieben Wahrheit und Gerechtigkeit. Geben gern Almosen. Haben vielerley Anfechtungen

---

Ausschnitt aus dem «Hausz-Büchlein, darinnen lustig undt sehr nutzlich zu ersehen undt zu lehren, wasz durch dasz gantze Jahr bey dem Vih- und Veltbaur, Weingarten undt Garten nützlich zu thun undt zu lassen ist». 1643.

von Verleumdern. Gott hilft ihnen mit Freuden dadurch. Donnerts diesen Monat, so wird viel Getreid und Obst. Wann am Tag Matthäi (21. September) gut Wetter ist, so hofft man auf folgend Jahr viel guten Wein. Wann am ersten Tag dieses Monats und wenig Tag zuvor und hernach die Sonn scheint, so verhoffet man den gantzen Monat durch gut Wetter. So viel Reifen und Frost auf Michaeli (29. September), so viel Reifen sollen nach Wallpurgi (1. Mai) kommen. Mit Vögel, Früchten und Geissmilch gut, neben kühlem Wein erfrisch dein Muth.

Oktober – Weinmonat – Saatmonat

Obst und was dergleichen Naschwerk ist, vermeide solches, wann du witzig bist. Gänss, Endten, Vögel sind sehr gut und geben dir viel Blut und Muht.
In diesem Monat tritt die Sonn in Scorpion. Ist ein kalt und feucht Zeichen. Gehört dem Wasser zu. In demselben soll man nichts anfangen dann purgieren (entschlakken). Kinder, in diesem Zeichen gebohren, sind scharfsinnig, listig, zornig, verschlagen, rachgierig, beredt, geitzig. Haben viel Creutz, doch mehr in der Jugend dann im Alter. Haben gut Glück im Bergwerck.
Wie dieser Monat wittert, also soll es auch im folgenden Mertzen beschehen. Ist in dem Herbst das Wetter hell, so bringts Wind im Winter schnell. Wann die Eychbäum viel Eychlen tragen, folgt gern ein langer, herber Winter. Wann es nach dem Herbst ehe die Gluckhennen (ist am Gestirn) untergehet, regnet, so folgt ein fruchtbar Jahr. Wann es aber zugleich mit und in dem Untergang der Gluckhennen regnet, so kommt ein mittelmässig Jahr, nicht zu früh und nicht zu spät. Wann es aber erst anhebt zu regnen, wann das Gestärn der Gluckhennen schon untergegangen ist, so hoffet man ein spätes Jahr, so wohl ausgewintert wird. Wann das Laub nicht gern von den Bäumen fällt, so folgt gern ein kalter Winter und gibt viel Raupennäster.

November – Wintermonat – Sterbemonat

Brauch Ingwer, Meth und firnen Wein, der Most kann dir nicht dienstlich sein. Des Weibs und badens müssig geh, dass dir kein Schaden daraus entsteh.
Der Schütz beherrscht diesen Monat. Ist ein sehr heiss und trocken Zeichen. Gehört dem Feuer zu. In demselben ist gut zu kaufen und verkaufen, Ehe machen, im Feuer arbeiten. Kinder, in diesem Zeichen gebohren, sind verschlagen, verständig, sanftmüthig, führen ihre Handthierung weislich, doch nicht ohne Hinterlist. Vertragen sich wohl mit ihren Ehegatten, die Kinder sind ihnen ungehorsam. Sind Kranckheiten unterworfen.
Donnerts im Wintermonat, bedeutet Getreids genug. Wann das Laub früh oder spät von den Bäumen fallt, so wirds auch nachwerths früh oder langsam Sommer. Am Tag Allerheiligen hauen die Bauern einen Spahn aus einer Buchen. Ist er trocken, so wird es ein kalter, harter Winter. Ist der Spahn nass, so wird es ein nasser Winter. Wie viel Tag vom ersten Schneefahl bis auf den Neumond sind, so viel Schnee werden diesen Winter fallen. Wanns um Martini (11. November) nass oder gewülckig ist, so folgt ein unbeständiger Winter. Wann aber die Sonn scheint und es hell ist, so kommt ein harter Winter. Um Martini wachsendem Mond sind junge Bäume zu versetzen. In diesem Monat soll man kein Schweissbad brauchen. Auch nicht schrepfen und zu Ader lassen, weil das Geblüt des Menschen abnimmt. Auf erforderete Nohtdurft aber, um Martini, aber an St. Andreas Tag (30. November) bey Leibsgefahr gar nicht.

Dezember – Christmonat – Schneemonat

Brauch warme Speis und starken Wein, warm halten dient zur Gsundheit dein. Hab lieb dein Weib und nicht viel bad. Gwürtz ist dir gsund, purgieren schad.
Die Sonn geht diesen Monat in Steinbock. Ist ein kalt und trocken Zeichen, der Erden gehörig. In demselben ist gut wandern, neue Kleider anziehen, Kinder entwöhnen, säen und pflanzen. Kinder, in diesem Zeichen gebohren, sind zornig, tiefsinnig, melancholisch und zu traurigen Gedancken sehr geneigt. Darbey streng, unversöhnlich, haben Lust zu verborgenen Künsten und sind zum Ackerbau anschlägig. Zur Kaufmannschaft sind sie untüchtig wegen ihrer Unfreundlichkeit.
Donnerts in diesem Monat, so bedeutets viel Regen und Wind und wird der Samen von Brenner verderbt. Scheint am Christtag die Sonn vollkommen und klar, so bedeutets uns ein fröhlich Jahr. Ist es windig an Wiehnacht Feyrtagen, sollen die Bäum viel Obst tragen. Wann am Christtag der Mond wächst, soll es ein gutes Jahr geben. Nimmt aber der Mond ab, so gibt es ein schlechtes Jahr. Wann am Christtag die Matten und Wiesen grünen, so gibts gern um Ostern Schnee und kalte Regen. Wie sich der 24. Tag Wintermonat erzeigt, also soll sich das Gewitter den Christmonat und folgend Jahr erzeigen. Wie der 25. Christmonat, also soll der folgend Jenner seyn. Wie der 26. Tag also soll der Hornung seyn, etc. An Sylvester Nacht Wind und Morgen Sonn, nicht Hoffnung an Wein und Korn.

Rosiuskalender, 17./18. Jahrhundert / Helvetischer Calender 1780

Wetterregeln aus dem Munde der Alten

«Frühregen und frühe Bettelleut' bleiben nicht, bis man Zwölfe läut't.
Kleiner Regen mag grossen Wind legen.
Thau, häufig und stark, verkündet heiteres Wetter, besonders wenn er lange liegen bleibt. Fällt gar kein Thau, oder verschwindet er zeitig des Morgens, so steht Regen zu erwarten.

Wenn Strohdächer nach einem Gewitterregen dampfen, so kommt noch mehr Regen mit Gewitter.

Wind vom Niedergang, ist Regens Aufgang. Wind vom Aufgang, schönen Wetters Anfang.

Gewitter darf man erwarten, wenn das Vieh um Mittag nach Luft schnappt, mit offenen Nasen über sich riecht. Besonders auch, wenn der Esel beim Austreiben aus dem Stalle die Nase in die Höhe streckt und tüchtig die Ohren schüttelt, so sind Regen oder Gewitter nicht ferne.

Wenn der Nebel steigt, ohne sich bald zu verziehen, so steht Regen bevor; fällt er, so verkündigt das schönes Wetter.

Nebel im Winter bei Ostwind und Kälte deuten auf Thauwetter, bei Westwind auf Kälte.

Wenn's nicht vorwintert, nachwintert es gern.

Wenn der Rauch nicht aus dem Schornstein will, so ist vorhanden des Regens viel.

Wenn die Laubfrösche knarren, magst du auf Regen harren.

Wenn die Spinnen fleissig im Freien weben, so deutet das ziemlich sicher auf beständiges Wetter; arbeiten sie aber nicht, so deutet das auf unangenehme Witterung. Arbeiten sie bei Regen, so dauert dieser gewiss nicht lange, sondern macht bald schönem beständigem Wetter Platz.

Wenn die Gartenschnecken (Schleimschnecken) häufig auf den Beeten und in den Wegen sich finden, so deutet's auf Gewitterregen.

Eine Elster allein, ist immer ein Zeichen von ungünstigem Wetter; denn bei kaltem, stürmischem Wetter verlässt immer nur eine Elster das Nest, um Nahrung zu

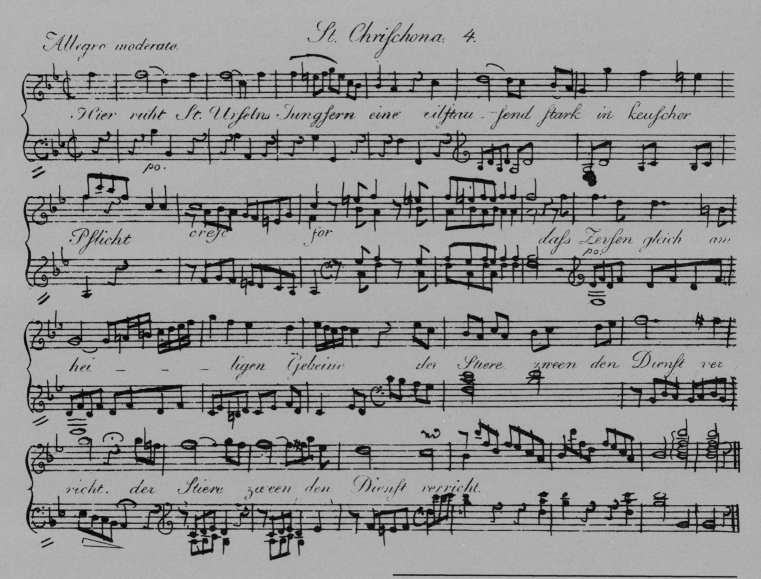

Musikalische Verherrlichung des Wallfahrts- und Ausflugsortes St. Chrischona im Rahmen der «Schweizer Natur-Szenen» durch J. M. Bach. 1796.

suchen. Fliegen sie aber beide zusammen, so deutet das auf warme, milde Witterung, wie sie besonders zum Fischfang günstig ist.

Wenn die Finken und Buchfinken sich ganz frühe vor Sonnenaufgang hören lassen, so verkündigen sie nahen Regen.

Wenn die Lerche hoch fliegt und lange hoch oben singt, so verkündigt sie schönes Wetter.

Der Morgen grau, der Abend roth, ist ein guter Wetterbot. Abendroth gut Wetterbot. Morgenroth bringt Wind und Koth! Roth' Abend- und weisse Morgenröth' macht, dass der Wand'rer freudig geht.»

Des Volksboten Schweizer Kalender (in Basel) 1846, p. 57f.

Einfache Wetterregeln eines Baselbieter Landmannes

Wer ein wenig auf die Natur acht hat, kann aus mancherlei Erscheinungen mit Leichtigkeit das künftige Wetter erkennen:

I. Vorzeichen schönen Wetters.
1. Wenn die Wolken bei Sonnenuntergang hochrot und durchaus gleich gefärbt sind.
2. Wenn der Nebel des Morgens in Gestalt des Taues zu Boden sinkt.
3. Wenn der Mond glänzt und hell leuchtet.
4. Die Fledermäuse flattern am Abend vor einem schönen Tag häufig umher.
5. Die Mücken tanzen spielend nach Sonnenuntergang in der Luft.
6. Die Hausschwalben fliegen hoch in der Luft.
7. Die Laubfrösche gehen aus dem Wasser hervor.
8. Die Berge sind mit Duft umgeben und scheinen ferne zu sein.

II. Vorzeichen von Regen oder Winden.
1. Wenn bei Sonnenuntergang die Wolken eine zerstreute, rötliche Farbe haben, deutet es auf Wind.
2. Blassgelbe oder dunkelgraue Wolken, in denen die Sonne abends untersinkt oder morgens darin aufgeht, deuten Regen an.
3. Wenn die Nebel des Morgens aufsteigen, gibt es Regen oder Gewitter.
4. Ist der Mond blass oder von einem Hof umgeben, verkündet er Regen. Ist er dunkelrot, verkündet er Wind.
5. Die Gipfel der höchsten Berge bedecken sich mit Nebeln.
6. Die Berge scheinen näher.
7. Die Fledermäuse lassen sich am Abend nicht sehen.
8. Der Hund läuft unruhig umher, scharrt mit den Pfoten die Erde auf.
9. Der Maulwurf gräbt fleissig.
10. Hühner, Tauben, Spatzen baden sich stark im Sande.
11. Die Hausschwalben fliegen nahe an der Oberfläche des Wassers oder der Erde.
12. Die grossen Kröten kommen am Abend häufig hervor.
13. Der Molch oder Erdsalamander kriecht aus seinem Schlupfwinkel hervor.
14. Die Fische springen über das Wasser hervor.
15. Die schwarzen, haarigen Gewitterfliegen schwärmen den Pferden häufig ums Maul.
16. Die Bremsen stechen häufiger die Menschen und das Vieh.
17. Die Mauern ziehen Feuchtigkeit an sich und schwitzen.
18. Die Kamine riechen nach Russ.
19. Die Aborte riechen ungewöhnlich stark.
20. Die Katze leckt häufig die Pfoten, putzt sich damit. Ihre Augen funkeln stärker.

Des Volksboten Schweizer Kalender 1921, p. 62f.

Alte Basler Sprüche

Sinnen junger gesellen
Dass wetter im aprellen
Und jungfrouwen gedancken
Thuent allezyt baldt schwancken.

Halt dich rein,
Acht dich klein,
Sy gern allein,
Mach dich nit z'gmein.

Wilt haben eine riewige nacht
Iss kurtz und nit von mancher dracht.

Wan volsuffen ist ein eer
Bin ich ein nar wie andre meer.

Kein buom falt nit von einem streich
Kein hertz so hert es wird zlest weich.

Wer buwen wel der hab gut acht
Dass er vorhin hab d'rechnung gmacht,
Um dopplet gelt, eb er anfacht
Dass er nit buw, dass etwan kracht,
Fält ess firwor, man seinen lacht.

Wer mit der Kunst sich neeren wil
Der hatt sorg, mieu und arbeit vil.

Wölcher hätte vil wynräben
Und gsäch gern, das s'ihm vil wyn gäben,
Der muss S. Urban in guter fründschaft han,
Der selb lieb heilig wirt viel wyn wachsen lan.

Wehr und waffen, kraut und loth
Ist der gröst Schutz einer Statt,

Dess man sich in Krieges Noth
Vor dem feindt zbedienen hatt.
Da man aber, wie offtmal
Wann der feindt zeigt seine Kunst.
Erst die wahre kauffen soll,
So ist aller witz umbsunst.

Wan Gott nit thut von oben gäben
Dem Feldbauer sein miltreichen Sägen
Durch gutte, frühe und auch späthe Rägen
So ist all unser Müh vergäben.

Faule Gesellen sind Franzosen
Denn sie tragen spitze Hosen.

Um Johanni (24. Juni) grosser Rhein
Gibt sauren Wein.

Jubel-Lied
abgesungen von den Baslerischen Landleuten
als die Obrigkeit sie von der Leibeigenschaft befreyte.
Von M. C. F. Z. h genbach 1791.

Auf auf ihr Brüder jubelt froh! Der Wonnetag ist da! Getilget ist Leibeigenschaft, Und uns belebt nun ganz die Kraft Der edeln Freyheit Ha: Der edeln Freyheit — Ha!

Die Entlassung aus der Leibeigenschaft bot der Landbevölkerung 1791 berechtigten Grund zum Jubel und zur Freude.

Die Fasnacht macht oft viel Narren
Wären sie witzig, so könnten sie viel sparen.

Alte Basler Stammbuchverse

Frisch und beherzt daran,
Wer sich forcht, zieh ein Panzer an. 1578

Seid witzig,
Die Welt ist spitzig. 1580

Keine grössere Freude auf Erden ist,
Denn wenn einer bei einem schönen Maidlein ist. 1581

Wenn Fechten, Singen und Springen,
Mit schönen Jungfräulein ringen
Wäre der Mönche Orden,
So wär ich auch längst einer geworden. 1604

Ein Jungfrau 18 Jahr alt
Ein Schweinen Braten kalt
Wem das Essen nicht schmackt
Dem ist alles gut leben versagt. 1615

Selbst der Küsse
Zuckergüsse
Sind nicht süsse,
Als man wisse,
Dass zwei Herzen einig sind. 1615

Es ist kein Apfel so rosenrot,
Es steckt ein Kernlein drin,
Es war keine Jungfrau nie so schön
Sie trägt einen falschen Sinn. 1615

Feuer anzünden und nicht brennen,
Lieb haben und nicht bekennen,
Dürsten und nicht trinken,
Anschauen und nicht winken,
Vergehen und nicht sprechen,
Macht manchem sein Herz zerbrechen. 1616

Ein Mädchen von achtzehn Jahren
Mit roten Backen und gelben Haaren,
Dazu ein schmale Lenden;
Mit der möcht ich mein Leben enden. 1616

Ach junger Gesell hüt dich,
Der Jungfrauen Gunst ist misslich;
Hoffart und Zorn,
Ist den Jungfrauen angeboren. 1616.

Im alten Basel gebräuchliche Sprichwörter

Kein Messer ist, das schärfer schirt, als wenn der Bettler zum Herren wird. 1530

Man darf nicht von einem gähen Berg abschlipfen, sonst liegt man schon in der Höllen Kripfen. 1623

Der Weg zur Hölle ist breit und wohl gegründet, dass ihn auch der Blinde ohne alles Gleit bald findet. 1623

Liebe deinen Nächsten, aber reisse den Zaun nicht nieder. 1640

Denke auf faule Tage und arbeite darauf los. 1640

Ein Narr denkt, dass andere nichts denken. 1640

Könnte er laufen, wie er trinkt, so finge er einen Hasen. 1640

Der Hund nagt an dem Knochen, weil er ihn nicht verschlingen kann. 1640

Drei leben friedlich, wenn zwei nicht daheim sind. 1640

Jede Meile ist im Winter zwei. 1640

Wer in Hoffnung lebt, tanzt ohne Musik. 1640

Wer dem Kinde die Nase wischt, küsst der Mutter die Backen. 1640

Wer seinem Appetit wird Ziel und Masse geben, derselbe kann mit Gott auch viele Jahre leben. 1727

Früh um die sechste Stund von seinem Schlaf aufstehen, des mittags um die Zehn an seine Tafel gehen, des abends um die Glock sechs sich seine Speise geben, macht, dass man kann gesund zehnmal zehn Jahr erleben. 1727

Wo viel Geld ist, da wohnt der Teufel, wo aber keines ist, da sind zwei. 1733

Man richtet oft mit Lachen mehr aus als mit Stirnerümpfen. 1762

Küssen ist gepaarten Tauben und Verliebten sehr gemein, was auf dies zu folgen pflegt, kommt mit jenem überein. 1773

Greif erst die Fehler an, die Du selbst an Dir siehst, eh Du der andern Werk durch Deine Hechel ziehst. 1778

Grabinschriften

Hier ruhen meine Gebeine
Ich wollt' es wären Deine!

Hier ruh' ich in Gott, o Wanderer
Ich wollt' Du wärst es oder ein Anderer!

Weil kein's konnt ohne das andere syn
So nahm uns Gott all' miteinander hin!

Stehe still Wanderer
Bist du gut, so stirb als einer, der leben wird!
Wenn aber böse
so lebe als einer, der sterben wird!

Hausinschriften

Auf Gott ich meine Hoffnung bau
Und wohne in der alten Sau!

Wenn Neid und Hass brennten wie Feuer
So wären die Kohlen nicht so teuer!

Was hilft mir dann ein schönes Haus
Wann mich Gott zum Sterben ruft
Dann muss ich raus!

Wir stohn alle in Gottes Hand
Zum schwarzen Eber genannt!

Ihr lieben Christen, bekehret Euch und thut Buss
Denn dies Haus heisst: zum Rindsfuss!

Göttiwünsche

Nun bist Du, liebes Kind
Im rechten Christen Orden
Durch Wasser und durch Geist
Mit Gott vereinigt worden
Halt fest an diesem Bund
Und weiche nicht davon
So wird Dir beygelegt
die himmlisch Ehren-Cron
Johann Jacob Bischoff, 1767

Gottes Gnad und Gottes Güte
Ob Dir walte, Dich behüte
Lebe lang, gesund und fromm
Bis Dein Seel in Himmel komm
Johann Conrad Fäsch, 1767

Mein Kind bedenk
Bey dem Geschenck
Der Christen Pflicht
Vergiss ja nicht
Was ich versprach
Dem komme nach
Anna Catharina Iselin-Wettstein, 1767

Muntzinger, Bd. I, s. p.

Glückshafen-Wünsche

Das Glück wird mich umarmen, weil ich es gönn den Armen.
An Gottes Segen ist alles gelegen.
So muss man den Kindern das Brot gewinnen.
Ich fordere nichts. Ich wart der Gnad und schreib auch Gott das Glück nicht vor.

Wie es Gott füget, mir genüget.

Ein mancher schätzt sich gross mit vielem Gold und Schätzen. Bekomm ich's beste Loos, wird mich dis gnug ergötzen.

Auch dissmahl wollen wir es zusammen wagen. Sind in der Hoffnung, auch etwas davon zu tragen.

Eine Wittwe leget ein. Was sie bekommt, soll das Halbe der Armen Herberg sein.

Etwas rechtes oder nichts.

An Gottes Segen ist alles gelegen.

Mein Gott ich bitt durch Christi Blut, mach es nur mit meinem Ende gut.

Glück und Glas, wie bald bricht das.

Wie Gott es fügt, bin ich vergnügt.

Ich will in allen Sachen mit Gott den Anfang machen.

Auf Gott und auf gut Glück hoff ich alle Augenblick.

Wenn ich schon nichts bekomm, so scher ich mich doch nicht drum. Komm ich aber was über, so lach ich dennoch drüber.

Hier legt eine arme Wittfrau ein. Der Höchste woll ihr Helfer sein.

Das ist mein grösster Gwinn, das ich wohl zufrieden bin, mit dem, was Gott geben will, sei es wenig oder viel.

E.E. Zunft zu Schneideren leget ein und hoffet auch, glücklich zu sein.

Ich bin auch unter die zu zehlen, bey welchen es am Geld thut fehlen. Ich scher mich doch gleichwohl nicht drum, wann ich schon kein gut Loos bekomm.

Der Elenden Herberg Lotterie zu Basel, 23. Juni 1738

Basler Schimpfwörter für Weiber und Männer

Wüster Mistkorb
Rechter Schandvogel
Trusensack
Unsauberer Schandfleck
Mannbetriegerin
Stinkender Schleppsack
Schwarzer Blutflecken
Hudel
Höllenzöttin
Mistbübin
Erzbübin
Winkelsucherin
Geiferige Bübin
Des Täufels Hofiehrerin
Metz
Unverschämte Lung (Hure)
Durchbefleckte Unreine
Bubenreizerin
Ein-Pfennig-Jungfrau
Gesellschaft von dem verkehrten Paternoster
Kumpan vom schmalen Glück
Hoflecker
Hofsau
Waghals
Verlorener Christ
Verderber christlichen Bluts
Abtreter vom heiligen Glauben
Des Täufels Bundsgenosse
Verseicher
Schwarzfleckiger Höllenhund

Matthias Geymüller (1686–1765), Kürschner und Mitglied des Grossen Rats, erhält verdienten Lobpreis für seine seit 1750 ausgeübte Tätigkeit als Landvogt von Lugano.

Bluthund
Gottes Fleischverkäufer
Mörder
Krütziger Blutvergiesser
Lasterfresser
Sündsuffer
Seelmörder
Seelschlucker
Seelkrämer
Judasmeister
Täufelsrätscher
Jagdhund
Vogelhund
As
Teufelsdiener
Unflätiger Lasterbalg
Falschmüntzer
Erzhurenwirt
Elender Sünder
Ewiger Teufelsgeselle

Binz, Gustav. Basler Schimpfwörter aus dem 15. Jahrhundert. 1906

Sterbensgedanken

«Sterbens Gedancken Claus' Struben vor seiner Hinrichtung Anno 1778: Ach Gott, gib, dass ich nicht verzage/ Wenn ich auf dem Weg zum Tode geh/Stärcke mich am letzten meiner Tage/Mit Deiner Krafft aus Deiner Höh/ Vergib mir alle meine Sünden/Lass mich in Jesu überwinden/Und so den Weg zum Himmel finden/Es leit' und führe mich Dein Geist/Der mir den Weg zum Himmel weist!»

Linder, II 2, p. 200

Ein hübsch Lied

Da ich Nächt von Hauss gieng/Da war mein Frau nit kranck/Da ich wider nach Hauss kam/Lag sie tod auf dem Banck

Da gieng ich zu meim Nachbaur/Und klagt ihm all die Noth/Nächt ist die Däsch noch gsund gewest/Jetzt hüt ligt sie todt

Legt sie auf den Karren/Und fahr nur dapfer drauff/Dass mir das alte Rumpel-Thier woll kommen aus meinem Hauss

Da kam ich auf den Kirchhoff/Das Grab und das war gmacht/Ich hab ein bissli wainen müssen/Hett aber lieber glacht

Was ghört auf ein altes Weib/Ein grossen schweren Stein/Dass mir die Däsch nit führen könn/Sunst gheit sie widrum hey

Hasen sind Hasen/Sie lauffen in den Wald/Junge Meitli soll man heurathen/Und eb sie werden alt

Und wann sie dann veraltet sind/So setzt sie auf den Stuhl/Da hock du altes Rumpel-Thier/Kein Nutz bist niener zu

Rauch ist der Igel/und gfotzlet ist der Bär/Und wie du auch erschaffen bist/So kehr dich zu mir här

Und alle Bauren-Hänneli/Die hätten gern ein Hahn/ Und alle dapffere Meiteli/Die hätten gern ein Mann

Hiemit hat das Lied ein End/Wills einmahl jetzt beschliessen/Gott alle Ding zum besten wend/Dass wir die Freud geniessen. 1712

UB Falk 1714

Denkzettel

«An meine böse Gönner/Tadler und Spitznasen. Nichtswerthe/Unachtbare/Ehrndürfftige/Verfinsterte/Ohnmächtige Ungelahrte/nicht viel besondere Gesellen ohne G. oder Schlesier: Nun kompts/wornach Euch so sehr verlanget/und darauff Ihr Nasen und Ohren so lang gespitzet. Klaubet nur herauss ihr Haarklüfer und Mükkenseuger/womit ihr mich anstichlen/anzapffen und weiter in Verachtung setzen könnet/Ihr werdet gnug finden/ aber nichts darauff ich Euch antworten wil/eingedenck des alten Knüttelharts: Hoc scio pro certo, quod si cum stercore certo vinco vel vincor, semper ego maculor. Dessen Verstand zu Teutsch: Wann einer den Dreck rühret/so stincket er. Ich verbleibe Eur beständiger Wiedersacher wie alles Argenhasser Rom. 12. vers. 9. Der Wunderliche.» 1678

Basler Jahrbuch 1930, p. 237

Titelvignette aus «Ein kurtzer und heiterer Rathschlag, wie man sich mit göttlicher Hilff vor der Pestillentz verhüten und bewaren kann» aus dem Jahre 1576.

Merkwürdigkeiten und Kuriositäten

Vierlinge
«1260 gebahr eine Frau zu Rothenflue 4 Kinder.»
Linder, II 1, p. 8

Ein Kind gleich einem Professor
«Anno 1467 befand sich zu Basel eines armen Manns junger Sohn, 6 Jahr und 2 Monat alt, von guter Sitte und in der lateinischen Sprach so trefflich erfahren, dass er von jeder Sach mit männiglichs höchster Verwunderung vernünfftig zu reden wusste.»
Linder, II 1, p. 485

Messespuk
«Es war zur Zeit der Basler Messe im Jahre des Heils 1549, als ein landfremder Krämer vor Tagesgrauen unserer Stadt zustrebte. Vom anstrengenden Marsch durch Nacht und Nebel ermüdet, liess er sich beim Gellert geruhsam unter einem Baume nieder, da er, nach der Finsternis zu schliessen, die Stadttore noch geschlossen glaubte. Der Ort, wo sich der Fremde setzte, lag unweit vom städtischen Galgen, an dem just ein wenige Tage zuvor auf Befehl der gestrengen Herren und Obern hingerichteter Schmied hing. Eine kleine Weile nach dem Krämer kamen zwei andere Wanderer, die ebenfalls in Geschäften auf die Messe wollten, des Weges dahergeschritten. Diese wussten vom Gehängten, hatten den armen Sünder selbst gekannt und riefen nun leichthin und voller Übermut dem Toten zu: ‹Willst du nicht mit uns auf die Messe? Komm herab!› Diese Zurufe weckten den unter dem Baum eingeschlummerten Krämer. Sich schnell aufraffend, rief er mit lauter Stimme: ‹Wartet, Männer, ich komme mit euch!› Die dermassen unvermutet Angerufenen aber, von jähem Schrecken erfasst, warteten nicht; denn sie glaubten im Zuruf des Krämers des Gehängten Stimme zu vernehmen. So schnell ihre Füsse sie zu tragen vermochten, flohen sie stadtwärts, hinter ihnen drein in nicht minder eiligem Schritt der munter gewordene Krämersmann, mit hellem Ruf sein ‹Halt, wartet, ich komme ja mit› wiederholend. In wildem Lauf gings bis zum Aeschentor, das eben vom Torwart geöffnet wurde. Wie leblos fielen dort die beiden angstgehetzten Wanderer nieder. Sie erholten sich zwar vom Schrecken, als der Sachverhalt sich aufklärte, kamen aber erst nach geraumer Zeit wieder zum vollen Besitz ihrer Gesundheit.»
Basilisk, Nr. 43, 1924 / Anno dazumal, p. 368f.

Komödiant an der Basler Messe
«1602 wurde an der Basel Mess einem Comoedianten erlaubt, 3 Tag zu spielen. Eine Person zahlte 4 Pfennig.»
Linder, II 1, p. 20

Berner Wunderkind
«Um das Jahr 1616 lebte zu Bern ein Mägdlein, welches 11 Jahr lang nicht gegessen hat, worüber sich jedermann

ANHANG

hoch verwunderet. Dabey aber war es niemahlen krank und hat nacher wieder angefangen zu essen.»
Linder, II 1, p. 529

Krätzen-Kind
«1656 kam ein Baur mit einer Krätze, die oben mit Reckholder bedeckt war, ins Spital und zeigte dem Portner an, der Meister habe ihm befohlen, solches zu bringen. Hierauf hat der Baur die Krätze abgestellt und sich davon gemacht. Bald darauf hat man ein junges Kind darin schreyen gehört. Als man die Krätze abgedeckt hat, hat man neben dem Kind einen Zeddel gefunden, darauf geschrieben stand, es solle Hans heissen.»
Linder, II 1, p. 148/Battier, p. 484

Betagte Grablegerin
«1657 starb Catharina Treu, eine 76jährige Weibspersohn, welche in ihrem Leben über 1000 Persohnen in das Grab helfen anlegen.»
Linder, II 1, p. 150

Gesunde Luft
«1669 kam wieder eine gute, gesunde Luft, dass 128 Kinder mehr gebohren wurden, als Persohnen gestorben sind.»
Linder, II 1, p. 205

Berner Riese
«1691 ist Anthoni Frautschi, ein junger Mann von Saanen aus dem Berner Gebieth, ein Notarius publicus und Lieutenant, zum Wilden Mann gezeigt worden. Er war 2 Kopf grösser als die längsten Manns Persohnen alhier.»
Linder, II 1, p. 245

Marionetten
«1698 ist allhier zu Spinnwettern das erste Marionetten Spiel gezeigt worden.»
Linder, II 1, p. 424/Scherer, p. 257/Scherer, III, p. 249

Ohne Hände
«In der Mess 1710 war eine seltsame Postur hier zu Schiffleuten, die eine Frau und 2 Kinder bei sich hatte. Ohne Hände und Füsse konnte er kunstreiche Sachen machen. In dem Angesicht war er ein schöner Mann. Er fädlete mit seinen Stumpen durch eine Nadel einen Faden. Er konnte taschenspielen ganz geschwind, Karten mischlen, schiessen, Federn schneiden, kegeln und zierlich schreiben.»
von Brunn, Bd. III, p. 528/Bieler, p. 746/Scherer, III, p. 357

< *Zwei Teufel ziehen einen explodierenden und brennenden Wagen. Federzeichnung aus der Anleitung, Pulver und Feuerwerk zu fabrizieren, von Walter Litzelmann aus Basel. 1582.*

Kalb mit zwei Köpfen
«1712 zeigte Joseph Meyer, ein Jud, während 8 Tagen gegen 4 Pfennig ein Kalb mit 2 Köpfen und 4 Ohren.»
Ratsprotokolle 83, p. 164

Scherzfragen
«Frag: welches ist das erste Handwerck der Welt? Antwort: Die Hafner, indem Adam gleich die Eva geplätzt! Frag: was die Weisen aus dem Morgenland für Landsleüth gewesen? Antwort: Irländer, denn es heisst, sie zogen in Ihr Land!» 1719.
Linder, II 1, p. 617

Armloser Strickkönig
«Auf der Zunft zu Brodbecken zeigte 1722 ein Knab ohne Arme seine sonderbare Kunst, mit Fäden und Nadeln zu stricken, so geschwind, dass ein anderer mit seinen Händen nicht zu tun vermochte. Er machte alles mit blossen Füssen.»
von Brunn, Bd. II, p. 400/Bieler, p. 750/Scherer, p. 791/Scherer, III, p. 463f.

108jähriger
«1722 ist ein armer Mann in einem Bettelkarren vor das Spalentor geführt worden. Der Mann, Johannes Leonhard aus obern Pünten, der so vernünftig und lebhaft seinen Lebenslauf erzählt hat, war nach glaubhafter Testimonia 108 Jahr alt.»
von Brunn, Bd. II, p. 283

«*Obstehende Figur ist die Abschilderung von einem Stocknarren aus den mittleren Zeiten, welche zu Basel bey Grabung eines Kellers gefunden worden ist.*»

Lustiger Spass

«Der Eulerin, des Eisenhändlers an der Huthgass Frau, welche ein kurtz Gesicht (schwachsichtig) war, ist 1736 ein artiger Spass widerfahren: Als sie an einem Sonntag früh in die Kirche wollte und vorher ein Stuck Speck in das über dem Feuer seydende Saur Krauth stossen wollte, hat sie in der Eyl das Psalmen Buch, das bey dem Speck gelegen war, in den Hafen gestossen und ist mit dem Speck in die Kirche gekommen. Da sie nun die Psalmen nicht finden konnte und ihres Irrtums gewahr wurde, luff sie alsobald nach Haus, fand aber das Psalmen Buch schon verkocht!»

Linder, II 1, p. 939

Im Schnee geboren

«Zu Oltingen ist 1738 ein Mägdlein im Schnee gebohren worden. Die Mutter aus dem Berner Gebieth befand sich mit ihrem hoch schwangeren Leib auf der Reyss zu ihrem in Mülhausen befindlichen Ehemann.»

Linder, II 1, p. 974

Grandioses Wasserspiel

«Der Erfinder und Besitzer derjenigen sehens- und Wunder-würdigen Wasserkunst und Machine, welche auf E. E. Zunfft zu Schuhmacheren zu sehen ist, thut hiermit zu wissen, dass weilen seines Bleibens allhier nicht lange mehr seyn wird, er sich entschlossen, um die Anzahl der Zuschaueren zu vermehren, den Preiss des bissherigen Taxes um die Helfte zu vermindern, also dass von dato an für den ersten Platz nicht mehr als 2 Schilling und für den andern 1 Schilling bezahlet, und mit Vorstellung dieser Wasserkunst um 4, 6 und 7 Uhr, ferner continuirt wird. Diese sehr schöne Kunststuck so aus zweyhundert springenden Wasser-Aderen bestehet, welche eine andere Machine von 21 Bildern spielen und bewegen machen, also dass man meinen solte, es fehle ihnen nur die Sprach, haben unter anderen Hohen und Gelehrten Personen auch selbsten Ihro Excellentz der Königliche Ungarische Herr Bottschafter mit Vergnügen zu sehen gewürdiget, und bezeuget dass ihres gleichen noch keine zum Vorschein kommen seye.»

Hoch-Obrigkeitlich privilegirtes Mittwochs-Blätlein von Basel, 17. Heumonat 1743

Dem toten Vater in die Arme gelegt

«1743 starb selig zu Maria Kirch Herr M. Christoff Merian von hier, gewesener Pfarrer der reformirten Gemeinde allda. Merckwürdig ist hiebey, dass zwey Tag nach dessen sel. Hinscheyd seine hochschwangere Frau Wittib mit einem lebendigen Söhnlein entbunden, welches, wegen Schwachheit, von seinem anwesenden Herrn Grossvatter so gleich getaufft, bald darauf aber seinem Herrn Vatter in die selige Ewigkeit nachgefolget, ihme in die Arme geleget und mit ihme begraben worden ist.»

Hoch-Obrigkeitlich privilegirtes Mittwochs-Blätlein von Basel, 6. Hornung 1743

Geschändete Seeleute

«1743 sind etliche englische Seeleüth, Mann- und Weibsbilder, hier eingetroffen, denen von africanischen Seeräubern in ihrer Sclaverey die Zungen, Brüste und Gemäche (Geschlechtsteile) aus gerissen worden sind. Es soll sich der Capitain dieser Leüth noch in der Räuber Gewalt befinden.»

StA, Kalender 48

Basler Schrift

«1744 starb an einer langwieligen zweyjährigen Kranckheit der weit und breit berühmte Schreibmeister H. M. Joh. Jac. Spreng, wohl meritirter Praeceptor emeritus bey 50 Jahren im Gymnasio, aetat. 76 Jahr. Ist ein serieuser, autoritaetischer auch zornmühtiger und strenger, fleis-

Anbey ist merkwürdig.

1. Zu denen Burgers-Kindern, die gebohren worden, muß noch ein Knäblein so dem Hrn. Pfarrer von Münchenstein gehöret, hinzugethan werden.

2. In Muttenz sind unter denen Verstorbenen 20. Kinder und 10. so in der Blüthe ihrer Jahren, meist an der rothen Ruhr gestorben.

3. Unter den Verstorbenen zu Bus ist ein Mann, welcher ab einem Kirsbaum den Rückgrath entzwey gefallen.

4. Unter den Verstorbenen zu Gelterkinden befindet sich eine ledige Tochter von Tecknau, so in dem letzten Wasserguß weggeschwemmt worden ist.

5. Zu Brezwyl befindet sich eine Frau von Regoldsweil, welche auf einmal 3. Kinder zur Welt gebohren, von welchen aber nur eines die Heil. Tauf empfangen, und wenig Tage darauf verstorben. Unter denen Verstorbenen allda ein 32. jähriger Mann, welcher wegen seines heillosen Lebens halben mit dem Strick sich selber das Leben genommen. Zu Rümlingen sind diß Jahr aus 41. Personen, 28. am rothen Schaden gestorben.

6. Zu Wallenburg ist ein nicht gar 17. jähriger Knab, welcher nebst andern der Sprengung eines Blocks beywohnte, und da das Pulver lange nicht losbrennen wolte, endlich hinzutrat, um zu sehen, wo es fehle; kaum aber hatte er das Haupt gegen dem Zindloch geneiget, so geschahe die Zersprengung, und der in das geborte Loch geschlagene Zapfen fuhr ihme oberhalb der Stirn in den Kopf, und nahm das Gehirn samt der Kappen hinweg, wovon er einige Stunden hernach verschieden. Item ein neunthalb-jähriger Hirten-Knab von Niederdorf, welcher bey dem den 31ten Augst. entstandenen Hagel- und Donnerwetter sich in einen holen Baum verkrochen, in selbigem aber von einem Donnerstrahl von der Kehle an biß über die Brust hinunter also gefährlich gestreifet worden, daß er einige Minuten hernach von seinem nächst dem Baum gestandenen Vatter, ist todt gefunden worden. Item ein 60. jähriger Mann von Oberdorf, welcher den 28ten Sept. von einem Nußbaum hinunter gefallen und gleich todt geblieben.

7. In Leufelfingen sind unter den Verstorbenen 29. so nur allein an dem rothen Schaden verstorben: unter dieselben gehöret des Hrn. Decani selbst eigenes Söhnlein. Mit dieser Krankheit sind noch vast eben so viel Personen angegriffen, aber durch GOttes Hülfe wieder davon gekommen.

«Auf der Landschaft sind Anno 1761 getauft worden 302 Söhnlein und 291 Töchterlein, und sind verstorben 609 Personen. Ehen sind 246 geschlossen worden.» Aus «Drey und Fünfzigstes Stück Wochentlicher Nachrichten aus dem Bericht-Haus zu Basel». 1761.

siger Mann gewesen, welcher wegen seiner vortrefflichen Schreib- und Rechenkunst, dergleichen vor- und vielleicht nach ihm keiner kombt, sehr bedaurt wird.» (Gilt als «Erfinder» der bis um 1850 gebräuchlichen «Basler Schrift».)

Im Schatten Unserer Gnädigen Herren, p. 19f.

Artistischer Kalligraph

«Herr Georg Heinrich Riedtmann von Schaffhausen, dermahlen in dem Schwaanen allhier sich aufhaltende, welcher eine besondere Kunst und Wissenschaft besitzet nicht nur mit denen Fingeren, sondern auch mit denen Zähnen an den Füssen und mit denen Zähnen allerhand Sprachen und Schrifften auf Erbsen, Kalcksteine etc. zu schreiben und allerhand Figuren darauff zu mahlen, anerbietet diese sehenswürdige Kunst denen Herren Liebhaberen gegen einer kleinen Belohnung von 2 Kronen in seinem Quartier sehen zu lassen, auch denenselben um eine kleine Discretion dergleichen curiose Stücke zu verfertigen. Sollte er das Glück haben, in einem hiesigen Ehrenhaus als Schreiber aufgenohmen zu werden, so wollte er sich anfänglich mit der blossen Kost, nachgehends aber mit einem kleinen Salario begnügen.»

Hoch-Obrigkeitlich privilegirtes Donnstags-Blätlein von Basel, 10. Brachmonat 1745

Sauglocke

«1745 hat Meister Friedrich Weitnauer, der Glockengiesser, eine 2 Center und 5 Pfund schwere Sau um 7 Pfund 10 Schilling erkauft, für die er kurtz vorher 34 Pfund geboten hatte. Da er aber mit dem Bauern nicht eins werden konnte, fragte er diesen, wieviel er für das Pfund, das die Sau über 2 Center wägen würde, haben wolle. Da sagte der Bauer 18 Batzen. Dieses war Weitnauer sogleich eingegangen, metzgete das Schwein und liess es im Kaufhaus wägen. Da musste der Bauer mit Erstaunen erblikken, dass solches nicht mehr als 5 Pfund über 2 Centner betrug. So musste er hernach zum Schaden auch noch das Gespött haben. Der Glockengiesser aber hat hiemit eine feile Sau Glockhe bekommen.»

Linder, II 1, p. 1113 und 1118

Fruchtbares Ehepaar

«1745 vergabte E.E. Rath dem Jacob Buser von Ormalingen, dessen Frau in der Zeit von 11 Monaten 5 Kinder zur Welt gebracht hatte, 5 Säck Kernen und 30 Pfund Geld.»

Linder, II 1, p. 1136

Blamage für den Kommandanten von Hüningen

«Der Commandant von Hüningen kaufte 1746 im Richthaus einen mit Gold garnierten Stock in einem Futeral. Als zu gleicher Zeit die Herren Häupter die Stege herunter kamen, zeigte der Commandant diesen seinen eben erkauften Stock und nahm ihn dann in seinem Futeral wieder unter seinen Arm. Ein Spitzbub aber fand in Gegenwart der Herren Häupter ein Mittel, den Stock weg zu practicieren. Als der Commandant dieses inne wurde, zeigte er mit greulichem Fluchen den Herren Häuptern sein läres Futeral. Der Stock aber kam mit dem Spitzbub nicht wieder!»

Linder, II 1, p. 1158

Erstaunliche Schussgewalt

«1747 haben die Herren Fechter und Raillard, löblicher Frey Compagnie Canoniers Lieutenants, in Gegenwart der Herren Häupter auf dem Peters-Platz ein Prob mit einem neuen Stuck (Kanone) gemacht, da sie zu männiglichs Vergnügen in ¾ Minuten 13 Schüss gethan, und gestunden alle Zuschauer, dass sie capabel wären, in einer Minute wohl 24 Schüss zu thun.»

Linder, II 1, p. 1169

Schrulliger Kauz

«1749 ist Jacob Frey, der Kremper (Händler) am Spittelsprung (Münsterberg), begraben worden. Er wohnte allein in seinem Haus, hatte seit 15 Jahren kein Fenster an seinem Haus mehr geöffnet und schlief in einem Trog, dessen Deckel er mit einem Steckhen einwenig aufsperrte. Seinen Kässtand hatte er beym Brunnen. 24 Jahr vor seinem Tod machte er mit zwey Bekannten einen Accord, Kraft welchem ein jeder ihm wöchentlich dreimal zu essen gebe. Dafür standen ihnen 6 Batzen zu. Das Geld aber war erst bei Freys Tod zu beziehen. Er wiederum durfte sich bey niemand anderem verköstigen, widrigenfalls er für tot angesehen werde und er seinen Accordanten 400 Pfund zu zahlen gehalten seye. Kam er jeweils zum Essen, dann machte er seine Knöpf am Würgelin (kleines Männerhalstuch mit Schnalle, Hafte oder Knöpfchen) und an den Hosen auf um statt einer für zwey Mahlzeiten zu speisen! Acht Tag vor seinem Tod hat er sich der Frau Muntzinger zur Pflege versprochen und diese dafür zu einer Testaments Erbin gemacht. Es hat also letztere in 8 Tagen über 700 Pfund verdient, die andern aber in 24 Jahren nur 400 Pfund.»

Linder, II 1, p. 1200

Wunderliche Gaukelei

«1750 liess sich auf dem Korn Marckt ein Seyltänzer namens Weiss mit seiner Frau, einer Weisskopfin, durch seine wunderliche Gaucklerey öffentlich sehen. Er liess sich zu unterschiedenen Mahlen an einem von des Eisenhändlers Krugen Haus bis über die Zinnen der Weinleüthen Zunft gespannten langen Seil von der Höhe herunter fahren und schoss auch noch eine Pistole los. Ein ander Mahl kam er nur an dem Hals, wie an dem Galgen hangend, herunter. Auf der Schuhmachern Zunft ging er mit seinen Füssen auf einem glühenden Eysen, goss verlassenes heisses Bley in seinen Mund und liess auf seinem Leib Holz spalten. Er hatte auch einen frömden grossen lebendigen Hahn bey sich, dem zwey Fingers lange beinerne Hörner oben aus dem Kopf hervor ragten, welche ein wenig gekrümmt den Augen zu wuchsen und deshalb mussten beschnitten werden.»

Linder, I 1, p. 99

Messesensationen

«An der Basler Mess von 1750 hindurch war nebst vielen Commedianten ein extra schönes Tyger Thier auf der Gerbern Zunft zu sehen, welches mit dem Kopf einer Katz zu vergleichen war und einen langen Schwantz, gleich einem Hund hatte. An diesem Ort zeigte man auch einen kunstreichen Wäbstuehl, welcher durch ein Triebwerck von sich selbst kleine Bändel verfertigte, welche sie den Leüthen verkauften.»

Linder, I 1, p. 60

Erboster Pfarrer

«Pfarrer Herbordts zu Barfüssern Frau, eine gebohrene Stächelin, hatte anno 1750 unter ihrem Geflügel ein Huhn dergestalt gewöhnt, dass es, wenn die Pfarrers Frau ihm zu fressen gab, ihr auf die Achsel hüpfte und aus der Hand bickte. Nun nahm es sich aber die Freyheit heraus und bickte ihr in das Aug, wodurch sie ein wenig verwundet und grosse Schmertzen ausstehen musste. Während die Frau glücklich geheilet wurde, wurde das gute Huhn wegen seinem Unverstand aus gerechtem Zorn vom Herrn Pfarrer mit den Zähnen zerrissen.»

Linder, I 1, p. 89

Messekram

«Als 1751 dem Andreas Eglin an der Mess einer seiner armen Lehrjünger begegnete und einen Messkram von ihm forderte, nahm er diesen mit nach Hause und setzte ihm auf einen Zettel alle Verwandten von Leonhard Stocker auf der Eisengass, dessen Frau hoch schwanger war. Er bedeutete dem Jungen, er solle aller Orthen in deren Namen einen schönen Gruss ausrichten und sagen, Frau Stocker sey glücklich mit einem jungen Knaben niedergekommen, wodurch der Knab aus einem andern Säckel einen schönen Messkram bekommen hat. Frau Stocker aber kam erst 14 Tag hernach ins Kindsbett!»

Linder, I 1, p. 160

Wachsfigurenkabinett

«1753 kam Anthon Baumschlager, Mahler und Wax Pussierer in Regenspurg, anher und zeigte in einem grossen Saal zu 3 Königen eine offene Tafel mit 20 Speisen, welche so natürlich und kunstvoll in Wax vorgestellt waren, dass sie einem Appetit erweckten. Um die Tafel

---

AVERTISSEMENT.

Es wird denen allhiesigen Standes-Personen und dem geneigten Publicum hiemit mit geziemender Ehrfurcht zu wissen gemacht:

Daß allhier ein lebendiger, noch nie gesehener wilder Meertyger, als ein wahres Amphybium angelanget seye. Dieses Thier hat 3. Ellen in der Länge, und ungefähr 500. Wiener-Pfund im Gewichte, der vordere Theil stellet ein Landthier, der hintere aber ein Wasserthier, als Meerfisch vor; es hat feine kurze Haare, Augen wie ein Ochs, lange Augenbram, kleine Ohren wie eine Henne, das Maul und Knebelbart wie ein Tyger, die Zähne und Zunge wie ein Hund, grosse Pratzen, wie Menschenhände, mit 5. Fingern, und Nägel wie ein Mensch, zwey Füsse, welche eben auch 5. Finger zeigen, sammt scheinbaren Nägeln, die mit Flossen verwachsen sind, und derowegen diese wahrhafte 2. Füsse eine Vorstellung von 2. Schweifen machen, dem ungeachtet hilft er sich mit diesen 2. Füssen im Kriechen auf der Erde, in der Mitte dann hat er einen natürlichartigen Schweif; dieses Thier schläft bey Nacht im Trocknen, des Tages aber hält es sich im Wasser, oder Meer auf, es giebt eine brüllende Stimme von sich, leistet seinem Herrn einen fast unglaublichen Gehorsam, und thut alles, was man ihm befiehlt, als nämlich: es reichet auf Verlangen die Pratzen, verkehret sich im Wasser, stellet sich auf die Wanne mit den Vorderpratzen, löschet das Licht aus &c. als ob es einen Menschenverstand hätte, füget aber niemand den mindesten Schaden zu. Es ist ganz mit gefleckten Haaren wie ein Tyger bedecket, in der Farbe fast dunkelzimmetart; dieser Fisch ist gefangen worden in dem adriatischen Meere den 4. Februar 1778. in der Insel Quarnero im dalmatischen Cherso; Die alten Naturalisten: als Aldrowant und Geßner beschreiben es unter dem Namen Vitulus marinus: die Neueren, besonders der Herr R. Linne nennet es Phoca vitulina, doch scheinet dieses unser Thier eine Abart der Meynung des Herrn Linne zu seyn; in Deutschland heisset man es Seetyger oder Robbe. Man versichert überhaupt, daß dieses Thier wegen seiner Schönheit, jungen Gestalt, Zähmigkeit, da es doch ein Raubfisch ist, und besonders wegen dem Wunder, daß wir es schon so lang sorgfältig und mühsam zu Lande frisch und gesund lebendig erhalten, wahrhaft sehenswürdig seye.

Dieses Thier kan allhier im Gasthof zum Storchen den ganzen Tag gesehen werden.

Personen von Distinction zahlen nach Belieben, andere 16. Kr.
Kinder und Dienstboten 8. Kr

Die Schaustellung eines «Seetygers» (Seelöwen) galt 1778 als sensationell, weil der «Raubfisch schon so lang sorgfältig zu Lande frisch und gesund lebendig erhalten» werden konnte.

sassen und standen 16 Persohnen in Lebensgrösse und kostbahrer Kleydung, so dass man unter den wächsenen und lebendigen Persohnen fast keinen Unterschied fand.»

Linder, I 1, p. 252

Kunstvolle Eisläufer

«Im January 1754 war der Rhein bis an das zweite hölzerne Joch überfroren. Inwährend dieser Zeit haben sich vornehme Leuthe, da auch viel Schnee gelegen, vielmal mit Schlittenfahren, viele junge Knaben und Erwachsene, theils hiesige und frembde junge Herren mit Schleifschuen auf dem Eis unter dem Cäppeli und letsten steinernen Joch mit Schleifen zimlich belustiget. Insonderheit einer bey H. Fritschy in Contition stehender Barbierergesell und ein hiesiger in frantzösischen Diensten stehenter Burger, H. Leutnant Würtz. Selbige waren

> Da vor etwas Zeit, aus Landes-vätterlicher Vorsorge, ein Turben-Grund aufgesucht, gefunden, und eine Quantität desselben Turfs zu einer Probe gegraben, getrocknet, und in den sogenannten alten Marrstall hinter dem Spalen-Thurn gelageret worden: So wird hiemit Männiglich kund gemacht, daß alle Montag und Donnerstag Vormittag von 9 bis 10 Uhr, die von Jedermann davon fordernde Quantität in bemeldtem Magazin wird verkaufft und gegen Bezahlung ausgemessen werden: Und zwar Grätzen, Quart-Halb-Klafter und Klafter-weise; Da vier und zwanzig Grätzen ein hiesig Klafter ausmachen: Davon die Grätzen zu zwey Batzen, hiemit das Klafter zu 4. Pfund wird verkaufft werden. An den Orten, wo der Turf die gewohnliche Materie zum Brennen ist, hat man gemeiniglich eiserne Röste, damit die Luft unter solchem durchstreiche und besser anzünde: Weil man aber dergleichen Röste allhier noch nicht viele hat, so wird der Turf auf eine andere Weise in etwas müssen unten hohl gelegt und mit kleinem Holz wohl angezündet werden. Und da auch die Turf-Asche sehr lange Zeit, über etliche Tage, glüend bleibet, so ist sich deswegen vor aller Feurs-Gefahr wohl vorzusehen, und kan auch die Asche zu keinen Wäschen oder Bauchenen, wohl aber zur Düngung in die Erde, gebraucht werden.

Dem Publikum wird angezeigt, wo Torf gekauft werden könne und wie dieser zu verbrennen sei. Aus «Neun und dreyssigstes Stück Wochentlicher Nachrichten aus dem Bericht-Haus zu Basel. Donnerstags, den 24ten Herbstmonat 1761».

im Schleifen ziemlich exercirt und hatten vor vielen 100 Zuschauern ab der Rheinbruck viele sehenswürdige Kunststuck auf dem Eis durch die Joch hindurch bis an Schindgraben rühmlich und glicklich abgelegdt.»

Im Schatten Unserer Gnädigen Herren, p. 36f. / Bieler, p. 13

Vermisstanzeige

«Ein Knab von 9 Jahren ab dem Schwarzwald Namens Hanseli Baär von Striedmatt, baarfuss gehend, mit Plumphosen und Wammis, gelben Haaren und schwarzen Augen, wol gebildet, ist schon vor 3 Monaten von Haus weggeloffen; da nun sein Vatter sehr bekümmert, wo der Knab möchte hingekommen seyn, als ersuchet er jedermann, weme das Kind möchte zu Gesicht kommen, selbigen wo möglich anzuhalten, und im Berichthaus seinen Aufenthalt anzuzeigen, damit er wieder naher Haus geschafft werden könne.»

Wöchentliche Nachrichten, 28. September 1758

Der Palast der Göttinnen

«Im Juni 1760 wurde allhier zu den 3 Königen ein sehr curieuses Stück, dergleichen noch nie gesehen, gezeigt. Es war gantz von Holz und wird das Mechanische Schloss genannt. Man könnte es mit recht den Göttinen Palast nennen. Ein einziger Mann, der aber unter die kunstreichsten gezählt wird, hat 10 gantze Jahr zugebracht, dieses Kunststück in jetzigen Stand zu stellen. Es wird innerhalb 10 Minuten in 60 Theil auseinander gelegt und in ebenso kurtzer Zeit wieder aufgerichtet. Ist dieses Stück auseinander, so kann man die aufgerichteten Bethen, Spiegelgläser und Camine an ihrem behörigen Orth sehen, gleich wie auch die Tapeziererreyen in Gold und Silber, welches allen Kunstverständigen überaus wohl gefällt.»

Linder, I 2, p. 50

Torfgraben

«1761 ward bekannt gemacht, dass vor einem Jahr aus landsvätterlicher Vorsorg ein Turf Grund aufgesucht, gefunden, eine Quantität desselben zu einer Prob gegraben, getrocknet und im sogenannten alten Marstall hinter dem Spahlen Thurm gelagert worden ist. Dort wird er gegen Bezahlung ausgemessen, und zwar krätzenweis. An den Orthen, an welchen der Turf die gewöhnliche Matery zum Brennen ist, hat man eisene Röste, damit die Lufft unter solchen durchstreiche und besser anzünde. Weil man aber dergleichen Röste allhier noch nicht viel hat, so wird der Turf unten etwas hohl gelegt und mit kleinem Holtz wohl angezündet. Da die Turf Äsche lange Zeit über etliche Tage glüend heiss bleibt, ist vor aller Feuers Gefahr zu warnen. Auch kann die Äsche zu keinem Wäschen, wohl aber zur Düngung der Erde gebraucht werden.»

Linder, I 2, p. 72

Kunstfertiger Elfenbeinschnitzer

«Johann Heinrich Feer, der Künstler, des Refugianten Sohn, hat in der Basel Mess 1761 6 Stück von seiner eigenen Erfindung, welche sehr künstlich von Helfenbein verfertigt sind, sehen lassen. Es stellt den Seehafen Toulon mit allen Arten von Schiffen vor und zwey in Gold gefasste Haselnüss, die sich öffneten und darin gantze Kriegs Schiff auf das zierlichste und subtilste ausgearbeithet waren, so dass es ein rechtes Wunder war, wie Segel und Seilwerck von Helfenbein können ausgeschnitten werden.»

Linder, I 2, p. 129

Tierbändiger Dinter «bittet diejenigen, welche Rehböcke zu verkaufen haben, die zur Fütterung der Schlangen gebraucht werden, hievon Nachricht zu geben. Kinder und Dienstbothen zahlen nur die Hälfte!»

Fruchtdörre wird eingeführt

«Nach dem Exempel der Stätte Marseille, Genf, Zürich und Bern wie auch Florentz haben 1763 Unsere Gnädigen Herren das Frucht Dörren eingeführt. Es werden Kernen und Waizen an einem express angeordneten Ort gedörrt und für den Winter conserviert. Die Früchte nehmen weder in der Quantität noch in der Qualität ab, und hat das daraus gebachene Brot gar keinen unguten Geruch. Man hat keine Arbeit mehr mit diesen Früchten, als etwa von Zeit zu Zeit den Staub daraus zu sieben. Sie werden nicht schimmelig und lebendig. Man hat also nichts mehr zu fürchten, als die Vögel und Mäuss.»

Linder, I 2, p. 169

Als wäre nichts geschehen

«Während der Messe 1767 liess ein grosser chinesischer Künstler durch einen Zuschauer seinem Compagnon den Kopf abhauen, worauf der grosse Meister dem Geköpften das Haupt wieder aufsetzte, als wäre nichts geschehen.»

Bieler, p. 861

Der Sklave von Reigoldswil

«In dem Necrologio von Rygoldswyl von 1764 befindet sich ein den ersten Herbstmonats gleichen Jahrs aldort zur Erde bestatteter Johannes Alexander, ein Neger aus dem Reiche des grossen Moguls, welcher von Herrn J. Rudolf Wagner, damaligem Hauptmanne in Diensten der Britischen Ostindischen Kompagnie, als ein junger Sklave aus Ostindien nach Basel gebracht, in der christlichen Religion unterrichtet und den 27 May 1759 in der Pfarrkirche zu St. Leonhard in Basel getauft worden ist. Er starb auf dem Goris, einem seinem Herrn zugehörigen Alphofe, unweit dem Dorfe Rygoldswyl, ohngefähr nur 15 Jahre alt.»

Lutz, Neue Merkwürdigkeiten, Abt. II, p. 193 / Linder, II 2, p. 231

Mädchenüberschuss

«In der Verzeichnus der in der Statt gebohrenen Menschen von 1776 ist dieses merckwürdig, dass wider den gewöhnlichen Lauf der Natur die Menge der Mägdlin die Menge der Knaben weit übertroffen hat. Es waren 199 Mägdlin gegen 150 Knaben. Unter den Bürgern waren 118 Mägdlin gegen 88 Knaben, und unter den Beysassen 81 Mägdlin gegen 62 Knaben.»

Linder, II 2, p. 110

Wanderer stehe still

«22. May 1776 besahen wir das Epithasium, welches der hiesige Herr Schweighauser dem letzthin verunglückten Jüngling sezen liess. Der Stein ist hübsch ausgehauen und oben mit einem nach der Natur gemahlten Todenkopfe geziert. Der Grund davon ist schwarz angestrichen und in demselben sind folgende Worte mit goldenen Buchstaben eingegraben: ‹Unter diesem Erdschollen ruhet in Gott der Leichnahm des ehrbaren Jünglings Hans Jacob Fuchs, eine der schönsten Blüten von Riehen, so den 13. Merz 1776 im 25. Jahr seines Alters seelig in dem Herrn entschlafen und zwar wenige Stunden, nachdem ein von fremder Hand aus Ohnbedacht gethaner unglücklicher Schuss zur unbeschreiblicher Betrübnuss seiner noch lebenden Eltern ihne durch die Stirne tödlich verwundet. Wanderer stehe still! Betrachte wie Dich der Tod gleichfals ohnversehens und plötzlich überraschen kann, seye dessen täglich eingedenk. Thust Du es, so wirst Du from leben und freudig sterben.›»

Koelner, Zopfzeit, p. 55

Unbegründete Empörung

«16. July 1776. Vernahme, dass in Frenkendorf die vorige Woche 3 Hochzeiten gewesen und dass der Herr Pfahrer der letsten Braut vor dem Altar einen Schmutz gegeben. Wie? werdet ihr denken. Das wäre schandlich, dieser Mann verdient abgesetzt zu werden, denn ich denke selbst so. Aber ermunteret euch, die Sache ist nicht so schlimm, nicht so ärgerlich als sie scheint, ob sie gleich wahr ist; sie kann vielmehr zu einem Räzel dienen und dieses löset sich also auf: der letste Hochzeiter hiess

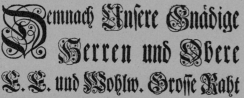

Demnach Unsere Gnädige Herren und Obere E. E. und Wohlw. Grosse Rath wahrgenommen, daß die underm 30sten Wintermonats letsthin erkannte Abänderung in dem Schlage der Stadt-Uhren unvermuthete Verwirrungen und Unbequemlichkeiten nach sich gezogen habe; so haben Hochdieselben für gut befunden, alles in Ansehung der Uhren-Zeiger und Schlages wiederum auf den ehemaligen alten Fuß herzustellen, welches auf nächst-künftigen Montag den 25sten dieses Monats vollzogen werden solle, und hiemit Einer E. Burgerschaft und Männiglichen kund gemachet wird.

Sign. den 18. Jenners 1779.

Canzley Basel.

Die offenbar unbedachter Weise angeordnete Korrektur der sogenannten Basler Zeit wird nach wenigen Wochen wieder dem bisher gewohnten Gang angepasst.

Schmutz und diesen hat er ja obermelten Braut mit aller Anständigkeit vor dem Altar geben können. Spätere Randglosse: Narrendey Dinge und Scherz, welche den Christen nicht geziemen.»
Koelner, Zopfzeit, p. 58

Wunderliche Kreatur von blauem Geblüt
«Fürst von Anhalt, Bruder der russischen Kayserin, welcher sich seit vielen Jahren im Mitzischen Haus an der Ecke zur Neuen Vorstadt samt seiner tugendhaften Gemahlin und grosser Hoofstaat zur Miete aufhielt, war eine wunderliche Creatur. Er wollte nicht leyden, dass man ihn für einen Fürsten ansah, und wann er ausfuhr, sass sein Mund-Koch, der zugleich auch sein Minister war, zu seiner Rechten. Wenn die Knaben auf der Gasse ihn nur scheel ansahen, sprang er aus der Chaise und lief ihnen mit der Peitsche nach.» 1778.
Linder, II 2, p. 197

Geizige Witwe
«1779 wurde Wittib Gertrud Stächelin im Münster begraben, welche wegen ihrem ausserordentlichen Geitz jedermann bekannt war. Sie hatte das meiste von ihrem Vermögen, das wohl 100000 Pfund betragen mochte, in ihrem Beth!»
Linder, II 2, p. 254

Riesenmädchen
«Auf E.E. Zunft zu Gartnern war 1781 zu sehen eine junge Riesin von 22 Jahren aus der Bretagne. Sie hatte eine gute Bildung, und ihr Körper war der Grösse nach wohlgestaltet, auch war sie sehr gesprächig. Ihr Leib war vollkommen so dick wie 3 starcke Männer. Und ein Arm von ihr war so starck wie der Leib eines andern. Sie war 450 Pfund schwär und konnte mit dem Daumen einen Neuthaler bedecken.»
Linder, II 2, p. 356

Verschlafener Bücherwurm
«Als 1784 Prinz Heinrich von Preussen alhier die Bibliothec anfang der Nacht besehen wollte, kam der Dr. theol. Herzog als Bibliothecarius nur mit Nachtrock und Kappe zum Vorschein. Da ihm seine unanständige Bekleydung vom Oberstzunftmeister Buxtorf vorgeworfen wurde, schlich er sich nach Haus und bekleydete sich anderst, welches ihm nachstehenden Knittelvers zuwege brachte: Des Esel Herzogs kluger Sohn/Herr Werner der Professor/Der Universitaet ihr Kron/Und Zierdte und noch besser/Der würdigste Bibliothecar/Stellt letzthin sich sehr glänzend dar/Im Nachtrock und der Kappen/Will er sich Ruhm erschnappen/Man fragt ihn, ziemt es sich wohl so/Vor Heinrich Preussens Sapio (Königssohn)/Im Neglige erscheinen/Ihr Weysheit – wie sie meynen/Allein ich bin incognito/Nun, das wär just nicht übel so/Wan unerkannt Sie wären/Das könnten Sie mit Ehren/Allein, den Nachtrock kannt man doch/Mit diesem schlich er sich durchs Loch/Nach Hause sich zu putzen/Und artig sich zu stutzen/Nun kommt er wieder Gratulor/Allein, man merckte doch – ein Thohr!»
Linder, II 2, p. 509ff.

Neumodische Hochzeitsgabe
«1786 starb Melchior Münch, Meister zu Metzgern. Er hinderliess noch artige Mittel seinen 2 Söhnen. Beyde aber lebten von ihren Weybern abgeschieden. Johannes, der Beck, hatte Obristmeister Stupanus' Tochter und zeügte 2 Kinder mit ihr. Christenly, der Metzger, hatte das Stumpelin Babeli von Riehen zur Ehe, eine recht artige Frau. Er liess sich aber aus Argwohn, als ob ihm der Schulmeister Schneider ins Gäu gegangen sey, scheyden. Diesem Christenly sandte sein Vater zur Hochzeitsgaab seinen Metzger-Karren und zwey Hünd und rühmte noch den ausserordentlichen Wert dieser neümodischen Gaab.»
Linder, II 2, p. 610

Hungersnöte, Ernährung und Bekleidung

Schreckliche Hungersnot
«538 folgte auf einen Cometen ein so erschröcklicher Hunger, dass die Leut ihr eygen Fleisch frassen.»
Diarium Basiliense, p. 39

Brot fällt vom Himmel
«822 liess Gott den Armen zu Trost in einer grossen Theurung Korn vom Himmel regnen, daraus gut Brot gebacken wurde.»
Diarium Basiliense, p. 39v

Menschenfresser
«Als im Jahr 1315 der Hunger noch schröcklicher angehalten hat, haben die Leut das verdorbene Aas, Hund, Pferd, Kinder, Mann und Weiber auf den Gassen ange-

---

𝔐𝔰𝔱𝔯. Emanuel Herzog thut zu wissen, daß er mit seiner Tochter das Losament verändert und dato unten am Spalenberg wohnhaft seye, allwo sich die Liebhabere der Eselsmilch zu melden belieben, womit sie, wie bisher, getreulich aufwarten werden.

«Den Weybern, so die brüst wee thund, sol man Eselmilch zetrincken geben: auch so sy jr zeyt nicht recht haben.»

griffen und geschlachtet. Ja sogar die Gehenckten vom Galgen herab genommen und gefressen.»
Diarium Basiliense, p. 43v

Basel-Hut
«Die Kleyder Trachten waren 1625 so beschaffen, dass ein Basel Huth zwey Drittel einer Ellen hoch war, andere aber durchaus wie die Cardinals Hüth, zu oberst gantz steiff und hinaus gebogen waren, mit einem seydenen Bändel statt mit der Huthbinde.»
Linder, II 1, p. 534

Geldnot
«1626 verspürte man die Früchte der Kipperey (Geldnot). Es war fast kein Geld bey den Leüthen, man wusste aber nicht, wo es hingekommen war. Es war also eine grosse Noth. Die Handwerker konnten nicht fortkommen, viele mussten Hunger leyden, sehr viel Häuser, Äcker und andere Güter waren feyl. Allein an der Eysengass waren 5 Häuser feyl, noch mehr an andern Gassen. Do gab es eine Menge Bättler.»
Linder, II 1, p. 536

Elend und Not
«Elend und Not haben im Jahre 1635 lange Monate hindurch in Basel geherrscht. Auch das Fleisch wurde nach und nach rar, besonders in der ländlichen Umgebung der Stadt; man begann ‹unmenschliche Dinge› zu essen, Katzen, Mäuse, Ratten und vergriff sich selbst am Aas gefallener Kühe. Es entstanden neue Seuchen, sodass ob der ungewohnten Zahl der Todesfälle die Kirchhöfe erweitert oder verlegt werden mussten. Auch die Tiere litten Hunger. In Basel konnte man auf den Gassen die Vögel, besonders Lerchen, mit den Händen fangen; sie waren aber völlig dürr und starben bald darauf vor Hunger. Ganz unheimlich nahmen die Mäuse überhand; in den Stuben wimmelte es nur so von ihnen, und während der Neun-Uhr-Predigt im Münster spazierte ein Mäuslein ganz zutraulich durch den Mittelgang.»
Daniel Burckhardt-Werthemann, p. 93 / Freud und Leid, Bd. 1, p. 54

Katzenfleisch
«1638 haben arme Leüth Martin Schaubs, des Schmieds von Buckten, Katze gestohlen und ungescheüt gegessen.»
Linder, II 1, p. 47

Wider die Kleidervorschrift
«Herr Fäsch im Seidenhof, der eine reiche Holländerin geheyrathet hat, ist 1762 wegen wider die Ordnung getragenen Kleydern zu 2 Mark Silber verfällt worden. Seiner Ehefrau ist aber von Unsern Gnädigen Herren erlaubt worden, noch zwey Jahr lang ihre frömde Tracht zu tragen, doch dass weder Gold noch Silber darauf sey und sie in der Kirche in schwartzer Kleydung erscheine.»
Linder, I 2, p. 158

Kragenlose Gymnasiallehrer
«1781 haben sämtliche Praeceptores Gymnasii (Lehrer) von Unsern Gnädigen Herren die Erlaubnis erhalten, dass sie ihre Schul Functionen ohne Krös (Halskragen) und Mantel verrichten können.»
Linder, II 2, p. 347

Pfannkuchen
«Der englische Dr. Rotheram gibt 1785 den Rath, dass, wenn man im Winter Pfannkuchen macht, zwey Ess-Löffel voll frischen Schnee für ein Ey gerechnet, die Helfte der Eyer erspart, so sonst dazu genommen werden.»
Linder, II 2, p. 604

Milch und Brot
«1786 ist bei Unsern Gnädigen Herren geklagt worden, dass die Milch, die von frömden Sennen in die Statt gebracht wird, sehr schlecht sey. Deshalb wurde das Markt-Amt angewiesen, von Zeit zu Zeit die Milch zu probieren. Schon das erste Mahl sind über 100 Pfund an Strafe zugefallen. Daraus sind Frücht erkauft und Brot davon gebachen worden, welche auf der Schmiedenzunft unter die Armen verteilt wurden.»
Linder, II 2, p. 633

Kuchi-Sachen
«Wenn bei schwülem Wetter oder sonst das Fleisch einen üblen Geruch kriegt, den auch die daraus gekochte Brühe bekommt, so verfahre man wie folgt: Das zur Suppe bestimmte Fleisch setze man wie gewöhnlich aufs Feuer. Wenn es verschäumt ist und wieder recht kocht, so werfe man eine glühende Kohle von Buechen-Holz, die recht feürig und nichts mehr rauchendes an sich hat, so recht feürig in den Hafen, lasse sie zwey Minuten darin. In dieser Zeit wird sie allen üblen Geruch in sich gezogen haben. Dann nehme man sie heraus und werfe sie weg.» 1786.
Linder, II 2, p. 649f.

Ohne Kaffee in den Tod
«1788 starb Meister Johann Jacob Pullich, der Schuhmacher. Er war 84½ Jahre alt und lebte mit seiner 87jährigen Frau während 58 Jahre in der Ehe. Obwohl er nie Caffee in seinem Haus litt, begehrte er vor seinem Tod eine Tasse voll. Seine Frau aber wollte ihm diesen Gelust

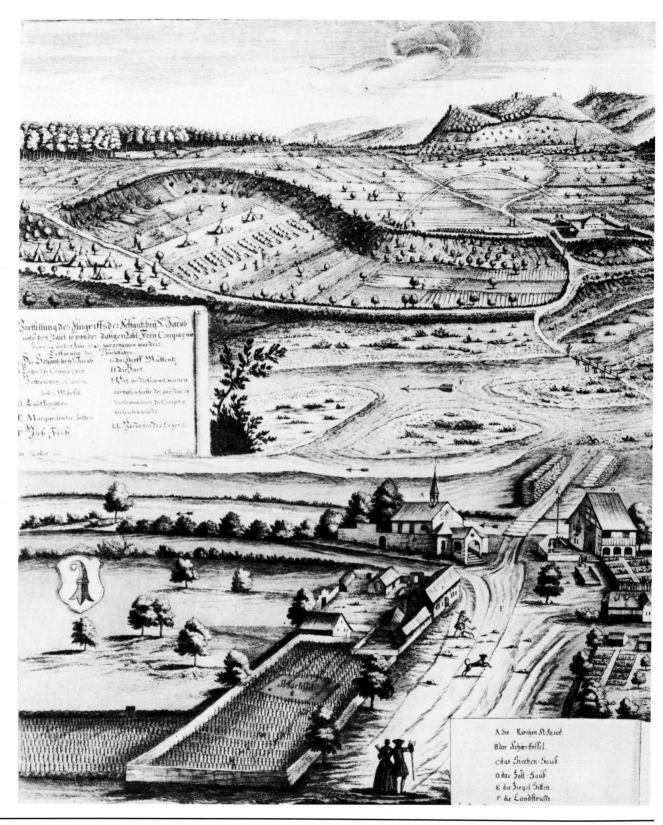

«Vorstellung des (manövermässigen) Angriffs der Schantz bey St. Jacob, nahe bey Basel, so von der dasigen Löbl. Frey Compagnie den 13., 14. und 15. Juni 1746 vorgenommen worden.» Im Vordergrund das Rebgelände am Scherkessel, die Siechenhäuser und das Kirchlein von St. Jakob (links) sowie die Ziegelhütten und das Zollhaus. Kolorierte Radierung von Emanuel Büchel.

1500 Berner kommen 1365 dem durch ‹Engländer›, bretonische Söldnerbanden, bedrohten Basel zu Hilfe und bewachen die Stadt in der Gegend der heutigen Steinenvorstadt. Lavierte Bleistift- und Pinselzeichnung von Albert Landerer. 1859.

Die Belagerung der Feste Istein am 11. November 1409. Die Basler ‹liessen die groben Geschütz von Morgen bis Nachmittag also ernstlich darein gehen, dass dieser Ton weit und breit im Lande erschallte›. Getuschte Federzeichnung von Ludwig Adam Kelterborn. 1860.

Der freudig umjubelte Einzug der Basler auf heimatlichem Boden nach der siegreichen Schlacht bei Murten. 1476. Lavierte Bleistiftzeichnung von Albert Landerer. 1863.

Bürgermeister Wettstein empfängt im Dezember 1646 in Osnabrück den schwedischen Gesandten Adler Salvius. Lavierte Bleistiftzeichnung in Sepia von Ludwig Adam Kelterborn. 1848.

Oben: Prophezeiung kriegerischer Auseinandersetzungen im Zusammenhang mit der Absetzung von Papst Eugen IV. durch das Konzil von Basel (1431 bis 1448).
Unten: Kopie des Wandbildes mit der Darstellung des Begräbnisses der Heiligen Euphrosyna. Aquarellierte Zeichnung von Emanuel Büchel. 1768.

Oben: Die Heilige Margareta wird wegen ihres Glaubens und ihrer Jungfräulichkeit zwischen den Jahren 304 und 313 gemartert und enthauptet. Aquarell von Emanuel Büchel. 1771.
Unten: Die Heiligen Euphrosyna, Margareta und Ursula. Aquarell von Emanuel Büchel. 1768.

Oben: Friedensverhandlungen in Basel im August 1499 im Zusammenhang mit dem Schwabenkrieg. Faksimile aus der Luzerner Chronik von Diebold Schilling.
Unten: Der Einzug der Zürcher mit den Zeichen der 12 Orte zur Basler Fasnacht 1504. Faksimile aus Edlibachs Chronik von 1506.

Oben: Die Basler beschwören auf dem Marktplatz den Bund mit den Eidgenossen. 13. Juli 1501. Faksimile aus der Luzerner Chronik von Diebold Schilling.
Unten: Die Hinrichtung des Landvogts Peter von Hagenbach am 9. Mai 1474 in Breisach. Tuschzeichnung aus der Zürcher Chronik von Heinrich Bullinger.

Bis ins 18. Jahrhundert wiesen die Bergwälder des Baselbiets einen nahmhaften Bestand an Rotwild auf, so dass sich gelegentlich auch Edelhirsche bis in die Nähe der Stadt wagten. Noch 1698 «versündigte» sich der Schäfer von St. Jakob auf dem Bruderholz frevlerisch an einem solchen. Kupferstich von J. E. Riedinger. 1741.

nicht mehr stillen und machte ihm nun auch keinen Caffee mehr!»

Linder, II 2, p. 756

Gefährliche Nüsse

«1788 wurden die Leuthe gewarnet, nicht viel Nuss zu essen, da sie von allen Früchten die unverdaulichsten sind und in dem Magen sich oft in einem Klumpen sammlen, der so fest wird, dass keine Arzney starck genug ist, denselben auszutreiben. Deshalb sind nach dem Essen nur einige Kernen zu geniessen, weil bey einem schon angefüllten Magen deren Genuss für die Verdauung ausserordentlich hinderlich und folglich gefährlich ist.»

Linder, II 2, p. 788

Hiobsbotschaften und Unglücksfälle

Schweres Bauunglück

Am 26. April 1671 sollte ein Gartenhäuslein des Tuchmanns Friedrich Stern in der Neuen Vorstadt (Hebelstrasse), das in gesetzwidriger Weise und zur Belästigung des Nachbars, Dr. Bauhin, allzu nahe an des letztern Mauer gebaut war, durch die Arbeiter des Lohnamts abgetragen und an geeigneter Stelle wieder errichtet werden. Werkmeister und Zimmerleute beschlossen, den Bau mit Hebegeschirr und Winden niederzulassen. «Solches haben sie früh morgens unterfangen, und hätten es zweifelsohne mit der Hilf Gottes ins Werk gesetzt, wenn nicht auf der linken Seite die Winde, welche Johann Andres der Zimmermeister gehalten, ausgewichen und gefehlet und das Häuslein in Schwang kommen und von einer Seiten zur andern urplötzlich gefallen wäre. Ich (Lohnherr Jacob Meyer) stand allernächst vor dem unsternischen Häuslin und sache, wie der Giebel nach der linken Hand sich neigte, dahero ich zeitlich geschrauen, dass die Arbeiter, deren in 10 Personen waren, fliehen und sich retirieren sollten, welches auch Gottlob beschechen, also dass ausser Johann Andres, welcher über einen Haufen Kalch gefallen, und von den Trämen des fallenden Häuslins ergriffen und sein Kopf mit etlichen Wunden beschädiget und sonst übel in dem Leib gequetscht wurde; sodann der Bruckknecht, der auch ein Loch in Kopf bekame, Übrige alle gesund davon kamen. Anfangs meinten wir alle, er der Werkmeister sei wo nicht tot, doch meiste Glieder entzwei geschlagen, bis wir ihn mit eilender Hilf und Aufwindung des Gebäus lebend wieder herfür brachten. Er war übel entstellt, und schoss ihm das Blut häufig zum Mund aus; die Herren Ärzte und Dr. Bauhin taten ihr bestes, also dass er sich nachwärts von Tag zu Tag wieder besserte. Unsere Gnädigen Herren, die Herren Häuptere, denen ichs zeitlich kund tate, und sonst männiglich hatte ein gross Bedauern und Mitleiden.»

Basler Jahrbuch, 1917, p. 240f.

Trunkenheit verursacht schweres Schiffsunglück

«Als 1705 ein Weidling voll Markgräfler Leute von 10 Personen von der Schifflände ennet dem Rhein (Kleinbasel) nach Hause fahren wollte, ist er aus Unvorsichtigkeit der Schiffleute, welche zuviel ins Glas gegucket haben, an ein steinen Joch gefahren und untergegangen. 3 Männer konnten sich am Joch so lange festhalten, bis man ein Seil von der Brücke herunterlassen konnte. Ihre Hände waren so zerschunden, dass ihnen das Blut zu den Nägeln herausspritzte. 3 weitere konnten später auf dem Rhein gerettet werden. Die andern ertranken, unter ihnen der Schulmeister von Efringen.»

von Brunn, Bd. II, p. 373 / Scherer, p. 339 / Scherer, III, p. 303

Kleinhüninger Pfarrer tödlich verletzt

«Als Jacob Meyer, erster Pfarrer von Kleinhüningen, mit seiner jungen Frau, mit der er erst vor 5 Wochen Hochzeit gehalten hat, von Gelterkinden, wo er seinen Schwiegervater, Pfarrer Hans Jacob Brandmüller, besucht hat, auf der Heimreise begriffen war, ist er von seinem eigenen Schwager aus Unvorsichtigkeit mit einem tödlichen Schuss von zerschnittenem Hasenschrot in den hohlen Leib verwundet worden. Er ist in einem Bett, das zwischen zwei Pferden aufgemacht worden ist, gehn Basel geführt worden. Obschon man alle Mittel anwendete, starb er dennoch den 4. Tag darnach.»

von Brunn, Bd. II, p. 318 / Linder, II 1, p. 676

Schrecklicher Unfall

«1724 hat ein Bube von 11 Jahren aus einem Heuwagen Heu gerissen, ist dabei ausgeschlipft, kam unters Rad, ging ihm das Rad über den Hals, dass der Kopf und der Leib separirt wurden und beide Teile unter und neben dem Wagen liegen blieben.»

von Brunn, Bd. II, p. 344 / Scherer, p. 832 / Scherer, III, p. 479

Bedrohlicher Ausgang einer Schlittenfahrt

«Aus Anlass des 1727 eingetretenen favorablen Schlittenfahrt-Wetters haten sich der meiste Theil der Herren Vorgesetzten zum hohen Dolder resolviert (entschlossen), ihre Weiber im Schlitten auszuführen und auf den Abend mit einem Nachtessen zu regalieren (bewirten) und solche mit Dantzen zu exercieren. Es hätte aber diese Vecration (Abendgesellschaft) bey nahem ein traurig End genommen, indem durch das allzugrosse Feuer unter dem Camin schon ein Throm (Balken) ergriffen worden war,

dass, wenn es nicht entdeckt worden wäre, ein grosses Unglück hätte entstehen können.»
Geschichte der Stadt Basel, p. 318f.

Todessturz eines Seiltänzers
«Den 25. März 1733 ist auf dem Blumenplatz der Hans Wurst beym Seiltanzen mit grossem Schrecken und Geschrey sehr tod auf die Stein heruntergefallen, davon er ziemlich beschädiget worden ist.»
Quelle unbekannt

Tödlicher Unfall in Arisdorf
«1740 entstunde zu Aristorff, nach einer daselbst gehaltenen Ganth, folgendes Unglück: Einer der Bauren solte dem Herrn Schreiber seine Pistolen, die er in dem Würths-Hauss ligen lassen, nachtragen. Unterwegs trifft er seines Nachbarn einzige Tochter an, auf welche er die Pistohl unvorsichtiger Weis loss drucket und sie dergestalten triffet, dass sie nur noch ein Paar Worte außspricht und gleich tod darnieder fällt, worauff derselbe gleich in Verhafft genohmen worden ist.»
Frag- und Anzeigungs-Blätlein, 29. März 1740

Tödlicher Messeunfall
«Die unglückseelige hochschwangere Wittib, dero Ehemann verwichenen Samstag von einem Mess-Häusslein erschlagen und getödtet worden, lässt sich der milden Beysteur guthertzig und Christlicher Ehren-Leuthen demüthigst empfehlen, mit dem Versichern, dass es an ihro sehr wohl angeleget seye. Sie ist wohnhafft an der Steinen gegen dem Träublein hinüber, in dem sogenannten Heu-Häusslein.»
Hoch-Obrigkeitlich privilegirtes Donnstags-Blätlein von Basel, 29. Weinmonat 1744

Serie schwerster Unglücksfälle
«In denen 2 vergangenen Wochen haben sich in Unserer Statt und Nachbarschafft verschiedene Unglücksfälle ereignet: Zwey Schreiner-Gesellen, welche mit zweyen anderen ohne Schiffmann den Rhein hinunter fuhren, stiessen mit ihrem Schiflein an die Rheinbrücke, zerscheiterten und ertrancken, die zwey anderen wurden noch gerettet.
Drey Wäscherin zu Gross-Hüningen hatten ein gleiches Schicksal, von dem Strom hingerissen zu werden und zu ertrincken.
Eine Frau allhier wurde von einem zornigen Mann unschuldiger Weise mit einem Messer erstochen.
Zu Frenckendorff wurde ein Hauss und eine Scheuer von den Flammen verzehret, worüber die Frau des Hauses dergestalten erschrocken, dass sie kurtz hernach den Geist aufgegeben.
Zu Liechstall entstuhnde von dem gewaltigen Regen eine solche Wassers-Noth, dass man die Sturm-Glocke anziehen müssen, in welcher Noth ein Mann sein Leben verlohren.
In dem Münster ist begraben worden: Frau Anna Maria Meyerin, Herrn Johann Rudolff Lindenmeyers des Weinmanns gewesene eheliche Haussfrau, welche Montags vorhero Abends gegen 10 Uhren von einer wütenden Hand, unschuldiger Weise, mit einem Messer einen tödlichen Stich in den Leibe bekommen, woran sie den 4. Tag hernach verstorben.»
Hoch-Obrigkeitlich privilegirtes Donnstags-Blätlein von Basel, 1. Heumonat 1745

Vorsätzlich in den Tod
«1746 hat sich ein neu angeworbener preussischer Soldat, welchen die Reue überkam, bey der Schifflände ertränkt, und gingen mit ihm 20 Ducaten Handgeld verlohren. Als er bey einer Stundt vorher mit dem Werber auf der Rheinbruck standt, sagte er zu diesem, er habe im Sinn, heute Nacht nass zu werden. Der andere aber glaubte, er rede vom Wein!»
Linder, II 1, p. 1149

Brutale Zöllner
«1750 haben die Frantzosen eine Frau, welche verbotener Weis nur ein Sester Mues (Erbsen und Linsen) in die Stadt bringen wollte, nahe an unserem Bann (Grenze) erschossen. Dieses ist kurz vorher auch einer andern Frau, welche 6 Kinder hatte, widerfahren.»
Linder, I 1, p. 95

Tanzboden eingebrochen
«Im Juli 1761 ist ein Theil des Tantzbodens zu Schuhmachern, als eine Compagnie Hochzeits Leüth, alldorten ihre Täntz repetierte, plötzlich eingefallen, wobei gegen 40 Personen in den Keller gestürzt sind. Es hat zwar niemand grossen Schaden davon getragen, doch verloren Viele ihre Pantoffeln und Hauben, welche sie aber später aus Scham nicht einforderten. Hingegen standen sie grosse Angst aus, weil die Schlüssel zu diesem Keller erst beim Zunftmeister Hagenbach mussten abgeholt werden und sie befürchteten, dass auch noch der Keller einstürzen möchte. Das Unglück ereignete sich wegen der Liederlichkeit des Maurers, welcher erst ein paar Jahr vorher diesen gantz neuen Tantzboden gemacht hat.»
Linder, I 2, p. 100 / Im Schatten Unserer Gnädigen Herren, p. 120

Vier Riehemer tödlich verunglückt
«1761 hat es sich unweit von Augst zugetragen, dass etliche junge Kiefer von Riechen wollten ihre im Rheinfelder Wald gemachten tausend Stangen auf zwey Waid-

ling den Rhein hinunter führen. Nachdem sie aber nicht weit von dem Orth der Einschiffung waren weggefahren, fingen die Waidling an zu sincken. Die darauf befindlichen 4 Persohnen wollten sich durch Schwimmen retten. 3 aber mussten elendiglich ertrincken. Der 4. zwar wurde noch errettet, ist aber vom Frost so übel zugerichtet worden, dass er etliche Tage darauf auch gestorben ist.»
Linder, I 2, p. 129

Unglücklicher Tod im Farbkessel
«Als 1762 der züchtige Jüngling Johann Rudolf Eglin, der Strumpfbreiter, welcher bey Elias Steiger, Strumpf Fabricant, als Gesell gearbeitet hat, und in seinem Färb Haus im Clingenthal, vor einem sittigen Kessel voller Rother Farb, Strümpff färben und eintuncken wollte, hatte er das Unglück, dass er entschlipfte und bis an den Hals hineingefallen und die Haut verbrühte. Zum Unglück war er allein, so musste er in den grössten Schmertzen allein hinaus steigen. Man brachte ihn zu Meister Wolff an der Weissen Gass, wo von zweyen Chirurci und seinen Geschwisteren 2 Tag lang alle Hilfsmittel angewendet wurden. Aber vergebens. Er starb unter grössten Schmertzen in seinem 22. Jahr.»
Bieler, p. 966

Unüberlegter Bubenstreich
«Als 1779 einige muthwillige Knaben von 8 bis 10 Jahren um den Ochsen herum in Klein Basel Narren-Possen trieben und eines Markgräfischen Kiefers Knabe in den Ochsen Stall hängten, wäre es mit diesem schier ausgewesen, wenn nicht jemand dazu gekommen wäre. Des Gehängten kleines Brüderlein hatte ein Jahr vorher das Unglück, dass es eine Ganss auf der Strass in den Backen biss, welches ihn in Gichter brach, woran es sterben musste.»
Linder, II 2, p. 252

Raufbolde, Diebe und Gauner

Gottbefohlen
«1636 ist Hans Heusser von Diegten, welcher zum öftern in das Münster eingebrochen war und über 500 Gulden aus dem Gotteskasten entwendet hatte, aufgehängt worden. Als man ihn gefragt hatte, ob er sich nicht gefürchtet habe, bey Nachtzeit über die Gräber zu gehen, hat er gesagt ‹nein›, denn er habe sich jeweilen Gott treulich befohlen, dass er ihn vor allem Übel behüten wolle!»
Linder, II 1, p. 40f.

Sechs Diebstähle in einer Stunde
«1672 ist ein Jud mit Ruthen ausgehauen worden, nachdem er 2 mohl durch den Meister (Henker) (an der Folter) aufgezogen worden ist. Er hat in einer Stundt 6 Diebstähle begangen.»
Lindersches Tagebuch, p. 125

Vaterschänder
«1718 ward Augustin Stern, des Fischers Knabe, in der Peterskirche öffentlich vorgestellt und ins Zuchthaus geführt worden, um allda täglich gegeisselt zu werden, weil er seinen Vater geschlagen hatte.»
Linder, II 1, p. 751

Wählerische Franzosen
«Als man 1719 etliche Diebe und Strassenräuber, welche auf die Galeeren condemniert (verurteilt) wurden, an den französischen Bahnstein lieferte, wollten die Franzosen selbige nicht annehmen, weil sie zu jung und zu klein wären. Deshalb sind selbige wieder auf Basel geführt worden.»
Linder, II 1, p. 757

Kundmachung.

Auf die Entdeckung nachbeschriebenen Diebstals, welcher in der Nacht vom 6ten auf den 7ten dieses im Neuenbad verübt worden, haben MGHRN. E. E. W. W. Rahts eine Belohnung von 6. N. Louisd'or gesetzt, welches hiemit zu männiglichs Nachricht kund gemacht wird.

Specification der Effecten.

Aller Sorten Zürcher, Lyoner, Spanische, Mayländer- und Ostindische Halstücher.
Weisse und schwarze seidene Weiberhandschuh.
Ein Päcklein perlenfarbe und weisse letz- und rechte seidene Strümpfe.
Drey Stück schwarz-seidene Blondes.
Aller Sorten Lames.
Gelben Ostindischen Barchet zu Hosen.
Schwarzer und grüngestreifter Baumwollensammet.
Aller Sorten Zücher-Mousseline.
Aller Sorten seidene- und floretseidene Modenband.
Drey Stück schwarz-seidene glatte Kappenband.
Weiß- und rothe Schnupftücher, und Tellertüchlein.
Weiß- und rothe St. Galler dito mit blauen Strichen und Borten.
Ganz weiß- und blaue dito.
Roth- und weisse Schlesinger-Schnupftücher mit blauen Strichen.
Aller Sorten floretseidene Weiberhalstücher.
Silberne Herzlein und Fingerring.
Schlagring für Metzger und glatte Vorsteckring.
Aller Sorten silberne Hemderschnallen für Landleut.
Eine Garnitur glatte achteckichte Modeschnallen.
Eine dito façonnirt.
Ein Paar grosse Herrenschnallen von Silber.
Ein Paar dito Weiberschnallen.
Eine Garnitur glatte Baurenschnallen.
Grosse Schnallen mit Silberblättlenen.
Kleine und Jarretier-Schnallen aller Sorten.
Hemde-Knöpflein und Fingerhüt von Silber.
Musierkarten von stählernen und similornen Uhrketten.

Polizeiliche Kundmachung samt einer ausführlichen Beschreibung der am 6. September 1790 im Neubad gestohlenen Gegenstände.

Ungetreuer Spitalmeister

«Anno 1719 wurde im Grossen Rath geklagt über die gottlose und leichtfertige Aufführung des Spitalmeisters, welcher nicht allein den armen Pfründern einen Theil ihrer Portion abstehle, sondern auch den ganzen Spital Fonds ruiniere. So erkannte der Grosse Rath endlich, Burckhardt, der Spitalmeister, solle von seinem Dienst abgesetzt, für ein Jahr ins Haus bannisiert und innert einem Vierteljahr 9000 Pfund Straf erlegen, weil er Geld in seinen Sack gestossen und es den armen Leuten gleichsam vom Maul hinweggestohlen hat.»

Linder, II 1, p. 761 / Basler Jahrbuch 1892, p. 179 / Scherer, p. 713 und 731 / von Brunn, Bd. III, p. 642 ff.

Zu Tode geohrfeigt

«Meister Schweighauser von Binningen, welcher als ein Tragauwner (Dragoner) sein Loschi in der Chrone gehabt hat, ist 1733 mit einem Knecht in einen Streit gerathen und wurde von ihm mit etlichen Ohrfeigen zu Tod geschlagen.»

Bieler, p. 357

Erpressung

«In der St. Johann Vorstatt ist 1734 auf eine ausserordentliche Art eine Geldforderung gethan worden, als nämlich der Hausbesitzer 300 Pfund auf sein Bänckli legen sollte, andernfalls sein Haus in Brand gesteckt würde. Anstatt des Gelds legte der Hausbesitzer nun Erz dahin. Als der Erpresser das Geld holen wollte, wurde auf ihn geschossen, aber gefehlt. Solches verursachte in der gantzen Statt eine grosse Consternation. Der Thäter ist ein Studiosus Jura gewesen.»

Bieler, p. 760 / Bachofen, Bd. II, p. 385 f. / Linder, II 1, p. 887 ff.

Rasender Messerstecher

«1742 haben Unsere Gnädigen Herren denjenigen tollen Menschen, welcher in der Taubheit und Raserey einen jungen Baader Gesellen, der ihme zur Ader lassen sollen, mit einem Messer erstochen, in eine Lebenslange oder Ewige Gefangenschafft condemnirt (verurteilt); wohin er auch noch selbigen Abends, nemlich in das Zuchthaus, gebracht worden ist.»

Hoch-Obrigkeitlich privilegiertes Mittwochs-Blätlein von Basel, 11. April 1742

Mehldiebe

«Wegen Mehldiebsthals sind 1746 die Mehl-Messer Bientz, Sulger, Brandmüller und Burckhardt ihrer Ämter entsetzt worden. Als ihre Weyber und Kinder für sie beim Rath solicitierten (um Gnade baten), sind sie abgewiesen worden. Einer der Mehldiebe hatte geläugnet, so viel wie die andern gestohlen zu haben. Auf die Frage, wie solches zugegangen sey, gab dieser zur Antwort, er habe ein kleiners Säcklein gehabt als die andern und deswegen nicht so viel Mehl hineintun können!»

Linder, II 1, p. 1144

Rabiater Oberst

«1746 wurde ein Barbiergeselle, aus Ungarn kommend, von Obrist Wettstein, den er um ein Almosen gebeten hatte, auf die Haupt-Wache gelockt und mit 50 Prügeln auf eine henkersmässige Manier abgeprügelt. Als dies von seinen Gesellen klagend vor dem Rath angebracht wurde, ward dies nicht geachtet!»

Linder, II 1, p. 1156

Den Jungen zur Warnung

«1747 ist des Blochen, des Metzgers, 18jähriger Knab begraben worden, der sich durch gottlose Leüth zu vielen Sünden hat verleithen lassen. Da solches seinem Vater zu Ohren kam, hat er ihn dergestalten geschlagen, dass er an einem Schlagfluss (Schlaganfall) von Gott heimgesucht worden war und hierauf mit erbärmlichem Spectacul der Umstehenden gestorben ist. Dies ist allen Jungen und muthwilligen Gottesverächteren zur Warnung!»

Linder, II 1, p. 1171

Gottlose Vögel

«1748 sind jenige zwey Buben, die Gerichts-Substitut Eglinger des nachts diebischer Weys angegriffen haben, für 4 Jahr in fremde Dienste erkannt worden. Da aber kein Hauptmann solche gottlosen Vögel annehmen wollte, ist jeder für 6 Monath ans Schellenwerk geschlagen worden, wobey ihnen ein Blech mit der Überschrift ‹Nacht-Schwärmer› auf den Buckel geheftet worden ist.»

Linder, II 1, p. 1174

Geiziger Pfarrer wird beraubt

«1751 haben zu Langenbruckh bey Herrn Pfarrer J. Friedrich Wettstein 8 vermummte Räuber eingebrochen, haben den Pfarrer und seine Frau gebunden und sie genöthiget, ihnen alle Baarschaft und Silbergeschirr herzugeben. Darauf sind sie in den Keller gegangen, haben auf des Pfarrers Gesundheit getrunken und ihm bedeutet, er solle wieder zusammenrapsen, sie wollen künftig Jahr wieder kommen. Dieser Pfarrer ist als ein Erz Geitz Hals in dem Land bekannt, und man sagt, dass er, wenn er nach Basel gehe, seine Säckh mit Hutzel Birren spicke, damit ihn der Hunger nirgends einzukehren nöthige.»

Linder, I 1, p. 130 f. / Im Schatten Unserer Gnädigen Herren, p. 28 f.

Zungenschlitzen für vermeintlichen Diebstahl

«Den 28. Mertz 1754 ward Martin Grieder, ein ca. 50jähriger Mann von Frenkendorf, mit 6 Soldaten auf eine zwischen dem Halseisen und dem Esel aufgerichtete hölzerne Bühne (auf dem Kornmarkt) gebracht, an einen herfür ragenden Pfahl mit verbundenen Augen festgemacht, ihm durch den Scharfrichter Neher mit einem Klämmerlein die Zunge herausgezogen und mit einer Scheer etwan ein Zoll voneinander gespalten. Er war fast beständig in Ohnmacht, weshalb ihm die Zunge etwas gesalbet und Stärckungen unter seine Nase gehalten wurden. Ward nach vielem Blutauswerfen wieder in Gefangenschaft geführt, um nach der Haft Zeit in seinem Dorf vorgestellt zu werden. Indessen hat sich seine Zunge fast gäntzlich geheilt. Diese Straf hat er sich zugezogen, weil ab einem gewissen Baum die Früchte entwendet worden sind. Er meinte, weil ihm dieser Diebstahl nicht durch Zeugen erwiesen worden sey, sey ihm zuviel geschehen und schmähte auf die Richter. Und weil der Grosse Gott seine Unschuld nicht durch Zeichen bewährte, brach er in Gotts lästerliche Reden aus, die er zwar nachher bereute, aber, andern zum Exempel, musste bestraft werden.»

Linder, I 1, p. 281 / Im Schatten Unserer Gnädigen Herren, p. 34 / Bieler, p. 775

Mit Eiern bombardiert

«Den 17. May 1754 ward ein Jud, so einem Bauren auf dem Kornmarckt 15 Pfund in Gelt sollte gestohlen haben, gestreckt, wollte aber nichts gestehen, weshalben Unsere Gnädigen Herren erkannten, dass – fals er schon ein Zeichen hätte – ihme beyde Ohrläplein abgeschnitten, und da sich keines fande, ward er nur ans Halseisen gestellt, alda aber durch Buben aufs greulichste mit Eyern bombardirt, wovon ihme das letste, als er das Maul, Au way zu schreyen, weit aufsperrte, hineinflog und ihne fast erstickt hätte.»

Im Schatten Unserer Gnädigen Herren, p. 35

Hammeldieb

«Simon Basler, ein Hammel Dieb von Riechen, ward 1764 für ein halb Jahr ans Schellenwerck geschlagen. Nach Verfluss dieser Zeit ist er mit einem auf den Rucken gehenckten Hammel Fell noch 2 Tag in dem Dorf Riechen herumgetrommelt und zum Ersatz des entwendeten Hammels angehalten worden.»

Linder, I 2, p. 211

Engländer geschlagen und beleidigt

«Als Emanuel Rütter, Gerber und diesmaliger Ochsen-Würt an der Spalen, H. Rahtsdiener Rütter auffem Spalenthurn Fil., weilen er 1766 in Companie mit Cameraden in einer Schaisen ziemlich berauscht vom Neuen Haus heimfahren wollte, nache am Bläsithor traf er H. Andreas Buxdorf, Past. Fil. sambt einem vornehmen Engelländer an. Mit solchen fangte er nun wegen einer kleinen Uhrsach, weilen ihre Pferdt erscheucht, Händel an, steigt aus der Schaisen und nahm den Engelländer beim Kopf und schlagdte ihn mit der Peutschen bis er zu Boden fiel. Darauf verlangte dieser Engelländer vor diesen Schimpf eine zulängliche Satisfaction; darauf kam der Rütter 8 Tag lang in Arrest und wurde von Unsern Gnädigen Herren erkandt, dass er diesen Engelländer um Verzeihung gebätte, alle Kösten bezalen, für den Bahn gewiesen und noch wegen anderen Excessen mehr bey Pein des Zuchthauses vor ein Jahr ins Haus verbannisirt werden solle. Ist aber auf Ersuchen an U.G.H. aus Gnaden 1767 des Hausarrests wieder befreit worden.»

Im Schatten Unserer Gnädigen Herren, p. 171f / Bieler, p. 859

Jugendliche Baumschänder

«Ende Februar 1779 sind auf dem Peters Platz einige der erst kurz vorher gesetzten Linden Bäume von muthwilligen Buben beschädiget worden. Als Thäter ward des Busers 12jähriger Knab überführt und ins Zuchthaus gethan. Dann ist er durch 4 Harschierer an einen der beschädigten Bäume gebunden worden, worauf alle Knaben sowohl der lateinischen wie der andern Schulen mit ihren Lehrmeistern in Procession um den Baum herumzogen. Der Angeber dieser neumodischen Straf, Ratsherr Emanuel Falkner, hat sich viel böse Nachreden zugezogen. Der Knabe aber wurde von andern Knaben mit reichen Almosen getröstet!»

Linder, II 2, p. 248

Schlägerei an der Wiesenbrücke

«Wegen der Schlägerey bey der Wiesenbruck zwischen Maring, dem Zoller, und einem Klein Hüninger ward 1780 erkannt, dass der Henker dem Maring seinen bösen Hund tod schlagen soll. Maring hat aber den Hund gleich weg gethan, da er noch 2 Louisdor dafür erlöste!»

Linder, II 2, p. 296

Kein Ort ist vor Dieben gefeit

«Im Jahre 1796 im Hornung fiel einem der Erhaltung seines Geldes wegen allzuängstlich besorgten Riehemer Bauer ein, seinen Sparpfennig, der in ohngefähr 1200 Gulden bestuhnd, in der Kirche zu Riehen aufzuheben, einerseits weil die Kriegs Verwirrung der damaligen Zeit ihn erschreckt hatte, und er diese Summe in seinem Hause nicht sicher glaubte, anderseits weil er die Kirche für ein von Räuber Angriffen freyes Heiligthum ansahe. Allein seine Meynung täuschte ihn; dann nicht lange darauf wurde in der Kirche wirklich eingebrochen und dem Bauern sein Geld gestohlen; damit wurde ihm und jedermann die Wahrheit bewiesen, dass kein Ort dem Dieben zu heilig seye, wenn er daselbst Beute zu machen glaubt.»

Lutz, Neue Merkwürdigkeiten, Abt. I, p. 326f.

Tiere, Pflanzen und Früchte

Fliegende Würmlein
«1091 kamen viel fliegende Würmlein, wie Mucken, so dick in der Luft daher, dass sie die Sonne verfinsterten.»
Diarium Basiliense, p. 41v

Kirchendächer und Störche
«Die Kirchendächer seind mehrentheils glasiert, und mit mancherley Farben abgetheilet, dass sie, wann die Sonn darauf scheinet, einen wunderbaren Glantz geben. Solche Häuser haben auch viel sonderbarer Personen, dass wer die Stadt von der Höhe beschauet, eine schöne Gestaltung und Zierd der Dächern sehen mag. Sie seind sehr gähe, vielleicht damit sie von der viele des Schnees nicht eingedruckt werden. Auf den Firsten sitzen die Storcken, nisten daselbst, und brüten ihre Jungen, wohnen gern in diesem Land. Niemand füget ihnen etwas Leids zu, sondern man lasst sie frey hin und her fliegen. Dann die Bassler pflegen zu sagen, wann man den Storcken ihre Jungen nehme, würden sie Feuer in die Häuser werfen, aus welcher Forcht sie diese Vögel unbeleidiget ihre Jungen ziehen lassen.» 1436.
Wurstisen, Bd. II, p. 703f.

Überfluss an Salmen
«1636 fing man um Basel einen grossen Überfluss an Salmen, also dass man 37 Stuckh auf dem Fischmarckt verkauffte.»
Linder, II 1, p. 41

Altes Dromedar
«1651 wurde ein Dromedary nach Basel gebracht, welches hundert und dreyssig Jahr alt gewesen sein soll.»
Linder, II 1, p. 66

Wintersalm
«Den 14. Dezember 1655 ist im Rhein ein Winter Salmen gefangen worden.»
Basler Stadtchronikalien aus dem Jahre 1655

Pferd mit acht Füssen
1675 bewilligte der Rat «Georg Kälberding von Lippstatt, dass er ein Pferdt mit acht Füssen, so etliche Kunst könne, auf der Zunft zu Brotbecken» zeigen dürfe, ausgenommen sonntags.
Ratsprotokolle 52, p. 179

Einhorn
«1685 hat ein Fischer in der Birs ein 8pfündiges Einhorn, eines Arms dick und lang, gefunden.»
Linder, II 1, p. 226

Meerwunder
«Mitte des November 1688 liesse sich im Rhein zu jedermanns Verwunderung und Entsetzen ein erschreckliches Meer-Wunder sehen; Es war an Grösse und Farbe einem schwarzen Pferd gleich, mit langen Ohren und einem breiten Schweif, den es ganz aufrecht in der Lufft truge, und hatte darbey einen gar grossen Kopf; etliche hielten es für ein Meer-Pferd, andere aber für ein Monstrum oder Meer-Wunder, welches alles das Unglück, so die Pfaltz und Rhein-Länder betroffen, vermutlich angedeutet. Es ging in der grösten Geschwindigkeit den Rhein hinauf an Bonn, Cölln, Coblenz, Bacharach, Bingen, Mayntz, Oppenheim, Worms, Mannheim, Speyer, Strassburg und andere Örter vorbey bis nach Basel, und erschreckte mit seiner ungewöhnlichen Gestalt und Grösse alle Einwohner, sonderlich mit seinem gewaltigen Brausen, und ob man wohl verschiedene Schüss nach ihme gethan, hat es doch selbige so wenig geachtet, als wenn man ein paar Bohnen nach ihme geworffen hätte.»
Blum und Nüesch, p. 170

Rebmesser im Magen
«Anno 1700 ward ein Ochs geschlachtet, in dessen Magen man ein Rebmesser fandt.»
Linder, II 1, p. 632

Von der Ungeduld eines Löwen
«1709 ist zu Basel auf der Schiffleutenzunft ein 7jähriger zahmer Löwe ums Geld gezeigt worden. Selbiger hat jedesmal 3 bis 4 Knaben auf sich setzen lassen, und sein Herr Prinsibal hat ihm mit grösster Verwunderung seinen Kopf in den Rachen gesteckt und unversehrt wieder heraus gezogen. Als nun solcher Löwe hernach auf Strassburg gekommen war und sein Herr den Kopf in des Löwen Rachen gesteckt hat, ist er in eine Raserey gerathen und hat ihm den Kopf abgebissen!»
Bieler, p. 744 und 769 / Scherer, p. 403f. / Scherer, III, p. 349

Kolossaler Ochse
1717 kauften die hiesigen Metzger in Einsiedeln einen kolossalen Ochsen, der ein Gewicht von 21½ Zentner aufwies und 200 Pfund gekostet hatte. Nachdem das Wundertier auf der Schuhmachernzunft zur Schau gestellt worden war, wurde es auf die Schützenmatte geführt und dem besten Schützen als Ehrengabe überlassen. Als die markgräfliche Prinzessin von Baden-Durlach, die dem Schiessen ebenfalls beiwohnte, dem mächtigen Och-

sen in der Spalenvorstadt begegnete, schenkte sie dem Führer des Tiers vor Begeisterung vier Gulden.

von Brunn, Bd. I, p. 212/Scherer, p. 616/Beck, p. 151f./Scherer, III, p. 417f.

Mehr Wein als Fässer

«1719 gab es so viel Wein, dass man nicht genug Fässer hatte. Man gab für ein Saum Fass einen Saum Wein. Während im Sundgau ein Saum Wein 33 Batzen kostete, gab man ihn in Basel für nur 18 Batzen.»

von Brunn, Bd. III, p. 537/Scherer, p. 708/Bachofen, p. 236ff.

Wundersames Pferd

«1720 zeigte ein Holländer auf der Beckenzunft ein Pferd, welches unter anderen Künsten auch etliche zeigte, die etwas Sonderbares und nicht zu Begreifendes gewesen waren. Als nämlich das Pferd von 6 umstehenden Herren ein different Stücklein Gelt empfing, legte der Holländer das Geld zusammen, worauf es jedem Herrn das Seinige wieder zurückbrachte. Desgleichen konnte es auch mit einem Schnupftuch vollbringen. Es kannte auch alle Karten und wusste ordentlich bis auf die Viertelstund anzuschlagen, welche Uhr es war.»

Linder, II 1, p. 767

Wohlfeile Früchte

Im August 1722 waren für 1 Rappen 100 Zuckerpfläumchen und Mirabellen wohlfeil.

von Brunn, Bd. II, p. 450/Scherer, p. 792

Angst vor Schlangen

«Als 1726 ein Materialist 30 und mehr Ipern Schlangen von fernen Orten lebendig liess hieher kommen für Arzneidienste, wollte sich niemand unterstehen, solche aus dem Gefäss hinauszulangen. Endlich hatte solche Jakob Gernler, Bannwart zu St. Alban, der entsprechende Erfahrungen hatte, hinausgezogen. Eine dieser Natterschlangen hat ihn mit ihrem giftigen Natterbiss in den Zeigfinger gestochen, so dass die ganze Hand samt dem Arm ganz geschwollen und er todkrank wurde. Durch sonderbare Medicamente ist er durch den Medicum errettet worden.»

von Brunn, Bd. II, p. 407/Scherer, III, p. 494f.

Ein Fuchs frisst den andern

«Man sagt sonsten in dem gemeinen Sprüchwort, es müsse ein kalter Winter seyn, ehe ein Wolff den andern fresse. Es hat sich aber neülich zugetragen, dass, aus Anlass der herben Winterszeit und tieff gefallenem Schnee, ein Fuchs den anderen gefressen, wie aus folgender History erhellet: Zwey dieser Thiere, durch den Hunger getrieben, haben sich hart vor unserer Stadt durch ein offen stehendes Loch (als welches ihnen wegen darbey gelegenem hohen Schnee leicht war) in ein Garten-Häusslein zu springen gewaget, in Hoffnung, darinnen eine Beüth von Geflügel, Wildprät oder Mäusen zu erhaschen. Nachdeme sie sich aber hierinnen betrogen, und das obberührte Loch (weilen es ihnen von innenher zu hoch gestanden) nicht mehr haben erreichen und ihren Ruckweg nehmen können, seind sie endlich gezwungen worden (umb ihren rasenden Hunger zu stillen) einander selbsten anzugreiffen, da dann der Schwächere von dem Stärckern übermeistert und mit Haut und Haar biss an den Kopff ist auffgezehret worden. Der Überwinder aber hat nichts destoweniger (entweder weilen er zu begierig von seinem Cammaraden gefressen, oder von dem darauff neuerfolgten Hunger aussgemerglet) sein Leben auch in dem Stich lassen müssen, inmassen bey jüngster Eröffnung des Garten-Häussleins der Letstere zwar annoch gantz, von dem Ersteren aber nur der Kopff gefunden worden. Hierauss ist abzunehmen, was vor ein räuberisch und frässiges Thier ein Fuchs ist und wie der Hunger ein so gar guter Koch seye. Item, dass die Füchse nicht so listig und verschlagen seyn müssen, als man von ihnen vorgibt, sonsten sich diese nicht wurden da hinein gewaget. Oder, da sie es je gethan, schon Mittel wurden gefunden haben, sich darauss zu helffen. Villeicht haben sie gedacht, kommen wir hinein, so kommen wir auch wieder herauss. Darumb traue Niemand seiner Geschicklichkeit und seinen Kräfften zu viel.»

Avis-Blättlein, 8. März 1729

Frühreife Trauben

«Medio August 1746 haben viele Leüthe im markgräfischen Wyhlen an einem Rebstock 24 und an einem Schoss 4 schneeweisse zeitige Trübel mit Verwunderung gesehen und mit der Wahrheit bestätiget.»

Bieler, p. 763

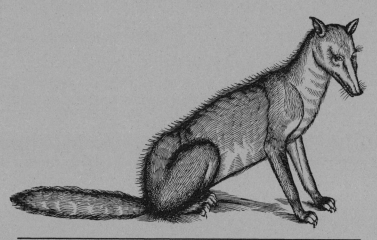

«*Von dem Fuchs: Die kleinen Fischly facht er mit sinem Schwantz, den er in das Wasser streckt. So sich die Fischlin daryn geschwummen, zeucht er sy herauss. Er schüttelt den Schwantz und lässt wohl um eine kleine Uerte (Mahlzeit).*» 1560.

Wunderochse zu verkaufen

«Ein Wunder-Ochs oder Wunder-Stier, anderthalb jährig, mit 6 Füssen und 5 Beinen, davon eines auf der Laffen oder Rucken stehet, 2 Füsse gleichen den Hirschen-Füssen; man thäte einem Liebhaber billichen Preiss machen und Wein an Bezahlung nehmen. Es könnte mit diesem Thier, so man mit einer Decke bedekken und herum führen kan, ein schönes Geld aufgehebt werden.»

Wochen-Blätlein von Basel, 26. Christmonat 1748

Der Schwanenschlosser

«Im Winter 1750 ging Andreas Hey, der Schlosser, auf die Chass (Jagd) und traf beym äussern Gundeldingen einen Schwan an, der bey dem Schlösslein herumlieff. Diesen schoss Hey sogleich nieder und verzehrte ihn als gute Beüth in seinem Haus. Die Sache kam an den Tag, worauf auf Hey, den Schwanen Schlosser, ein Ehren Gedicht gemacht wurde. Noch ist beyzufügen, dass Herr Ortmann, der Besitzer, zwey Schwanen Gänss gehabt hat, die andere aber wegen dem tödlichen Hintritt ihres Neben Gesellen sich auch zu Tod bekümmeret hat.»

Linder, I 1, p. 91ff.

Schafherde gerissen

«Als der französische General zu Hüningen, der etwa 30 Hunde zur Jagd hielt, aber deren Hunger nicht stillen konnte, seine Jagdhunde 1750 vor das St. Johann Thor auf die Weyd führte, stiess er auf den dasigen Äckern auf den hiesigen Scheurenmeyer mit seinen Schafen. Die nicht ersättigten Hunde haben sogleich die Herde angefallen und etlich und zwanzig davon niedergerissen und solche theils verzehrt und theils sonst beschädiget.»

Linder, I 1, p. 13

Hundetreue

«Meister Leonhard Oser, der Metzger, ist 1751 in Treibung einer Herd Schaaf auf dem Feld von einem Schlagfluss überfallen worden und plötzlich gestorben. Merckwürdig ist, dass sein Hund die Schaaf um den toten

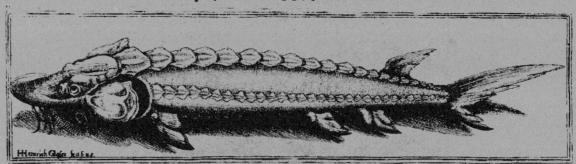

Das überraschende Auftauchen eines unbekannten Fisches, eines Störs, bei der Salmenwaage unterhalb der Pfalz im Jahre 1625 war Anlass genug zur Herausgabe eines «Extrablattes».

Cörper zusammengetrieben hat und beyde bewachte, dass niemand sich darzu machen durfte. Deshalb haben die Bauern den Hund erschiessen wollen. Zu allem Glück kam des Verstorbenen Schwager, welcher den Hund kannte.»
Linder, I 1, p. 157

Sommervögelein
«Am hohen Pfingsttag 1752 sah man als etwas ungewöhnliches eine sehr grosse Menge geflügelter Raupen oder Zweyfalter (hier Sommer Vögelein genannt) schaarenweis von Mitter Nacht kommend und nach Süd Osten ihren Flug richtend durch unsere Landschaft nach der Schweitz fliegen. Und zwar sehr dicht aneinander und nicht über 5 höchstens 10 Schuh hoch in der Lufft, ohne sich aufzuhalten. Nun vernimmt man, dass solche auf nemliche Weis in den obern Canton Bern durch gestrichen sind. Man vermuthet, es sey ein Vorbot eines heissen Sommers.»
Linder, I 1, p. 190

Stachelschwein krepiert
«Im Hornung 1755 ward in einem aufgeschlagenen hölzernen Häuslein auf dem Kornmarckt ein schöner Löw, ein Tiger und Stachelschwein für 1 Batzen gezeigt, doch ist letzteres aus grosser Kälte alhier crepiert.»
Linder, I 1, p. 354

Wundertier
«Mit Hoch Obrigkeitlich gnädigster Erlaubnuss wird E. E. Publico zu wissen gemacht, dass allhier ist ankommen ein lebendiges See-Thier, worvon die Hälfte von vornen als ein Thier auf dem Land, die andere Häfte von hinten aber als ein Fisch, mit 2 grossen Flossfedern, sehr schön von Haaren, Kopf und Augen, hat nur zwey Füss, welches sehr curios zu sehen ist. Dieses Wunder-Thier ist so zahm, dass es jedermann kan angreiffen. Die Grösse dieses Thiers ist vier Schuh lang und bey 60 Pfund schwer; ist in der Nord-See zwischen Engelland und Holland gefangen worden. Obiges Thier ist weder in der Schweitz noch ganz Teutschland niemahls gesehen worden, und ist von Morgens 8 Uhr bis Abends um 6 Uhr alle Stund auf E. E. Zunft zu Spinnwettern zu sehen. Die Person zahlt ein Batzen. Stands-Personen aber nach Belieben. NB. Auf Begehren kan dieses Thier durch zwey Mann in die Häuser gebracht werden.»
Wöchentliche Nachrichten, 29. Wintermonat 1759

Ein zierlicher Vogel
«1760 wurde ein Pelican hier gezeigt. Ein zierlicher Vogel in der Grösse wie ein welsches Huen. Hatte hochrothe, weisse, gelbe und schwarze Federn und vornen an der Brust einen Blutsack in der Grösse einer Pomeranze (Orange), womit er, durch die Aufreissung desselben, seine Jungen speiset und tränket.»
Diarium Basiliense, p. 20

Indianische Gans
«1768 ist an der Messe eine extra saubere indianische grosse Gans, welche zu Lindau auf dem See unter 130 dergleichen Vögel, die in der Weite der Flügel 10 Schue und in der Höche 5 Schue hoch waren, in einen Flügel geschossen worden, worauf sie lebendig auf dem Kornmarckt in einer Hütte um 1 Batzen zu sehen war.»
Bieler, p. 864

Grosses Wildschwein
«1773 hat sich ein grosses Wildschwein in den Räben an der Grenzacherstrasse nächst dem Riehen Thor sehen lassen. Dieses ist von Caminfeger Schölling geschossen und den Herren Häuptern überliefert worden, welche ihm 6 Neuthaler dafür gaben.»
Linder, II 2, p. 16

Conrad Gessners Beschreibung «von der Sauw». 1560.

Geblähtes Vieh

«Wenn ein Stück Vieh aufgebläht wird, ein Zufall der sehr oft und schnell tötet, wenn nicht schleunig geholfen wird, so haben wir darwieder ein Mittel, das unseres Wissens niemals fehl schlägt und jeder Landmann bey der Hand hat: Er giesse dem krancken Vieh 3 à 4 Pfund frisch gemolckene Milch von einer gesunden Kuh laulicht (lauwarm) ein und lasse dasselbe alsobald darauf ausser dem Stall herumführen. In sehr wenig Minuten wird das Thier genesen seyn. Man lasse es dann um mehrere Sicherheit willen etwan 8 à 9 Stund ungefüettert und lege ihm ein paar mahl anstatt frischen Grases nur Heu vor, bis alle Gefahr vorüber ist.» 1790.

Linder, II 2, p. 912

Seltsamer Fisch

«Den 31. Mai 1790 wurde in dem Rhein bey Nieder Mumpf oberhalb Rheinfeldens ein Fisch gefangen, der 3 Schue lang, glatt und ohne Schuppen ist. Derselbe hat kein Maul wie ein anderer Fisch, sondern unten an der Kinnlade eine lange Öffnung, welche statt des gewöhnlichen überzwercken Mauls dienet. Dieser Fisch, wenn er in Zorn gebracht wird, hängt sich mit dem Maul an den Boden, und es braucht Manns Kraft, ihn loszumachen. Auf der Hirnschale hat er ein Loch, durch welches derselbe immer Wasser sprützt, und eine Flosse, und auf dem Rucken eine andere und an dem Schwantz eine doppelte. Anstatt der Ohren sind auf jeder Seithe 7 Löcher, aus welchen immer Wasser fliesset. Auf dem Rückgrat bis an den Schweif hat er eine ein Zoll dicke Wurst, die ganz weich ist. Dieser Fisch ist zu sehen bey dem Franz Anthony Schmid, Adler Wirth daselbst.»

Linder, II 2, p. 904

Passanten, Gäste und Flüchtlinge

Poet Nickeli Dingengrums

«Anno 1720 kam der Markgraf von Baden-Durlach mit 3 Kutschen Weibervolck hiehero und hatte in allem 160 Persohnen bey sich. Als er auf der Schützenmatte war, liess Niclaus Hebdenstreit, der sogenannte Nickeli Dingengrums, welcher ein ziemlicher Poet war, ein paar Vers hören, welche dem Markgraf so wohl gefielen, dass er befahl, ihm ein Vierling mit gutem altem Wein zu verehren.»

Linder, II 1, p. 766

Des Markgrafen Prachtschiff

«Den 1. Oktober 1721 kam ein schön gemaltes Schiff aus der Pfalz, dem Markgrafen von Baden-Durlach gehörend, wie es hier noch nie gesehen worden ist. Es hatte 20 Mann im Schiff, 30 Mann mit Seilern, einen Mastbaum und Fahnen mit dem markgräfischen Wappen, Stuben, Cammern und Küche. Auch waren 6 Stücklin (Kanönchen) darauf formiert, wie auf grossen, zur See zu gebrauchenden Schiffen. Am 9. gingen der Markgraf und die übrigen Grafen wieder fort mit dem Schiff, mit Waren beladen.»

von Brunn, Bd. III, p. 539

Conrad Gessners Beschreibung von der Nase. 1560.

Der Herzog auf Kuhschau
«Der Herzog von Württemberg kam 1776 mit seiner Maitresse anhero, nachdem er für diese Persohn, deren er ein schönes Land-Gut geschänkt hatte, in der Schweitz etliche 20 Stuck Küeh erkaufte und diese nach Stutgard führen liess. Als er sich auf dieser Rayss auch in Langenbruck nach Küehen umsah, zupfte ihn bald diese, bald jene Bauernfrau am Ärmel und sagte: ‹Herr Herzig, beschaut doch auch meine Kuh!› Er kaufte auch einige bey Claus auf der Spitalmatte vor dem Riechemer Thor. Da er mit Claus wegen dem Preis in einen Contest (Streit) kam und er ihm vorwarf, dass er nicht geglaubt habe, dass es hier so grobe Leüthe gäbe, antwortete ihm der Claus, das könne wahr seyn, aber diese groben Leüth halten sich an ihr Wort!»
Linder, II 2, p. 104

Kaiserliches Missverständnis
«Als 1780 Kayser Josephus hierdurch reiste und in Rheinfelden im Schiff logierte, war ein Wiener Wirth dort, mit welchem er sich ganz vertraulich besprach. Dieser hielt nun unterthänig um Audientz für seinen Tochtermann, den dasigen Schultheissen, an. Der Kayser fragte, was dieses für ein Thier sey, aber der Wirth scheute sich zu sagen, dass er ‹Stier› hiesse!»
Linder, II 2, p. 295

Amerikafahrer
«1790 ist ein Schiff voll Emigranten von etlich zwanzig Persohnen, jung und alt, nach America abgefahren. Darunter waren Hans Handschin von Ormalingen, Johannes Grueber von Meysprach, Jacob Keller und Consorten von Rothenflu, Friedrich Müry von Wintersingen, Johann Pfaff und Jacob Schweizer von Liestal und Elisabeth Imhof, Hans Mangold. Heini Schaub von Buus mit Frau und Kindern.»
Linder, II 2, p. 898

Die ausgewechselte Prinzessin
«Im Christmonat 1795 wurde die vorher von dem östreichischen Hause mit dem damaligen französischen Guvernement wegen Auslieferung der Tochter Ludwigs des XVI. gepflogene Unterhandlung hier geendiget und gegenseitig genehmiget. Die unglückliche Königs Tochter Maria Therese Charlotte verliess Paris den 19ten Christmonat 1795 frühe um 4 Uhr, begleitet von ihrer ehemaligen Hofmeisterin, Madame Soucy und einigen andern, ihrem väterlichen Hause noch treugebliebenen Personen. In der Nacht vom 24ten auf den 25ten Dezember langte sie zu Hüningen an, und blieb daselbst bis den 26ten auf den Abend, wo Herr Bacher, französischer Geschäfts Träger bey der Helvetischen Eidgenossenschaft und zu dieser Auswechslung ernannter Kommissar, nach Hüningen kam, sie abzuholen und auf das Schweizergebiete zu führen. Das schöne nächst dem St. Johann Thor bey Basel gelegene, geschmackvolle Landhaus des Herrn Nikolaus Rebers war zu ihrer Aufnahme bestimmt. Hier übergab Herr Bacher die Prinzessin den Herren von Gavre und von Degelmann, von dem Kaiserhofe zu ihrem Empfang bevollmächtiget. Wie nun diese Übergabe geschehen war, eilte Herr Bacher nach Riehen, wo die östreichischen Gefangenen, vorerwähnte Volksrepräsentanten und Minister sich befanden, die an gleichem Tag von Freyburg dort angelangt und dem Herrn Landvogt Legrand anvertraut waren. Herr Bacher stellte diesem die von Herrn Baron Degelmann unterzeichnete Erklärung zu, dass die Auslieferung der französischen Königs Tochter wirklich geschehen seye, von welchem Augenblicke an die Gefangenen frey waren, nach Basel reisten und wieder von dort nach Frankreich zurücke kehrten. Die ausgewechselte Prinzessin, welche unter dieser Zeit, so wie ihre Gesellschaft, mit verschiedenen Erfrischungen allda bewirthet worden, fuhr noch am gleichen Abend bey hellem Mondschein durch Basel mit Freudengeschrey vieler Einwohner begleitet nach Laufenburg, damals noch eine der vier vorderöstreichischen Waldstädte, wo sie übernachtete und mit einem erlauchten Gefolge ihre Reise nach Wien fortsetzte. Die Abschiedsworte, die sie an Herrn Bacher richtete, waren: ‹Ich danke Ihnen für alle Sorgfalt, die Sie für mich gehabt haben; es schmerzt mich Frankreich zu verlassen, und nie werde ich aufhören, es als mein Vaterland anzusehen›, sind merkwürdig und rührend, und erwarben ihr, so wie ihr übriges sanftes, gefälliges Betragen, allgemeine Theilnahm und Hochschätzung.»
Lutz, Neue Merkwürdigkeiten, Abt. I, p. 324ff. / Ochs, Bd. VIII, p. 180 / Basler Biographien, Bd. I, p. 241f.

Napoleon in Basel
Für den am 24. November 1797 erfolgten Empfang des «Herrn General en Chef Buonaparte», der in Langenbruck seinen Anfang nahm, erliess der Geheime Rat folgende Disposition: «In allen Dörfern, wo der Herr General durchpassirt, soll mit wenigstens 24 Mann en Uniforme paradirt werden. Zu Liestal, allwo ein Staabsofficier sich einzufinden hat, soll eine verstärkte Parade von wenigstens 100 Mann unters Gewehr treten. Beym Rothen Haus soll der Herr General durch das Jäger Corps eingeholt, auch in der Stadt demselben durch Löbliches Frey Corps auf dem Blumenplatz (vor dem Gasthof zu den Drei Königen) paradirt und von diesem Corps eine Ehrenwache von 50 Mann samt der Fahne vor dem Gasthof gelassen werden. In dem Gasthof, wo der Herr General absteigen wird, soll derselbe durch eine Deputation, bestehend aus den zwey alten Herren Häuptern und den 4 Herren Geheimräthen, complimentirt

werden. Auch sollen bey Ankunft des Herrn Generals die Canonen gelöset und 36 Schüsse gethan werden, bey dessen Abreise auf gleiche Weise zu verfahren ist.»
«In der Stadt wurde Bonaparte mit Ehren empfangen wie schon lange kein Fürst mehr. Das berühmteste Mittagessen der Basler Geschichte wurde im Gasthaus zu den Drei Königen serviert, von dessen Fenstern aus der künftige Beherrscher Europas wohl zum ersten Mal den Rheinstrom sah. – Eine Deputation der Regierung, darunter natürlich Ochs, Mengaud und der Hüninger Kommandant, sassen an der Tafel. Die Basler Herren prüften ängstlich oder hoffnungsvoll jedes Wort, das der kleine, bleiche Feldherr hinwarf, der durch die Schweiz nach Rastatt reiste, wo der Friede zwischen Frankreich und dem heiligen römischen Reich geschlossen werden sollte.»
Protokolle C 1, 6/Ratsprotokolle 170, p. 408ff./Paul Burckhardt, p. 104f.

Morde und Hinrichtungen

Junker von Gundeldingen erschlagen
«1426 ward Junckher Claus Meyer zu Gundeldingen von seinen Bauern erschlagen.»
Linder, II 1, p. 14

Landvogt Hagenbach wird enthauptet
«Als der von Hagenbach die Stadt Rheinfelden überrumpeln wollt und daselbst ist gefangen, doch wider ledig gelassen worden, verübte dieser Peter von Hagenbach allerley Muthwillen in denen versetzten Ländern, sonderlich auch zu Breysach, dann da verbotte er denen Burgeren, dass keiner mit dem Degen auf der Vestung spatzieren sollte, widrigen Fahls wollte er dem jenigen, so sein Gebott übertretten, that die Augen außstechen lassen. Dieses hat daselbst ein Burger, dess Geschlechts ein Vögelin betroffen; dieser gieng mit dem Degen auf die Vestung, der ward gleich in ein Thurn gelegt, allein des Vögelins Bruder gieng mit etlichen Burgeren von Breysach zu dem von Hagenbach, und will für seinen gefangenen Bruder um die Ledig- und Loßsprechung anhalten; bekam aber von dem von Hagenbach gar böse Wort; darauf hiessen die Burger dess Hagenbachs Diener auf ein Seythen tretten und namen den Hagenbach gefangen und legten ihn gleich in ein hochen Thurn. Nachgehends berichteten sie dem Hertzog Sigismund von Österreich, wie auch die Eydgenossen, wüssen, dass sie den Vogel im Schlag hätten. Hierauf ordnete der Hertzog Sigmund von Österreich etliche Compagnyen Soldaten in Brysach, dessgleichen kamen einige Fahnen von den Eydgenossischen Völckeren dahin. Hierauff setzte der Hertzog Sigmund von Österreich einen Landtag an, auf welchem der von Hagenbach solte hingerichtet werden, und wer ab dem Peter von Hagenbach zu klagen hab, der solle danzumahl erscheinen. Es war ein grosser Zulauff von ohngefehr 8 tausend Menschen in der Stadt Brysach, dann diese Leuth wollten alle wissen, wie es mit dem Tyrannen ein End nemmen werde. Und so lag der von Hagenbach auf einem hochen Thurn bey dem Thor der Stadt und hörte viel Volck daher reiten, desswegen er offt den Thurnhüter gefragt hat, was das für Leuth wären? Da nun der Eydgenossen Gesandte in die Stadt geritten kamen, fraget er den Thurnhüter, was das für Herren wären, der Thurnhüter sprach: Es sind Eydgenossen; da sprach der von Hagenbach: O wehe! ich muss sterben, dann sie haben gar viel ab mir zu klagen. Da er für das Landgericht gestellt worden, da sind sehr viel und harte Klagen wider ihn geführt worden. Endlich wurd er durch einen Rechtsatz zum Schwerdt verurtheilt, da er dann von dem Nachrichter von Colmar, so ein kleiner Mann war, bey einer brennenden Fackel auf die gewohnliche Richtstatt geführt und daselbst enthaubtet worden ist.»
Grimm, p. 146/Wurstisen, Bd. II, p. 464/Ochs, Bd. IV, p. 261

Ein Vatermörder
«Wir hand von unseren Elteren vernommen, das by irem Gedenken zu Basell in der lobl. weitberümten Statt ein furnemmer und frummer und richer Burger, welcher auss dem erlichen und alten Geschlecht derer v. Brunn, welche unter die Achtburger gezellet werden, erkoren, gesessen syge. Derselbig ware ein Wittling worden und hatte nur ein eintziger Son, welcher, nachdeme er uff seine Jar kommen, ein bösser Bueb gewesen, sich an bösse Gesellschafft gehenckt und in allen Lasteren sich mitt inen geröllt hat. Der hat mehr und mehr ein heimblichen Nyd und Hass gegen dem Vatter empfahen; villicht für das Erste, diwill der Vatter in umb sein verrucht und schandlichs Läben gestrafft und gezüchtigt hatt, für das Ander durch bösse Gsellschafft, an die er sich gehenkhet hatt. Welche dan fil vermag und sich darstelt, als wen sie's gar woll meine mit denjenigen, die iren anhanget. Dan auch dieselbige disen Jüngling verursachet, domitt er mit inen nach sinem und irem Sinn mechte leben, wie er mechte den Vatter um sin Leben bringen, dan also könne er als eintziger Erb alles sines Vatters Hab und Gutt an sich ziechen, erben und überkommen und dannehin mechte er das brauchen und nitzen, wie er wolt; kennte im auch Niemands ein eintzigs Wortt dorin reden, sunder mechte ein Herr sinn, da er sonst jetzund nitt frölichs thun noch angriffen derfte des Vatters halb. Welchem der Jung, nochdem er's einmal fürgenommen, stetzs nochgetrachtet und hiemitt all Steg und Weg gesucht, wie er das uff das

allerkummlichste mechte zu Wegen bringen, domit es Niemand erfoore. So hatt er auch den Teuffel nitt gefürcht, sunder der hat mit sinen gliejenden Pfilen angehalten und umgeloffen wie ein brielender Lew und geluegt, wie er dem Menschen mechte das Hertz innemmen, ja gar verschluggen, und imb darumb den Rath geben, er solle dem Vater vergeben mit Gifft, dan das werde der allerfüglichst Weg sin, dass der Vatter umkemme das Niemands vernemmen werde. Disem Rath geht der Jung nach und gedenckht bald den Mord an das Werkh zu bringen und volfieren. Derhalben goth er zu dem Apotecker und kaufft bei dem das Gifft, so vill als er meint zu disem Handell zu verrichten genug sin. Es war aber der Vatter gewont, alle Morgen ein Suppen zue essen. Derhalben des andren Tags am Morgen alsbald der Vater uffstuend und im die Suppen gekochet war, bringt im der Son z'essen, nochdem er das kaufft und zungerüst Gifft darinn gethan hatt. Der Vatter wird darvon krankh und schwach und stirbt innert 4 Tagen. Do gsicht man, was der Teuffel an eim Menschen der Gottes und sines Worts nitt acht, vermege; dann er den durch Verhengnuss Gottes nitt allein in ein Laster bringt, sunder in das allerhechst, das ein Mensch begon mechte, aus eim inn das ander. Dorumb Gott der Allmechtig flissig ze bitten ist, das er uns nitt in Versuchnuss fieren, sunder von allem Bösen erlösen welle. Do nun der Vatter zue Grab tragen wirt, so gestellt sich der Sun gar letz, weint und ghebt sich übel, als wenn im gar leid wäre wegen des Vatters Tod. Von disem Mord aber wust Niemand, dan man meint, er were eins natürlichen Tods gestorben, hatte auch Niemand nur kein Argwon; aussgenommen Gott, der Allmechtige, der Erforscher der Hertzen und Nieren, der dan dieses Mord nit ungestrafft lost, und der Teuffel, dem Gott das alslang er will, nachlast, und dises Handels Theter. Dise Drey waren die Zügen, durch welche es sollt offenbart werden. Deshalben der Vatermörder vermeint, er hette den Handell wol geschaffen, es werde noch kein Han mehr darnach kreihen, es were im ein guott Erbteil zugefallen. Er hat sich zu den vordrigen Buben, die er sich vor des Vatters Tod hat angenommen, wiederumb gesellet, das Erbgut mit inen durchzuschlemmen und zu sauffen von einer Mitternacht in die ander. Do dan kein Kosten gesparrt ward, kein Schleckh zu vill gesin ist; item mit Spielen und Unzucht, welches dann auss Trunkherey erfollget. In Summa mit aller Bancketerey Tag und Nacht, währete wenig Jare, hat er sin Erbgutt durchgerichtt, also das er weder Heller noch Pfennig mehr gehabt hett. Aus dem dann erfolget, dass er nun hinfurter sich entweder mit Arbeit und Werckhen oder Bettlen und Stehlen hat erneren miessen. Arbeiten hat er nitt kennen noch megen, dan er darzun nitt erzogen war, sunder all sin Lebtag ein Junkher gewesen; Bettlen hat er sich gschembt, daraus dan das Stelen alsbald erfolget. Unterdess wie er nemlich dürr uff den Ribben worden, und im die Müs im Brottkorb gstorben, hand sine besten Gsellen und Sauff- oder Dantzbrüder ihn verlassen, und da er nitt mer zbeissen noch zbrechen hatt, hatt er geluegt und sich beflissen, wo er etwas mochte erdappen und auffheben, das er selb nitt hette nidergleggt. Ist also zugefaren, hat zu Saffran uff der

Eine grausame Neue Zeitung,

Von einer erschröcklichen

Mordthat,

So geschehen den 19. Häumonat 1716. in dem Baßler-Gebiet, auff einem Senn-Hooff in dem Kallen genannt, wie derselbig Meister, mit Nahmen Uli Alßhauß, sonst gebürtig von Langnau aus dem Emmenthal, jämmerlich ermordt worden, und wie grausam sie mit seinem Hauß-gesind umbgegangen, das kan der geneigte Leser in diesem Gesang ausführlich vernehmen.

In der Melodey:

Warumb betrübst du dich mein Hertz.

Gedruckt in diesem jetz-lauffenden Jahr.

Die 32 Verse umfassende Erbauung schliesst mit den Worten: «Ich hätte noch viel zu schreiben ghan / Allein ich will es bleiben lahn / und bätten den lieben Gott / Dass er doch diese betrübten Leut / Ergötzen wöll mit Frölichkeit.»

Zunfft bei Nacht ettlich Kannen gestolen und entwentt. Alsbald es Tag worden, hatt er sich uffgemacht, dieselben einem Juden in Wyl, ein Dorff ein halbe Meil von Basell, umb ein zimlichs Gelt versetzet; dan er sonst diser mitt besseren Fügen nitt hett megen abkummen, dan uff dis Weys.»

Hier bricht die Handschrift ab, ihr Schluss ist verloren; aber auf einem Blatte von Wurstisens ‹Analecten› steht zu lesen: «Anno 1506 Sambst. vor Nikolai richtet man Frantz v. Brunn, hatt verjehen, dass er sinen Vatter hatt mitt Gifft vergeben, und hett im Einer geholffen, hatt gheissen Jörg Linder, ein Thuchscherr. Ward auf ein Karren gsetzt, mit heissen Zangen pfetzt 6 Malen: 1) am Kornmarckt, 2) vor dem Haus zum Geist, 3) am Vischmarkte, 4) an der Rheinbrucken, 5) wieder am Kornmarckt, 6) vor dem Spital. Ward darnach uff ein Rad gelegt beim Galgen; hat noch 5 Stund uff dem Rad gelebt.»

Literarische Beilage zum Intelligenz-Blatt der Stadt Basel, 2. Juli 1853/ Buxtorf-Falkeisen, 1, p. 8ff./Ochs, Bd. V, p. 379/Wackernagel, II 2, p. 941/ Baselische Geschichten, II, p. 4/von Brunn, Bd. I, p. 149/Wieland, s.p.

Massenhinrichtung
Im Dezember 1626 sind in Basel drei Männer und zwei Frauen wegen Diebstahls und Falschmünzerei enthauptet worden.

Wieland, p. 12, 14

Erquickung während der Hinrichtung
«1627 hat man einen Mörder aus dem Solothurner Gebieth wegen vielen Mordthaten lebendig gerädert und verbrannt. Als ihm bereits die Glieder abgestossen worden waren, verlangte er nach einem Trunck Wassers, und als man ihm den gegeben hat, ward er so erquicket, dass er in dem Feuer mit entsetzlichem Geschrey desto länger leben musste.»

Linder, II 1, p. 539

Sodomit wird hingerichtet
«Im Mai 1690 hat man einen Sodomit von Gelterkinden namens Heini Aenishänslin mit dem Schwert hingerichtet und hernach mit dem gebrauchten Pferd verbrannt.»

von Brunn, Bd. I, p. 243/Scherer, p. 160

Räuberischer Überfall auf der Challhöhe
«Den 12. July 1716 sind des nachts um 10 Uhr 12 verwägene Mörder samt 2 Weibsbildern auf dem Kallen im Basel Gebieth eingebrochen. Nachdem sie das Haus umringt und alle Thüren eingeschlagen hatten, ist Uli Althaus von Langnau, der Senn, der mit seiner Frau aufgestanden war, mit einem eisernen Hammer zu Tod geschlagen worden, Der Frau sind etliche Finger abgehauen worden, Der Tochter, der Magd und dem 84jährigen Vater aber sind die Hände auf den Rucken gebunden worden, worauf sie in die Stube geschleppt und mit Bettwerk überworfen wurden. Da die Mörder gemeint haben, es seyen alle tot, haben sie die Kisten und Kästen eröffnet und haben angefangen zu fressen und zu saufen, worauf sie alles zerschlugen. Der Knecht, der auf dem obersten Boden geschlafen hat, kam, als es stille ward, herunter, löste den Gebundenen die Strick los und lief um Hilfe. Aber die Diebe waren schon über dem Hauenstein fort.»

Linder, II 1, p. 727, 730/Scherer, III, p. 477f./Beck, p. 148ff.

Brutaler Totschlag
«Beim Riehentor stratzte 1726 ein junger Bursche namens Hans Jakob Rumensperger dem Franz Weitnauer, genannt Schmutzbeck, ab dem vorbeifahrenden Wagen eine Rolle Tabak. Weitnauer und dessen Sohn, so böse Leut sind, gingen mit Gabeln und Stecken auf den Knecht los und schlugen ihn zu Tode. Dann flüchteten sie nach Grenzach und von dort nach Strassburg. Alldort wurden sie gefangen und nach Basel gebracht, wo sie mit lebenslanger Zuchthausstrafe bzw. mit Landesverweisung bestraft wurden.»

von Brunn, Bd. II, p. 458/Bachofen, p. 351ff./Scherer, III, p. 495f./Bachofen, II, p. 274ff./Linder, II 1, p. 800, 807/Schorndorf, Bd. II, p. 325

Vater und Tochter geköpft
«1735 ist ein Mann aus Bubendorf, weil er seine leibliche Tochter geschwängert hat, mit dem Schwert vom Leben zum Tod hingerichtet worden. Nachdem selbigem seine Tochter ausgekindbettet hatte, und das Kind tot zur Welt geboren worden war, ist sie auch mit dem Schwert vom Leben zum Tod hingerichtet worden.»

Bieler, p. 761/Scherer, III, p. 529

Tyrannisch gestorben
«Im September 1745 wurde Reinhard Giger, der Bader, wegen weilen er den 21. Juny Frau Lindenmeyerin zum Trübel an der Steinen thiranischer Weis mit einem Messer in Unterleib gestochen und sie ½ Tag darauf gestorben, mit dem Schwerd spectaclisch mit 2 Hieben vom Leben zum Tod hingerichtet. Bey der Ausführung, als auch bey der Execution hat er erschröcklich geredt und gewütet und ist in seinem Tod thiranisch gestorben.»

Im Schatten Unserer Gnädigen Herren, p. 21/Basler Chronik, II, p. 187ff./ Linder, II 1, p. 1130

In Hüningen aufgeknüpft
«Heute 14. Tag wurde ein Hebreer wegen vilen verübten Schelmenstücken allhier an den Pranger gestellet, mit Ruhten gestrichen und gebrandmarcket. Kaum aber hat-

te derselbe das Frantzösische Territorium betretten, so geriet er in die Hände der Justiz zu Hüningen und wurde noch selbigen Tages allda aufgeknüpfet.»

Wochenblätlein von Basel, 30. Mai 1748

Grausame Hinrichtung

«1754 ward Elisabeth Schmid von Erlispach, welche ihr neu gebohren Kind in dem Wirthshaus zur Sonne in Liestal durch Zertruckung des Köpfleins getödet hat, in ihrem 33. Jahr auf das Grausamste enthaubet worden. Es wurden nachwerts in der Anatomie wohl 7 bis 8 Hieb gezählt, welche der Scharfrichter Neher ihr gegeben hat, ehe der Kopf heruntergefallen ist, ungeachtete sie sich sehr wohl verhalten hat. Neher schrieb das Missgeschick seinem erlahmten Arm bey, und konnte auch jeder vor der Execution sein forchtsames Gemüth an ihm erblicken. Der Oberst Knecht stellte dieses Verhalten dem Rath vor. Der enthaubteten Kleider wurden ihren armen Eltern ausgehändigt.»

Linder, I 1, p. 259/Im Schatten Unserer Gnädigen Herren, p. 34/Bieler, p. 774

Ungeklärter Mord

«Als des Kornmessers Jacob Schärers Magd 1759 bei dessen Räbhäuslein ausserhalb des Galgen vor St. Alban Thor abgehauenes Gras zusammenraffen wollte, sah sie unter den Rebwellen einen Stiefel hervorgucken, der zu einem toten Cörper gehörte. Die Wundschau ergab, dass eine kleine Kugel, welche hinter dem Ohr in die Hirn Schale gefahren war, den Tod ausgelöst hat. Obwohl viele Leüth dasige Gegend durchstrichen hatten, konnte man doch keine Spur finden, wer die That möchte begangen haben. Endlich wurde aus Solothurn gemeldet, der Entleibte sey eines Dentisten Sohn und habe allda der Madmoiselle de Voltaire die Zähne geputzt. Er sey hierauf in seiner Gutsche in das hiesige Wirtshaus zu 3 Königen geführt worden, aber der 3 Königs Wirt hat bey der Vernehmung nichts dergleichen gethan. Viele muthmassten, dass er wegen Frauenzimmern mit dem Dentisten in Uneinigkeit gerathen und von diesem umgebracht worden und, damit das Wirths Haus in keinen bösen Ruf gerathe, zur Statt hinaus transportiert worden sey etc.»

Linder, I 2, p. 17f.

Polizeimeldung

«Da Unsere Gnädige Herren dieser Statt bereits unterm 20sten Octobris letsthin, aus Anlass eines vor St. Alban-Thor in einem Rebhäuslein gefundenen entleibten Cörpers, für gut erachtet, demjenigen, welcher den Thäter entdecken würde, eine Belohnung von ein Hundert Neuen Thaleren zu versprechen, dieses aber bis anhero ohne Würkung gewesen. So haben Hochdieselbe anheut ferners erkannt, und männlichen zur Nachricht zu publiciren befohlen: Dass demjenigen, welcher nicht nur einen der Thäter, sondern auch einen derjenigen, so den Cörper oder die Kleider verstecken geholfen, und sollte auch der Angeber selbsten Teil an der Mordthat, oder an der Versteckung des Cörpers oder der Kleider gehabt haben, die versprochene Belohnung von Hundert Neuen Thaleren, nebst dem Pardon angedeyen, gegen jenigen aber, welche etwas über so eint als das andere von hievorstehendem wissen, und davon einige Nachricht geben könnten, solches aber dennoch verschweigen würden, sofern nachgehends auskommen sollte, dass sie dergleichen Umständ verschwigen haben, mit aller Schärfe verfahren werden solle.»

Wöchentliche Nachrichten, 29. Wintermonat 1759

Totes Kindlein im Schützenhaus

«1761 trug sich zu, dass ein Aarauer Mensch, welches auf der Schützen Matte gedient hatte, von seiner Herrschaft ist weggejagt worden, wegen seiner Schwangerschaft. Sie begab sich aber nicht weiter, als in das nächste Lehenhaus. Nachwerts fand man auf dem Estrig des Schützen Hauses unter dem Dach Stuhl ein totes Kind. Die Wundschau ergab, dass das Kind bey seiner Geburth gelebt habe und deshalb müsse umgebracht worden seyn. Das Mensch ist sogleich beygefängt worden und hat die That gestanden. Es ist deshalb, vom Pfarrer zu Kleinhüningen begleithet, mit grosser Reü durch des Scharfrichters Sohn von Aarau glücklich enthaubtet worden.»

Linder, I 2, p. 127f.

Brände und Explosionen

Kleinbasel verbrennt

«Anno 1354, ze ingandem Meyen, do verbrann die Cleiny Statt ennet Rin bi Basel, und wohl bi 30 Menschen.»

Grössere Basler Annalen, p. 23/Kleinere Basler Annalen, p. 56/Diarium Basiliense, p. 44/Bieler, p. 254/Gross, p. 42/Wackernagel, 2 I, p. 290/Linder, II 1, p. 11

Der Feuerteufel ergreift die Meerkatze

«Anno 1549, den 10. tag October, zu nacht umb zehen Uhr, kam ein Fewr auff in dess Becken Hauss bey der Meerkatzen (Münsterberg 10?), welches etlich tag lang under der Erden gebrennt, endtlich aussgebrochen. In diesem Fewr verbrann der Meister, welcher das Höllisch Fewr denselben tag in das Hauss geflucht hat, dessgleichen auch ein welscher Knab, das Weib aber, Knecht und andere Personen, so im Hauss lagen und schlieffen,

sind zu dem Laden auss gesprungen, und kümmerlich darvon kommen.
Anno 1564, den 29. Julij, verbrann dess Beckenhauss bey der Meerkatzen widerumb am hellen tag, auff den boden weg, ist wider gebawen worden, und hernach wider verbrunnen. Über das ist es lang öd gestanden, endtlich, weil es niemandt mehr bewohnen und bawen wollen, hat es die Oberkeit wider auffrichten lassen, und ein Zeughauss darauss gemacht, wie noch dieser zeit (1760) zu sehen ist.»
Klauber, p. 69f.

Feuertod in Lampenberg
«Den 9. September 1582 ist in dem Dorf Lampenberg ein Haus mit 7 Persohnen verbrunnen.»
Linder, II 1, p. 18

Grossbrand in Diepflingen
«Den 18. Merz 1671 sind in dem Dorf Diepflingen 7 Häuser und eine Scheur abgebrannt. 12 Haushaltungen sind übel beschädigt worden.»
Linder, II 1, p. 207

Die Weiler leisten Hilfe
«Weil die Wyhler beym letzten Brand am St. Bläsi Thor ihre Hilff anerboten haben, wird ihnen der Danck abgestattet und den Feüer Leüthen ein Basel Thaler zugestellt.»
Linder, I 2, p. 136

Grossbrand in Maulburg
«Den 12. April 1787 sind in Maulburg, einem grossen Dorf bey Lörrach, 19 Häuser in Feür aufgegangen und durch die Brand-Cassa bald schöner wieder erbaut worden.»
Linder, II 2, p. 698

Hexen und Geister, Gespenster und Teufel, Zauberer und Schatzgräber

Weiberschreck
«Anno 1742 starb Meister Christoff Knöpf, der Beck und Holzsetzer, welcher sich durch seine grosse vielknöpfige rothe Nase ein immerwährendes Gedächtnis erworben hatte. Er ward deswegen von E.E. Rath in sein Haus bannisiert worden, damit schwangere Weyber bey dessen Erblickung kein Muster nehmen sollten für ihre Kindlein.»
Linder, II 1, p. 1068

Todesahnung
«1749 sagte Frau Schweighauser in der St. Johann Vorstatt zu ihrem Mann, es sey ihr, als wenn sie in den Tod gehen müsste. Als selbige nun in Klein Basel Geschäfte hatte und auf die Rheinbruck kam, hatte sie das Unglück, dass sie von einem Wagen verkarrt wurde und auf der Stell tot liegen blieb.»
Bieler, p. 901

Beschwörung durch das Kamin
«Um das Jahr 1750 hatte ein alter Mann zu Läufelfingen ein junges Mentsch geheyrathet, welches sich hernach mit einem jungen Müller nach Bern begab. Der alte Mann war darüber sehr betrübt und fragte eine alte Vettel (schlampiges Weib) um Rath. Diese verfügte sich des nachts in das Haus des alten Mannes und beschwor durch das Kamin die Rückkehr der weggeloffenen Frau. Diese hat sogleich in Bern nicht mehr bleiben können und ist halb angekleydet wieder zurückgekommen.»
Linder, I 1, p. 27

Raffinierte Schatzgräber
«Unlängst (um 1750) trug sich zu Lörrach zu, dass der bekannte Schwanen Wirth, der viele betrogen hat, mit seinem Knecht, einem Berner, einen Nachbarn dergestalt hineinlegte: Die beiden Betrüger gingen in den Wald, machten eine tiefe Grube, spannten auf einem Reyff ein Tuch darüber, welches sie mit Geld überlegten und an eine Stange steckten, welche der in der Grube unten sich befindliche Knecht auf und ab lassen konnte. Auf dieses verfügte sich der Wirth zu seinem Nachbarn und erzählte ihm von einem grossen Schatz, der durch die Erlösung eines verdammten Geistes gehoben werden könne. Auf Befragen des Geistes, wie dies zu geschehen habe, antwortete der Knecht in der Grube, er habe in einem Säckel 600 Gulden herunterzulassen, worauf der ganze Schatz samt dem Lösegeld an die Oberfläche steige. Als der Nachbar sein zusammengekratztes Geld in die Grube hinunterliess, stiess der murmelnde Geist tatsächlich das mit Gulden übersäte Tuch wieder in die Höhe. So bald solches zu sehen war, jagte der Schwanen Wirth seinem Nachbarn einen gewaltigen Schrecken ein, worauf beyde in panischer Angst die Flucht ergriffen. Dies war nun für den begeisterten Berner die Gelegenheit, aus der Grube zu steigen, das ganze Geld zusammen zu raffen, das Weite zu suchen und sich unsichtbar zu machen. Nachdem der

geprellte Nachbar den ebenso geprellten Wirth eingeklagt hatte, wurden beyde eingesteckt und für ihr törichtes Tun bestraft.

Diese Hergangenheit bewirkte, dass einige vom nämlichen Berner betrogene Riechemer Bauern sich verschwätzten, was dem Landvogt zu Ohren kam. Dieser liess die 3 Bauern gefangennehmen und examinieren. 2 bekannten, dass sie dem Berner 400 Gulden angehängt hatten. Der 3., Löliger, bekannte, dieser habe ihm gegen Erlegung von 200 Gulden nicht nur versprochen, einen Schatz in seinem Stall zu zeigen, sondern sein Vieh auch noch von der Seuche zu bewahren, insofern er alle Nacht den 130. Psalm bete und das Büchlein Hiobs lese. Während die 3 Riechemer nur mit dem Tragen des Lasterstekkens bestraft wurden, machte es der Markgräfische Landvogt anders: Er verfügte, dass der Lörracher, weil er zur Beschwörung der bösen Geister 500 Gulden ausgegeben habe, zur Versöhnung der guten Geister ruhig deren 1000 Gulden hergeben könne.»

Linder, I 1, p. 58 f.

Wunderlicher Fall

«Im Juni 1750 hat sich ein wunderlicher Zufahl ereignet: Meister Fuchs, der Pastetenbeck, und Abraham Hindenlang, der Stubenknecht zu Schuhmachern, hatten gemeinsam in den grossen Schuhmacher Zelten bey St. Jacob das Marquetenten an sich genommen (die ‹Festwirtschaft› betrieben). Als nun eines abends Fuchs vor seinem Zelte an der Birs spazierte, sah er daselbst einen grossen Hund, wobei es ihm ganz schwarz vor den Augen wurde. Als er wieder zu sich kam, befand er sich auf einmal innerhalb des Schlagbaums vor dem verschlossenen Aeschen Thor. Da er den Schlagbaum nicht mehr überwinden konnte, ist er in grösstem Angst Schweiss bis zu dem Steinen Thor geloffen, allwo er anklopfte und einen Soldaten nahm, der ihn wieder ins Lager nach St. Jacob führte. Indessen hatte Hindenlang lang mit dem Nachtessen gewartet und schliesslich begonnen, Fuchs zu suchen. Endlich hat er dessen weisses Fürtüchlein (Nastuch) am Rand der Birs gefunden, worauf er vermeinte, Fuchs wäre ertruncken und hätte eine marquetenterische Himmelfahrt gehabt. Diese Geschichte und die Sache mit dem starcken Wirbelwind, der am Samstag vorher eine gänzliche Zerreissung der grossen Zelte verursacht hatte, auf welchen geschrieben stand: ‹Diese Zelte gehören nur den Schuhmachern und nit den Gerbern›, waren Zufähl, welche Hindenlangs Gemüth nicht vertragen konnte. Daher er noch 8 Tag wie ein Schatten herumging und hernach in eine Gattung Raserey gerieth, an seiner Seeligkeit verzweifelnd.»

Linder, I 1, p. 27 f.

Traum wird traurige Wirklichkeit

«1751 ist des Schwanen Wirths Knecht, der zwey Ross zu schwemmen in den Rhein ritt, darin ertrunken. Er hatte seines Meisters einziges Söhnlein bey sich, aber die Mutter lieff ihm bis zur Rheinbruck nach und hat ihm solches abgenommen. Sonst wäre ihm das gleiche Schicksal widerfahren. Der Knecht hatte vorige Nacht einen kummerhaften Traum, er würde ertrinken. Er erzählte solches beym Mittagessen und weigerte sich deshalb, in das Wasser zu reithen. Auf den Abend aber that er es dennoch und brachte so seinen Traum in traurige Erfüllung.»

Linder, I 1, p. 119

Gottesstrafe für Eidbruch

«In ihrem 34. Jahr ist 1751 Anna Maria Rippel gestorben, als sie ein tod Kind zur Welt gebracht hat. Merckwürdig ist, dass diese schöne, starke Frau einige Jahr vorher, als eine damalige Pietistin, mit noch zwey Cameraden sich underredt und verbunden, ihr Lebtag unverheyrathet zu bleiben. Weil die Frauen dies nicht gehalten haben, sind alle drey bey Jahresfrist an dem ersten Kind gestorben. Sie können also einander ihrer schlechten Zusag in der Ewigkeit nichts vorwerfen.»

Linder, I 1, p. 121

Unglücksbringer

«Johannes Brandmüller, der Courtier, ist bis vor seinem 1755 erfolgten Hinschied verboten worden, die Gassen zu betreten, weil er um beyde Backen unter dem Kinn hindurch einen grossen Zopf oder Geschwulst hatte, mit dem er die schwangeren Weiber hätte erschrecken können.»

Linder, I 1, p. 367

Traum findet Erfüllung

«Jungfrau Maria Magdalena Socin, welche 1755 in ihrem 35. Jahr gestorben ist, soll vor 12 Jahren ein ihr abgestorbener Freund im Traum begegnet seyn, der ihr die Zeit ihres Todes verkündet hat. Deshalb hat solche alljährlich um diese Zeit ihre Eltern daran erinnert, mit dem Vermelden, wie viel Jahre schon verflossen seyen und wie viel Jahre sie noch zu leben habe. So ist es auch just eingetroffen.»

Linder, I 1, p. 355

Blaues Lichtlein

«Als Meister Georg Meyer, Metzger und 3 König Wirth zu Kleinen Hüningen, 1755 mit Weib, Kindern und Taglöhnern zu Mittag gespiesen hat, präsentierte sich einesmals mitten auf dem Tisch unter dem Tischtuch herfür ein kleines blaues Liechtli, welches ein Loch ins

Tischtuch brännte. Der Wirth wollte solches mit der Hand und die Tochter mit dem Fürtuch (Brusttuch) vertreiben, allein vergeblich. Sie mussten solches brennen lassen, bis es nach einer halben Viertelstund von sich selbst wieder verschwunden ist.»
Bieler, p. 777

Ein grosser Wohltäter der Armen wundersam errettet

«Johann Rudolf Zwinger (1692 bis 1777, Rektor der Universität 1729, 1740, 1752, Gründer der Schweizerischen Naturforschenden Gesellschaft) tritt auf. Er zierte den Lehrstuhl der Medicin in Basel während eines Zeitraumes von 56 Jahren und stand vermöge seiner reichen Kenntnisse, seiner herzlichen Frömmigkeit und Menschenfreundlichkeit vielleicht als der beliebteste und bewundertste Gelehrte da in der Reihe der Professoren, deren Namen der Universität Ehre machten.

Zwinger, schritt er über die Rhein Brücke, so erneute sie ihm stets mit einem Gefühl des innigsten Dankes die Erinnerung, dass er allda eines Tages der Gegenstand der besonders schützenden Fürsorge Gottes gewesen war. Von jenseits nach der Grossen Stadt heimkehrend, folgte er ganz nahe einem schwer beladenen Wagen, von dem herab eine Kette mit einem eisernen Haken nachschleppte. Wie er zu thun pflegte, schlenderte er nachdenksam, das Haupt aufwärts gerichtet, hinter der Ladung sorglos hin. Dazu sehr kurzsichtig, bemerkte er nicht, dass der schwere am Boden nachschleppende Haken etliche schlecht schliessende Querbretter des Brückenüberzugs aufgerissen und ohne Wissen des Fuhrmanns eine Lücke hoch über dem Strome geöffnet hatte. So schritt der Professor ungewarnt der verderbendrohenden Kluft zu und verfehlte nicht hinein zu gerathen. Doch fallen und rasch die strammen Arme ausbreiten, war dem festen Manne trotz seines Alters Eins, bei der Kraftbegabung seines Leibes und der Schnellgegenwart seines Geistes. Also hieng er wie gekreuzigt über dem tiefen, reissenden Strome. Es war Mittagsstunde und das ab- und zufliessende Volk war nach stehender Sitte dem Imbiss zugezogen. Die sonst so viel betretene Brücke stand den Augenblick verlassen, und der in Schrecken hängende Mann über der Mitte des Flusses liess vergebens seine Nothrufe nach dies- und jenseits erschallen. Wie lange dieses schreckliche Dasein dauerte, das konnte er nicht bestimmen, des schweren Leibes Geistes- und Körperkraft begann zu schwinden. Das Münster auf Burg, der Stadt Thürme und hohe Giebel schienen sich ihm höher und höher zu heben in's tiefe Himmelsblau. Der Rheinfluth tosende Strömung umsauste und -brauste lauter und lauter sein Ohr, Nebel umdunkelte die Augen; die Spannkraft der sich krampfhaft klammernden Finger drohte zu brechen – noch wenige Sekunden, und Zwinger war vom nassen Grabe verschlungen. In einem kurzen Seufzer empfahl er seine Seele Gott, ehe die verglimmende Lampe seines Lebens im winkenden Strome gänzlich erlosch, und der unsterbliche Geist, bereits verdüstert durch die leibliche Qual, von seinem schwachen Erdgenossen sich vollends trennte.

Da liessen sich plötzlich, wie hergezaubert, zwei kraftreiche Hände unter seinen Achseln fühlen, die, mächtig anfassend, die todesmatte Körperlast hoben und auf den nächsten Schrankensitz sanft niederliessen. Da ward Zwinger noch beinahe bewusstlos gefunden. Sein Erretter war verschwunden, und Zwinger hatte in seinem ohnmächtigen Zustande auch nicht den leisesten Gedächtniseindruck von demselben bewahrt. Gewissenhaft dankbar dem menschlichen Erlöser aus der Todesgefahr, war er unablässig bemüht, ihn zu entdecken. Er trachtete dieses durch den öffentlichen Ausrufer zu thun, indem er dem eben so plötzlich erschienenen als verschwundenen Erretter eine reiche Belohnung an Geld zusicherte oder irgend ein anderes Denkmal des Dankes, falls der Vermisste eine höhere Stellung einnehmen sollte. Alles umsonst. Der Schleier des Geheimnisses ist niemals gelüftet worden, so dass Manche glaubten, Zwinger, dessen unbegrenzte Herzensgüte ihn neben seiner bewunderten Geschicklichkeit zum Abgott des armen Volkes machte, habe seine Rettung der übernatürlichen Erscheinung seines Schutzengels zu verdanken. Er selber sprach stets nur mit dem Ausdruck der tiefsten Ehrfurcht von der rettenden Erscheinung, und bezeugte auch Zeitlebens sein Dankgefühl am Jahrestage des Ereignisses durch eine bedeutende Summe, die er den Armen spendete. Es ist nicht zu zweifeln: das Auge, das nie schläft, noch schlummert, wachte über ihn.»
Basler Taschenbuch, 1862, p. 212ff.

Betrügerischer Geisterbeschwörer

«Es war der 8. November 1786, als ein frömdes Weibs-Bild in einem markgräflich-badischen Dorf unweit Basel bey einem wohlhabenden Bauern sich meldete und ihm mit der vertrautesten Mine anzeigte, wie sie vernommen habe, dass in seinem Haus ein beträchtlicher Schatz verborgen liege. Würde dieser gehoben, dann sey er ein hortreicher Mann, wobey er noch den Trost hätte, eine arme Seele errettet zu haben. Der Bauer und seine Helfer hörten sich mit Vergnügen die Anzeig an und zählten bereits auf dieses Schloss in der Lufft. Wenn einem Geld und Gut profezeit wird, wird auch der Klügste von seiner Begierde hingerissen, ohne seinen Verstand zu rathe zu ziehen. Da die Hexe merckte, dass man ihr Gehör gebe, fuhr sie fort und sagte: ‹Wenn ihr euer Glück nicht von euch stosset und eine arme Seel errettet, so wisset, dass ich einen frommen und berühmten Mann kenne, der ein gelehrter Schüler ist, der euch mit Vergnügen dienen wird.› Am folgenden Tag in der Abenddämmerung schlich sich der gelehrte Schüler denn auch wirklich mit seiner Begleiterin ins Haus. Das war ein sechzigjähriger, hagerer Mann, der sich ein ehrwürdig Ansehen zu geben wusste. Er grüsste mit einem frommen Spruch und wünschte zum voraus den Segen für sein Vorhaben. Nach dem Nachtessen unterhielt der Schatzgräber den Wirt und die staunende Wirtin mit seinen schon glücklich verrichteten Beschwörungen, mit der Vertraulichkeit, die er mit den Geistern habe und mit dem Muth, mit welchem er sich gegen die förchterlichsten Gespenster äussere. Über diesen Punct sprach er so deutlich, dass der Bauer und sein Weib schon an allen Gliedern zitterten und ihn baten, dass sie doch bey dem förchterlichen Auftritt nicht müssten gegenwärtig seyn. In dieses willigte er ein und erbat sich, da die förchterliche Mitter-Nacht-Stund anbrach, drey Liechter und zwey zinnene Kannen, die er mit einem Büchlein, einem Rosenkranz, Alraunen, Wurzen und andern Sachen auf dem Tisch geheimnisvoll arangierte und einen Kreis darum zeichnete und nachher Hocus, Pocus, wie es bey solchen Leüth-Betrügern Sitte ist. Nun packte sich alles zur Stube hinaus, und man liess den Schelmen allein arbeiten. Diese Arbeit bestund darin, wie er nachher eingestanden hat, die Kannen mit Lumpen bis obenauf zu füllen und dann mit allerhand neuen Rechenpfennig zuzudecken, deren er etliche 100 Stück bey sich hatte. Kurtz nach Verlauf einer halben Stundt that er die Stuben-Thür auf, wincke dem Bauern herein zu kommen, mit dem Verbot, ja nichts zu reden, sondern nur zuzusehen und zuzuhören. Er erzählte ihm hierauf, wieviel Müeh es ihn gekostet habe, den Geist zu beschwören und den Schatz herbeyzuschaffen.

Hier war der Bauer schon ein reicher Mann in seiner Einbildung und wollte gleich zugreifen. ‹Holla›, sprach der gelehrte Schüler, ‹dies geht noch nicht an. Der Schatz ist zwar Euer eigen, aber der Geist hat eine Bedingnus dabey angehängt, ohne welches alles wieder verschwinden wird. Er will, dass vorher zwölf Louisdors auf den Bernhardsberg, und zwar durch mich selbst, getragen werden, um allda Heilige Messen zu lesen. Und dass indessen der Schatz in einen Trog verschlossen werde, wovon ich den Schlüssel behalten soll, bis zu meiner Rückkunft in drei Wochen. Indessen soll der Bauer mit den Seinigen alle Tag vor dem Trog sein Gebätt verrichten.›

Der Bauer dachte bey sich selbst, was will ich machen, die 12 Louisdors kann ich wohl an diesen beträchtlichen Schatz wenden. So gab er sie dem Schelmen hin, und noch 5 Neuthaler Reyssgelt, so dass dieser mit seiner Nixe davonschlich. Aber schon anderntags kam der Schelm wieder und betheuerte, der Geist wolle den gelehrten Schüler nicht verreisen lassen bis man noch 7 Louisdors zu sogenannten Zwingmessen hingebe. Nun träumte dem Bauern endlich Unrath, und ein guter Geist gab ihm folgenden Bescheyd ein: ‹Ich habe wirklich›, sagte er zum Schelmen, ‹nicht mehr so viel Geld in meinem Vermögen, aber in Basel habe ich überall so viel Credit, dass ich morgen Sonntag dahin gehen will, um das Geld zu entlehnen. Ihr müsst mir nur sagen, wo ich euch treffen kann.› Das war recht fein von dem Bauern. Die Gefährtin des Beschwörers nannte ihm den Ort in der Stadt Basel. Der gewitzigte Bauer aber erbrach noch in derselben Nacht den Trog, fand alles leer darin und zeigte den ganzen Handel sogleich zu Basel dem Major Miville an, welcher den gelehrten Schüler denn auch mit seiner Consort einstecken liess. Dabey fand er bey diesem lieben Paar noch mehr als des Bauern Geld. Nach der Überlieferung an den Richter überschrieb der Magistrat zu Basel diesen Vorfall dem Oberamt in Lörrach. Der Mann heisst Jacob Graf, die Frau Anna Müller von Bipp, Berner Gebiets.

Bis zur Austragung der Sache hatte man diesen Geisterbeschwörer an einen Ort gebracht, wo an dem Zusammenlauf der drey Flüsse Enz, Wirm und Nagel ein altes Kloster liegt, in welchem allerhand meistens schwarze Seelen nach ihrer Befreyung schmachten. Das Merckwürdigste hiebey ist, dass der gelehrte Schüler reformiert und einen Lutheraner zur Bezahlung römisch catholischer Messen zu überreden vermochte. Der betrogene Bauer heisst Dänzer und ist von Welmlingen. Der Betrüger wurde samt seiner Frau in das Zuchthaus von Pforzheim abgeführt.»

Linder, II 2, p. 645ff.

Sitten und Gebräuche, Ereignisse und Festivitäten

Das St.-Heinrichs-Fest

«Am 13. Juli fand in Basel jeweils eine feierliche Prozession statt, die über den ganzen Münsterplatz führte. An der Spitze des Zuges hatte der Dormentarius (Zeremonienmeister) mit dem Stabe zu gehen, gefolgt von zwei Schülern mit Fahnen, von der Kerze der Wirte und einer kleinen Fahne. Sodann kam der Subkustos, der das kaiserliche Kreuz trug und vom Subdiakon mit dem goldenen Evangelienbuch begleitet wurde. Anschliessend gingen die Schüler, Kapläne und die Domherren, hinter ihnen die Kerzenträger der Zünfte, die mit Kränzen geschmückt waren. Zwei Chorsänger in Albe und Chormänteln trugen dem Offiziator grosse Fahnen voraus, dieser ging ebenfalls in Albe und Chormantel. Er trug die Reliquienmonstranz des heiligen Heinrich, während der

Diakon zu seiner Rechten, im gleichen Gewand wie der Offiziator, das Reliquiar der heiligen Kunigunde zu tragen hatte.

Ehrenleviten und Ratsherren aus der Zunft zum Schlüssel folgten ihnen. Die Prozession zog durch die Mitte der Kirche am St. Agnesaltar vorbei und trat durch die Kanonikertüre in den Kreuzgang hinaus; über den Münsterplatz hinweg ging es wieder zurück in die Kirche. Die anschliessende Messe wurde mit allem festlichen Zeremoniell gelesen, der Offiziator hatte das Pallium Kaiser Heinrichs – offenbar ein Geschenk an die Baseler Kirche – zu tragen, und das goldene Antependium Kaiser Heinrichs wurde benutzt, ein Brauch, den man sonst nur an den höchsten Kirchenfesten, niemals aber an Heiligentagen übte und der den hohen Rang des Heinricitages eindrucksvoll manifestiert. Diese goldene Altartafel (Zedernholzkern mit Goldblechauflage) war ein Geschenk des Herrschers an den Dom, der unter den Figuren ihrer Darstellung als Stifter zu Füssen Christi kniet.

Die Bedeutung des Heinrichstages für die Stadt Basel blieb nicht auf den liturgischen Bereich beschränkt. Als Rechts- und Zahlungstermin erfreute sich der 13. Juli im Spätmittelalter steigender Beliebtheit. Noch grössere Auszeichnung wurde ihm zuteil, als 1501 die Stadt Basel ihn als Eintrittsdatum in die Schweizer Eidgenossenschaft wählte und an diesem Tage eine neue Epoche ihrer Geschichte begann. Auch Münzen und Siegel der Stadt aus dem Ende des Mittelalters zeigen das Bild ihres grossen Wohltäters und geben Zeugnis von der Liebe und Verehrung, die man dem heiligen Kaiser stets entgegenbrachte und die bis in die Neuzeit fortlebt.»

Bericht des Historischen Vereins Bamberg, Bd. 95, p. 177ff.

Der Aufzug der Haltinger Bannwarte

«Das Fest der Weinlese wurde schon im Mittelalter gefeiert, und allerhand fröhliche Bräuche knüpften sich daran. In der Sammlung von ‹Weistümern›, die Jakob Grimm, der Begründer der deutschen Philologie (1785–1863), herausgab, finden wir eine derartige Schilderung, welche Basel und Haltingen angeht. Haltingen war dem Bischof von Basel zinspflichtig, und als symbolisches Zeichen hatten die Bannwarte, die Weinberghüter, nach Schluss des Herbstens in feierlichem Aufzug das beste Traubenbündel auf den Bischofshof zu bringen; dort nahm es der Baumeister, wohl der Werkführer am Münsterbau, im Bauhaus in Empfang und bewirtete die Überbringer. Doch lassen wir die Urkunde aus dem 15. Jahrhundert selbst sprechen: ‹och sollent die banwart einem herrn von Basel (d.h. dem Bischof), und nuzemol einem bumeister, zuo end des Herbstes ein Hengelin triublen (Traubenbündel) der besten, die sie in allen Bann von iederman gemeinlich schniden ungevorlich (bringen), und dieselbe Hengel sol an einer Stangen zuo Basel über die Rynbruck von zweyn bannwarten getragen werden, und sol also lang sin, als von iren achseln ein gemünd von dem herd ist (eine Spanne weit von der Erde). und der hengelen sollent die andern bannwart nôch gôn und in eins herren von Basel hoff und aber nu in das buwhus tragen. do sol inen ein bumeister ir obendbrot erbarlich bereit han und dannenthin in die badstuoben schicken, und den badstuoben trunck geben und für sie bezalen.› Dieser Aufzug der Haltinger Bannwarte wurde jedenfalls zu einem kleinen Volksfest, bei dem es nachher in der öffentlichen Badstube, die damals zugleich als Trinkstube diente, lustig zuging. Der ganze Aufmarsch mit der Traube an der Stange ist natürlich eine parodistische Nachahmung von den Kundschaftern, die unter Josua und Kaleb mit einer Weintraube an einer Stange aus dem reichen Lande Kanaan (4. Mose, Kap. 13, 24) zu Mose und den Kindern Israel zurückkehrten. Haltingen war also schon damals das gelobte Weinland der Stadt Basel.»

Sonntagsblatt Nr. 30, Basler Nachrichten, 1925

St.-Appolinaris-Tag

«Am St. Appolinariustage 1444 strömte viel Volk zu Folgensburg im Sundgau zusammen, unter andern auch viele Basler; es war das Fest des bei diesem Dorfe gelegenen Gotteshauses St. Appolinarii. Dort waren auch Peter von Mörsberg und viele andere Landsassen zu sehen, wie sie mit Pfauenfedern stolz einhergingen, die Basler mit vielen Schmähworten reizten und den Ihrigen verboten, den Baslern etwas zu essen und zu trinken zu verabfolgen. Die freche Aufreizung hat dem sundgauischen Adel keine guten Früchte getragen.»

Historischer Basler Kalender, 1886

Unehrliche Finder

«Die löbliche Sitte der Christen, die sie beobachteten, wenn etwas auf der Strasse oder in der Kirche gefunden worden, ist mehr und mehr unter uns in Abgang gekommen. Hatten unsere Vorfahren einen Fund gethan, war's etwas von Gold oder Silber oder sonst ein Kleinod, so liessen sie es von der Kanzel herab zu wissen thun mit des Finders Namen. Meldete sich Niemand als Eigenthümer, so wurde das Gefundene an ein Heiligenbild im Hause Gottes angehenkt und allerletzt zum Dienste der Kirche verwendet. Heut zu Tage (1528), guter Gott!, wie gar anders! Da ist keine Gewissenhaftigkeit mehr bei gefundenem fremden Gute, falls man auch den Eigenthümer kennt. Dächten sie, dass solches ungerecht erlangte Gut sie nicht reicher, aber ärmer machen kann, so würde auf's Schnellste Alles rein zurückerstattet. Solche Handlungsweise sollte als Diebstahl bestraft werden.»

Literarische Beilage zum Intelligenz-Blatt der Stadt Basel, 1. Oktober 1853/ Buxtorf-Falkeisen, 1, p. 70

Der Neujahrstag wird Feiertag

«1565 ist der Neu Jahrs Tag gleich den Sonntägen zu feyern angefangen worden.»

Linder, II 1, p. 18

Brandgefährliche Neujahrsfeier

«1. Januarii 1672. Das nüw Jahr hat nit guot begunnen für unser famili und muessen Gott danken wir all, daz wir noch im leben seynd. Hätt können ein schlimm end nemmen, bhuet uns Gott dafür. Also sind wir zämmenkommen, als gewoneclich, am Nüwjahrstag bi unserm lieben Grossvatter dem wohlwisen Herren B. und sind gewesen gueter ding und froelic und hand zuegesprochen, als wir pflegent ze tuen, den vilen fürnemmen spisen und getränken, us aller Herren länder, wo der wohlwis Herr in sim Keller abgeleit (gelagert) hat. Und hat der Zunftwirth Ronimus Gyger ze Saffern zwo mäidlin gschickt und ein Kuchenmeister die hand muessen dobliben und ufwarten und uftragen wil daz die alt Margret, die hushälterin, ist krank gewesen an der gallensucht und im obern stueblin glegen, dorumb händ mir (wir) muessen hinten us gen dem Rin (Rhein) tafelieren, von wegen dem gschrei und spettakel als die vielen Kind gfüert hand, vier grosskind, nit zällt min eigen wenigkeit und dito vier grosnephen und niezen, tuot zesammen acht, und hand grusamlich gwuestet troz aller fürsorg und abwinken, ouch strofen: hat alls nit fruchten wöllen, nochdemm sie von dem suezen roten win vom Meister Schäpperle ab der gilgen (Gasthaus) trunken hand. Hab ich dacht bi mir selber Gottlob daz ledic bist, möchtisch den höllischen lerm nit all tac haben. Weiss ouch nit worumb die kind ze aller wil muessend darbi sin. Genuog, hättend binoch itel unheil gstift. Kunnt mit eimmol ein spasäulin uf den Tisch, zwier grösser als sunst uftrait werdend, schier usgwachsen, lacht der wolwis Herr und sait demm kuchenmeister, er solli nur zueschniden und die sau uswaiden. Also bschicht und mit eimmol komment us dem buch alle müclichen gfluegel und fisch und all sorten von Suezigkeiten, Marci pan und wälsch pastetlin und spansch würstlin, dozue für jedwedes von der gasterey ein präsent, silbergüldene löffelin und rinc und granatgschmeid, was weiss ich, und uf jedem sin nammen inghauen. Und bin ich absunderlich köstlich usstaffiert worden, massen der wolwis Herr ouch min götti (Pate) ist und het mich ze aller zit und jedwedem anlazz fürnemm und lobelich usgstatt, uf die groz reis gen Leibzic, und nacher bi der Ufnahm uf die zumpft und sunst unz (bis) uf den hütigen tac. Ist gewesen diezmol ein fin ei us Nueremberg, so die zit wiset, die zwo schalen in Silber sampt miner Namensschrift B. L. und gwofen (Wappen) von der usnamlich gschickten Hand vom Meister Lämmlin aus dem Venedischen, iezo im hof ze Rinach. Daz wär alls schön und guot, wenn nur daz end nit wär. Denn kum sint mir (wir) mit bschauen und prisen am zil, so ghören (hören) wir von witem von der kuchi siten her ein grusamlich schröcklich Gschrei glichsam als ob ein wildi bestie hätt eins an der Gurgel gfasst und wollt es zerizen und veressen sampt hut und har. Und ist stärker worden und vor (bevor) wir hand mögen selber zuesehen was beschechen sige, do rennet eines von den kind, des hochwisen und ehrenvesten Rothsherren und Zumpftmeisters A. sin klein maidlin dur die thueren in die stuben: min Herre Gott! in was schurlichem und betrüeptem zuestand! Ihr wiss röcklin sampt allem Zuebehör het brunnen sam (wie) ein füwr im oven und het das armb gschöpflin geschruwen fur angst und schmerzen und habend wir alten selber kum gewusst, op dem schröcklichen Blick, was ze thuen und wie dem maidlin bizespringen sige. Und hand eben in unserer betrüepnuss die botteln (Flaschen) gnommen, so uf dem Tisch stuendent, und allen den süezzen und köstlichen win uf das maidlin usgossen! bis dazz das füwr gedämpfet was. Sind aber kum zend kommen, so fohnd die tafeltuech an ze brennen und wil der win usgangen und wazzer nit zer hand und maassen nit zit was die vilen spisen abzerumen, hand wir allsammt us all dem Züg ein gross bund gemacht, uf den boden geworfen und seynd druf tretten, also dazz alles ist elendiclich verwuest und vertrampt worden mitsampt dem sülin und den wonniclichen präsenten; hat aber min guot glück ez so gefügt, dazz min Nueremperger ei schon in mim wamms ist sicher ufgehoben gewesen. Jetzo kummt ouch der kuchenmeister, bringt ein pfannen siedig wazzer us der kuchen, denn von der mächtigen kält ist das übrig wazzer alls ingfroren und der brunnen in der kuchen anstatt der rören nur als ein grosser isblock ist ze schauwen gewesen, und schütt den ganzen inhalt uf den dielen, hätt binoch das arm würmlin zem andern mal noch mit wazzer verbrüeht. Wie maazzen der fuezzboden ietzo dringsehen hat, ist nit ze sagen und mag ein schlachtfeld nach einem bluotigen rencontre licht anständiger ze schouwen sin weder (als) daz gräuwlich dureinander, het aber wenic ze bedüten in verglich zue dem armben kindlin! Hat an eimfurt jämmerlich geschrouwen for schmerz und pin und ist am ganzen lip ein brandmol ump das ander gewesen und het müessen in ein bettlin bracht werden im oberen stock, derwil sin vatter nach einem Lintenarzet usgoht. Und do wir ietzo nach der ursach fragent, so hand die us der Kuchen in iren bösen gwissen bekannt, wie dazz der eine von den köchen uf den grozzen wälschen kuechen (Pudding) hat brannt kirschenwasser ufgschütt und anzündt, als man ze thuen pflect, und den schlägel (Flasche) neben hin gestellt, und derwil er mit den andern gsellen itel muetwill und unfuog tribt und sie mit den kochlöffeln einander ze lip gehend, ist das arm unschuldic maidlin darzuetretten, und hat zevor sich zer kurzwil in das nüwiarkindlin verkleidet, und den schlägel gnommen und uf die flammen ufgschütt also dazz die hoch ufschlagend und die brennend bottel ze boden fallt und in itel scherpen verheit und der geist uf den platten an vielen stellen brennet: do het das füwr ihr fin gwoben kleidlin gfasst und ist das kind für angst zue uns in die hinter stuben gsprungen und so ist es beschechen als ich oben beschriben. Bald ist ouch der Vatter zurückkommen und hat den beruempten J. Caspar Bauhinum, den lehrer an der studentenschuol, so er zuefällig uf dem Fischmarkt troffen, mitbracht. Der het, wie er die vilen garstigen wunden an der armen A.in besach, ein gar bedenklich gesicht gemacht und sin bscheid hat nit eben trostlich glutet. Hat aber glichwol eine arzenei ufgesetzt und, derwil man zum Meister Conrad in die apothek zuem güldenen horn louft, den ganzen lip mit linsamenöl geschmiert.»

Schweiz. Volksfreund, 24. Januar 1872

Bewegte Lebensgeschichte

«4. Januarii 1672. Kumm hüt von der lichenpredic der alten Margret Iseneggerin, hushälterin bi mim lieben grozzvatter. Ist krank glegen, als ich oben gsait, am Nüwjahrstag am hitzigen gallenfieber und do sie oben in ihrem krankenstueblin het den lerm vernommen von wegen dem füwr und man ir gesait, wie das arm Bethlin, ihr ougenapfel (Augapfel) ist grusenlich verwundt, binoch verbrunnen, so ist sie in eine unmacht verfallen und kum drus verwacht; het kein spis zue ihr nemmen mögen und lützel (wenig) verstand zeigt und het das hitzig fieber ihr ghirn fast verwüest. Doruf, wie ihr das gedächtnuss wieder zeigen (zu eigen) worden, hat sie inbrünstiglich betten für ihr lieb Bethli und mit gwalt verlangt, das arm maidlin ze sechen. Und do man ihr es hat muezzen versagen, was thuet sie in ihrem unverstand? Ist spot in der nacht ufgestanden von ihrem bett und im blozzen hempt ins Bethlins stuben vorn hingangen, do man bi liecht gwacht hat, zwo frouwen, die eint Bethlis muetter, die ander eine frombe schwester us dem Gnadental. Und hand die zwo vermeint, es sige ein geist us dem grab oder sunst eine bös erschinung und hand gschworen und sich bsegnet. Doruf ist die alt Margret umgfallen wie tod und hat muezzen in ihr stuben zrucktrait werden, von da an nit mehr zum leben ufgwacht und ist am dritten tac doruf uf dem spalen gottsacker begraben worden. Der ehrwürdic Herr Pfarrer Peter Werenfels, lehrer an der studentenschuol, hat dem grozzvatter zgfallen die lichenpredic ghalten in der Killen ze Sanct Lienhart und ist vil volchs zuegloufen, dann der herr pfarrer ist ein gar fürtrefflicher predicant und die alt Margret inglichen hant vil lüt kannt und gern mögen, insunderheit die armben und waisen, dennen sie zit ihres lebens unsagbar guots erwiesen het. Der text, so der predicant für den anlazz usgwält het, ist gewesen us dem glichnuss vom trüwen knecht, do es heizzt im Evang. Matth. XXV.21 du bist trüw gewesen über wenigem, so will ich dich über vil setzen. Und het der Herr pfarrer die wort so indrinclich und scharpf usglegt, dazz dem wibervolch die tränen ufs richlichst gflozzen seind und man in der killen die nastuechlin ze hundert het mügen zällen. Ist ouch vilen hüt zum ersten mal bekannt worden, wie dazz der vatter der seligen mit der ganzen Famili uf Basel ingwandert ist us Brisach im Sundgouw zuer zit do der Franzosenküneg das Elsazz vom dütschen Rich übernommen het nach dem schröcklichen krieg; het nit mögen sine protestantische relligion an die catholischen dahingeben, als vil volch het thuen muezzen, und ist in Basel guot ufgnommen worden und ist gewesen sines beruofs ein rotgerber. Sine fürnemmen gönner hand im bald zum burgerrecht verhulfen, het aber leider sines glücks nit lang gniezzen können und ist sälic verschieden. Von sinen acht kind ist die Margret die ältest gewesen und einzig am leben verblieben, die anderen sind durch die schweden sampt den kaiserlichen, inglichen durch die grozze pestilenz ums leben kommen, also auch der Margret ehegespons ist verstorben an der bösen pestilenz ze Basel. Von dem an ist die Margret in dienst treten bi unserem lieben grozzvatter und ist darin verblieben mehr denn zwanzic jahr. Ich hoff und wünsch, sie mög guot ufghoben sin im Himmel, als sie durch ihren fromben lebenswandel uf erden verdient.»

Schweiz. Volksfreund, 25. Januar 1872

Münsterplatzkonzert

«Den 14. Oktober 1710, von 10 bis 11 Uhr, war auf dem Münsterplatz eine überaus liebliche Musik zum sonderbaren Gefallen der Häupter (Regierung). Unter den Lindenbäumen stellte man den Musiktisch, worauf eine Clavizimbel begeben wurde. Man spielte dorzu mit Geigen, Fagotto, Flaschenetten (kleine Flöten), Hoboys (Oboen), Waldhörnern oder Jägertrompeten aufs schönste vor mehr als 200 Personen.»

von Brunn, Bd. III, p. 525 / Scherer, p. 421 / Scherer, III, p. 356f.

Schlittenparaden

«Am 20. Januar 1718 zirkulierten mit grosser Pracht 100 Schlitten der vornehmsten Familien durch die Stadt. Am 21. Januar 1726 waren es 200 Schlitten, alle aufs prächtigste ausstaffiert.»

von Brunn, Bd. I, p. 41 und 55 / Scherer, p. 650 / Scherer, III, p. 425f.

Der Esel auf dem Marktplatz

«Als vor etlichen Jahren durch Felix Gerhard aus Muthwillen der (hölzerne) Esel auf dem Kornmarkt (der von Missetätern zur Strafe geritten werden musste) umgeworfen wurde und er deswegen durch den Stadtknecht auf den Spalenthurm geführt wurde, sprach er im Fürbeygehen zum Esel: ‹Oh, du gutes Thier, ich habe nicht gewusst, dass du so gute Patronen im Rath hast, sonst hätte ich dich wohl unberührt gelassen.› Als solche Wort dem Rath hinterbracht worden waren, wurde er aus der Strafe befreyt. Als der Esel nun auf dem Boden lag, sind etliche Neudörfer Weyber mit ihren Körben darauf gesessen, worauf ein Spassvogel durch viele Strassen ging und den Leüthen sagte, es sässen drey Weyber auf dem Esel. Diese Neuigkeit lockte viele Neugierige auf den Kornmarkt!» 1735.

Linder, II 1, p. 901

Frohgemute Musterung

«Am Tag des Auszugs, nämlich den 27. Juny 1742, haben die Tambours um 7 Uhr durch die gantze Statt Sammlung geschlagen, das Lager auf der Schützenmatte, auf welcher bereits 40 Zelte zum Übernachten aufgestellt worden waren, abgesteckt und die Fahne durch die Grenadiers im Zeughaus abgeholt. Dann zog man in schönster Ordnung auf den Münsterplatz und von da mit dem Zeltwagen auf die Schützenmatte. Dann machten sich die Grenadiers und Füsiliers mit den aus der Statt in grosser Anzahl anwesenden Jungfrauen durch tantzen und springen lustig. Nachts um 10 Uhr zündete man zwey grosse Wachtfeuer an und liess zur Kurtzweil viele Raquettes in die Lufft steigen. Des morgens kam bald da, bald dort eine Magdt mit einer Milch gesottener oder anderer Suppe, Thé, Caffée, Brauthmuess und Weinwaren herzu, welche die ihre Söhne liebhabenden Eltern zur Erwärmung ihrer erkalteten Mägen herausgeschickt hatten. Um 10 Uhr nahm das Schiesset den Anfang und währte bis 5 Uhr. Nachdem dies vorbey und die Zelte wieder eingepackt waren, zog man nach Hause und divertierte sich beim Nachtessen zu guter Letzt. Die Officiers spiesen im Ochsen, die Grenadiers im Bären und die Füsiliers auf der Räbleuthenzunft, in allem 160 Mann stark.»

Linder, II 1, p. 1071f.

Wuhröffnung der Wiese und Lachsfang

«Im Novembris, den Tag vor Martini, sonst auf den Tag Aller Heyligen, 1751, habe ich zu Kleinhüningen der Wuhr Öffnung zugeschaut. Es kommen alsdann die Landvögt von Riehen, Kleinhüningen, das Gescheid der Mindern Statt, der Landvogt von Lörrach samt den markgräfischen Beamteten zusammen und besehen die Wiese, damit die Fisch durchgehends genug Wasser hinauf zu steigen finden. Dann verfügen sie sich an den Rhein, wo der Landvogt von Lörrach kurtz wiederholt, mit welchen Bedingungen Kleinhüningen verkauft worden ist, worauf er den Fischern Glück wünscht. Alsdann ziehen die Fischer ihr Garn, Wolf genannt, in dem Rhein um den Auslauf der Wiese, allwo die Fisch gemeiniglich etwas Zeit stehen bleiben, ehe sie hinauf steigen. Was in dem ersten Mahl gefangen wird – diesmahlen waren es 12 Stück, manchmal 20 bis 40 Stück – muss nach dem Befehl des Schultheiss der Kleinen Statt unter die anwesenden Gäste vertheilt werden. Er hat sonst nichts davon, denn die übrige Zeit hindurch gehört ⅔ den Fischern für ihr Müeh und ein Tertz dem Landvogt von Kleinhüningen. Die Fischer aber dörfen den Wolf nur zwey mahl des tags, morgens um 9 Uhr und abends um 3 Uhr, ziehen. Die übrige Zeit muss den Fisch der Lauf gelassen werden. Es ist sonst noch zu mercken, dass dieser Tag von sämtlichen hohen Anwesenden und Gästen mit viel Vergnügen zugebracht wird und die Unkösten einmahl von dem Markgrafen, das andermahl von Basel bezahlt werden. Auch ist zu mercken, dass dieser schöne und grosse Fisch gemeiniglich im November am stärcksten den Rhein hinauf kommt, in die Wiese steiget, allda nach Aussag der Fischer grosse Löcher macht, seinen Saamen oder Leich hinein lasset und mit Steinen und Sand bedecket, davon aber, gleich einer schwangeren Frau, so matt wird, dass er gleich wieder die Wiese hinunter in die Tiefe des Rheins fällt. Aus diesem Leich nun, wenn er vorher mit dem Saamen des Männleins überzogen worden ist, entstehen in dem Mertz die so schmackhaften Sälmling, welche meistens in dem Wiesenthal hinten gefangen werden, sich aber da nur etwa ein Jahr aufhalten und alsdann den Rhein hinunter ins Meer fallen und nicht eher wieder herauf kommen, bis sie eine ziemliche Grösse von 12 bis 40 Pfund erreichen. Wenn es nun viel Sälmling geben soll, wird erforderet, dass die Wiese den Winter hindurch sich nicht allzu sehr ergiesse und den Leich weg, oder auf das Trockene führt. Unter den Salmen selbst wird dieser Unterschied gemacht, dass man die Männlein Hocker und die Weiblein Lyderen nennt und die ersten die besten sind. Der Nahme dieses Fisches wird jährlich verändert, indem er vom Neu Jahr bis Johanni (24. Juni)

> Und Erstens zwar / wollen Wir die biß dahin in dem Sterbhauß aufgeschlagene Laidtüchere / als einen ohnnöthigen / zumalen auch / sonderlich in Sterbens-Läufften / (da GOtt vor seye) gantz gefährlich- und schädlichen Uberfluß / gar und gäntzlich abgeschafft / und solche bey willkürlicher Straff ernstlich verbotten haben.
>
> Und so viel das Laidtragen betrifft / solle desstwegen mit dem Gesind gebührende Moderation beobachtet / und allein in denen Fählen / da es umb verstorbene Elteren oder Kinder zu thun ist / den Knecht-Mägd- oder Diensten / und zwar allein denen so in dem Sterbhauß dienen / Laid zu tragen erlaubet / solches aber weiter nicht extendiret / beyneben zu der Knecht und Mägden Laid-Kleideren kein köstlicherer Zeug / als allein Cadis oder Rassen / gebraucht / mithin auch der ohnnöthige Pracht der Kräntzen und Meyen / so bey unverehlichter Personen / oder junger Kinderen Begräbnussen / bißhero verübet worden / fürohin gäntzlich unterlassen / oder die Fehlbare zur gebührenden Straff gezogen werden.

Die «Christliche Reformation- und Policey-Ordnung der Statt Basel» von 1715 führt aus, auf welche Weise sich die Bürgerschaft beim «Leidtragen» zu verhalten hat.

Salmen und die übrige Zeit Lachs genannt wird. Und sind die ersten wegen der Zeit viel kecker und schmackhafter als die letztern. Kommt darnach das Pfund dieses Fisches auf 12 bis 13 Batzen, die letztern aber auf 2 Schilling (24 Pfennige). Ausser diesem jetzt gemelten Fang sind den Rhein hinauf noch viele Salmen Waagen erbauet, wo man grosse Setz Bären in den Rhein lasset und Tag und Nacht wachet. Wenn nun der Salm an dem Garn anstosset, spühret solches der wachsame Fischer sogleich und ziehet das Garn in die Höche. Sie sind wegen namhaftem Ertrag ein sehr wohl aussgebendes oder eintragendes Capital.»

Linder, I 1, p. 158

Wachsgeld
«Damit es nicht in Vergess komme, ist zu melden, dass bey einigen Zünften noch aus dem Papstthum die Gewohnheit ist, dass sie von allen Bevogteten jährlich 8 Rappen Wax Gelt einziehen, welches vormals an die Tortschen (Wachsfackeln), womit das Münster beleucht wird, angewandt wurde. Eine andere Gewohnheit hat die Weinleüthen Zunft. Sie schicken nämlich an dem Äschen Mittwoch ihren Ober Knecht samt einigen Vorgesetzten in der gantzen Statt umher, welche von allen Bürgern, welche Wein ausschenken und an diesem Tag den Meyen heraussstecken, 2 Schilling Wax Gelt einfordern.»

Linder, I 1, p. 169

Neue Jungfrau
«Den 1. May Tag 1752 sind die jungen Knaben des St. Johann Quartiers umgezogen. Erst kurtz vorher sind eine neue Fahne, dito Jungfrau (Mägdlein) und Eydgenossen verfertiget worden. Die Unkösten dazu sind in dem Quartier herum erbättelt worden.»

Linder, I 1, p. 186

Militärisches Begräbnis
«1752 starb Christof Stächelin, der Statt Leutenant, an dem Friesel (Fieber mit hirsekornähnlichem Hautausschlag) in seinem 47. Jahr. Es musste sich die zwey letzten Jahr beständig halb kindlich im Bett aufhalten. Seiner Todten Bahre, auf welcher sein Stock und Degen kreützweis übereinander lagen, samt seinem Halskragen, und die von 8 Wachtmeistern getragen wurde, gingen 32 Soldaten, Paar um Paar, voran mit verkehrten Gewehr und behängter Trommel. Bey seinem Grab im Creütz Gang zu St. Leonhard gaben sämtliche zwey General Salven, und dann schoss ihm einer um den andern ins Grab. Bevor sie auf dem Kirchhof angelangt waren, stellten sie sich vor der Kirchthüre an den Weg in zwey Reihen, welche sämtliche Leichgänger durchgehen mussten. Bis sämtliche Salven vorbey und die Soldaten abgezogen waren, musste Herr Pfarrer Ramspeck mit dem Gebätt einhalten, weil man sonst nichts verstanden hätte. Dieses alles geschah unter unglaublichem Zulauf der Leüthe.»

Linder, I 1, p. 181f.

Streit um die Kleinbasler Ehrenzeichen
«Im Dezember 1754 kam ein Gespräch zwischen einem Grossen und einem Kleinen Basler betreffend den Umlauf der Thiere jenseits heraus, welches von Matheus Merian, Helfer zu St. Theodor, verfertiget zu seyn geglaubt wird. In dieser Schrift er wider diese viechische Verkleydung sich sehr ereifert und zeigt, dass vor 40 Jahren ein Maurer, der den Löwen geführt und in den Brunnen geworfen, eine hitzige Kranckheit bekommen hat, dass anno 1750 einer in dem Löwen erstickt ist und der, welcher in die annoch warme Haut geschloffen ist, anno 1751 einige Wochen vor wiedermahligem Lauffen das Unglück hatte, durch Zerbrechung des Beins daran gehindert zu werden. Ein anderer, Dömmelin, der sonst den Greifen führte, hatte den Tag nach dem Umlauf des Löwen, nemlich den 14. Januar 1751, das Unglück, dass ihn eine abgebrannte Eiche in den Spithal Erlen zu tod und seynem Sohn das Bein entzwey schlug. Als im Jahr 1743 wegen Brunst der Camrath Mühlin und anno 1744 wegen den Viech Presten (Seuche) die zur Hären den Umlauf des Wilden Mannes einstellten und folgendes Jahr einer der Gemeind bey den Vorgesetzten um diese alte bürgerliche Freyheit wieder anhielt, blieb er in dieser Proposition stecken und ward ohnmächtig. Diese Exempel und andere aus der Heiligen Schrift gezogene Vorstellungen veranlassten die Kleinbasler, dass sie laut Erkanntnis vom 5. Januar 1755 den Umlauf des Löwen und des Wilden Mannes abstellten, welches die zum Greifen wegen harter Widersetzung ihres Obristmeisters, Johann Heinrich Brenners, nicht ins Werck richten konnten. Und auch der andern guter Wille ward bald durch die hartnäckige Widersetzung der Gemeinen (Gesellschaftsbrüder), welche von böswilligen Leüthen aufgebracht worden sind, unterbrochen, indem die meisten mit grösstem Ungestüm von ihren Vorgesetzten die Herstellung dieser so wichtigen Freyheit verlangten, widrigenfalls sie künftig der Gesellschaft kein Heitz Geld entrichten noch Gehorsam leisten wollten. Dieses veranlasste die Vorgesetzten vom Räbhaus und Hären, dass sie vorige Erkanntnis aufhuben und Herrn Obristmeister Eglinger befahlen, die in sein Haus genommene Löwenhauth wieder heraus zu geben, womit sie am 20. Tag wie in einem Triumph herum zogen und den Uhly zu Herrn Pfarrer Merians übergrosser Freud in den Brunnen warfen, indem dieser hat verlauthen lassen, dass er nun, da dieses Unwesen durch seinen eigenen unermüedeten Eifer abgeschafft sey, gerne sterben wolle.

Montags, den 13. Januar 1755 haben die Kleinbasler ihrer Sinnes Änderung zufolge den Löwen wiederum herumgeführt, doch der Kälte halber den Uhly nicht in den Brunnen geworfen. Diejenigen Vorgesetzten aller 3 Gesellschaften, welche dem Laufen zuwider waren, haben dem Löwen verbotten, vor ihren Häusern zu tantzen und ihm nichts gegeben, vermeinend, dass wenn der Nutzen geringer, nicht so viele in diese Thiers Häuth dringen würden. Da auch bey allen Gastmählern keiner der Vorgesetzten zurück blieb, mussten Gesellschaftsbrüder zu Gast geladen werden. Die zur Hären zierten ihren Wilden Mann mit vielfarbigen langen Würmern und zeigten an, dass die Würm, mit denen man ihn zu Fall bringen wollte, nicht den mindesten Schaden verursacht haben. Überdies liess Friderich Münch, Sechser zu Bekken, ein besonderes Traktätlein zur Behauptung der Ehrenzeichen durch den Druck bekannt machen, welches aber nur dazu diente, Pfarrer Merian herunter zu machen. Kaum war dieses unter den Bürgern, so trat das 3. Stuck wahrhaffter Herleithung der Klein Basler Ehrenzeichen, von Prof. Spreng verfertiget, an das Liecht, wodurch bewiesen wurde, dass diese vormahls genannte Kalte Kirchwey dem Heiligen Theodulus zu Ehren sey gestiftet worden. Er erzehlet der Länge nach, was die Katholiken von ihm dichten, dass er in einer Nacht den Teüfel aus Glaris nach Rom vor des Papstes Zimmer geführt habe und von dorten mit einer grossen Glocke zurück. Er habe aber auf eine Zeit seiner Schantz nicht allzuwohl gewartet, weshalb ihn der Teüfel in ein Wasser geworfen hat, woraus der Heilige glücklich an Land geschwommen ist. Nebst vielen andern Wunderwercken habe er auch Wasser in Wein verwandeln können. Diese Geschicht dieses grossen Heiligen der Jugend tief einzuprägen, haben die alten diesmaligen Fratzenspiel ersonnen, da der Teüfel in Gestalt eines Löwen sich von dem Theodulus, welcher sich durch Zerketzerung der Sprach mit Beybehalt der letzten Silben in Uhly verwandelte, muss herumführen lassen, und endlich diesen Heiligen nicht weit von seiner Kirche, auf dem Platz, da vormahls grosse Linden standen, in den (Rebhaus-)Brunnen wurf. Für diese Kurtzweil haben sie einen guten Braten und 1 Pfund Wachs, welches man nachwerts in Geld verwandelte, davongetragen. Da nun in folgenden Zeiten E. E. Gesellschaft des Räbhaus auf diesem Platz eine Wohnung errichtet hat, haben sie sich der ober Regierung dieses Kinderspiels angemasset. Und endlich haben die beyden andern Gesellschaften, um nicht weniger zu seyn, ihre Schilthalter je 8 Tag nach der andern herum geführt. Münch hingegen erzehlet von seiner Jugend, dass er damals vermeinte, der, welcher in der Löwenhauth stekke, müsse ein grosses Verbrechen begangen haben, weil er mit einem grösseren als gewöhnlichen weiss und schwarzen Laster Stecken versehen gewesen sey, wie jene, welche am Pranger standen, und von vielen muthwilligen Jungen begleithet werden. Über die Gastmähler sey ihm nichts bekannt. Er wisse aber wohl, dass dorten mehr Weinfässer gelähret werden, als obiger Heiliger mit aller seiner Wunderkrafft hätte füllen mögen. Zuletzt gibt er den Klein Baslern den Rath, dass sie sich ja nicht mehr gelusten lassen, den Löwen, der doch wegen der Verbrüderung mit E. Zunft zu Räbleüthen ein Wolf seyn sollte, von ihrem Schilt wegzureissen. Hingegen sollen sie diese Tage in allen erlaubten Fröhlichkeiten feyern und hiebei ihren Kindern tief einprägen, was für unzehlige Wohlthaten ihnen vor einigen Jahrhundert durch die Vereinigung mit der grösseren Statt widerfahren ist, da sie von einer harten Tyranney befreyet und unter einer vätterlich aus ihren Mitteln gezogenen Obrigkeit und Gottes unmittelbahren Schutz gekommen sind. Alle diese wohlmeynenden Vorstellungen brachten jedoch nichts anderes zuwege, dass die zwey ersteren Traktätchen dem finsteren Archiv anvertrauet, das letztere hingegen aus Mangel anderer Rache dem Greifen an den Schwantz gehänget wurde.»

Linder, I 1, p. 340f. und 346ff.

Unflätige Jugend

«Den 9. Mai 1759 beklagte sich Meister Ferrand von Hüningen, seine Magd sei unlängst auf der Peters Schantz beym St. Johann Thor am heitern Tag sehr

«Jungfrau im Hochzeitlichen Habit». Kupferstich von Barbara Wentz und Anna Magdalena de Beyerin. Um 1700.

289

ungebührlich angetastet, er selbst aber von Knaben der St. Johanns Vorstadt mit unguten Reden und Steinwerfen empfangen worden. Als auf eydliche Information nichts an den Tag gekommen, ward erkannt, dass die Vorgesetzten zur Mägd den Eltern der St. Johanns Vorstadt und den Kindern unter Androhung des Zuchthauses anzeigen, dass alle Ausgelassenheit zu vermeiden sey und dass keine Stein weder in die Kirchen noch in die Häuser, Gärthen und auf die Plätz geworfen werden.»

Linder, I 2, p. 7

Militärische Musterung und Familientag

«Den 1. September 1760 um den Mittag versammlete sich die Frey Compagnie auf dem St. Peters Platz und das Artillerie Corps in dem Zeughaus. Um 1 Uhr ging der Zug über den Blumen Platz und die noch nicht gar verfertigte neue Bruck des vorigen Cronengässleins. Endlich langten sie durch die Augustinergass auf dem Münster Platz an. Herr Major Meville führte den Zug zu Pferd an. Diesem folgte eine Bande Musicanten, darauf kamen die Grenadiers des Herrn Jacob Vest. Die Fusiliers folgten unter Lieutenant Christoph Imhof, und endlich schlossen den Zug die Canoniers mit 2 Canonen und 1 bedeckten Wagen unter Lieutenant Fechter und Emanuel Würtz zu Pferd. Alda machten sie in Gegenwarth einer unbeschreiblichen Menge Zuschauer ihre neuen Handgriffe mit grösster Fertigkeit und bewiesen, dass es wohl möglich sey, freyen Leüthen einen anständigen Gehorsam und rühmliche Gelehrsamkeit anzugewöhnen. Dann ging der Zug zum Spalenthor hinaus nach der Schützen Matte, allwo ein Lager geschlagen, die Canonen vor dasselbe gepflanzet und des nachts von den Canonieren ein Feuerwerck gespielet wurde. Den andern Tag früh nahmen sie eine Attaque gegen eine Bruck, so über den Graben errichtet worden war, und einige Stunden darauf nahm das Schiessen seinen Anfang. Nachmittags genoss die Compagnie eine ausnehmende Ehre, indem sich Ihre Gnaden Herr Bürgermeister Battier und die Herren Zunftmeister Fäsch und Debary nebst den beynahe gantzen hochehrenden Familien in das Lager erhoben und die im Gewehr stehende Mannschaft auf die grossmüthigste und liebreichste Arth nochmahlen in hohen Augenschein zu nehmen geruhten. Sie wurden mit Canonen Schüssen, Music, klingendem Spiel und mitschuldigster Ehrfurcht von den Officiers der Compagnie empfangen. Die erste Gaab des Schiessens bestund in einer extra sauberen Flinte mit doppeltem Lauf, gestiftet von dem neuen Bürgermeister Battier, die vom Grenadier Conrad Fuchs, dem Seidenfärber, gewonnen wurde. Die 2. Gaab bestund aus einem kostbaren silbernen Degen, den Ulrich Roth, ein Fusilier, gewann. Nach dem geendeten Schiesset zog die Compagnie wieder in die Stadt und wurde von einer solchen Menge Zuschauer beyderley Geschlechts begleithet, wie solche noch bey wenig Anlässen gesehen worden ist.»

Linder, I 2, p. 51f. / Im Schatten Unserer Gnädigen Herren, p. 109ff.

Ungalante Riehemer

«16. May 1776 ist der Basler Bahnritt zahlreich gewesen, ob er aber auch schön gewesen sey, kann man nicht sagen, weil der Regen die Reuter nötigte, ihre Kleider mit Mänteln zu bedecken. Den ditto begiengen auch unsere redlichen Richemer diese Ceremonien, bey welcher sich insonderheit die Herren Dragoner hervorgethan haben; doch lassen sie die alte Gewohnheit abgehen, die Jungfrauen hinter sich aufs Pferd zu nehmen. Nicht ein Einziger erbarmte sich ihrer, ob sie schon ganz parat bey der Wiesen stundten; sie mussten also wieder zu Fusse umkehren.»

Koelner, Zopfzeit, p. 55

Patriarchalischer Meister

«20. Octobris 1778. Dato habe meinen Johannes wieder bis Johanni gedungen, und zwar mit dem Beding, dass er an keinem Sonntag ausgehe, ohne mich um Erlaubnus zu fragen. Da übrigens die Librey (Bekleidung) nun sein ist, so bin ich mit ihm übereingekommen, dass er nun solche noch bis Johanny tragen soll, wogegen ihm der Caputrock versprochen worden, dass er sein seyn soll. Anbey habe auch angemerkt, dass ich hoffe, dass keine Historien mehr wie bey letster Hochzeit vorkommen werden, weil ich sonst genöthigt wäre, ihm gleich am andern Morgen den Abscheid zu geben, denn das könne ohnmöglich zusammen bestehen, dass der Herr in Meyerhof in die Erbauungsstunde gehe und sein Knecht sich bey Schlaghändlern finden lasse, denn dieses gebe den Leuten Ärgernus.»

Koelner, Zopfzeit, p. 65

Spiel- und Würfeltische

«Weil durch die auf der Rheinbruck aufgestellten Spiel- und Würfeltisch viel junge Leüth verführt worden sind, sind solche 1785 wieder fortgewiesen worden.»

Linder, II 2, p. 588

Neugierige und hochmütige Baslerinnen

«Fast jedes Haus hat, wie bei uns die Wirthshäuser, sein eigenes Zeichen und wird nach diesem, nicht nach seinem Eigenthümer benannt, z.B. im schwarzen Bär, im grünen Esel usw. Man glaubt daher eine Stadt voll Wirthshäuser zu sehen. Über das beobachtet man an jedem Hause, und zwar vor einem der Fenster des zweiten Geschosses, entweder zwei einander gegenüberstehende Spiegel, wovon der eine etwas unterwärts gerichtet ist, oder ein Kästchen von Gitterwerk. Beide dienen der Frau des Hauses, dasje-

nige, was auf der Strasse vorgeht, zu sehen, ohne selbst gesehen zu werden. Denn hat sie ein Gitterkästchen vor dem Fenster, so steckt sie das Köpfchen hinein und kann alsdann durch die Zwischenräume des Gitterwerks gemächlich umherschauen, ohne dass man sie von unten zu Gesicht bekommt. Hat sie hingegen zwei Spiegel vor dem Fenster, so kann sie, indem sie in ihrem Zimmer sitzt, jeden Vorübergehenden in dem einen und in dem andern unterwärts gekehrten diejenigen erblicken, welche sich ihrer Hausthüre nähern. Sie weiss daher, noch ehe Jemand gemeldet wird, wer in ihrem Hause angekommen ist. Diese Einrichtung beweist, dünkt mir, zweierlei: dass die Frauen in Basel ebenso neugierig sind, als die unsrigen, und zweitens, dass sie an Eingezogenheit die unsrigen übertreffen müssen; dieses, weil sie Bedenken tragen, sich am Fenster sehen zu lassen, und jenes, weil sie auf das Vergnügen, die Vorübergehenden zu mustern, gleichwohl nicht Verzicht thun wollen. Ich will indess nicht in Abrede sein, dass je zuweilen auch wohl ein Mannskopf im Gitterkästchen stecken oder seine Augen auf die Strassenspiegel heften möge.» 1785.
Campe, p. 52

Tabakkämmerlein
«Alle Staatsgeschäfte werden öffentlich getrieben und nach jeder Sitzung des Rathes kann jeder Bürger, der es verlangt, sich durch geschriebene Zeddel von den Verhandlungen des Tages benachrichtigen lassen. Alle nehmen auch wirklich Antheil daran, weil alle nunmehr fühlen, dass sie Glieder einer einzigen Familie sind, in der nichts vorgehen kann, was nicht allen gleich wichtig sein sollte. Zu diesem Behufe kommen die Männer täglich in kleinen Gesellschaften zusammen, die man Kämmerli (Kämmerlein) nennt. Hier wird bei einer Pfeife Tabak von nichts als öffentlichen Angelegenheiten geredet. Hier wird der freibürgerliche Geist genährt und manches abgehandelt, was das gemeine Beste befördern kann. Aller Unterschied der Stände wird dabei gänzlich aus den Augen gesetzt, und der Schneider z.B., wenn er nur sonst ein vernünftiger Mann ist, darf hier gar wohl dem angesehensten Herrn des Rathes zur Seite sitzen, sein Pfeifchen rauchen und über Staatssachen mit ihm reden. Nur eins hat mir an diesen Kämmerli's nicht recht gefallen wollen; dieses nämlich, dass die Mitglieder einer jeden besondern Gesellschaft ungefähr von einem und demselben Alter sein müssen. Die Jünglinge haben ihre Zusammenkunftsörter für sich, die Männer gleichfalls; so auch die Alten und Greise. Aber besser, dünkt mir, würde es sein, wenn die Mitglieder von vermischtem Alter wären. Dann würde der Jüngling seine Munterkeit dem Greise, der Greis dem Jünglinge seine Erfahrungen und seine gereiften Einsichten mittheilen können, und beide würden offenbar dabei gewinnen, dieser an Klugheit, jener an Vergnügen.

Auch würde die jugendliche Fröhlichkeit durch den Ernst des Alters gemässigt und vor Ausschweifungen bewahrt werden, und das würde ein grosser Gewinn für die Sitten und für die öffentliche Glückseligkeit sein.» 1785.
Campe, p. 55

«Friss den Gewinn»
«Der Reisende bemerkt hier im Ganzen einen Grad von Einfachheit und Sittenreinigkeit, den er an andern Orten vergebens sucht. Die edle Frau eines hiesigen Meisters, d.i. eines Herrn des Rathes, der zugleich Schutzherr und Wortführer einer gewissen Zunft ist, französelt hier in Kleidung, Lebensart und Sitten weniger als die Frau eines Schneidermeisters in andern grossen Städten, und der höchste Grad von Ausschweifung, den man den Männern vorwirft, ist, dass sie sich etwa ein Gartenhäuschen bauen, um ein wenig öfter, als ihre Geschäfte erlaubten, darin mit einigen Freunden zusammenzukommen und zu schöppeln, d.i. ein Glas Wein mit einander zu trinken. Dass aber der Ton des Ganzen hier noch auf Nüchternheit, Arbeitsamkeit und Eingezogenheit gestimmt sein müsse, erhellet unter anderm aus der tadelnden Benennung, welche das Volk einem Gartenhäuschen dieser Art gegeben hat, indem man es den ‹Friss den Gewinn› zu nennen pflegt.» 1785.
Campe, p. 55f.

Misshandelter Esel
«Da unlängst dem geduldigen Esel auf dem Korn-Marckt seine Füess abgesägt und weggeführt wurden, ist dem E. St. Johann-Quartier auferlegt worden, wegen Saumseligkeit ihrer Wächter, den Esel wieder herzustellen.»
Linder, II 2, p. 625

Vogel Gryff an der Fasnacht
«Da die Vorgesetzten des Räbhauses per majora (grundsätzlich) den Umlauf des Löwen auf den 20ten Tag schon seit einigen Jahren aberkannt haben, hingegen solcher auf Fasnacht zu den andern Ehrenzeichen des Wildmannes und Greiffen hergeben wurde, so wollte 1788 der neue Obristmeister, Registrator Merian, den Löwen nicht herausgeben, ungeachtet, dass 7 Vorgesetzte dazu schriftlich ihre Einwilligung gegeben hatten. Damit ihr Entschluss nicht vergebens war, liessen solche die Löwen Haut abholen und gaben diese den Knaben preis. Kaum war die Löwen Haut in Sicherheit so kam der Obristmeister mit einem Harschier und fand das Nest lähr. Zur Belohnung seines widersinnigen Eyfers warfen ihm die Buben nachts die Fenster ein.»
Linder, II 2, p. 743

Blanchard und sein Luftballon

«Den 10. Merz 1788, nachmittags um 3 Uhr, hat der berühmte Franzos Blanchard sein ziemlich grosses Lufft Ballon aus dem Markgräfischen Hof steigen lassen. Solches trieb der Wind gleich nach der kleinen Statt. Als es über den Rhein schwebte, führte es ein Windstoss auf den Münsterplatz in Herrn Bürgermeister Debarys Garthen hinter dem Mentelin Hof. Blanchard hat ohne Zweifel sein Conto (Einnahmen) hier nicht gefunden, indem er über 6 Wochen zu den Drei Königen logiert und die Basler eben nicht geneigt sind, ihr Geld an unnütze Lufftspringer zu verwenden.

Den 5. May 1788 hat Herr Blanchard, der sich für einen neuen Versuch über die Aerostatik mit den hiesigen Gelehrten in den physischen Wissenschaften unterredet hatte, bey der schönsten Witterung und bey einer grossen Anzahl Zuschauern, insonderheit von angesehenen Frömden, seine dreyssigste Auffahrt unternommen. Sie verdient, zu denjenigen gezehlt zu werden, bey welchen er am meisten den Eifer für seine Kunst, seine Unerschrokkenheit und ein wahres Gefühl von Ehre an den Tag gelegt hat. Um 4 Uhr Basler Zeigers sollte die Aufsteigung vor sich gehen. Allein aus verschiedenen Ursachen konnte das Ballon nie genugsam angefüllt werden. 3 Stunden lang wurden beständig neue Materialien herbeigeführt, und Blanchard arbeitete bey der grössten Hitze unermüdet immerfort. Da fasste er plötzlich aus Besorgnis, die Zuschauer in ihrer Erwartung betrogen zu sehen, den hertzhaften Entschluss, Schifflein, Flügel und Ballast wegzuthun, um sich, in einem blossen Netz eingewickelt und ohne Kleydung, der Luft zu überlassen. So bald er sich zu erheben anfing, verbreitete sich unter den Zuschauern eine angenehme Mischung von Bewunderung und von Schauer. Durcheinander wurden die Stimmen des Mitleydens und des Jauchzens gehört. Nie verlohr er indessen die Gegenwarth des Geistes, denn er schwung ohne Unterlass eine mit dem Basel Wappen bemahlte Fahne. Die Aufsteigung des Ballons war für das Auge so reizend, indem sie weder zu langsam noch zu geschwind geschah. Nach Verlauf einer halben Stundt sah man die Lufft Kugel sich nach und nach sencken, bis sie sich zwischen Basel und dem nahe gelegenen Dorfe Allschweiler ziemlich unhöflich auf einem Brach Feld niederliess. Da Blanchard mit seinem übereinander gestreckten Beinen gleich einem Schneider in dem Garn verwickelt war und sich nicht regen konnte, hat er sich an einem Fuss verletzt und wurde in einer Chaise mit allgemeinem Beyfall in die Statt begleithet, wobei einige Bauern die Lufft Kugel trugen.

Blanchard stieg in dem Markgräfischen Hof auf und forderte von seinen naseweisen Zuschauern 12, 6 und 3 Livres. Wer aber auf St. Peters Schantz wollte, musste durch die Neue Vorstadt und für den Einlass 5 Batzen bezahlen. In der Kleinen Statt sah man den Ballon am schönsten und umsonst! Zum Abschied verehrte der hiesige Magistrat Blanchard eine dreyssig Ducaten schwäre goldene Medailien für seine lufftige Bätteley!»

Linder, II 2, p. 752 und 758f. / Freud und Leid, Bd. 1, p. 47f. und 75

Neuer Esel

«1788 wurde der hölzene Esel auf dem Kornmarckt, der zur Bestrafung der Stadt Soldaten diente, ganz neu hergestellt. Einsmahlen nun sass ein Soldat darauf, welchen ein Bauer, der an seinen Stecken gelähnt war, mit unverwandten Augen ziemlich lang beguckte. Der Soldat, den dasselbe verdross, sagte: ‹Bauer, es dunckt mich, dass du mich schon lange genug begafft hast.› Der Bauer erwiderte aber: ‹Wenn Du solches nicht leyden magst, dann reith in eine andere Gasse!›»

Linder, II 2, p. 794

Die Unsitte des Scheiterens

«Um das Jahr 1788 wurde eine neue Art Bosheit unter den muthwilligen Landleuthen gemein, welche man das ‹Scheuteren› nannte, weil man des Nachts grosse Scheiter Holz denen, auf die man passte, wohl bey 15 Schritt weit gegen den Leib warf. So machten sich einige Oberdörfer Bueben dieses Frefels schuldig, passten nachts um 10 Uhr auf zwey Diegter Knaben, schütteten in einer vertiefften Gass ein Züber mit Wasser auf sie herab und schmetterten grosse Scheiter gegen sie, wovon die Diegter fast auf den Tod verwundet wurden. Sie kannten aber die Thäter, welche dann gefangen in die Stadt gebracht wurden und sich auf der Herreis noch lustig machten. In ihrer Gefangenschaft, und zwar bey Wasser und Brot, läugneten sie alles hartnäckig. Endlich aber machte sie die 4wöchige ausserordentliche Kälte mürb, und sie bekannten den ganzen Hergang, worauf sie ihr Urtheil empfingen: Heinrich Schneider hatte den verwundeten Diegtern jedem einen Louisdor samt allen Kösten zu bezahlen. So dann soll er ein halb Jahr in das Zuchthaus gethan, auf gefangenen Kost gesetzt und 6 Wochen lang an allen Rathstagen abgeprügelt werden. Jacob Günther soll 4 Jahr in die erste Class des Schellenwercks geschlagen und 6 Wochen lang alle Wochen 2 mahl vom Profos (Bettelvogt) 2 mahl castigiert (gezüchtigt) werden. Die übrigen drey, Thommen, Schaub und Roth, werden in eine halbjährige Schellenwercksstrafe verfällt. Endlich soll auch der Chirurgus Tschopp, Kirchmeyer, der um die That gewusst hatte, solches aber abläugnete, 5 Pfund Straf in den Armenseckel erlegen und ihm vom Pfarrverweser bey offener Thür ein ernstlicher Verweis gegeben werden. Im übrigen ist bey den vielfältigen Verhören noch an den Tag gekommen, dass wenn dort oben, in Oberdorf, ein

Baurenmeidtlin eine Braut sey, es mehr Zuspruch erhält wie eine läufige Hündin!»

Linder, II 2, p. 800f.

Der Esel verschwindet

«Da der Korn Marckt mit vielen Ständen je länger je mehr überstellt wurde, so wurden solche hinder den Esel nach ob dem Brunnen gewiesen. Der Esel ist weggeschafft worden.» 1789.

Linder, II 2, p. 857

Bauliches und Topographisches

Marktplätze

«1410 hielt man den Marckt auf dem Parfüsser Platz, wie man den jetzt haltet auf dem Kornmarckt. Da ward erkannt, man soll ihn inskünfftig wie von Alters her auf Burg und vor dem Münster halten.»

Linder, II 1, p. 5

Stadt der Brunnen

«Der Burgern Häuser, in welchen die Gemach wunderbarlich abgetheilet, seind also schön und wohl gebutzt, dass es ihnen die Häuser zu Florentz nicht vorthun. Sie seind alle geweisget, mehrentheils gemahlet, schier ein jedes Haus hat einen Garten, Brunnen und Hof. Sie haben auch Stuben, darinn sie zu essen und zu wohnen pflegen, etliche auch zu schlafen: die seind alle mit Glas verfenstert, die Wände, Fussböden und Bühne mit Fichten-Holtz getäfelt. In denselbigen singen viel Vögel, die sie daselbst im Winter vor grosser Kälte an der Wärme halten, ist sehr lieblich dieselbigen hören zu singen. Sie gebrauchen sich viel Teppichen und Zierdtüchern, stellen auf die Tisch viel Silbergeschirr, in der übrigen Tischzierd thun es ihnen die Italiäner weit vor. Der Edelleuten Häuser kennet man bey den Vorhöfen: zwar an der Häusern und Pallästen Gezierd hats kein Mangel. Wann nun dieselbigen herrlich seind, so kan es keine ungestalte Stadt geben. Die Gassen seind nicht zu eng noch zu weit sondern die Wägen mögen neben einander hinkommen: Sie werden auch durch die Wagenräder nicht zerfahren, sondern wo einer herkommt, haben die Gassen ein hübsch Ansehen. Ob es wol in dieser Stadt viel Regens giebt, verwüsten sie doch die Gassen nicht sehr. Ferner haben sie nicht unachtbare Plätze, da die Burger zusammen kommen, da man gantet, allerley feil hat, laufet und verlaufet. Allda hats lautere Brunnen, mit reinem und süssem Wasser, sonst seind viel in allen Gassen, also dass auch Viterb in Toscana nicht so viel Röhrbrunnen hat. Welcher die Brunnen zu Basel zählen wolte, müsste wohl der Häusern Anzahl haben.» 1436.

Wurstisen, Bd. II, p. 704

Martinsturm

«1490 ist der ander Thurm an der Münster Kirch, St. Martins Thurm genannt, völlig ausgebaut worden.»

Linder, II 1, p. 16

Neues Rathaus

«Anno 1503 ist anstatt des alten Richthauses zum Pfauen das Haus Waldenburg, so den Nonnen im Klingenthal zu

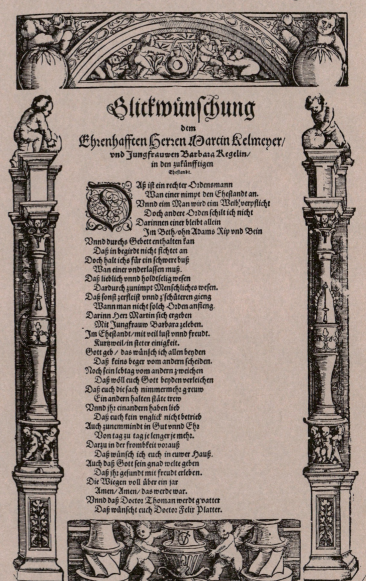

Glückwunschadresse Felix Platters zur Hochzeit von Martin Kelmeyer und Barbara Kegelin. Um 1600.

eigen ist, zum neuen Rath Haus eingerichtet und erbaut worden.»
Linder, II 1, p. 17

Begehrte Statue
«Als 1564 das Österreichische Haus die Bildnisse aller ihrer Fürsten zu Inssbruck im Tyrol aufzustellen sich bemühte und im hiesigen Seyden-Hoof auch das Bildniss von Keyser Ruodolf den 1. in Stein aufgestellt war, erhielt Basilius Johannes Herold, ein Bürger von Basel und ihro K.K.M. Geschicht-Sammler, Befehl, solche Statua zu begehren. Allein, der Besitzer des Hauses wollte solche nicht verabfolgen lassen.»
Linder, II 1, p. 588

Neue Kaiserglocke
«1565 ist bey der Stattmauer des Riechenthors die grosse Glocke Kayser Heinrichs von Marx Spörlin und Frantz Hall gegossen worden. Sie haltet am Gewicht 58 Centner.»
Linder, II 1, p. 522

Farbanstrich für den Heiligen Martin
«1597 haben Unsere Gnädigen Herren, ein ersamer Rath der Statt Basel, des Rosses und Bildes St. Martin an dem Münster gnediglich erkannt, dass solich Bild, weyl es dem Münster ein Gezierd ist und anderst keins wegs geachtet würdet, unabgehept verbleiben, aber keinswegs aussgebesseret, sonders alleinig mit Stein- oder Kesselfarb angestrichen werden soll.»
UB Mscr. Kirchenarchiv 22b, p. 318

Neue Welt
«Anno 1660 ward die Neue Welt zu bauen angefangen.»
Linder, II 1, p. 587 / Basler Chronik, II, p. 136

Neue Wachtstube
«Auff der Hauptwacht bei der Rheinbruckh halten sich die Soldaten mit Tabacktrinckhen und sonst gar unordentlich auf, welches der Ehrenzunft zu Schiffleüthen wegen Feuersgefahr fast unleidlich seye. Deshalb wird widerumb eine Wachtstube alda auffgerichtet.»
Ratsprotokolle 51, p. 140

Vergänglichkeit und Zuversicht
«Anno 1689 ward die Linde auf St. Peters Platz gesetzt. Anno 1691 das erste Mahl ausgebreitet und Anno 1701 das Gerähm mit Bäncken ringsherum zur Belustigung der Spazierenden darum gemacht. Auf der am Baum hängenden Tafel stehet: Wir Menschen gleich den Bäumen sind / aufgewachsen bald vergehen geschwind / Hilf Gott, dass wir wachsen an Dir / Im Glauben grünen für und für.»
Linder, II 1, p. 298

Neue Silbermann-Orgel
«1712 ist durch Andreas Silbermann aus Strassburg zu St. Peter eine neue Orgel gemacht worden. Dieser berühmte Silbermann hat auch die Orgel im Münster trefflich renoviert. Er hat auch neue Register, unter anderem eine vocem humanam, ein neues Clavier und neue Blasbelck gemacht. Dem Herrn Silbermann wurde von den Häuptern noch ein schön Goldstück von 20 Thalern Wert verehrt.»
Scherer, III, p. 376f.

Neues Pfarrhaus
«Das Pfarrhaus zu St. Martin ward 1718 bis aufs Fundament abgebrochen und wieder ganz neu aufgeführt wie ein Pallast.»
Linder, II 1, p. 748

Das Hochgericht neben der St.-Jakobs-Schanze
«Anfangs des Jahrs 1719 wurde dieses Hochgericht, das aus zwey aufrecht stehenden Hölzern und einem quer darüber liegenden Balken besteht, vom Wind umgeweht, welchen Zufall der Obervogt auf Mönchenstein an die Behörde berichtete. Da man allgemein dafür hielt, dass dieses Hochgericht bey Kriminal Vergehen der Einwohner von Wysen zur Bestrafung diene, so gab dies Anlass zu untersuchen, ob nicht das Dorf Wysen dieses Hochgericht zu unterhalten verbunden seye. Ungeachtet aller Nachsuchungen in den Schriften der Kanzley und in den Schloss- oder Amts Archiven konnte aber nichts entdeckt werden, das diese Volkssage auch nur wahrscheinlich hätte machen können. Dieses Hochgericht wurde desswegen im Jahre 1720 und nachher im Jahre 1757 durch die Zimmerleute des Amtes Mönchenstein jedesmahl aufgerichtet.»
Lutz, Neue Merkwürdigkeiten, Abt. I, p. 150f.

Gekrönter Baselstab
«1735 wurde die eiserne Gatter am Eingang auf der Pfalz gemacht, vorher waren nur zwey kleine Mauern in Mannshöhe mit einer bretternen Doppelthüre, worauf die Geburt Christi in dem Stalle liegend mit dem Vieh abgebildet in Stein ausgehauen war; sie wurde um 10 Schuhe gegen den Münsterplatz zu vergrössert, damit die Herren Häupter aus ihren Wohnungen besser gegen den Rhein sehen möchten; auf die Gattern wurde ein Baselstab mit einer Krone gesetzt, dies missfiel vielen Bürgern,

indem sie sagten: die Basler wären freye Schweizer, und gehören unter keine Krone. E. E. grosser Rath entschied, dass die Krone weggethan, und nur der Baselstab stehen bleiben solle.»

Weiss, p. 3

St. Brigitta und St. Ulrich

«Anno 1745 wurde das Brigitta Thor zu St. Alban abgebrochen. Ebenso wurde die St. Ulrichskapelle, welche von der Obrigkeit als Kohlenhaus gebraucht worden war, zu einem Messhäuslein-Magazin gemacht.»

Beck, p. 187

Makaberes Aufrichtefest

«1750 ist der Galgen oder das Hochgericht vor St. Alban Thor wieder erbaut worden, welcher Arbeit alle für das Lohnamt arbeitenden Bürger und Fremde, üble Nachred zu vermeyden, beywohnen mussten. Der ganze Zug versammelte sich im Werkhof, Lohnherr Lucas Sarasin ritt voran. Hernach kam Bauschreiber Beck allein. Ihm folgten der Werkmeister, der Brunnmeister und Seyler Lindenmeyer. Dann die übrigen Bürger und fremden Gesellen zu drey und drey. Hierauf kam der Wagen mit den mit Blech beschlagenen Balken, Seylern, Leitern etc. Dann folgte der Zimmermeister allein mit einem langen Richt Scheit und dessen Untergebenen mit neuen Äxten auf der Schulter. Diesen folgten die Brunnwerker mit spitzen Pfahleysen, diesen die Maurer mit Hämmern und die übrigen Rauch Werker mit Hebeln, Pickeln, Schaufeln etc., unter welche sich auch die Schiffer vermischten. Sobald man beym Galgen angelangt war, wurden Pfähle geschlagen und mit einer Schnur ein Kreyss gemacht. Die übrigen Arbeiter stiegen auf das schon zuvor verfertigte Gerüst und hebten die faulen Balken, welche dem Henker gehörten, herunter und thaten an deren Stell die neuen hinauf, welche den andern Tag eingemauert wurden. Hierauf zog man in nemlicher Ordnung wieder in die Statt auf die Spinnwettern Zunft, allwo, ohne Brot und Wein, auf die Persohn ein Gulden, den Rauch Werkern aber für 9 Batzen gerüstet wurde.»

Linder, I 1, p. 63f. / Freud und Leid, Bd. 1, p. 299

Das Schützenhaus wird umgebaut

«Im Sommer 1751 ward der schöne Platz des Schützenhauses vor dem Spalenthor ziemlich verderbet, indem oben lincker Hand zwey grosse beschlossene Gemächer,

Johann Stumpf beschreibt in seiner «Chronica Germanie» von 1548 den Wiederaufbau des Münsters durch Kaiser Heinrich II. im Jahre 1010.

deren Zwischenwand man weg thun kann, verfertiget wurden. Auch ist die alte Stube gegipset und sind durchgehends neue Tisch, Stüehl und Bänck verfertiget worden. So machte man auch rings herum neue Fenster, weil vorher keine dagewesen sind und man vor dem Wind nicht sicher war. Diese Einfassung verursachte bey den Bürgeren viel üble Nachred, als wenn sich die Herren von ihnen dadurch absondern wollten. Oben auf, unter dem Dach, ward für David, die Schützenwirthin, eine gantz neue Stuben gemacht.»
Linder, I 1, p. 149

Neuer Musiksaal
«Das hiesige Collegium Musicum, welches sich beständig vermehrte, war 1751 entschlossen, ihren Music Saal auf dem Neuen Bau zu verändern und hatte mit Einwilligung der Herren Deputaten und Professores den Doctor Saal des Obern Collegiums (im ehemaligen Augustinerkloster) in ihren Kösten zuzurichten resolvirt, welcher bisher von Dr. Iselin, dem Propst, benutzet wurde. Allein dessen Frau veranlasste ihren Mann, vor den Rath zu kehren und sagte, die Music solle ihr da und dort hinblasen. Der Rath aber erkannte dennoch auf die Räumung des Saales.»
Linder, I 1, p. 146

Münster-Maschine
«Als 1751 einige Quader an dem höheren Münster Thurm zu oberst faul wurden und heraus genohmen werden mussten, die Arbeit aber wegen dem Gerüst sehr kostbahr hätte werden sollen, ward eine neue Machine verfertiget. Diese bestand aus zwey Sesseln, die sonst zur Aussäuberung der Kirche dienten, und zu oberst um den Gipfel mit einem starcken eisenen Reiff angeschlagen wurden und vornen mit Rädlein versehen waren, dadurch starcke Seiler gingen. Das Gerüst oder die zwey Sessel wurden nachmahls nur auf den Münsterplatz gestellt und von den darin befindlichen Maurern selbst hinaufgezogen, welche es dann zu oberst hoch und nieder lassen und nach gutbefinden drähen konnten, wodurch man zu allen Zeiten des so kostbahren höltzenen Gerüstes enthoben seyn wird.»
Linder, I 1, p. 129

Lörrach wird mit Steinen besetzt
«Den Sommer 1751 hindurch ward das Dorf oder der Flecken Lörrach völlig mit Steinen besetzet, da es vorher sehr unsauber zu gehen war. Überdies ward von da bis zur kalten Herberg eine neue Landstrass verfertiget.»
Linder, I 1, p. 161

Käppelijoch und Münster erhalten einen Anstrich
«Zur Conservierung der Steine ist 1753 das Käppelin samt allen steinenen Schrancken roth mit Öhlfarb angestrichen worden. Den Sommer hindurch ward auch fortgefahren, alles Presthafte an der Münster Kirch zu reparieren und die mit rother Öhlfarb zu überdüncken.»
Linder, I 1, p. 247 / Im Schatten Unserer Gnädigen Herren, p. 31

Drei Könige
«Den 10. Septembris 1754 hat Herr Imhooff, der Drey König Wirth, vor seinem Haus gegen den Blumen Platz drey in Lebensgrösse in Rheinfelden verfertigte hölzerne Bilder, welche ohne Mahler 72 Pfund gekostet hatten, aufstellen lassen.»
Linder, I 1, p. 332

Strohdächer werden abgeschafft
«1762 haben Unsere Gnädigen Herren den Wald Herren anbefohlen, die Strohdächer in Höllstein abzuzehlen, die Eigenthümer zu vernehmen, ob sie solche mit Ziegeln zu decken im Standt seyen und die Strohdächer nach und nach auszumustern.»
Linder, I 2, p. 158

Das Weiherschloss Benken wird versteigert
«Auf nächstkünftigen den 19. dieses Monats, früh um 9 Uhr, wird man das Schlösslein zu Benken nebst allen dazu gehörigen Güthern, Freyheiten etc. sammethaft, und wann selbiges nicht solte verkauft werden, die Güther davon Stückweis erst und zuletst die Häuser an dem Schlösslein selbsten offentlich aufruffen und dem Meistbietenden überlassen. Es bestehet selbiges aus einem mit Hof und Weyer ganz umgebenen Schlösslein und dem A. 1689 neu erbauten Lehen-Haus, nebst einer grossen Baum-Trotten, 4 Kellern, 4 Ställen, grosser Scheuren, einem Wagen-Schopf, Bauch- oder Wasch-Haus, Zug-Brunnen im Hof etc. 65 Jucharten Acker, worunter 18 Zins und Zehnden frey; 30 Tauen Matten, welche bey nahe sämtlich gewässert werden können; 6 Jucharten Reben, davon 3 Zins und Zehnden frey, und von denen ohnstreitig der beste Wein im Benkemer Bann gemacht wird; und circa 16 Jucharten Waldung. Diese samtliche Güther sind bis an 8 und ein halb Jucharten Acker und 4 und ein halbe Tauen Matten, welche in dem Leimen-Bann liegen, alle in dem Basel-Bann, und die Matten gröstentheils nahe bey dem Schlösslein gelegen. Sodann ist bey diesem Guth ein Berainlein, das jährlich 2 Säck Korn einträgt. Das sämtliche Guth ist Fron- und Wachtfrey und hat das Recht zu einer Schäferey von 50 bis 100 Schaafen, wie auch Schwein in die Ackerig laufen zu lassen, so viel man auf dem Guth erziehen kan, und muss der Hirth alles Vieh bis in die Ställe treiben um den

halben Hirthen-Lohn. Solte indessen jemand vor dem Aufruf Lust darzu haben, oder sonsten einige Nachricht davon verlangen, beliebe man sich nur bey Frau Pfarrer Falknerin in Hrn. Meyers Haus hinter dem Schwarzen Pfahl oder zum Frieden selbsten anzumelden; wiedrigenfalls das Mehrere bey der Ganth zu vernehmen seyn wird.»
(1780 ist das alte Weiherschloss in Benken niedergerissen worden. Der Begriff ‹Schlösslein› übertrug sich in der Folge auf das mächtige Lehenhaus des verschwundenen Herrensitzes.)
Wöchentliche Nachrichten, 8. Heumonat 1762

Von der Gelterkinder Glocke
«Den Sonntag vor Wyhnacht 1762, als man in die Kinder Lehr laüthete, ist die grösste Glocke im Kirchthurm zu Gelterkinden aus weiss nicht was für einen Zufahl plötzlich heruntergefallen und hat die Uhr sehr beschädiget. Ein Knab, der geläuthet hat, hat sich zu allem Glück retiriren (retten) können. Von der Glocke selbst ist der obere Theil, die Cron, abgesprungen.»
Linder, I 2, p. 163

Hauseinsturz an der Eisengasse
«Als Herr Christoph Burccard zur goldenen Müntz auf der Eisengass 1764 sein Haus vom Boden hinweg abbrechen lassen und selbiges durch Meister Lucas Pack, den Steinmetz, und Merian und Egli, beide Zimmermannen, vornen hinauf auf die neue Moden neu und kostbar bis unters Dach aufgebauen, haben diese Burccard gerathen, die alte innere Scheidmauren müsse auch neu, gleich den drei anderen, sein. Der Bauherr aber wollte es absolut nicht haben und sagte aus grossem Interesse, wan sie fehl, so sei der Schaden sein. Wie geredt, beschechen. An einem Morgen um 10 Uhr, aldieweil der grosse Raht gesessen, ist diese alte innere Mauren gesuncken, so dass der alte und der neue Dachstuhl mit grossem Schrecken dasiger Nachbarschaft mit erschröcklichem Gebrassel eingefallen sind. Da man solches in der Statt und auf dem Rahthaus vernommen, ist der halbe Raht aufgestanden und mit noch vielen Leuthen dieses Spectacel mit angesechen. Das Merkwürdigste war, dass sowohl oben als unten viele Arbeiter gewesen und selbige Straas eine starcke Passage war, dass keinem Menschen kein Unglück geschechen.»
Im Schatten Unserer Gnädigen Herren, p. 149f. / Bieler, p. 974

Streit um Strassenkorrektion
«1765 hatten Unsere Gnädigen Herren wegen enger Passage am Blumenrain das Bütrolfische Schuehmachers Haus und das Ottische Dischmachers Eckhaus an sich gekauft, weil man gesinnet, dasige Strass breiter zu machen, weil dasige Nachbern, Herr D. Geymüller, Küeffer, Mechel und die Eglische Wittib, auch Rahtsherr Rosenmund, schon etlichmal wegen ereigneten Unglicker klagend vor Unsere Gnädigen Herren gekommen. Anfangs Mertz hat man obige zwey Häuser, was nöthig war, abgebrochen und von Meister Bierman, dem Steinmetz, eine Fundamentsmauren gebauen. Man hat auch wegen der Gräde Joh. Lämmlis Peruquiers Haus, wohl bezahlt, abkaufen wollen. Er aber wolte solches in der grössten Unvernunft um den gebotenen Preis nicht lassen, sondern hat geglaubt, Unsere Gnädigen Herren müessen es haben. Mithin hat man ihm seinen Schandecken gelassen, und er

Tholen-Ordnung.

Erstlich wann jemand begehrt einen Sitz in solche Tholen von neuem zu bauen, und solche Behausung keine Gerechtigkeit in gemeldte Tholen zu bauen hat, ist ihme solches in seinem Kosten zu bauen vergönstiget worden; Dieweil aber von unseren Alt-Vordren solche rechte Haupt-Tholen mit grossem Kosten erbauet, und von denen Nachkommenden mit schwärem und grossem Kosten erhalten worden; So hat dieselbe Person zu Einkauffung solcher Gerechtigkeit der Tholen von jedem Sitz den geordneten Tholen-Meisteren in den gemeinen Seckel erlegen müssen fünf Pfund; hat aber jemand einen Brunnen in seiner Behausung machen lassen, und begehrt das Abwasser in die Tholen zu richten, soll er den Einlauff mit einem Sieb oder Eisen-Gätter vermachen, damit kein Strauwisch, Holtz, Stein oder anders in die Tholen kommen möge, und soll für die Gerechtigkeit erlegen zwey Pfund und zehen Schilling.

Es sollen auch die geordnete Tholen-Meister jährlich alle Fronfasten oder wann es sonst die Noht erforderen wurde, die Tholen beschliessen lassen durch die Todten-Gräber und ihnen ernstlich befehlen gut Achtung zu geben, ob die Tholen oder besonderbare Sitz und Höfflein baufällig seyen oder nicht? Desgleichen ob jemand etwas darein geworfen das nicht in die Tholen gehöret, als Holtz, Stein, Häfen, Wüscheten oder anders ungebührlichs.

Wann solche Beschliessung vorgenommen wird, sollen die Tholen-Meister allen Besitzeren der Tholen die Stund solcher Beschliessung bestimmen und männiglich bey Straff fünff Schilling gebieten lassen, jemand es sey Knecht oder Magd bey ihren Sitzen warten zu lassen, den Todtengräberen Red und Antwort zu geben, damit sie wissen mögen an welchem Ort oder bey welchem Sitz sie seynd, damit sie nach Vollendung den Tholen-Meisteren anzeigen können, wo sie etwas Mangels oder strafwürdigs befunden; So aber jemand etwas in die Tholen werfen thäte, so nicht darein gehört, als Holtz, Stein, Häfen, Kohlen, Mist, Stroh, Hobelspän und andere dergleichen Sachen, sollen ihn die Tholen-Meister je nach Grösse der Sachen um zehen Schilling, um ein Pfund, um zwey Pfund, um drey Pfund straffen, und ihm gebieten solche Sachen, so er

---

Mindestens viermal im Jahr haben die Dolenmeister die Dolen der Stadt durch die Totengräber zur Beobachtung baulicher Schäden und Unrats «beschliessen» zu lassen. 1741.

hat dadurch gezeigt, dass er schon längst ein unvernünftiger, wüester, intressirter Gassenlächler war, der nicht nur dasige Nachbern, sondern auch viele Burger zu Feinden gemacht.»
Im Schatten Unserer Gnädigen Herren, p. 154f. / Bieler, p. 977

Brunnen-Aufsicht.

Demnach seit etwas Zeit wahrgenommen worden/ daß zuwider der vielfältig ergangenen Verbotten/ die offentliche oder Alment-Brünnen nicht nur öffters gäntzlichen erschöpfet/ sondern auch durch darein schütten/ waschen/ sägen ꝛc. sehr unsauber gemacht worden/ dergestalten/ daß auf den Nothfahl kein oder wenig Wasser wäre zu haben gewesen/ und das Vieh entweders gar nicht oder doch nicht ohne Gefahr daraus hat können geträncket werden/ als haben Unsere Gn. Herren Ein Ehrsammer Wohlweiser Rath dieser Stadt zu Bevorkommung eines solchen unordenlichen Wesens erkannt/ daß Jederman gewarnet werden solle/ aus gemelten Alment-Brünnen/ mit Fässeren/ Bügtenen oder sonsten in grosser Quantität nicht zu schöpffen/ damit jeweilen genugsam Wasser vorhanden seye/ nichts in diese Brünnen/ es möge Namen haben wie es wolle/ zu schütten; nichts darinnen abzuwaschen oder abzuschwencken/ sondern der zu solchem End bey jedem Brunnen angerichteten Bruntröglenen in diesen Fählen sich zu bedienen/ auch wann under den Röhren/ Kraut/ Plunder oder etwas anders gewäschen wurde/ nach dem waschen nichts in den Brunnen/ sonderen alles abseits zu schütten/ damit die Sauberkeit der Brünnen/ welche eine grosse Zierd und Kömmlichkeit dieser Stadt ausmachen/ jederzeit erhalten werde: Waß auch Jemand in einem oder andern Stuck wider dieses Verbott handlen sollte/ haben Hochbesagt Unsere Gn. Herren denen Herren Brunnen-Inspectoribus/ deren sie zu jedem Brunnen drey ernennet/ befohlen/ die dißfalls Fehlbare ohne Ansehen der Person mit gebührender Straff anzusehen/ oder je nach Gestalt der Sachen Unseren Gn. Herren selbs zu verzeigen; Wornach sich ein Jeder zu richten/ und den Seinigen das erforderliche zu undersagen wissen wird. Den 9. May 1725.

Cantzley Basel ssst.

Die öffentlichen Brunnen sollen nur mit grosser Sorgfalt benutzt werden. Wäsche und Gemüse dürfen nur in den «bey jedem Brunnen angerichteten Brunntröglenen» gesäubert werden.

Steingrab im Kreuzgang
«Als man 1766 morges des ein Tag vorher verstorbenen H. Dan. Falckners, Seidenfärber und Handelsmannes auffem Heuberg, im Chreitsgang des Münsters, gleich anfangs der Pfaltzthüren sein Grab geöffnet, fande man unten am Boden des vor 22 Jahren verstorbenen H. Cand. Uhlen zwar zimlich verfallenen Todtenbaum. Da man aber tüefer graben, verspührte man einen grossen 7 Schue langen dicken steinernen Sarck, welcher so kunstlich der Kopf, Achslen, Hals und nach Proportion der gantze Leib ausgehauen, und darinnen noch ein volkommener Sceledon ligen. Selbigen hatte man mit vieler Arbeit sambt denen hernach zerfallenen Gebeiner herausgenommen und die Beiner sambt dem Kopf wieder ins Grab, den schwersten steinen Sarck aber in das gegenüber ordinary Schraggemach gethan, welchen hernach viele Menschen expresse mit grösster Verwunderung als eine Antiquen gesechen, worüber aber meistes von Weibsleuthen vieles unglückliches und lächerliches Räsonirn ergangen. Wer aber solches gewesen, wird durch Untersuchung in denen Archiven die Zeit lehren, wenigstens ist zu präsumiren, dass solcher ein vornehmer, catolischer einbalsamirter geistlicher Criticus gewesen und vor vielen 100 Jahren im Münster begraben worden.»
Im Schatten Unserer Gnädigen Herren, p. 168f. / Bieler, p. 979

Das Taubhäuslein
«Im hintern Almosen sind besondere Stuben eingerichtet worden mit genugsamer Heitere und Luft versehen, und es befinden sich in der einen 10 Toll- oder Toubenhäuslein, welche vermittelst der bei denselben angebrachten Öffnungen die Wärme von dasigen Ofen empfangen und dienet diese Stube ledig und allein zum Aufenthalte derjenigen Tollen und verrückten Personen, deren Umstände erfordern, dass sie eingeschlossen gehalten werden. In der andern Stube befinden sich diejenigen Mannespersonen, welche nur in einem ermässigten Grade der Verrückung oder halbnärrisch sich befinden, desgleichen auch diejenigen, bei welcher nicht ratsam ist, dass sie wegen ihrer hässlichen Leibesgestalt oder anderer ihnen beiwohnenden Gebrechen, alzuviel unter die Leute gelassen werden.» 1769.
Ziegler, p. 19

Neue Orgel zu St. Theodor
«1770, am Kleinbasler Schwöhrtag, ist man widrum das erstemal in die neu renovirte St. Theodor Kürchen gegangen; auch die neue Orgelen von Organischt Candidat Andreas Fäsch mit einer höhrenswürdigen Music unter Trombeten und Pauckenschal in hocher Gegenwart des Obrist-Zunftmeisters Leusler und vor einer grossen Menge Volck geschlagen und von dasigen Pastor J. H. Eglin-

ger mit Gesang, Gebätt und rührungswirdiger Predig eingesegnet worden. Am nächsten Tag wurde die berühmten Heinrich Silbermann und Sohn zur Danksagung der Verferdigung der neuen Orgelen bey St. Theodor auffem neuen Rebhaus von denen Herren Klein Räht, Pastores und allen Vorgesetzten der 3 E. Gesellschaften mit einer staahtlichen Mahlzeit regalirt.»

Im Schatten Unserer Gnädigen Herren, p. 185/Bieler, p. 703

Neue Post
«1771 wurde das alte Posthaus abgebrochen und die Briefpost unterdessen an den Stapfelberg in das hintere Fälkli verlegt. Es ging lange, bis das Fundament am Eck zum Totengässlein gelegt werden konnte, denn beim Graben stiess man immer auf Brunnquellen, und die Wassermühlen gingen Monate lang Tag und Nacht. Mit vielen Cäremonien wurde der Grundstein gelegt. Es wurde zu diesem Behuf ein silberner Hammer verfertigt, womit der Präses des löblichen Postamts die ersten drey Schläge that.»

Munzinger, Bd. I, s.p.

Reinlich, ordentlich, säuberlich
«Viele der Häuser sind aus rotem Stein gebaut, der recht schön steht. Gemeiniglich aber streicht man die Türpfosten und Ecken der Häuser mit roter Farbe, die Fensterläden grün, wodurch alles ein recht lebhaftes Aussehen bekommt. Das ganze steinerne Münster ist mit dergleichen dunkelroter Farbe übertüncht. Die Zimmer sind sehr kostbar möbliert. Man hält viel auf Gemälde und Tapeten und kostbares Schnitzwerk. In den Häusern ist man sehr reinlich, im Holzwerk bis zum Übertreiben ordentlich. An vielen Orten müsste man sich nicht einmal scheuen, auf den Zimmerböden zu essen, so säuberlich sind diese. Die Treppenstufen sind in vornehmen Häusern aus nussbaumenem Holz und werden mit Wachs abgerieben. Von hier kommt die Gewohnheit, dass man Überschuhe trägt, die man beim Verlassen des Hauses an der Haustüre ablegt und beim Heimkommen wieder anzieht. An den meisten vornehmen Häusern sind aussen unter den Fenstern Spiegel angebracht, um bequem die Vorübergehenden und allfällige Besucher vor der Haustüre zu beobachten.» 1773.

Schinz, p. 56

Abbruch der Johanniterkirche
«Den Sommer 1775 hindurch ward die Kirche in dem Johanniter-Hauss zu St. Johann abgebrochen. Holtz und Stein wurden mehrentheils zum Kirs Garten (heute Kirschgarten-Museum) verkauft und verwendet.»

Linder, II 2, p. 67

Verschönerung des Peters Platzes
«Dieser öffentliche zu Spaziergängen eingerichtete innerhalb der Ringmauer gelegene Platz, ist dermalen eine der schönsten Anlagen in der Stadt. Er war gewöhnlich mit Gras bewachsen und hatte eine Menge hoher und meistens unregelmässig gesetzter Bäume, unter deren Schatten man spazieren gieng. Eine grosse Linde zeichnete sich durch ihre hölzerne Einfassung unter denselben aus, die im Jahr 1689 gesetzt worden seyn solle. Diesen Platz hat man nun im J. 1778 nach Regeln angelegt, wobey freylich ein grosser Theil der ehrwürdigen schönen Bäume niedergehauen wurden; dagegen erhielte er aber durch die Anlage einer, ein Quadrat bildenden Alle, nicht nur eine schattenreichere Zierde, sondern man gab ihm auch dadurch noch mehr Ansehen, dass man ihn mit Creuzwegen durchschnitt, die eine anständige Einzäunung haben und zu deren beyden Seiten andere schickliche Bäume gepflanzt stehen.
Von dem schönen St. Petersplatz bis um die St. Johann Thorschanze, wo der die dieselbe unmittelbar berührende St. Thomas-Thurn abgetragen, und auf dessen unterstem Geschoss ein dachloses Pavillon, mit einer herrlichen Aussicht nach den beyden Rheingestaden, erbaut worden ist, und dessen Fuss die Wellen des Stroms umrauschen, führen angenehme Alleen den Lustwandler. Diese sind erst in den neuesten Tagen (1809) angelegt und zum Vergnügen derer die sie besuchen, die hohen Ringmauern mit ihren Zinnen, soweit diese die Aussicht nach den nächsten Umgebungen der Stadt verhinderten, abgetragen worden.»

Lutz, p. 315f.

Neue Brunnen
«Es war geplant, jedes Jahr einen neuen Brunnen aufzuführen. Allein, es kamen andere Dinge in Wurf, obschon noch genug alte Brunnen in der Stadt sind. Trotzdem hat man viele neu gemacht. Der erste war der St. Georgen Brunnen auf dem Münsterplatz, welcher schon 1784

Nachseufftzerlein.
Allerliebster GOtt, bekehre die Sünder, fördere die Gerechten, versammle deine Außerwehlten, und sey uns allen gnädig und barmhertzig, Amen.

Gebet aus «Der Kinder Gottes tägliches Lob-Opffer. Basel bey J. Conrad von Mechels sel. Wittib. 1738».

abgebrochen worden war. Auf diesem war wohlermeldter Ritter samt dem Lindenwurm zu sehen, wie er demselben mit der Lanze in den Ranzen stach. Ein neuer, schöner Brunnen von Solothurner Steinen wurde dafür aufgerichtet. Einige Jahre später war die Gerechtigkeit auf dem Spitalbrunnen am Münsterberg samt Schwerdt und Waage durch einen beladenen Weinwagen in ihren eigenen Brunnen gestürzt worden. Man konnte ihr nun keinen Strohkranz mehr auf den Kopf setzen, einen Stein in die Waagschale legen und eine grosse Stupfelrübe auf das Schwerdt stecken. Ausflicken konnte man sie nicht, weil sie ganz zersplittert war, und eine neue hinstellen wollte man auch nicht. Statt derselben setzte man also eine Kugel drauf. Auch gut. Eine Kugel ist rund und bedeutet Glück. Werdens sehen.»

Munzinger, Bd. I, s. p.

Römisches Badhaus
«Da vor zwey Jahren an dem Dorf Badenweyler auf den Matten ein Römisches verschüttetes Baad-Haus entdeckt worden ist, so hat der Herr Markgraf den Schutt mit grossen Kosten wegräumen lassen und dadurch allerhand römische Seltenheiten gefunden. Von denen aber Verschiedenes nächtlicher Weyl gestohlen worden ist. Insonderheit einige Platten von einfärbigem lichtgrauen Marmor, auf der obern Seithen geschliffen. Auf die Entdekkung des Thäters ist eine Belohnung von 50 Pfund gesetzt worden.» 1786.

Linder, II 2, p. 613

Das Stadtbild wird verändert
«Anno 1787, als man den Sägerhof am Blumenrain abbrach, nebst einigen dazugekauften Häusern, und alle von einem Eck zum andern zurückversetzt wurden, um die sehr enge Strasse breiter zu machen, wurde auch die sehr enge Stadthausgasse bei der Post erweitert. Das Haus zum Seufzen (Stadthausgasse) wurde ganz abgebrochen und der Löchlinbrunnen, der gerade am Posthaus stand, wurde um fast die halbe Strasse verlegt. Das Ehegericht wurde nun vom Seufzen in die Predigerkirche verlegt. Auch wurde der Münsterplatz durch eine neue Anlage von Bäumen verschönert. Ebenso ist in diesem Jahr die Renovation der Münsterkirche fertig geworden, die Einweihungspredigt wurde 1787 gehalten. Bald darauf wurde auch der Kohlischwibbogen hinter dem Münster abgebrochen und die Rheinbrücke vom Käppelijoch bis zur kleinen Stadt verbreitert. Auch wurde der St. Johann Graben nach und nach aufgefüllt. Die uralte St. Andreaskirche wurde auch abgebrochen. Die Gässchen, welche rund um dieselbe herumführten, waren so eng, dass ein Mann mit ausgestreckten Armen beide Mauern links und rechts zugleich erreichen konnte. Der seit Jahrhunderten berühmte Todtentanz, von Holbein gemalt und von Hans Hug Glauber renoviert, musste nun auch an den Tanz und wurde (1805) abgebrochen. Der Platz wurde eingefasst, verschönert und mit jungen Bäumen besetzt. Jetzt ist er schön, lustig und heiter.»

Munzinger, Bd. I, s. p. / Müller, p. 76 / Lutz, p. 322f. / Taschenbuch der Geschichte, p. 191

Wasserreiche Sodbrunnen
«1788 erhielten Meister Löw, der Schmied, und Meister Rudolf Treu, der Kupferschmied, oberhalb der Schleife in Kleinbasel die Erlaubnis, jeder in seinem Haus einen Sood Brunnen zu errichten. Schon nach 21 Schue graben hatten sie überflüssig Wasser. Auch Gerichtsherr Stächelin, der Steinmetz, machte einen an der Uthengass.»

Linder, II 2, p. 795

Quellen und Literaturauswahl

a) Persönliche Auskünfte

Dr. Wilhelm Abt, Dr. Max Burckhardt, Charles Einsele, Dr. Eduard Frei, Franziska Heuss, Dr. Elisabeth Landolt, Dr. Hans Lanz, August Looser, Edi Mazenauer, Lic. phil. Hans Rindlisbacher, Dr. Beat von Scarpatetti, Professor Dr. Marc Sieber, Professor Dr. Andreas Staehelin, PD Dr. Martin Steinmann, Rolf Stöcklin, Dr. Georges A. Streichenberg, Hanspeter Thür.

b) Handschriften

Bachofen, Daniel. Kurtze Beschreibung, wass sich seyt Seculo 1700 von den Merckwürdigsten Sachen zu Basel und sonsten Inn der Schweitz und benachbarten Orten hat zu getragen. Bd. I: 1700–1730. Bd. II: 1725–1743. (UB Mscr. Falk. 65. H IV 31)

Baselische Geschichten. 1337–1692. (UB H IV 30)

Baselische Geschichten, II. 1312–1722. (UB AG V 21)

Basler Chronik. Bis 1692. (UB VB Mscr. O 14c)

Basler Chronik, II. Bis 1750. (UB VB Mscr. H 43a–c)

Basler Stadtchronikalien aus dem Jahre 1655 (1755). (UB Mscr. Ki.Ar. 155)

Baslerische Straffälle. 16.–19. Jahrhundert. (UB VB Mscr. P 47)

Battier, Christoph. Calendarium historicum. Bis 1748. (UB H IV 32)

Baur, Fritz. Kollektaneen. (StA PA 321 C 4). [Ediert in Basler Jahrbuch 1917.]

Beck, Jakob Christoph. Kurtze Beschreibung dessjenigen Was sich in Lobl. Stadt Basel und deren Benachbarten zugetragen hat. Bis 1749. (UB H IV 10)

Bieler, Johann Heinrich. Basler Stadtchronik. Bis 1774 (StA PA 258)

Brombach, Nicolaus. Diarium historicum. Bis 1709. (UB Aλ IV 12)

von Brunn, Samuel. Chronik vieler merckwürdigen geschichten, sonderlich was alhier zu Basel passirt. Bis 1726. (UB Aλ VI 33a–c)

Burckhardt-Wildt, Daniel. Tagbuch der merckwürdigsten Vorfälle, welche sich seit dem Jahr 1789 (bis 1798) in diesen für unsere Stadt Basel unvergesslichen Zeiten zugetragen haben. (UB Aλ VI 34)

Chronica. Beschreibung vieler Merckwürdigen Sachen, welche sich in der Statt Basel zugetragen haben. 1600–1669. (UB VB Mscr Q 1)

Diarium Basiliense (Basler Chronik). 480–1642, 1697–1719, 1748–1760. (UB Mscr. O III 17)

Falckeisen, Hieronimus. Basler Chronik. 1762–1769. (UB Mscr. Ki.Ar. 141)

Falkner, Johann Ulrich. Diarium historicum. 1581–1621. (UB AA III 8)

Geschichte der Stadt Basel in den Jahren 1720–1741. (UB Mscr. Ki.Ar. 82)

Hotz, Rudolf und Johann Caspar. Chronik. 1606–1694. (UB VB Mscr. O 84)

Knebel, Johannes, Diarium. 1473–1479. (UB Aλ II 3a, 4a)

Kuder, Benedikt. Anmerkungen über die Landschaft Basel. 1740–1790. (UB AA I 44)

Linder, Friedrich. Chronik. Bis 1668. (UB Mscr. O 5)

Linder, Wilhelm. Diarium der Stadt Basel. 1750–1773. (UB Mscr. Ki.Ar. 84a.b/76a.b)

Lindersches Tagebuch. 1618–1780. (StA PA 407)

Meyer, Johann Conrad. Chronikalische Aufzeichnungen. 1666–1669. (UB VB Mscr. Q 22)

Müller, Johann Jakob. Baselisches 18tes Seculum. 1701–1798. (UB AG II 29)

Munzinger, Johann Heinrich. Haus Chronik. Bis 1829. (UB AG III 9, 10)

Nöthiger, Peter. Aufzeichnungen. 1718–1744. (StA PA 426)

Ochs, Peter. Excerpte aus Basler Chroniken. Bis um 1540. (StA PA 633a, b)

Platter, Felix. Sammlung allerhand meist lächerlicher Gedichte. (UB Mscr. A G V 30)

Richard, Theodor. Wunderliche Historien. 1600–1630, 1657–1670. (UB AA II 1, 2)

Rippel, Hans Jacob. Chronikalische Aufzeichnungen. 1645–1702. (UB EL XI 1–3)

Ryff, Fridolin und Peter. Basler Chronic. 1514–1585. (UB Aλ II 18)

Ryhiner, Johannes. Aufzeichnungen über Baslerische Angelegenheiten. 1760–1780. (UB VB Mscr. O 102)

Scherer, Daniel genannt Philibert (Scherer II). Verzeichnuss dessen, was seith Anno 1260 in E. Ehren Regiment und E. E. Burgerschafft dieser Lobl. Statt Basel und dero Gebieth under den Underthanen Denckwürdiges erhebt und zugetragen. Bis 1706. (UB AG II 2)

Scherer, Johann Heinrich genannt Philibert. Merckwürdige Basel Geschicht. 1281–1726. (UB AG II 4)

Scherer, Johann Heinrich genannt Philibert (Scherer III). Denckwürdige Historische Geschichte, welche zwischen E. E. Rath, Einer Ehren Burgerschafft und undrthanen zu Statt und Land täglich zugetragen. 1281–1742. (UB Aλ II 12)

Schorndorf, Hans Rudolf. Aufzeichnungen. 1687–1729. (UB VB Mscr. P 30b)

Stuckert, Otto. Basiliensia. 1873. (StA PA 564 E 1, I)

Unbekannter Chronist. 1643–1707. (UB Falk. 1419)

Wieland, Hans Konrad. Baselische Geschichten. 1337–1683. Bd. II: 1377–1700. (UB AA II 1, 1. Ki.Ar. 77)

Wurstisen, Christian. Diarium. 1557–1581. (UB Aλ II 8a)

Zäslin, Hans Heinrich. Hausbüchlein. 1624–1724. (StA PA 153, 1)

c) Druckwerke

Andersson, Christiane. Urs Graf. 1978.

Andreae, J. G. R. Briefe aus der Schweiz. 1776.

Appenwiler, Erhard. Chronik. 1439–1474. Basler Chroniken, Bd. IV.

Artlichs Buechlin, Ein, darin begriffen, wie mit dem Angel und sonst uff vil Weg zue Fischen seye. 1555.

Register

Aufzeichnungen eines Basler Karthäusers aus der Reformationszeit. Basler Chroniken, Bd. I.

Basler Annalen, die grösseren, nach Schnitts Handschrift. 238–1416. Basler Chroniken, Bd. VI.

Baslerischer Geschichts-Calender: Kurtzes Verzeichnuss aller denckwürdigsten Geschichten, die sich zu Basel zugetragen, 1701.

Baugeschichte des Basler Münsters. 1895.

Baur, Fritz. Aus den Aufzeichnungen des Lohnherrn Jacob Meyer. 1917.

Beinheim, Heinrich von. Chroniken. 1365–1473. Basler Chroniken, Bd. V.

Blum, Ernst, und Nüsch, Theophil. Basel einst und jetzt. 1913.

Boos, Heinrich. Geschichte der Stadt Basel im Mittelalter. 1877.

Bruckner, Daniel. Merkwürdigkeiten der Landschaft Basel. 1748 ff.

Buess, Heinrich. Felix Platter. Observationes. 1963.

Burckhardt, Albrecht. Demographie und Epidemiologie der Stadt Basel. 1908.

Burckhardt, Daniel. Häuser und Gestalten aus Basels Vergangenheit. 1925.

Burckhardt, Max. Basler als Darsteller der Geschichte ihrer Stadt. 1978.

Burckhardt, Paul. Das Tagebuch des Johannes Gast. Basler Chroniken. Bd. VIII.
    Die Basler Täufer. 1898.

Burgunder Kriege, Anonyme Chronik. Basler Chroniken, Bd. V.

Buxtorf-Falkeisen, Karl. Baslerische Stadt- und Landgeschichten aus dem sechzehnten und siebzehnten Jahrhundert. 1863 ff.
    Die Rheinbrücke von Basel. 1862.

Campe, Joachim Heinrich. Aus einer Reise von Hamburg bis in die Schweiz im August 1785. 1886.

Chronikalien der Rathsbücher. 1356–1548. Basler Chroniken, Bd. IV.

Fechter, Daniel. Basel im 14. Jahrhundert. 1856.

Feller, Richard, und Bonjour, Edgar. Geschichtsschreibung der Schweiz. 1979.

Fischer, Fr. Die Basler Hexenprozesse in dem 16. und 17. Jahrhundert. 1840.

Gast. Siehe Paul Burckhardt.

Gattaro. Siehe Rudolf Wackernagel.

Gauss, Karl. Schatzgräber im Baselland im 18. Jahrhundert. o. J.

Gessner, Conrad. Thierbuch oder aussführliche Beschreibung und lebendige Abmahlung aller vierfüssigen Thiere. 1560.

Glaser, Hans Heinrich. Basler Kleidung aller hoh und nidriger Standts-Personen. 1634.

Grimm, Hans Rudolf. Neu-vermehrte und verbesserte kleine Schweitzer-Cronica oder Geschicht-Buch. 1733.

Gross, Johann. Kurtze Baszler-Chronick: Oder Summarischer Begriff alter denckwürdiger Sachen und Händeln, so sich von vierzehenhundert Jahren bis auff das MDCXXIV. Jahr zugetragen. 1624.

Gross, Johann Georg. Bassler Erdbidem, so sich innerthalb sechshundert Jahren in und umb die Statt und Landschafft Basel erzeigt haben. 1614.

Grynäus, Samuel. Geistliche Rede aus Anlass eines gantz ausserordendlichen Wassergusses. 1748.

Hagenbach, K. R. Die Basler Hexenprozesse in dem 16. und 17. Jahrhundert. 1840.

Heusler, Andreas. Geschichte der Stadt Basel. 1934.

Historischer Basler Kalender. Bearbeitet von F. A. Stocker, Eduard Heusler und A. Münch. 1886–1888.

Huber, Oswald. Der Aussatz in Basel. 1936.

Hui, Franz. Hexen- und Gespenstergeschichten aus dem alten Basel. 1935.

Iselin, Jacob. Christoff. Allgemeines Lexicon. 1726.

Kleine Kern-History, oder kurtze Beschreibung der fürnehmsten Begebenheiten, die sich zu Basel zugetragen. 1712.

Koelner, Paul. Anno Dazumal. 1929.
    Basler Anekdoten. 1926.
    Basler Friedhöfe. 1927.
    Die Basler Rheinschiffahrt vom Mittelalter zur Neuzeit. 1954.
    Im Schatten Unserer Gnädigen Herren. 1930.
    Streifzüge durch ein Notizbuch aus der Zopfzeit. 1935.
    Unterm Baselstab. 1918, 1922.

König, Emanuel. Neu Curioses Eydgnossisch-Schweitzerisches Hauss-Buch. 1705.

Kohlrusch, C. Schweizerisches Sagenbuch. 1854.

Küttner, Carl Gottlob. Briefe eines Sachsen aus der Schweiz. 1785.

Kurtzer Begriff der Fürnehmsten Begebenheiten, Die sich zu Basel zugetragen haben. 1701.

Lesebuch für die Primarschulen des Kantons Basel Stadt. 1885.

Lötscher, Valentin. Der Henker von Basel. 1969.
    Felix Platter. Tagebuch. Basler Chroniken, Bd. X.

Luginbühl, R. Diarium des Christian Wurstisen (1557–1581). 1902.

Lutz, Markus. Chronik von Basel oder die Hauptmomente der Baszlerischen Geschichte. 1809.
    Geschichte der vormaligen Herrschaften Birseck und Pfeffingen. 1816.
    Neue Merkwürdigkeiten der Landschaft Basel. 1805 ff.

Lycosthenes, Conrad. Wunderwerck oder Gottes unergründtliches vorbilden etc. 1557.

Marrer, Pius. Die Chronik des Samuel von Brunn. 1979.

Meier, Eugen A. 750 Jahre Mittlere Rheinbrücke. 1975.

Merian Matthäus. Topographie Helvetiae. 1642.

Müller, Hans. Massnahmen und Erlasse gegen Kurpfuscher und Geheimmittel in Basel. 1933.

Müller, Johannes von. Sämtliche Werke. 1833.

Münster, Sebastian. Cosmographia. 1544.

Ochs, Peter. Geschichte der Stadt und Landschaft Basel. 1786 ff.

Rahn, Johann Heinrich. Eidtgnössische Geschichts-Beschreibung. 1690.

Rauracis. Ein Taschenbuch für die Freunde der Vaterlandskunde. 1826 ff.

Reithard, J. J. Geschichten und Sagen aus der Schweiz. 1853.

Riggenbach, Albert. Collectanea zur Basler Witterungsgeschichte. 1891.

Roth, Paul. Eine Elegie zum Bildersturm. 1943.

Ryff. Siehe Vischer.

Scheuchzer, Johann Jacob. Natur-Historie des Schweizerlandes. 1752.

Schilliger, Josef. Die Hexenprozesse im ehemaligen Fürstbistum Basel. 1891.

Schinz, Johann Rudolf. Die vergnügte Schweizerreise anno 1773. o. J.

Schnitt. Siehe Basler Annalen.

Spiess, Otto. Basel anno 1760. Nach den Tagebüchern der ungarischen Grafen Joseph und Samuel Teleki. 1936.

Staehelin, Andreas. Peter Ochs als Historiker. 1952.

Stocker, Franz August. Basler Stadtbilder. 1890.

Strübinsche Chronik. Siehe Rudolf Wackernagel.

Stettler, Michael. Schweizer Chronic. 1631.

Taschenbuch der Geschichte, Natur und Kunst des Kantons Basel. 1800.

Teleki. Siehe Spiess.

Teuteberg, René. Stimmen aus der Vergangenheit. 1966.

Thommen, Rudolf. Ein bayerischer Mönch zu Basel. 1894.

Vischer, Wilhelm, und Stern, Alfred. Die Chronik des Fridolin Ryff, mit einer Fortsetzung des Peter Ryff, Basler Chroniken, Bd. I.

Wackernagel, Hans Georg. Altes Volkstum in der Schweiz. 1956.

Wackernagel, Rudolf. Andrea Gattaro von Padua. Tagebuch des Venetianischen Gesandten beim Concil zu Basel. 1885.
— Geschichte der Stadt Basel. 1907ff.
— Strübinsche Chronik. 1529–1627, 1893.
Waldkirch, Johann Rudolf von. Folter-Bank. 1773.
Wanner, Gustaf Adolf. Vor 400 Jahren erschien die Wurstisen-Chronik. 1980.
Weiss, Heinrich. Versuch einer kleinen und schwachen Beschreibung der Kirchen und Klöster in der Stadt und Landschaft Basel. 1834.
Wentz, Barbara, und De Beyerin, Anna Magdalena. Eigentliche Vorstellung der Kleider Tracht Lob. Statt Basel. o. J.
Werthmüller, Hans. Tausend Jahre Literatur in Basel. 1980.
Wieland, Carl. Einiges aus dem Leben zu Basel während des achtzehnten Jahrhunderts. 1890.
Wolleb, E. Des Helvetischen Patrioten. 1756.
Wurstisen, Christian. Baszeler-Chronik. Darinn alles, was sich in obern Teutschen Landen, nicht nur in der Stadt und Bistume Basel von ihrem Ursprung her bis in das 1580. Jahr gedenckwürdiges zugetragen. 1580, 1765ff.
Ziegler, Madeleine. Die Entwicklung des Irrenwesens in Basel. 1933.

Münzen und Masse

1 Pfund = 20 Schilling
1 Schilling = 12 Pfennige
1 Gulden = 15 Batzen = 60 Kreuzer
1 Gulden = 1 Pfund 5 Schilling
1 Taler = ca. 2 Pfund
1 Neutaler = ca. 3 Pfund
(1799 Einführung des Schweizer Frankens à 100 Rappen. Fr. 1.20 a.W. = 1 Pfund. 1 Pfund entspricht dem heutigen Wert von gegen 10 Franken)

1 Fuder = 8 Saum oder mehr
1 Saum = 3 Ohm = 136,51 Liter
1 Ohm = 32 Mass = 45,5 Liter
1 Mass = 4 Quärtlein = 1,42 Liter
1 Schoppen = 0,35 Liter
1 Viernzel = 2 Sack = 8 grosse oder 16 kleine Sester = 273,13 Liter
1 Becher = 6 Schüsseli à 0,355 Liter
1 Basler Werkschuh à 12 Zoll = 30,5 cm
1 Zoll = 2,54 cm
1 Basler Feldschuh = 28,13 cm
1 Basler Elle = 53,98 cm
1 Klafter = 4,103 m²

Verzeichnis der Bildtafeln

- 33 Kupferstichkabinett. Z 33
- 34 Staatsarchiv. A f 14/Universitätsbibliothek. Porträtsammlung/ Universitätsbibliothek. VB Mscr. H 43b/Universitätsbibliothek. H b I 2
- 35 Universitätsbibliothek. K m XI 9
- 36 Kupferstichkabinett. Z 29
- 37 Kupferstichkabinett. Z 43
- 38 Staatsarchiv. Bildersammlung 4, 509
- 39 Kupferstichkabinett. Z 31
- 40 Kupferstichkabinett. IV 70 d/Kupferstichkabinett. Z 60
- 89 Kupferstichkabinett. Bi. 259.27
- 90 Öffentliche Kunstsammlung. 295
- 91 Öffentliche Kunstsammlung. 294
- 92 Kupferstichkabinett. 1941.260
- 93 Staatsarchiv. A f 20
- 94 Universitätsbibliothek. L B I 19
- 95 Universitätsbibliothek. L B I 19
- 96 Staatsarchiv. Bildersammlung. Falk. E 10/Universitätsbibliothek. Mscr. A X 94
- 145 Universitätsbibliothek. Mscr. O IV 38
- 146 Kunstmuseum. 114
- 147 Kupferstichkabinett. Z 34
- 148 Universitätsbibliothek. Mscr. O II 26/Universitätsbibliothek. Mscr. F IX 59/Kunstmuseum. 318/Kupferstichkabinett. A 101 I
- 149 Staatsarchiv. A f 14
- 150 Kupferstichkabinett. 1881.4.8.
- 151 Kupferstichkabinett. Z 46
- 152 Kupferstichkabinett. A 101 II
- 201 Historisches Museum. 8158
- 202 Kupferstichkabinett. A 101 II
- 203 Kupferstichkabinett. Z 32
- 204 Universitätsbibliothek. Mscr. Aλ III 3a
- 205 Kupferstichkabinett. B 271.3
- 206 Staatsarchiv. A f 14
- 207 Staatsarchiv. A f 14
- 208 Staatsarchiv. A f 14
- 257 Staatsarchiv. Büchel-Blatt Nr. 9
- 258 Kupferstichkabinett. 1864.6.2
- 259 Kupferstichkabinett. Z 45
- 260 Kupferstichkabinett. 1864.6.5
- 261 Kupferstichkabinett. 1849.1
- 262 Universitätsbibliothek. Mscr. E I 4a/Kupferstichkabinett. A 101 I/Kupferstichkabinett. A 104/Kupferstichkabinett. A 104
- 263 Staatsarchiv. A f 14/Universitätsbibliothek. E L I 30/Zentralbibliothek Zürich/Universitätsbibliothek. Mscr. H II 5 b
- 264 Staatsarchiv. Bilderslg. 11, 103.

Die Textillustrationen stammen beinahe ausnahmslos aus den Beständen der Universitätsbibliothek, des Kupferstichkabinetts, des Staatsarchivs und des Historischen Museums.